有道考神 | 更懂考试

U0254542

2013/2022

考研数学

真题金解——解析分册

有道考神研发中心——刘金峰 佟庆英 主编

中国石化出版社

图书在版编目(CIP)数据

考研数学真题金解:2013—2022/刘金峰,佟庆英主编.—北京:中国石化出版社,2022.8

ISBN 978-7-5114-6812-3

Ⅰ.①考… Ⅱ.①刘… ②佟… Ⅲ.①高等数学—研究生—入学考试—题解 Ⅳ.①O13-44

中国版本图书馆 CIP 数据核字(2022)第138630号

中国石化出版社出版发行

地址:北京市东城区安定门外大街58号

邮编:100011 电话:(010)57512500

发行部电话:(010)57512575

http://www.sinopec-press.com

E-mail:press@sinopec.com

北京柏力行彩印有限公司印刷

全国各地新华书店经销

*

787×1092毫米 16开本 24.5印张 569千字

2022年8月第1版 2022年8月第1次印刷

定价:68.00元(全2册)

第一部分　高等数学试题解析

1.1　函数、极限、连续

题型考点　无穷小的比较

【试题1】(13-3.1)　当$x\to0$时,用“$o(x)$”表示比x高阶的无穷小量,则下列式子中错误的是

(A) $x\cdot o(x^2)=o(x^3)$.　　(B) $o(x)\cdot o(x^2)=o(x^3)$.

(C) $o(x^2)+o(x^2)=o(x^2)$.　　(D) $o(x)+o(x^2)=o(x^2)$.

【难度】本题的数学三难度值为0.518,数学一、数学二的考生在学习时也应掌握此题.

【答案】D.

【解析】因为$\lim\limits_{x\to0}\dfrac{x\cdot o(x^2)}{x^3}=\lim\limits_{x\to0}\dfrac{o(x^2)}{x^2}=0$,所以A选项正确;

因为$\lim\limits_{x\to0}\dfrac{o(x)\cdot o(x^2)}{x^3}=\lim\limits_{x\to0}\dfrac{o(x)}{x}\cdot\dfrac{o(x^2)}{x^2}=0$,所以B选项正确;

因为$\lim\limits_{x\to0}\dfrac{o(x^2)+o(x^2)}{x^2}=\lim\limits_{x\to0}\left[\dfrac{o(x^2)}{x^2}+\dfrac{o(x^2)}{x^2}\right]=0$,所以C选项正确;

取$x^{\frac{3}{2}}=o(x)$,$x^3=o(x^2)$,则$\lim\limits_{x\to0}\dfrac{x^{\frac{3}{2}}+x^3}{x^2}=\lim\limits_{x\to0}\left[\dfrac{1}{x^{\frac{1}{2}}}+x\right]=\infty$,所以D选项错误.

综上,应选D.

【试题2】(13-2.1)　设$\cos x-1=x\cdot\sin\alpha(x)$,其中$|\alpha(x)|<\dfrac{\pi}{2}$,则当$x\to0$时,$\alpha(x)$是

(A)比x高阶的无穷小量.　　(B)比x低阶的无穷小量.

(C)与x同阶但不等价的无穷小量.　　(D)与x等价的无穷小量.

【难度】本题的数学二难度值为0.884,数学一、数学三的考生在学习时也应掌握此题.

【答案】C.

【解析】因为
$$\cos x-1=x\cdot\sin\alpha(x),\ |\alpha(x)|<\frac{\pi}{2},$$
所以
$$\alpha(x)=\arcsin\frac{\cos x-1}{x},x\neq0,$$
所以
$$\lim_{x\to0}\frac{\alpha(x)}{x}=\lim_{x\to0}\frac{\arcsin\dfrac{\cos x-1}{x}}{x}=\lim_{x\to0}\frac{\cos x-1}{x^2}=\lim_{x\to0}\frac{-\dfrac{1}{2}x^2}{x^2}=-\frac{1}{2},$$
即$\alpha(x)$是与x同阶但不等价的无穷小量,选项C正确.

题型考点　函数求极限

【试题3】(13−2.9) $\lim\limits_{x\to 0}\left(2-\dfrac{\ln(1+x)}{x}\right)^{\frac{1}{x}}=$________.

【难度】本题的数学二难度值为0.576,数学一、数学三的考生在学习时也应掌握此题.

【答案】$\sqrt{e}$.

【解析】
$$\lim_{x\to 0}\left[2-\frac{\ln(1+x)}{x}\right]^{\frac{1}{x}}=\lim_{x\to 0}e^{\frac{1}{x}\ln\left[2-\frac{\ln(1+x)}{x}\right]},$$

而
$$\lim_{x\to 0}\frac{1}{x}\ln\left[2-\frac{\ln(1+x)}{x}\right]=\lim_{x\to 0}\frac{1}{x}\left[1-\frac{\ln(1+x)}{x}\right],$$

$$=\lim_{x\to 0}\frac{x-\ln(1+x)}{x^2}=\lim_{x\to 0}\frac{1-\frac{1}{1+x}}{2x}=\frac{1}{2}$$

故
$$\lim_{x\to 0}\left[2-\frac{\ln(1+x)}{x}\right]^{\frac{1}{x}}=e^{\frac{1}{2}}=\sqrt{e}.$$

题型考点　极限的反问题

【试题4】(13−1.1) 已知极限$\lim\limits_{x\to 0}\dfrac{x-\arctan x}{x^k}=c$,其中$k,c$为常数,且$c\neq 0$,则

(A) $k=2,c=-\dfrac{1}{2}$.　　(B) $k=2,c=\dfrac{1}{2}$.

(C) $k=3,c=-\dfrac{1}{3}$.　　(D) $k=3,c=\dfrac{1}{3}$.

【难度】本题的数学一难度值为0.792,数学二、数学三的考生在学习时也应掌握此题.

【答案】D.

【解析】方法一　因为$c\neq 0$,所以$k>0$,由洛必达法则得

$$\lim_{x\to 0}\frac{x-\arctan x}{x^k}\overset{k>0}{=\!=}\lim_{x\to 0}\frac{1-\frac{1}{1+x^2}}{kx^{k-1}}$$

$$=\lim_{x\to 0}\frac{x^2}{kx^{k-1}(1+x^2)}=\lim_{x\to 0}\frac{1}{kx^{k-3}}=c\neq 0$$

所以$k=3,c=\dfrac{1}{3}$. 即选项D正确.

方法二　$$\lim_{x\to 0}\frac{x-\arctan x}{x^k}=\lim_{x\to 0}\frac{x-\left[x-\frac{1}{3}x^3+o(x^3)\right]}{x^k}=\lim_{x\to 0}\frac{\frac{1}{3}x^3+o(x^3)}{x^k}=c\neq 0.$$

所以$k=3,c=\dfrac{1}{3}$. 即选项D正确.

【试题5】(13−2.15;3.15)　当$x\to 0$时,$1-\cos x\cdot\cos 2x\cdot\cos 3x$与$ax^n$为等价无穷小量,求$n$

与 a 的值.

【难度】本题的数学二难度值为 0.560,数学三难度值为 0.492,数学一的考生在学习时也应掌握此题.

【解析】方法一 根据洛必达法则,有

$$\lim_{x\to0}\frac{1-\cos x\cdot\cos 2x\cdot\cos 3x}{ax^n}$$

$$=\lim_{x\to0}\frac{\sin x\cdot\cos 2x\cdot\cos 3x+2\cos x\cdot\sin 2x\cdot\cos 3x+3\cos x\cdot\cos 2x\cdot\sin 3x}{anx^{n-1}}$$

$$\underline{\underline{n=2}}\lim_{x\to0}\frac{\sin x\cdot\cos 2x\cdot\cos 3x}{2ax}+\lim_{x\to0}\frac{2\cos x\cdot\sin 2x\cdot\cos 3x}{2ax}+\lim_{x\to0}\frac{3\cos x\cdot\cos 2x\cdot\sin 3x}{2ax}$$

$$=\lim_{x\to0}\frac{\sin x}{2ax}+\lim_{x\to0}\frac{2\sin 2x}{2ax}+\lim_{x\to0}\frac{3\sin 3x}{2ax}$$

$$=\frac{1}{2a}+\frac{4}{2a}+\frac{9}{2a}=\frac{7}{a}=1$$

所以 $a=7$.

当 $n\neq2$ 时,显然不合题意,所以 $a=7,n=2$.

方法二 $\lim\limits_{x\to0}\dfrac{1-\cos x\cdot\cos 2x\cdot\cos 3x}{ax^n}$

$$=\lim_{x\to0}\frac{1-\cos x+\cos x-\cos x\cdot\cos 2x+\cos x\cdot\cos 2x-\cos x\cdot\cos 2x\cdot\cos 3x}{ax^n}$$

$$\underline{\underline{n=2}}\lim_{x\to0}\left[\frac{1-\cos x}{ax^2}+\frac{\cos x(1-\cos 2x)}{ax^2}+\frac{\cos x\cdot\cos 2x\cdot(1-\cos 3x)}{ax^2}\right]$$

$$=\lim_{x\to0}\frac{1-\cos x}{ax^2}+\lim_{x\to0}\frac{\cos x(1-\cos 2x)}{ax^2}+\lim_{x\to0}\frac{\cos x\cdot\cos 2x\cdot(1-\cos 3x)}{ax^2}$$

$$=\lim_{x\to0}\frac{\frac{1}{2}x^2}{ax^2}+\lim_{x\to0}\frac{\frac{1}{2}(2x)^2}{ax^2}+\lim_{x\to0}\frac{\frac{1}{2}(3x)^2}{ax^2}$$

$$=\frac{7}{a}=1.$$

所以 $a=7$.

当 $n\neq2$ 时,不合题意,故 $n=2,a=7$.

方法三 根据泰勒公式

$$\lim_{x\to0}\frac{1-\cos x\cdot\cos 2x\cdot\cos 3x}{ax^n}$$

$$=\lim_{x\to0}\frac{1-\left[1-\frac{x^2}{2}+o(x^2)\right]\left[1-\frac{4}{2}x^2+o(x^2)\right]\left[1-\frac{9}{2}x^2+o(x^2)\right]}{ax^n}$$

$$=\lim_{x\to0}\frac{7x^2+o(x^2)}{ax^n}=1,$$

所以，$n=2, a=7$.

题型考点　函数间断点

【试题6】(13-3.2)　函数 $f(x)=\dfrac{|x|^{x}-1}{x(x+1)\ln|x|}$ 的可去间断点的个数为

(A) 0.　　(B) 1.　　(C) 2.　　(D) 3.

【难度】本题的数学三难度值为0.584，数学一、数学二的考生在学习时也应掌握此题.

【答案】C.

【解析】可能的间断点有三个：0，-1，1，在其他点处函数均连续.

因为 $\lim\limits_{x\to0}\dfrac{|x|^{x}-1}{x(x+1)\ln|x|}=\lim\limits_{x\to0}\dfrac{e^{x\ln|x|}-1}{x(x+1)\ln|x|}=\lim\limits_{x\to0}\dfrac{x\ln|x|}{x(x+1)\ln|x|}=\lim\limits_{x\to0}\dfrac{1}{x+1}=1$,

可知 $x=0$ 是函数的一个可去间断点.

$\lim\limits_{x\to1}\dfrac{|x|^{x}-1}{x(x+1)\ln|x|}=\lim\limits_{x\to1}\dfrac{e^{x\ln|x|}-1}{x(x+1)\ln|x|}=\lim\limits_{x\to1}\dfrac{x\ln|x|}{x(x+1)\ln|x|}=\lim\limits_{x\to1}\dfrac{1}{x+1}=\dfrac{1}{2}$,

可知 $x=1$ 也是函数的可去间断点.

$\lim\limits_{x\to-1}\dfrac{|x|^{x}-1}{x(x+1)\ln|x|}=\lim\limits_{x\to-1}\dfrac{e^{x\ln|x|}-1}{x(x+1)\ln|x|}=\lim\limits_{x\to-1}\dfrac{x\ln|x|}{x(x+1)\ln|x|}=\lim\limits_{x\to-1}\dfrac{1}{x+1}=\infty$,

可知 $x=-1$ 是函数的无穷间断点.

综上可知，应选C.

题型考点　数列求极限

【试题7】(13-2.20)　设函数 $f(x)=\ln x+\dfrac{1}{x}$.

(Ⅰ) 求 $f(x)$ 的最小值；

(Ⅱ) 设数列 $\{x_n\}$ 满足 $\ln x_n+\dfrac{1}{x_{n+1}}<1$，证明 $\lim\limits_{n\to\infty}x_n$ 存在，并求此极限.

【难度】本题的数学二难度值为0.513，数学一、数学三的考生在学习时也应掌握此题.

【解析】(Ⅰ) 由题可知 $x\in(0,+\infty)$,

令 $f'(x)=\dfrac{x-1}{x^{2}}=0$，解得 $x=1$.

当 $x\in(0,1)$ 时，$f'(x)<0$，$f(x)$ 单调递减；

当 $x\in(1,+\infty)$ 时，$f'(x)>0$，$f(x)$ 单调递增；

所以 $f(x)$ 的最小值 $f_{\min}(x)=f(1)=1$.

(Ⅱ) 由(Ⅰ)可知 $\ln x+\dfrac{1}{x}\geqslant1$，从而有

$$\ln x_n+\frac{1}{x_{n+1}}<1\leqslant x_n+\frac{1}{x_n},$$

于是 $x_n<x_{n+1}$，即数列 $\{x_n\}$ 单调增加.

又由 $\ln x_n+\dfrac{1}{x_{n+1}}<1$，知 $\ln x_n<1$，得 $x_n<e$. 从而数列 $\{x_n\}$ 有上界，故 $\lim\limits_{n\to\infty}x_n$ 存在.

设$\lim\limits_{n\to\infty}x_n=a$，由 $\ln x_n+\dfrac{1}{x_{n+1}}<1$ 两边取极限得 $\ln a+\dfrac{1}{a}\leqslant 1$. 由(Ⅰ)可知 $\ln a+\dfrac{1}{a}\geqslant 1$，故$\ln a+\dfrac{1}{a}=1$，可得 $a=1$，即$\lim\limits_{n\to\infty}x_n=1$.

1.2 一元函数微分学

题型考点 导数的应用

【试题 8】(13-3.9) 设曲线 $y=f(x)$ 与 $y=x^2-x$ 在点(1,0)处有公共切线，则$\lim\limits_{n\to\infty}nf\left(\dfrac{n}{n+2}\right)=$________.

【难度】 本题的数学三难度值为 0.514，数学一、数学二的考生在学习时也应掌握此题.

【答案】 -2.

【解析】 由题意知$f(1)=0$，$f'(1)=1$，则

$$\lim_{n\to\infty}nf\left(\frac{n}{n+2}\right)=\lim_{n\to\infty}\frac{f\left(1+\frac{-2}{n+2}\right)-f(1)}{\frac{-2}{n+2}}\cdot\frac{-2n}{n+2}=-2f'(1)=-2.$$

【试题 9】(13-2.12) 曲线$\begin{cases}x=\arctan t,\\ y=\ln\sqrt{1+t^2}\end{cases}$上对应于 $t=1$ 点处的法线方程为________.

【难度】 本题的数学二难度值为 0.453，数学一、数学三的考生在学习时也应掌握此题.

【答案】 $x+y=\dfrac{\pi}{4}+\dfrac{1}{2}\ln 2$.

【解析】 曲线上对应于 $t=1$ 的点处的切线斜率为

$$\left.\frac{\mathrm{d}y}{\mathrm{d}x}\right|_{t=1}=\left.\frac{\frac{1}{2}\cdot\frac{2t}{1+t^2}}{\frac{1}{1+t^2}}\right|_{t=1}=1,$$

因而该点处的法线斜率为-1.

又

$$x\Big|_{t=1}=\arctan 1=\frac{\pi}{4},y\Big|_{t=1}=\ln\sqrt{2}=\frac{1}{2}\ln 2,$$

于是所求法线方程为

$$y-\frac{1}{2}\ln 2=-\left(x-\frac{\pi}{4}\right),\text{即 } x+y=\frac{\pi}{4}+\frac{1}{2}\ln 2.$$

题型考点 反函数求导

【试题 10】(13-2.10) 设函数$f(x)=\displaystyle\int_{-1}^{x}\sqrt{1-\mathrm{e}^t}\,\mathrm{d}t$，则 $y=f(x)$ 的反函数 $x=f^{-1}(y)$ 在 $y=0$ 处的导数$\left.\dfrac{\mathrm{d}x}{\mathrm{d}y}\right|_{y=0}=$________.

【难度】 本题的数学二难度值为 0.608，数学一、数学三的考生在学习时也应掌握此题.

【答案】$\dfrac{1}{\sqrt{1-e^{-1}}}$.

【解析】由题可得 $x|_{y=0}=-1$.

根据反函数求导法则,有

$$\left.\frac{dx}{dy}\right|_{y=0}=\frac{1}{\left.\frac{dy}{dx}\right|_{x=-1}}=\frac{1}{\sqrt{1-e^x}\,|_{x=-1}}=\frac{1}{\sqrt{1-e^{-1}}}.$$

题型考点　隐函数求导

【试题 11】(13-2.2)　已知 $y=f(x)$ 由方程 $\cos xy+\ln y-x=1$ 确定,则 $\lim\limits_{n\to\infty}n\left[f\left(\frac{2}{n}\right)-1\right]=$________.

(A) 2.　　(B) 1.　　(C) -1.　　(D) -2.

【难度】本题的数学二难度值为 0.532,数学一、数学三的考生在学习时也应掌握此题.

【答案】A.

【解析】由题可得 $y|_{x=0}=f(0)=1$.

方程两端对 x 求导得

$$-\sin(xy)\cdot(y+xy')+\frac{1}{y}\cdot y'-1=0,$$

将 $x=0$ 及 $y|_{x=0}=1$ 代入上式,得 $y'|_{x=0}=f'(0)=1$,所以

$$\lim_{n\to\infty}n\left[f\left(\frac{2}{n}\right)-1\right]=\lim_{n\to\infty}\frac{f(0+\frac{2}{n})-f(0)}{\frac{2}{n}}\cdot 2=2f'(0)=2,$$

故选 A.

【试题 12】(13-1.9)　设函数 $y=f(x)$ 由方程 $y-x=e^{x(1-y)}$ 确定,则 $\lim\limits_{n\to\infty}n\left[f\left(\frac{1}{n}\right)-1\right]=$________.

【难度】本题的数学一难度值为 0.621,数学二、数学三的考生在学习时也应掌握此题.

【答案】1.

【解析】由题可得 $y|_{x=0}=f(0)=1$;

方程两边对 x 求导得

$$y'-1=e^{x(1-y)}(1-y-xy').$$

将 $x=0,y|_{x=0}=1$ 代入上式得 $y'|_{x=0}=f'(0)=1$,所以

$$\lim_{n\to\infty}n\left[f\left(\frac{1}{n}\right)-1\right]=\lim_{n\to\infty}\frac{f\left(\frac{1}{n}\right)-f(0)}{\frac{1}{n}}=f'(0)=1.$$

题型考点　参数方程求导

【试题 13】(13-1.11)　设$\begin{cases}x=\sin t,\\ y=t\sin t+\cos t\end{cases}$($t$ 为参数),则$\left.\frac{d^2y}{dx^2}\right|_{t=\frac{\pi}{4}}=$________.

【难度】本题的数学一难度值为 0.732,数学二的考生在学习时也应掌握此题,数学三的考试大纲对参数方程不作要求,但依然建议数学三的考生了解此题.

【答案】$\sqrt{2}$.

【解析】

$$\frac{dy}{dx}=\frac{\frac{dy}{dt}}{\frac{dx}{dt}}=\frac{\sin t+t\cos t-\sin t}{\cos t}=t,$$

$$\frac{d^2y}{dx^2}=\frac{d}{dx}\left(\frac{dy}{dx}\right)=\frac{\frac{d\left(\frac{dy}{dx}\right)}{dt}}{\frac{dx}{dt}}=\frac{1}{\cos t},$$

从而有

$$\left.\frac{d^2y}{dx^2}\right|_{t=\frac{\pi}{4}}=\frac{1}{\cos\frac{\pi}{4}}=\sqrt{2}.$$

题型考点　微分中值定理的证明

【试题 14】(13-3.19)　设函数$f(x)$在$[0,+\infty)$上可导,$f(0)=0$且$\lim\limits_{x\to+\infty}f(x)=2$. 证明:

(Ⅰ)存在 $a>0$,使得$f(a)=1$;

(Ⅱ)对(Ⅰ)中的 a,存在 $\xi\in(0,a)$,使得$f'(\xi)=\frac{1}{a}$.

【难度】本题的数学三难度值为 0.587,数学一、数学二的考生在学习时也应掌握此题.

【解析】(Ⅰ)因为$\lim\limits_{x\to+\infty}f(x)=2$,所以存在 $x_0>0$,使得$f(x_0)>1$.

因为$f(x)$在$[0,+\infty)$上可导,所以$f(x)$在$[0,+\infty)$上连续.

又因为$f(0)=0$,在闭区间$[0,x_0]$上,根据连续函数的介值定理,存在 $a\in(0,x_0)$,使得$f(a)=1$.

(Ⅱ)**方法一**　因为函数$f(x)$在区间$[0,a]$上可导,根据拉格朗日中值定理,存在$\xi\in(0,a)$,使得$f(a)-f(0)=af'(\xi)$.

又因为$f(0)=0,f(a)=1$,所以$f'(\xi)=\frac{1}{a}$.

方法二　令辅助函数 $F(x)=f(x)-\frac{1}{a}x$.

显然 $F(x)$区间$[0,a]$上连续,在$(0,a)$内可导,又因为 $F(0)=F(a)=0$,由罗尔定理知,至少存在一点 $\xi\in(0,a)$使得 $F'(\xi)=0$,即$f'(\xi)=\frac{1}{a}$.

【试题 15】(13-1.18;2.18)　设奇函数$f(x)$在$[-1,1]$上具有二阶导数,且$f(1)=1$,证明:

（Ⅰ）存在$\xi \in (0,1)$，使得$f'(\xi)=1$；

（Ⅱ）存在$\eta \in (-1,1)$，使得$f''(\eta)+f'(\eta)=1$.

【难度】本题的数学一难度值为 0.476，数学二难度值为 0.483，数学三的考生在学习时也应掌握此题.

【解析】（Ⅰ）因为$f(x)$是奇函数，所以$f(0)=0$.

又因为函数$f(x)$在区间$[0,1]$上可导，且$f(1)=1$，所以由拉格朗日中值定理可知，存在$\xi \in (0,1)$，使得

$$f'(\xi)=f(1)-f(0)=1.$$

（Ⅱ）**方法一**　因为$f(x)$是区间$[-1,1]$上的奇函数，所以$f'(x)$是偶函数，故

$$f'(-\xi)=f'(\xi)=1.$$

令$F(x)=[f'(x)-1]e^x$，则函数$F(x)$可导，且$F(-\xi)=F(\xi)=0$.

根据罗尔定里，存在$\eta \in (-\xi,\xi) \subset (-1,1)$，使得

$$F'(\eta)=[f''(\eta)+f'(\eta)-1]e^{\eta}=0,$$

所以
$$f''(\eta)+f'(\eta)=1.$$

方法二　因为$f(x)$是区间$[-1,1]$上的奇函数，所以$f'(x)$是偶函数.

令$F(x)=f'(x)+f(x)-x$，则函数$F(x)$在区间$[-1,1]$上可导，又因为

$$F(1)=f'(1)+f(1)-1=f'(1),$$

$$F(-1)=f'(-1)+f(-1)+1=f'(1)-f(1)+1=f'(1),$$

根据罗尔定理，存在$\eta \in (-1,1)$，使得$F'(\eta)=f''(\eta)+f'(\eta)-1=0$，

即
$$f''(\eta)+f'(\eta)=1.$$

题型考点　经济学应用

【试题 16】（13-3.18）　设生产某产品的固定成本为 60000 元，可变成本为 20 元/件，价格函数为$p=60-\dfrac{Q}{1000}$（p是单价，单位：元；Q是销量，单位：件），已知产销平衡，求：

（Ⅰ）该商品的边际利润；

（Ⅱ）当$p=50$时的边际利润，并解释其经济意义；

（Ⅲ）使得利润最大的定价p.

【难度】本题的数学三难度值为 0.735，数学一、数学二的考生不作要求.

【解析】（Ⅰ）成本函数为$C(Q)=60000+20Q$，

收益函数为$R(Q)=pQ=60Q-\dfrac{Q^2}{1000}$，

利润函数为$L(Q)=R(Q)-C(Q)=-\dfrac{Q^2}{1000}+40Q-60000$，

故该商品的边际利润$L'(Q)=-\dfrac{Q}{500}+40$.

（Ⅱ）当$p=50$时，销量$Q=10000$，$L'(10000)=20$.

其经济意义为：销售第 10001 件商品时所得的利润为 20 元.

(Ⅲ) 令 $L'(Q)=-\frac{Q}{500}+40=0$，得 $Q=20000$，且 $L''(20000)<0$，故当 $Q=20000$ 件时利润最大，此时 $p=40$(元)．

1.3 一元函数积分学

题型考点　抽象函数的定积分

【试题 17】(13-1.15)　计算 $\int_0^1 \frac{f(x)}{\sqrt{x}}dx$，其中 $f(x)=\int_1^x \frac{\ln(t+1)}{t}dt$．

【难度】 本题的数学一难度值为 0.499，数学二、数学三的考生在学习时也应掌握此题．

【解析】 $\int_0^1 \frac{f(x)}{\sqrt{x}}dx = 2\left[\sqrt{x}f(x)\Big|_0^1 - \int_0^1 \sqrt{x}f'(x)dx\right]$

$$=-2\int_0^1 \frac{\ln(x+1)}{\sqrt{x}}dx.$$

令 $u=\sqrt{x}$，则

$$\int_0^1 \frac{\ln(x+1)}{\sqrt{x}}dx = 2\int_0^1 \ln(u^2+1)du$$

$$= 2u\ln(u^2+1)\Big|_0^1 - 4\int_0^1 \frac{u^2}{u^2+1}du$$

$$= 2\ln 2 - 4(u-\arctan u)\Big|_0^1$$

$$= 2\ln 2 - 4 + \pi$$

所以
$$\int_0^1 \frac{f(x)}{\sqrt{x}}dx = 8 - 2\pi - 4\ln 2.$$

题型考点　变限积分函数

【试题 18】(13-2.3)　设 $f(x)=\begin{cases}\sin x, 0\leqslant x<\pi \\ 2, \quad \pi\leqslant x\leqslant 2\pi\end{cases}$，$F(x)=\int_0^x f(t)dt$，则

(A) $x=\pi$ 为 $F(x)$ 的跳跃间断点．　　(B) $x=\pi$ 为 $F(x)$ 的可去间断点．

(C) $F(x)$ 在 $x=\pi$ 处连续不可导．　　(D) $F(x)$ 在 $x=\pi$ 处可导．

【难度】 本题的数学二难度值为 0.487，数学一、数学三的考生在学习时也应掌握此题．

【答案】 C.

【解析】 $F(x)=\int_0^x f(t)dt=\begin{cases}\int_0^x \sin t dt, & 0\leqslant x<\pi, \\ \int_0^\pi \sin t dt+\int_\pi^x 2dt, & \pi\leqslant x\leqslant 2\pi\end{cases}$

$$=\begin{cases}1-\cos x, & 0\leqslant x<\pi, \\ 2+2x-2\pi, & \pi\leqslant x\leqslant 2\pi.\end{cases}$$

因为
$$\lim_{x\to\pi^-}F(x)=\lim_{x\to\pi^+}F(x)=F(\pi)=2,$$

所以 $F(x)$ 在 $x=\pi$ 处连续.

而
$$\lim_{x\to\pi^-}\frac{F(x)-F(\pi)}{x-\pi}=\lim_{x\to\pi^-}\frac{1-\cos x-2}{x-\pi}=\lim_{x\to\pi^-}\frac{\sin x}{1}=0,$$
$$\lim_{x\to\pi^+}\frac{F(x)-F(\pi)}{x-\pi}=\lim_{x\to\pi^+}\frac{2+2x-2\pi-2}{x-\pi}=2,$$
可知 $F'_-(\pi)\neq F'_+(\pi)$,即 $F(x)$ 在 $x=\pi$ 处不可导,故选 C.

题型考点　反常积分的计算

【试题 19】(13-1.12;3.11)　$\int_1^{+\infty}\frac{\ln x}{(1+x)^2}\mathrm{d}x=$ ________.

【难度】本题的数学一难度值为 0.516,数学三难度值为 0.539,数学二的考生在学习时也应掌握此题.

【答案】$\ln 2$.

【解析】
$$\int_1^{+\infty}\frac{\ln x}{(1+x)^2}\mathrm{d}x=\int_1^{+\infty}\ln x\left(-\frac{1}{1+x}\right)=-\frac{\ln x}{1+x}\bigg|_1^{+\infty}+\int_1^{+\infty}\frac{1}{x(1+x)}\mathrm{d}x$$
$$=\int_1^{+\infty}\left(\frac{1}{x}-\frac{1}{x+1}\right)\mathrm{d}x=\ln\frac{x}{x+1}\bigg|_1^{+\infty}=\ln 2.$$

题型考点　反常积分敛散性的判定

【试题 20】(13-2.4)　设函数 $f(x)=\begin{cases}\dfrac{1}{(x-1)^{\alpha-1}}, & 1<x<\mathrm{e}\\ \dfrac{1}{x\ln^{\alpha+1}x}, & x\geqslant \mathrm{e}\end{cases}$,若反常积分 $\int_1^{+\infty}f(x)\mathrm{d}x$ 收敛,则

(A) $\alpha<-2$.　　(B) $\alpha>2$.

(C) $-2<\alpha<0$.　　(D) $0<\alpha<2$.

【难度】本题的数学二难度值为 0.560,数学一的考生在学习时也应掌握此题,建议数学三的考生一并了解此题,有助于对无穷级数敛散性判定的理解.

【答案】D.

【解析】$\int_1^{+\infty}f(x)\mathrm{d}x=\int_1^{\mathrm{e}}f(x)\mathrm{d}x+\int_{\mathrm{e}}^{+\infty}f(x)\mathrm{d}x$.

对于 $\int_1^{\mathrm{e}}f(x)\mathrm{d}x=\int_1^{\mathrm{e}}\frac{1}{(x-1)^{\alpha-1}}\mathrm{d}x$,当 $\alpha-1<1$,即 $\alpha<2$ 时收敛,当 $\alpha-1\geqslant1$,即 $\alpha\geqslant2$ 时发散.

对于 $\int_{\mathrm{e}}^{+\infty}f(x)\mathrm{d}x=\int_{\mathrm{e}}^{+\infty}\frac{1}{x\ln^{\alpha+1}x}\mathrm{d}x$,当 $\alpha+1>1$,即 $\alpha>0$ 时收敛,当 $\alpha+1\leqslant1$,即 $\alpha\leqslant0$ 时发散.

由以上分析知,若反常积分 $\int_1^{+\infty}f(x)\mathrm{d}x$ 收敛,则有 $0<\alpha<2$,故选 D.

题型考点　定积分的几何应用

【试题 21】(13-2.11)　设封闭曲线 L 的极坐标方程方程为 $r=\cos3\theta\left(-\frac{\pi}{6}\leqslant\theta\leqslant\frac{\pi}{6}\right)$,则 L 所围平面图形的面积是________.

【难度】本题的数学二难度值为 0.395，数学一、数学三的考生在学习时也应掌握此题.

【答案】$\frac{\pi}{12}$.

【解析】根据极坐标系下面积公式

$$S=\int_{-\frac{\pi}{6}}^{\frac{\pi}{6}}\frac{1}{2}r^2(\theta)\mathrm{d}\theta=\int_0^{\frac{\pi}{6}}\cos^2 3\theta\mathrm{d}\theta=\int_0^{\frac{\pi}{6}}\frac{1+\cos 6\theta}{2}\mathrm{d}\theta$$

$$=\frac{1}{2}\left(\frac{\pi}{6}+0\right)=\frac{\pi}{12}.$$

【试题 22】(13-2.16;3.16) 设 D 是由曲线 $y=x^{\frac{1}{3}}$，直线 $x=a(a>0)$ 及 x 轴所围成的平面图形，V_x，V_y 分别是 D 绕 x 轴，y 轴旋转一周所得旋转体的体积，若 $V_y=10V_x$，求 a 的值.

【难度】本题的数学二难度值为 0.653，数学三难度值为 0.560，数学一的考生在学习时也应掌握此题.

【解析】

$$V_x=\int_0^a \pi y^2\mathrm{d}x=\pi\int_0^a x^{\frac{2}{3}}\mathrm{d}x=\frac{3\pi a^{\frac{5}{3}}}{5},$$

$$V_y=\int_0^a 2\pi x\cdot y\mathrm{d}x=2\pi\int_0^a x\cdot x^{\frac{1}{3}}\mathrm{d}x=\frac{6\pi a^{\frac{7}{3}}}{7}.$$

由 $V_y=10V_x$，即 $\frac{6\pi a^{\frac{7}{3}}}{7}=10\cdot\frac{3\pi a^{\frac{5}{3}}}{5}$，解得 $a=7\sqrt{7}$.

1.4 常微分方程

题型考点 二阶常系数线性微分方程

【试题 23】(13-3.12) 微分方程 $y''-y'+\frac{1}{4}y=0$ 的通解为 $y=$________.

【难度】本题的数学三难度值为 0.543，数学一、数学二的考生在学习时也应掌握此题.

【答案】$(C_1+C_2x)\mathrm{e}^{\frac{1}{2}x}$.

【解析】该微分方程的特征方程为 $r^2-r+\frac{1}{4}=0$，解得二重根 $r=\frac{1}{2}$，所以该微分方程的通解为 $y=(C_1+C_2x)\mathrm{e}^{\frac{1}{2}x}$.

【试题 24】(13-2.13) 已知 $y_1=\mathrm{e}^{3x}-x\mathrm{e}^{2x}$，$y_2=\mathrm{e}^{x}-x\mathrm{e}^{2x}$，$y_3=-x\mathrm{e}^{2x}$ 是某二阶常系数非齐次线性微分方程的 3 个解，则该方程满足条件 $y|_{x=0}=0$，$y'|_{x=0}=1$ 的解为 $y=$________.

【难度】本题的数学二难度值为 0.389，数学一、数学三的考生在学习时也应掌握此题.

【答案】$-\mathrm{e}^{x}+\mathrm{e}^{3x}-x\mathrm{e}^{2x}$.

【解析】记 $\overline{y}_1=y_1-y_3=\mathrm{e}^{3x}$，$\overline{y}_2=y_2-y_3=\mathrm{e}^{x}$，则 $\overline{y}_1$，$\overline{y}_2$ 是题设二阶常系数非齐次线性微分方程对应的齐次方程的两个解，且 $\overline{y}_1$ 和 $\overline{y}_2$ 线性无关. 由此可得题设微分方程的通解是

$$y=C_1\mathrm{e}^{3x}+C_2\mathrm{e}^{x}-x\mathrm{e}^{2x}.$$

代入初始条件 $y|_{x=0}=0, y'|_{x=0}=1$，得$\begin{cases}C_1+C_2=0,\\3C_1+C_2-1=1,\end{cases}$

解出 $C_1=1, C_2=-1$，故所求特解为 $e^{3x}-e^x-xe^{2x}$.

【试题 25】(13-1.10) 已知 $y_1=e^{3x}-xe^{2x}, y_2=e^x-xe^{2x}, y_3=-xe^{2x}$ 是某二阶常系数非齐次线性微分方程的 3 个解，则该方程的通解为 $y=$________.

【难度】 本题的数学一难度值为 0.536，数学二、数学三的考生在学习时也应掌握此题.

【答案】 $C_1e^{3x}+C_2e^x-xe^{2x}$.

【解析】 记 $\bar{y}_1=y_1-y_3=e^{3x}, \bar{y}_2=y_2-y_3=e^x$，则 $\bar{y}_1, \bar{y}_2$ 是题设二阶常系数非齐次线性微分方程对应的齐次方程的两个解，且 $\bar{y}_1$ 和 $\bar{y}_2$ 线性无关. 由此可得题设微分方程的通解是

$$y=C_1e^{3x}+C_2e^x-xe^{2x}.$$

1.5 多元函数微分学

题型考点 多元复合函数求偏导

【试题 26】(13-2.5) 设 $z=\frac{y}{x}f(xy)$，其中函数 f 可微，则 $\frac{x}{y}\frac{\partial z}{\partial x}+\frac{\partial z}{\partial y}=$

(A) $2yf'(xy)$. (B) $-2yf'(xy)$. (C) $\frac{2}{x}f(xy)$. (D) $-\frac{2}{x}f(xy)$.

【难度】 本题的数学二难度值为 0.903，数学一、数学三的考生在学习时也应掌握此题.

【答案】 A.

【解析】 $\frac{\partial z}{\partial x}=-\frac{y}{x^2}f(xy)+\frac{y}{x}f'(xy)\cdot y=-\frac{y}{x^2}f(xy)+\frac{y^2}{x}f'(xy)$

$$\frac{\partial z}{\partial y}=\frac{1}{x}f(xy)+\frac{y}{x}f'(xy)\cdot x=\frac{1}{x}f(xy)+yf'(xy),$$

所以

$$\frac{x}{y}\frac{\partial z}{\partial x}+\frac{\partial z}{\partial y}=-\frac{1}{x}f(xy)+yf'(xy)+\frac{1}{x}f(xy)+yf'(xy)$$
$$=2yf'(xy),$$

故选 A.

【快解】 取 $f(u)=u^2$，则 $z=\frac{y}{x}f(xy)=xy^3, \frac{\partial z}{\partial x}=y^3, \frac{\partial z}{\partial y}=3xy^2$，故 $\frac{x}{y}\frac{\partial z}{\partial x}+\frac{\partial z}{\partial y}=4xy^2$，排除选项 BD，而 C 选项 $\frac{2}{x}f(xy)=2xy^2$ 也排除，故选 A，此时 $f'(u)=2u, 2yf'(xy)=2y\cdot 2xy=4xy^2$，成立.

题型考点 多元隐函数求偏导

【试题 27】(13-3.10) 设函数 $z=z(x,y)$ 由方程 $(z+y)^x=xy$ 确定，则 $\left.\frac{\partial z}{\partial x}\right|_{(1,2)}=$________.

【难度】 本题的数学三难度值为 0.453，数学一、数学二的考生在学习时也应掌握此题.

【答案】 $2(1-\ln 2)$.

【解析】幂指函数指数化,方程两端对 x 求导,得

$$e^{x\ln(z+x)}\left[\ln(z+y)+\frac{xz'_x}{z+y}\right]=y,$$

将 $x=1,y=2,z(1,2)=0$ 代入,得

$$\left.\frac{\partial z}{\partial x}\right|_{(1,2)}=2(1-\ln 2).$$

题型考点　多元函数求极值与条件极值

【试题 28】(13-1.17)　求函数 $f(x,y)=\left(y+\frac{x^3}{3}\right)e^{x+y}$ 的极值.

【难度】本题的数学一难度值为 0.673,数学二、数学三的考生在学习时也应掌握此题.

【解析】令 $\begin{cases}\frac{\partial f}{\partial x}=\left(x^2+y+\frac{x^3}{3}\right)e^{x+y}=0,\\ \frac{\partial f}{\partial y}=\left(1+y+\frac{x^3}{3}\right)e^{x+y}=0,\end{cases}$ 即 $\begin{cases}x^2+y+\frac{x^3}{3}=0,\\ 1+y+\frac{x^3}{3}=0,\end{cases}$

解得

$$\begin{cases}x=-1,\\ y=-\frac{2}{3}\end{cases} 或 \begin{cases}x=1,\\ y=-\frac{4}{3}.\end{cases}$$

记

$$A(x,y)=\frac{\partial^2 f}{\partial x^2}=e^{x+y}\left(y+\frac{x^3}{3}+2x^2+2x\right),$$

$$B(x,y)=\frac{\partial^2 f}{\partial x\partial y}=e^{x+y}\left(y+\frac{x^3}{3}+x^2+1\right),$$

$$C(x,y)=\frac{\partial^2 f}{\partial y^2}=e^{x+y}\left(y+\frac{x^3}{3}+2\right),$$

当 $\begin{cases}x=-1,\\ y=-\frac{2}{3}\end{cases}$ 时,$A=\frac{\partial^2 f}{\partial x^2}=-e^{-\frac{5}{3}}$,$B=\frac{\partial^2 f}{\partial x\partial y}=e^{-\frac{5}{3}}$,$C=\frac{\partial^2 f}{\partial y^2}=e^{-\frac{5}{3}}$,

从而 $AC-B^2<0$,故点 $\left(-1,-\frac{2}{3}\right)$ 不是 $f(x,y)$ 的极值点.

当 $\begin{cases}x=1,\\ y=-\frac{4}{3}\end{cases}$ 时,$A=\frac{\partial^2 f}{\partial x^2}=-e^{-\frac{1}{3}}$,$B=\frac{\partial^2 f}{\partial x\partial y}=e^{-\frac{1}{3}}$,$C=\frac{\partial^2 f}{\partial y^2}=e^{-\frac{1}{3}}$,

从而 $AC-B^2=2e^{-\frac{2}{3}}>0$,且 $A>0$,故点 $\left(1,-\frac{4}{3}\right)$ 是 $f(x,y)$ 的极小值点,极小值为 $f\left(1,-\frac{4}{3}\right)=-e^{-\frac{1}{3}}$.

【试题 29】(13-2.19)　求曲线 $x^3-xy+y^3=1(x\geqslant 0,y\geqslant 0)$ 上的点到坐标原点的最长距离和最短距离.

【难度】本题的数学二难度值为 0.448,数学一、数学三的考生在学习时也应掌握此题.

【解析】设 (x,y) 为曲线上的任一点,到坐标原点的距离 $d=\sqrt{x^2+y^2}$.

设 $f(x,y)=d^2=x^2+y^2$，构造拉格朗日函数

$$L(x,y,\lambda)=x^2+y^2+\lambda(x^3-xy+y^3-1).$$

令

$$\begin{cases}\dfrac{\partial L}{\partial x}=2x+(3x^2-y)\lambda=0,\\ \dfrac{\partial L}{\partial y}=2y+(3y^2-x)\lambda=0,\\ \dfrac{\partial L}{\partial \lambda}=x^3-xy+y^3-1=0.\end{cases}$$

当 $x>0,y>0$ 时，由前两式得

$$\frac{x}{y}=\frac{3x^2-y}{3y^2-x},\text{即 }3xy(y-x)=(x+y)(x-y),$$

所以 $y=x$ 或 $3xy=-(x+y)$（由于 $x>0,y>0$，舍去）.

将 $y=x$ 代入三式得 $2x^3-x^2-1=0$，即 $(x-1)(2x^2+x+1)=0$，

解得 $x=1$，从而 $(1,1)$ 为唯一可能的极值点.

又 $x=0$ 时，$y=1$；$y=0$ 时，$x=1$. 分别计算点 $(1,1)$，$(0,1)$ 及 $(1,0)$ 处的目标函数值，有

$$f(1,1)=2,f(0,1)=f(1,0)=1,$$

故所求最长距离为 $\sqrt{2}$，最短距离为 $\sqrt{1}=1$.

1.6 二重积分

题型考点 二重积分的几何意义

【试题 30】(13-2.6;3.3) 设 D_k 是圆域 $D=\{(x,y)\mid x^2+y^2\leqslant 1\}$ 位于第 k 象限的部分，记 $I_k=\iint\limits_{D_k}(y-x)\mathrm{d}x\mathrm{d}y\ (k=1,2,3,4)$，则

(A) $I_1>0$. (B) $I_2>0$. (C) $I_3>0$. (D) $I_4>0$.

【难度】 本题的数学二难度值为 0.700，数学三难度值为 0.667，数学一的考生在学习时也应掌握此题.

【答案】 B.

【解析】 由于区域 D_1 关于直线 $y=x$ 对称，所以根据二重积分的轮换对称性可知

$$I_1=\iint\limits_{D_1}(y-x)\mathrm{d}x\mathrm{d}y=\iint\limits_{D_1}(x-y)\mathrm{d}x\mathrm{d}y=-I_1,$$

从而 $I_1=0$. 类似地可知 $I_3=0$，故选项 A 和 C 不正确.

在区域 D_2 内，不考虑边界，$y-x>0$，由二重积分的性质可知 $\iint\limits_{D_2}(y-x)\mathrm{d}x\mathrm{d}y>0$，即 $I_2>0$ 成立. 类似地可知 $\iint\limits_{D_4}(y-x)\mathrm{d}x\mathrm{d}y<0$，即 $I_4<0$ 不成立，排除选项 D.

综上可知，选项 B 正确.

题型考点 二重积分的计算

【试题 31】(13-2.17;3.17) 设平面区域 D 由直线 $x=3y$，$y=3x$，$x+y=8$ 围成，求 $\iint\limits_{D}x^2\mathrm{d}x\mathrm{d}y$.

【难度】本题的数学二难度值为 0.650，数学三难度值为 0.677，数学一的考生在学习时也应掌握此题.

【解析】方法一　直线 $x+y=8$ 与直线 $y=3x$ 和 $x=3y$ 分别交于点(2,6)和(6,2)，直线 $x=2$ 将区域 D 分为 D_1 和 D_2 两部分(如右图所示)，则有

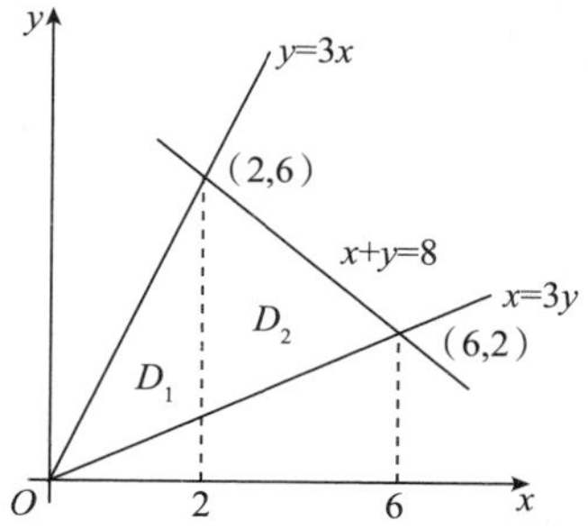

$$\begin{aligned}\iint_D x^2\mathrm{d}x\mathrm{d}y &= \iint_{D_1} x^2\mathrm{d}x\mathrm{d}y + \iint_{D_2} x^2\mathrm{d}x\mathrm{d}y \\ &= \int_0^2\mathrm{d}x\int_{\frac{x}{3}}^{3x} x^2\mathrm{d}y + \int_2^6\mathrm{d}x\int_{\frac{x}{3}}^{8-x} x^2\mathrm{d}y \\ &= \frac{8}{3}\int_0^2 x^3\mathrm{d}x + \int_2^6\left(8x^2-\frac{4}{3}x^3\right)\mathrm{d}y \\ &= \frac{2}{3}x^4\Big|_0^2 + \left(\frac{8}{3}x^3-\frac{1}{3}x^4\right)\Big|_2^6 \\ &= \frac{416}{3}.\end{aligned}$$

方法二

$$\begin{aligned}\iint_D x^2\mathrm{d}x\mathrm{d}y &= \int_{\arctan\frac{1}{3}}^{\arctan 3}\mathrm{d}\theta\int_0^{\frac{8}{\cos\theta+\sin\theta}} r^3\cos^2\theta\mathrm{d}r \\ &= \frac{8^4}{4}\int_{\arctan\frac{1}{3}}^{\arctan 3}\frac{\cos^2\theta}{(\cos\theta+\sin\theta)^4}\mathrm{d}\theta \\ &= \frac{8^4}{4}\int_{\arctan\frac{1}{3}}^{\arctan 3}\frac{\sec^2\theta}{(1+\tan\theta)^4}\mathrm{d}\theta \\ &= \frac{8^4}{4}\int_{\arctan\frac{1}{3}}^{\arctan 3}\frac{1}{(1+\tan\theta)^4}\mathrm{d}(\tan\theta) \\ &= -\frac{8^4}{12}\cdot\frac{1}{(1+\tan\theta)^3}\Bigg|_{\arctan\frac{1}{3}}^{\arctan 3} \\ &= \frac{416}{3}.\end{aligned}$$

【试题 32】(13-2.21)　设曲线 L 的方程为 $y=\frac{1}{4}x^2-\frac{1}{2}\ln x(1\leqslant x\leqslant \mathrm{e})$.

(Ⅰ)求 L 的弧长；

(Ⅱ)设 D 是由曲线 L，直线 $x=1$，$x=\mathrm{e}$ 及 x 轴所围平面图形，求 D 的形心的横坐标.

【难度】本题的数学二难度值为 0.424，数学一的考生在学习时也应掌握此题，数学三的考试大纲对平面曲线弧长和形心坐标不作要求，但笔者建议数学三的考生了解形心公式，便于快速求解某些二重积分的计算题.

【解析】(Ⅰ) $y'=\frac{1}{2}\left(x-\frac{1}{x}\right)$，则

$$1+(y')^2=1+\frac{1}{4}\left(x^2-2+\frac{1}{x^2}\right)=\frac{1}{4}\left(x+\frac{1}{x}\right)^2,$$

于是 L 的弧长

$$s=\int_1^e\sqrt{1+(y')^2}\,dx=\frac{1}{2}\int_1^e\left(x+\frac{1}{x}\right)dx$$

$$=\frac{1}{2}\left(\frac{x^2}{2}+\ln x\right)\Big|_1^e=\frac{e^2+1}{4}.$$

（Ⅱ）平面图形 D 的形心横坐标的计算公式为 $\bar{x}=\dfrac{\int_1^e xy\,dx}{\int_1^e y\,dx}$，其中

$$\int_1^e xy\,dx=\int_1^e x\left(\frac{1}{4}x^2-\frac{1}{2}\ln x\right)dx=\left(\frac{1}{16}x^4-\frac{1}{4}x^2\ln x+\frac{1}{8}x^2\right)\Big|_1^e$$

$$=\frac{1}{16}(e^2+1)(e^2-3),$$

$$\int_1^e y\,dx=\int_1^e\left(\frac{1}{4}x^2-\frac{1}{2}\ln x\right)dx=\left(\frac{1}{12}x^3-\frac{1}{2}x\ln x+\frac{1}{2}x\right)\Big|_1^e$$

$$=\frac{1}{12}e^3-\frac{7}{12},$$

所以 D 的形心的横坐标

$$\bar{x}=\frac{\frac{1}{16}(e^2+1)(e^2-3)}{\frac{1}{12}e^3-\frac{7}{12}}=\frac{3(e^2+1)(e^2-3)}{4(e^3-7)}.$$

1.7 无穷级数(数学一、数学三)

题型考点　数项级数敛散性的判定

【试题 33】(13-3.4)　设 $\{a_n\}$ 为正项数列，下列选项正确的是

(A) 若 $a_n>a_{n+1}$，则 $\sum\limits_{n=1}^{\infty}(-1)^{n-1}a_n$ 收敛.

(B) 若 $\sum\limits_{n=1}^{\infty}(-1)^{n-1}a_n$ 收敛，则 $a_n>a_{n+1}$.

(C) 若 $\sum\limits_{n=1}^{\infty}a_n$ 收敛，则存在常数 $p>1$，使 $\lim\limits_{n\to\infty}n^p a_n$ 存在.

(D) 若存在常数 $p>1$，使 $\lim\limits_{n\to\infty}n^p a_n$ 存在，则 $\sum\limits_{n=1}^{\infty}a_n$ 收敛.

【难度】本题的数学三难度值为 0.525，数学一的考生在学习时也应掌握此题.

【答案】D.

【解析】根据莱布尼茨判别法，选项 A 缺少了级数收敛的必要条件：$\lim\limits_{n\to\infty}a_n=0$，所以选项 A 是不正确的. 例如 $a_n=1+\dfrac{1}{n}$，显然有 $a_n>a_{n+1}$，但 $\sum\limits_{n=1}^{\infty}(-1)^{n-1}a_n$ 是发散的.

需要注意，莱布尼茨判别法只是判定级数收敛的充分条件，不是必要条件，故选项 B 不正确. 例如，级数 $\sum\limits_{n=1}^{\infty}(-1)^{n-1}\dfrac{1}{n}=1-\dfrac{1}{2}+\dfrac{1}{3}-\dfrac{1}{4}+\cdots+\dfrac{1}{2n-1}-\dfrac{1}{2n}+\cdots$ 收敛，故级数 $-\dfrac{1}{2}+1-\dfrac{1}{4}+\dfrac{1}{3}+\cdots-\dfrac{1}{2n}+$

$\frac{1}{2n-1}+\cdots$也收敛,但该级数中 $a_n>a_{n+1}$不一定成立.

选项 C 不正确. 例如对数 p 级数 $\sum_{n=2}^{\infty}\frac{1}{n\ln^2 n}$收敛,但是对于任何常数 $p>1$,极限 $\lim_{n\to\infty}\frac{n^p}{n\ln^2 n}=\lim_{n\to\infty}\frac{n^{p-1}}{\ln^2 n}=\infty$,不存在.

选项 D,$\lim_{n\to\infty}n^p a_n=\lim_{n\to\infty}\frac{a_n}{\frac{1}{n^p}}$存在,$p>1$,$\sum_{n=1}^{\infty}\frac{1}{n^p}$收敛,根据比较审敛法的极限形式可知 $\sum_{n=1}^{\infty}a_n$ 收敛,故选项 D 正确.

题型考点　幂级数求和函数

【试题 34】(13-1.16)　设数列$\{a_n\}$满足条件 $a_0=3,a_1=1,a_{n-2}-n(n-1)a_n=0(n\geqslant 2)$,$S(x)$是幂级数 $\sum_{n=0}^{\infty}a_n x^n$ 的和函数.

(Ⅰ)证明:$S''(x)-S(x)=0$;

(Ⅱ)求 $S(x)$的表达式.

【难度】本题的数学一难度值为 0.492,数学三的考生在学习时也应掌握此题.

【解析】方法一　(Ⅰ)因为 $a_{n-2}-n(n-1)a_n=0(n\geqslant 2)$,所以$\frac{a_n}{a_{n-2}}=\frac{1}{n(n-1)}(n\geqslant 2)$,故

$$\lim_{n\to\infty}\left|\frac{a_{2n+2}x^{2n+2}}{a_{2n}x^{2n}}\right|=\lim_{n\to\infty}\left|\frac{x^2}{(2n+2)[(2n+2)-1]}\right|=0,$$

$$\lim_{n\to\infty}\left|\frac{a_{2n+3}x^{2n+3}}{a_{2n+1}x^{2n+1}}\right|=\lim_{n\to\infty}\left|\frac{x^2}{(2n+3)[(2n+3)-1]}\right|=0,$$

所以,幂级数 $\sum_{n=0}^{\infty}a_{2n}x^{2n}$, $\sum_{n=0}^{\infty}a_{2n+1}x^{2n+1}$ 的收敛域均为$(-\infty,+\infty)$,从而幂级数 $\sum_{n=0}^{\infty}a_n x^n=\sum_{n=0}^{\infty}a_{2n}x^{2n}+\sum_{n=0}^{\infty}a_{2n+1}x^{2n+1}$的收敛域均为$(-\infty,+\infty)$.

因为 $S(x)=\sum_{n=0}^{\infty}a_n x^n$,所以

$$S'(x)=\sum_{n=1}^{\infty}na_n x^{n-1},$$

$$S''(x)=\sum_{n=2}^{\infty}n(n-1)a_n x^{n-2}=\sum_{n=2}^{\infty}a_{n-2}x^{n-2}=\sum_{n=0}^{\infty}a_n x^n,$$

所以

$$S''(x)-S(x)=0.$$

(Ⅱ)齐次微分方程 $S''(x)-S(x)=0$ 的特征方程为 $\lambda^2-1=0$,特征根为 1 和-1,通解为

$$S(x)=C_1\mathrm{e}^x+C_2\mathrm{e}^{-x}.$$

由 $S(0)=a_0=3,S'(0)=a_1=1$,得

$$\begin{cases}C_1+C_2=3,\\C_1-C_2=1,\end{cases}\text{解得 }C_1=2,C_2=1,$$

所以 $S(x)=2e^x+e^{-x}$.

方法二 因为 $a_{n-2}-n(n-1)a_n=0(n\geqslant 2)$,所以 $a_n=\dfrac{1}{n(n-1)}a_{n-2}(n\geqslant 2)$,又 $a_0=3,a_1=1$,所以

$$a_2=\frac{1}{2\cdot 1}a_0=\frac{3}{2!},a_4=\frac{1}{4\cdot 3}a_2=\frac{1}{4\cdot 3}\cdot\frac{3}{2!}=\frac{3}{4!},\cdots,a_{2n}=\frac{3}{(2n)!},$$

$$a_3=\frac{1}{3\cdot 2}a_1=\frac{1}{3!},a_5=\frac{1}{5\cdot 4}a_3=\frac{1}{5\cdot 4}\cdot\frac{1}{3!}=\frac{1}{5!},\cdots,a_{2n+1}=\frac{1}{(2n+1)!}.$$

因为 $\lim\limits_{n\to\infty}\left|\dfrac{a_{2n+1}}{a_{2n}}\right|=\lim\limits_{n\to\infty}\left|\dfrac{1}{2n+1}\right|=0$ 或 $\lim\limits_{n\to\infty}\left|\dfrac{a_{2n}}{a_{2n-1}}\right|=\lim\limits_{n\to\infty}\left|\dfrac{1}{2n}\right|=0$,所以 $\sum\limits_{n=0}^{\infty}a_nx^n$ 的收敛半径为$+\infty$.

因为

$$e^x=\sum_{n=0}^{\infty}\frac{x^n}{n!},\ e^{-x}=\sum_{n=0}^{\infty}(-1)^n\frac{x^n}{n!},$$

所以

$$e^x+e^{-x}=2\sum_{n=0}^{\infty}\frac{x^{2n}}{(2n)!},\ e^x-e^{-x}=2\sum_{n=0}^{\infty}\frac{x^{2n+1}}{(2n+1)!},$$

从而

$$\begin{aligned}S(x)&=\sum_{n=0}^{\infty}a_nx^n=3\sum_{n=0}^{\infty}\frac{1}{(2n)!}x^{2n}+\sum_{n=0}^{\infty}\frac{1}{(2n+1)!}x^{2n+1}\\&=\frac{3}{2}(e^x+e^{-x})+\frac{1}{2}(e^x-e^{-x})=2e^x+e^{-x}.\end{aligned}$$

因为 $S(x)=2e^x+e^{-x}$,所以

$$S'(x)=2e^x-e^{-x},S''(x)=2e^x+e^{-x},$$

故 $S''(x)-S(x)=0$.

题型考点 狄利克雷收敛定理(数学一)

【试题 35】(13-1.3) 设 $f(x)=\left|x-\dfrac{1}{2}\right|$,$b_n=2\int_0^1 f(x)\sin n\pi x\mathrm{d}x\ (n=1,2,\cdots)$,令 $S(x)=\sum\limits_{n=1}^{\infty}b_n\sin n\pi x$,则 $S\left(-\dfrac{9}{4}\right)=$

(A) $\dfrac{3}{4}$.　(B) $\dfrac{1}{4}$.　(C) $-\dfrac{1}{4}$.　(D) $-\dfrac{3}{4}$.

【难度】 本题的数学一难度值为 0.502.

【答案】 C.

【解析】 由题可知 $S(x)$ 是 $f(x)$ 作奇延拓后展开成正弦级数的和函数,根据狄利克雷收敛定理,得

$$S\left(-\frac{9}{4}\right)=S\left(-\frac{1}{4}\right)=-S\left(\frac{1}{4}\right)=-f\left(\frac{1}{4}\right)=-\frac{1}{4},$$

由此可知选项 C 是正确的.

1.8 空间解析几何与场论初步(数学一)

题型考点 空间曲面的切平面

【试题 36】(13-1.2) 曲面 $x^2+\cos(xy)+yz+x=0$ 在点 $(0,1,-1)$ 的切平面方程为

(A) $x-y+z=-2$.　　(B) $x+y+z=0$.

(C) $x-2y+z=-3$.　　(D) $x-y-z=0$.

【难度】 本题的数学一难度值为 0.795.

【答案】 A.

【解析】 记 $F(x,y,z)=x^2+\cos(xy)+yz+x$,则

$$\frac{\partial F(x,y,z)}{\partial x}=2x-y\sin(xy)+1,$$

$$\frac{\partial F(x,y,z)}{\partial y}=-x\sin(xy)+z,$$

$$\frac{\partial F(x,y,z)}{\partial z}=2y.$$

因为 $$\frac{\partial F(0,1,-1)}{\partial x}=1,\frac{\partial F(0,1,-1)}{\partial y}=-1,\frac{\partial F(0,1,-1)}{\partial z}=1,$$

所以曲面 $F(x,y,z)=0$ 在点 $(0,1,-1)$ 处的切平面方程为

$$x-(y-1)+z+1=0,$$

即 $x-y+z=-2$,所以应选 A.

1.9 三重积分、曲线积分、曲面积分(数学一)

题型考点 旋转曲面方程与三重积分

【试题 37】(13-1.19) 设直线 L 过 $A(1,0,0)$,$B(0,1,1)$ 两点,将 L 绕 z 轴旋转一周得到曲面 Σ,Σ 与平面 $z=0$,$z=2$ 所围成的立体为 Ω.

(Ⅰ) 求曲面 Σ 的方程;

(Ⅱ) 求 Ω 的形心坐标.

【难度】 本题的数学一难度值为 0.289.

【解析】 (Ⅰ) 直线 L 的方向向量为 $(1,-1,-1)$,点向式方程为

$$\frac{x-1}{1}=\frac{y}{-1}=\frac{z}{-1}.$$

任取直线 L 上的一点 (x_0,y_0,z_0),绕 z 轴旋转一周的轨迹方程为

$$\begin{cases}x^2+y^2=x_0^2+y_0^2\\ z=z_0\end{cases},$$

联立 $\frac{x_0-1}{1}=\frac{y_0}{-1}=\frac{z_0}{-1}$,消去 x_0,y_0,z_0 得曲面 Σ 的方程为

$$x^2+y^2=(1-z)^2+z^2 \text{ 即 } x^2+y^2-2z^2+2z=1.$$

（Ⅱ）设 Ω 的形心坐标为 $(\bar{x},\bar{y},\bar{z})$，根据对称性，得 $\bar{x}=\bar{y}=0$.

设 $D_z=\{(x,y)\mid x^2+y^2\leqslant 2z^2-2z+1\}$，则 $\Omega:\begin{cases}(x,y)\in D_z,\\0\leqslant z\leqslant 2,\end{cases}$ 所以

$$\iiint_{\Omega}\mathrm{d}x\mathrm{d}y\mathrm{d}z=\int_0^2\mathrm{d}z\iint_{D_z}\mathrm{d}x\mathrm{d}y=\pi\int_0^2(2z^2-2z+1)\mathrm{d}z$$

$$=\pi\left(\frac{2}{3}z^3-z^2+z\right)\Big|_0^2=\frac{10\pi}{3},$$

$$\iiint_{\Omega}z\mathrm{d}x\mathrm{d}y\mathrm{d}z=\int_0^2 z\mathrm{d}z\iint_{D_z}\mathrm{d}x\mathrm{d}y=\pi\int_0^2 z(2z^2-2z+1)\mathrm{d}z$$

$$=\pi\left(\frac{1}{2}z^4-\frac{2}{3}z^3+\frac{1}{2}z^2\right)\Big|_0^2=\frac{14\pi}{3},$$

从而

$$\bar{z}=\frac{\iiint_{\Omega}z\mathrm{d}x\mathrm{d}y\mathrm{d}z}{\iiint_{\Omega}\mathrm{d}x\mathrm{d}y\mathrm{d}z}=\frac{7}{5},$$

故 Ω 的形心坐标为 $\left(0,0,\frac{7}{5}\right)$.

题型考点　第二型曲线积分

【试题 38】（13-1.4）　设 $L_1:x^2+y^2=1$，$L_2:x^2+y^2=2$，$L_3:x^2+2y^2=2$，$L_4:2x^2+y^2=2$ 为四条逆时针方向的平面曲线，记 $I_i=\int_{L_i}\left(y+\frac{y^3}{6}\right)\mathrm{d}x+\left(2x-\frac{x^3}{3}\right)\mathrm{d}y\ (i=1,2,3,4)$，则 $\max\{I_1,I_2,I_3,I_4\}=$

（A）I_1.　　（B）I_2.　　（C）I_3.　　（D）I_4.

【难度】 本题的数学一难度值为 0.268.

【答案】 D.

【解析】 记 $D_1:x^2+y^2\leqslant 1$，$D_2:x^2+y^2\leqslant 2$，$D_3:x^2+2y^2\leqslant 2$，$D_4:2x^2+y^2\leqslant 2$，

根据格林公式，得

$$I_i=\oint_{L_i}\left(y+\frac{y^3}{6}\right)\mathrm{d}x+\left(2x-\frac{x^3}{3}\right)\mathrm{d}y=\iint_{D_i}\left[(2-x^2)-\left(1+\frac{1}{2}y^2\right)\right]\mathrm{d}x\mathrm{d}y$$

$$=\frac{1}{2}\iint_{D_i}[2-(2x^2+y^2)]\mathrm{d}x\mathrm{d}y.$$

显然，当 $(x,y)\in D_4$ 时，二重积分的被积函数大于零，当 $(x,y)\notin D_4$ 时，二重积分的被积函数小于零，根据二重积分的矢量性可知，在 D_4 上的二重积分值最大，即 $\max\{I_1,I_2,I_3,I_4\}=I_4$，所以应选 D.

第二部分　线性代数试题解析

2.1　行列式与矩阵

题型考点　抽象行列式的计算

【试题 39】(13-1.13;2.14;3.13)　设 $\boldsymbol{A}=(a_{ij})$ 是 3 阶非零矩阵,$|A|$ 为 $\boldsymbol{A}$ 的行列式,A_{ij} 为 a_{ij} 的代数余子式,若 $a_{ij}+A_{ij}=0(i,j=1,2,3)$,则 $|A|=$________.

【难度】本题的数学一难度值为 0.288,数学二难度值为 0.274,数学三难度值为 0.283.

【答案】-1.

【解析】由 $a_{ij}+A_{ij}=0(i,j=1,2,3)$ 知,$\boldsymbol{A}^*=-\boldsymbol{A}^T$,所以等式两边取行列式得

$$|\boldsymbol{A}|^2=(-1)^3|\boldsymbol{A}^T|=-|\boldsymbol{A}|,$$

解得 $|\boldsymbol{A}|=0$ 或 $|\boldsymbol{A}|=-1$.

由行列式展开定理得

$$|\boldsymbol{A}|=a_{i1}A_{i1}+a_{i2}A_{i2}+a_{i3}A_{i3}=-(a_{i1}^2+a_{i2}^2+a_{i3}^2),i=1,2,3,$$

又因为 $\boldsymbol{A}$ 是非零矩阵,所以 $|\boldsymbol{A}|<0$. 综上,得 $|\boldsymbol{A}|=-1$.

2.2　向量组与线性方程组

题型考点　向量组等价

【试题 40】(13-1.5;2.7;3.5)　设 $\boldsymbol{A}$、$\boldsymbol{B}$、$\boldsymbol{C}$ 均为 n 阶矩阵,若 $\boldsymbol{AB}=\boldsymbol{C}$,且 $\boldsymbol{B}$ 可逆,则

(A) 矩阵 $\boldsymbol{C}$ 的行向量组与矩阵 $\boldsymbol{A}$ 的行向量组等价.

(B) 矩阵 $\boldsymbol{C}$ 的列向量组与矩阵 $\boldsymbol{A}$ 的列向量组等价.

(C) 矩阵 $\boldsymbol{C}$ 的行向量组与矩阵 $\boldsymbol{B}$ 的行向量组等价.

(D) 矩阵 $\boldsymbol{C}$ 的列向量组与矩阵 $\boldsymbol{B}$ 的列向量组等价.

【难度】本题的数学一难度值为 0.510,数学二难度值为 0.467,数学三难度值为 0.452.

【答案】B.

【解析】设矩阵 $\boldsymbol{A}=(\boldsymbol{\alpha}_1,\boldsymbol{\alpha}_2,\cdots,\boldsymbol{\alpha}_n)$,$\boldsymbol{C}=(\boldsymbol{\gamma}_1,\boldsymbol{\gamma}_2,\cdots,\boldsymbol{\gamma}_n)$,其中 $\boldsymbol{\alpha}_i,\boldsymbol{\gamma}_i(i=1,2,\cdots,n)$ 均为 n 维列向量. 由题设有

$$(\boldsymbol{\alpha}_1,\boldsymbol{\alpha}_2,\cdots,\boldsymbol{\alpha}_n)\boldsymbol{B}=(\boldsymbol{\gamma}_1,\boldsymbol{\gamma}_2,\cdots,\boldsymbol{\gamma}_n)$$

和

$$(\boldsymbol{\alpha}_1,\boldsymbol{\alpha}_2,\cdots,\boldsymbol{\alpha}_n)=(\boldsymbol{\gamma}_1,\boldsymbol{\gamma}_2,\cdots,\boldsymbol{\gamma}_n)\boldsymbol{B}^{-1},$$

即矩阵 $\boldsymbol{A}$ 的列向量组 $\boldsymbol{\alpha}_1,\boldsymbol{\alpha}_2,\cdots,\boldsymbol{\alpha}_n$ 与矩阵 $\boldsymbol{C}$ 的列向量组 $\boldsymbol{\gamma}_1,\boldsymbol{\gamma}_2,\cdots,\boldsymbol{\gamma}_n$ 能相互线性表示,所以矩阵 $\boldsymbol{A}$ 的列向量且与矩阵 $\boldsymbol{C}$ 的列向量组等价,选项 B 正确.

【快解】因为矩阵 $\boldsymbol{B}$ 可逆,相当于若干个初等矩阵的乘积,故 $\boldsymbol{AB}=\boldsymbol{C}$ 相当于对 $\boldsymbol{A}$ 进行若干次初等列变换得到 $\boldsymbol{C}$,所以 $\boldsymbol{A}$ 和 $\boldsymbol{C}$ 列向量组等价,应选 B.

题型考点　具体方程组求解

【试题 41】(13-1. 20;2. 22;3. 20)　设 $\boldsymbol{A}=\begin{pmatrix}1 & a\\ 1 & 0\end{pmatrix}$, $\boldsymbol{B}=\begin{pmatrix}0 & 1\\ 1 & b\end{pmatrix}$, 当 a,b 为何值时, 存在矩阵 $\boldsymbol{C}$ 使得 $\boldsymbol{AC}-\boldsymbol{CA}=\boldsymbol{B}$, 并求所有矩阵 $\boldsymbol{C}$.

【难度】 本题的数学一难度值为 0. 368, 数学二难度值为 0. 389, 数学三难度值为 0. 460.

【解析】 设矩阵 $\boldsymbol{C}=\begin{pmatrix}x_1 & x_2\\ x_3 & x_4\end{pmatrix}$, 代入 $\boldsymbol{AC}-\boldsymbol{CA}=\boldsymbol{B}$, 得方程组

$$\begin{cases}-x_2+ax_3=0,\\ -ax_1+x_2+ax_4=1,\\ x_1-x_3-x_4=1,\\ x_2-ax_3=b.\end{cases}$$

对该方程组的增广矩阵作初等行变换得

$$\left(\begin{array}{cccc:c}0 & -1 & a & 0 & 0\\ -a & 1 & 0 & a & 1\\ 1 & 0 & -1 & -1 & 1\\ 0 & 1 & -a & 0 & b\end{array}\right)\rightarrow\left(\begin{array}{cccc:c}1 & 0 & -1 & -1 & 1\\ 0 & 1 & -a & 0 & 0\\ 0 & 0 & 0 & 0 & a+1\\ 0 & 0 & 0 & 0 & b\end{array}\right).$$

所以, 当 $a\neq-1$ 或 $b\neq0$ 时, 方程组无解; 当 $a=-1$ 且 $b=0$ 时, 方程组有解, 此时方程组增广矩阵的行最简形为

$$\left(\begin{array}{cccc:c}1 & 0 & -1 & -1 & 1\\ 0 & 1 & 1 & 0 & 0\\ 0 & 0 & 0 & 0 & 0\\ 0 & 0 & 0 & 0 & 0\end{array}\right),$$

对应的同解方程组为 $\begin{cases}x_1=x_3+x_4+1\\ x_2=-x_3\\ x_3=x_3\\ x_4=x_4\end{cases}$, 求得其通解为 $x=k_1\begin{pmatrix}1\\ -1\\ 1\\ 0\end{pmatrix}+k_2\begin{pmatrix}1\\ 0\\ 0\\ 1\end{pmatrix}+\begin{pmatrix}1\\ 0\\ 0\\ 0\end{pmatrix}$, 其中 k_1,k_2 为任意常数.

综上, 当且仅当 $a=-1$ 且 $b=0$ 时, 存在满足条件的矩阵 $\boldsymbol{C}$, 且

$$\boldsymbol{C}=\begin{pmatrix}1+k_1+k_2 & -k_1\\ k_1 & k_2\end{pmatrix}, k_1,k_2 \text{ 为任意常数}.$$

2. 3　相似理论与二次型

题型考点　相似矩阵

【试题 42】(13-1. 6;2. 8;3. 6)　矩阵 $\begin{pmatrix}1 & a & 1\\ a & b & a\\ 1 & a & 1\end{pmatrix}$ 与 $\begin{pmatrix}2 & 0 & 0\\ 0 & b & 0\\ 0 & 0 & 0\end{pmatrix}$ 相似的充分必要条件是

(A) $a=0,b=2$. (B) $a=0,b$ 为任意常数.

(C) $a=2,b=0$. (D) $a=2,b$ 为任意常数.

【难度】本题的数学一难度值为 0.673,数学二难度值为 0.665,数学三难度值为 0.678.

【答案】B.

【解析】记 $\boldsymbol{A}=\begin{pmatrix}1&a&1\\a&b&a\\1&a&1\end{pmatrix}$,因为 $\boldsymbol{A}$ 为实对称矩阵,故 $\boldsymbol{A}$ 可相似对角化,根据"可相似对角化的矩阵相似的充要条件为特征值相同"可知,$\boldsymbol{A}$ 的特征值必为 $2,b,0$.

因为

$$|\lambda\boldsymbol{E}-\boldsymbol{A}|=\begin{vmatrix}\lambda-1&-a&-1\\-a&\lambda-b&-a\\-1&-a&\lambda-1\end{vmatrix}=\lambda[(\lambda-2)(\lambda-b)-2a^2],$$

所以,当且仅当 $a=0$ 时,矩阵 $\boldsymbol{A}$ 的特征值为 $2,b,0$,且 b 可为任意常数,即选项 B 是正确的.

题型考点 二次型的标准型

【试题 43】(13-1.21;2.23;3.21) 设二次型 $f(x_1,x_2,x_3)=2(a_1x_1+a_2x_2+a_3x_3)^2+(b_1x_1+b_2x_2+b_3x_3)^2$,记 $\boldsymbol{\alpha}=\begin{pmatrix}a_1\\a_2\\a_3\end{pmatrix},\boldsymbol{\beta}=\begin{pmatrix}b_1\\b_2\\b_3\end{pmatrix}$.

(Ⅰ)证明二次型 f 对应的矩阵为 $2\boldsymbol{\alpha\alpha}^{\mathrm{T}}+\boldsymbol{\beta\beta}^{\mathrm{T}}$;

(Ⅱ)若 $\boldsymbol{\alpha},\boldsymbol{\beta}$ 正交且均为单位向量,证明 f 在正交变换下的标准形为 $2y_1^2+y_2^2$.

【难度】本题的数学一难度值为 0.454,数学二难度值为 0.400,数学三难度值为 0.426.

【解析】(Ⅰ)$(2\boldsymbol{\alpha\alpha}^{\mathrm{T}}+\boldsymbol{\beta\beta}^{\mathrm{T}})^{\mathrm{T}}=2\boldsymbol{\alpha\alpha}^{\mathrm{T}}+\boldsymbol{\beta\beta}^{\mathrm{T}}$,即 $2\boldsymbol{\alpha\alpha}^{\mathrm{T}}+\boldsymbol{\beta\beta}^{\mathrm{T}}$ 是对称矩阵.

记列向量 $\boldsymbol{x}=\begin{pmatrix}x_1\\x_2\\x_3\end{pmatrix}$. 则

$$\begin{aligned}\boldsymbol{x}^{\mathrm{T}}(2\boldsymbol{\alpha\alpha}^{\mathrm{T}}+\boldsymbol{\beta\beta}^{\mathrm{T}})\boldsymbol{x}&=2\boldsymbol{x}^{\mathrm{T}}\boldsymbol{\alpha\alpha}^{\mathrm{T}}\boldsymbol{x}+\boldsymbol{x}^{\mathrm{T}}\boldsymbol{\beta\beta}^{\mathrm{T}}\boldsymbol{x}\\&=2(x_1,x_2,x_3)\begin{pmatrix}a_1\\a_2\\a_3\end{pmatrix}(a_1,a_2,a_3)\begin{pmatrix}x_1\\x_2\\x_3\end{pmatrix}+(x_1,x_2,x_3)\begin{pmatrix}b_1\\b_2\\b_3\end{pmatrix}(b_1,b_2,b_3)\begin{pmatrix}x_1\\x_2\\x_3\end{pmatrix}\\&=2(a_1x_1+a_2x_2+a_3x_3)^2+(b_1x_1+b_2x_2+b_3x_3)^2=f(x_1,x_2,x_3)\end{aligned}$$

所以二次型 f 对应的矩阵为 $2\boldsymbol{\alpha\alpha}^{\mathrm{T}}+\boldsymbol{\beta\beta}^{\mathrm{T}}$.

(Ⅱ)记矩阵 $\boldsymbol{A}=2\boldsymbol{\alpha\alpha}^{\mathrm{T}}+\boldsymbol{\beta\beta}^{\mathrm{T}}$. 由于 $\boldsymbol{\alpha},\boldsymbol{\beta}$ 是相互正交的单位向量,即 $\boldsymbol{\alpha}^{\mathrm{T}}\boldsymbol{\alpha}=\boldsymbol{\beta}^{\mathrm{T}}\boldsymbol{\beta}=1,\boldsymbol{\alpha}^{\mathrm{T}}\boldsymbol{\beta}=0$,所以

$$\boldsymbol{A\alpha}=(2\boldsymbol{\alpha\alpha}^{\mathrm{T}}+\boldsymbol{\beta\beta}^{\mathrm{T}})\boldsymbol{\alpha}=2\boldsymbol{\alpha},$$

$$\boldsymbol{A\beta}=(2\boldsymbol{\alpha\alpha}^{\mathrm{T}}+\boldsymbol{\beta\beta}^{\mathrm{T}})\boldsymbol{\beta}=\boldsymbol{\beta},$$

即 $\lambda_1=2,\lambda_2=1$ 是矩阵 $\boldsymbol{A}$ 的特征值.

又 $\boldsymbol{A}$ 的秩

$$r(\boldsymbol{A})=r(2\boldsymbol{\alpha\alpha}^{\mathrm{T}}+\boldsymbol{\beta\beta}^{\mathrm{T}})\leqslant r(2\boldsymbol{\alpha\alpha}^{\mathrm{T}})+r(\boldsymbol{\beta\beta}^{\mathrm{T}})\leqslant 2,$$

即 $\boldsymbol{A}$ 不是满秩矩阵,所以 $\lambda_3=0$ 也是矩阵 $\boldsymbol{A}$ 的特征值,故二次型 f 在正交变换下的标准形为

$$f=2y_1^2+y_2^2.$$

第三部分　概率论与数理统计试题解析(数学一、数学三)

3.1　事件与概率

注:2013 年数学一、数学三试题中没有单独考查该部分考点的题目.

3.2　随机变量及其分布

题型考点　常见分布

【试题 44】(13-1.14)　设随机变量 Y 服从参数为 1 的指数分布,a 为常数且大于零,则 $P\{Y\leqslant a+1\mid Y>a\}=$________.

【难度】 本题的数学一难度值为 0.493,数学三的考生在学习时也应掌握此题.

【答案】 $1-\dfrac{1}{\mathrm{e}}$.

【解析】方法一　$$P\{Y\leqslant a+1\mid Y>a\}=\frac{P\{a<Y\leqslant a+1\}}{P\{Y>a\}}=\frac{\int_a^{a+1}\mathrm{e}^{-x}\mathrm{d}x}{\int_a^{+\infty}\mathrm{e}^{-x}\mathrm{d}x}=1-\frac{1}{\mathrm{e}}.$$

方法二　由指数分布的无记忆性知

$$P\{Y\leqslant a+1\mid Y>a\}=P\{Y\leqslant 1\}=1-\frac{1}{\mathrm{e}}.$$

【试题 45】(13-1.7;3.7)　设 X_1,X_2,X_3 是随机变量,且 $X_1\sim N(0,1)$,$X_2\sim N(0,2^2)$,$X_3\sim N(5,3^2)$,$p_j=P\{-2\leqslant X_i\leqslant 2\}(i=1,2,3)$,则

(A) $p_1>p_2>p_3$.　　(B) $p_2>p_1>p_3$.

(C) $p_3>p_1>p_2$.　　(D) $p_1>p_3>p_2$.

【难度】 本题的数学一难度值为 0.650,数学三难度值为 0.592.

【答案】 A.

【解析】 $\dfrac{X_2}{2}\sim N(0,1)$,$\dfrac{X_3-5}{3}\sim N(0,1)$. 则

$$p_2=P\{-2\leqslant X_2\leqslant 2\}=P\left\{-1\leqslant\frac{X_2}{2}\leqslant 1\right\}<p_1,$$

$$p_3=P\{-2\leqslant X_3\leqslant 2\}=P\left\{-\frac{7}{3}\leqslant\frac{X_3-5}{3}\leqslant -1\right\}<P\left\{-3\leqslant\frac{X_3-5}{3}\leqslant -1\right\}<p_2.$$

综上可知，$p_1>p_2>p_3$.

题型考点　一维随机变量函数的分布

【试题 46】(13-1.22)　设随机变量 X 的概率密度为 $f(x)=\begin{cases}\frac{1}{9}x^2, & 0<x<3,\\ 0, & 其他.\end{cases}$

令随机变量 $Y=\begin{cases}2, & X\leqslant 1\\ X, & 1<X<2\\ 1, & X\geqslant 2\end{cases}$

(Ⅰ) 求 Y 的分布函数；

(Ⅱ) 求概率 $P\{X\leqslant Y\}$.

【难度】本题的数学一难度值为 0.259，数学三的考生在学习时也应掌握此题.

【解析】(Ⅰ) 由题可知，Y 的取值范围为 $[1,2]$，根据分布函数的定义及全集划分思想可知，

$$\begin{aligned}F_Y(y)&=P\{Y\leqslant y\}\\&=P\{Y\leqslant y,X\leqslant 1\}+P\{Y\leqslant y,1<X<2\}+P\{Y\leqslant y,X\geqslant 2\}\\&=P\{2\leqslant y,X\leqslant 1\}+P\{X\leqslant y,1<X<2\}+P\{1\leqslant y,X\geqslant 2\},\end{aligned}$$

当 $y<1$ 时，$F_Y(y)=0$；

当 $y\geqslant 2$ 时，$F_Y(y)=1$；

当 $1\leqslant y<2$ 时，

$$\begin{aligned}F_Y(y)&=0+P\{1<X\leqslant y\}+P\{X\geqslant 2\}\\&=\int_1^y\frac{x^2}{9}dx+\int_2^3\frac{x^2}{9}dx\\&=\frac{y^3+18}{27}.\end{aligned}$$

所以 Y 的分布函数为

$$F_Y(y)=\begin{cases}0, & y<1,\\ \frac{y^3+18}{27}, & 1\leqslant y<2,\\ 1, & y\geqslant 2.\end{cases}$$

(Ⅱ) $P\{X\leqslant Y\}=P\{X<2\}=\int_0^2\frac{x^2}{9}dx=\frac{8}{27}$.

题型考点　二维离散型随机变量

【试题 47】(13-3.8)　设随机变量 X 和 Y 相互独立，则 X 和 Y 的概率分布分别为

X	0	1	2	3
P	$\frac{1}{2}$	$\frac{1}{4}$	$\frac{1}{8}$	$\frac{1}{8}$

Y	-1	0	1
P	$\frac{1}{3}$	$\frac{1}{3}$	$\frac{1}{3}$

则 $P\{X+Y=2\}=$

(A) $\frac{1}{12}$.　　(B) $\frac{1}{8}$.　　(C) $\frac{1}{6}$.　　(D) $\frac{1}{2}$.

【难度】本题的数学三难度值为 0.920,数学一的考生在学习时也应掌握此题.

【答案】C.

【解析】$P\{X+Y=2\}=P\{X=1,Y=1\}+P\{X=2,Y=0\}+P\{X=3,Y=-1\}$

$$=P\{X=1\}P\{Y=1\}+P\{X=2\}P\{Y=0\}+P\{X=3\}P\{Y=-1\}$$

$$=\frac{1}{4}\times\frac{1}{3}+\frac{1}{8}\times\frac{1}{3}+\frac{1}{8}\times\frac{1}{3}$$

$$=\frac{1}{6},$$

故应选 C.

题型考点　二维连续型随机变量

【试题 48】(13-3.22)　设 (X,Y) 是二维随机变量,X 的边缘概率密度为 $f_X(x)=\begin{cases}3x^2,0<x<1,\\0,\quad 其他\end{cases}$,在给定 $X=x(0<x<1)$ 的条件下,Y 的条件概率密度为

$$f_{Y|X}(y|x)=\begin{cases}\frac{3y^2}{x^3},0<y<x,\\0,\quad 其他\end{cases}$$

(Ⅰ) 求 (X,Y) 的概率密度 $f(x,y)$;

(Ⅱ) 求 Y 的边缘概率密度 $f_Y(y)$;

(Ⅲ) 求 $P(X>2Y)$.

【难度】本题的数学三难度值为 0.611,数学一的考生在学习时也应掌握此题.

【解析】(Ⅰ)由题设知,当 $0<x<1$ 时 (X,Y) 的概率密度

$$f(x,y)=f_X(x)f_{Y|X}(y|x)=\begin{cases}\frac{9y^2}{x},0<y<x,\\0,\quad 其他;\end{cases}$$

当 $x\leqslant 0$ 或 $x\geqslant 1$ 时,虽然 $f_{Y|X}(y|x)$ 没有定义,但由于

$$\int_0^1 dx\int_{-\infty}^{+\infty}f(x,y)\,dxdy=\int_0^1 dx\int_0^x\frac{9y^2}{x}dy=\int_0^1 3x^2dx=1,$$

所以可以认定:当 $x\leqslant 0$ 或 $x\geqslant 1$ 时,$f(x,y)=0$.

综上,(X,Y) 的概率密度为

$$f(x,y)=\begin{cases}\frac{9y^2}{x},0<y<x<1,\\0,\quad 其他.\end{cases}$$

(Ⅱ)Y 的边缘概率密度为

$$f_Y(y)=\int_{-\infty}^{+\infty}f(x,y)\,dx=\begin{cases}\int_y^1\frac{9y^2}{x}dx, & y\in(0,1)\\ 0, & \text{其他}\end{cases}$$

$$=\begin{cases}-9y^2\ln y, & 0<y<1,\\ 0, & \text{其他}.\end{cases}$$

(Ⅲ) $P\{X>2Y\}=\iint\limits_{x>2y}f(x,y)\,dxdy=\int_0^1 dx\int_0^{\frac{\pi}{2}}\frac{9y^2}{x}dy=\frac{1}{8}$.

3.3 数字特征、大数定理与中心极限定理

题型考点 随机变量的数字特征

【试题 49】(13-3.14) 设随机变量 X 服从标准正态分布 $N(0,1)$，则 $E(Xe^{2X})=$ ________.

【难度】 本题的数学三难度值为 0.139，数学一的考生在学习时也应掌握此题.

【答案】 $2e^2$.

【解析】 $E(Xe^{2X})=\int_{-\infty}^{+\infty}xe^{2x}\cdot\frac{1}{\sqrt{2\pi}}e^{-\frac{x^2}{2}}dx=e^2\int_{-\infty}^{+\infty}x\cdot\frac{1}{\sqrt{2\pi}}e^{-\frac{(x-2)^2}{2}}dx$,

而积分 $\int_{-\infty}^{+\infty}x\cdot\frac{1}{\sqrt{2\pi}}e^{-\frac{(x-2)^2}{2}}dx$ 正是正态分布 $N(2,1)$ 的数学期望，所以

$$\int_{-\infty}^{+\infty}x\cdot\frac{1}{\sqrt{2\pi}}e^{-\frac{(x-2)^2}{2}}dx=2,$$

从而 $E(Xe^{2X})=2e^2$.

3.4 数理统计初步

题型考点 三大抽样分布

【试题 50】(13-1.8) 设随机变量 $X\sim t(n)$，$Y\sim F(1,n)$，给定 $\alpha(0<\alpha<0.5)$，常数 c 满足 $P\{X>c\}=\alpha$，则 $P\{Y>c^2\}=$

(A) α. (B) $1-\alpha$. (C) 2α. (D) $1-2\alpha$.

【难度】 本题的数学一难度值为 0.397，数学三的考生在学习时也应掌握此题.

【答案】 C.

【解析】 由 $X\sim t(n)$，可得 $X^2\sim F(1,n)$，从而

$$P\{Y>c^2\}=P\{X^2>c^2\}=P\{X>c\}+P\{X<-c\}=2\alpha,$$

故正确选项为 C.

题型考点 点估计

【试题 51】(13-1.23;3.23) 设总体 X 的概率密度为 $f(x;\theta)=\begin{cases}\frac{\theta^2}{x^3}e^{-\frac{\theta}{x}}, & x>0,\\ 0, & \text{其他}\end{cases}$，其中 θ 为未知

参数且大于零，$X_1, X_2, \cdots, X_n$ 为来自总体 X 的简单随机样本．

（Ⅰ）求 θ 的矩估计量；

（Ⅱ）求 θ 的最大似然估计量．

【难度】本题的数学一难度值为 0.599，数学三难度值为 0.427.

【解析】（Ⅰ）因为 $EX = \int_0^{+\infty} x \cdot \frac{\theta^2}{x^3} e^{-\frac{\theta}{x}} dx = \theta$，

所以 θ 的矩估计量为 $\hat{\theta}=\overline{X}$，其中 $\overline{X} = \frac{1}{n}\sum_{i=1}^{n} X_i$．

（Ⅱ）似然函数为 $L(\theta) = \prod_{i=1}^{n} f(x_i;\theta) = \prod_{i=1}^{n} \frac{\theta^2}{x_i^3} e^{-\frac{\theta}{x_i}}$

对数似然函数 $\ln L(\theta) = \sum_{i=1}^{n}\left(2\ln\theta - 3\ln x_i - \frac{\theta}{x_i}\right) = 2n\ln\theta - 3\sum_{i=1}^{n}\ln x_i - \theta\sum_{i=1}^{n}\frac{1}{x_i}$．

令 $\frac{d[\ln L(\theta)]}{d\theta} = \frac{2n}{\theta} - \sum_{i=1}^{n}\frac{1}{x_i} = 0$，得 θ 的最大似然估计值 $\hat{\theta} = \frac{2n}{\sum_{i=1}^{n}\frac{1}{x_i}}$，所以 θ 的最大似然估计量为 $\hat{\theta} = \frac{2n}{\sum_{i=1}^{n}\frac{1}{X_i}}$．

2014年全国硕士研究生招生考试数学试题分类解析

第一部分　高等数学试题解析

1.1　函数、极限、连续

题型考点　函数的特性

【试题1】(14-1.10;2.10)　设$f(x)$是周期为4的可导奇函数,且$f'(x)=2(x-1),x\in[0,2]$,则$f(7)=$________.

【难度】本题的数学一难度值为0.646,数学二难度值为0.587,数学三的考生在学习时也应掌握此题.

【答案】1.

【解析】由$f'(x)=2(x-1)$,可知$f(x)=(x-1)^2+C$. 由于$f(x)$是可导的奇函数,因而有$f(0)=0$,于是$C=-1$,故

$$f(x)=(x-1)^2-1=x^2-2x.$$

又因为$f(x)$以4为周期,故有$f(7)=f(3)=f(-1)=-f(1)=-(1^2-2)=1$.

题型考点　极限的概念

【试题2】(14-3.1)　设$\lim\limits_{n\to\infty}a_n=a\neq0$,则当$n$充分大时,下列正确的有

(A) $|a_n|>\dfrac{|a|}{2}$.　　(B) $|a_n|<\dfrac{|a|}{2}$.

(C) $a_n>a-\dfrac{1}{n}$.　　(D) $a_n<a+\dfrac{1}{n}$.

【难度】本题的数学三难度值为0.530,数学一、数学二的考生在学习时也应掌握此题.

【答案】A.

【解析】因为$\lim\limits_{n\to\infty}a_n=a\neq0$,所以当$n$充分大时$a_n=a+\alpha$,$\alpha$为无穷小量,故$|a_n|=|a|+\alpha>\dfrac{|a|}{2}$,选项A正确,选项B错误.

另外,若$a_n=a-\dfrac{2}{n}$,满足题意,但选项C不成立,故排除.

若$a_n=a+\dfrac{2}{n}$,满足题意,但选项D不成立,故排除.

题型考点　无穷小的比较

【试题3】(14-3.3)　设$p(x)=a+bx+cx^2+dx^3$. 当$x\to0$时,若$p(x)-\tan x$是比x^3高阶的无穷小量,则下列选项中错误的是

(A) $a=0$.　　(B) $b=1$.

(C) $c=0$. (D) $d=\frac{1}{6}$.

【难度】本题的数学三难度值为 0.738,数学一、数学二的考生在学习时也应掌握此题.

【答案】D.

【解析】$\lim\limits_{x\to 0}\frac{a+bx+cx^2+dx^3-\tan x}{x^3}$

$$=\lim_{x\to 0}\frac{a+bx+cx^2+dx^3-\left[x+\frac{1}{3}x^3+o(x^3)\right]}{x^3}$$

$$=\lim_{x\to 0}\frac{a+(b-1)x+cx^2+\left(d-\frac{1}{3}\right)x^3+o(x^3)}{x^3}=0,$$

则 $a=0,b=1,c=0,d=\frac{1}{3}$. 故应选 D.

【试题 4】(14-2.1) 当 $x\to 0^+$ 时,若 $\ln^{\alpha}(1+2x)$,$(1-\cos x)^{\frac{1}{\alpha}}$ 均是比 x 高阶的无穷小量,则 α 的取值范围是

(A) $(2,+\infty)$. (B) $(1,2)$. (C) $\left(\frac{1}{2},1\right)$. (D) $\left(0,\frac{1}{2}\right)$.

【难度】本题的数学二难度值为 0.780,数学一、数学三的考生在学习时也应掌握此题.

【答案】B.

【解析】根据高阶无穷小的定义可知:

$$\lim_{x\to 0^+}\frac{\ln^{\alpha}(1+2x)}{x}=\lim_{x\to 0^+}\frac{2^{\alpha}x^{\alpha}}{x}=2^{\alpha}\lim_{x\to 0^+}x^{\alpha-1}=0,\text{故 }\alpha>1.$$

$$\lim_{x\to 0^+}\frac{(1-\cos x)^{\frac{1}{\alpha}}}{x}=\lim_{x\to 0^+}\frac{\left(\frac{x^2}{2}\right)^{\frac{1}{\alpha}}}{x}=\left(\frac{1}{2}\right)^{\frac{1}{\alpha}}\lim_{x\to 0^+}x^{\frac{1}{\alpha}-1}=0,\text{故}\frac{2}{\alpha}-1>0,\text{即 }0<\alpha<2.$$

综上,$1<\alpha<2$,即选项 B 正确.

题型考点 函数求极限

【试题 5】(14-2.5) 设函数 $f(x)=\arctan x$. 若 $f(x)=xf'(\xi)$,则 $\lim\limits_{x\to 0}\frac{\xi^2}{x^2}=$

(A) 1. (B) $\frac{2}{3}$. (C) $\frac{1}{2}$. (D) $\frac{1}{3}$.

【难度】本题的数学二难度值为 0.514,数学一、数学三的考生在学习时也应掌握此题.

【答案】D.

【解析】由拉格朗日中值定理可知

$$f(x)-f(0)=(x-0)f'(\xi)\ (\xi\text{ 介于 }0\text{ 和 }x\text{ 之间}),$$

即

$$\arctan x=\frac{x}{1+\xi^2},$$

解得
$$\xi^2=\frac{x}{\arctan x}-1=\frac{x-\arctan x}{\arctan x},$$

于是
$$\lim_{x\to0}\frac{\xi^2}{x^2}=\lim_{x\to0}\frac{x-\arctan x}{x^2\arctan x}$$

$$=\lim_{x\to0}\frac{x-\arctan x}{x^3}=\lim_{x\to0}\frac{1-\frac{1}{1+x^2}}{3x^2}$$

$$=\lim_{x\to0}\frac{x^2}{3x^2}=\frac{1}{3}$$

故选 D.

【试题 6】(14-1. 15;2. 15;3. 15) 求极限 $\lim\limits_{x\to+\infty}\dfrac{\int_1^x\left[t^2\left(e^{\frac{1}{t}}-1\right)-t\right]dt}{x^2\ln\left(1+\frac{1}{x}\right)}$.

【难度】 本题的数学一难度值为 0. 570,数学二难度值为 0. 576,数学三难度值为 0. 559.

【解析】 $\lim\limits_{x\to+\infty}\dfrac{\int_1^x\left[t^2\left(e^{\frac{1}{t}}-1\right)-t\right]dt}{x^2\ln\left(x+\frac{1}{x}\right)}=\lim\limits_{x\to+\infty}\dfrac{\int_1^x\left[t^2\left(e^{\frac{1}{t}}-1\right)-t\right]dt}{x}$

$$=\lim_{x\to+\infty}\left[x^2\left(e^{\frac{1}{x}}-1\right)-x\right]$$

$$\overset{u=\frac{1}{x}}{=\!=\!=}\lim_{u\to0^+}\frac{e^u-1-u}{u^2}$$

$$=\lim_{u\to0^+}\frac{e^u-1}{2u}$$

$$=\frac{1}{2}.$$

题型考点　渐近线

【试题 7】(14-1. 1;2. 2;3. 2) 下列曲线中有渐近线的是

(A) $y=x+\sin x$.　　　　(B) $y=x^2+\sin x$.

(C) $y=x+\sin\frac{1}{x}$.　　　　(D) $y=x^2+\sin\frac{1}{x}$.

【难度】 本题的数学一难度值为 0. 689,数学二难度值为 0. 673,数学三难度值为 0. 626.

【答案】 C.

【解析】 四个选项中曲线的水平渐近线和铅直渐近线都不存在. 下面只需考虑斜渐近线的存在性.

对于选项 A,$k=\lim\limits_{x\to\infty}\dfrac{x+\sin x}{x}=1$,$b=\lim\limits_{x\to\infty}(y-kx)=\lim\limits_{x\to\infty}\sin x$ 不存在,即斜渐近线不存在;

对于选项 B,$k=\lim\limits_{x\to\infty}\dfrac{x+\sin x}{x}=\infty$,斜渐近线不存在;

对于选项 C，$k=\lim\limits_{x\to\infty}\dfrac{x+\sin\dfrac{1}{x}}{x}=1$，$b=\lim\limits_{x\to\infty}(y-kx)=0$，即有斜渐近线 $y=x$，故选项 C 正确．

对于选项 D，斜渐近线的斜率 $k=\lim\limits_{x\to\infty}\dfrac{x^2+\sin\dfrac{1}{x}}{x}=\infty$，斜渐近线不存在；

综合上述可知，应选择 C．

1.2　一元函数微分学

题型考点　参数方程求导

【试题 8】（14-2.12）　曲线 L 的极坐标方程是 $r=\theta$，则 L 在点 $(r,\theta)=\left(\dfrac{\pi}{2},\dfrac{\pi}{2}\right)$ 处的切线的直角坐标方程是________．

【难度】 本题的数学二难度值为 0.320，数学一的考生在学习时也应掌握此题，数学三的考试大纲对参数方程求导不作要求，数学三的考生对此题仅作了解．

【答案】 $\dfrac{2}{\pi}x+y-\dfrac{\pi}{2}=0$.

【解析】 曲线 L 的参数方程为 $\begin{cases}x=\theta\cos\theta,\\ y=\theta\sin\theta,\end{cases}$ 由此得

$$\left.\frac{\mathrm{d}y}{\mathrm{d}x}\right|_{\theta=\frac{\pi}{2}}=\left.\frac{\sin\theta+\theta\cos\theta}{\cos\theta-\theta\sin\theta}\right|_{\theta=\frac{\pi}{2}}=\frac{1+0}{0-\dfrac{\pi}{2}}=-\frac{2}{\pi},$$

则 L 在点 $(r,\theta)=\left(\dfrac{\pi}{2},\dfrac{\pi}{2}\right)$，即点 $(x,y)=\left(0,\dfrac{\pi}{2}\right)$ 处的切线方程为

$$y-\frac{\pi}{2}=-\frac{2}{\pi}(x-0)\text{，即}\frac{2}{\pi}x+y-\frac{\pi}{2}=0.$$

题型考点　导数的应用

【试题 9】（14-1.2；2.3；3.4）　设函数 $f(x)$ 具有 2 阶导数，$g(x)=f(0)(1-x)+f(1)x$，则在区间 $[0,1]$ 上

（A）当 $f'(x)\geqslant 0$ 时，$f(x)\geqslant g(x)$．　　（B）当 $f'(x)\geqslant 0$ 时，$f(x)\leqslant g(x)$．

（C）当 $f''(x)\geqslant 0$ 时，$f(x)\geqslant g(x)$．　　（D）当 $f''(x)\geqslant 0$ 时，$f(x)\leqslant g(x)$．

【难度】 本题的数学一难度值为 0.521，数学二难度值为 0.532，数学三难度值为 0.430.

【答案】 D.

【解析】 令 $F(x)=f(x)-g(x)=f(x)-[f(0)(1-x)+f(1)x]$，$x\in[0,1]$，往下有两个方法：

方法一　$F'(x)=f'(x)-[f(1)-f(0)]=f'(x)-f'(\xi)$，$\xi\in(0,1)$，$F''(x)=f''(x)$．若 $f''(x)>0$，则 $F'(x)$ 在 $[0,1]$ 上单调递增．

当 $x\in[0,\xi)$ 时，$F'(x)<F'(\xi)=0$，$F(x)$ 单调递减，$F(x)\leqslant F(0)=0$；

当 $x\in(\xi,1]$ 时,$F'(x)>F'(\xi)=0$,$F(x)$ 单调递增,$F(x)\leqslant F(1)=0$;
所以,在区间 $[0,1]$ 上 $f(x)\leqslant g(x)$.

方法二 $F'(x)=f'(x)-[f(1)-f(0)]$,$F''(x)=f''(x)$,若 $f''(x)>0$,则 $F(x)$ 在 $[0,1]$ 上为凹函数,又因为 $F(0)=F(1)=0$,所以在区间 $[0,1]$ 上 $F(x)\leqslant 0$,即 $f(x)\leqslant g(x)$.

综合上述可知,应选 D.

【试题 10】(14-1.16) 设函数 $y=f(x)$ 由方程 $y^3+xy^2+x^2y+6=0$ 确定,求 $f(x)$ 的极值.

【难度】 本题的数学一难度值为 0.467,数学二、数学三的考生在学习时也应掌握此题.

【解析】 方程两端对 x 求导,得

$$3y^2y'+y^2+2xyy'+2xy+x^2y'=0. \qquad ①$$

令 $y'=0$,得 $y=0$ 或 $y=-2x$.

将 $y=0$ 代入方程不成立,舍去.

将 $y=-2x$ 代入方程得 $-6x^3+6=0$,解得 $x=1$,$f(1)=-2$.

①式两端再对 x 求导,得

$$(3y^2+2xy+x^2)y''+2(3y+x)(y')^2+4(y+x)y'+2y=0, \qquad ②$$

将 $x=1$,$f(1)=-2$,$f'(1)=0$ 代入②式,求得 $f''(1)=\dfrac{4}{9}>0$.

所以 $x=1$ 是函数 $f(x)$ 的极小值点,极小值为 $f(1)=-2$.

题型考点 曲率(数学一、数学二)

【试题 11】(14-2.4) 曲线 $\begin{cases}x=t^2+7,\\ y=t^2+4t+1\end{cases}$ 上对应于 $t=1$ 的点处的曲率半径是

(A) $\dfrac{\sqrt{10}}{50}$. (B) $\dfrac{\sqrt{10}}{100}$. (C) $10\sqrt{10}$. (D) $5\sqrt{10}$.

【难度】 本题的数学二难度值为 0.585,数学一的考生在学习时也应掌握此题,数学三的考生不作要求.

【答案】 C.

【解析】

$$y'=\frac{\mathrm{d}y/\mathrm{d}t}{\mathrm{d}x/\mathrm{d}t}=\frac{2t+4}{2t}=\frac{t+2}{t},$$

$$y''=\frac{\mathrm{d}y'/\mathrm{d}t}{\mathrm{d}x/\mathrm{d}t}=\frac{-\frac{2}{t^2}}{2t}=-\frac{1}{t^3},$$

则曲线在 $t=1$ 的对应点处的曲率

$$K=\left.\frac{|y''|}{(1+y'^2)^{\frac{3}{2}}}\right|_{t=1}=\frac{1}{10\sqrt{10}}.$$

曲率半径 $\rho=\dfrac{1}{K}=10\sqrt{10}$,故选 C.

题型考点 经济应用(数学三)

【试题 12】(14-3.9) 设某商品的需求函数为 $Q=40-2P$(P 为商品的价格),则该商品的边

际收益为________.

【难度】本题的数学三难度值为 0.274，数学一、数学二的考生不作要求.

【答案】$20-Q$.

【解析】由题设可得价格函数 $P=\dfrac{40-Q}{2}$，所以该商品的收益函数为

$$R=PQ=\frac{(40-Q)Q}{2},\text{且}\frac{dR}{dQ}=20-Q,$$

故边际收益为 $20-Q$.

题型考点　不等式的证明

【试题 13】（14-2.19；3.19） 设函数 $f(x)$，$g(x)$ 在区间 $[a,b]$ 上连续，且 $f(x)$ 单调增加，$0\leqslant g(x)\leqslant 1$. 证明：

（Ⅰ）$0\leqslant\int_a^x g(t)\mathrm{d}t\leqslant x-a, x\in[a,b]$；

（Ⅱ）$\int_a^{a+\int_a^b g(t)\mathrm{d}t} f(x)\mathrm{d}x\leqslant\int_a^b f(x)g(x)\mathrm{d}x$.

【难度】本题的数学二难度值为 0.337，数学三难度值为 0.329，数学一的考生在学习时也应掌握此题.

【解析】（Ⅰ）因为 $0\leqslant g(x)\leqslant 1$，所以当 $x\in[a,b]$ 时，有

$$\int_a^x 0\mathrm{d}t\leqslant\int_a^x g(t)\mathrm{d}t\leqslant\int_a^x 1\mathrm{d}t,\text{ 即 } 0\leqslant\int_a^x g(t)\mathrm{d}t\leqslant x-a.$$

（Ⅱ）令 $F(x)=\int_a^x f(t)g(t)\mathrm{d}t-\int_a^{a+\int_a^x g(u)\mathrm{d}u} f(t)\mathrm{d}t, x\in[a,b]$.

因为 $f(x)$，$g(x)$ 在区间 $[a,b]$ 上连续，所以 $F(x)$ 在区间 $[a,b]$ 上可导，且

$$F'(x)=\left[f(x)-f\left(a+\int_a^x g(u)\mathrm{d}u\right)\right]g(x).$$

因为 $x\geqslant a+\int_a^x g(u)\mathrm{d}u$，$f(x)$ 单调增加，所以 $f(x)\geqslant f\left(a+\int_a^x g(u)\mathrm{d}u\right)$，又因为 $g(x)\geqslant 0$，所以 $F'(x)\geqslant 0$，从而 $F(x)$ 在区间 $[a,b]$ 上单调不减.

故 $F(b)\geqslant F(a)=0$，即 $\int_a^{a+\int_a^b g(t)\mathrm{d}t} f(x)\mathrm{d}x\leqslant\int_a^b f(x)g(x)\mathrm{d}x$.

1.3　一元函数积分学

题型考点　定积分的计算

【试题 14】（14-3.11） 设 $\int_0^a x\mathrm{e}^{2x}\mathrm{d}x=\dfrac{1}{4}$，则 $a=$________.

【难度】本题的数学三难度值为 0.774，数学一、数学二的考生在学习时也应掌握此题.

【答案】$\dfrac{1}{2}$.

【解析】由分部积分法,有

$$\int_0^a xe^{2x}dx = \frac{xe^{2x}}{2}\Bigg|_0^a - \int_0^a \frac{e^{2x}}{2}dx = \frac{ae^{2a}}{2} - \frac{e^{2a}}{4} + \frac{1}{4}.$$

由题意知

$$\frac{ae^{2a}}{2}-\frac{e^{2a}}{4}+\frac{1}{4}=\frac{1}{4},\text{即 } e^{2a}\left(\frac{a}{2}-\frac{1}{4}\right)=0.$$

故 $a=\frac{1}{2}$.

题型考点　反常积分的计算

【试题 15】(14-2.9)　$\int_{-\infty}^{1}\frac{1}{x^2+2x+5}dx=$________.

【难度】本题的数学二难度值为 0.498,数学一、数学三的考生在学习时也应掌握此题.

【答案】$\frac{3\pi}{8}$.

【解析】

$$\int_{-\infty}^{1}\frac{1}{x^2+2x+5}dx=\int_{-\infty}^{1}\frac{1}{(x+1)^2+4}dx$$

$$=\frac{1}{2}\int_{-\infty}^{1}\frac{1}{1+\left(\frac{x+1}{2}\right)^2}d\left(\frac{x+1}{2}\right)$$

$$=\frac{1}{2}\arctan\frac{x+1}{2}\Bigg|_{-\infty}^{1}=\frac{1}{2}\left(\frac{\pi}{4}+\frac{\pi}{2}\right)=\frac{3\pi}{8}.$$

题型考点　定积分的几何应用

【试题 16】(14-3.10)　设 D 是由曲线 $xy+1=0$ 与直线 $x+y=0$ 及 $y=2$ 所围成的有界区域,则 D 的面积为________.

【难度】本题的数学三难度值为 0.438,数学一、数学二的考生在学习时也应掌握此题.

【答案】$\frac{3}{2}-\ln 2$.

【解析】$\int_1^2\left(y-\frac{1}{y}\right)dy=\left(\frac{y^2}{2}-\ln y\right)\Bigg|_1^2=\frac{3}{2}-\ln 2.$

【试题 17】(14-2.13)　一根长度为 1 的细棒位于 x 轴的区间 $[0,1]$ 上,若其线密度 $\rho(x)=-x^2+2x+1$,则该细棒的质心坐标 $\bar{x}=$________.

【难度】本题的数学二难度值为 0.314,数学一的考生在学习时也应掌握此题,数学三的考试大纲对质心不作要求.

【答案】$\frac{11}{20}$.

【解析】

$$\bar{x}=\frac{\int_0^1 x\rho(x)dx}{\int_0^1\rho(x)dx}=\frac{\int_0^1(-x^3+2x^2+x)dx}{\int_0^1(-x^2+2x+1)dx}$$

$$=\frac{\left(-\frac{x^4}{4}+\frac{2}{3}x^3+\frac{1}{2}x^2\right)\Big|_0^1}{\left(-\frac{x^3}{3}+x^2+x\right)\Big|_0^1}=\frac{\frac{11}{12}}{\frac{5}{3}}=\frac{11}{20}.$$

【试题 18】（14-2.20） 设函数 $f(x)=\frac{x}{1+x}, x\in[0,1]$，定义函数列

$$f_1(x)=f(x), f_2(x)=f(f_1(x)), \cdots, f_n(x)=f(f_{n-1}(x)), \cdots$$

记 S_n 是曲线 $y=f_n(x)$，直线 $x=1$ 及 x 轴所围平面图形的面积．求极限 $\lim\limits_{n\to\infty}nS_n$.

【难度】 本题的数学二难度值为 0.447，数学一、数学三的考生在学习时也应掌握此题．

【解析】
$$f_2(x)=f(f_1(x))=\frac{f_1(x)}{1+f_1(x)}=\frac{\frac{x}{1+x}}{1+\frac{x}{1+x}}=\frac{x}{1+2x},$$

$$f_3(x)=f(f_2(x))=\frac{f_2(x)}{1+f_2(x)}=\frac{\frac{x}{1+2x}}{1+\frac{x}{1+2x}}=\frac{x}{1+3x},$$

以此类推
$$f_n(x)=\frac{x}{1+nx}(n=1,2,3,\cdots),$$

于是

$$S_n=\int_0^1\frac{x}{1+nx}\mathrm{d}x=\frac{1}{n}\int_0^1\left(1-\frac{1}{1+nx}\right)\mathrm{d}x=\frac{1}{n}-\frac{\ln(1+n)}{n^2},$$

故
$$\lim_{n\to\infty}nS_n=\lim_{n\to\infty}\left[1-\frac{\ln(1+n)}{n}\right]=1.$$

【试题 19】（14-2.21） 已知函数 $f(x,y)$ 满足 $\frac{\partial f}{\partial y}=2(y+1)$，且

$$f(y,y)=(y+1)^2-(2-y)\ln y,$$

求曲线 $f(x,y)=0$ 所围图形绕直线 $y=-1$ 旋转所成旋转体的体积．

【难度】 本题的数学二难度值为 0.357，数学一、数学三的考生在学习时也应掌握此题．

【解析】 由 $\frac{\partial f}{\partial y}=2(y+1)$ 得

$$f(x,y)=(y+1)^2+\varphi(x).$$

又因为 $f(x,y)=(y+1)^2-(2-y)\ln y$，得

$$\varphi(y)=-(2-y)\ln y,$$

因此

$$f(x,y)=(y+1)^2-(2-x)\ln x.$$

于是，曲线 $f(x,y)=0$ 的方程为

$$(y+1)^2=(2-x)\ln x\quad(1\leqslant x\leqslant 2),$$

其所围图形绕直线 $y=-1$ 旋转所成旋转体的体积为

$$V=\pi\int_1^2(y+1)^2\mathrm{d}x=\pi\int_1^2(2-x)\ln x\mathrm{d}x$$

$$=-\frac{\pi}{2}\int_1^2\ln x\mathrm{d}[(2-x)^2]$$

$$=-\frac{\pi}{2}\left[(2-x)^2\ln x\Big|_1^2-\int_1^2\frac{(2-x)^2}{x}\mathrm{d}x\right]$$

$$=-\frac{\pi}{2}(0-4\ln 2+\frac{5}{2})$$

$$=(2\ln 2-\frac{5}{4})\pi.$$

1.4 常微分方程

题型考点 一阶微分方程

【试题 20】(14-1.11) 微分方程 $xy'+y(\ln x-\ln y)=0$ 满足条件 $y(1)=e^3$ 的解为 $y=$________.

【难度】 本题的数学一难度值为 0.192,数学二、数学三的考生在学习时也应掌握此题.

【答案】 xe^{2x+1}.

【解析】 微分方程整理为 $y'=\frac{y}{x}\ln\frac{y}{x}$,令 $\frac{y}{x}=u$,则 $y'=u'x+u$,代入方程得

$$u+xu'=u\ln u,$$

即 $\frac{\mathrm{d}u}{u(\ln u-1)}=\frac{\mathrm{d}x}{x}$,解得 $\ln u-1=Cx$,即 $y=xe^{Cx+1}$.

由 $y(1)=e^3$ 得 $C=2$,所以 $y=xe^{2x+1}$.

【试题 21】(14-2.16) 已知函数 $y=y(x)$ 满足微分方程 $x^2+y^2y'=1-y'$,且 $y(2)=0$,求 $y(x)$ 的极大值与极小值.

【难度】 本题的数学二难度值为 0.623,数学一、数学三的考生在学习时也应掌握此题.

【解析】 微分方程分离变量得

$$(1+y^2)\mathrm{d}y=(1-x^2)\mathrm{d}x,$$

两边积分并整理,得

$$x^3+y^3-3x+3y=C.$$

由 $y(2)=0$,得 $C=2$,故 $x^3+y^3-3x+3y=2$.

令 $y'=\frac{1-x^2}{1+y^2}=0$,得 $y(x)$ 的驻点 $x=\pm1$,代入方程得 $y(-1)=0$,$y(1)=1$.

当 $x<-1$ 时,$y'<0$;当 $-1<x<1$ 时,$y'>0$;当 $x>1$ 时,$y'<0$. 因此,$x=-1$ 为极小值点,$x=1$ 为极大值点.

所以,$y(x)$ 的极小值为 $y(-1)=0$,极大值为 $y(1)=1$.

题型考点　二阶微分方程

【试题 22】(14-3.17)　设函数 $f(u)$ 具有连续导数，$z=f(e^x\cos y)$ 满足

$$\cos y\frac{\partial z}{\partial x}-\sin y\frac{\partial z}{\partial y}=(4z+e^x\cos y)e^x.$$

若 $f(0)=0$，求 $f(u)$ 的表达式.

【难度】 本题的数学三难度值为 0.538，数学一、数学二的考生在学习时也应掌握此题.

【解析】 因为 $\frac{\partial z}{\partial x}=f'(e^x\cos y)e^x\cos y,\frac{\partial z}{\partial y}=-f'(e^x\cos y)e^x\sin y$，

代入 $\cos y\frac{\partial z}{\partial x}-\sin y\frac{\partial z}{\partial y}=(4z+e^x\cos y)e^x$ 并整理得

$$f'(e^x\cos y)e^x=[4f(e^x\cos y)+e^x\cos y]e^x.$$

令 $u=e^x\cos y$，上式整理为

$$f'(u)-4f(u)=u.$$

两边同乘积分因子 e^{-4u} 并积分得

$$e^{-4u}f(u)=\int ue^{-4u}du=-e^{-4u}\left(\frac{1}{4}u+\frac{1}{16}\right)+C,$$

解得

$$f(u)=-(\frac{1}{4}u+\frac{1}{16})+Ce^{4u}.$$

又 $f(0)=0$，得 $C=\frac{1}{16}$，故

$$f(u)=\frac{1}{16}(e^{4u}-4u-1).$$

【试题 23】(14-1.17;2.18)　设函数 $f(u)$ 具有二阶连续导数，$z=f(e^x\cos y)$ 满足

$$\frac{\partial^2 z}{\partial x^2}+\frac{\partial^2 z}{\partial y^2}=(4z+e^x\cos y)e^{2x}.$$

若 $f(0)=0,f'(0)=0$，求 $f(u)$ 的表达式.

【难度】 本题的数学一难度值为 0.526，数学二难度值为 0.509，数学三的考生在学习时也应掌握此题.

【解析】 因为

$$\frac{\partial z}{\partial x}=f'(e^x\cos y)e^x\cos y,\frac{\partial z}{\partial y}=-f'(e^x\cos y)e^x\sin y,$$

$$\frac{\partial^2 z}{\partial x^2}=f''(e^x\cos y)e^{2x}\cos^2 y+f'(e^x\cos y)e^x\cos y,$$

$$\frac{\partial^2 z}{\partial y^2}=f''(e^x\cos y)e^{2x}\sin^2 y+f'(e^x\cos y)e^x\cos y,$$

代入 $\frac{\partial^2 z}{\partial x^2}+\frac{\partial^2 z}{\partial y^2}=(4z+e^x\cos y)e^{2x}$ 并整理得

$$f''(e^x\cos y)e^{2x}=[4f(e^x\cos y)+e^x\cos y]e^{2x}.$$

令 $u=e^{x}\cos y$,上式整理为

$$f''(u)-4f(u)=u.$$

齐次方程的特征方程为

$$r^2-4=0,\text{解得 } r=\pm 2.$$

所以,齐次方程通解为

$$\overline{f(u)}=C_1e^{2u}+C_2e^{-2u}.$$

令非齐次方程的一个特解为 $f^*(u)=au+b$,代入非齐次方程解得 $\begin{cases}a=-\dfrac{1}{4},\\ b=0\end{cases}$

故非齐次方程的通解为

$$f(u)=C_1e^{2u}+C_2e^{-2u}-\frac{u}{4}.$$

由 $f(0)=0, f'(0)=0$ 得

$$\begin{cases}C_1+C_2=0,\\ 2C_1-2C_2-\dfrac{1}{4}=0,\end{cases}\text{解得 } C_1=\frac{1}{16}, C_2=-\frac{1}{16},$$

所以

$$f(u)=\frac{1}{16}(e^{2u}+e^{-2u}-4u).$$

1.5 多元函数微分学

题型考点　隐函数求偏导数

【试题 24】(14-2.11)　设 $z=z(x,y)$ 是由方程 $e^{2yz}+x+y^2+z=\dfrac{7}{4}$ 确定的函数,则 $dz\Big|_{\left(\frac{1}{2},\frac{1}{2}\right)}=$ ________.

【难度】本题的数学二难度值为 0.466,数学一、数学三的考生在学习时也应掌握此题.

【答案】$-\dfrac{1}{2}(dx+dy)$.

【解析】由一阶微分形式不变性可知

$$e^{2yz}d(2yz)+dx+2ydy+dz=0,$$

即

$$2e^{2yz}(ydz+zdy)+dx+2ydy+dz=0,$$

解出

$$dz=-\frac{dx+2ydy}{2ye^{2yz}+1},$$

代入 $x=\dfrac{1}{2}, y=\dfrac{1}{2}$ 得

$$dz\Big|_{\left(\frac{1}{2},\frac{1}{2}\right)}=-\frac{1}{2}(dx+dy).$$

题型考点　多元函数求极值与最值

【试题 25】(14-2.6)　设函数 $u(x,y)$ 在有界闭区域 D 上连续,在 D 的内部具有二阶连续偏

导数,且满足$\dfrac{\partial^2 u}{\partial x\partial y}\neq 0$及$\dfrac{\partial^2 u}{\partial x^2}+\dfrac{\partial^2 u}{\partial y^2}=0$,则

(A) $u(x,y)$的最大值和最小值都在D的边界上取得.

(B) $u(x,y)$的最大值和最小值都在D的内部取得.

(C) $u(x,y)$的最大值在D的内部取得,最小值在D的边界上取得.

(D) $u(x,y)$的最小值在D的内部取得,最大值在D的边界上取得.

【难度】本题的数学二难度值为0.528,数学一、数学三的考生在学习时也应掌握此题.

【答案】A.

【解析】假设在D的内部某点(x_0,y_0)是$u(x,y)$的驻点,记

$$A=\left.\frac{\partial^2 u}{\partial x^2}\right|_{(x_0,y_0)},B=\left.\frac{\partial^2 u}{\partial x\partial y}\right|_{(x_0,y_0)},C=\left.\frac{\partial^2 u}{\partial y^2}\right|_{(x_0,y_0)},$$

由题设$\dfrac{\partial^2 u}{\partial x\partial y}\neq 0$及$\dfrac{\partial^2 u}{\partial x^2}+\dfrac{\partial^2 u}{\partial y^2}=0$可知$B\neq 0,AC\leqslant 0$,因此$AC-B^2<0$,故$(x_0,y_0)$不是极值点,即$u(x,y)$的最大值和最小值不可能在$D$的内部取得,只能在$D$的边界上取得,故选A.

1.6 二重积分

题型考点 交换积分次序

【试题26】(14-1.3) 设$f(x,y)$是连续函数,则$\int_0^1 dy\int_{-\sqrt{1-y^2}}^{1-y} f(x,y)dx=$

(A) $\int_0^1 dx\int_0^{x-1} f(x,y)dy+\int_{-1}^0 dx\int_0^{\sqrt{1-x^2}} f(x,y)dy$.

(B) $\int_0^1 dx\int_0^{1-x} f(x,y)dy+\int_{-1}^0 dx\int_{-\sqrt{1-x^2}}^0 f(x,y)dy$.

(C) $\int_0^{\frac{\pi}{2}} d\theta\int_0^{\frac{1}{\cos\theta+\sin\theta}} f(r\cos\theta,r\sin\theta)dr+\int_{\frac{\pi}{2}}^{\pi} d\theta\int_0^1 f(r\cos\theta,r\sin\theta)dr$.

(D) $\int_0^{\frac{\pi}{2}} d\theta\int_0^{\frac{1}{\cos\theta+\sin\theta}} f(r\cos\theta,r\sin\theta)rdr+\int_{\frac{\pi}{2}}^{\pi} d\theta\int_0^1 f(r\cos\theta,r\sin\theta)rdr$.

【难度】本题的数学一难度值为0.809,数学二、数学三的考生在学习时也应掌握此题.

【答案】D.

【解析】如图,$D_1\cup D_2$是由$y=0,y=1$,$x=-\sqrt{1-y^2}$和$x=1-y$围成的图形.

交换积分次序或在极坐标系下计算,有

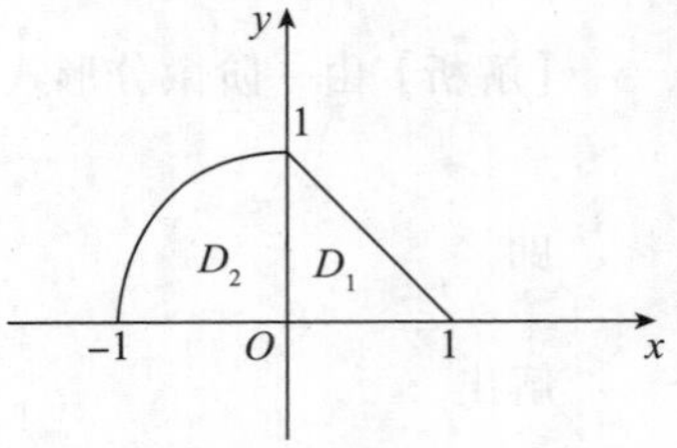

$$\iint\limits_{D_1} f(x,y)dxdy=\int_0^1 dx\int_0^{1-x} f(x,y)dy=\int_0^{\frac{\pi}{2}} d\theta\int_0^{\frac{1}{\cos\theta+\sin\theta}} f(r\cos\theta,r\sin\theta)rdr,$$

$$\iint\limits_{D_2} f(x,y)dxdy=\int_{-1}^0 dx\int_0^{\sqrt{1-x^2}} f(x,y)dy=\int_{\frac{\pi}{2}}^{\pi} d\theta\int_0^1 f(r\cos\theta,r\sin\theta)rdr,$$

所以

$$\int_0^1 dy\int_{-\sqrt{1-y^2}}^{1-y} f(x,y)dx$$

$$=\int_0^1 dx\int_0^{1-x} f(x,y)dy+\int_{-1}^0 dx\int_0^{\sqrt{1-x^2}} f(x,y)dy$$

$$=\int_0^{\frac{\pi}{2}} d\theta\int_0^{\frac{1}{\cos\theta+\sin\theta}} f(r\cos\theta,r\sin\theta)rdr+\int_{\frac{\pi}{2}}^{\pi} d\theta\int_0^1 f(r\cos\theta,r\sin\theta)rdr.$$

综上可知,选项 A、B、C 不正确,故选 D.

【试题 27】(14-3.12) 二次积分$\int_0^1 dy\int_y^1\left(\frac{e^{x^2}}{x}-e^{y^2}\right)dx=$ ________.

【难度】本题的数学三难度值为 0.320,数学一、数学二的考生在学习时也应掌握此题.

【答案】$\frac{e-1}{2}$.

【解析】原式$=\int_0^1 dy\int_y^1 \frac{e^{x^2}}{x}dx-\int_0^1 dy\int_y^1 e^{y^2}dx$,

$$=\int_0^1 dx\int_0^x \frac{e^{x^2}}{x}dy-\int_0^1(1-y)e^{y^2}dy$$

$$=\int_0^1 e^{x^2}dx-\int_0^1 e^{y^2}dy+\int_0^1 ye^{y^2}dy$$

$$=\frac{e^{y^2}}{2}\Big|_0^1=\frac{e-1}{2}.$$

题型考点　二重积分的计算

【试题 28】(14-2.17;3.16) 设平面区域 $D=\{(x,y)\mid 1\leqslant x^2+y^2\leqslant 4,x\geqslant 0,y\geqslant 0\}$,计算 $\iint\limits_D \frac{x\sin(\pi\sqrt{x^2+y^2})}{x+y}dxdy$.

【难度】本题的数学二难度值为 0.532,数学三难度值为 0.501,数学一的考生在学习时也应掌握此题.

【解析】方法一　由于积分区域关于直线 $y=x$ 对称,所以有

$$\iint\limits_D \frac{x\sin(\pi\sqrt{x^2+y^2})}{x+y}dxdy=\iint\limits_D \frac{y\sin(\pi\sqrt{x^2+y^2})}{x+y}dxdy,$$

从而有

$$\iint\limits_D \frac{x\sin(\pi\sqrt{x^2+y^2})}{x+y}dxdy=\frac{1}{2}\iint\limits_D \frac{(x+y)\sin(\pi\sqrt{x^2+y^2})}{x+y}dxdy$$

$$=\frac{1}{2}\iint\limits_D \sin(\pi\sqrt{x^2+y^2})dxdy$$

$$=\frac{1}{2}\int_0^{\frac{\pi}{2}} d\theta\int_1^2 r\sin(\pi r)dr$$

$$=\frac{1}{2}\cdot\frac{\pi}{2}\cdot\frac{1}{\pi}\left[-r\cos(\pi r)\Big|_1^2+\int_1^2\cos(\pi r)dr\right]$$

$$=\frac{1}{4}\left[-3+\frac{1}{\pi}\sin(\pi r)\Big|_1^2\right]$$

$$= -\frac{3}{4}.$$

方法二 $\iint\limits_D \frac{x\sin(\pi\sqrt{x^2+y^2})}{x+y}\mathrm{d}x\mathrm{d}y = \int_0^{\frac{\pi}{2}} \frac{\cos\theta}{\cos\theta+\sin\theta}\mathrm{d}\theta \cdot \int_1^2 r\sin(\pi r)\,\mathrm{d}r.$

令 $\theta=\frac{\pi}{2}-t$,则 $\int_0^{\frac{\pi}{2}} \frac{\cos\theta}{\cos\theta+\sin\theta}\mathrm{d}\theta = \int_0^{\frac{\pi}{2}} \frac{\sin t}{\cos t+\sin t}\mathrm{d}t$

$$= \frac{1}{2}\int_0^{\frac{\pi}{2}} \frac{\cos\theta+\sin\theta}{\cos\theta+\sin\theta}\mathrm{d}\theta$$

$$= \frac{\pi}{4},$$

$$\int_1^2 r\sin(\pi r)\,\mathrm{d}r = \frac{1}{\pi}\left[-r\cos(\pi r)\Big|_1^2 + \int_1^2 \cos(\pi r)\,\mathrm{d}r\right] = \frac{1}{\pi}\left[-3+\frac{1}{\pi}\sin(\pi r)\Big|_1^2\right] = -\frac{3}{\pi},$$

故
$$\iint\limits_D \frac{x\sin(\pi\sqrt{x^2+y^2})}{x+y}\mathrm{d}x\mathrm{d}y = -\frac{3}{4}.$$

1.7 无穷级数(数学一、数学三)

题型考点 数项级数敛散性的判定

【试题 29】(14-1.19) 设数列 $\{a_n\}$,$\{b_n\}$ 满足 $0<a_n<\frac{\pi}{2}$,$0<b_n<\frac{\pi}{2}$,$\cos a_n - a_n = \cos b_n$,且级数 $\sum\limits_{n=1}^{\infty} b_n$ 收敛.

(Ⅰ)证明:$\lim\limits_{n\to\infty} a_n = 0$;

(Ⅱ)证明:级数 $\sum\limits_{n=1}^{\infty} \frac{a_n}{b_n}$ 收敛.

【难度】 本题的数学一难度值为 0.178,数学三的考生在学习时也应掌握此题.

【解析】(Ⅰ)由题可知 $\cos a_n - \cos b_n = a_n > 0$,所以 $\cos a_n > \cos b_n$.

又因为 $0<a_n<\frac{\pi}{2}$,$0<b_n<\frac{\pi}{2}$,当 $0<x<\frac{\pi}{2}$ 时,$\cos x$ 单调递减,所以 $0<a_n<b_n$.

因为级数 $\sum\limits_{n=1}^{\infty} b_n$ 收敛,根据比较审敛法可知 $\sum\limits_{n=1}^{\infty} a_n$ 收敛,故 $\lim\limits_{n\to\infty} a_n = 0$.

(Ⅱ)**方法一** 因为 $\lim\limits_{n\to\infty} \frac{\frac{a_n}{b_n}}{b_n} = \lim\limits_{n\to\infty} \frac{a_n}{b_n^2}$

$$= \lim_{n\to\infty} \frac{1-\cos b_n}{b_n^2} \cdot \frac{a_n}{1-\cos b_n}$$

$$= \frac{1}{2}\lim_{n\to\infty} \frac{a_n}{1-\cos b_n}$$

$$= \frac{1}{2}\lim_{n\to\infty} \frac{a_n}{1-(\cos a_n - a_n)}$$

$$=\frac{1}{2}\lim_{n\to\infty}\frac{1}{1+\frac{1-\cos a_n}{a_n}}$$

$$=\frac{1}{2},$$

且级数 $\sum\limits_{n=1}^{\infty} b_n$ 收敛,所以 $\sum\limits_{n=1}^{\infty}\frac{a_n}{b_n}$收敛.

方法二 由拉格朗日中值定理可知

$$\frac{a_n}{b_n}=\frac{\cos a_n-\cos b_n}{b_n}=\sin\xi_n\cdot\frac{b_n-a_n}{b_n},$$

其中 $a_n<\xi_n<b_n$,所以

$$\frac{a_n}{b_n}<\sin b_n\cdot\frac{b_n-a_n}{b_n}<b_n\cdot\frac{b_n-a_n}{b_n}=b_n-a_n<b_n.$$

又因为 $\sum\limits_{n=1}^{\infty} b_n$ 收敛,所以正项级数 $\sum\limits_{n=1}^{\infty}\frac{a_n}{b_n}$收敛.

题型考点　幂级数求和函数

【试题 30】(14-3.18) 求幂级数 $\sum\limits_{n=0}^{\infty}(n+1)(n+3)x^n$ 的收敛域及和函数.

【难度】本题的数学三难度值为 0.395,数学一的考生在学习时也应掌握此题.

【解析】由极限不等式

$$\lim_{n\to\infty}\left|\frac{(n+2)(n+4)x^{n+1}}{(n+1)(n+3)x^n}\right|=|x|<1$$

可知,幂级数的收敛区间为(-1,1).

当 $x=\pm1$ 时,因级数 $\sum\limits_{n=0}^{\infty}(n+1)(n+3)$ 及 $\sum\limits_{n=0}^{\infty}(-1)^n(n+1)(n+3)$ 发散,故幂级数的收敛域为(-1,1).

设 $S(x)=\sum\limits_{n=0}^{\infty}(n+1)(n+3)x^n=\sum\limits_{n=0}^{\infty}(n+1)(n+2)x^n+\sum\limits_{n=0}^{\infty}(n+1)x^n$,

其中
$$\sum_{n=0}^{\infty}(n+1)(n+2)x^n=\left(\sum_{n=0}^{\infty}x^{n+2}\right)''=\left(\frac{x^2}{1-x}\right)''=\frac{2}{(1-x)^3},$$

$$\sum_{n=0}^{\infty}(n+1)x^n=\left(\sum_{n=0}^{\infty}x^{n+1}\right)'=\left(\frac{x}{1-x}\right)'=\frac{1}{(1-x)^2},$$

所以
$$S(x)=\frac{2}{(1-x)^3}+\frac{1}{(1-x)^2}=\frac{3-x}{(1-x)^3},x\in(-1,1).$$

题型考点　傅里叶级数(数学一)

【试题 31】(14-1.4) 若 $\int_{-\pi}^{\pi}(x-a_1\cos x-b_1\sin x)^2\mathrm{d}x=\min\limits_{a,b\in\mathbf{R}}\left\{\int_{-\pi}^{\pi}(x-a\cos x-b\sin x)^2\mathrm{d}x\right\}$,则 $a_1\cos x+b_1\sin x=$

(A) $2\sin x$. (B) $2\cos x$. (C) $2\pi\sin x$. (D) $2\pi\cos x$.

【难度】本题的数学一难度值为 0.312.

【答案】A.

【解析】方法一 $\int_{-\pi}^{\pi}(x-a_1\cos x-b_1\sin x)^2\mathrm{d}x=\min\limits_{a,b\in\mathbf{R}}\left\{\int_{-\pi}^{\pi}(x-a\cos x-b\sin x)^2\mathrm{d}x\right\}$ 说明在函数类 $\{a\cos x+b\sin x \mid a,b\in\mathbf{R}\}$ 中,$a_1\cos x+b_1\sin x$ 在均方意义下近似 x 效果最好,根据傅里叶级数的概念,a_1,b_1 就是函数 x 的傅里叶系数,所以

$$a_1=\frac{1}{\pi}\int_{-\pi}^{\pi}x\cos x\mathrm{d}x=0,$$

$$b_1=\frac{1}{\pi}\int_{-\pi}^{\pi}x\sin x\mathrm{d}x=\frac{1}{\pi}\left(-x\cos x\Big|_{-\pi}^{\pi}+\int_{-\pi}^{\pi}\cos x\mathrm{d}x\right)=2,$$

从而 $a_1\cos x+b_1\sin x=2\sin x$.

方法二 利用含参积分的求导公式

$$\frac{\mathrm{d}\left[\int_a^b f(x,t)\mathrm{d}t\right]}{\mathrm{d}x}=\int_a^b\frac{\partial f(x,t)}{\partial x}\mathrm{d}t.$$

记 $f(a,b)=\int_{-\pi}^{\pi}(x-a\cos x-b\sin x)^2\mathrm{d}x$,则

$$\frac{\partial f(a,b)}{\partial a}=-2\int_{-\pi}^{\pi}(x-a\cos x-b\sin x)\cos x\mathrm{d}x=2a\int_{-\pi}^{\pi}\cos^2x\mathrm{d}x=2\pi a,$$

$$\begin{aligned}\frac{\partial f(a,b)}{\partial b}&=-2\int_{-\pi}^{\pi}(x-a\cos x-b\sin x)\sin x\mathrm{d}x\\&=2b\int_{-\pi}^{\pi}\sin^2x\mathrm{d}x-2\int_{-\pi}^{\pi}x\sin x\mathrm{d}x\\&=2b\pi-4\pi.\end{aligned}$$

令 $\begin{cases}\dfrac{\partial f(a,b)}{\partial a}=0,\\\dfrac{\partial f(a,b)}{\partial b}=0,\end{cases}$ 解得 $a=0,b=2$,所以 $a_1\cos x+b_1\sin x=2\sin x$.

1.8 空间解析几何与场论初步(数学一)

题型考点 空间曲面的切平面

【试题 32】(14-1.9) 曲面 $z=x^2(1-\sin y)+y^2(1-\sin x)$ 在点 $(1,0,1)$ 处的切平面方程为________.

【难度】本题的数学一难度值为 0.524.

【答案】$2x-y-z=1$.

【解析】因为

$$\left.\frac{\partial z}{\partial x}\right|_{\substack{x=1\\y=0}}=2x(1-\sin y)-y^2\cos x\Big|_{\substack{x=1\\y=0}}=2,$$

$$\left.\frac{\partial z}{\partial y}\right|_{\substack{x=1\\y=0}}=2x(1-\sin x)-x^2\cos y\left.\right|_{\substack{x=1\\y=0}}=-1,$$

所以曲面在点(1,0,1)处法向量为(-2,1,1),故切平面方程为

$$-2(x-1)+y+(z-1)=0,\text{即 }2x-y-z=1.$$

1.9 三重积分、曲线积分、曲面积分(数学一)

题型考点 第二类曲线积分

【试题 33】(14-1.12) 设 L 是柱面 $x^2+y^2=1$ 与平面 $y+z=0$ 的交线,从 z 轴正向往 z 轴负向看去为逆时针方向,则曲线积分 $\oint_L z\mathrm{d}x+y\mathrm{d}z=$ ________.

【难度】 本题的数学一难度值为 0.303.

【答案】 π.

【解析】方法一 L 的参数方程为 $\begin{cases}x=\cos t,\\y=\sin t,\\z=-\sin t,\end{cases}$ 参数 t 从 0 变到 2π,则

$$\oint_L z\mathrm{d}x+y\mathrm{d}z=\int_0^{2\pi}[(-\sin t)\cdot(-\sin t)+\sin t\cdot(-\cos t)]\mathrm{d}t$$

$$=\int_0^{2\pi}\left(\frac{1-\cos x}{2}-\sin t\cdot\cos t\right)\mathrm{d}t=\pi.$$

方法二 设 $\sum$ 是平面 $y+z=0$ 上位于柱面 $x^2+y^2=1$ 内的部分的上侧. 根据斯托克斯公式,可得

$$\oint_L z\mathrm{d}x+y\mathrm{d}z=\iint_\Sigma\begin{vmatrix}\mathrm{d}y\mathrm{d}z & \mathrm{d}x\mathrm{d}z & \mathrm{d}x\mathrm{d}y\\ \frac{\partial}{\partial x} & \frac{\partial}{\partial y} & \frac{\partial}{\partial z}\\ z & 0 & y\end{vmatrix}$$

$$=\iint_\Sigma \mathrm{d}y\mathrm{d}z+\mathrm{d}x\mathrm{d}z$$

$$=\iint_\Sigma(1,1,0)\cdot(0,1,1)\mathrm{d}x\mathrm{d}y$$

$$=\iint_{x^2+y^2\leqslant 1}\mathrm{d}x\mathrm{d}y=\pi.$$

其中用到向量点积法计算公式:

$$\iint_\Sigma P\mathrm{d}y\mathrm{d}z+Q\mathrm{d}x\mathrm{d}z+R\mathrm{d}x\mathrm{d}y=\iint_\Sigma(P,Q,R)\cdot(-z'_x,-z'_y,1)\mathrm{d}x\mathrm{d}y.$$

题型考点 第二类曲面积分

【试题 34】(14-1.18) 设 $\sum$ 为曲面 $z=x^2+y^2(z\leqslant 1)$ 的上侧,计算曲面积分

$$I=\iint_\Sigma(x-1)^3\mathrm{d}y\mathrm{d}z+(y-1)^3\mathrm{d}z\mathrm{d}x+(z-1)\mathrm{d}x\mathrm{d}y.$$

【难度】本题的数学一难度值为 0.391.

【解析】设 $\sum_1$ 为平面 $\begin{cases}z=1,\\x^2+y^2\leqslant 1\end{cases}$ 的下侧，$\sum_1$ 与 $\sum$ 所围成的空间区域记为 Ω. 根据高斯公式，得

$$\oiint\limits_{\Sigma_1+\Sigma_2}(x-1)^3\mathrm{d}y\mathrm{d}z+(y-1)^3\mathrm{d}z\mathrm{d}x+(z-1)\mathrm{d}x\mathrm{d}y$$

$$=-\iiint\limits_{\Omega}[3(x-1)^2+3(y-1)^2+1]\mathrm{d}V$$

$$=-\iiint\limits_{\Omega}(3x^2+3y^2+7)\mathrm{d}Vz+\iiint\limits_{\Omega}6x\mathrm{d}V+\iiint\limits_{\Omega}6y\mathrm{d}V$$

$$=-\int_0^{2\pi}\mathrm{d}\theta\int_0^1\mathrm{d}r\int_{r^2}^1(3r^2+7)r\mathrm{d}z+0+0$$

$$=-2\pi\int_0^1 r(1-r^2)(3r^2+7)\mathrm{d}r$$

$$=-4\pi.$$

由于 $\iint\limits_{\Sigma_1}(x-1)^3\mathrm{d}y\mathrm{d}z+(y-1)^3\mathrm{d}z\mathrm{d}x+(z-1)\mathrm{d}x\mathrm{d}y=0$，所以 $I=-4\pi-0=-4\pi$.

第二部分　线性代数试题解析

2.1　行列式与矩阵

题型考点　数值型行列式的计算

【试题 35】（14-1.5;2.7;3.5） 行列式 $\begin{vmatrix}0&a&b&0\\a&0&0&b\\0&c&d&0\\c&0&0&d\end{vmatrix}=$

(A) $(ad-bc)^2$.　　(B) $-(ad-bc)^2$.

(C) $a^2d^2-b^2c^2$.　　(D) $b^2c^2-a^2d^2$.

【难度】本题的数学一难度值为 0.623，数学二难度值为 0.608，数学三难度值为 0.607.

【答案】B.

【解析】按第一列展开得

$$\begin{vmatrix}0&a&b&0\\a&0&0&b\\0&c&d&0\\c&0&0&d\end{vmatrix}=-a\begin{vmatrix}a&b&0\\c&d&0\\0&0&d\end{vmatrix}-c\begin{vmatrix}a&b&0\\0&0&b\\c&d&0\end{vmatrix}$$

$$=ad(ad-bc)+cd(ad-bc)=-(ad-bc)^2.$$

2.2 向量组与线性方程组

题型考点 向量组的线性相关性

【试题36】(14-1.6;2.8;3.6) 设 $\boldsymbol{\alpha}_1,\boldsymbol{\alpha}_2,\boldsymbol{\alpha}_3$ 均为3维向量,则对任意常数 k,l,向量组 $\boldsymbol{\alpha}_1+k\boldsymbol{\alpha}_3,\boldsymbol{\alpha}_2+l\alpha_3$ 线性无关是向量组 $\boldsymbol{\alpha}_1,\boldsymbol{\alpha}_2,\boldsymbol{\alpha}_3$ 线性无关

(A) 必要非充分条件. (B) 充分非必要条件.

(C) 充分必要条件. (D) 既非充分也非必要条件.

【难度】 本题的数学一难度值为0.433,数学二难度值为0.383,数学三难度值为0.400.

【答案】 A.

【解析】 若 $\boldsymbol{\alpha}_1,\boldsymbol{\alpha}_2,\boldsymbol{\alpha}_3$ 线性无关,令 $\lambda_1(\boldsymbol{\alpha}_1+k\boldsymbol{\alpha}_3)+\lambda_2(\boldsymbol{\alpha}_2+k\boldsymbol{\alpha}_3)=\mathbf{0}$,即

$$\lambda_1\boldsymbol{\alpha}_1+\lambda_2\boldsymbol{\alpha}_2+(\lambda_1k+\lambda_2l)\boldsymbol{\alpha}_3=\mathbf{0},$$

则 $\lambda_1=\lambda_2=0$,所以 $\boldsymbol{\alpha}_1+k\boldsymbol{\alpha}_3,\boldsymbol{\alpha}_2+l\boldsymbol{\alpha}_3$ 线性无关.

取 $\boldsymbol{\alpha}_1,\boldsymbol{\alpha}_2$ 线性无关,$\boldsymbol{\alpha}_3=\mathbf{0}$,则对任意常数 k,l,向量组 $\boldsymbol{\alpha}_1+k\boldsymbol{\alpha}_3,\boldsymbol{\alpha}_2+l\boldsymbol{\alpha}_3$ 线性无关,但向量组 $\boldsymbol{\alpha}_1,\boldsymbol{\alpha}_2,\boldsymbol{\alpha}_3$ 线性相关.

综上可知,应选A.

题型考点 具体方程组的求解

【试题37】(14-1.20;2.22;3.20) 设 $\mathbf{A}=\begin{pmatrix}1&-2&3&-4\\0&1&-1&1\\1&2&0&-3\end{pmatrix}$,$\boldsymbol{E}$ 为3阶单位矩阵.

(Ⅰ)求方程组 $\boldsymbol{Ax}=\mathbf{0}$ 的一个基础解系;

(Ⅱ)求满足 $\boldsymbol{AB}=\boldsymbol{E}$ 的所有矩阵 $\boldsymbol{B}$.

【难度】 本题的数学一难度值为0.445,数学二难度值为0.416,数学三难度值为0.436.

【解析】 对矩阵 $(\boldsymbol{A}\vdots\boldsymbol{E})$ 进行初等行变换,得

$$(\boldsymbol{A}\vdots\boldsymbol{E})=\begin{pmatrix}1&-2&3&-4&\cdots&1&0&0\\0&1&-1&1&\cdots&0&1&0\\1&2&0&-3&\cdots&0&0&1\end{pmatrix}\to\begin{pmatrix}1&0&0&1&\cdots&2&6&-1\\0&1&0&-2&\cdots&-1&-3&1\\0&0&1&-3&\cdots&-1&-4&1\end{pmatrix}$$

(Ⅰ)齐次线性方程组 $\boldsymbol{Ax}=\mathbf{0}$ 的同解方程组为 $\begin{cases}x_1=-x_4\\x_2=2x_4\\x_3=3x_4\\x_4=x_4\end{cases}$,所以 $\begin{pmatrix}-1\\2\\3\\1\end{pmatrix}$ 位齐次线性方程组 $\boldsymbol{Ax}=\mathbf{0}$ 的一个基础解系.

(Ⅱ)令 $\boldsymbol{B}=(\boldsymbol{\beta}_1,\boldsymbol{\beta}_2,\boldsymbol{\beta}_3)$,$\boldsymbol{E}=(e_1,e_2,e_3)$,则 $\boldsymbol{AB}=\boldsymbol{E}$ 等价于 $\boldsymbol{A\beta}_i=e_i,i=1,2,3$.

方程组 $\boldsymbol{A\beta}_1=\boldsymbol{e}_1$ 的同解方程组为 $\begin{cases}x_1=-x_4+2\\x_2=2x_4-1\\x_3=3x_4-1\\x_4=x_4\end{cases}$,得通解 $\boldsymbol{\beta}_1=\begin{pmatrix}-k_1+2\\2k_1-1\\3k_1-1\\k_1\end{pmatrix}$,其中 k_1 为任意常数;

方程组 $A\beta_2=e_2$ 的同解方程组为$\begin{cases}x_1=-x_4+6\\x_2=2x_4-3\\x_3=3x_4+4\\x_4=x_4\end{cases}$，得通解 $\beta_2=\begin{pmatrix}-k_2+6\\2k_2-3\\3k_2+4\\k_2\end{pmatrix}$，其中 k_2 为任意常数；

方程组 $A\beta_3=e_3$ 的同解方程组为$\begin{cases}x_1=-x_4-1\\x_2=2x_4+1\\x_3=3x_4+1\\x_4=x_4\end{cases}$，得通解 $\beta_3=\begin{pmatrix}-k_3-1\\2k_3+1\\3k_3+1\\k_3\end{pmatrix}$，其中 k_3 为任意常数；

所以 $B=\begin{pmatrix}-k_1+2&-k_2+6&-k_3-1\\2k_1-1&2k_2-3&2k_3+1\\3k_1-1&3k_2-4&3k_3+1\\k_1&k_2&k_3\end{pmatrix}$，$k_1,k_2,k_3$ 为任意常数．

2.3 相似理论与二次型

题型考点 相似矩阵

【试题 38】(14-1.21;2.23;3.21) 证明 n 阶矩阵$\begin{pmatrix}1&1&\cdots&1\\1&1&\cdots&1\\\vdots&\vdots&&\vdots\\1&1&\cdots&1\end{pmatrix}$与$\begin{pmatrix}0&\cdots&0&1\\0&\cdots&0&2\\\vdots&&\vdots&\vdots\\0&\cdots&0&n\end{pmatrix}$相似．

【难度】 本题的数学一难度值为 0.382，数学二难度值为 0.354，数学三难度值为 0.368.

【解析】 记 $A=\begin{pmatrix}1&1&\cdots&1\\1&1&\cdots&1\\\vdots&\vdots&&\vdots\\1&1&\cdots&1\end{pmatrix}$，$B=\begin{pmatrix}0&\cdots&0&1\\0&\cdots&0&2\\\vdots&&\vdots&\vdots\\0&\cdots&0&n\end{pmatrix}$，$\Lambda=\begin{pmatrix}0&&&\\&\ddots&&\\&&0&\\&&&n\end{pmatrix}$.

因为 $r(A)=1$，所以 $\lambda_1^A=\lambda_2^A=\cdots\lambda_{n-1}^A=0$，$\lambda_n^A=tr(A)=n$. 因为 $r(B)=1$，所以 $\lambda_1^B=\lambda_2^B=\cdots\lambda_{n-1}^B=0$，$\lambda_n^B=tr(B)=n$. 故 A 与 B 的特征值相同．

又因为当 $\lambda_1^B=\lambda_2^B=\cdots\lambda_{n-1}^B=0$ 时，$r(\lambda_1^BE-B)=r(B)=1$，方程组 $(\lambda_1^BE-B)x=0$ 有 $n-1$ 个线性无关的解向量，故 B 相似于 Λ.

而 A 为实对称矩阵，故 A 也相似于 Λ.

综上，根据相似矩阵的传递性，可知 A 与 B 相似．

题型考点 二次型的正负惯性指数

【试题 39】(14-1.13;2.14;3.13) 设二次型 $f(x_1,x_2,x_3)=x_1^2-x_2^2+2ax_1x_3+4x_2x_3$ 的负惯性指数为 1，则 a 的取值范围是________.

【难度】 本题的数学一难度值为 0.257，数学二难度值为 0.220，数学三难度值为 0.242.

【答案】$[-2,2]$.

【解析】因为 $f(x_1,x_2,x_3)=x_1^2-x_2^2+2ax_1x_3+4x_2x_3$

$$=(x_1+ax_3)^2-a^2x_3^2-x_2^2+4x_2x_3$$

$$=(x_1+ax_3)^2-(x_2-2x_3)^2+(4-a^2)x_3^2,$$

且二次型 $f(x_1,x_2,x_3)$ 的负惯性指数为 1,所以 $4-a^2\geqslant 0$,故 a 的取值范围是 $[-2,2]$.

第三部分　概率论与数理统计试题解析(数学一、数学三)

3.1　事件与概率

题型考点　概率计算公式

【试题 40】(14-1.7;3.7)　设随机事件 A 与 B 相互独立,且 $P(B)=0.5$,$P(A-B)=0.3$,则 $P(B-A)=$

(A) 0.1.　　(B) 0.2.　　(C) 0.3.　　(D) 0.4.

【难度】本题的数学一难度值为 0.817,数学三难度值为 0.782.

【答案】B.

【解析】因为 $P(A-B)=P(A\overline{B})=P(A)P(\overline{B})$,即 $0.5\cdot P(A)=0.3$,所以 $P(A)=0.6$,则

$$P(B-A)=P(B\overline{A})=P(B)P(\overline{A})=0.2.$$

故应选 B.

3.2　随机变量及其分布

题型考点　一维随机变量

【试题 41】(14-1.22;3.22)　设随机变量 X 的概率分布为 $P\{X=1\}=P\{X=2\}=\dfrac{1}{2}$. 在给定 $X=i$ 的条件下,随机变量 Y 服从均匀分布 $U(0,i)(i=1,2)$.

(Ⅰ) 求 Y 的分布函数 $F_Y(y)$;

(Ⅱ) 求 EY.

【难度】本题的数学一难度值为 0.358,数学三难度值为 0.286.

【解析】(Ⅰ)根据分布函数的定义及全概率公式可知

$$\begin{aligned}F_Y(y)&=P\{Y\leqslant y\}\\&=P\{X=1\}P\{Y\leqslant y|X=1\}+P\{X=2\}P\{Y\leqslant y|X=2\}\\&=\frac{1}{2}P\{Y\leqslant y|X=1\}+\frac{1}{2}P\{Y\leqslant y|X=2\}.\end{aligned}$$

当 $y<0$ 时,$F_Y(y)=0$;

当 $0\leqslant y<1$ 时,$F_Y(y)=\dfrac{1}{2}\displaystyle\int_0^y 1\mathrm{d}y+\dfrac{1}{2}\int_0^y\dfrac{1}{2}\mathrm{d}y=\dfrac{3y}{4}$;

当 $1\leqslant y<2$ 时，$F_Y(y)=\dfrac{1}{2}\int_0^1 1\mathrm{d}y+\dfrac{1}{2}\int_0^y\dfrac{1}{2}\mathrm{d}y=\dfrac{1}{2}+\dfrac{y}{4}$；

当 $y\geqslant 2$ 时，$F_Y(y)=1$.

所以 Y 的分布函数为

$$F_Y(y)=\begin{cases}0, & y<0,\\ \dfrac{3y}{4}, & 0\leqslant y<1,\\ \dfrac{1}{2}+\dfrac{y}{4}, & 1\leqslant y<2,\\ 1, & y\geqslant 2.\end{cases}$$

(Ⅱ)随机变量 Y 的概率密度为

$$f_Y(y)=\begin{cases}\dfrac{3}{4}, & 0<y<1,\\ \dfrac{1}{4}, & 1\leqslant y<2,\\ 0, & 其他,\end{cases}$$

因此

$$EY=\int_{-\infty}^{+\infty}yf_Y(y)\mathrm{d}y=\int_0^1\frac{3}{4}y\mathrm{d}y+\int_1^2\frac{1}{4}y\mathrm{d}y=\frac{3}{4}.$$

题型考点　二维离散型随机变量

【试题 42】(14-3.23)　设随机变量 X,Y 的概率分布相同，X 的概率分布为 $P(X=0)=\dfrac{1}{3}$，$P(X=1)=\dfrac{2}{3}$，且 X 与 Y 的相关系数 $\rho_{XY}=\dfrac{1}{2}$.

(Ⅰ)求二维随机变量 (X,Y) 的联合概率分布；

(Ⅱ)求概率 $P(X+Y\leqslant 1)$.

【难度】 本题的数学三难度值为 0.559，数学一的考生在学习时也应掌握此题.

【解析】 (Ⅰ)由题可知

$$EX=EY=\frac{2}{3},DX=DY=\frac{2}{3}\left(1-\frac{1}{3}\right)=\frac{2}{9},$$

$$\mathrm{Cov}(X,Y)=E(XY)-EX\cdot EY=E(XY)-\frac{4}{9}.$$

由

$$\rho_{XY}=\frac{Cov(X,Y)}{\sqrt{DX\cdot DY}}=\frac{E(XY)-\dfrac{4}{9}}{\dfrac{2}{9}}=\frac{1}{2},$$

解得

$$E(XY)=P\{X=1,Y=1\}=\frac{5}{9},$$

由此可得

$$P\{X=0,Y=1\}=\frac{2}{3}-\frac{5}{9}=\frac{1}{9},$$

$$P\{X=1,Y=0\}=\frac{2}{3}-\frac{5}{9}=\frac{1}{9},$$

$$P\{X=0,Y=0\}=\frac{1}{3}-\frac{1}{9}=\frac{2}{9}.$$

所以(X,Y)的概率分布为

$Y \backslash X$	0	1	P_j
0	$\frac{2}{9}$	$\frac{1}{9}$	$\frac{1}{3}$
1	$\frac{1}{9}$	$\frac{5}{9}$	$\frac{2}{3}$
P_i	$\frac{1}{3}$	$\frac{2}{3}$	

（Ⅱ）$P\{X+Y\leqslant 1\}=1-P\{X+Y>1\}=1-P\{X=1,Y=1\}=\frac{4}{9}$.

3.3 数字特征、大数定理与中心极限定理

题型考点 期望与方差

【试题 43】（14-1.8） 设连续型随机变量 X_1 与 X_2 相互独立且方差均存在，X_1 与 X_2 的概率密度分别为 $f_1(x)$ 与 $f_2(x)$，随机变量 Y_1 的概率密度为 $f_{Y_1}(y)=\frac{1}{2}[f_1(y)+f_2(y)]$，随机变量 $Y_2=\frac{1}{2}(X_1+X_2)$，则

（A）$EY_1>EY_2,DY_1>DY_2$.

（B）$EY_1=EY_2,DY_1=DY_2$.

（C）$EY_1=EY_2,DY_1<DY_2$.

（D）$EY_1=EY_2,DY_1>DY_2$.

【难度】本题的数学一难度值为 0.599，数学三的考生在学习时也应掌握此题．

【答案】D.

【解析】

$$EY_1=\int_{-\infty}^{+\infty}y\cdot\frac{1}{2}[f_1(y)+f_2(y)]\mathrm{d}y$$

$$=\frac{1}{2}\left[\int_{-\infty}^{+\infty}yf_1(y)\mathrm{d}y+\int_{-\infty}^{+\infty}yf_2(y)\mathrm{d}y\right]$$

$$=\frac{1}{2}(EX_1+EX_2)$$

$$EY_2=\frac{1}{2}(EX_1+EX_2),$$

所以 $EY_1=EY_2$.

$$DY_2=\frac{1}{4}(DX_1+DX_2),$$

$$\begin{aligned}E(Y_1^2)&=\int_{-\infty}^{+\infty}y^2\cdot\frac{1}{2}[f_1(y)+f_2(y)]\mathrm{d}y\\&=\frac{1}{2}\left[\int_{-\infty}^{+\infty}y^2f_1(y)\mathrm{d}y+\int_{-\infty}^{+\infty}y^2f_2(y)\mathrm{d}y\right]\\&=\frac{1}{2}[DX_1+(EX_1)^2+DX_2+(EX_2)^2],\end{aligned}$$

所以

$$\begin{aligned}DY_1&=E(Y_1^2)-(EY_1)^2\\&=\frac{1}{2}(DX_1+DX_2)+\frac{1}{2}[(EX_1)^2+(EX_2)^2]-\frac{1}{4}(EX_1+EX_2)^2\\&=\frac{1}{2}(DX_1+DX_2)+\frac{1}{4}(EX_1-EX_2)^2,\end{aligned}$$

因此 $DY_1<DY_2$.

综上,应选 D.

3.4 数理统计初步

题型考点　三大抽样分布

【试题 44】(14-3.8)　设 X_1,X_2,X_3 为来自正态总体 $N(0,\sigma^2)$ 的简单随机样本,则统计量 $S=\frac{X_1-X_2}{\sqrt{2}|X_3|}$ 服从的分布是

(A) $F(1,1)$.　　(B) $F(2,1)$.　　(C) $t(1)$.　　(D) $t(2)$.

【难度】本题的数学三难度值为 0.564,数学一的考生在学习时也应掌握此题.

【答案】C.

【解析】由正态分布的性质知

$$\frac{X_1-X_2}{\sqrt{2}\sigma}\sim N(0,1).$$

又 $\frac{X_3^2}{\sigma^2}\sim\chi^2(1)$,两者相互独立,因此

$$\frac{X_1-X_2}{\sqrt{2}|X_3|}\sim t(1).$$

题型考点　点估计

【试题 45】(14-1.23)　设总体 X 的分布函数为

$$F(x;\theta)=\begin{cases}1-\mathrm{e}^{-\frac{x^2}{\theta}}, & x\geqslant 0,\\0, & x<0,\end{cases}$$

其中 θ 是未知参数且大于零．$X_1,X_2,\cdots,X_n$ 为来自总体 X 的简单随机样本．

（Ⅰ）求 EX 与 $E(X^2)$；

（Ⅱ）求 θ 的最大似然估计量 $\hat{\theta}_n$；

（Ⅲ）是否存在实数 a，使得对任何 $\varepsilon>0$，都有 $\lim\limits_{n\to\infty}P\{|\hat{\theta}_n-a|\geqslant\varepsilon\}=0$？

【难度】本题的数学一难度值为 0.418，数学三的考生在学习时也应掌握此题第（Ⅰ）（Ⅱ）问.

【解析】（Ⅰ）总体 X 的概率密度为

$$f(x;\theta)=\begin{cases}\dfrac{2x}{\theta}e^{-\frac{x^2}{\theta}}, & x\geqslant 0,\\ 0, & x<0.\end{cases}$$

$$EX=\int_0^{+\infty}x\cdot\frac{2x}{\theta}e^{-\frac{x^2}{\theta}}dx=-\int_0^{+\infty}x\,d(e^{-\frac{x^2}{\theta}})=\int_0^{+\infty}e^{-\frac{x^2}{\theta}}dx$$

$$=\frac{\sqrt{\pi\theta}}{2}\cdot\frac{1}{\sqrt{\pi\theta}}\int_{-\infty}^{+\infty}e^{-\frac{x^2}{\theta}}dx=\frac{\sqrt{\pi\theta}}{2},$$

$$EX^2=\int_0^{+\infty}x^2\cdot\frac{2x}{\theta}e^{-\frac{x^2}{\theta}}dx\xlongequal{\frac{x^2}{\theta}=u}\theta\int_0^{+\infty}ue^{-u}du=\theta.$$

（Ⅱ）似然函数为 $L(\theta)=\prod\limits_{i=1}^{n}f(x_i)=\prod\limits_{i=1}^{n}\dfrac{2x_i}{\theta}e^{-\frac{x_i^2}{\theta}}$.

对数似然函数 $\ln L(\theta)=\sum\limits_{i=1}^{n}\left[\ln(2x_i)-\ln\theta-\dfrac{x_i^2}{\theta}\right]=\sum\limits_{i=1}^{n}\ln(2x_i)-n\ln\theta-\dfrac{1}{\theta}\sum\limits_{i=1}^{n}x_i^2$.

令 $\dfrac{d\left[\ln L(\theta)\right]}{d\theta}=-\dfrac{n}{\theta}+\dfrac{1}{\theta^2}\sum\limits_{i=1}^{n}x_i^2=0$，得 θ 的最大似然估计量为 $\hat{\theta}_n=\dfrac{1}{n}\sum\limits_{i=1}^{n}X_i^2$.

（Ⅲ）存在，$a=\theta$.

因为 $\{X_n^2\}$ 是独立同分布的随机变量序列，且 $EX_1^2=\theta<+\infty$，所以根据辛钦大数定律，当 $n\to\infty$ 时，$\hat{\theta}_n=\dfrac{1}{n}\sum\limits_{i=1}^{n}X_i^2$ 依概率收敛于 EX_1^2，即 θ. 所以对任何 $\varepsilon>0$ 都有

$$\lim_{n\to\infty}P\{|\hat{\theta}_n-\theta|\geqslant\varepsilon\}=0.$$

题型考点　估计量的评选标准

【试题 46】（14-3.14）　设总体 X 的概率密度为 $f(x;\theta)=\begin{cases}\dfrac{2x}{3\theta^2}, & \theta<x<2\theta,\\ 0, & 其他,\end{cases}$ 其中 θ 是未知参数，$X_1,X_2,\cdots,X_n$ 为来自总体 X 的简单随机样本．若 $E(c\sum\limits_{i=1}^{n}X_i^2)=\theta^2$，则 $c=$________.

【难度】本题的数学三难度值为 0.271，数学一的考生在学习时也应掌握此题．

【答案】$\dfrac{2}{5n}$.

【解析】因为 $E(X^2)=\int_{\theta}^{2\theta}x^2\cdot\dfrac{2x}{3\theta^2}dx=\dfrac{5\theta^2}{2}$，从而 $E(c\sum\limits_{i=1}^{n}X_i^2)=\dfrac{5nc}{2}\theta^2=\theta^2$，所以 $c=\dfrac{2}{5n}$.

【试题 47】(14-1.14) 设总体 X 的概率密度为 $f(x;\theta)=\begin{cases}\dfrac{2x}{3\theta^2}, \theta<x<2\theta,\\ 0, \quad 其他,\end{cases}$ 其中 θ 是未知参数，$X_1,X_2,\cdots,X_n$ 为来自总体 X 的简单随机样本．若 $c\sum\limits_{i=1}^{n}X_i^2$ 是 θ^2 的无偏估计，则$c=$________.

【难度】 本题的数学一难度值为 0.280，数学三的考试大纲对无偏估计不作要求，但建议数学三的考生在学习时也一并掌握此题．

【答案】 $\dfrac{2}{5n}$.

【解析】 因为 $E(X^2)=\int_{\theta}^{2\theta}x^2\cdot\dfrac{2x}{3\theta^2}\mathrm{d}x=\dfrac{5\theta^2}{2}$，从而 $E(c\sum\limits_{i=1}^{n}X_i^2)=\dfrac{5nc}{2}\theta^2$.

由于 $c\sum\limits_{i=1}^{n}X_i^2$ 是 θ^2 的无偏估计，故$\dfrac{5nc}{2}\theta^2=\theta^2$，得 $c=\dfrac{2}{5n}$.

第一部分　高等数学试题解析

1.1　函数、极限、连续

题型考点　极限的概念与性质

【试题 1】(15-3.1)　设$\{x_n\}$是数列,下列命题中不正确的是

(A) 若$\lim\limits_{n\to\infty}x_n=a$,则$\lim\limits_{n\to\infty}x_{2n}=\lim\limits_{n\to\infty}x_{2n+1}=a$.　　(B) 若$\lim\limits_{n\to\infty}x_{2n}=\lim\limits_{n\to\infty}x_{2n+1}=a$,则$\lim\limits_{n\to\infty}x_n=a$.

(C) 若$\lim\limits_{n\to\infty}x_n=a$,则$\lim\limits_{n\to\infty}x_{3n}=\lim\limits_{n\to\infty}x_{3n+1}=a$.　　(D) 若$\lim\limits_{n\to\infty}x_{3n}=\lim\limits_{n\to\infty}x_{3n+1}=a$,则$\lim\limits_{n\to\infty}x_n=a$.

【难度】本题的数学三难度值为 0.625,数学一、数学二的考生在学习时也应掌握此题.

【答案】D.

【解析】若$\lim\limits_{n\to\infty}x_n=a$,即存在$N>0$,当$n>N$时,各项$x_n=a+\alpha$,其中$\alpha$为无穷小量.因此,子数列$\{x_k\}$一定也满足:当$k>N$时,$x_k=a+\alpha$,即$\lim\limits_{k\to\infty}x_k=a$,故选项 A、C 正确.

若$\lim\limits_{n\to\infty}x_{2n}=a$,即存在$N_1>0$,当$n>N_1$时,各项$x_{2n}=a+\alpha$. 同理,若$\lim\limits_{n\to\infty}x_{2n+1}=a$,即存在$N_2>0$,当$n>N_2$时,各项$x_{2n+1}=a+\alpha$. 因此存在$N=\max\{N_1,N_2\}$,当$n>N$时,各项$x_n=a+\alpha$,即$\lim\limits_{n\to\infty}x_n=a$,故 B 正确.

参照 B 选项的讨论可知 D 选项不正确,因为这里不知道$\lim\limits_{n\to\infty}x_{3n+2}$是否存在或是否等于$a$,不能确实是否存在某个$N>0$,使得当$n>N$时,各项$x_n=a+\alpha$. 例如,

$$x_n=\begin{cases}a, & n=3k,\\ a, & n=3k+1,k+1,2,\cdots,\\ a+1, & n=3k+2,\end{cases}$$

显然,$\lim\limits_{n\to\infty}x_n$不存在.故应选 D.

题型考点　极限的计算

【试题 2】(15-1.9;3.9)　$\lim\limits_{x\to0}\dfrac{\ln(\cos x)}{x^2}=$________.

【难度】本题的数学一难度值为 0.864,数学三难度值为 0.833,数学二的考生在学习时也应掌握此题.

【答案】$-\dfrac{1}{2}$.

【解析】方法一　$\lim\limits_{x\to0}\dfrac{\ln(\cos x)}{x^2}=\lim\limits_{x\to0}\dfrac{\dfrac{-\sin x}{\cos x}}{2x}=-\dfrac{1}{2}\lim\limits_{x\to0}\dfrac{\sin x}{x}\cdot\dfrac{1}{\cos x}=-\dfrac{1}{2}$.

方法二　$\lim\limits_{x\to0}\dfrac{\ln(\cos x)}{x^2}=\lim\limits_{x\to0}\dfrac{\ln[1+(\cos x-1)]}{x^2}=\lim\limits_{x\to0}\dfrac{\cos x-1}{x^2}=\lim\limits_{x\to0}\dfrac{-\dfrac{x^2}{2}}{x^2}=-\dfrac{1}{2}$.

题型考点　已知极限反求参数

【试题 3】(15-1.15;2.15;3.15)　设函数 $f(x)=x+a\ln(1+x)+bx\sin x,g(x)=kx^3$. 若 $f(x)$ 与 $g(x)$ 在 $x\to0$ 时是等价无穷小,求 a,b,k 的值.

【难度】本题的数学一难度值为 0.731,数学二难度值为 0.712,数学三难度值为 0.669.

【解析】方法一　由于

$$\ln(1+x)=x-\frac{x^2}{2}+\frac{x^3}{3}+o(x^3),$$

$$\sin x=x-\frac{x^3}{6}+o(x^3),$$

所以

$$\begin{aligned}f(x)&=x+a\ln(1+x)+bx\sin x\\&=x+a\left(x-\frac{x^2}{2}+\frac{x^3}{3}\right)+bx^2+o(x^3)\\&=(1+a)x+\left(b-\frac{a}{2}\right)x^2+\frac{a}{3}x^3+o(x^3).\end{aligned}$$

因为 $f(x)$ 与 $g(x)=kx^3$ 在 $x\to0$ 时等价,所以

$$\begin{cases}1+a=0\\ b-\dfrac{a}{2}=0\\ k=\dfrac{a}{3}\end{cases},\text{解得 } a=-1,b=-\frac{1}{2},k=-\frac{1}{3}.$$

方法二　由题可知

$$\begin{aligned}1&=\lim_{x\to0}\frac{f(x)}{g(x)}=\lim_{x\to0}\frac{x+a\ln(1+x)+bx\sin x}{kx^3}\\&=\lim_{x\to0}\frac{1+\dfrac{a}{1+x}+b(\sin x+x\cos x)}{3kx^2}\\&\xlongequal{a=-1}\lim_{x\to0}\frac{-\dfrac{a}{(1+x)^2}+b(2\cos x-x\sin x)}{6kx}\\&\xlongequal{b=-\frac{1}{2}}\lim_{x\to0}\frac{\dfrac{2a}{(1+x)^3}-b(3\sin x+x\cos x)}{6k}=-\frac{1}{3k},\end{aligned}$$

所以 $a=-1,b=-\frac{1}{2},k=-\frac{1}{3}$.

题型考点　函数的间断点及其类型

【试题 4】(15-2.2)　函数 $f(x)=\lim\limits_{t\to0}\left(1+\frac{\sin t}{x}\right)^{\frac{x^2}{t}}$,在 $(-\infty,+\infty)$ 内

(A) 连续.　　(B) 有可去间断点.

(C) 有跳跃间断点.　　(D) 有无穷间断点.

【难度】本题的数学二难度值为 0.399,数学一、数学三的考生在学习时也应掌握此题.

【答案】B.

【解析】x 作为 $f(x)$ 表达式中某一项的分母,显然 $x=0$ 是 $f(x)$ 的间断点,而

$$f(x)=\lim_{t\to0}\left(1+\frac{\sin t}{x}\right)^{\frac{x^2}{t}}=\lim_{t\to0}e^{\frac{x^2}{t}\ln\left(1+\frac{\sin t}{x}\right)}$$

$$=\lim_{t\to0}e^{\frac{x^2}{t}\cdot\frac{\sin t}{x}}=e^x,$$

且 $\lim\limits_{x\to0}f(x)=e^0=1$,可知 $x=0$ 是 $f(x)$ 的可去间断点. 故应选 B.

1.2 一元函数微分学

题型考点 导数的定义

【试题 5】(15-1.18;3.19) (Ⅰ)设函数 $u(x)$,$v(x)$ 可导,利用导数定义证明

$$[u(x)v(x)]'=u'(x)v(x)+u(x)v'(x);$$

(Ⅱ)设函数 $u_1(x)$,$u_2(x)$,$\cdots$,$u_n(x)$ 可导,$f(x)=u_1(x)u_2(x)\cdots u_n(x)$,写出 $f(x)$ 的求导公式.

【难度】本题的数学一难度值为 0.504,数学三难度值为 0.420,数学二的考生在学习时也应掌握此题.

【解析】(Ⅰ)因为函数 $u(x)$,$v(x)$ 可导,所以

$$\lim_{\Delta x\to0}\frac{u(x+\Delta x)-u(x)}{\Delta x}=u'(x),\lim_{\Delta x\to0}\frac{v(x+\Delta x)-v(x)}{\Delta x}=v'(x),$$

且 $\lim\limits_{\Delta x\to0}v(x+\Delta x)=v(x)$,从而

$$\begin{aligned}[u(x)v(x)]'&=\lim_{\Delta x\to0}\frac{u(x+\Delta x)v(x+\Delta x)-u(x)v(x)}{\Delta x}\\&=\lim_{\Delta x\to0}\left[\frac{u(x+\Delta x)-u(x)}{\Delta x}v(x+\Delta x)+u(x)\frac{v(x+\Delta x)-v(x)}{\Delta x}\right]\\&=\lim_{\Delta x\to0}\frac{u(x+\Delta x)-u(x)}{\Delta x}\cdot\lim_{\Delta x\to0}v(x+\Delta x)+u(x)\lim_{\Delta x\to0}\frac{v(x+\Delta x)-v(x)}{\Delta x}\\&=u'(x)v(x)+u(x)v'(x).\end{aligned}$$

(Ⅱ)$f'(x)=u_1'(x)u_2(x)\cdots u_n(x)+u_1(x)u_2'(x)\cdots u_n(x)+\cdots+u_1(x)u_2(x)\cdots u_n'(x)$.

题型考点 分段函数求导

【试题 6】(15-2.3) 设函数 $f(x)=\begin{cases}x^{\alpha}\cos\dfrac{1}{x^{\beta}}, & x>0,\\ 0, & x\leqslant0\end{cases}$ $(\alpha>0,\beta>0)$. 若 $f'(x)$ 在 $x=0$ 处连续,则

(A) $\alpha-\beta>1$. (B) $0<\alpha-\beta\leqslant1$.

(C) $\alpha-\beta>2$. (D) $0<\alpha-\beta\leqslant2$.

【难度】本题的数学二难度值为 0.452,数学一、数学三的考生在学习时也应掌握此题.

【答案】A.

【解析】当 $x<0$ 时,因为 $f(x)=0$,故 $f'(x)=0$,且

$$f'_-(0)=\lim_{x\to0^-}\frac{f(x)-f(0)}{x-0}=0.$$

由于$f(x)$在$x=0$处可导,故

$$f'(0)=f'_+(0)=\lim_{x\to0^+}\frac{x^{\alpha}\cos\frac{1}{x^{\beta}}-0}{x-0}=\lim_{x\to0^+}x^{\alpha-1}\cos\frac{1}{x^{\beta}}=f'_-(0)=0,$$

得$\alpha-1>0$.

当$x>0$时,

$$f'(x)=\alpha x^{\alpha-1}\cos\frac{1}{x^{\beta}}-x^{\alpha}\sin\frac{1}{x^{\beta}}\cdot(-\beta)\cdot\frac{1}{x^{\beta+1}}$$

$$=\alpha x^{\alpha-1}\cos\frac{1}{x^{\beta}}+\beta x^{\alpha-\beta-1}\sin\frac{1}{x^{\beta}}.$$

因为$f'(x)$在$x=0$处连续,故有

$$\lim_{x\to0^+}f'(x)=\lim_{x\to0^+}\left(\alpha x^{\alpha-1}\cos\frac{1}{x^{\beta}}+\beta x^{\alpha-\beta-1}\sin\frac{1}{x^{\beta}}\right)=f'(0)=0,$$

可知$\alpha-\beta-1>0$,即$\alpha-\beta>1$,故选A.

题型考点　参数方程求导

【试题7】(15-2.9)　设$\begin{cases}x=\arctan t,\\ y=3t+t^3,\end{cases}$,则$\left.\frac{d^2y}{dx^2}\right|_{t=1}=$ ________

【难度】本题的数学二难度值为0.644,数学一的考生在学习时也应掌握此题,数学三的考试大纲对参数方程不作要求,数学三的考生对此题仅做了解.

【答案】48.

【解析】

$$\frac{dy}{dx}=\frac{\frac{dy}{dt}}{\frac{dx}{dt}}=\frac{3+3t^2}{\frac{1}{1+t^2}}=3(1+t^2)^2,$$

$$\frac{d^2y}{dx^2}=\frac{\frac{d}{dt}\left(\frac{dy}{dx}\right)}{\frac{dx}{dt}}=\frac{12t(1+t^2)}{\frac{1}{1+t^2}}=12t(1+t^2)^2,$$

于是$\left.\frac{d^2y}{dx^2}\right|_{t=1}=48.$

题型考点　高阶导数

【试题8】(15-2.10)　函数$f(x)=x^2 2^x$在$x=0$处的n阶导数$f^{(n)}(0)=$ ________.

【难度】本题的数学二难度值为0.201,数学一、数学三的考生在学习时也应掌握此题.

【答案】$n(n-1)(\ln2)^{n-2}$.

【解析】方法一　设$u=2^x$,$v=x^2$,则

$$u^{(k)}=2^x(\ln2)^k(k=1,2,\cdots,n),$$

$$v'=2x, v''=2, v^{(k)}=0(k=3,4,\cdots,n),$$

由莱布尼茨公式,得

$$(x^2 2^x)=2^x(\ln 2)^n x^2+n\cdot 2^x(\ln 2)^{n-1}\cdot 2x+\frac{n(n-1)}{2}\cdot 2^x(\ln 2)^{n-2}\cdot 2,$$

令 $x=0$,则得

$$f^{(n)}(0)=n(n-1)(\ln 2)^{n-2}.$$

方法二 $f(x)=x^2 2^x=x^2 e^{x\ln 2}=x^2\sum_{n=0}^{\infty}\frac{(x\ln 2)^n}{n!}$,注意到展开式中 x^n 的系数为 $\frac{(\ln 2)^{n-2}}{(n-2)!}$,根据泰勒公式的唯一性可知,

$$\frac{f^{(n)}(0)}{n!}=\frac{(\ln 2)^{n-2}}{(n-2)!},$$

即 $f^{(n)}(0)=n(n-1)(\ln 2)^{n-2}$.

题型考点　导数的应用

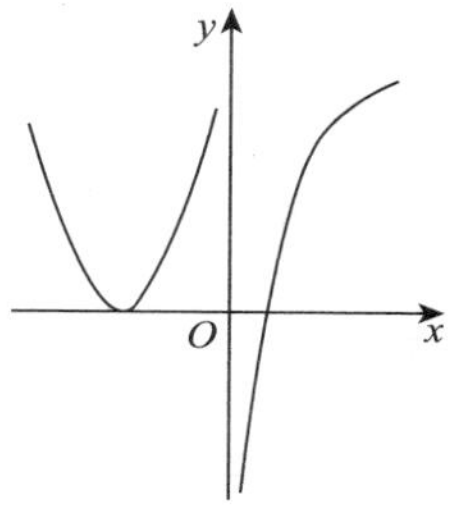

【试题 9】(15-1.1;2.4;3.2) 设函数 $f(x)$ 在 $(-\infty,+\infty)$ 内连续,其 2 阶导函数 $f''(x)$ 的图形如右图所示,则曲线 $y=f(x)$ 的拐点个数为

(A) 0.　　(B) 1.

(C) 2.　　(D) 3.

【难度】 本题的数学一难度值为 0.589,数学二难度值为 0.635,数学三难度值为 0.571.

【答案】 C.

【解析】 对于二阶导数等于零的点或不可导点,若该点左右两侧二阶导数异号,即凹凸性不同,则为拐点. 由图可知,$y=f(x)$ 有两个拐点,分别是不可导点 $(0,f(0))$ 和右侧二阶导数等于零点,故应选 C.

题型考点　经济学应用(数学三)

【试题 10】(15-3.17) 为了实现利润的最大化,厂商需要对某商品确定其定价模型,设 Q 为该商品的需求量,P 为价格,MC 为边际成本,η 为需求弹性($\eta>0$).

(Ⅰ)证明定价模型为 $P=\frac{MC}{1-\frac{1}{\eta}}$;

(Ⅱ)若该商品的成本函数为 $C(Q)=1600+Q^2$,需求函数为 $Q=40-P$,试由(Ⅰ)中的定价模型确定此商品的价格.

【难度】 本题的数学三难度值为 0.488,数学一、数学二的考生不作要求.

【解析】 (Ⅰ)由于收益 $R=pQ$,需求弹性 $\eta=-\frac{dQ}{dp}\cdot\frac{p}{Q}$,所以得边际收益

$$MR=\frac{dR}{dQ}=p+Q\frac{dp}{dQ}=p\left(1-\frac{1}{\eta}\right).$$

欲使利润最大,应有 $MR=MC$,即 $p\left(1-\dfrac{1}{\eta}\right)=MC$,所以定价模型为 $p=\dfrac{MC}{1-\dfrac{1}{\eta}}$.

(Ⅱ)由题设知 $MC=2Q$,$\eta=-\dfrac{p}{Q}\dfrac{\mathrm{d}Q}{\mathrm{d}p}=\dfrac{p}{40-p}$.

由(Ⅰ)有

$$p=\frac{2(40-p)}{1-\dfrac{40-p}{p}},\text{解得 } p=30,$$

所以此商品的价格为 $p=30$.

题型考点　零点个数与方程根的问题

【试题 11】(15-2.19) 已知函数 $f(x)=\int_x^1\sqrt{1+t^2}\,\mathrm{d}t+\int_1^{x^2}\sqrt{1+t}\,\mathrm{d}t$,求 $f(x)$ 零点的个数.

【难度】 本题的数学二难度值为 0.464,数学一、数学三的考生在学习时也应掌握此题.

【解析】 因为

$$f(x)=\int_x^1\sqrt{1+t^2}\,\mathrm{d}t+\int_1^{x^2}\sqrt{1+t}\,\mathrm{d}t,$$

所以

$$f(1)=0\text{ 且 }f'(x)=-\sqrt{1+x^2}+2x\sqrt{1+x^2}=\sqrt{1+x^2}(2x-1),$$

令 $f'(x)=0$,得驻点 $x=\dfrac{1}{2}$.

在 $\left(-\infty,\dfrac{1}{2}\right)$ 内,$f'(x)<0$,$f(x)$ 单调减少;在 $\left(\dfrac{1}{2},+\infty\right)$ 内,$f'(x)>0$,$f(x)$ 单调增加且 $f\left(\dfrac{1}{2}\right)<f(1)=0$.

又 $f(-1)=\int_{-1}^1\sqrt{1+t^2}\,\mathrm{d}t>0$,所以由零点定理及单调性可知,在 $\left(-\infty,\dfrac{1}{2}\right)$ 内 $f(x)$ 有唯一零点.

因为 $f(1)=0$ 且 $f(x)$ 在 $\left(\dfrac{1}{2},+\infty\right)$ 内单调增加,所以 $x=1$ 是 $f(x)$ 在 $\left(\dfrac{1}{2},+\infty\right)$ 内的唯一零点.

由上可知,$f(x)$ 共有 2 个零点.

题型考点　不等式的证明

【试题 12】(15-2.21) 已知函数 $f(x)$ 在区间 $[a,+\infty)$ 上具有 2 阶导数,$f(a)=0$,$f'(x)>0$,$f''(x)>0$. 设 $b>a$,曲线 $y=f(x)$ 在点 $(b,f(b))$ 处的切线与 x 轴的交点是 $(x_0,0)$,证明 $a<x_0<b$.

【难度】 本题的数学二难度值为 0.406,数学一、数学三的考生在学习时也应掌握此题.

【解析】 曲线 $y=f(x)$ 在点 $(b,f(b))$ 处的切线方程为

$$y-f(b)=f'(b)(x-b),$$

令 $y=0$,得 $x_0=b-\dfrac{f(b)}{f'(b)}$.

因为 $f'(x)>0$,所以 $f(x)$ 单调增加. 又 $f(a)=0$,$b>a$,故有 $f(b)>f(a)=0$,所以

$$x_0=b-\frac{f(b)}{f'(b)}<b.$$

而 $x_0-a=b-\dfrac{f(b)}{f'(b)}-a$，令 $F(t)=t-\dfrac{f(t)}{f'(t)}-a,t>a$，则

$$F'(t)=1-\frac{[f'(t)]^2-f(t)f''(t)}{[f'(t)]^2}=\frac{f(t)f''(t)}{[f'(t)]^2}>0.$$

故当 $t>a$ 时，$F(t)>F(a)=0$，即 $t-\dfrac{f(t)}{f'(t)}>a$，故 $x_0>a$.

1.3 一元函数积分学

题型考点 定积分的计算

【试题 13】(15-1.10) $\int_{-\frac{\pi}{2}}^{\frac{\pi}{2}}\left(\dfrac{\sin x}{1+\cos x}+|x|\right)\mathrm{d}x=$________.

【难度】本题的数学一难度值为 0.749，数学二、数学三的考生在学习时也应掌握此题.

【答案】$\dfrac{\pi^2}{4}$.

【解析】因为$\dfrac{\sin x}{1+\cos x}$是奇函数，$|x|$是偶函数，所以

$$\int_{-\frac{\pi}{2}}^{\frac{\pi}{2}}\frac{\sin x}{1+\cos x}\mathrm{d}x=0,\ \int_{-\frac{\pi}{2}}^{\frac{\pi}{2}}|x|\ \mathrm{d}x=2\int_0^{\frac{\pi}{2}}x\mathrm{d}x=\frac{\pi^2}{4},$$

故 $\int_{-\frac{\pi}{2}}^{\frac{\pi}{2}}\left(\dfrac{\sin x}{1+\cos x}+|x|\right)\mathrm{d}x=\dfrac{\pi^2}{4}$.

题型考点 变限积分函数求导

【试题 14】(15-2.11;3.10) 设函数 $f(x)$ 连续，$\varphi(x)=\int_0^{x^2}xf(t)\ \mathrm{d}t$. 若 $\varphi(1)=1,\varphi'(1)=5$ 则 $f(1)=$________

【难度】本题的数学二难度值为 0.627，数学三难度值为 0.586，数学一的考生在学习时也应掌握此题.

【答案】2.

【解析】因为 $\varphi(x)=x\int_0^{x^2}f(t)\mathrm{d}t$，所以

$$\varphi'(x)=\int_0^{x^2}f(t)\mathrm{d}t+2x^2f(x^2).$$

又因为

$$\varphi(1)=x\int_0^1 f(t)\mathrm{d}t=1,$$

$$\varphi'(1)=\int_0^1 f(t)\mathrm{d}t+2f(1)=1+2f(1)=5,$$

故有 $2f(1)=4$，$f(1)=2$.

题型考点 反常积分敛散性的判定

【试题 15】(15-2.1) 下列反常积分中收敛的是

(A) $\int_2^{+\infty}\frac{1}{\sqrt{x}}\mathrm{d}x$.　　　　(B) $\int_2^{+\infty}\frac{\ln x}{x}\mathrm{d}x$.

(C) $\int_2^{+\infty}\frac{1}{x\ln x}\mathrm{d}x$.　　　　(D) $\int_2^{+\infty}\frac{x}{\mathrm{e}^x}\mathrm{d}x$.

【难度】本题的数学二难度值为 0.703，数学一的考生在学习时也应掌握此题，数学三的考试大纲对反常积分敛散性的判定不作要求，但由于该考点与无穷级数敛散性的判定是类似的，故笔者建议数学三的考生也一并掌握此题．

【答案】D.

【解析】根据 p 积分 $\int_2^{+\infty}\frac{1}{x^p}\mathrm{d}x=\begin{cases}\text{收敛}, p>1,\\ \text{发散}, p\leqslant 1.\end{cases}$ 可知，$\int_2^{+\infty}\frac{1}{\sqrt{x}}\mathrm{d}x$ 发散．

根据对数 p 积分 $\int_2^{+\infty}\frac{1}{x\ln^p x}\mathrm{d}x=\begin{cases}\text{收敛}, p>1,\\ \text{发散}, p\leqslant 1.\end{cases}$ 可知，$\int_2^{+\infty}\frac{1}{x\ln x}\mathrm{d}x$ 发散．

因为 $\int_2^{+\infty}\frac{\ln x}{x}\mathrm{d}x=\int_2^{+\infty}\ln x\mathrm{d}(\ln x)=\frac{1}{2}\ln^2 x\Big|_2^{+\infty}=+\infty$，故 $\int_2^{+\infty}\frac{\ln x}{x}\mathrm{d}x$ 发散．

因为 $\int_2^{+\infty}\frac{x}{\mathrm{e}^x}\mathrm{d}x=-\int_2^{+\infty}x\mathrm{d}\mathrm{e}^{-x}=-(x+1)\mathrm{e}^{-x}\big|_2^{+\infty}=3\mathrm{e}^{-2}$，故 $\int_2^{+\infty}\frac{x}{\mathrm{e}^x}\mathrm{d}x$ 收敛．

综上，应选 D.

题型考点　定积分的应用

【试题 16】(15-2.16)　设 $A>0$，D 是由曲线段 $y=A\sin x\left(0\leqslant x\leqslant\frac{\pi}{2}\right)$ 及直线 $y=0$，$x=\frac{\pi}{2}$ 所围成的平面区域，V_1，V_2 分别表示 D 绕 x 轴与绕 y 轴旋转所成旋转体的体积．若 $V_1=V_2$，求 A 的值．

【难度】本题的数学二难度值为 0.620，数学一、数学三的考生在学习时也应掌握此题．

【解析】

$$V_1=\int_0^{\frac{\pi}{2}}\pi y^2\mathrm{d}x=\pi A^2\int_0^{\frac{\pi}{2}}\sin^2 x\mathrm{d}x=\pi A^2\cdot\frac{1}{2}\cdot\frac{\pi}{2}=\frac{\pi^2A^2}{4}.$$

$$V_2=2\pi\int_0^{\frac{\pi}{2}}xy\mathrm{d}x=2\pi A\int_0^{\frac{\pi}{2}}x\sin x\mathrm{d}x=2\pi A(-x\cos x+\sin x)\Big|_0^{\frac{\pi}{2}}=2\pi A.$$

由 $V_1=V_2$，即 $\frac{\pi^2A^2}{4}=2\pi A$，解得 $A=\frac{8}{\pi}$.

1.4　常微分方程

题型考点　常系数线性微分方程

【试题 17】(15-1.2)　设 $y=\frac{1}{2}\mathrm{e}^{2x}+\left(x-\frac{1}{3}\right)\mathrm{e}^x$ 是二阶常系数非齐次线性微分方程 $y''+ay'+by=c\mathrm{e}^x$ 的一个特解．则

(A) $a=-3, b=2, c=-1$.　　　　(B) $a=3, b=2, c=-1$.

(C) $a=-3, b=2, c=1$.　　　　(D) $a=3, b=2, c=1$.

【难度】本题的数学一难度值为 0.829，数学二、数学三的考生在学习时也应掌握此题．

【答案】A.

【解析】由题可知，e^{2x}一定是二阶齐次线性微分方程 $y''+ay'+by=0$ 的解，否则二阶非齐次线性微分方程 $y''+ay'+by=f(x)$ 的 $f(x)$ 中一定含有 e^{2x}项，这与已知不符．故 $r=2$ 是齐次微分方程的一个特征根，$y-\frac{1}{2}e^{2x}=\left(x-\frac{1}{3}\right)e^{x}$ 也是二阶非齐次线性微分方程的一个特解．

假设二阶齐次线性微分方程的另一个特征根不是 $r=1$，则根据已知的特解结构，另一个特征根必是 $r=0$，而此时二阶非齐次线性微分方程的特解形式应为 $y^{*}=Ae^{x}\cdot x^{0}=Ae^{x}$，这与$\left(x-\frac{1}{3}\right)e^{x}$ 是二阶非齐次线性微分方程的一个特解不符．故 $r=1$ 是齐次微分方程的另一个特征根，e^{x} 是二阶齐次线性微分方程 $y''+ay'+by=0$ 的解．

因此，二阶齐次线性微分方程的特征方程为 $\lambda^{3}-3\lambda+2=0$，故 $a=-3,b=2$.

由题设还知，$y-\frac{1}{2}e^{2x}+\frac{1}{3}e^{x}=xe^{x}$ 是非齐次线性微分方程 $y''+ay'+by=ce^{x}$ 的解，所以

$$ce^{x}=(2+x)e^{x}-3(1+x)e^{x}+2xe^{x}=-e^{x},$$

即 $c=-1$．故应选 A.

【试题 18】(15-2. 12;3. 12) 设函数 $y=y(x)$ 是微分方程 $y''+y'-2y=0$ 的解，且在$x=0$处$y(x)$取得极值 3，则 $y(x)=$ ________.

【难度】本题的数学二难度值为 0. 613，数学三难度值为 0. 548，数学一的考生在学习时也应掌握此题．

【答案】$e^{x}+e^{-2x}$.

【解析】该微分方程的特征方程为 $r^{2}+r-2=0$，易解得特征根为 $r_1=1,r_2=-2$，得到该微分方程的通解为 $y=C_1e^{x}+C_2e^{-2x}$.

由题设知 $y(0)=3,y'(0)=0$，代入通解中，得

$$C_1+C_2=3,C_1-2C_2=0，联立解得\ C_1=2,C_2=1,$$

从而得到满足初始条件的特解为 $y=e^{x}+e^{-2x}$.

题型考点　微分方程的应用

【试题 19】(15-1. 16;3. 18) 设函数$f(x)$在定义域 I 上的导数大于零．若对任意的$x_0\in I$，曲线 $y=f(x)$ 在点$(x_0,f(x_0))$处的切线与直线 $x=x_0$ 及 x 轴所围成区域的面积恒为 4，且 $f(0)=2$，求 $f(x)$ 的表达式．

【难度】本题的数学一难度值为 0. 580，数学三难度值为 0. 405，数学二的考生在学习时也应掌握此题．

【解析】曲线 $y=f(x)$ 在点$(x_0,f(x_0))$处的切线方程为

$$y=f'(x_0)(x-x_0)+f(x_0),$$

该切线与 x 轴的交点横坐标为 $x=x_0-\frac{f(x_0)}{f'(x_0)}$.

根据题设条件可知

$$\frac{1}{2}\frac{|f(x_0)|}{f'(x_0)}\cdot|f(x_0)|=4,$$

即 $y=f(x)$ 满足方程 $y'=\frac{1}{8}y^2$，分离变量得

$$\frac{\mathrm{d}y}{y^2}=\frac{1}{8}\mathrm{d}x,$$

积分得 $-\frac{1}{y}=\frac{1}{8}x+C$，即

$$y=-\frac{8}{8C+x}.$$

因为 $f(0)=2$，所以 $C=-\frac{1}{2}$，故 $f(x)=\frac{8}{4-x}, x\in I.$

题型考点　微分方程的物理应用(数学一、数学二)

【试题 20】(15-2.20)　已知高温物体置于低温介质中，任一时刻该物体温度对时间的变化率与该时刻物体和介质的温差成正比．现将一初始温度为 120℃的物体在 20℃恒温介质中冷却，30min 后该物体温度降至 30℃，若要将该物体的温度继续降至 21℃，还需冷却多长时间？

【难度】本题的数学二难度值为 0.319，数学一的考生在学习时也应掌握此题，数学三的考生不作要求．

【解析】根据最后的问题可知，需要寻找时间与温度的函数关系．

设 t 时刻物体的温度为 $x(t)$，因为该物体温度对时间的变化率与该时刻物体与介质的温度差成正比，故有

$$\frac{\mathrm{d}x}{\mathrm{d}t}=-k(x-20),$$

这里 k 为比例系数，$k>0$，可分离变量得

$$\frac{\mathrm{d}x}{x-20}=-k\mathrm{d}t,$$

两边积分并整理，得其通解为

$$x=C\mathrm{e}^{-kt}+20.$$

由 $t=0$ 时，$x=120$，可得 $C=100$，即有

$$x=100\mathrm{e}^{-kt}+20.$$

又 $t=30$ 时，$x=30$，代入上式解得 $k=\frac{\ln 10}{30}$，故有

$$x=100\mathrm{e}^{-\frac{\ln 10}{30}t}+20.$$

令 $x=21$，从上式中解出 $t=60$.

$$60-30=30(\mathrm{min}),$$

即要将该物体的温度继续降至 21℃，还需要 30min.

1.5 多元函数微分学

题型考点　多元函数求偏导数

【试题 21】(15-2.5)　设函数 $f(u,v)$ 满足 $f\left(x+y,\frac{y}{x}\right)=x^2-y^2$，则 $\left.\frac{\partial f}{\partial u}\right|_{\substack{u=1\\v=1}}$ 与 $\left.\frac{\partial f}{\partial v}\right|_{\substack{u=1\\v=1}}$ 依次是

(A) $\frac{1}{2},0$.　　(B) $0,\frac{1}{2}$.　　(C) $-\frac{1}{2},0$.　　(D) $0,-\frac{1}{2}$.

【难度】本题的数学二难度值为 0.709，数学一、数学三的考生在学习时也应掌握此题．

【答案】D.

【解析】由 $x+y=u,\frac{y}{x}=v$，解出

$$x=\frac{u}{1+v},y=\frac{uv}{1+v},$$

则

$$f(u,v)=\left(\frac{u}{1+v}\right)^2-\left(\frac{uv}{1+v}\right)^2=\frac{u^2(1-v)}{1+v},$$

故

$$\frac{\partial f}{\partial u}=\frac{2u(1-v)}{1+v},\frac{\partial f}{\partial v}=-\frac{2u^2}{(1+v)^2},$$

所以

$$\left.\frac{\partial f}{\partial u}\right|_{\substack{u=1\\v=1}}=0,\left.\frac{\partial f}{\partial v}\right|_{\substack{u=1\\v=1}}=-\frac{1}{2},$$

故选 D.

题型考点　多元隐函数求偏导数及全微分

【试题 22】(15-2.13;3.11)　若函数 $z=z(x,y)$ 由方程 $e^{x+2y+3z}+xyz=1$ 确定，则 $dz|_{(0,0)}=$ ________.

【难度】本题的数学二难度值为 0.568，数学三难度值为 0.535，数学一的考生在学习时也应掌握此题．

【答案】$-\frac{1}{3}dx-\frac{2}{3}dy$.

【解析】根据一阶微分形式不变性，得

$$e^{x+2y+3z}d(x+2y+3z)+d(xyz)=0,$$

即

$$e^{x+2y+3z}(dx+2dy+3dz)+yzdx+xzdy+xydz=0,$$

代入 $x=0,y=0,z(0,0)=0$，整理得

$$dz|_{(0,0)}=-\frac{1}{3}dx-\frac{2}{3}dy.$$

【试题 23】(15-1.11)　若函数 $z=z(x,y)$ 由方程 $e^z+xyz+x+\cos x=2$ 确定，则 $dz|_{(0,1)}=$ ________.

【难度】本题的数学一难度值为 0.452，数学二、数学三的考生在学习时也应掌握此题．

【答案】$-dx$.

【解析】当 $x=0,y=1$ 时，$e^z+1=2$，故 $z=0$.

根据一阶微分形式不变性，得

$$e^z dz+yzdx+xzdy+xydz-\sin xdx=0,$$

代入 $x=0,y=1,z=0$ 并整理得

$$dz\big|_{(0,1)}=-dx.$$

题型考点　偏积分

【试题 24】(15-2.17)　已知函数 $f(x,y)$ 满足

$$f''_{xy}(x,y)=2(y+1)e^x,f'_x(x,0)=(x+1)e^x,f(0,y)=y^2+2y,$$

求 $f(x,y)$ 的极值.

【难度】本题的数学二难度值为 0.408，数学一、数学三的考生在学习时也应掌握此题.

【解析】在 $f''_{xy}(x,y)=2(y+1)e^x$，两边对 y 积分，得

$$f'_x(x,y)=(y^2+2y)e^x+\varphi(x),$$

又因为

$$f'_x(x,0)=(x+1)e^x,$$

所以

$$\varphi(x)=(x+1)e^x,$$

故

$$f'_x(x,y)=(y^2+2y)e^x+(x+1)e^x.$$

在上式两端对 x 积分，得

$$f(x,y)=\int(y^2+2y)e^x dx+\int(x+1)e^x dx$$
$$=(y^2+2y)e^x+xe^x+C(y).$$

由题设 $f(0,y)=y^2+2y$，知 $C(y)=0$，所以

$$f(x,y)=(y^2+2y)e^x+xe^x.$$

令

$$\begin{cases}f'_x(x,y)=(y^2+2y)e^x++e^x+xe^x=0,\\ f'_y(x,y)=(2y+2)e^x=0,\end{cases}$$

解得 $f(x,y)$ 的驻点 $(0,-1)$.

又 $f''_{xx}=(y^2+2y)e^x+2e^x+xe^x$，$f''_{xy}=2(y+1)e^x$，$f''_{yy}=2e^x$，在 $(0,-1)$ 点处，

$$A=f''_{xx}(0,-1)=1,B=f''_{xy}(0,-1)=0,C=f''_{yy}(0,-1)=2,$$

因为 $AC-B^2=2>0$，且 $A=1>0$，故 $(0,-1)$ 为 $f(x,y)$ 的极小值点，极小值为 $f(0,-1)=-1$.

1.6　二重积分

题型考点　二重积分的计算

【试题 25】(15-3.3)　设 $D=\{(x,y)\mid x^2+y^2\leqslant 2x,x^2+y^2\leqslant 2y\}$，函数 $f(x,y)$ 在 D 上连续，则 $\iint\limits_D f(x,y)\,dxdy=$

(A) $\int_0^{\frac{\pi}{4}}d\theta\int_0^{2\cos\theta}f(r\cos\theta,r\sin\theta)rdr+\int_{\frac{\pi}{4}}^{\frac{\pi}{2}}d\theta\int_0^{2\sin\theta}f(r\cos\theta,r\sin\theta)\,rdr.$

(B) $\int_0^{\frac{\pi}{4}}d\theta\int_0^{2\sin\theta}f(r\cos\theta,r\sin\theta)rdr+\int_{\frac{\pi}{4}}^{\frac{\pi}{2}}d\theta\int_0^{2\cos\theta}f(r\cos\theta,r\sin\theta)\ rdr$.

(C) $2\int_0^1dx\int_{1-\sqrt{1-x^2}}^{x}f(x,y)\ dy$.

(D) $2\int_0^1dx\int_x^{\sqrt{2x-x^2}}f(x,y)\ dy$.

【难度】本题的数学三难度值为 0.604,数学一、数学二的考生在学习时也应掌握此题.

【答案】B.

【解析】积分区域 $D=\{(x,y)\mid x^2+y^2\leqslant 2x,x^2+y^2\leqslant 2y\}$ 表示的是两个相同大小的圆所围成的公共部分,这两个圆的极坐标方程分别是 $r=2\cos\theta,r=2\sin\theta$.

积分区域 D 的极坐标表示为

$$D=\left\{(r,\theta)\mid 0\leqslant r\leqslant 2\sin\theta,0\leqslant\theta\leqslant\frac{\pi}{4}\right\}\cup\left\{(r,\theta)\middle|0\leqslant r\leqslant 2\cos\theta,\frac{\pi}{4}\leqslant\theta\leqslant\frac{\pi}{2}\right\},$$

所以

$$\iint\limits_D f(x,y)\,dxdy=\int_0^{\frac{\pi}{4}}d\theta\int_0^{2\sin\theta}f(r\cos\theta,r\sin\theta)rdr+\int_{\frac{\pi}{4}}^{\frac{\pi}{2}}d\theta\int_0^{2\cos\theta}f(r\cos\theta,r\sin\theta)\ rdr.$$

故应选 B.

另外,记 $D_1=\{(x,y)\mid x^2+y^2\leqslant 2x,x^2+y^2\leqslant 2y,x\geqslant y\}$,$D_2=D-D_1$,则 D_1,D_2 关于 $y=x$ 对称,且 $\iint\limits_{D_1}f(x,y)\,dxdy=\iint\limits_{D_2}f(y,x)\ dxdy$.

假设已知 $f(x,y)=f(y,x)$,即被积函数具有轮换对称性,则

$$\iint\limits_D f(x,y)\,dxdy=2\iint\limits_{D_1}f(x,y)\,dxdy=2\int_0^1dx\int_{1-\sqrt{1-x^2}}^{x}f(x,y)\,dy,$$

或

$$\iint\limits_D f(x,y)\,dxdy=2\iint\limits_{D_2}f(x,y)\,dxdy=2\int_0^1dx\int_x^{\sqrt{2x-x^2}}f(x,y)\,dy.$$

此时,选项 CD 正确.但题干并不能保证 $f(x,y)=f(y,x)$,故 CD 错误.

【试题 26】(15-1.4;2.6) 设 D 是第一象限中由曲线 $2xy=1,4xy=1$ 与直线 $y=x,y=\sqrt{3}x$ 围成的平面区域,函数 $f(x,y)$ 在 D 上连续,则 $\iint\limits_D f(x,y)\,dxdy=$

(A) $\int_{\frac{\pi}{4}}^{\frac{\pi}{3}}d\theta\int_{\frac{1}{2\sin2\theta}}^{\frac{1}{\sin2\theta}}f(r\cos\theta,r\sin\theta)rdr$.

(B) $\int_{\frac{\pi}{4}}^{\frac{\pi}{3}}d\theta\int_{\frac{1}{\sqrt{2\sin2\theta}}}^{\frac{1}{\sqrt{\sin2\theta}}}f(r\cos\theta,r\sin\theta)rdr$.

(C) $\int_{\frac{\pi}{4}}^{\frac{\pi}{3}}d\theta\int_{\frac{1}{2\sin2\theta}}^{\frac{1}{\sin2\theta}}f(r\cos\theta,r\sin\theta)dr$.

(D) $\int_{\frac{\pi}{4}}^{\frac{\pi}{3}}d\theta\int_{\frac{1}{\sqrt{2\sin2\theta}}}^{\frac{1}{\sqrt{\sin2\theta}}}f(r\cos\theta,r\sin\theta)dr$.

【难度】本题的数学一难度值为 0.846,数学二难度值为 0.844,数学三的考生在学习时也应掌握此题.

【答案】B.

【解析】将 $x=r\cos\theta,y=r\sin\theta$ 代入用直角坐标描述的曲线方程,即得到该曲线的极坐标形式.于是曲线 $2xy=1,4xy=1$ 及直线 $y=x,y=\sqrt{3}x$ 分别化为

$$2r^2\cos\theta\sin\theta=1, 4r^2\cos\theta\sin\theta=1 \text{ 及 } r\sin\theta=r\cos\theta, r\sin\theta=\sqrt{3}r\cos\theta,$$

亦即
$$r=\frac{1}{\sqrt{\sin 2\theta}}, r=\frac{1}{\sqrt{2\sin 2\theta}}, \theta=\frac{\pi}{4}, \theta=\frac{\pi}{3},$$

因此正确答案是 B.

【试题 27】(15-2.18;3.16) 计算二重积分 $\iint\limits_D x(x+y)\,\mathrm{d}x\mathrm{d}y$, 其中 $D=\{(x,y)\mid x^2+y^2\leqslant 2, y\geqslant x^2\}$.

【难度】本题的数学二难度值为 0.430,数学三难度值为 0.474,数学一的考生在学习时也应掌握此题.

【解析】方法一 因为区域 D 关于 y 轴对称,所以 $\iint\limits_D xy\,\mathrm{d}x\mathrm{d}y=0$,从而有

$$\begin{aligned}\iint\limits_D x(x+y)\,\mathrm{d}x\mathrm{d}y &= \iint\limits_D x^2\,\mathrm{d}x\mathrm{d}y\\ &=2\int_0^1\mathrm{d}x\int_{x^2}^{\sqrt{2-x^2}}x^2\,\mathrm{d}y\\ &=2\int_0^1 x^2(\sqrt{2-x^2}-x^2)\,\mathrm{d}x\\ &=2\left(\int_0^1 x^2\sqrt{2-x^2}\,\mathrm{d}x-\int_0^1 x^4\,\mathrm{d}x\right).\end{aligned}$$

令 $x=\sqrt{2}\sin t$,则

$$\begin{aligned}\int_0^1 x^2\sqrt{2-x^2}\,\mathrm{d}x &= \int_0^{\frac{\pi}{4}} 4\sin^2 t\cos^2 t\,\mathrm{d}t\\ &=\int_0^{\frac{\pi}{4}}\sin^2 2t\,\mathrm{d}t\\ &\underline{\underline{2t=u}}\frac{1}{2}\int_0^{\frac{\pi}{2}}\sin^2 u\,\mathrm{d}u\\ &=\frac{1}{2}\cdot\frac{\pi}{2}\cdot\frac{1}{2}=\frac{\pi}{8}.\end{aligned}$$

又 $\int_0^1 x^4\,\mathrm{d}x=\frac{1}{5}$,所以

$$\iint\limits_D x(x+y)\,\mathrm{d}x\mathrm{d}y=\frac{\pi}{4}-\frac{2}{5}.$$

方法二 因为区域 D 关于 y 轴对称,所以 $\iint\limits_D xy\,\mathrm{d}x\mathrm{d}y=0$,从而有

$$\begin{aligned}\iint\limits_D x(x+y)\,\mathrm{d}x\mathrm{d}y &= \iint\limits_D x^2\,\mathrm{d}x\mathrm{d}y\\ &=2\int_0^{\frac{\pi}{4}}\mathrm{d}\theta\int_0^{\frac{\sin\theta}{\cos^2\theta}}r^3\cos^2\theta\,\mathrm{d}r+2\int_{\frac{\pi}{4}}^{\frac{\pi}{2}}\mathrm{d}\theta\int_0^{\sqrt{2}}r^3\cos^2\theta\,\mathrm{d}r\\ &=\frac{1}{2}\int_0^{\frac{\pi}{4}}\frac{\sin^4\theta}{\cos^6\theta}\mathrm{d}\theta+2\int_{\frac{\pi}{4}}^{\frac{\pi}{2}}\cos^2\theta\,\mathrm{d}\theta\end{aligned}$$

$$=\frac{1}{2}\int_0^{\frac{\pi}{4}}\tan^4\theta\mathrm{d}(\tan\theta)+\int_{\frac{\pi}{4}}^{\frac{\pi}{2}}(1+\cos2\theta)\mathrm{d}\theta$$

$$=\frac{1}{10}+\frac{\pi}{4}-\frac{1}{2}=\frac{\pi}{4}-\frac{2}{5}.$$

1.7 无穷级数(数学一、数学三)

题型考点 数项级数敛散性的判定

【试题 28】(15-3.4) 下列级数中发散的是

(A) $\sum\limits_{n=1}^{\infty}\frac{n}{3^n}$　　(B) $\sum\limits_{n=1}^{\infty}\frac{1}{\sqrt{n}}\ln\left(1+\frac{1}{n}\right)$

(C) $\sum\limits_{n=2}^{\infty}\frac{(-1)^n+1}{\ln n}$　　(D) $\sum\limits_{n=1}^{\infty}\frac{n!}{n^n}$

【难度】本题的数学三难度值为 0.558,数学一的考生在学习时也应掌握此题.

【答案】C.

【解析】由于$\lim\limits_{n\to\infty}\frac{a_{n+1}}{a_n}=\lim\limits_{n\to\infty}\frac{n+1}{3^{n+1}}\cdot\frac{3^n}{n}=\frac{1}{3}<1$,所以$\sum\limits_{n=1}\frac{n}{3^n}$收敛.

由于$n\to\infty$,$\frac{1}{\sqrt{n}}\ln\left(1+\frac{1}{n}\right)\sim\frac{1}{n^{\frac{3}{2}}}$,且$\sum\limits_{n=1}\frac{1}{n^{\frac{3}{2}}}$收敛,所以$\sum\limits_{n=1}^{\infty}\frac{1}{\sqrt{n}}\ln\left(1+\frac{1}{n}\right)$收敛.

由于$\lim\limits_{n\to\infty}\frac{a_{n+1}}{a_n}=\lim\limits_{n\to\infty}\frac{(n+1)!}{(n+1)^{n+1}}\cdot\frac{n^n}{n!}=\lim\limits_{n\to\infty}\frac{1}{(1+\frac{1}{n})^n}=\frac{1}{\mathrm{e}}<1$,所以$\sum\limits_{n=1}^{\infty}\frac{n!}{n^n}$收敛.

对于选项 C 中的级数$\sum\limits_{n=2}^{\infty}\frac{(-1)^n+1}{\ln n}=\sum\limits_{n=2}^{\infty}\left[\frac{(-1)^n}{\ln n}+\frac{1}{\ln n}\right]$. 由于$\frac{1}{\ln n}>\frac{1}{n}$,且调和级数$\sum\limits_{n=2}^{\infty}\frac{1}{n}$是发散的,所以由比较法知级数$\sum\limits_{n=2}^{\infty}\frac{1}{\ln n}$发散;又由于$\frac{1}{\ln n}$单调减少,且趋于零,所以交错级数$\sum\limits_{n=2}^{\infty}\frac{(-1)^n}{\ln n}$收敛. 由级数的运算性质可知,级数$\sum\limits_{n=2}^{\infty}\left[\frac{(-1)^n}{\ln n}+\frac{1}{\ln n}\right]$是发散的.

综上,应选 C.

题型考点 幂级数的收敛域

【试题 29】(15-1.3) 若级数$\sum\limits_{n=1}^{\infty}a_n$条件收敛,则$x=\sqrt{3}$与$x=3$依次为幂级数$\sum\limits_{n=1}^{\infty}na_n(x-1)^n$的

(A) 收敛点,收敛点.　　(B) 收敛点,发散点.

(C) 发散点,收敛点.　　(D) 发散点,发散点.

【难度】本题的数学一难度值为 0.767,数学三的考生在学习时也应掌握此题.

【答案】B.

【解析】由$\sum\limits_{n=1}^{\infty}a_n$条件收敛可知幂级数$\sum\limits_{n=1}^{\infty}a_n(x-1)^n$在$x=2$处条件收敛,从而$\sum\limits_{n=1}^{\infty}a_n(x-1)^n$

的收敛区间为(0,2).

由于幂级数求导或积分不改变收敛区间和收敛半径,故幂级数 $\sum_{n=1}^{\infty} na_n(x-1)^n$ 的收敛区间也为(0,2),所以 $\sum_{n=1}^{\infty} na_n(x-1)^n$ 在 $x=\sqrt{3}$ 处收敛,在 $x=3$ 处发散.

1.8 空间解析几何与场论初步(数学一)

题型考点 方向导数

【试题 30】(15-1.17) 已知函数 $f(x,y)=x+y+xy$,曲线 $C:x^2+y^2+xy=3$,求 $f(x,y)$ 在曲线 C 的最大方向导数.

【难度】本题的数学一难度值为 0.219.

【解析】函数在每一点沿梯度方向的方向导数最大,且最大方向导数是该点梯度向量的长度.

因为 $\mathbf{grad}f(x,y)=(1+y,1+x)$,$|\mathbf{grad}f(x,y)|=\sqrt{(1+x)^2+(1+y)^2}$,所以求 $f(x,y)$ 在曲线 C 上的最大方向导数转化为求函数 $\sqrt{(1+x)^2+(1+y)^2}$ 在条件 $x^2+y^2+xy=3$ 下的最大值.

令 $F(x,y,\lambda)=(1+x)^2+(1+y)^2+\lambda(x^2+y^2+xy-3)$,由

$$\begin{cases} f'_x=2(1+x)+\lambda(2x+y)=0 \\ f'_y=2(1+y)+\lambda(2y+x)=0 \\ f'_\lambda=x^2+y^2+xy-3=0 \end{cases}$$

化简得

$$\begin{cases} (x-y)(x+y-1)=0 \\ x^2+y^2+xy-3=0 \end{cases}$$

解得

$$\begin{cases} x=1, \\ y=1, \end{cases} \begin{cases} x=-1, \\ y=-1, \end{cases} \begin{cases} x=2, \\ y=-1, \end{cases} \begin{cases} x=-1, \\ y=2. \end{cases}$$

又 $|\mathbf{grad}\,f(1,1)|=2\sqrt{2}$,$|\mathbf{grad}\,f(-1,-1)|=0$,$|\mathbf{grad}\,f(2,-1)|=|\mathbf{grad}\,f(-1,2)|=3$,所以 $f(x,y)$ 在曲线 C 上的最大方向导数为 3.

1.9 三重积分、曲线积分、曲面积分(数学一)

题型考点 三重积分的计算

【试题 31】(15-1.12) 设 Ω 是由平面 $x+y+z=1$ 与三个坐标平面所围成的空间区域,则 $\iiint\limits_{\Omega}(x+2y+3z)\,\mathrm{d}x\mathrm{d}y\mathrm{d}z=$________.

【难度】本题的数学一难度值为 0.184.

【答案】$\frac{1}{4}$.

【解析】根据轮换对称性可知 $\iiint\limits_{\Omega} x\mathrm{d}x\mathrm{d}y\mathrm{d}z=\iiint\limits_{\Omega} y\mathrm{d}x\mathrm{d}y\mathrm{d}z=\iiint\limits_{\Omega} z\mathrm{d}x\mathrm{d}y\mathrm{d}z$,所以

$$\iiint\limits_{\Omega}(x+2y+3z)\,\mathrm{d}x\mathrm{d}y\mathrm{d}z=6\iiint\limits_{\Omega}x\mathrm{d}x\mathrm{d}y\mathrm{d}z$$
$$=6\int_0^1\mathrm{d}x\int_0^{1-x}\mathrm{d}y\int_0^{1-x-y}x\mathrm{d}z$$
$$=6\int_0^1\mathrm{d}x\int_0^{1-x}x(1-x-y)\,\mathrm{d}y$$
$$=3\int_0^1x(1-x)^2\mathrm{d}x$$
$$=-x(1-x)^3\Big|_0^1+\int_0^1(1-x)^3\mathrm{d}x=\frac{1}{4}.$$

题型考点　第二类曲线积分

【试题 32】(15-1.19)　已知曲线 L 的方程为 $\begin{cases}z=\sqrt{2-x^2-y^2},\\ z=x,\end{cases}$ 起点为 $A(0,\sqrt{2},0)$，终点为 $B(0,-\sqrt{2},0)$，计算曲线积分

$$I=\int_L(y+z)\,\mathrm{d}x+(z^2-x^2+y)\,\mathrm{d}y+x^2y^2\mathrm{d}z.$$

【难度】本题的数学一难度值为 0.309.

【解析】方法一　设 L_1 是从点 B 到点 A 的直线段，Σ 为平面 $z=x$ 上由 L 与 L_1 围成的半圆面下侧，其面积为 π，法向量的方向余弦为 $\left(\frac{1}{\sqrt{2}},0,-\frac{1}{\sqrt{2}}\right)$.

由斯托克斯公式得

$$\oint_{L+L_1}(y+z)\,\mathrm{d}x+(z^2+x^2+y)\,\mathrm{d}y+x^2y^2\mathrm{d}z=\iint\limits_{\Sigma}\begin{vmatrix}\frac{1}{\sqrt{2}} & 0 & -\frac{1}{\sqrt{2}}\\ \frac{\partial}{\partial x} & \frac{\partial}{\partial y} & \frac{\partial}{\partial z}\\ y+z & z^2-x^2+y & x^2y^2\end{vmatrix}\mathrm{d}S$$
$$=\frac{1}{\sqrt{2}}\iint\limits_{\Sigma}(2x^2y+1)\,\mathrm{d}S.$$

由于曲面 Σ 关于 xOz 平面对称，所以 $\iint\limits_{\Sigma}2x^2y\mathrm{d}S=0$，故

$$\oint_{L+L_1}(y+z)\,\mathrm{d}x+(z^2+x^2+y)\,\mathrm{d}y+x^2y^2\mathrm{d}z=\frac{1}{\sqrt{2}}\iint\limits_{\Sigma}\mathrm{d}S=\frac{\sqrt{2}}{2}\pi$$

又 L_1 的参数方程为 $x=0,y=y,z=0$（y 从 $-\sqrt{2}$ 到 $\sqrt{2}$），所以

$$\int_{L_1}(y+x)\,\mathrm{d}x+(z^2-x^2+y)\,\mathrm{d}y+x^2y^2\mathrm{d}z=\int_{-\sqrt{2}}^{\sqrt{2}}y\mathrm{d}y=0,$$

因此 $I=\frac{\sqrt{2}}{2}\pi$.

方法二　$L:\begin{cases}z=\sqrt{2-x^2-y^2}\\ z=x\end{cases}$ 在 xOy 坐标面上的投影是 $x^2+\frac{y^2}{2}=1(x\geqslant0)$.

曲线 L 的参数方程为 $\begin{cases}x=\cos t\\ y=\sqrt{2}\sin t\\ z=\cos t\end{cases}$ 起点对应参数 $t=\dfrac{\pi}{2}$，终点对应参数 $t=-\dfrac{\pi}{2}$，所以

$$I=\int_{\frac{\pi}{2}}^{-\frac{\pi}{2}}(\sqrt{2}\sin t+\cos t)\mathrm{d}(\cos t)+\sqrt{2}\sin t\mathrm{d}(\sqrt{2}\sin t)+2\cos^2 t\sin^2 t\mathrm{d}(\cos t)$$

$$=\int_{\frac{\pi}{2}}^{-\frac{\pi}{2}}[(-\sqrt{2}\sin t-\cos t)\sin t+2\sin t\cos t-2\sin^3 t\cos^2 t]\mathrm{d}t.$$

因为 $\int_{\frac{\pi}{2}}^{-\frac{\pi}{2}}\cos t\sin t\mathrm{d}t=0$，$\int_{\frac{\pi}{2}}^{-\frac{\pi}{2}}\sin^3 t\cos^2 t\mathrm{d}t=0$，所以

$$I=\sqrt{2}\int_{-\frac{\pi}{2}}^{\frac{\pi}{2}}\sin^2 t\mathrm{d}t=2\sqrt{2}\int_0^{\frac{\pi}{2}}\sin^2 t\mathrm{d}t=2\sqrt{2}\cdot\frac{1}{2}\cdot\frac{\pi}{2}=\frac{\sqrt{2}\pi}{2}.$$

第二部分　线性代数试题解析

2.1　行列式与矩阵

题型考点　n 阶行列式的运算

【试题 33】(15-1.13)　n 阶行列式 $\begin{vmatrix}2&0&\cdots&0&2\\-1&2&\cdots&0&2\\\vdots&\vdots&&\vdots&\vdots\\0&0&\cdots&2&2\\0&0&\cdots&-1&2\end{vmatrix}=$________.

【难度】 本题的数学一难度值为 0.257，数学二、数学三的考生在学习时也应掌握此题.

【答案】 $2^{n+1}-2$.

【解析】方法一　按最后一列展开得

$$\begin{vmatrix}2&0&\cdots&0&2\\-1&2&\cdots&0&2\\\vdots&\vdots&&\vdots&\vdots\\0&0&\cdots&2&2\\0&0&\cdots&-1&2\end{vmatrix}=(-1)^{n+1}2\begin{vmatrix}-1&2&\cdots&0\\0&-1&\cdots&\vdots\\\vdots&\vdots&\ddots&2\\0&0&\cdots&-1\end{vmatrix}+(-1)^{n+2}2\begin{vmatrix}2&0&\cdots&0\\0&-1&\cdots&\vdots\\\vdots&\vdots&\ddots&2\\0&0&\cdots&-1\end{vmatrix}$$

$$+\cdots+(-1)^{n+n}2\begin{vmatrix}2&0&\cdots&0\\-1&2&\cdots&\vdots\\\vdots&\vdots&\ddots&0\\0&0&\cdots&2\end{vmatrix}$$

$$=2+2^2+\cdots+2^n=2^{n+1}-2$$

方法二 记 $D_n=\begin{vmatrix}2&0&\cdots&0&2\\-1&2&\cdots&0&2\\\vdots&\vdots&&\vdots&\vdots\\0&0&\cdots&2&2\\0&0&\cdots&0&2\end{vmatrix}_{n\times n}$，按第 1 列展开得

$$D_n=2\begin{vmatrix}2&0&\cdots&0&2\\-1&2&\cdots&0&2\\\vdots&\vdots&&\vdots&\vdots\\0&0&\cdots&2&2\\0&0&\cdots&-1&2\end{vmatrix}_{(n-1)\times(n-1)}+\begin{vmatrix}0&0&\cdots&0&2\\-1&2&\cdots&0&2\\\vdots&\vdots&&\vdots&\vdots\\0&0&\cdots&2&2\\0&0&\cdots&-1&2\end{vmatrix}_{(n-1)\times(n-1)}=2D_{n-1}+2,$$

所以 $D_n+2=2(D_{n-1}+2)$，从而 $D_n+2=2^{n-2}(D_2+2)$.

因为 $D_2=\begin{vmatrix}2&2\\-1&2\end{vmatrix}=6$，所以 $D_n+2=2^{n-2}\cdot 8=2^{n+1}$，即 $D_n=2^{n+1}-2$.

题型考点 抽象矩阵的行列式运算

【试题 34】(15-2.14;3.13) 设 3 阶矩阵 A 的特征值为 $2,-2,1$，$B=A^2-A+E$，其中 E 为 3 阶单位矩阵，则行列式则 $|B|=$________.

【难度】本题的数学二难度值为 0.686，数学三难度值为 0.719，数学一的考生在学习时也应掌握此题.

【答案】21.

【解析】因为矩阵 A 的特征值为 $2,-2,1$，所以矩阵 $B=A^2-A+E$ 的特征值为

$$\lambda_1=2^2-2+1=3,\lambda_2=(-2)^2-(-2)+1=7,\lambda_3=1^2-1+1=1,$$

从而 $|B|=3\times7\times1=21$.

题型考点 矩阵方程

【试题 35】(15-2.22;3.20) 设矩阵 $A=\begin{pmatrix}a&1&0\\1&a&-1\\0&1&a\end{pmatrix}$，且 $(A)^3=(O)$.

(Ⅰ)求 a 的值;

(Ⅱ)若矩阵 X 满足 $X-XA^2-AX+AXA^2=E$，其中 E 为 3 阶单位矩阵，求 X.

【难度】本题的数学二难度值为 0.495，数学三难度值为 0.511，数学一的考生在学习时也应掌握此题.

【解析】(Ⅰ)因为 $A^3=O$，所以 $|A|=\begin{vmatrix}a&1&0\\1&a&-1\\0&1&a\end{vmatrix}=a^3=0$，得 $a=0$，且 $A=\begin{pmatrix}0&1&0\\1&0&-1\\0&1&0\end{pmatrix}$.

(Ⅱ)对 $X-XA^2-AX+AXA^2=E$ 变形整理得:

$$(E-A)X(E-A^2)=E.$$

由于

$$E-A=\begin{pmatrix}1&-1&0\\-1&1&1\\0&-1&1\end{pmatrix},E-A^2=\begin{pmatrix}0&0&1\\0&1&0\\-1&0&2\end{pmatrix},$$

且

$$(E-A)^{-1}=\begin{pmatrix}1&-1&0\\-1&1&1\\0&-1&1\end{pmatrix}^{-1}=\begin{pmatrix}2&1&-1\\1&1&-1\\1&1&0\end{pmatrix},$$

$$(E-A^2)^{-1}=\begin{pmatrix}0&0&1\\0&1&0\\-1&0&2\end{pmatrix}^{-1}=\begin{pmatrix}2&0&-1\\0&1&0\\1&0&0\end{pmatrix},$$

所以 $X=(E-A)^{-1}(E-A^2)^{-1}=\begin{pmatrix}2&1&-1\\1&1&-1\\1&1&0\end{pmatrix}\begin{pmatrix}2&0&-1\\0&1&0\\1&0&0\end{pmatrix}=\begin{pmatrix}3&1&-2\\1&1&-1\\2&1&-1\end{pmatrix}$.

2.2 向量组与线性方程组

题型考点 向量空间(数学一)

【试题 36】(15-1.20) 设向量组 $\boldsymbol{\alpha}_1,\boldsymbol{\alpha}_2,\boldsymbol{\alpha}_3$ 为 $\mathbf{R}_3$ 的一个基,$\boldsymbol{\beta}_1=2\boldsymbol{\alpha}_1+2k\boldsymbol{\alpha}_3,\boldsymbol{\beta}_2=2\boldsymbol{\alpha}_2,\boldsymbol{\beta}_3=\boldsymbol{\alpha}_1+(k+1)\boldsymbol{\alpha}_3$.

(Ⅰ)证明向量组 $\boldsymbol{\beta}_1,\boldsymbol{\beta}_2,\boldsymbol{\beta}_3$ 为 $\mathbf{R}_3$ 的一个基;

(Ⅱ)当 k 为何值时,存在非零向量 $\boldsymbol{\xi}$ 在基 $\boldsymbol{\alpha}_1,\boldsymbol{\alpha}_2,\boldsymbol{\alpha}_3$ 与基 $\boldsymbol{\beta}_1,\boldsymbol{\beta}_2,\boldsymbol{\beta}_3$ 下的坐标相同,并求所有的 ξ.

【难度】本题的数学一难度值为 0.479,数学二、数学三的考生对此题不作要求.

【解析】(Ⅰ)如果向量组 $\boldsymbol{\alpha}_1,\boldsymbol{\alpha}_2,\boldsymbol{\alpha}_3$ 和向量组 $\boldsymbol{\beta}_1,\boldsymbol{\beta}_2,\boldsymbol{\beta}_3$ 满足

$$(\boldsymbol{\beta}_1,\boldsymbol{\beta}_2,\boldsymbol{\beta}_3)=(\boldsymbol{\alpha}_1,\boldsymbol{\alpha}_2,\boldsymbol{\alpha}_3)\boldsymbol{A},$$

当 $\boldsymbol{\alpha}_1,\boldsymbol{\alpha}_2,\boldsymbol{\alpha}_3$ 线性无关时,则 $r(\boldsymbol{\beta}_1,\boldsymbol{\beta}_2,\boldsymbol{\beta}_3)=r(\boldsymbol{A})$.

因为 $\boldsymbol{\beta}_1=2\boldsymbol{\alpha}_1+2k\boldsymbol{\alpha}_3,\boldsymbol{\beta}_2=2\boldsymbol{\alpha}_2,\boldsymbol{\beta}_3=\boldsymbol{\alpha}_1+(k+1)\boldsymbol{\alpha}_3$,即

$$(\boldsymbol{\beta}_1,\boldsymbol{\beta}_2,\boldsymbol{\beta}_3)=(\boldsymbol{\alpha}_1,\boldsymbol{\alpha}_2,\boldsymbol{\alpha}_3)\begin{pmatrix}2&0&1\\0&2&0\\2k&0&k+1\end{pmatrix},$$

由 $\begin{vmatrix}2&0&1\\0&2&0\\2k&0&k+1\end{vmatrix}=4\neq0$,得矩阵 $\begin{pmatrix}2&0&1\\0&2&0\\2k&0&k+1\end{pmatrix}$ 的秩为 3,即得向量组 $\boldsymbol{\beta}_1,\boldsymbol{\beta}_2,\boldsymbol{\beta}_3$ 的秩为 3,所以向量组 $\boldsymbol{\beta}_1,\boldsymbol{\beta}_2,\boldsymbol{\beta}_3$ 为 $\mathbf{R}_3$ 的一个基.

(Ⅱ)设非零向量 $\boldsymbol{\xi}$ 在基 $\boldsymbol{\alpha}_1,\boldsymbol{\alpha}_2,\boldsymbol{\alpha}_3$ 与基 $\boldsymbol{\beta}_1,\boldsymbol{\beta}_2,\boldsymbol{\beta}_3$ 下的坐标相同,为 $(x_1,x_2,x_3)^{\mathrm{T}}$,则

$$\boldsymbol{\xi}=x_1\boldsymbol{\alpha}_1+x_2\boldsymbol{\alpha}_2+x_3\boldsymbol{\alpha}_3=(\boldsymbol{\alpha}_1,\boldsymbol{\alpha}_2,\boldsymbol{\alpha}_3)\begin{pmatrix}x_1\\x_2\\x_3\end{pmatrix},$$

$$\boldsymbol{\xi}=x_1\boldsymbol{\beta}_1+x_2\boldsymbol{\beta}_2+x_3\boldsymbol{\beta}_3=(\boldsymbol{\beta}_1,\boldsymbol{\beta}_2,\boldsymbol{\beta}_3)\begin{pmatrix}x_1\\x_2\\x_3\end{pmatrix}=(\boldsymbol{\alpha}_1,\boldsymbol{\alpha}_2,\boldsymbol{\alpha}_3)\begin{pmatrix}2&0&1\\0&2&0\\2k&0&k+1\end{pmatrix}\begin{pmatrix}x_1\\x_2\\x_3\end{pmatrix}.$$

因为任意向量 $\boldsymbol{\xi}$ 在基 $\boldsymbol{\alpha}_1,\boldsymbol{\alpha}_2,\boldsymbol{\alpha}_3$ 下的坐标唯一，即 $(x_1,x_2,x_3)^{\mathrm{T}}$ 满足齐次线性方程组

$$\begin{pmatrix}x_1\\x_2\\x_3\end{pmatrix}=\begin{pmatrix}2&0&1\\0&2&0\\2k&0&k+1\end{pmatrix}\begin{pmatrix}x_1\\x_2\\x_3\end{pmatrix},\text{即}\begin{pmatrix}1&0&1\\0&1&0\\2k&0&k\end{pmatrix}\begin{pmatrix}x_1\\x_2\\x_3\end{pmatrix}=\begin{pmatrix}0\\0\\0\end{pmatrix}.\text{①}$$

当系数行列式 $\begin{vmatrix}1&0&1\\0&1&0\\2k&0&k\end{vmatrix}=-k=0$ 时，方程组①有非零解，所以当 $k=0$ 时，存在非零向量 $\boldsymbol{\xi}$ 在基 $\boldsymbol{\alpha}_1,\boldsymbol{\alpha}_2,\boldsymbol{\alpha}_3$ 与基 $\boldsymbol{\beta}_1,\boldsymbol{\beta}_2,\boldsymbol{\beta}_3$ 下的坐标相同.

当 $k=0$ 时，齐次线性方程组①的基础解系为 $\boldsymbol{\eta}=\begin{pmatrix}1\\0\\-1\end{pmatrix}$，所以所有在基 $\boldsymbol{\alpha}_1,\boldsymbol{\alpha}_2,\boldsymbol{\alpha}_3$ 与基 $\boldsymbol{\beta}_1,\boldsymbol{\beta}_2,\boldsymbol{\beta}_3$ 下坐标相同的向量 $\boldsymbol{\xi}=c(\boldsymbol{\alpha}_1-\boldsymbol{\alpha}_3)$，其中 c 为任意非零常数.

题型考点　线性方程组解的判定

【试题 37】(15-1.5;2.7;3.5)　设矩阵 $\boldsymbol{A}=\begin{pmatrix}1&1&1\\1&2&a\\1&4&a^2\end{pmatrix}$，$\boldsymbol{b}=\begin{pmatrix}1\\d\\d^2\end{pmatrix}$. 若集合 $\Omega=\{1,2\}$，则线性方程组 $\boldsymbol{Ax}=\boldsymbol{b}$ 有无穷多解的充分必要条件为

(A) $a\notin\Omega,d\notin\Omega$.　　(B) $a\notin\Omega,d\in\Omega$.

(C) $a\in\Omega,d\notin\Omega$.　　(D) $a\in\Omega,d\in\Omega$.

【难度】本题的数学一难度值为 0.755，数学二难度值为 0.680，数学三难度值为 0.709.

【答案】D.

【解析】对线性方程组 $\boldsymbol{Ax}=\boldsymbol{b}$ 的增广矩阵 $\boldsymbol{A}$ 施以初等行变换，得

$$\begin{pmatrix}1&1&1&1\\1&2&a&d\\1&4&a^2&d^2\end{pmatrix}\to\begin{pmatrix}1&1&1&1\\0&1&a-1&d-1\\0&0&(a-1)(a-2)&(d-1)(d-2)\end{pmatrix},$$

所以 $r(\boldsymbol{A})=r(\overline{\boldsymbol{A}})<3$ 的充分必要条件是：$a=1$ 或 $a=2$，且 $d=1$ 或 $d=2$.

由上可知，线性方程组 $\boldsymbol{Ax}=\boldsymbol{b}$ 有无穷多解，即 $r(\boldsymbol{A})=r(\overline{\boldsymbol{A}})<3$ 的充分必要条件为 $a\in\Omega$ 且 $d\in\Omega$.

2.3 相似理论与二次型

题型考点 相似对角化

【试题 38】(15-1.21;2.23;3.21) 设矩阵 $\boldsymbol{A}=\begin{pmatrix}0&2&-3\\-1&3&-3\\1&-2&a\end{pmatrix}$ 相似于矩阵 $\boldsymbol{B}=\begin{pmatrix}1&-2&0\\0&b&0\\0&3&1\end{pmatrix}$.

(Ⅰ)求 a,b 的值;

(Ⅱ)求可逆矩阵 $\boldsymbol{P}$,使 $\boldsymbol{P}^{-1}\boldsymbol{AP}$ 为对角矩阵.

【难度】 本题的数学一难度值为 0.540,数学二难度值为 0.463,数学三难度值为 0.513.

【解析】(Ⅰ)因为矩阵 $\boldsymbol{A},\boldsymbol{B}$ 相似,所以

$$\begin{cases}tr(\boldsymbol{A})=tr(\boldsymbol{B})\\|\boldsymbol{A}|=|\boldsymbol{B}|\end{cases} \text{即} \begin{cases}a+3=b+2\\2a-3=b\end{cases},$$

解得 $a=4,b=5$.

(Ⅱ)因为 $\boldsymbol{A}=\begin{pmatrix}0&2&-3\\-1&3&-3\\1&-2&4\end{pmatrix}$ 与 $\boldsymbol{B}=\begin{pmatrix}1&-2&0\\0&5&0\\0&3&1\end{pmatrix}$ 相似,所以

$$|\lambda\boldsymbol{E}-\boldsymbol{A}|=|\lambda\boldsymbol{E}-\boldsymbol{B}|=\begin{vmatrix}\lambda-1&2&0\\0&\lambda-5&0\\0&-3&\lambda-1\end{vmatrix}=(\lambda-1)^2(\lambda-5),$$

得矩阵 $\boldsymbol{A}$ 的特征值为 $\lambda_1=\lambda_2=1,\lambda_3=5$.

当 $\lambda_1=\lambda_2=1$ 时,解齐次线性方程组 $(\lambda_1\boldsymbol{E}-\boldsymbol{A})\boldsymbol{x}=0$,得 $\boldsymbol{\alpha}_1=\begin{pmatrix}2\\1\\0\end{pmatrix},\boldsymbol{\alpha}_2=\begin{pmatrix}-3\\0\\1\end{pmatrix}$;

当 $\lambda_3=5$ 时,解齐次线性方程组 $(\lambda_3\boldsymbol{E}-\boldsymbol{A})\boldsymbol{x}=0$,得 $\boldsymbol{\alpha}_3=\begin{pmatrix}1\\1\\-1\end{pmatrix}$.

故可逆矩阵 $\boldsymbol{P}=\begin{pmatrix}2&-3&1\\1&0&1\\0&1&-1\end{pmatrix}$,使 $\boldsymbol{P}^{-1}\boldsymbol{AP}=\begin{pmatrix}1&0&0\\0&1&0\\0&0&5\end{pmatrix}$.

题型考点 二次型的标准型

【试题 39】(15-1.6;2.8;3.6) 设二次型 $f(x_1,x_2,x_3)$ 在正交变换 $\boldsymbol{x}=\boldsymbol{Py}$ 下的标准形为 $2y_1^2+y_2^2-y_3^2$,其中 $\boldsymbol{P}=(\boldsymbol{e}_1,\boldsymbol{e}_2,\boldsymbol{e}_3)$. 若 $\boldsymbol{Q}=(\boldsymbol{e}_1,-\boldsymbol{e}_3,\boldsymbol{e}_2)$,则 $f(x_1,x_2,x_3)$ 在正交变换 $\boldsymbol{x}=\boldsymbol{Oy}$ 下的标准形为

(A) $2y_1^2-y_2^2+y_3^2$. (B) $2y_1^2+y_2^2-y_3^2$.

(C) $2y_1^2-y_2^2-y_3^2$. (D) $2y_1^2+y_2^2+y_3^2$.

【难度】 本题的数学一难度值为 0.353,数学二难度值为 0.346,数学三难度值为 0.363.

【答案】A.

【解析】设二次型$f(x_1,x_2,x_3)$系数矩阵为$\boldsymbol{A}$,因为二次型$f(x_1,x_2,x_3)$在正交变换$\boldsymbol{x}=\boldsymbol{P}\boldsymbol{y}$下的标准形为$2y_1^2+y_2^2-y_3^2$,所以

$$\boldsymbol{P}^{-1}\boldsymbol{A}\boldsymbol{P}=\begin{pmatrix}2&&\\&1&\\&&-1\end{pmatrix}.$$

又因为$\boldsymbol{Q}=(\boldsymbol{e}_1,-\boldsymbol{e}_3,\boldsymbol{e}_2)=\boldsymbol{P}\boldsymbol{E}_{23}\boldsymbol{E}_2(-1)$,所以

$$\begin{aligned}\boldsymbol{Q}^{-1}\boldsymbol{A}\boldsymbol{Q}&=[\boldsymbol{P}\boldsymbol{E}_{23}\boldsymbol{E}_2(-1)]^{-1}\boldsymbol{A}[\boldsymbol{P}\boldsymbol{E}_{23}\boldsymbol{E}_2(-1)]\\&=\boldsymbol{E}_2(-1)\boldsymbol{E}_{23}\boldsymbol{P}^{-1}\boldsymbol{A}\boldsymbol{P}\boldsymbol{E}_{23}\boldsymbol{E}_2(-1)\\&=\boldsymbol{E}_2(-1)\boldsymbol{E}_{23}\begin{pmatrix}2&&\\&1&\\&&-1\end{pmatrix}\boldsymbol{E}_{23}\boldsymbol{E}_2(-1).\\&=\begin{pmatrix}2&&\\&-1&\\&&1\end{pmatrix}.\end{aligned}$$

所以$f(x_1,x_2,x_3)$在正交变换$\boldsymbol{x}=\boldsymbol{Q}\boldsymbol{y}$下的标准形为$2y_1^2-y_2^2+y_3^2$.

第三部分　概率论与数理统计试题解析(数学一、数学三)

3.1　事件与概率

题型考点　概率计算公式

【试题 40】(15-1.7;3.7)　若A,B为任意两个随机事件,则

(A) $P(AB)\leqslant P(A)P(B)$.　　(B) $P(AB)\geqslant P(A)P(B)$.

(C) $P(AB)\leqslant\dfrac{P(A)+P(B)}{2}$.　　(D) $P(AB)\geqslant\dfrac{P(A)+P(B)}{2}$.

【难度】本题的数学一难度值为 0.611,数学三难度值为 0.579.

【答案】C.

【解析】由于$AB\subset A,AB\subset B$,故$P(AB)\leqslant P(A),P(AB)\leqslant P(B)$,从而

$$P(AB)\leqslant\frac{P(A)+P(B)}{2}.$$

题型考点　独立重复实验

【试题 41】(15-1.22;3.22)　设随机变量X的概率密度为

$$f(x)=\begin{cases}2^{-x}\ln 2, & x>0,\\0, & x\leqslant 0.\end{cases}$$

对X进行独立重复的观测,直到第 2 个大于 3 的观测值出现时停止,记Y为观测次数.

(Ⅰ)求 Y 的概率分布;

(Ⅱ)求 EY.

【难度】本题的数学一难度值为 0.335,数学三难度值为 0.248.

【解析】(Ⅰ)每次观测中,观测值大于 3 的概率为

$$P\{X>3\}=\int_{3}^{+\infty} f(x)\,\mathrm{d}x=\int_{3}^{+\infty} 2^{-x}\ln 2\,\mathrm{d}x=\frac{1}{8},$$

故 Y 的概率分布为

$$P\{Y=k\}=(k-1)\left(\frac{7}{8}\right)^{k-2}\left(\frac{1}{8}\right)^{2},k=2,3,\cdots.$$

(Ⅱ)**方法一**

$$EY=\sum_{k=2}^{\infty} k(k-1)\left(\frac{7}{8}\right)^{k-2}\left(\frac{1}{8}\right)^{2}$$

$$=\left(\frac{1}{8}\right)^{2}\left(\sum_{k=2}^{\infty} x^{k}\right)''\bigg|_{x=\frac{7}{8}}$$

$$=\left(\frac{1}{8}\right)^{2}\frac{2}{(1-x)^{3}}\bigg|_{x=\frac{7}{8}}=16.$$

方法二 设 Y_1 表示直到出现第 1 个大于 3 的观测值时所需的观测次数,Y_2 表示出现第 1 个大于 3 的观测值之后到出现第 2 个大于 3 的观测值时所需的观测次数,则 $Y=Y_1+Y_2$,且 Y_1,Y_2 均服从参数为 $p=\frac{1}{8}$的几何分布,故 $EY_1=EY_2=8$,所以

$$EY=EY_1+EY_2=16.$$

3.2 随机变量及其分布

题型考点 常见随机变量及其分布

【试题 42】(15−1.14;3.14) 设二维随机变量(X,Y)服从正态分布 $N(1,0;1,1;0)$,则 $P\{XY-Y<0\}=$________.

【难度】本题的数学一难度值为 0.612,数学三难度值为 0.525.

【答案】$\frac{1}{2}$.

【解析】因为二维随机变量(X,Y)的相关系数 $\rho=0$,故 X 与 Y 相互独立. 又因为 $X\sim N(1,1)$,$Y\sim N(0,1)$,从而

$$\begin{aligned}P\{XY-Y<0\}&=P\{(X-1)Y<0\}\\&=P\{X<1,Y>0\}+P\{X>1,Y<0\}\\&=P\{X<1\}P\{Y>0\}+P\{X>1\}P\{Y<0\}\\&=\frac{1}{2}\times\frac{1}{2}+\frac{1}{2}\times\frac{1}{2}=\frac{1}{2}.\end{aligned}$$

3.3 数字特征、大数定理与中心极限定理

题型考点 期望

【试题 43】(15-1.8) 设随机变量 X,Y 不相关,且 $EX=2,EY=1,DX=3$,则$E[X(X+Y-2)]=$

(A) -3.　　(B) 3.　　(C) -5.　　(D) 5.

【难度】本题的数学一难度值为 0.810,数学三的考生在学习时也应掌握此题.

【答案】D.

【解析】因为随机变量 X,Y 不相关,所以 $E(XY)=EX\cdot EY=2$,又因为 $E(X^2)=DX+(EX)^2=7$,所以

$$\begin{aligned}E[X(X+Y-2)]&=E(X^2+XY-2X)\\&=E(X^2)+E(XY)-2EX\\&=5.\end{aligned}$$

3.4 数理统计初步

题型考点 统计量的数字特征

【试题 44】(15-3.8) 设总体 $X\sim B(m,\theta)$,$X_1,X_2,\cdots,X_n$ 为来自该总体的简单随机样本,$\overline{X}$为样本均值,则 $E\left[\sum\limits_{i=1}^{n}(X_i-\overline{X})^2\right]=$

(A) $(m-1)n\theta(1-\theta)$.　　(B) $m(n-1)\theta(1-\theta)$.

(C) $(m-1)(n-1)\theta(1-\theta)$.　　(D) $mn\theta(1-\theta)$.

【难度】本题的数学三难度值为 0.556,数学一的考生在学习时也应掌握此题.

【答案】B.

【解析】总体 X 的方差为 $DX=m\theta(1-\theta)$,从而样本方差的期望为

$$E\left[\frac{1}{n-1}\sum_{i=1}^{n}(X_i-\overline{X})^2\right]=m\theta(1-\theta),$$

故 $E\left[\sum\limits_{i=1}^{n}(X_i-\overline{X})^2\right]=m(n-1)\theta(1-\theta)$.

题型考点 点估计

【试题 45】(15-1.23;3.23) 设总体 X 的概率密度为

$$f(x;\theta)=\begin{cases}\dfrac{1}{1-\theta},\theta\leqslant x\leqslant 1,\\0,\quad 其他,\end{cases}$$

其中 θ 为未知参数.$X_1,X_2,\cdots,X_n$ 为来自该总体的简单随机样本.

(Ⅰ)求 θ 的矩估计量;

(Ⅱ)求 θ 的最大似然估计量.

【难度】本题的数学一难度值为 0.563,数学三难度值为 0.758.

【解析】(Ⅰ)由于总体 X 服从区间$[\theta,1]$上的均匀分布,所以

$$EX=\frac{1+\theta}{2}.$$

令$\frac{1+\theta}{2}=\overline{X}$,其中$\overline{X}$为样本均值,得 θ 的矩估计量 $\hat{\theta}=2\overline{X}-1$.

(Ⅱ)似然函数为 $L(\theta)=\prod_{i=1}^{n}f(x_i;\theta)=\frac{1}{(1-\theta)^n},\theta\leqslant X_{(1)},X_{(n)}\leqslant 1$,

所以,对数似然函数为 $\ln L(\theta)=-n\ln(1-\theta),\theta\leqslant X_{(1)},X_{(n)}\leqslant 1$.

因为$\frac{\partial\ln L(\theta)}{\partial\theta}=\frac{n}{1-\theta}>0$,故 $\ln L(\theta)$ 关于 θ 单调递增,故 θ 的最大似然估计量 $\hat{\theta}=X_{(1)}=\min\{X_1,X_2,\cdots,X_n\}$.

2016年全国硕士研究生招生考试数学试题分类解析

第一部分 高等数学试题解析

1.1 函数、极限、连续

题型考点 无穷小的阶

【试题1】(16-2.1) 设 $\alpha_1=x(\cos\sqrt{x}-1)$，$\alpha_2=\sqrt{x}\ln(1+\sqrt[3]{x})$，$\alpha_3=\sqrt[3]{x+1}-1$. 当$x\to0^+$时，以上3个无穷小量按照从低阶到高阶的排序是

(A) $\alpha_1,\alpha_2,\alpha_3$.　　　　(B) $\alpha_2,\alpha_3,\alpha_1$.

(C) $\alpha_2,\alpha_1,\alpha_3$.　　　　(D) $\alpha_3,\alpha_2,\alpha_1$.

【难度】本题的数学二难度值为0.703,数学一、数学三的考生在学习时也应掌握此题.

【答案】B.

【解析】当 $x\to0^+$时,

$$\alpha_1=x(\cos\sqrt{x}-1)\sim x\cdot\left(-\frac{1}{2}x\right)=-\frac{1}{2}x^2,$$

$$\alpha_2=\sqrt{x}\ln(1+\sqrt[3]{x})\sim\sqrt{x}\cdot\sqrt[3]{x}=x^{\frac{5}{6}},$$

$$a_3=\sqrt[3]{x+1}-1\sim\frac{1}{3}x,$$

所以当 $x\to0^+$时,以上3个无穷小量按照从低阶到高阶的排序应是 $\alpha_2,\alpha_3,\alpha_1$,即应选B.

题型考点 函数求极限

【试题2】(16-1.9) $\lim\limits_{x\to0}\dfrac{\int_0^x t\ln(1+t\sin t)\,dt}{1-\cos x^2}=$______.

【难度】本题的数学一难度值为0.687,数学二、数学三的考生在学习时也应掌握此题.

【答案】$\frac{1}{2}$.

【解析】
$$\lim_{x\to0}\frac{\int_0^x t\ln(1+t\sin t)\,dt}{1-\cos x^2}=\lim_{x\to0}\frac{\int_0^x t\ln(1+t\sin t)\,dt}{\frac{1}{2}(x^2)^2}$$
$$=\lim_{x\to0}\frac{x\ln(1+x\sin x)}{2x^3}$$
$$=\lim_{x\to0}\frac{x\sin x}{2x^2}=\frac{1}{2}.$$

【试题3】(16-2.15;3.15) 求极限$\lim\limits_{x\to0}(\cos2x+2x\sin x)^{\frac{1}{x^4}}$.

【难度】本题的数学二难度值为 0.647,数学三难度值为 0.629,数学一的考生在学习时也应掌握此题.

【解析】方法一　因为$\lim\limits_{x\to0}(\cos 2x+2x\sin x)^{\frac{1}{x^4}}=e^{\lim\limits_{x\to0}\frac{\ln(\cos 2x+2x\sin x)}{x^4}}$,

其中$$\lim_{x\to0}\frac{\ln(\cos 2x+2x\sin x)}{x^4}=\lim_{x\to0}\frac{\cos 2x+2x\sin x-1}{x^4}$$

$$=\lim_{x\to0}\frac{-2\sin 2x+2\sin x+2x\cos x}{4x^3}$$

$$=\lim_{x\to0}\frac{-2\cos 2x+2\cos x-x\sin x}{6x^2}$$

$$=\lim_{x\to0}\frac{4\sin 2x-3\sin x-x\cos x}{12x}$$

$$=\frac{8}{12}-\frac{3}{12}-\frac{1}{12}=\frac{1}{3},$$

所以$\lim\limits_{x\to0}(\cos 2x+2x\sin x)^{\frac{1}{x^4}}=e^{\frac{1}{3}}$.

方法二　$$\lim_{x\to0}(\cos 2x+2x\sin x)^{\frac{1}{x^4}}$$

$$=\lim_{x\to0}[1+(\cos 2x+2x\sin x-1)]^{\frac{1}{\cos 2x+2x\sin x-1}\cdot\frac{\cos 2x+2x\sin x-1}{x^4}}$$

$$=e^{\lim\limits_{x\to0}\frac{\cos 2x+2x\sin x-1}{x^4}},$$

其中　$$\lim_{x\to0}\frac{\cos 2x+2x\sin x-1}{x^4}$$

$$=\lim_{x\to0}\frac{\left[1-\frac{1}{2}(2x)^2+\frac{1}{4!}(2x)^4+o(x^4)\right]+2x\left[x-\frac{1}{6}x^3+o(x^4)\right]-1}{x^4}$$

$$=\lim_{x\to0}\frac{\frac{1}{3}x^4+o(x^4)}{x^4}=\frac{1}{3},$$

所以$\lim\limits_{x\to0}(\cos 2x+2x\sin x)^{\frac{1}{x^4}}=e^{\frac{1}{3}}$.

题型考点　极限的反问题

【试题 4】(16-3.9)　已知函数$f(x)$满足$\lim\limits_{x\to0}\frac{\sqrt{1+f(x)\sin 2x}-1}{e^{3x}-1}=2$,则$\lim\limits_{x\to0}f(x)=$________.

【难度】本题的数学三难度值为 0.676,数学一、数学二的考生在学习时也应掌握此题.

【答案】6.

【解析】因为$\lim\limits_{x\to0}\frac{\sqrt{1+f(x)\sin 2x}-1}{e^{3x}-1}=\lim\limits_{x\to0}\frac{\frac{1}{2}f(x)\sin 2x}{3x}=\lim\limits_{x\to0}\frac{f(x)}{3}=2$,所以$\lim\limits_{x\to0}f(x)=6$.

题型考点　渐近线

【试题 5】(16-2.9)　曲线$y=\frac{x^3}{1+x^2}+\arctan(1+x^2)$的斜渐近线方程为________.

【难度】本题的数学二难度值为 0.462,数学一、数学三的考生在学习时也应掌握此题.

【答案】$y=x+\frac{\pi}{2}$.

【解析】因为 $\lim\limits_{x\to\infty}\frac{y}{x}=\lim\limits_{x\to\infty}\left[\frac{x^3}{x(1+x^2)}+\frac{\arctan(1+x^2)}{x}\right]=1$,

$$\lim_{x\to\infty}\left[\frac{x^3}{1+x^2}+\arctan(1+x^2)-x\right]=\frac{\pi}{2},$$

所以,所求斜渐近线方程为 $y=x+\frac{\pi}{2}$.

1.2 一元函数微分学

题型考点 导数的定义

【试题 6】(16-1.4) 已知函数 $f(x)=\begin{cases}x, & x\leqslant 0,\\ \frac{1}{n}, & \frac{1}{n+1}<x\leqslant\frac{1}{n}, n=1,2,\cdots\end{cases}$ 则

(A) $x=0$ 是 $f(x)$ 的第一类间断点.

(B) $x=0$ 是 $f(x)$ 的第二类间断点.

(C) $f(x)$ 在 $x=0$ 处连续但不可导.

(D) $f(x)$ 在 $x=0$ 处可导.

【难度】本题的数学一难度值为 0.174,数学二、数学三的考生在学习时也应掌握此题.

【答案】D.

【解析】因为 $\lim\limits_{x\to0^-}f(x)=\lim\limits_{x\to0^-}x=0$,$\lim\limits_{x\to0^+}f(x)=\lim\limits_{n\to\infty}\frac{1}{n}=0$,$f(0)=0$,所以 $f(x)$ 在 $x=0$ 处连续.

因为

$$f'_+(0)=\lim_{x\to0^+}\frac{f(x)-f(0)}{x}=\lim_{x\to0^+}\frac{f(x)}{x},$$

且当 $\frac{1}{n+1}<x\leqslant\frac{1}{n}$ 时,$1\leqslant\frac{f(x)}{x}<\frac{n+1}{n}$,所以由夹逼准则可知 $f'_+(0)=1$.

又因为 $f'_-(0)=\lim\limits_{x\to0^-}\frac{f(x)-f(0)}{x}=\lim\limits_{x\to0^-}\frac{x-0}{x}=1$,所以 $f(x)$ 在 $x=0$ 处可导,故选 D.

【试题 7】(16-2.13) 已知动点 P 在曲线 $y=x^3$ 上运动,记坐标原点与点 P 间的距离为 l. 若点 P 的横坐标对时间的变化率为常数 v_0,则当点 P 运动到点(1,1)时,l 对时间的变化率是________.

【难度】本题的数学二难度值为 0.322,数学一的考生在学习时也应掌握此题,数学三的考生对此题仅做了解.

【答案】$2\sqrt{2}v_0$.

【解析】设 P 点的坐标为 (x,x^3),由题意知

$$\frac{\mathrm{d}x}{\mathrm{d}t}=v_0, l=\sqrt{x^2+x^6},$$

上式两端对时间 t 求导，得

$$\frac{\mathrm{d}l}{\mathrm{d}t}=\frac{\mathrm{d}l}{\mathrm{d}x}\cdot\frac{\mathrm{d}x}{\mathrm{d}t}=\frac{2x+6x^5}{2\sqrt{x^2+x^6}}\cdot v_0,$$

从而 $\left.\frac{\mathrm{d}l}{\mathrm{d}t}\right|_{x=1}=\frac{2+6}{2\sqrt{2}}\cdot v_0=2\sqrt{2}v_0$.

题型考点　高阶导数

【试题 8】(16-2.12)　已知函数 $f(x)$ 在 $(-\infty,+\infty)$ 上连续，且 $f(x)=(x+1)^2+2\int_0^x f(t)\,\mathrm{d}t$，则当 $n\geqslant 2$ 时，$f^{(n)}(0)=$________.

【难度】本题的数学二难度值为 0.354，数学一、数学三的考生在学习时也应掌握此题.

【答案】$5\cdot 2^{n-1}$.

【解析】由 $f(x)=(x+1)^2+2\int_0^x f(t)\mathrm{d}t$，得

$$f'(x)=2(x+1)+2f(x),$$

$$f''(x)=2+2f'(x),f'''(x)=2f''(x),$$

$$f^{(4)}(x)=2f'''(x)=2^2f''(x),$$

以此类推
$$f^{(n)}(x)=2^{n-2}f''(x)(n\geqslant 2).$$

又因为
$$f(0)=1,f'(0)=2+2f(0)=4,$$

则有
$$f''(0)=2+2f'(0)=10,$$

所以
$$f^{(n)}(0)=2^{n-2}f''(0)=2^{n-2}\cdot 10=5\cdot 2^{n-1}.$$

【试题 9】(16-1.12)　设函数 $f(x)=\arctan x-\frac{x}{1+ax^2}$，且 $f'''(0)=1$，则 $a=$________.

【难度】本题的数学一难度值为 0.251，数学二、数学三的考生在学习时也应掌握此题.

【答案】$\frac{1}{2}$.

【解析】因为 $\arctan x=x-\frac{x^3}{3}+\cdots,\frac{x}{1+ax^2}=x-ax^3+\cdots$，

所以
$$f(x)=\arctan x-\frac{x}{1+ax^2}=\left(a-\frac{1}{3}\right)x^3+\cdots.$$

根据泰勒公式的唯一性可知 $\frac{f'''(0)}{3!}=a-\frac{1}{3}$.

因为 $f'''(0)=1$，所以 $a=\frac{1}{6}+\frac{1}{3}=\frac{1}{2}$.

题型考点　导数的应用

【试题 10】(16-2.4;3.1)　设函数 $f(x)$ 在 $(-\infty,+\infty)$ 内连续，其导函数的图形如图所示，则

(A) 函数 $f(x)$ 有 2 个极值点，曲线 $y=f(x)$ 有 2 个拐点.

(B) 函数 $f(x)$ 有 2 个极值点，曲线 $y=f(x)$ 有 3 个拐点.

(C) 函数$f(x)$有 3 个极值点,曲线 $y=f(x)$有 1 个拐点.

(D) 函数$f(x)$有 3 个极值点,曲线 $y=f(x)$有 2 个拐点.

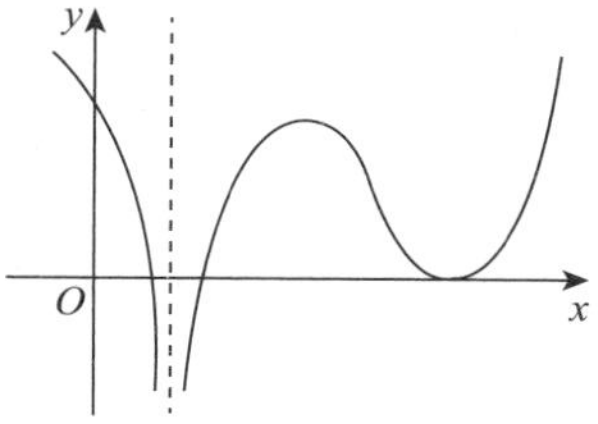

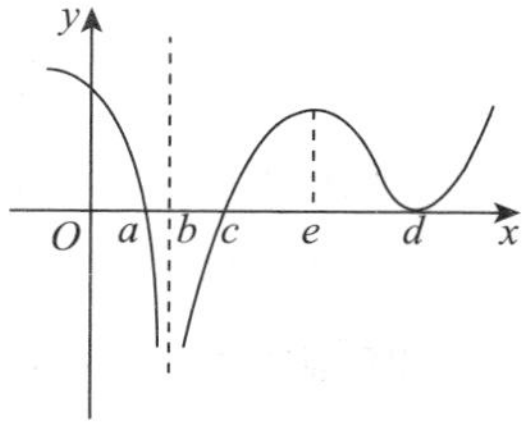

【难度】本题的数学二难度值为 0.475,数学三难度值为0.434,数学一的考生在学习时也应掌握此题.

【答案】B.

【解析】对于连续函数,极值点可能出现在导数为零或导数不存在的点处,因而图中 $x=a,b,c,d$ 为可能的极值点.

而在 $x=a$ 和 $x=c$ 两侧一阶导数异号,故 $x=a$ 和 $x=c$ 是$f(x)$的极值点.在 $x=b$ 和 $x=d$ 两侧一阶导数同号,故 $x=b$ 和 $x=d$ 不是$f(x)$的极值点.

由以上分析可知,$f(x)$只有 2 个极值点.

对于连续函数,拐点出现在凹凸性改变的点,对于可导函数而言,即为一阶导数单调性改变的点,因而图中 $x=b,d,e$ 为拐点,其他点不是拐点.

由以上分析知,曲线 $y=f(x)$共有 3 个拐点,故应选 B.

题型考点　曲率(数学一、数学二)

【试题 11】(16-2.5)　设函数$f_i(x)(i=1,2)$具有二阶连续导数,且$f''_i(x_0)<0(i=1,2)$.若两条曲线 $y=f_i(x)(i=1,2)$在点(x_0,y_0)处具有公切线,且在该点处曲线 $y=f_1(x)$的曲率大于曲线 $y=f_2(x)$的曲率,则在 x_0 的某个邻域内,有

(A) $f_1(x)\leqslant f_2(x)\leqslant g(x)$.　　(B) $f_2(x)\leqslant f_1(x)\leqslant g(x)$.

(C) $f_1(x)\leqslant g(x)\leqslant f_2(x)$.　　(D) $f_2(x)\leqslant g(x)\leqslant f_1(x)$.

【难度】本题的数学二难度值为 0.539,数学一的考生在学习时也应掌握此题,数学三的考生不作要求.

【答案】A.

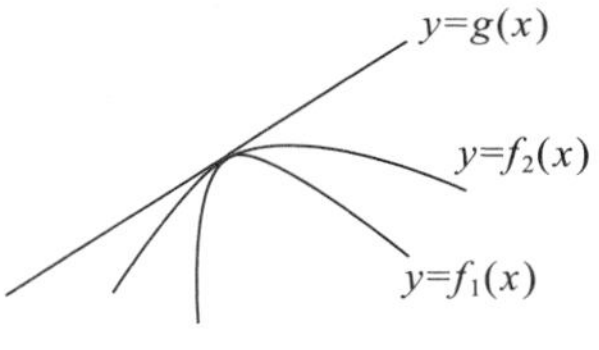

【解析】由题可知,在 x_0 的某邻域内,曲线 $y=f_i(x)(i=1,2)$为凸函数.又由于曲率越大,弯曲程度越大,且 $y=f_i(x)(i=1,2)$在点(x_0,y_0)处具有公切线 $y=g(x)$,所以在 x_0 的附近,切线 $y=g(x)$位于上方,曲线 $y=f_1(x)$位于下方,$y=f_2(x)$居中,即有$f_1(x)\leqslant f_2(x)\leqslant g(x)$.

题型考点　经济学应用(数学三)

【试题 12】(16-3.16)　设某商品的最大需求量为 1200 件,该商品的需求函数 $Q=Q(p)$,需求弹性 $\eta=\dfrac{p}{120-p}(\eta>0)$,$p$ 为单价(万元).

(Ⅰ)求需求函数的表达式;

(Ⅱ)求 $p=100$ 万元时的边际效益,并说明其经济意义.

【难度】本题的数学三难度值为 0.399,数学一、数学二的考生不作要求.

【解析】(Ⅰ)由题设$-\dfrac{p}{Q}\cdot\dfrac{\mathrm{d}Q}{\mathrm{d}p}=\dfrac{p}{120-p}$,所以

$$\int \frac{dQ}{Q} = -\int \frac{1}{120-p} dp,$$

解得
$$\ln Q = \ln(120-p) + \ln C, \text{即 } Q = C(120-p).$$

又最大需求量为1200,即 $p=0, Q=1200$,故 $C=10$,所以需求函数为

$$Q = 1200 - 10p.$$

(Ⅱ)由(Ⅰ)知,收益函数 $R = 120Q - \frac{1}{10}Q^2$,边际收益 $R'(Q) = 120 - \frac{1}{5}Q$.

当 $p=100$ 时,$Q=200$,故当 $p=100$ 万元时的边际收益 $R'(200)=80$,其经济意义为:销售第201件商品所得的收益为80万元.

题型考点　方程的根与零点个数

【试题13】(16-2.21)　已知函数 $f(x)$ 在 $\left[0, \frac{3\pi}{2}\right]$ 上连续,在 $\left(0, \frac{3\pi}{2}\right)$ 内是函数 $\frac{\cos x}{2x-3\pi}$ 的一个原函数,且 $f(0)=0$.

(Ⅰ)求 $f(x)$ 在区间 $\left[0, \frac{3\pi}{2}\right]$ 上的平均值;

(Ⅱ)证明 $f(x)$ 在区间 $\left(0, \frac{3\pi}{2}\right)$ 内存在唯一零点.

【难度】本题的数学二难度值为0.111,数学一、数学三的考生在学习时也应掌握此题.

【解析】(Ⅰ)$f(x)$ 在 $\left[0, \frac{3\pi}{2}\right]$ 上的平均值

$$\bar{f} = \frac{1}{\frac{3\pi}{2}-0} \int_0^{\frac{3\pi}{2}} f(x) dx = \frac{2}{3\pi} \int_0^{\frac{3\pi}{2}} f(x) d\left(x - \frac{3\pi}{2}\right)$$

$$= \frac{2}{3\pi}\left[f(x)\left(x - \frac{3\pi}{2}\right)\Bigg|_0^{\frac{3\pi}{2}} - \int_0^{\frac{3\pi}{2}} \frac{\cos x}{2} dx\right]$$

$$= \frac{2}{3\pi}\left[-\frac{\sin x}{2}\Bigg|_0^{\frac{3\pi}{2}}\right] = \frac{1}{3\pi}$$

(Ⅱ)由题意,得 $f'(x) = \frac{\cos x}{2x-3\pi}, x \in \left(0, \frac{3\pi}{2}\right)$.

当 $0<x<\frac{\pi}{2}$ 时,$f'(x)<0$,可知 $f(x)$ 单调减少,所以 $f(x)<f(0)=0$,故 $f(x)$ 在 $\left(0, \frac{\pi}{2}\right)$ 内无零点,且 $f\left(\frac{\pi}{2}\right)<0$.

由积分中值定理知,存在 $x_0 \in \left[0, \frac{3\pi}{2}\right]$,使得 $f(x_0) = \bar{f} = \frac{1}{3\pi} > 0$. 由于当 $x \in \left(0, \frac{3\pi}{2}\right]$ 时,$f(x)<0$,所以 $x_0 \in \left(\frac{\pi}{2}, \frac{3\pi}{2}\right]$.

根据介值定理可知,存在 $\xi \in \left(\frac{\pi}{2}, x_0\right) \subset \left(\frac{\pi}{2}, \frac{3\pi}{2}\right)$,使得 $f(\xi)=0$.

又因为当$\frac{\pi}{2}<x<\frac{3\pi}{2}$时，$f'(x)>0$，即$f(x)$单调增加，所以$f(x)$在$\left(\frac{\pi}{2},\frac{3\pi}{2}\right)$内至多只有一个零点．

综上所述，$f(x)$在$\left(0,\frac{3\pi}{2}\right)$内存在唯一零点．

1.3　一元函数积分学

题型考点　分段函数的不定积分

【试题 14】(16-1.2;2.2)　已知函数$f(x)=\begin{cases}2(x-1),x<1,\\ \ln x, & x\geqslant 1,\end{cases}$，则$f(x)$的一个原函数是

(A) $F(x)=\begin{cases}(x-1)^2, & x<1,\\ x(\ln x-1), x\geqslant 1.\end{cases}$　　(B) $F(x)=\begin{cases}(x-1)^2, & x<1,\\ x(\ln x+1)-1, x\geqslant 1.\end{cases}$

(C) $F(x)=\begin{cases}(x-1)^2, & x<1,\\ x(\ln x+1)+1, x\geqslant 1.\end{cases}$　　(D) $F(x)=\begin{cases}(x-1)^2, & x<1,\\ x(\ln x-1)+1, x\geqslant 1.\end{cases}$

【难度】本题的数学一难度值为 0.670，数学二难度值为 0.653，数学三的考生在学习时也应掌握此题．

【答案】D.

【解析】当$x<1$时，$F(x)=\int 2(x-1)\mathrm{d}x=(x-1)^2+C_1$；

当$x>1$时，$F(x)=\int \ln x\mathrm{d}x=x\ln x-x+C_2$.

因为$F(x)$在$x=1$处连续，所以

$$F(1)=\lim_{x\to 1^-}F(x)=\lim_{x\to 1^+}F(x)，即 F(1)=C_1=C_2-1.$$

取$C_1=0$，得$C_2=1$，所以$F(x)=\begin{cases}(x-1)^2, & x<1,\\ x(\ln x-1)+1, & x\geqslant 1.\end{cases}$故选 D.

题型考点　利用定积分定义求数列极限

【试题 15】(16-2.10;3.10)　极限$\lim\limits_{n\to\infty}\frac{1}{n^2}\left(\sin\frac{1}{n}+2\sin\frac{2}{n}+\cdots+n\sin\frac{n}{n}\right)=$________.

【难度】本题的数学二难度值为 0.509，数学三难度值为 0.232，数学一的考生在学习时也应掌握此题．

【答案】$\sin 1-\cos 1$.

【解析】$\lim\limits_{n\to\infty}\frac{1}{n^2}\left(\sin\frac{1}{n}+2\sin\frac{2}{n}+\cdots+n\sin\frac{n}{n}\right)$

$$=\lim_{n\to\infty}\frac{1}{n}\sum_{i=1}^{n}\frac{i}{n}\sin\frac{i}{n}$$

$$=\int_0^1 x\sin x\mathrm{d}x=-\int_0^1 x\mathrm{d}(\cos x)$$

$$=-x\cos x\Big|_0^1+\int_0^1\cos x\mathrm{d}x$$

$$=-\cos 1+\sin 1.$$

题型考点　定积分函数求导

【试题 16】(16-2.16;3.17)　设函数 $f(x)=\int_0^1 |t^2-x^2|\,dt\ (x>0)$,求 $f'(x)$,并求 $f(x)$ 的最小值.

【难度】本题的数学二难度值为 0.221,数学三难度值为 0.231,数学一的考生在学习时也应掌握此题.

【解析】当 $0<x\leqslant 1$ 时,

$$
\begin{aligned}
f(x)&=\int_0^x \left|t^2-x^2\right| dt+\int_x^1 \left|t^2-x^2\right| dt\\
&=\int_0^x (x^2-t^2)\,dt+\int_x^1 (t^2-x^2)\,dt\\
&=\frac{4}{3}x^3-x^2+\frac{1}{3};
\end{aligned}
$$

当 $x>1$ 时,

$$f(x)=\int_0^1 (x^2-t^2)\,dt=x^2-\frac{1}{3},$$

所以

$$f(x)=\begin{cases}\dfrac{4}{3}x^3-x^2+\dfrac{1}{3}, & 0<x\leqslant 1,\\ x^2-\dfrac{1}{3}, & x>1.\end{cases}$$

而

$$f'_-(1)=\lim_{x\to 1^-}\frac{\dfrac{4}{3}x^3-x^2+\dfrac{1}{3}-\dfrac{2}{3}}{x-1}=2,\ f'_+(1)=\lim_{x\to 1^+}\frac{x^2-\dfrac{1}{3}-\dfrac{2}{3}}{x-1}=2,$$

故

$$f'(x)=\begin{cases}4x^2-2x, & 0<x\leqslant 1,\\ 2x, & x>1.\end{cases}$$

令 $f'(x)=0$ 得唯一驻点 $x=\dfrac{1}{2}$,又因为 $f''\left(\dfrac{1}{2}\right)=8x-2\big|_{\frac{1}{2}}=2>0$,从而 $x=\dfrac{1}{2}$ 为 $f(x)$ 的最小值点,最小值为 $f\left(\dfrac{1}{2}\right)=\dfrac{1}{4}$.

题型考点　反常积分敛散性的判定

【试题 17】(16-2.3)　反常积分① $\int_{-\infty}^0 \dfrac{1}{x^2}e^{\frac{1}{x}}dx$,② $\int_0^{+\infty} \dfrac{1}{x^2}e^{\frac{1}{x}}dx$ 的敛散性为

(A) ①收敛,②收敛.　　(B) ①收敛,②发散.

(C) ①发散,②收敛.　　(D) ①发散,②发散.

【难度】本题的数学二难度值为 0.458,数学一的考生在学习时也应掌握此题,数学三的考生仅作了解.

【答案】B.

【解析】① $\int_{-\infty}^{0}\frac{1}{x^2}e^{\frac{1}{x}}dx=-\int_{-\infty}^{0}e^{\frac{1}{x}}d\left(\frac{1}{x}\right)=-(\lim\limits_{x\to0^-}e^{\frac{1}{x}}-\lim\limits_{x\to-\infty}e^{\frac{1}{x}})=-(0-1)=1$,收敛.

② $\int_{0}^{+\infty}\frac{1}{x^2}e^{\frac{1}{x}}dx=-\int_{0}^{+\infty}e^{\frac{1}{x}}d\left(\frac{1}{x}\right)=-(\lim\limits_{x\to+\infty}e^{\frac{1}{x}}-\lim\limits_{x\to0^+}e^{\frac{1}{x}})=+\infty$,发散.

故选 B.

【试题 18】(16-1.1) 若反常积分 $\int_0^{+\infty}\frac{1}{x^a(1+x)^b}dx$ 收敛,则

(A) $a<1$ 且 $b>1$. (B) $a>1$ 且 $b>1$.

(C) $a<1$ 且 $a+b>1$. (D) $a>1$ 且 $a+b>1$.

【难度】本题的数学一难度值为 0.455,数学二的考生在学习时也应掌握此题,数学三的考生仅作了解.

【答案】C.

【解析】$\int_0^{+\infty}\frac{1}{x^a(1+x)^b}dx=\int_0^1\frac{1}{x^a(1+x)^b}dx+\int_1^{+\infty}\frac{1}{x^a(1+x)^b}dx.$

因为 $\lim\limits_{x\to0^+}\frac{\frac{1}{x^a(1+x)^b}}{\frac{1}{x^a}}=1$,且当 $a<1$ 时 $\int_0^1\frac{1}{x^a}dx$ 收敛,所以 $\int_0^1\frac{1}{x^a(1+x)^b}dx$ 当且仅当 $a<1$ 时收敛.

因为 $x\to+\infty$ 时 $\frac{1}{x^a(1+x)^b}$ 与 $\frac{1}{x^{a+b}}$ 等价,且当 $a+b>1$ 时 $\int_0^1\frac{1}{x^{a+b}}dx$ 收敛,所以 $\int_1^{+\infty}\frac{1}{x^a(1+x)^b}dx$ 当且仅当 $a+b>1$ 时收敛.

综上可知,若反常积分 $\int_1^{+\infty}\frac{1}{x^a(1+x)^b}dx$ 收敛,则 $a<1$ 且 $a+b>1$,故选 C.

题型考点　定积分的应用

【试题 19】(16-2.20) 设 D 是由曲线 $y=\sqrt{1-x^2}\ (0\leqslant x\leqslant1)$ 与 $\begin{cases}x=\cos^3 t\\y=\sin^3 t\end{cases}\left(0\leqslant t\leqslant\frac{\pi}{2}\right)$ 围成的平面区域,求 D 绕 x 轴旋转一周所得旋转体的体积和表面积.

【难度】本题的数学二难度值为 0.221,数学一的考生在学习时也应掌握此题,数学三的考生不作要求.

【解析】取 $t=0,t=\frac{\pi}{4},t=\frac{\pi}{2}$,根据描点法画出 D 的图形如右图所示.

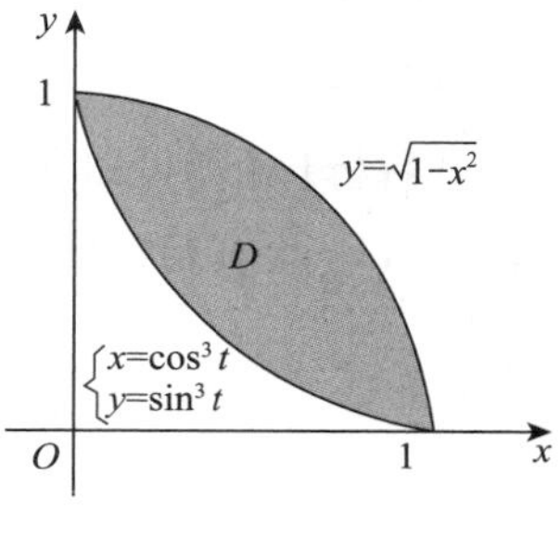

记 D 绕 x 轴旋转一周所得旋转体的体积是 V,表面积是 S,则有

$$V=\frac{2}{3}\pi-\int_0^1\pi y^2dx$$

$$=\frac{2}{3}\pi-\pi\int_{\frac{\pi}{2}}^{0}\sin^6 t(\cos^3 t)'\mathrm{d}t$$

$$=\frac{2}{3}\pi+3\pi\int_0^{\frac{\pi}{2}}\sin^7 t\cos^2 t\mathrm{d}t$$

$$=\frac{2}{3}\pi+3\pi\int_0^{\frac{\pi}{2}}(\sin^7 t-\sin^9 t)\mathrm{d}t$$

$$=\frac{2}{3}\pi+3\pi\left(\frac{6}{7}\cdot\frac{4}{5}\cdot\frac{2}{3}-\frac{8}{9}\cdot\frac{6}{7}\cdot\frac{4}{5}\cdot\frac{2}{3}\right)$$

$$=\frac{18}{35}\pi.$$

$$S=2\pi+\int_0^{\frac{\pi}{2}}2\pi y(t)\sqrt{(x'(t))^2+(y'(t))^2}\mathrm{d}t$$

$$=2\pi+2\pi\int_0^{\frac{\pi}{2}}\sin^3 t\sqrt{9\cos^4 t\sin^2 t+9\sin^4 t\cos^2 t}\mathrm{d}t$$

$$=2\pi+6\pi\int_0^{\frac{\pi}{2}}\sin^4 t\cos t\mathrm{d}t$$

$$=2\pi+6\pi\left(\frac{1}{5}\sin^5 t\right)\Big|_0^{\frac{\pi}{2}}$$

$$=\frac{16}{5}\pi.$$

1.4 常微分方程

题型考点 常系数线性微分方程

【试题 20】(16-1.3) 若 $y=(1+x^2)^2-\sqrt{1+x^2}$，$y=(1+x^2)^2+\sqrt{1+x^2}$ 是微分方程 $y'+p(x)y=q(x)$ 的两个解，则 $q(x)=$

(A) $3x(1+x^2)$.　　(B) $-3x(1+x^2)$.

(C) $\frac{x}{1+x^2}$.　　(D) $-\frac{x}{1+x^2}$.

【难度】本题的数学一难度值为 0.618，数学二、数学三的考生在学习时也应掌握此题.

【答案】A.

【解析】由题可知，$y_1=\sqrt{1+x^2}$ 是齐次线性微分方程 $y'+p(x)y=0$ 的解，$y_2=(1+x^2)^2$ 是微分方程 $y'+p(x)y=q(x)$ 的解. 所以

$$p(x)=-\frac{y'_1}{y_1}=-\frac{x}{1+x^2},$$

$$q(x)=y'_2+p(x)y_2=4x(1+x^2)-\frac{x}{1+x^2}\cdot(1+x^2)^2=3x(1+x^2),$$

故选 A.

【试题 21】(16-2.11) 以 $y=x^2-e^x$ 与 $y=x^2$ 为特解的一阶非齐次线性微分方程为________.

【难度】 本题的数学二难度值为 0.307,数学一、数学三的考生在学习时也应掌握此题.

【答案】 $y'-y=2x-x^2$.

【解析】 设微分方程为 $y'+p(x)y=q(x)$,则 $y_1=x^2-(x^2-e^x)=e^x$ 是对应齐次方程 $y'+p(x)y=0$ 的解,即有 $p(x)=-\dfrac{y'_1}{y_1}=-1$.

再将 x^2 代入方程 $y'-y=q(x)$,得 $q(x)=2x-x^2$,于是所求方程为

$$y'-y=2x-x^2.$$

题型考点　微分方程的综合题

【试题 22】(16-3.18) 设函数 $f(x)$ 连续,且满足

$$\int_0^x f(x-t)\,dt=\int_0^x (x-t)f(t)\,dt+e^{-x}-1,$$

求 $f(x)$.

【难度】 本题的数学三难度值为 0.423,数学一、数学二的考生在学习时也应掌握此题.

【解析】 令 $u=x-t$,则 $\int_0^x f(x-t)\,dt=\int_0^x f(u)\,du$.

由题可知

$$\int_0^x f(u)\,du=x\int_0^x f(t)\,dt-\int_0^x tf(t)\,dt+e^{-x}-1,$$

求导得

$$f(x)=\int_0^x f(t)\,dt-e^{-x},\text{且} f(0)=-1.$$

由上式可得

$$f'(x)-f(x)=e^{-x},$$

两边同乘积分因子 e^{-x} 并积分得

$$e^{-x}f(x)=\int e^{-2x}\,dx=-\frac{1}{2}e^{-2x}+C,$$

所以

$$f(x)=-\frac{1}{2}e^{-x}+Ce^{x}.$$

由 $f(0)=-1$,得 $C=-\dfrac{1}{2}$,所以 $f(x)=-\dfrac{1}{2}(e^x+e^{-x})$.

【试题 23】(16-2.19) 已知 $y_1(x)=e^x$,$y_2(x)=u(x)e^x$ 是二阶微分方程

$$(2x-1)y''-(2x+1)y'+2y=0$$

的两个解.若 $u(-1)=e$,$u(0)=-1$,求 $u(x)$,并写出该微分方程的通解.

【难度】 本题的数学二难度值为 0.237,数学一的考生在学习时也应掌握此题,数学三的考生建议也一并掌握此题.

【解析】 由 $y_2(x)=u(x)e^x$ 可知,$y'_2(x)=(u'+u)e^x$,$y''_2(x)=(u''+2u'+u)e^x$,代入方程 $(2x-1)y''-(2x+1)y'+2y=0$,并化简整理得

$$(2x-1)u''+(2x-3)u'=0.$$

令 $u'=p$,$u''=p'$,则

$$(2x-1)p'+(2x-3)p=0.$$

分离变量得
$$\frac{\mathrm{d}p}{p}=-\frac{2x-3}{2x-1}=-\left(1-\frac{2}{2x-1}\right),$$
积分得
$$\ln p=-x+\ln|2x-1|+\ln\overline{C}_1,$$
整理得
$$u'=p=\overline{C}_1(2x-1)\mathrm{e}^{-x}.$$
再积分，得
$$u(x)=\int\overline{C}_1(2x-1)\mathrm{e}^{-x}\mathrm{d}x$$
$$=-\overline{C}_1[(2x-1)\mathrm{e}^{-x}+2\mathrm{e}^{-x}]+\overline{C}_2.$$
由 $u(-1)=\mathrm{e},u(0)=-1$，得$\overline{C}_1=1,\overline{C}_2=0$，所以
$$u(x)=-(2x+1)\mathrm{e}^{-x}.$$
由于二阶齐次线性微分方程$(2x-1)y''-(2x+1)y'+2y=0$有两个线性无关的解
$$y_1=\mathrm{e}^x,y_2=-(2x+1),$$
故该微分方程的通解是
$$y=C_1\mathrm{e}^x-C_2(2x+1),C_1,C_2\text{ 为任意常数}.$$
【试题 24】(16-1.16) 设函数 $y(x)$ 满足方程 $y''+2y'+ky=0$，其中 $0<k<1$.

(Ⅰ)证明：反常积分 $\int_0^{+\infty}y(x)\mathrm{d}x$ 收敛；

(Ⅱ)若 $y(0)=1,y'(0)=1$，求 $\int_0^{+\infty}y(x)\mathrm{d}x$ 的值.

【难度】 本题的数学一难度值为 0.472，数学二的考生在学习时也应掌握此题，数学三的考生仅作了解.

【解析】(Ⅰ)微分方程 $y''+2y'+ky=0$ 的特征方程为 $r^2+2r+k=0$.

特征根为 $r_1=-1+\sqrt{1-k},r_2=-1-\sqrt{1-k}$.

微分方程 $y''+2y'+ky=0$ 的通解为
$$y(x)=C_1\mathrm{e}^{r_1x}+C_2\mathrm{e}^{r_2x},$$
其中 C_1 与 C_2 是任意常数.

因为 $0<k<1$，所以 $r_1<0,r_2<0$，从而反常积分 $\int_0^{+\infty}\mathrm{e}^{r_1x}\mathrm{d}x$ 与 $\int_0^{+\infty}\mathrm{e}^{r_2x}\mathrm{d}x$ 收敛，所以反常积分 $\int_0^{+\infty}y(x)\mathrm{d}x=C_1\int_0^{+\infty}\mathrm{e}^{r_1x}\mathrm{d}x+C_2\int_0^{+\infty}\mathrm{e}^{r_2x}\mathrm{d}x$ 收敛.

(Ⅱ)**方法一** 由(Ⅰ)知
$$y(x)=C_1\mathrm{e}^{r_1x}+C_2\mathrm{e}^{r_2x},y'(x)=C_1r_1\mathrm{e}^{r_1x}+C_2r_2\mathrm{e}^{r_2x}.$$
由 $y(0)=y'(0)=1$ 得
$$\begin{cases}C_1+C_2=1,\\C_1r_1+C_2r_2=1,\end{cases}$$
所以
$$\int_0^{+\infty}y(x)\mathrm{d}x=\left.\frac{C_1}{r_1}\mathrm{e}^{r_1x}+\frac{C_2}{r_2}\mathrm{e}^{r_2x}\right|_0^{+\infty}=-\left(\frac{C_1}{r_1}+\frac{C_2}{r_2}\right)=-\frac{C_1r_2+C_2r_1}{r_1r_2}=-\frac{r_1+r_2-1}{r_1r_2},$$

因为 $r_1+r_2=-2, r_1r_2=k$，所以 $\int_0^{+\infty} y(x)\,dx=\frac{3}{k}$.

方法二 由(Ⅰ)知 $r_1<0, r_2<0$，所以

$$\lim_{x\to+\infty} y(x)=\lim_{x\to+\infty}(C_1e^{r_1x}+C_2e^{r_2x})=0,$$

$$\lim_{x\to+\infty} y'(x)=\lim_{x\to+\infty}(C_1r_1e^{r_1x}+C_2r_2e^{r_2x})=0.$$

又因为 $y(0)=1, y'(0)=1$，且 $y(x)$ 满足 $y''+2y'+ky=0$，所以

$$\int_0^{+\infty} y(x)\,dx=\int_0^{+\infty}\left(-\frac{1}{k}[y''(x)+2y'(x)]\right)dx$$

$$=-\frac{1}{k}(y'(x)+2y(x))\Big|_0^{+\infty}=\frac{3}{k}.$$

1.5 多元函数微分学

题型考点 多元函数求偏导数

【试题 25】(16-2.6;3.2) 已知函数 $f(x,y)=\frac{e^x}{x-y}$，则

(A) $f'_x-f'_y=0$. (B) $f'_x+f'_y=0$.

(C) $f'_x-f'_y=f$. (D) $f'_x+f'_y=f$.

【难度】本题的数学二难度值为 0.799，数学三难度值为 0.798，数学一的考生在学习时也应掌握此题.

【答案】D.

【解析】由题设知

$$f'_x(x,y)=\frac{e^x(x-y-x)}{(x-y)^2}, f'_y(x,y)=\frac{e^x}{(x-y)^2},$$

所以

$$f'_x(x,y)+f'_y(x,y)=\frac{e^x(x-y)}{(x-y)^2}=f(x,y),$$

故选 D.

题型考点 多元隐函数求偏导数与全微分

【试题 26】(16-1.11;3.11) 设函数 $f(u,v)$ 可微，$z=z(x,y)$ 由方程 $(x+1)z-y^2=x^2f(x-z,y)$ 确定，则 $dz|_{(0,1)}=$ ________.

【难度】本题的数学一难度值为 0.451，数学三难度值为 0.485，数学二的考生在学习时也应掌握此题.

【答案】$-dx+2dy$.

【解析】根据一阶微分形式不变性可得

$$(x+1)dz+zdx-2ydy=x^2df+f\cdot 2xdx.$$

当 $x=0, y=1$ 时，由 $(x+1)z-y^2=x^2f(x-z,y)$ 知 $z=1$，所以

$\mathrm{d}z\big|_{(0,1)}+\mathrm{d}x-2\mathrm{d}y=0$,即$\mathrm{d}z\big|_{(0,1)}=-\mathrm{d}x+2\mathrm{d}y$.

题型考点　多元隐函数求极值

【试题 27】(16-2.17)　已知函数 $z=z(x,y)$ 由方程 $(x^2+y^2)z+\ln z+2(x+y+1)=0$ 确定,求 $z=z(x,y)$ 的极值.

【难度】本题的数学二难度值为 0.374,数学一、数学三的考生在学习时也应掌握此题.

【解析】方程两边分别对 x 和 y 求偏导数,得

$$\begin{cases}2xz+(x^2+y^2)\dfrac{\partial z}{\partial x}+\dfrac{1}{z}\dfrac{\partial z}{\partial x}+2=0\\[2ex]2yz+(x^2+y^2)\dfrac{\partial z}{\partial y}+\dfrac{1}{z}\dfrac{\partial z}{\partial y}+2=0\end{cases}\qquad ①$$

令$\dfrac{\partial z}{\partial x}=0,\dfrac{\partial z}{\partial y}=0$,解得 $x=-\dfrac{1}{z},y=-\dfrac{1}{z}$.

将 $x=-\dfrac{1}{z},y=-\dfrac{1}{z}$代入原方程得 $\ln z-\dfrac{2}{z}+2=0$,可知 $z=1$,从而得函数 $z=z(x,y)$ 的驻点 $(-1,-1)$.

在①中两式两边分别再对 x,y 求偏导数,得

$$\begin{cases}2z+4x\dfrac{\partial z}{\partial x}+(x^2+y^2)\dfrac{\partial^2 z}{\partial x^2}-\dfrac{1}{z^2}\left(\dfrac{\partial z}{\partial x}\right)^2+\dfrac{1}{z}\dfrac{\partial^2 z}{\partial x^2}=0\\[2ex]2x\dfrac{\partial z}{\partial y}+2y\dfrac{\partial z}{\partial x}+(x^2+y^2)\dfrac{\partial^2 z}{\partial x\partial y}-\dfrac{1}{z^2}\dfrac{\partial z}{\partial x}\dfrac{\partial z}{\partial y}+\dfrac{1}{z}\dfrac{\partial^2 z}{\partial x\partial y}=0\\[2ex]2z+4y\dfrac{\partial z}{\partial y}+(x^2+y^2)\dfrac{\partial^2 z}{\partial y^2}-\dfrac{1}{z^2}\left(\dfrac{\partial z}{\partial y}\right)^2+\dfrac{1}{z}\dfrac{\partial^2 z}{\partial y^2}=0\end{cases}\qquad ②$$

把 $x=-1,y=-1,z=1$ 以及$\dfrac{\partial z}{\partial x}=\dfrac{\partial z}{\partial y}=0$ 代入②中各式,得

$$\begin{cases}2+2\dfrac{\partial^2 z}{\partial x^2}+\dfrac{\partial^2 z}{\partial x^2}=0,\\[2ex]2\dfrac{\partial^2 z}{\partial x\partial y}+\dfrac{\partial^2 z}{\partial x\partial y}=0,\\[2ex]2+2\dfrac{\partial^2 z}{\partial y^2}+\dfrac{\partial^2 z}{\partial y^2}=0,\end{cases}$$

从而 $A=\dfrac{\partial^2 z}{\partial x^2}\bigg|_{(-1,-1)}=-\dfrac{2}{3},B=\dfrac{\partial^2 z}{\partial x\partial y}\bigg|_{(-1,-1)}=0,C=\dfrac{\partial^2 z}{\partial y^2}\bigg|_{(-1,-1)}=-\dfrac{2}{3}$.

由于 $AC-B^2>0,A<0$,所以 $z(-1,-1)=1$ 是 $z(x,y)$ 的极大值.

1.6　二重积分

题型考点　二重积分的概念与性质

【试题 28】(16-3.3)　设 $J_k=\iint\limits_{D_i}\sqrt[3]{x-y}\,\mathrm{d}x\mathrm{d}y(i=1,2,3)$,其中

$$D_1=\{(x,y)\mid 0\leqslant x\leqslant 1,0\leqslant y\leqslant 1\},$$

$$D_2=\{(x,y)\mid 0\leqslant x\leqslant 1,0\leqslant y\leqslant \sqrt{x}\},D_3=\{(x,y)\mid 0\leqslant x\leqslant 1,x^2\leqslant y\leqslant 1\},$$

则

(A) $J_1<J_2<J_3$ (B) $J_3<J_1<J_2$

(C) $J_2<J_3<J_1$ (D) $J_2<J_1<J_3$

【难度】本题的数学三难度值为 0.385,数学一、数学二的考生在学习时也应掌握此题.

【答案】B.

【解析】当 $(x,y)\in D_1-D_2=\{(x,y)\mid 0\leqslant x\leqslant 1,\sqrt{x}<y\leqslant 1\}$ 时,$x-y<0$,故 $J_1-J_2=\iint\limits_{D_1-D_2}\sqrt[3]{x-y}\,\mathrm{d}x\mathrm{d}y<0$,即 $J_1<J_2$.

当 $(x,y)\in D_1-D_3=\{(x,y)\mid 0\leqslant x\leqslant 1,0\leqslant y<x^2\}$ 时,$x-y>0$,故 $J_1-J_3=\iint\limits_{D_1-D_3}\sqrt[3]{x-y}\,\mathrm{d}x\mathrm{d}y>0$,即 $J_1>J_3$.

综上可知,$J_3<J_1<J_2$,故应选 B.

题型考点 二重积分的计算

【试题 29】(16-3.12) 设 $D=\{(x,y)\mid |x|\leqslant y\leqslant 1,-1\leqslant x\leqslant 1\}$,则 $\iint\limits_D x^2\mathrm{e}^{-y^2}\mathrm{d}x\mathrm{d}y=$________.

【难度】本题的数学三难度值为 0.324,数学一、数学二的考生在学习时也应掌握此题.

【答案】$\frac{1}{3}-\frac{2}{3\mathrm{e}}$.

【解析】

$$\begin{aligned}&\iint\limits_D x^2\mathrm{e}^{-y^2}\mathrm{d}x\mathrm{d}y\\&=\int_0^1\mathrm{d}y\int_{-y}^{y}x^2\mathrm{e}^{-y^2}\mathrm{d}x\\&=\frac{2}{3}\int_0^1 y^3\mathrm{e}^{-y^2}\mathrm{d}y\\&=\frac{1}{3}\int_0^1 y^3\mathrm{e}^{-y^2}\mathrm{d}(y^2)\\&=\frac{1}{3}\int_0^1 t\mathrm{e}^{-t}\mathrm{d}t\\&=\frac{1}{3}-\frac{2}{3\mathrm{e}}.\end{aligned}$$

【试题 30】(16-2.18) 设 D 是由直线 $y=1,y=x,y=-x$ 围成的有界区域,计算二重积分 $\iint\limits_D\frac{x^2-xy-y^2}{x^2+y^2}\mathrm{d}x\mathrm{d}y$.

【难度】本题的数学二难度值为 0.517,数学一、数学三的考生在学习时也应掌握此题.

【解析】积分区域 D 如图所示,由于 D 关于 y 轴对称,且 $\frac{xy}{x^2+y^2}$ 关于 x 为奇函数,故有 $\iint\limits_D\frac{xy}{x^2+y^2}$

$\mathrm{d}x\mathrm{d}y=0.$

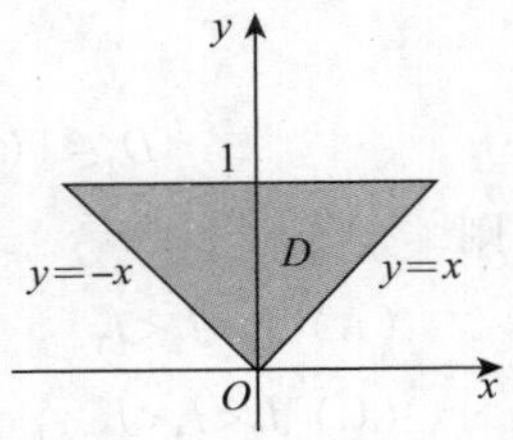

往下的计算有两种方法．

方法一 $\iint\limits_D \frac{x^2-xy-y^2}{x^2+y^2}\mathrm{d}x\mathrm{d}y = \iint\limits_D \frac{x^2-y^2}{x^2+y^2}\mathrm{d}x\mathrm{d}y$

$$= \int_0^1 \mathrm{d}y \int_{-y}^{y} \frac{x^2-y^2}{x^2+y^2}\mathrm{d}x$$

$$= \int_0^1 \mathrm{d}y \int_{-y}^{y} \left(1-\frac{2y^2}{x^2+y^2}\right)\mathrm{d}x$$

$$= \int_0^1 \left(x-2y\arctan\frac{x}{y}\right)\Bigg|_{-y}^{y}\mathrm{d}y$$

$$= \int_0^1 (2-\pi)y\mathrm{d}y$$

$$=1-\frac{1}{2}\pi.$$

方法二 $\iint\limits_D \frac{x^2-xy-y^2}{x^2+y^2}\mathrm{d}x\mathrm{d}y = \iint\limits_D \frac{x^2-y^2}{x^2+y^2}\mathrm{d}x\mathrm{d}y$

$$= \int_{\frac{\pi}{4}}^{\frac{3\pi}{4}}\mathrm{d}\theta \int_0^{\frac{1}{\sin\theta}} \frac{r^2(\cos^2\theta-\sin^2\theta)}{r^2} r\mathrm{d}r$$

$$=\frac{1}{2}\int_{\frac{\pi}{4}}^{\frac{3\pi}{4}}(\cos^2\theta-\sin^2\theta)\cdot\frac{1}{\sin^2\theta}\mathrm{d}\theta$$

$$=\frac{1}{2}\int_{\frac{\pi}{4}}^{\frac{3\pi}{4}}(\cot^2\theta-1)\mathrm{d}\theta$$

$$=\frac{1}{2}\int_{\frac{\pi}{4}}^{\frac{3\pi}{4}}(\csc^2\theta-2)\mathrm{d}\theta$$

$$=\frac{1}{2}(-\cot\theta-2\theta)\Bigg|_{\frac{\pi}{4}}^{\frac{3\pi}{4}}$$

$$=1-\frac{\pi}{2}.$$

【试题 31】(16-1.15) 已知平面区域 $D=\left\{(r,\theta)\,\middle|\,2\leqslant r\leqslant 2(1+\cos\theta),-\frac{\pi}{2}\leqslant\theta\leqslant\frac{\pi}{2}\right\}$，计算二重积分 $\iint\limits_D x\mathrm{d}x\mathrm{d}y$.

【难度】本题的数学一难度值为 0.570，数学二、数学三的考生在学习时也应掌握此题．

【解析】 $\iint\limits_D x\mathrm{d}x\mathrm{d}y = 2\int_0^{\frac{\pi}{2}}\mathrm{d}\theta\int_2^{2(1+\cos\theta)} r^2\cos\theta\mathrm{d}r$

$$=\frac{16}{3}\int_0^{\frac{\pi}{2}}[(1+\cos\theta)^3-1]\cos\theta\mathrm{d}\theta$$

$$=\frac{16}{3}\int_0^{\frac{\pi}{2}}(3\cos^2\theta+3\cos^3\theta+\cos^4\theta)\mathrm{d}\theta$$

$$=\frac{16}{3}\left(3\cdot\frac{1}{2}\cdot\frac{\pi}{2}+3\cdot\frac{2}{3}+\frac{3}{4}\cdot\frac{1}{2}\cdot\frac{\pi}{2}\right)$$

$$=\frac{32}{3}+5\pi.$$

1.7 无穷级数(数学一、数学三)

题型考点 数项级数敛散性的判定

【试题 32】(16-3.4) 级数为 $\sum_{n=1}^{\infty}\left(\frac{1}{\sqrt{n}}-\frac{1}{\sqrt{n+1}}\right)\sin(n+k)$($k$ 为常数)

(A) 绝对收敛. (B) 条件收敛.

(C) 发散. (D) 收敛性与 k 有关.

【难度】 本题的数学三难度值为 0.446,数学一的考生在学习时也应掌握此题.

【答案】 A.

【解析】 因为 $\sum_{n=1}^{\infty}\left|\left(\frac{1}{\sqrt{n}}-\frac{1}{\sqrt{n+1}}\right)\sin(n+k)\right|\leqslant\sum_{n=1}^{\infty}\left(\frac{1}{\sqrt{n}}-\frac{1}{\sqrt{n+1}}\right)$,

而

$$\sum_{n=1}^{\infty}\left(\frac{1}{\sqrt{n}}-\frac{1}{\sqrt{n+1}}\right)$$

$$=\lim_{n\to\infty}\left(\frac{1}{\sqrt{1}}-\frac{1}{\sqrt{2}}+\frac{1}{\sqrt{2}}-\frac{1}{\sqrt{3}}+\cdots+\frac{1}{\sqrt{n}}-\frac{1}{\sqrt{n+1}}\right),$$

$$=\lim_{n\to\infty}1-\frac{1}{\sqrt{n+1}}=1,$$

所以级数 $\sum_{n=1}^{\infty}\left(\frac{1}{\sqrt{n}}-\frac{1}{\sqrt{n+1}}\right)$ 收敛,从而 $\sum_{n=1}^{\infty}\left(\frac{1}{\sqrt{n}}-\frac{1}{\sqrt{n+1}}\right)\sin(n+k)$ 绝对收敛,故应选 A.

【试题 33】(16-1.19) 已知函数 $f(x)$ 可导,且 $f(0)=1,0<f'(x)<\frac{1}{2}$. 设数列 $\{x_n\}$ 满足 $x_{n+1}=f(x_n)(n=1,2,\cdots)$. 证明:

(Ⅰ)级数 $\sum_{n=1}^{\infty}(x_{n+1}-x_n)$ 绝对收敛;

(Ⅱ)$\lim\limits_{n\to\infty}x_n$ 存在,且 $0<\lim\limits_{n\to\infty}x_n<2$.

【难度】 本题的数学一难度值为 0.082,数学三的考生在学习时也应掌握此题.

【解析】 (Ⅰ)因为 $x_{n+1}=f(x_n)$,所以

$$|x_{n+1}-x_n|=|f(x_n)-f(x_{n-1})|=|f'(\xi)(x_n-x_{n-1})|,$$

其中 ξ 介于 x_n 与 x_{n-1} 之间.

又因为 $0<f'(x)<\frac{1}{2}$,所以

$$|x_{n+1}-x_n|\leqslant\frac{1}{2}|x_n-x_{n-1}|\leqslant\cdots\leqslant\frac{1}{2^{n-1}}|x_2-x_1|.$$

由于级数 $\sum_{n=1}^{\infty}\frac{1}{2^{n-1}}|x_2-x_1|$ 收敛，所以级数 $\sum_{n=1}^{\infty}(x_{n+1}-x_n)$ 绝对收敛．

（Ⅱ）由（Ⅰ）知级数 $\sum_{n=1}^{\infty}(x_{n+1}-x_n)$ 收敛，即

$$\sum_{n=1}^{\infty}(x_{n+1}-x_n)=\lim_{n\to\infty}(x_2-x_1+x_3-x_2+\cdots+x_{n+1}-x_1)=\lim_{n\to\infty}(x_{n+1}-x_1)$$

存在，所以 $\lim\limits_{n\to\infty}x_n$ 存在．

设 $\lim\limits_{n\to\infty}x_n=A$，由 $x_{n+1}=f(x_n)$ 及 $f(x)$ 连续，得 $A=f(A)$，因为 $f(0)=1$，所以，显然 $A\neq 0$.

往下有两种方法．

方法一　由于

$$A-1=f(A)-f(0)=Af'(\eta),\eta \text{ 介于 } 0 \text{ 与 } A \text{ 之间，}$$

所以 $0<f'(\eta)=\frac{A-1}{A}<\frac{1}{2}$，解得 $0<A<2$，即 $0<\lim\limits_{n\to\infty}x_n<2$.

方法二　令 $F(x)=x-f(x)$，因为 $F(0)=-1<0$，

$F(2)=2-f(2)=1-[f(2)-f(0)]=1-2f'(\eta)>0$，其中 $\eta\in(0,2)$，

且 $f'(x)=1-f'(x)>0$，即 $F(x)$ 单调递增，所以 $F(x)$ 存在唯一零点 $x=A$，且 $0<A<2$，即 $0<\lim\limits_{n\to\infty}x_n<2$.

题型考点　幂级数求和函数

【试题 34】(16-3.19)　求幂级数 $\sum_{n=0}^{\infty}\frac{x^{2n+2}}{(n+1)(2n+1)}$ 的收敛域及和函数．

【难度】本题的数学三难度值为 0.383，数学一的考生在学习时也应掌握此题．

【解析】因为 $\lim\limits_{n\to\infty}\left|\dfrac{\frac{x^{2n+4}}{(n+2)(2n+3)}}{\frac{x^{2n+2}}{(n+1)(2n+1)}}\right|=x^2<1$，所以幂级数的收敛区间为 $(-1,1)$，又当 $x=\pm1$ 时，级数 $\sum_{n=0}^{\infty}\frac{x^{2n+2}}{(n+1)(2n+1)}$ 收敛，所以幂级数的收敛域为 $[-1,1]$.

记 $S(x)=\sum_{n=0}^{\infty}\frac{x^{2n+2}}{(n+1)(2n+1)},x\in[-1,1]$，则

$$S'(x)=2\sum_{n=0}^{\infty}\frac{x^{2n+1}}{2n+1},S''(x)=2\sum_{n=0}^{\infty}x^{2n}=\frac{2}{1-x^2},x\in(-1,1).$$

因为 $S'(0)=0,S(0)=0$，所以当 $x\in(-1,1)$ 时，

$$S'(x)=\int_0^x S''(t)\mathrm{d}t+S'(0)=\int_0^x\frac{2}{1-t^2}\mathrm{d}t=\ln(1+x)-\ln(1-x),$$

$$S(x)=\int_0^x S'(t)\mathrm{d}t+S(0)=\int_0^x\ln(1+t)\mathrm{d}t-\int_0^x\ln(1-t)\mathrm{d}t$$

$$=(1+x)\ln(1+x)+(1-x)\ln(1-x),$$

又因为 $$S(1)=\lim_{x\to1^-}S(x)=2\ln2, S(-1)=\lim_{x\to-1^+}S(x)=2\ln2,$$

所以 $$f(x)=\begin{cases}(1+x)\ln(1+x)+(1-x)\ln(1-x), x\in(-1,1)\\ 2\ln2, x=\pm1\end{cases}$$

1.8 空间解析几何与场论初步(数学一)

题型考点 旋度

【试题35】(16-1.10) 向量场 $\boldsymbol{A}(x,y,z)=(x+y+z)\boldsymbol{i}+xy\boldsymbol{j}+z\boldsymbol{k}$ 的旋度 $\mathbf{rot}\boldsymbol{A}=$________.

【难度】本题的数学一难度值为0.295.

【答案】$\boldsymbol{j}+(y-1)\boldsymbol{k}$ 或 $(0,1,y-1)$.

【解析】根据旋度公式可知

$$\mathbf{rot}\boldsymbol{A}=\begin{vmatrix}\boldsymbol{i} & \boldsymbol{j} & \boldsymbol{k}\\ \dfrac{\partial}{\partial x} & \dfrac{\partial}{\partial y} & \dfrac{\partial}{\partial z}\\ x+y+z & xy & z\end{vmatrix}=(0-0)\boldsymbol{i}-(0-1)\boldsymbol{j}+(y-1)\boldsymbol{k}=\boldsymbol{j}+(y-1)\boldsymbol{k}.$$

1.9 三重积分、曲线积分、曲面积分(数学一)

题型考点 第二类曲线积分

【试题36】(16-1.17) 设函数 $f(x,y)$ 满足 $\dfrac{\partial f(x,y)}{\partial x}=(2x+1)e^{2x-y}$,且 $f(0,y)=y+1$,L_1 是从点 $(0,0)$ 到点 $(1,t)$ 的光滑曲线.计算曲线积分 $I(t)=\int_L\dfrac{\partial f(x,y)}{\partial x}dx+\dfrac{\partial f(x,y)}{\partial y}dy$,并求 $I(t)$ 的最小值.

【难度】本题的数学一难度值为0.407.

【解析】**方法一** 由题可知 $I(t)$ 积分与路径无关,故

$$\begin{aligned}I(t)&=\int_L\frac{\partial f(x,y)}{\partial x}dx+\frac{\partial f(x,y)}{\partial y}dy\\&=\int_{(0,0)}^{(0,t)}\frac{\partial f(x,y)}{\partial y}dy+\int_{(0,t)}^{(1,t)}\frac{\partial f(x,y)}{\partial x}dx\\&=\int_0^t\frac{\partial f(0,y)}{\partial y}dy+\int_0^1\frac{\partial f(x,y)}{\partial x}\bigg|_{y=t}dx\\&=\int_0^t1dy+\int_0^1(2x+1)e^{2x-t}dx\\&=t+xe^{2x-t}\Big|_0^1\\&=t+e^{2-t}\end{aligned}$$

令 $I'(t)=-e^{2-t}+1=0$,得 $t=2$.

因为:

当 $t<2$ 时,$I'(t)<0$,$I(t)$ 单调减少,

当 $t>2$ 时,$I'(t)>0$,$I(t)$ 单调增加,

所以 $I(2)=3$ 是 $I(t)$ 在 $(-\infty,+\infty)$ 上的最小值.

方法二 因为 $\dfrac{\partial f(x,y)}{\partial x}=(2x+1)e^{2x-y}$,所以

$$f(x,y)=\int\frac{\partial f(x,y)}{\partial x}dx=\int(2x+1)e^{2x-y}dx=xe^{2x-y}+C(y).$$

由于 $f(0,y)=y+1$,可得 $C(y)=y+1$,所以

$$f(x,y)=xe^{2x-y}+y+1,$$

从而

$$I(t)=\int_{L_2}\frac{\partial f(x,y)}{\partial x}dx+\frac{\partial f(x,y)}{\partial y}dy=f(1,t)-f(0,0)=e^{2-t}+t.$$

令 $I'(t)=-e^{2-t}+1=0$,得 $t=2$.

因为:

当 $t<2$ 时,$I'(t)<0$,$I(t)$ 单调减少;

当 $t>2$ 时,$I'(t)>0$,$I(t)$ 单调增加,

所以 $I(2)=3$ 是 $I(t)$ 在 $(-\infty,+\infty)$ 上的最小值.

题型考点 第二类曲面积分

【试题 37】(16-1.18) 设有界区域 Ω 由平面 $2x+y+2z=2$ 与三个坐标平面围成,Σ 为 Ω 整个表面的外侧,计算曲面积分

$$I=\iint_{\Sigma}(x^2+1)dydz-2ydzdx+3zdxdy.$$

【难度】 本题的数学一难度值为 0.436.

【解析】 根据高斯公式得

$$I=\iint_{\Sigma}(x^2+1)dydz-2ydzdx+3zdxdy=\iiint_{\Omega}(2x+1)dxdydz.$$

因为

$$\iiint_{\Omega}dxdydz=\frac{1}{3}\times\frac{1}{2}\times2\times1\times1=\frac{1}{3},$$

$$\begin{aligned}\iiint_{\Omega}dxdydz&=\int_0^1dx\int_0^{2(1-x)}dy\int_0^{1-x-\frac{y}{2}}xdz\\&=\int_0^1dx\int_0^{2(1-x)}x\left(1-x-\frac{y}{2}\right)dy\\&=\int_0^1x(1-x)^2dx\\&=\frac{1}{12},\end{aligned}$$

所以 $I=2\times\dfrac{1}{12}+\dfrac{1}{3}=\dfrac{1}{2}$.

第二部分　线性代数试题解析

2.1　行列式与矩阵

题型考点　具体行列式的运算

【试题 38】（16-1.13;3.13）　行列式 $\begin{vmatrix} \lambda & -1 & 0 & 0 \\ 0 & \lambda & -1 & 0 \\ 0 & 0 & \lambda & -1 \\ 4 & 3 & 2 & \lambda+1 \end{vmatrix}=$______.

【难度】本题的数学一难度值为 0.518，数学三难度值为 0.451，数学二的考生在学习时也应掌握此题.

【答案】$4+3\lambda+2\lambda^2+\lambda^3+\lambda^4$.

【解析】按第四行展开得

$$原式=-4\begin{vmatrix} -1 & 0 & 0 \\ \lambda & -1 & 0 \\ 0 & \lambda & -1 \end{vmatrix}+3\begin{vmatrix} \lambda & 0 & 0 \\ 0 & -1 & 0 \\ 0 & \lambda & -1 \end{vmatrix}-2\begin{vmatrix} \lambda & -1 & 0 \\ 0 & \lambda & 0 \\ 0 & 0 & -1 \end{vmatrix}+(\lambda+1)\begin{vmatrix} \lambda & -1 & 0 \\ 0 & \lambda & -1 \\ 0 & 0 & \lambda \end{vmatrix}$$

$$=4+3\lambda+2\lambda^2+\lambda^3+\lambda^4.$$

题型考点　矩阵等价

【试题 39】（16-2.14）　设矩阵 $\begin{pmatrix} a & -1 & -1 \\ -1 & a & -1 \\ -1 & -1 & a \end{pmatrix}$ 与 $\begin{pmatrix} 1 & 1 & 0 \\ 0 & -1 & 1 \\ 1 & 0 & 1 \end{pmatrix}$ 等价，则 $a=$______.

【难度】本题的数学二难度值为 0.474，数学一、数学三的考生在学习时也应掌握此题.

【答案】2.

【解析】同型矩阵等价的充分必要条件为秩相等.

由 $\begin{pmatrix} 1 & 1 & 0 \\ 0 & -1 & 1 \\ 1 & 0 & 1 \end{pmatrix}\to\begin{pmatrix} 1 & 1 & 0 \\ 0 & -1 & 1 \\ 0 & 0 & 0 \end{pmatrix}$ 可知，矩阵 $\begin{pmatrix} 1 & 1 & 0 \\ 0 & -1 & 1 \\ 1 & 0 & 1 \end{pmatrix}$ 的秩为 2.

因为 $\begin{pmatrix} -1 & -1 & -1 \\ -1 & -1 & -1 \\ -1 & -1 & -1 \end{pmatrix}$ 特征值为 $0,0,-3$，所以 $\begin{pmatrix} a & -1 & -1 \\ -1 & a & -1 \\ -1 & -1 & a \end{pmatrix}=\begin{pmatrix} -1 & -1 & -1 \\ -1 & -1 & -1 \\ -1 & -1 & -1 \end{pmatrix}+(a+1)\boldsymbol{E}$ 的特征值为 $a+1,a+1,a-2$，故当 $a=2$ 时，$\begin{pmatrix} a & -1 & -1 \\ -1 & a & -1 \\ -1 & -1 & a \end{pmatrix}$ 的秩为 2.

所以，当 $a=2$ 时，两个矩阵等价.

题型考点　方阵的幂

【试题 40】(16-1.21;2.23;3.21)　已知矩阵 $A=\begin{pmatrix}0&-1&1\\2&-3&0\\0&0&0\end{pmatrix}$.

(Ⅰ)求 A^{99};

(Ⅱ)设 3 阶矩阵 $B=(\alpha_1,\alpha_2,\alpha_3)$ 满足 $B^2=BA$. 记 $B^{100}=(\beta_1,\beta_2,\beta_3)$,将 β_1,β_2,β_3 分别表示为 $\alpha_1,\alpha_2,\alpha_3$ 的线性组合.

【难度】 本题的数学一难度值为 0.236,数学二难度值为 0.161,数学三难度值为 0.212.

【解析】(Ⅰ)**方法一**　因为

$$|\lambda E-A|=\begin{vmatrix}\lambda&1&-1\\-2&\lambda+3&0\\0&0&\lambda\end{vmatrix}=\lambda(\lambda+1)(\lambda+2),$$

所以 A 的特征值为 $\lambda_1=-1,\lambda_2=-2,\lambda_3=0$.

当 $\lambda_1=-1$ 时,解方程组 $(-E-A)x=0$,得特征向量 $\xi_1=(1,1,0)^T$;

当 $\lambda_2=-2$ 时,解方程组 $(-2E-A)x=0$,得特征向量 $\xi_2=(1,2,0)^T$;

当 $\lambda_3=0$ 时,解方程组 $(0E-A)x=0$,得特征向量 $\xi_3=(3,2,2)^T$.

令 $P=(\xi_1,\xi_2,\xi_3)=\begin{pmatrix}1&1&3\\1&2&2\\0&0&2\end{pmatrix}$,则 $P^{-1}AP=\begin{pmatrix}-1&0&0\\0&-2&0\\0&0&0\end{pmatrix}$,所以

$$A^{99}=P\begin{pmatrix}-1&0&0\\0&-2&0\\0&0&0\end{pmatrix}^{99}P^{-1}$$

$$=\begin{pmatrix}1&1&3\\1&2&2\\0&0&2\end{pmatrix}\begin{pmatrix}(-1)^{99}&0&0\\0&(-2)^{99}&0\\0&0&0\end{pmatrix}\begin{pmatrix}2&-1&-2\\-1&1&\frac{1}{2}\\0&0&\frac{1}{2}\end{pmatrix}$$

$$=\begin{pmatrix}2^{99}-2&1-2^{99}&2-2^{98}\\2^{100}-2&1-2^{100}&2-2^{99}\\0&0&0\end{pmatrix}.$$

方法二　结论:令 $f(\lambda)=|\lambda E-A|$,则必有 $f(A)=0$. 利用此结论,有以下解法.

令 $f(\lambda)=|\lambda E-A|=\begin{vmatrix}\lambda&1&-1\\-2&\lambda+3&0\\0&0&\lambda\end{vmatrix}=\lambda(\lambda+1)(\lambda+2)$,则 $f(\lambda)$ 为 λ 的三次多项式,根据多项式除法可知:

$$\lambda^{99}=f(\lambda)g(\lambda)+a\lambda^2+b\lambda+c.$$

令 $\lambda=0$,则由上式可得:$0=f(0)g(0)+c=c$;

令 $\lambda=-1$,则由上式可得:$-1=f(-1)g(-1)+a-b+c=a-b+c$;

令 $\lambda=-2$,则由上式可得:$-2^{99}=f(-2)g(-2)+4a-2b+c=4a-2b+c$;

联立三个等式解得:$a=1-2^{98}$,$b=2-2^{98}$,$c=0$. 由此可得:

$$\begin{aligned}\boldsymbol{A}^{99}&=f(\boldsymbol{A})g(\boldsymbol{A})+a\boldsymbol{A}^2+b\boldsymbol{A}+c\boldsymbol{E}=a\boldsymbol{A}^2+b\boldsymbol{A}\\&=a\begin{pmatrix}-2&3&0\\-6&7&2\\0&0&0\end{pmatrix}+b\begin{pmatrix}0&-1&1\\2&-3&0\\0&0&0\end{pmatrix}\\&=\begin{pmatrix}-2a&3a-b&b\\-6a+2b&7a-3b&2a\\0&0&0\end{pmatrix}\\&=\begin{pmatrix}2^{99}-2&1-2^{99}&2-2^{98}\\2^{100}-2&1-2^{100}&2-2^{99}\\0&0&0\end{pmatrix}.\end{aligned}$$

(Ⅱ)因为 $\boldsymbol{B}^2=\boldsymbol{BA}$,所以

$$\boldsymbol{B}^{100}=\boldsymbol{B}^{98}\boldsymbol{B}^2=\boldsymbol{B}^{99}\boldsymbol{A}=\boldsymbol{B}^{97}\boldsymbol{B}^2\boldsymbol{A}=\boldsymbol{B}^{98}\boldsymbol{A}^2=\cdots=\boldsymbol{BA}^{99},$$

即

$$(\boldsymbol{\beta}_1,\boldsymbol{\beta}_2,\boldsymbol{\beta}_3)=(\boldsymbol{\alpha}_1,\boldsymbol{\alpha}_2,\boldsymbol{\alpha}_3)\begin{pmatrix}2^{99}-2&1-2^{99}&2-2^{98}\\2^{100}-2&1-2^{100}&2-2^{99}\\0&0&0\end{pmatrix},$$

所以

$$\begin{cases}\boldsymbol{\beta}_1=(2^{99}-2)\boldsymbol{\alpha}_1+(2^{100}-2)\boldsymbol{\alpha}_2,\\\boldsymbol{\beta}_2=(1-2^{99})\boldsymbol{\alpha}_1+(1-2^{100})\boldsymbol{\alpha}_2,\\\boldsymbol{\beta}_3=(2-2^{98})\boldsymbol{\alpha}_1+(2-2^{99})\boldsymbol{\alpha}_2.\end{cases}$$

2.2 向量组与线性方程组

题型考点 具体方程组的求解

【试题 41】(16-2.22;3.20) 设矩阵 $\boldsymbol{A}=\begin{pmatrix}1&1&1-a\\1&0&a\\a+1&1&a+1\end{pmatrix}$,$\boldsymbol{\beta}=\begin{pmatrix}0\\1\\2a-2\end{pmatrix}$,且方程组 $\boldsymbol{Ax}=\boldsymbol{\beta}$ 无解.

(Ⅰ)求 a 的值;

(Ⅱ)求方程组 $\boldsymbol{A}^{\mathrm{T}}\boldsymbol{Ax}=\boldsymbol{A}^{\mathrm{T}}\boldsymbol{\beta}$ 的通解.

【难度】 本题的数学二难度值为 0.548,数学三难度值为 0.590,数学一的考生在学习时也应掌握此题.

【解析】(Ⅰ)对矩阵$(\boldsymbol{A},\boldsymbol{\beta})$进行初等行变换

$$(\boldsymbol{A},\boldsymbol{\beta})=\left(\begin{array}{ccc:c}1&1&1-a&0\\1&0&a&1\\a+1&1&a+1&2a-2\end{array}\right)\to\left(\begin{array}{ccc:c}1&1&1-a&0\\0&-1&2a-1&1\\0&0&-a^2+2a&a-2\end{array}\right),$$

由方程组 $\boldsymbol{Ax}=\boldsymbol{\beta}$ 无解知，$r(\boldsymbol{A},\boldsymbol{\beta})>r(\boldsymbol{A})$，即 $-a^2+2a=0$，且 $a-2\neq0$，解得 $a=0$.

（Ⅱ）对矩阵 $(\boldsymbol{A}^{\mathrm{T}}\boldsymbol{A},\boldsymbol{A}^{\mathrm{T}}\boldsymbol{\beta})$ 进行初等行变换

$$(\boldsymbol{A}^{\mathrm{T}}\boldsymbol{A},\boldsymbol{A}^{\mathrm{T}}\boldsymbol{\beta})=\left(\begin{array}{ccc:c}3&2&2&-1\\2&2&2&-2\\2&2&2&-2\end{array}\right)\to\left(\begin{array}{ccc:c}1&0&0&1\\0&1&1&-2\\0&0&0&0\end{array}\right),$$

所以，方程组 $\boldsymbol{A}^{\mathrm{T}}\boldsymbol{Ax}=\boldsymbol{A}^{\mathrm{T}}\boldsymbol{\beta}$ 的通解为 $\boldsymbol{x}=\begin{pmatrix}1\\-2\\0\end{pmatrix}+k\begin{pmatrix}0\\-1\\1\end{pmatrix}$（$k$ 为任意常数）.

【试题 42】（16-1.20） 设矩阵

$$\boldsymbol{A}=\begin{pmatrix}1&-1&-1\\2&a&1\\-1&1&a\end{pmatrix},\boldsymbol{B}=\begin{pmatrix}2&2\\1&a\\-a-1&-2\end{pmatrix}.$$

当 a 为何值时，方程 $\boldsymbol{AX}=\boldsymbol{B}$ 无解、有唯一解、有无穷多解？在有解时，求解此方程．

【难度】 本题的数学一难度值为 0.468，数学二、数学三的考生在学习时也应掌握此题．

【解析】 对矩阵 $(\boldsymbol{A},\boldsymbol{B})$ 施以初等行变换

$$(\boldsymbol{A},\boldsymbol{B})=\left(\begin{array}{ccc:cc}1&-1&-1&2&2\\2&a&1&1&a\\-1&1&a&-a-1&-2\end{array}\right)\to\left(\begin{array}{ccc:cc}1&-1&-1&2&2\\0&a+2&3&-3&a-4\\0&0&a-1&1-a&0\end{array}\right).$$

当 $a\neq1$ 且 $a\neq-2$ 时，由于

$$(\boldsymbol{A},\boldsymbol{B})\to\left(\begin{array}{ccc:cc}1&-1&-1&2&2\\0&a+2&3&-3&a-4\\0&0&a-1&1-a&0\end{array}\right)\to\left(\begin{array}{ccc:cc}1&0&0&1&\dfrac{3a}{a+2}\\0&1&0&0&\dfrac{a-4}{a+2}\\0&0&1&-1&0\end{array}\right),$$

所以 $\boldsymbol{AX}=\boldsymbol{B}$ 有唯一解，且

$$\boldsymbol{X}=\begin{pmatrix}1&\dfrac{3a}{a+2}\\0&\dfrac{a-4}{a+2}\\-1&0\end{pmatrix}.$$

当 $a=1$ 时，由于

$$(\boldsymbol{A},\boldsymbol{B})\to\left(\begin{array}{ccc:cc}1&-1&-1&2&2\\0&3&3&-3&-3\\0&0&0&0&0\end{array}\right)\to\left(\begin{array}{ccc:cc}1&0&0&1&1\\0&1&1&-1&-1\\0&0&0&0&0\end{array}\right),$$

所以 $\boldsymbol{AX}=\boldsymbol{B}$ 有无穷多解，且

$$\boldsymbol{X}=\begin{pmatrix}1&1\\-1&-1\\0&0\end{pmatrix}+\begin{pmatrix}0&0\\k_1&k_2\\-k_1&-k_2\end{pmatrix}，其中 k_1,k_2 为任意常数 .$$

当 $a=-2$ 时，由于

$$(\boldsymbol{A},\boldsymbol{B})\to\left(\begin{array}{ccc:cc}1&-1&-1&2&2\\0&0&3&-3&-6\\0&0&-3&3&0\end{array}\right)\to\left(\begin{array}{ccc:cc}1&-1&-1&2&2\\0&0&1&-1&0\\0&0&0&0&1\end{array}\right),$$

所以 $\boldsymbol{AX}=\boldsymbol{B}$ 无解 .

2.3　相似理论与二次型

题型考点　特征值、特征向量、相似

【试题 43】（16-1.5;2.7;3.5）　设 $\boldsymbol{A},\boldsymbol{B}$ 是可逆矩阵，且 $\boldsymbol{A}$ 与 $\boldsymbol{B}$ 相似，则下列结论错误的是

（A）$\boldsymbol{A}^{\mathrm{T}}$ 与 $\boldsymbol{B}^{\mathrm{T}}$ 相似 .　　（B）$\boldsymbol{A}^{-1}$ 与 $\boldsymbol{B}^{-1}$ 与相似 .

（C）$\boldsymbol{A}+\boldsymbol{A}^{\mathrm{T}}$ 与 $\boldsymbol{B}+\boldsymbol{B}^{\mathrm{T}}$ 与相似 .　　（D）$\boldsymbol{A}+\boldsymbol{A}^{-1}$ 与 $\boldsymbol{B}+\boldsymbol{B}^{-1}$ 相似 .

【难度】本题的数学一难度值为 0.495，数学二难度值为 0.538，数学三难度值为 0.475，数学一、数学二的考生在学习时也应掌握此题 .

【答案】C.

【解析】因为 $\boldsymbol{A}$ 与 $\boldsymbol{B}$ 相似，即存在可逆矩阵 $\boldsymbol{P}$，使得

$$\boldsymbol{P}^{-1}\boldsymbol{AP}=\boldsymbol{B}. \qquad ①$$

将①式两边求转置得

$$\boldsymbol{P}^{\mathrm{T}}\boldsymbol{A}^{\mathrm{T}}(\boldsymbol{P}^{\mathrm{T}})^{-1}=\boldsymbol{B}^{\mathrm{T}}, \qquad ②$$

即 $\boldsymbol{A}^{\mathrm{T}}$ 与 $\boldsymbol{B}^{\mathrm{T}}$ 相似，选项 A 正确 .

将①式两边求逆得

$$\boldsymbol{P}^{-1}\boldsymbol{A}^{-1}\boldsymbol{P}=\boldsymbol{B}^{-1}, \qquad ③$$

即 $\boldsymbol{A}^{-1}$ 与 $\boldsymbol{B}^{-1}$ 相似，选项 B 正确 .

将①式与③式相加，得

$$\boldsymbol{P}^{-1}(\boldsymbol{A}+\boldsymbol{A}^{-1})\boldsymbol{P}=\boldsymbol{B}+\boldsymbol{B}^{-1},$$

即 $\boldsymbol{A}+\boldsymbol{A}^{-1}$ 与 $\boldsymbol{B}+\boldsymbol{B}^{-1}$ 相似，选项 D 正确 .

综上，应选 C 选项 .

题型考点　正负惯性指数与合同

【试题 44】（16-2.8;3.6）　设二次型 $f(x_1,x_2,x_3)=a(x_1^2+x_2^2+x_3^2)+2x_1x_2+2x_2x_3+2x_1x_3$ 的正、负惯性指数分别为 1,2，则

（A）$a>1$.　　（B）$a<-2$.　　（C）$-2<a<1$.　　（D）$a=1$ 或 $a=-2$.

【难度】本题的数学二难度值为 0.712，数学三难度值为 0.683，数学一的考生在学习时也应掌

握此题．

【答案】C.

【解析】二次型的系数矩阵 $A=\begin{pmatrix}a&1&1\\1&a&1\\1&1&a\end{pmatrix}=\begin{pmatrix}1&1&1\\1&1&1\\1&1&1\end{pmatrix}+(a-1)E.$

因为$\begin{pmatrix}1&1&1\\1&1&1\\1&1&1\end{pmatrix}$的特征值为0,0,3,所以$\boldsymbol{A}$的特征值为$a-1,a-1,a+2$.

因为$f(x_1,x_2,x_3)$的正、负惯性指数分别为1,2,所以$\boldsymbol{A}$的特征值应为一正两负,故有$a-1<0,a+2>0$,即$-2<a<1$,故应选C.

【试题 45】(16-1.6) 设二次型$f(x_1,x_2,x_3)=x_1^2+x_2^2+x_3^2+4x_1x_2+4x_1x_3+4x_2x_3$,则$f(x_1,x_2,x_3)=2$在空间直角坐标下表示的二次曲面为

(A) 单叶双曲面． (B) 双叶双曲面． (C) 椭球面． (D) 柱面．

【难度】本题的数学一难度值为0.594,数学二、数学三的考生对二次曲面不作要求．

【答案】B.

【解析】方法一 二次曲面的系数矩阵 $\boldsymbol{A}=\begin{pmatrix}1&2&2\\2&1&2\\2&2&1\end{pmatrix}=\begin{pmatrix}2&2&2\\2&2&2\\2&2&2\end{pmatrix}-E.$

因为$\begin{pmatrix}2&2&2\\2&2&2\\2&2&2\end{pmatrix}$的特征值为0,0,6,所以$\boldsymbol{A}$的特征值为$-1,-1,5$,即$f(x_1,x_2,x_3)$的正、负惯性指数分别为1,2,所以二次曲面$f(x_1,x_2,x_3)=2$为双叶双曲面,故选B.

方法二 因为
$$\begin{aligned}f(x_1,x_2,x_3)&=x_1^2+x_2^2+x_3^2+4x_1x_2+4x_1x_3+4x_2x_3\\&=(x_1+2x_2+2x_3)^2-3\left(x_2+\frac{2}{3}x_3\right)^2-\frac{5}{3}x_3^2,\end{aligned}$$

作可逆线性变换
$$\begin{cases}y_1=x_1+2x_2+2x_3,\\y_2=x_2+\dfrac{2}{3}x_3,\\y_3=x_3,\end{cases}$$

则曲面$f(x_1,x_2,x_3)=2$为标准形曲面$y_1^2-3y_2^2-\dfrac{5}{3}y_3^2=2$,即为双叶双曲面,故选B.

第三部分 概率论与数理统计试题解析(数学一、数学三)

3.1 事件与概率

题型考点 概率计算公式

【试题 46】(16-3.7) 设A,B为两个随机变量,且$0<P(A)<1,0<P(B)<1$,如果$P(A|B)=$

I,则

(A) $P(\bar{B}|\bar{A})=1$.　　(B) $P(A|\bar{B})=0$.　　(C) $P(A\cup B)=1$.　　(D) $P(B|A)=1$.

【难度】本题的数学三难度值为 0.601,数学一的考生在学习时也应掌握此题.

【答案】A.

【解析】方法一　由 $P(A|B)=1$ 可知 $P(B)=P(AB)$,从而

$$P(\bar{B}|\bar{A})=\frac{P(\bar{A}\bar{B})}{P(\bar{A})}=\frac{1-P(A\cup B)}{1-P(A)}$$

$$=\frac{1-[P(A)+P(B)-P(AB)]}{1-P(A)}$$

$$=\frac{1-P(A)}{1-P(A)}=1,$$

故选 A.

方法二　取 $P(A)=\frac{1}{2},P(B)=\frac{1}{4}$ 且 $B\subset A$,则 A,B 满足题意且 $P(AB)=P(B)=\frac{1}{4}$.

因为 $P(A|\bar{B})=\frac{P(A\bar{B})}{P(\bar{B})}=\frac{P(A)-P(AB)}{1-P(B)}=\frac{\frac{1}{2}-\frac{1}{4}}{1-\frac{1}{4}}=\frac{1}{3}\neq 0$,故选项 B 不正确.

因为 $P(A\cup B)=P(A)=\frac{1}{2}\neq 1$,故选项 C 不正确.

因为 $P(B|A)=\frac{P(AB)}{P(A)}=\frac{\frac{1}{4}}{\frac{1}{2}}=\frac{1}{2}\neq 1$,故选项 D 不正确.

综上,应选 A.

题型考点　独立重复试验

【试题 47】(16-3.14)　设袋中有红、白、黑球各 1 个,从中有放回地取球,每次取 1 个,直到三种颜色的球都取到时停止,则取球次数恰好为 4 的概率为________.

【难度】本题的数学三难度值为 0.261,数学一的考生在学习时也应掌握此题.

【答案】$\frac{2}{9}$.

【解析】记"直到三种颜色的球都取到时停止,取球次数恰好为 4"为事件 A.

方法一　显然前三次取的球中有且仅有两种颜色,可能颜色的组合为 C_3^2 种,只要前三次取球颜色确定,第四次取球颜色自然就确定了. 而三个球有两种颜色的组合为 $\frac{C_2^1A_3^3}{A_2^2}=6$ 种(从两个不同颜色的球中选一个复制,变成 3 个球,将这 3 个球进行排列),故

$$P(A)=\frac{C_3^2\cdot 6}{3^4}=\frac{2}{9}.$$

方法二　穷举法　假设第一次取红球,则取球情况如下:

$$
红\begin{cases}红\begin{cases}白一黑\\黑一白\end{cases}\\白\begin{cases}红一黑\\白一黑\end{cases}\\黑\begin{cases}红一白\\黑一白\end{cases}\end{cases}
$$

若第一次取白球或者黑球,则有类似情况,故 $P(A)=\dfrac{3\times6}{3^4}=\dfrac{2}{9}$.

3.2　随机变量及其分布

题型考点　常见分布

【试题 48】(16-1.7)　设随机变量 $X\sim N(\mu,\sigma^2)(\sigma>0)$,记 $p=P\{X\leqslant\mu+\sigma^2\}$,则

(A) p 随着 μ 的增加而增加.　　(B) p 随着 μ 的增加而增加.

(C) p 随着 μ 的增加而减少.　　(D) p 随着 μ 的增加而减少.

【难度】 本题的数学一难度值为 0.628,数学三的考生在学习时也应掌握此题.

【答案】 B.

【解析】 $p=P\{X\leqslant\mu+\sigma^2\}=P\left\{\dfrac{X-\mu}{\sigma}\leqslant\sigma\right\}=\Phi(\sigma)$.

由于标准正态分布的分布函数 $\Phi(x)$ 是严格单调增加函数,所以 p 随着 σ 的增加而增加,故选 B.

题型考点　随机变量函数的分布

【试题 49】(16-1.22;3.22)　设二维随机变量 (X,Y) 在区域 $D=\{(x,y)\mid 0<x<1,x^2<y<\sqrt{x}\}$ 上服从均匀分布,令

$$
U=\begin{cases}1,X\leqslant Y,\\0,X>Y.\end{cases}
$$

(Ⅰ)写出 (X,Y) 的概率密度;

(Ⅱ)问 U 与 X 是否相互独立?并说明理由;

(Ⅲ)求 $Z=U+X$ 的分布函数 $F(z)$.

【难度】 本题的数学一难度值为 0.272,数学三难度值为 0.262.

【解析】 (Ⅰ)因为 $S_D=\int_0^1(\sqrt{x}-x^2)\,\mathrm{d}x=\left(\dfrac{2}{3}x^{\frac{3}{2}}-\dfrac{1}{3}x^3\right)\Big|_0^1=\dfrac{1}{3}$,

所以,(X,Y) 的概率密度为

$$
f(x,y)=\begin{cases}3,(x,y)\in D\\0,其他\end{cases}
$$

（Ⅱ）$P\left\{U=0,X\leqslant\frac{1}{2}\right\}=P\left\{X>Y,X\leqslant\frac{1}{2}\right\}=\int_0^{\frac{1}{2}}\mathrm{d}x\int_{x^2}^{x}3\mathrm{d}y=\frac{1}{4}$，

$P\{U=0\}=\frac{1}{2}$，$P\left\{X\leqslant\frac{1}{2}\right\}=\int_0^{\frac{1}{2}}\mathrm{d}x\int_{x^2}^{\sqrt{x}}3\mathrm{d}y=\frac{\sqrt{2}}{2}-\frac{1}{8}$.

由于 $P\left\{U=0,X\leqslant\frac{1}{2}\right\}\neq P\{U=0\}P\left\{X\leqslant\frac{1}{2}\right\}$，所以 U 与 X 不相互独立.

（Ⅲ）当 $z<0$ 时，$F(z)=0$；当 $z\geqslant2$ 时，$F(z)=1$.

当 $0\leqslant z<1$ 时，
$$\begin{aligned}F(z)&=P\{Z\leqslant z\}\\&=P\{U+X\leqslant z\}\\&=P\{U=0,X\leqslant z\}\\&=P\{X>Y,X\leqslant z\}\\&=\frac{3}{2}z^2-z^3;\end{aligned}$$

当 $1\leqslant z<2$ 时，
$$\begin{aligned}F(z)&=P\{U+X\leqslant z\}\\&=P\{U=0,X\leqslant z\}+P\{U=1,X\leqslant z-1\}\\&=\frac{1}{2}+2(z-1)^{\frac{3}{2}}-\frac{3}{2}(z-1)^2;\end{aligned}$$

所以 $F(z)=\begin{cases}0, & z<0\\ \frac{3}{2}z^2-z^3, & 0\leqslant z<1\\ \frac{1}{2}+2(z-1)^{\frac{3}{2}}-\frac{3}{2}(z-1)^2, & 1\leqslant z<2\\ 1, & z\geqslant2\end{cases}$

3.3 数字特征、大数定理与中心极限定理

题型考点 方差

【试题 50】(16-3.8) 设随机变量 X 与 Y 相互独立，且 $X\sim N(1,2)$，$Y\sim N(1,4)$，则 $D(XY)=$

(A) 6　　(B) 8　　(C) 14　　(D) 15

【难度】 本题的数学三难度值为 0.502，数学一的考生在学习时也应掌握此题.

【答案】 C.

【解析】 由题设知 $EX=EY=1$，$DX=2$，$DY=4$，从而
$$E(X^2)=DX+(EX)^2=3,E(Y^2)=DY+(EY)^2=5,$$
又由于 X 与 Y 相互独立，所以
$$D(XY)=E(X^2Y^2)-[E(XY)]^2=E(X^2)E(Y^2)-(EX\cdot EY)^2=14,$$
故选 C.

题型考点 相关系数

【试题 51】(16-1.8) 随机试验 E 有三种两两不相容的结果 A_1，A_2，A_3，且三种结果发生的

概率均为$\frac{1}{3}$. 将试验 E 独立重复做 2 次,X 表示 2 次试验中结果 A_1 发生的次数,Y 表示 2 次试验中结果 A_2 发生的次数,则 X 与 Y 的相关系数为

(A) $-\frac{1}{2}$.　　(B) $-\frac{1}{3}$.　　(C) $\frac{1}{3}$.　　(D) $\frac{1}{2}$.

【难度】本题的数学一难度值为 0.440,数学三的考生在学习时也应掌握此题.

【答案】A.

【解析】由题意知

$$X\sim B\left(2,\frac{1}{3}\right),Y\sim B\left(2,\frac{1}{3}\right),X+Y\sim B\left(2,\frac{2}{3}\right),$$

从而 $DX=DY=\frac{4}{9}$,以及 $D(X+Y)=\frac{4}{9}$.

再由
$$D(X+Y)=DX+DY+2\mathrm{Cov}(X,Y),$$

可得 $\mathrm{Cov}(X,Y)=-\frac{2}{9}$,所以 X 与 Y 的相关系数为

$$\rho=\frac{\mathrm{Cov}(X,Y)}{\sqrt{DX}\cdot\sqrt{DY}}=-\frac{1}{2},$$

故选 A.

3.4 数理统计初步

题型考点　估计量的评选标准

【试题 52】(16-3.23)　设总体 X 的概率密度为

$$f(x,\theta)=\begin{cases}\frac{3x^2}{\theta^3},0<x<\theta,\\ 0,\quad 其他,\end{cases}$$

其中 $\theta\in(0,+\infty)$ 为未知参数. $X_1,X_2,\cdots,X_n$ 为来自总体 X 的简单随机样本,令

$$T=\max\{X_1,X_2,X_3\}.$$

(Ⅰ)求 T 的概率密度;

(Ⅱ)确定 a,使得 $E(aT)=\theta$.

【难度】本题的数学三难度值为 0.290,数学一的考生在学习时也应掌握此题.

【解析】(Ⅰ)当 $t<0$ 时,$F_T(t)=0$;当 $t\geqslant\theta$ 时,$F_T(t)=1$.

当 $0\leqslant t<\theta$ 时,
$$\begin{aligned}F_T(t)=P\{T\leqslant t\}&=P\{\max\{X_1,X_2,X_3\}\leqslant t\}\\&=P\{X_1\leqslant t,X_2\leqslant t,X_3\leqslant t\}\\&=P\{X_1\leqslant t\}P\{X_2\leqslant t\}P\{X_3\leqslant t\}\\&=\left(\int_0^t\frac{3x^2}{\theta^3}\mathrm{d}x\right)^3\\&=\frac{t^9}{\theta^9}.\end{aligned}$$

所以 T 的概率密度为

$$f_T(t)=f'_T(t)=\begin{cases}\dfrac{9t^8}{\theta^9},0<t<\theta,\\0,\quad 其他.\end{cases}$$

（Ⅱ）$ET=\int_{-\infty}^{+\infty}tf_T(t)\,\mathrm{d}t=\int_0^\theta\dfrac{9t^9}{\theta^9}\mathrm{d}t=\dfrac{9}{10}\theta$，从而 $E(aT)=\dfrac{9}{10}a\theta$.

令 $E(aT)=\theta$，得 $a=\dfrac{10}{9}$. 所以当 $a=\dfrac{10}{9}$时，$E(aT)=\theta$.

【试题 53】（16-1.23） 设总体 X 的概率密度为

$$f(x;\theta)=\begin{cases}\dfrac{3x^2}{\theta^3},0<x<\theta,\\0,\quad 其他,\end{cases}$$

其中 $\theta\in(0,+\infty)$为未知参数. $X_1,X_2,\cdots,X_n$ 为来自总体 X 的简单随机样本，令

$$T=\max\{X_1,X_2,X_3\}.$$

（Ⅰ）求 T 的概率密度；

（Ⅱ）确定 a，使得 aT 为 θ 的无偏估计.

【难度】本题的数学一难度值为 0.329，数学三的考生仅作了解.

【解析】（Ⅰ）当 $t<0$ 时，$F_T(t)=0$；当 $t\geqslant\theta$ 时，$F_T(t)=1$.

当 $0\leqslant t<\theta$ 时，
$$\begin{aligned}F_T(t)&=P\{T\leqslant t\}=P\{\max\{X_1,X_2,X_3\}\leqslant t\}\\&=P\{X_1\leqslant t,X_2\leqslant t,X_3\leqslant t\}\\&=P\{X_1\leqslant t\}P\{X_2\leqslant t\}P\{X_3\leqslant t\}\\&=\left(\int_0^t\frac{3x^2}{\theta^3}\mathrm{d}x\right)^3\\&=\frac{t^9}{\theta^9}.\end{aligned}$$

所以 T 的概率密度为

$$f_T(t)=f'_T(t)=\begin{cases}\dfrac{9t^8}{\theta^9},0<t<\theta,\\0,\quad 其他.\end{cases}$$

（Ⅱ）$ET=\int_{-\infty}^{+\infty}tf_T(t)\,\mathrm{d}t=\int_0^\theta\dfrac{9t^9}{\theta^9}\mathrm{d}t=\dfrac{9}{10}\theta$，从而 $E(aT)=\dfrac{9}{10}a\theta$.

令 $E(aT)=\theta$，得 $a=\dfrac{10}{9}$. 所以当 $a=\dfrac{10}{9}$时，aT 为 θ 的无偏估计.

题型考点　区间估计（仅数学一）

【试题 54】（16-1.14） 设 $X_1,X_2,\cdots,X_n$ 为来自总体 $N(\mu,\sigma^2)$的简单随机样本，样本均值$\bar{x}=9.5$，参数 μ 的置信度为 0.95 的双侧置信区间的置信上限为 10.8，则 μ 的置信度为 0.95 的双侧置信区间为________.

【难度】本题的数学一难度值为 0.394,数学三的考生不要求.

【答案】(8.2,10.8).

【解析】参数 μ 的置信度为 $1-\alpha$ 的双侧置信区间为

$$\left(\bar{x}-\frac{s}{\sqrt{n}}\ t_{\frac{\alpha}{2}}(n-1),\bar{x}+\frac{s}{\sqrt{n}}\ t_{\frac{\alpha}{2}}(n-1)\right),$$

可见该区间的中心为样本均值 $\bar{x}$. 本题实际上是给出了置信区间的中心为 $\bar{x}=9.5$,以及置信区间的右端点为 10.8,由此可得双侧置信区间为(8.2,10.8).

注:以闭区间的形式给出的答案[8.2,10.8]也是正确的,甚至半开半闭的区间[8.2,10.8),(8.2,10.8]也都是对的.

2017年全国硕士研究生招生考试数学试题分类解析

第一部分　高等数学试题解析

1.1　函数、极限、连续

题型考点　函数求极限

【试题1】(17-2.15;3.15)　求$\lim\limits_{x\to 0}\dfrac{\int_0^x\sqrt{x-t}\,\mathrm{e}^t\mathrm{d}t}{\sqrt{x^3}}$.

【难度】本题的数学二难度值为0.498,数学三难度值为0.535,数学一的考生在学习时也应掌握此题.

【解析】令$x-t=u$,则$t=x-u$,$\mathrm{d}t=-\mathrm{d}u$.

$$\begin{aligned}\lim_{x\to 0^+}\frac{\int_0^x\sqrt{x-t}\,\mathrm{e}^t\mathrm{d}t}{\sqrt{x^3}}&=\lim_{x\to 0^+}\frac{\mathrm{e}^x\int_0^x\sqrt{u}\,\mathrm{e}^{-u}\mathrm{d}u}{\sqrt{x^3}}\\&=\lim_{x\to 0^+}\frac{\int_0^x\sqrt{u}\,\mathrm{e}^{-u}\mathrm{d}u}{\sqrt{x^3}}\\&=\lim_{x\to 0^+}\frac{\sqrt{x}\,\mathrm{e}^{-x}}{\frac{3}{2}\sqrt{x}}\\&=\frac{2}{3}.\end{aligned}$$

题型考点　渐近线

【试题2】(17-2.9)　曲线$y=x\left(1+\arcsin\dfrac{2}{x}\right)$的斜渐近线方程为________.

【难度】本题的数学二难度值为0.528,数学一、数学三的考生在学习时也应掌握此题.

【答案】$y=x+2$.

【解析】$k=\lim\limits_{x\to\infty}\dfrac{f(x)}{x}=\lim\limits_{x\to\infty}\dfrac{x\left(1+\arcsin\dfrac{2}{x}\right)}{x}=\lim\limits_{x\to\infty}\left(1+\arcsin\dfrac{2}{x}\right)=1$,

$b=\lim\limits_{x\to\infty}[f(x)-kx]=\lim\limits_{x\to\infty}\left[x\left(1+\arcsin\dfrac{2}{x}\right)-x\right]=\lim\limits_{x\to\infty}x\arcsin\dfrac{2}{x}=\lim\limits_{x\to\infty}x\cdot\dfrac{2}{x}=2$,所以,曲线$y=x\left(1+\arcsin\dfrac{2}{x}\right)$的斜渐近线方程为$y=x+2$.

题型考点　数列的极限与敛散

【试题3】(17-2.3)　设数列$\{x_n\}$收敛,则

(A) 当$\lim\limits_{n\to\infty}\sin x_n=0$时，$\lim\limits_{n\to\infty}x_n=0$.

(B) 当$\lim\limits_{n\to\infty}(x_n+\sqrt{|x_n|})=0$时，$\lim\limits_{n\to\infty}x_n=0$.

(C) 当$\lim\limits_{n\to\infty}(x_n+x_n^2)=0$时，$\lim\limits_{n\to\infty}x_n=0$.

(D) 当$\lim\limits_{n\to\infty}(x_n+\sin x_n)=0$时，$\lim\limits_{n\to\infty}x_n=0$.

【难度】本题的数学二难度值为0.587，数学一、数学三的考生在学习时也应掌握此题.

【答案】D

【解析】因为数列$\{x_n\}$收敛，所以记$\lim\limits_{n\to\infty}x_n=a$，则对于连续函数$f(x)$，有$\lim\limits_{n\to\infty}f(x_n)=f(a)$. 由此可知：

A选项，当$\sin a=0$时，$a=0$，显然不成立，例如$a=n\pi$，可设$x_n=n\pi$，虽然$\lim\limits_{n\to\infty}\sin n\pi=0$，但$\lim\limits_{n\to\infty}n\pi\neq 0$，故排除A选项.

B选项，当$a+\sqrt{|a|}=0$时，$a=0$，显然不成立，例如$a=-1$，可设$x_n=-1$，则$\lim\limits_{n\to\infty}(x_n+\sqrt{|x_n|})=\lim\limits_{n\to\infty}(-1+1)=0$，但$\lim\limits_{n\to\infty}x_n=-1\neq 0$，故排除B选项.

C选项，当$a+a^2=0$，$a=0$，显然不成立，例如$a=-1$，可设$x_n=-1$，则有$\lim\limits_{n\to\infty}(x_n+x_n^2)=\lim\limits_{n\to\infty}(-1+1)=0$，但$\lim\limits_{n\to\infty}x_n=-1\neq 0$，故排除C选项.

D选项，当$a+\sin a=0$时，只有$a=0$，故D选项是正确的.

题型考点　连续的概念

【试题4】(17-1.1;2.1;3.1)　若函数$f(x)=\begin{cases}\dfrac{1-\cos\sqrt{x}}{ax}, & x>0,\\ b, & x\leqslant 0\end{cases}$在$x=0$处连续，则

(A) $ab=\dfrac{1}{2}$.　　(B) $ab=-\dfrac{1}{2}$.　　(C) $ab=0$.　　(D) $ab=2$.

【难度】本题的数学一难度值为0.894，数学二难度值为0.872，数学三难度值为0.860.

【答案】A

【解析】由函数在$x=0$处连续可知$\lim\limits_{x\to 0}f(x)=f(0)$.

因为

$$\lim_{x\to 0^+}f(x)=\lim_{x\to 0^+}\frac{1-\cos\sqrt{x}}{ax}=\frac{1}{2a},$$

$$\lim_{x\to 0^-}f(x)=\lim_{x\to 0^-}b=b,\ f(0)=b,$$

所以$\dfrac{1}{2a}=b$，即$ab=\dfrac{1}{2}$，故应选A.

1.2　一元函数微分学

题型考点　参数方程求导

【试题5】(17-2.10)　设函数$y=y(x)$由参数方程$\begin{cases}x=t+e^t,\\ y=\sin t\end{cases}$确定，则$\left.\dfrac{d^2y}{dx^2}\right|_{t=0}=$________.

【难度】本题的数学二难度值为0.619，数学一的考生在学习时也应掌握此题，数学三的考生

仅作了解.

【答案】$-\frac{1}{8}$.

【解析】$\frac{\mathrm{d}y}{\mathrm{d}x}=\frac{\frac{\mathrm{d}y}{\mathrm{d}t}}{\frac{\mathrm{d}x}{\mathrm{d}t}}=\frac{\cos t}{1+\mathrm{e}^t}$

$$\frac{\mathrm{d}^2y}{\mathrm{d}x^2}=\frac{\mathrm{d}}{\mathrm{d}x}\left(\frac{\mathrm{d}y}{\mathrm{d}x}\right)=\frac{\mathrm{d}}{\mathrm{d}t}\left(\frac{\mathrm{d}y}{\mathrm{d}x}\right)\cdot\frac{\mathrm{d}t}{\mathrm{d}x}$$

$$=\frac{\frac{-\sin t(1+\mathrm{e}^t)-\mathrm{e}^t\cos t}{(1+\mathrm{e}^t)^2}}{1+\mathrm{e}^t}$$

$$=\frac{-\sin t-\mathrm{e}^t\sin t-\mathrm{e}^t\cos t}{(1+\mathrm{e}^t)^3},$$

从而有

$$\left.\frac{\mathrm{d}^2y}{\mathrm{d}x^2}\right|_{t=0}=\frac{-1}{(1+1)^3}=-\frac{1}{8}.$$

题型考点　高阶导数

【试题 6】(17-1.9)　已知函数$f(x)=\frac{1}{1+x^2}$,则$f^{(3)}(0)=$ ________.

【难度】本题的数学一难度值为 0.650,数学二、数学三的考生在学习时也应掌握此题.

【答案】0.

【解析】方法一　因为$\frac{1}{1+x^2}=1-x^2+(x^2)^2-(x^2)^3+\cdots$,所以由泰勒展开的唯一性可知$\frac{f^{(3)}(0)}{3!}=0$,故$f^{(3)}(x)=0$.

方法二　因为$f(x)$是偶函数,定义域为$(-R,R)$,所以$f'(x)$是奇函数,$f''(x)$是偶函数,$f^{(3)}(x)$是奇函数. 故$f^{(3)}(0)=0$.

题型考点　导数的应用

【试题 7】(17-1.2;3.3)　设函数$f(x)$可导,且$f(x)f'(x)>0$,则

(A) $f(1)>f(-1)$.　　(B) $f(1)<f(-1)$.

(C) $|f(1)|>|f(-1)|$.　　(D) $|f(1)|<|f(-1)|$.

【难度】本题的数学一难度值为 0.755,数学三难度值为 0.676,数学二的考生在学习时也应掌握此题.

【答案】C.

【解析】方法一　设$F(x)=f^2(x)$,则$F'(x)=2f(x)f'(x)>0$.

由函数单调性判定法可知$F(x)=f^2(x)$是严格单调增加的函数,故有

$$F(-1)<F(1),\text{即}f^2(-1)<f^2(1),\text{也即}|f(-1)|<|f(1)|.$$

故 C 选项符合题意.

方法二 特例法,若$f(x)=e^x$,则满足已知条件,此时$f(1)>f(-1)$,$|f(1)|>|f(-1)|$,排除B、D选项.若$f(x)=-e^x$,则也满足已知条件,此时,$f(1)<f(-1)$,排除A选项,故应选C.

【试题8】(17-1.17;2.18) 已知函数$y(x)$由方程$x^3+y^3-3x+3y-2=0$确定,求$y(x)$的极值.

【难度】本题的数学一难度值为0.672,数学二难度值为0.637,数学三的考生在学习时也应掌握此题.

【解析】将方程$x^3+y^3-3x+3y-2=0$关于x求导,得

$$3x^2+3y^2y'-3+3y'=0, \qquad ①$$

将①式关于x再次求导,得

$$6x+6y(y')^2+3y^2y''+3y''=0. \qquad ②$$

在①中令$y'=0$,得$3x^2=3$,因此$x=\pm1$.

当$x=1$时,由$x^3+y^3-3x+3y-2=0$得$y(1)=1$;

当$x=-1$时,由$x^3+y^3-3x+3y-2=0$得$y(-1)=0$.

将$y'=0$代入②,得

$$6x+(3y^2+3)y''=0. \qquad ③$$

将$x=1,y(1)=1$代入③,得$y''(1)=-1<0$,因此$y(1)=1$为函数$y(x)$的极大值;

将$x=-1,y(-1)=0$代入③,得$y''(-1)=2>0$,因此$y(-1)=0$为函数$y(x)$的极小值.

题型考点 经济学应用(仅数学三)

【试题9】(17-3.11) 设生产某产品的平均成本$\overline{C}(Q)=1+e^{-Q}$,其中Q为产量,则边际成本为______.

【难度】本题的数学三难度值为0.645,数学一、数学二的考生不作要求.

【答案】$1+(1-Q)e^{-Q}$.

【解析】设$C(Q)$是产量为Q时的成本,则平均成本为$\frac{C(Q)}{Q}$.

由题设知$\frac{C(Q)}{Q}=1+e^{-Q}$,从而得到成本函数

$$C(Q)=Q+Qe^{-Q},$$

则边际成本为

$$C'(Q)=(Q+Qe^{-Q})'=1+(1-Q)e^{-Q}.$$

题型考点 方程的根与零点个数

【试题10】(17-3.18) 已知方程$\frac{1}{\ln(1+x)}-\frac{1}{x}=k$在区间$(0,1)$内有实根,确定常数$k$的取值范围.

【难度】本题的数学三难度值为0.262,数学一、数学二的考生在学习时也应掌握此题.

【解析】记$f(x)=\frac{1}{\ln(1+x)}-\frac{1}{x}-k,x\in(0,1]$,则

$$f'(x)=\frac{(1+x)\ln^2(1+x)-x^2}{x^2(1+x)\ln^2(1+x)}.$$

记 $g(x)=(1+x)\ln^2(1+x)-x^2, x\in(0,1]$，则

$$g'(x)=\ln^2(1+x)+2\ln(1+x)-2x,$$

$$g''(x)=\frac{2[\ln(1+x)-x]}{1+x}.$$

记 $h(x)=\ln(1+x)-x, x\in(0,1]$，则

$$h'(x)=\frac{1}{1+x}-1=\frac{-x}{1+x}.$$

当 $x\in(0,1]$ 时，$h'(x)<0$，所以 $h(x)<h(0)=0$，从而 $g''(x)<0$，所以 $g'(x)<g'(0)$.

又 $g'(0)=0$，所以当 $x\in(0,1]$ 时，$g'(x)<0$，从而 $g(x)<g(0)=0$.

综上可知 $f'(x)<0$，即 $f(x)$ 单调递减.

由于 $\lim\limits_{x\to0^+}f(x)=\lim\limits_{x\to0^+}\left[\frac{1}{\ln(1+x)}-\frac{1}{x}-k\right]=\frac{1}{2}-k$，$f(1)=\frac{1}{\ln2}-1-k$，所以方程 $f(x)=0$ 在区间 $(0,1)$ 内有实根当且仅当

$$\begin{cases}\frac{1}{2}-k>0,\\ \frac{1}{\ln2}-1-k<0,\end{cases}$$

故常数 k 的取值范围为 $\left(\frac{1}{\ln2}-1,\frac{1}{2}\right)$.

题型考点　微分中值定理的证明

【试题 11】(17-1.18;2.19)　设函数 $f(x)$ 在区间 $[0,1]$ 上具有 2 阶导数，且 $f(1)>0$，$\lim\limits_{x\to0^+}\frac{f(x)}{x}<0$. 证明：

(Ⅰ)方程 $f(x)=0$ 在区间 $(0,1)$ 内至少存在一个实根；

(Ⅱ)方程 $f(x)f''(x)+[f'(x)]^2=0$ 在区间 $(0,1)$ 内至少存在两个不同实根.

【难度】 本题的数学一难度值为 0.359，数学二难度值为 0.313，数学三的考生在学习时也应掌握此题.

【解析】(Ⅰ)由 $\lim\limits_{x\to0^+}\frac{f(x)}{x}<0$ 与极限的保号性可知，存在 $x_0\in(0,1)$，使得 $\frac{f(x_0)}{x_0}<0$，即 $f(x_0)<0$.

又 $f(1)>0$，根据连续函数的零点存在定理，存在 $\xi\in(x_0,1)\subset(0,1)$，使得 $f(\xi)=0$，即方程 $f(x)=0$ 在区间 $(0,1)$ 内至少存在一个实根.

(Ⅱ)令 $F(x)=f(x)f'(x)$，易知 $F(x)$ 在区间 $[0,1]$ 上可导.

由于 $f(x)$ 在 $[0,1]$ 上连续且 $\lim\limits_{x\to0^+}\frac{f(x)}{x}$ 存在，所以

$$f(0)=\lim_{x\to0^+}f(x)=\lim_{x\to0^+}\frac{f(x)}{x}\cdot\lim_{x\to0^+}x=0.$$

又由(Ⅰ)知$f(0)=f(\xi)=0$,根据罗尔定理,存在$\eta\in(0,\xi)\subset(0,1)$,使得

$$f'(\eta)=0.$$

综上可知:$F(0)=0,F(\eta)=0,F(\xi)=0.$

根据罗尔定理,存在$\xi_1\in(0,\eta),\xi_2\in(\eta,\xi)$,使得

$$F'(\xi_1)=F'(\xi_2)=0,$$

即方程$f(x)f''(x)+[f'(x)]^2=0$在区间$(0,1)$内有两个不同实根.

1.3 一元函数积分学

题型考点 定积分的几何意义

【试题12】(17-2.2) 设二阶可导函数$f(x)$满足$f(1)=f(-1)=1,f(0)=-1$,且$f''(x)>0$,则

(A) $\int_{-1}^{1}f(x)\,dx>0.$　　(B) $\int_{-1}^{1}f(x)\,dx<0.$

(C) $\int_{-1}^{0}f(x)\,dx>\int_{0}^{1}f(x)\,dx.$　　(D) $\int_{-1}^{0}f(x)\,dx<\int_{0}^{1}f(x)\,dx.$

【难度】本题的数学二难度值为0.596,数学一、数学三的考生在学习时也应掌握此题.

【答案】B

【解析】因为$f''(x)>0$,所以曲线$y=f(x)$呈上凹状,因此在$[0,1]$上,曲线$y=f(x)$在连接点$(0,-1)$与点$(1,1)$的直线段之下,即

$$f(x)\leqslant f(0)+2(x-0)=2x-1,$$

于是

$$\int_0^1 f(x)\,dx<\int_0^1(2x-1)\,dx=0.$$

同理可得

$$\int_{-1}^0 f(x)\,dx<0,$$

因此

$$\int_{-1}^1 f(x)\,dx=\int_{-1}^0 f(x)\,dx+\int_0^1 f(x)\,dx<0,$$

故选B.

题型考点 定积分的物理意义

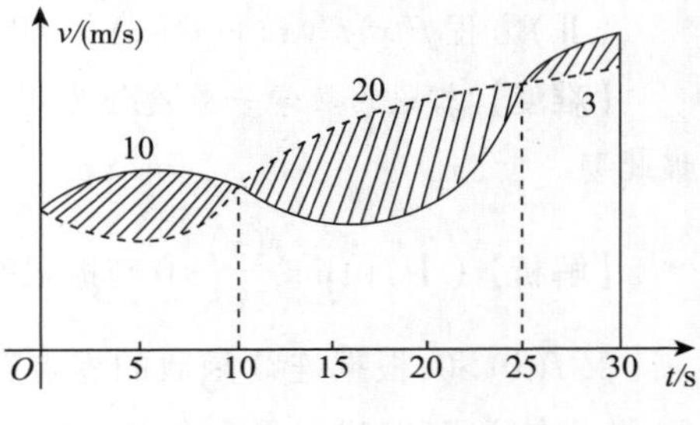

【试题13】(17-1.4;2.6) 甲、乙两人赛跑,计时开始时,甲在乙前方10(单位:m)处.图中,实线表示甲的速度曲线$v=v_1(t)$(单位:m/s),虚线表示乙的速度曲线$v=v_2(t)$,三块阴影部分面积的数值依次为10,20,3.计时开始后乙追上甲的时刻记为t_0(单位:s),则

(A) $t_0=10.$　　(B) $15<t_0<20.$

(C) $t_0=25.$　　(D) $t_0>25.$

【难度】本题的数学一难度值为0.643,数学二难度值为0.565,数学三的考生仅作了解.

【答案】C

【解析】由题设条件及定积分的意义可知:

在 $t=0$ 时,甲在乙前方 10m 处;
从 $t=0$ 到 $t=10$ 这段时间内,甲比乙多走了 10m,所以在 $t=10$ 时,甲在乙前方 20m 处;
从 $t=10$ 到 $t=25$ 这段时间内,乙比甲多走了 20m,所以在 $t=25$ 时,甲与乙位于同一位置.
综上可知,$t_0=25$. 故选 C.

题型考点　利用定积分定义求数列极限

【试题 14】(17-1.16;2.17;3.17)　求 $\lim\limits_{n\to\infty}\sum\limits_{k=1}^{n}\dfrac{k}{n^2}\ln\left(1+\dfrac{k}{n}\right)$.

【难度】本题的数学一难度值为 0.468,数学二难度值为 0.594,数学三难度值为 0.416.

【解析】$\lim\limits_{n\to\infty}\sum\limits_{k=1}^{n}\dfrac{k}{n^2}\ln\left(1+\dfrac{k}{n}\right)=\lim\limits_{n\to\infty}\sum\limits_{k=1}^{n}\dfrac{k}{n}\ln\left(1+\dfrac{k}{n}\right)\cdot\dfrac{1}{n}$

$$=\int_0^1 x\ln(1+x)\,dx$$

$$=\frac{1}{2}x^2\ln(1+x)\Big|_0^1-\frac{1}{2}\int_0^1\frac{x^2}{1+x}dx$$

$$=\frac{1}{2}\ln 2-\frac{1}{2}\int_0^1\left(x-1+\frac{1}{1+x}\right)dx$$

$$=\frac{1}{2}\ln 2-\frac{1}{4}(x-1)^2\Big|_0^1-\frac{1}{2}\ln(1+x)\Big|_0^1$$

$$=\frac{1}{4}.$$

题型考点　定积分的计算

【试题 15】(17-3.9)　$\int_{-\pi}^{\pi}(\sin^3x+\sqrt{\pi^2-x^2})\,dx=$________.

【难度】本题的数学三难度值为 0.414,数学一、数学二的考生在学习时也应掌握此题.

【答案】$\dfrac{\pi^3}{2}$.

【解析】$\int_{-\pi}^{\pi}(\sin^3x+\sqrt{\pi^2-x^2})\,dx=\int_{-\pi}^{\pi}\sin^3x\,dx+\int_{-\pi}^{\pi}\sqrt{\pi^2-x^2}\,dx$.

由于 $\sin^3x$ 是奇函数,所以 $\int_{-\pi}^{\pi}\sin^3x\,dx=0$.

由定积分的几何意义可知 $\int_{-\pi}^{\pi}\sqrt{\pi^2-x^2}\,dx$ 表示圆心在原点,半径为 π 的上半圆得面积,所以 $\int_{-\pi}^{\pi}\sqrt{\pi^2-x^2}\,dx=\dfrac{\pi^3}{2}$.

从而 $\int_{-\pi}^{\pi}(\sin^3x+\sqrt{\pi^2-x^2})\,dx=\dfrac{\pi^3}{2}$.

题型考点　反常积分的计算

【试题 16】(17-2.11)　$\int_0^{+\infty}\dfrac{\ln(1+x)}{(1+x)^2}dx=$________.

【难度】本题的数学二难度值为 0.642，数学一、数学三的考生在学习时也应掌握此题.

【答案】1.

【解析】$\int_0^{+\infty}\frac{\ln(1+x)}{(1+x)^2}\mathrm{d}x=-\int_0^{+\infty}\ln(1+x)\mathrm{d}\left(\frac{1}{1+x}\right)$

$$=-\frac{\ln(1+x)}{1+x}\bigg|_0^{+\infty}+\int_0^{+\infty}\frac{1}{(1+x)^2}\mathrm{d}(1+x)$$

$$=-\frac{1}{1+x}\bigg|_0^{+\infty}$$

$$=1$$

其中，由洛必达法则可知：$\lim\limits_{x\to+\infty}\frac{\ln(1+x)}{1+x}=\frac{\frac{1}{1+x}}{1}=0.$

1.4　常微分方程

题型考点　常系数线性微分方程

【试题 17】（17-1.10）　微分方程 $y''+2y'+3y=0$ 的通解为 $y=$________.

【难度】本题的数学一难度值为 0.447，数学二、数学三的考生在学习时也应掌握此题.

【答案】$y=\mathrm{e}^{-x}(C_1\cos\sqrt{2}x+C_2\sin\sqrt{2}x)$.

【解析】微分方程 $y''+2y'+3y=0$ 的特征方程为

$$r^2+2r+3=0,$$

解得特征根 $r=-1\pm\sqrt{2}\mathrm{i}$.

所以微分方程 $y''+2y'+3y=0$ 的通解为

$$y=\mathrm{e}^{-x}(C_1\cos\sqrt{2}x+C_2\sin\sqrt{2}x).$$

【试题 18】（17-2.4）　微分方程 $y''-4y'+8y=\mathrm{e}^{2x}(1+\cos 2x)$ 的特解可设为 $y^*=$

(A) $A\mathrm{e}^{2x}+\mathrm{e}^{2x}(B\cos 2x+C\sin 2x)$.　　(B) $Ax\mathrm{e}^{2x}+\mathrm{e}^{2x}(B\cos 2x+C\sin 2x)$.

(C) $A\mathrm{e}^{2x}+x\mathrm{e}^{2x}(B\cos 2x+C\sin 2x)$.　　(D) $Ax\mathrm{e}^{2x}+x\mathrm{e}^{2x}(B\cos 2x+C\sin 2x)$.

【难度】本题的数学二难度值为 0.622，数学一、数学三的考生在学习时也应掌握此题.

【答案】C.

【解析】齐次方程为 $y''-4y'+8y=0$，其特征方程 $r^2-4r+8=0$ 的根为 $r=2\pm2\mathrm{i}$.

将方程 $y''-4y'+8y=\mathrm{e}^{2x}(1+\cos 2x)$ 拆分为

$$y''-4y'+8y=\mathrm{e}^{2x} \qquad ①$$

和

$$y''-4y'+8y=\mathrm{e}^{2x}\cos 2x. \qquad ②$$

在方程①中，注意到 2 不是特征方程的根，故可设其特解为 $y_1^*=A\mathrm{e}^{2x}$.

在方程②中，由于 $2+2\mathrm{i}$ 是特征方程的根，故其特解可设为

$$y_2^*=x\mathrm{e}^{2x}(B\cos 2x+C\sin 2x).$$

根据二阶非齐次线性微分方程解的叠加原理，方程 $y''-4y'+8y=e^{2x}(1+\cos 2x)$ 的特解可设为 $y^*=y_1^*+y_2^*$，即选项 C.

题型考点　微分方程的综合题

【试题 19】(17-2.21)　设 $y(x)$ 是区间 $\left(0,\frac{3}{2}\right)$ 内的可导函数，且 $y(1)=0$. 点 P 是曲线 $l:y=y(x)$ 上的任意一点在点 P 处的切线与 y 轴相交于点 $(0,Y_P)$，法线与 x 轴相交于点 $(X_P,0)$. 若 $X_P=Y_P$，求 l 上点的坐标 (x,y) 满足的方程.

【难度】本题的数学二难度值为 0.371，数学一、数学三的考生在学习时也应掌握此题.

【解析】曲线 $l:y=y(x)$ 在点 $P(x,y)$ 处的切线方程为

$$Y-y=y'(X-x),$$

令 $X=0$，得 $Y_P=y-xy'$.

曲线 $l:y=y(x)$ 在点 P 处的法线方程为

$$Y-y=-\frac{1}{y'}(X-x),$$

令 $Y=0$，得 $X_P=x+yy'$.

由题设 $X_P=Y_P$，得

$$x+yy'=y-xy',$$

整理得

$$y'=\frac{y-x}{y+x},$$

即有

$$\frac{dy}{dx}=\frac{\frac{y}{x}-1}{\frac{y}{x}+1}.$$

令 $\frac{y}{x}=u$，则 $y=xu$，$\frac{dy}{dx}=u+x\frac{du}{dx}$，代入上述方程，有

$$u+x\frac{du}{dx}=\frac{u-1}{u+1},$$

整理并分离变量得

$$\frac{1+u}{1+u^2}du=-\frac{1}{x}dx,$$

两边积分得

$$\arctan u+\frac{1}{2}\ln(1+u^2)=-\ln|x|+C,$$

即

$$\arctan\frac{y}{x}+\frac{1}{2}\ln\left(1+\frac{y^2}{x^2}\right)+\ln|x|=C,$$

$$\arctan\frac{y}{x}+\frac{1}{2}\ln(x^2+y^2)=C.$$

因为 $y(1)=0$，即曲线 l 经过点 $(1,0)$，所以 $C=0$，于是曲线 l 上点的坐标 (x,y) 满足的方程为

$$\arctan\frac{y}{x}+\frac{1}{2}\ln(x^2+y^2)=0.$$

题型考点　差分方程(仅数学三)

【试题20】(17-3.10)　差分方程 $y_{t+1}-2y_t=2^t$ 的通解为 $y_t=$________.

【难度】本题的数学三难度值为0.229,数学一、数学二的考生不作要求.

【答案】$C2^t+t2^{t-1}$.

【解析】差分方程对应的齐次方程为 $y_{t+1}-2y_t=0$,因为其特征方程的根为 $r=2$,所以齐次方程的通解为 $\bar{y}_t=C2^t$.

设 $y_t^*=At2^t$,代入原方程得

$$A(t+1)2^{t+1}-2At2^t=2^t,$$

解得 $A=\frac{1}{2}$,所以非齐次方程的一个特解为 $y_t^*=\frac{1}{2}t2^t$,所以题设差分方程的通解为

$$y_t=\bar{y}_t+y_t^*=C2^t+\frac{1}{2}t2^t=C2^t+t2^{t-1}.$$

1.5　多元函数微分学

题型考点　多元函数的偏导数

【试题21】(17-2.5)　设 $f(x,y)$ 具有一阶偏导数,且对任意的 (x,y) 都有 $\frac{\partial f(x,y)}{\partial x}>0$, $\frac{\partial f(x,y)}{\partial y}<0$,则

(A) $f(0,0)>f(1,1)$.　　(B) $f(0,0)<f(1,1)$.

(C) $f(0,1)>f(1,0)$.　　(D) $f(0,1)<f(1,0)$.

【难度】本题的数学二难度值为0.800,数学一、数学三的考生在学习时也应掌握此题.

【答案】D.

【解析】由于 $\frac{\partial f(x,y)}{\partial x}>0$,对于固定的 y,$f(x,y)$ 是关于 x 的单调增函数,可知 $f(0,1)<f(1,1)$.又由 $\frac{\partial f(x,y)}{\partial y}<0$,可推知对固定的 x,$f(x,y)$ 是关于 y 的单调减函数,因而 $f(1,1)<f(1,0)$. 于是有 $f(0,1)<f(1,0)$,故应选D.

题型考点　多元复合函数求偏导数

【试题22】(17-1.15;2.16)　设函数 $f(u,v)$ 具有2阶连续偏导数,$y=f(e^x,\cos x)$,求 $\left.\frac{dy}{dx}\right|_{x=0}$, $\left.\frac{d^2y}{dx^2}\right|_{x=0}$.

【难度】本题的数学一难度值为0.725,数学二难度值为0.643,数学三的考生在学习时也应掌握此题.

【解析】根据多元复合函数求导法则可知：

$$\frac{\mathrm{d}y}{\mathrm{d}x}=f_1'\mathrm{e}^x-f_2'\sin x,$$

$$\frac{\mathrm{d}^2y}{\mathrm{d}x^2}=f_1'\mathrm{e}^x+[f_{11}''\mathrm{e}^x-f_{12}''\sin x]\mathrm{e}^x-f_2'\cos x-[f_{21}''\mathrm{e}^x-f_{22}''\sin x]\sin x.$$

当 $x=0$ 时，$\mathrm{e}^0=1,\cos 0=1$，所以

$$\left.\frac{\mathrm{d}y}{\mathrm{d}x}\right|_{x=0}=f_1'(1,1),\left.\frac{\mathrm{d}^2y}{\mathrm{d}x^2}\right|_{x=0}=f_1'(1,1)+f_{11}''(1,1)-f_2'(1,1).$$

题型考点　全微分与偏积分

【试题 23】(17-2.12;3.12)　设函数 $f(x,y)$ 具有一阶连续偏导数，且 $\mathrm{d}f(x,y)=y\mathrm{e}^y\mathrm{d}x+x(1+y)\mathrm{e}^y\mathrm{d}y$，$f(0,0)=0$，则 $f(x,y)=$ ________.

【难度】本题的数学二难度值为 0.644，数学三难度值为 0.617，数学一的考生在学习时也应掌握此题.

【答案】$xy\mathrm{e}^y$.

【解析】由题可知

$$f_x'=y\mathrm{e}^y,f_y'=x(1+y)\mathrm{e}^y,$$

$f_x'=y\mathrm{e}^y$ 对 x 积分得

$$f(x,y)=xy\mathrm{e}^y+c(y),$$

上式对 y 求偏导得

$$f_y'(x,y)=x(1+y)\mathrm{e}^y+c'(y)=x(1+y)\mathrm{e}^y,$$

故

$$c'(y)=0,$$

从而

$$c(y)=k(\text{常数}),$$

所以

$$f(x,y)=xy\mathrm{e}^y+k.$$

代入条件 $f(0,0)=0$，得 $k=0$，所以 $f(x,y)=xy\mathrm{e}^y$.

题型考点　多元隐函数求极值

【试题 24】(17-3.2)　二元函数 $z=xy(3-x-y)$ 的极值点是

(A) (0,0).　　(B) (0,3).　　(C) (3,0).　　(D) (1,1).

【难度】本题的数学三难度值为 0.707，数学一、数学二的考生在学习时也应掌握此题.

【答案】B.

【解析】令

$$\begin{cases}\dfrac{\partial z}{\partial x}=3y-2xy-y^2=0\\[2ex]\dfrac{\partial z}{\partial y}=3x-2xy-x^2=0\end{cases}$$

解得 4 个驻点 (0,0)，(0,3)，(3,0)，(1,1).

$$A=\frac{\partial^2z}{\partial x^2}=-2y,B=\frac{\partial^2z}{\partial x\partial y}=3-2x-2y,C=\frac{\partial^2z}{\partial y^2}=-2x.$$

经计算可知，在点(0,0)，(0,3)和(3,0)处均有 $B^2-AC=9>0$，由二元函数极值点的判别法知这些点均不是函数的极值点.

而在点(1,1)处，$B^2-AC=-3<0$，由二元函数极值点的判别法知点(1,1)是函数的极值点.

故选项 D 正确.

1.6 二重积分

题型考点 二重积分的计算

【试题 25】(17-3.16) 计算积分 $\iint\limits_D \frac{y^3}{(1+x^2+y^4)^2}\mathrm{d}x\mathrm{d}y$，其中 D 是第一象限中以曲线 $y=\sqrt{x}$ 与 x 轴为边界的无界区域.

【难度】 本题的数学三难度值为 0.553，数学一、数学二的考生在学习时也应掌握此题.

【解析】

$$\iint\limits_D \frac{y^3}{(1+x^2+y^4)^2}\mathrm{d}x\mathrm{d}y = \int_0^{+\infty}\mathrm{d}x\int_0^{\sqrt{x}}\frac{y^3}{(1+x^2+y^4)^2}\mathrm{d}y$$
$$=\frac{1}{4}\int_0^{+\infty}\frac{-1}{1+x^2+y^4}\Bigg|_0^{\sqrt{x}}\mathrm{d}x$$
$$=\frac{1}{4}\int_0^{+\infty}\left(\frac{1}{1+x^2}-\frac{1}{1+2x^2}\right)\mathrm{d}x$$
$$=\frac{1}{4}\left(\arctan x\Bigg|_0^{+\infty}-\frac{\sqrt{2}}{2}\arctan\sqrt{2}x\Bigg|_0^{+\infty}\right)$$
$$=\frac{2-\sqrt{2}}{16}\pi.$$

【试题 26】(17-2.20) 已知平面区域 $D=\{(x,y)\mid x^2+y^2\leqslant 2y\}$，计算二重积分

$$\iint\limits_D (x+1)^2\mathrm{d}x\mathrm{d}y.$$

【难度】 本题的数学二难度值为 0.482，数学一、数学三的考生在学习时也应掌握此题.

【解析】
$$\iint\limits_D (x+1)^2\mathrm{d}x\mathrm{d}y = \iint\limits_D (x^2+2x+1)\mathrm{d}x\mathrm{d}y.$$

由于积分区域 D 关于 y 轴对称，$2x$ 是 x 的奇函数，故有 $\iint\limits_D 2x\mathrm{d}x\mathrm{d}y=0$.

又 D 是半径为 1 的圆域，其面积为 π，则有 $\iint\limits_D \mathrm{d}x\mathrm{d}y=\pi$.

由于 D 关于 y 轴对称，x^2 是 x 的偶函数，故有

$$\iint\limits_D x^2\mathrm{d}x\mathrm{d}y = 2\int_0^{\frac{\pi}{2}}\mathrm{d}\theta\int_0^{2\sin\theta} r^3\cos^2\theta\mathrm{d}r$$
$$=8\int_0^{\frac{\pi}{2}}\sin^4\theta\cos^2\theta\mathrm{d}\theta = 8\int_0^{\frac{\pi}{2}}(\sin^4\theta-\sin^6\theta)\mathrm{d}\theta$$
$$=8\left(\frac{1\times3}{2\times4}\cdot\frac{\pi}{2}-\frac{1\times3\times5}{2\times4\times6}\cdot\frac{\pi}{2}\right)=\frac{\pi}{4}.$$

题型考点　二重积分交换积分次序

【试题 27】(17-2.13)　$\int_0^1 dy \int_y^1 \frac{\tan x}{x} dx =$ ________.

【难度】 本题的数学二难度值为 0.485，数学一、数学三的考生在学习时也应掌握此题.

【答案】 $-\ln(\cos 1)$.

【解析】 记由 $y=0, y=x, x=0$ 及 $x=1$ 所围成的区域为 D. 交换积分次序得

$$\int_0^1 dy \int_y^1 \frac{\tan x}{x} dx = \iint_D \frac{\tan x}{x} dx dy = \int_0^1 dx \int_0^x \frac{\tan x}{x} dy = \int_0^1 \frac{\tan x}{x} dx \int_0^x dy$$

$$= \int_0^1 \tan x dx = -\int_0^1 \frac{1}{\cos x} d(\cos x) = -\ln(\cos x)\Big|_0^1$$

$$= -\ln(\cos 1).$$

1.7　无穷级数(数学一、数学三)

题型考点　数项级数敛散性的判定

【试题 28】(17-3.4)　若级数 $\sum_{n=2}^{\infty}\left[\sin\frac{1}{n} - k\ln\left(1-\frac{1}{n}\right)\right]$ 收敛，则 $k=$

(A) 1.　　(B) 2.　　(C) -1.　　(D) -2.

【难度】 本题的数学三难度值为 0.579，数学一的考生在学习时也应掌握此题.

【答案】 C.

【解析】 因为 $\sin\frac{1}{n} = \frac{1}{n} + o\left(\frac{1}{n^2}\right)$，$k\ln\left(1-\frac{1}{n}\right) = -\frac{k}{n} - \frac{k}{2n^2} + o\left(\frac{1}{n^2}\right)$，

所以

$$\sin\frac{1}{n} - k\ln\left(1-\frac{1}{n}\right) = \frac{k+1}{n} + \frac{k}{2n^2} + o\left(\frac{1}{n^2}\right).$$

当 $1+k=0$，即 $k=-1$ 时，其通项与 $\frac{1}{n^2}$ 同阶，由正项级数的比较判别法可知，此时级数是收敛的.

当 $1+k\neq 0$ 时，级数的通项与 $\frac{1}{n}$ 同阶，由比较判别法知级数发散.

综上所述，只有选项 C 符合题意.

题型考点　幂级数求和函数

【试题 29】(17-1.12)　幂级数 $\sum_{n=1}^{\infty}(-1)^{n-1} n x^{n-1}$ 在区间 $(-1,1)$ 内的和函数 $S(x)=$ ________.

【难度】 本题的数学一难度值为 0.373，数学三的考生在学习时也应掌握此题.

【答案】 $\frac{1}{(1+x)^2}$.

【解析】 对 $S(x) = \sum_{n=1}^{\infty}(-1)^{n-1} n x^{n-1}$ 积分得

$$\int_0^x S(t) dt = \int_0^x \left[\sum_{n=1}^{\infty}(-1)^{n-1} n t^{n-1}\right] dt = \sum_{n=1}^{\infty}(-1)^{n-1}\int_0^x n t^{n-1} dt$$

$$= \sum_{n=1}^{\infty} (-1)^{n-1}x^n.$$

因为 $\sum_{n=1}^{\infty} (-1)^{n-1}x^n$ 是首项为 x,公比为 $-x$ 的几何级数,所以

$$\sum_{n=1}^{\infty} (-1)^{n-1}x^n = \frac{x}{1+x},$$

故 $\int_0^x S(t)\mathrm{d}t = \frac{x}{1+x}$,求导得 $S(x) = \frac{1}{(1+x)^2}$.

【试题 30】(17-3.19) 设 $a_0=1, a_1=0, a_{n+1}=\frac{1}{n+1}(na_n+a_{n-1})\ (n=1,2,3\cdots)$,$S(x)$ 为幂级数 $\sum_{n=0}^{\infty} a_nx^n$ 的和函数

(Ⅰ)证明 $\sum_{n=0}^{\infty} a_nx^n$ 的收敛半径不小于 1.

(Ⅱ)证明 $(1-x)S'(x)-xS(x)=0\ [x\in(-1,1)]$,并求 $S(x)$ 的表达式.

【难度】 本题的数学三难度值为 0.172,数学一的考生在学习时也应掌握此题.

【解析】(Ⅰ)因为 $a_0=1, a_1=0$,所以

$$a_2=\frac{1}{1+1}(a_1+a_0)=\frac{1}{2}\in[0,1],$$

$$a_3=\frac{1}{2+1}(2a_2+a_1)=\frac{1}{3}(a_2+a_2+a_1)\in[0,1],$$

$$\cdots$$

$$a_{n+1}=\frac{1}{n+1}(na_n+a_{n-1})\in[0,1].$$

设幂级数 $\sum_{n=0}^{\infty} a_nx^n$ 的收敛半径为 R. 当 $|x|<1$ 时,因为 $|a_nx^n|\leqslant|x|^n$ 且级数 $\sum_{n=0}^{\infty} x^n$ 收敛,所以幂级数 $\sum_{n=0}^{\infty} a_nx^n$ 绝对收敛,于是 $(-1,1)\subseteq(-R,R)$,故 $R\geqslant 1$.

(Ⅱ)因为 $S(x)=\sum_{n=0}^{\infty} a_nx^n$,所以

$$S'(x)=\sum_{n=1}^{\infty} na_nx^{n-1}=\sum_{n=0}^{\infty}(n+1)a_{n+1}x^n,$$

于是

$$\begin{aligned}(1-x)S'(x)-xS(x) &= \sum_{n=0}^{\infty}(n+1)a_{n+1}x^n-\sum_{n=0}^{\infty}(n+1)a_{n+1}x^{n+1}-\sum_{n=0}^{\infty}a_nx^{n+1}\\ &= a_1+\sum_{n=0}^{\infty}(n+1)a_{n+1}x^n-\sum_{n=0}^{\infty}na_nx^n-\sum_{n=0}^{\infty}a_{n-1}x^n\\ &= a_1+\sum_{n=0}^{\infty}[(n+1)a_{n+1}-na_n-a_{n-1}]x^n\\ &= 0.\end{aligned}$$

将方程 $(1-x)S'(x)-xS(x)=0$ 分离变量得

$$\frac{\mathrm{d}S(x)}{S(x)}=\frac{x}{1-x}\mathrm{d}x,$$

积分并化简整理得

$$S(x)=\frac{Ce^{-x}}{1-x}.$$

由 $S(0)=a_0=1$ 得 $C=1$,故 $S(x)=\frac{e^{-x}}{1-x}$.

1.8 空间解析几何与场论初步(数学一)

题型考点　方向导数

【试题 31】(17-1.3)　函数 $f(x,y,z)=x^2y+z^2$ 在点 $(1,2,0)$ 处沿向量 $\boldsymbol{n}=(1,2,2)$ 的方向导数为

(A) 12.　　(B) 6.　　(C) 4.　　(D) 2.

【难度】 本题的数学一难度值为 0.569.

【答案】 D

【解析】 由 $f(x,y,z)=x^2y+z^2$ 得

$$f'_x(1,2,0)=2\times1\times2=4,f'_y(1,2,0)=1^2=1,f'_z(1,2,0)=2\times0=0.$$

又 $n=(1,2,2)/\!/\left(\frac{1}{3},\frac{2}{3},\frac{2}{3}\right)$,所以

$$\left.\frac{\partial f}{\partial n}\right|_{(1,2,0)}=4\times\frac{1}{3}+1\times\frac{2}{3}+0\times\frac{2}{3}=2.$$

故选 D.

1.9 三重积分、曲线积分、曲面积分(数学一)

题型考点　第二类曲线积分

【试题 32】(17-1.11)　若曲线积分 $\int_L\frac{x\mathrm{d}x-ay\mathrm{d}y}{x^2+y^2-1}$ 在区域 $D=\{(x,y)\mid x^2+y^2<1\}$ 内与路径无关,则 $a=$________.

【难度】 本题的数学一难度值为 0.676.

【答案】 -1.

【解析】 记 $P(x,y)=\frac{x}{x^2+y^2-1},Q(x,y)=\frac{-ay}{x^2+y^2-1}$,则

$$\frac{\partial P(x,y)}{\partial y}=\frac{-2xy}{(x^2+y^2-1)^2},\frac{\partial Q(x,y)}{\partial x}=\frac{2axy}{(x^2+y^2-1)^2}.$$

由题设知 $\frac{\partial P(x,y)}{\partial y}=\frac{\partial Q(x,y)}{\partial x}$,即

$$\frac{-2xy}{(x^2+y^2-1)^2}=\frac{2axy}{(x^2+y^2-1)^2},$$

所以 $a=-1$.

题型考点　第一类曲面积分

【试题 33】(17-1.19)　设薄片型物体 S 是圆锥面 $z=\sqrt{x^2+y^2}$ 被柱面 $z^2=2x$ 割下的有限部分，其上任一点的密度为 $\mu(x,y,z)=9\sqrt{x^2+y^2+z^2}$. 记圆锥面与柱面的交线为 C.

(Ⅰ)求 C 在 xOy 平面上的投影曲线的方程;

(Ⅱ)求 S 的质量 M.

【难度】本题的数学一难度值为 0.382.

【解析】(Ⅰ)圆锥面与柱面的交线 C 的方程为 $\begin{cases} z=\sqrt{x^2+y^2}, \\ z^2=2x, \end{cases}$ 消去 z 得 C 到 xOy 平面的投影柱面为 $x^2+y^2=2x$,故所求投影曲线的方程为 $\begin{cases} x^2+y^2=2x, \\ z=0, \end{cases}$

(Ⅱ)记 $D=\{(x,y)\mid x^2+y^2\leqslant 2x\}$,因为 S 的面密度为 $\mu(x,y,z)=9\sqrt{x^2+y^2+z^2}$,所以 S 的质量为

$$\begin{aligned}
M &= \iint\limits_S 9\sqrt{x^2+y^2+z^2}\,\mathrm{d}S \\
&=9\iint\limits_D \sqrt{2(x^2+y^2)}\sqrt{1+\left(\frac{\partial z}{\partial x}\right)^2+\left(\frac{\partial z}{\partial y}\right)^2}\,\mathrm{d}x\mathrm{d}y \\
&=9\iint\limits_D \sqrt{2(x^2+y^2)}\sqrt{1+\left(\frac{x}{\sqrt{x^2+y^2}}\right)^2+\left(\frac{y}{\sqrt{x^2+y^2}}\right)^2}\,\mathrm{d}x\mathrm{d}y \\
&=18\iint\limits_D \sqrt{x^2+y^2}\,\mathrm{d}x\mathrm{d}y \\
&=18\int_{-\frac{\pi}{2}}^{\frac{\pi}{2}}\mathrm{d}\theta\int_0^{2\cos\theta} r\cdot r\,\mathrm{d}r \\
&=48\int_{-\frac{\pi}{2}}^{\frac{\pi}{2}}\cos^3\theta\,\mathrm{d}\theta \\
&=64.
\end{aligned}$$

第二部分　线性代数试题解析

2.1　行列式与矩阵

题型考点　逆矩阵

【试题 34】(17-1.5;3.5)　设 $\boldsymbol{\alpha}$ 为 n 维单位向量,$\boldsymbol{E}$ 为 n 阶单位矩阵,则

(A) $\boldsymbol{E}-\boldsymbol{\alpha}\boldsymbol{\alpha}^T$ 不可逆.　　(B) $\boldsymbol{E}+\boldsymbol{\alpha}\boldsymbol{\alpha}^T$ 不可逆.

(C) $\boldsymbol{E}+2\boldsymbol{\alpha}\boldsymbol{\alpha}^T$ 不可逆.　　(D) $\boldsymbol{E}-2\boldsymbol{\alpha}\boldsymbol{\alpha}^T$ 不可逆.

【难度】本题的数学一难度值为 0.713,数学三难度值为 0.596,数学二的考生在学习时也应掌握此题.

【答案】A.

【解析】因为 $r(\boldsymbol{\alpha\alpha}^T)=1,\boldsymbol{\alpha}^T\boldsymbol{\alpha}=1$，所以 $\boldsymbol{\alpha\alpha}^T$ 的特征值为 $\lambda_1=1,\lambda_2=\cdots=\lambda_n=0$，所以：

$\boldsymbol{E}-\boldsymbol{\alpha\alpha}^T$ 的特征值 $\lambda_1=0,\lambda_2=\cdots=\lambda_n=1$，故 $|\boldsymbol{E}-\boldsymbol{\alpha\alpha}^T|=0$，即 $\boldsymbol{E}-\boldsymbol{\alpha\alpha}^T$ 不可逆．

$\boldsymbol{E}+\boldsymbol{\alpha\alpha}^T$ 的特征值 $\lambda_1=2,\lambda_2=\cdots=\lambda_n=1$，故 $|\boldsymbol{E}+\boldsymbol{\alpha\alpha}^T|\neq0$，即 $\boldsymbol{E}+\boldsymbol{\alpha\alpha}^T$ 可逆．

$\boldsymbol{E}+2\boldsymbol{\alpha\alpha}^T$ 的特征值 $\lambda_1=3,\lambda_2=\cdots=\lambda_n=2$，故 $|\boldsymbol{E}+2\boldsymbol{\alpha\alpha}^T|\neq0$，即 $\boldsymbol{E}+2\boldsymbol{\alpha\alpha}^T$ 可逆．

$\boldsymbol{E}-2\boldsymbol{\alpha\alpha}^T$ 的特征值 $\lambda_1=-1,\lambda_2=\cdots=\lambda_n=-2$，故 $|\boldsymbol{E}-2\boldsymbol{\alpha\alpha}^T|\neq0$，即 $\boldsymbol{E}-2\boldsymbol{\alpha\alpha}^T$ 可逆．

故选 A．

2.2　向量组与线性方程组

题型考点　向量组的秩

【试题 35】(17-1.13;3.13)　设矩阵 $\boldsymbol{A}=\begin{pmatrix}1&0&1\\1&1&2\\0&1&1\end{pmatrix}$，$\boldsymbol{\alpha}_1,\boldsymbol{\alpha}_2,\boldsymbol{\alpha}_3$ 为线性无关的 3 维列向量组，则向量组 $\boldsymbol{A\alpha}_1,\boldsymbol{A\alpha}_2,\boldsymbol{A\alpha}_3$ 的秩为________．

【难度】本题的数学一难度值为 0.781，数学三难度值为 0.761，数学二的考生在学习时也应掌握此题．

【答案】2.

【解析】因为 $\boldsymbol{\alpha}_1,\boldsymbol{\alpha}_2,\boldsymbol{\alpha}_3$ 为线性无关，所以 $(\boldsymbol{\alpha}_1,\boldsymbol{\alpha}_2,\boldsymbol{\alpha}_3)$ 为可逆矩阵．

又 $r(\boldsymbol{A\alpha}_1,\boldsymbol{A\alpha}_2,\boldsymbol{A\alpha}_3)=r[\boldsymbol{A}(\boldsymbol{\alpha}_1,\boldsymbol{\alpha}_2,\boldsymbol{\alpha}_3)]=r(\boldsymbol{A})$，且

$$\boldsymbol{A}=\begin{pmatrix}1&0&1\\1&1&2\\0&1&1\end{pmatrix}\to\begin{pmatrix}1&0&1\\0&1&1\\0&0&0\end{pmatrix},$$

故 $r(\boldsymbol{A\alpha}_1,\boldsymbol{A\alpha}_2,\boldsymbol{A\alpha}_3)=2$.

题型考点　抽象方程组的求解

【试题 36】(17-1.20;2.22;3.20)　设 3 阶矩阵 $\boldsymbol{A}=(\boldsymbol{\alpha}_1,\boldsymbol{\alpha}_2,\boldsymbol{\alpha}_3)$ 有 3 个不同的特征值，且 $\boldsymbol{\alpha}_3=\boldsymbol{\alpha}_1+2\boldsymbol{\alpha}_2$.

(Ⅰ)证明 $r(\boldsymbol{A})=2$；

(Ⅱ)若 $\boldsymbol{\beta}=\boldsymbol{\alpha}_1+\boldsymbol{\alpha}_2+\boldsymbol{\alpha}_3$，求方程组 $\boldsymbol{Ax}=\boldsymbol{\beta}$ 的通解．

【难度】本题的数学一难度值为 0.536，数学二难度值为 0.422，数学三难度值为 0.445.

【解析】(Ⅰ)由 $\boldsymbol{\alpha}_3=\boldsymbol{\alpha}_1+2\boldsymbol{\alpha}_2$，知 $\boldsymbol{\alpha}_1,\boldsymbol{\alpha}_2,\boldsymbol{\alpha}_3$ 线性相关，故 $r(\boldsymbol{A})\leqslant2$.

又因为 $\boldsymbol{A}$ 有 3 个不同的特征值，所以 $\boldsymbol{A}$ 至少有两个不为零的特征值，且 $\boldsymbol{A}$ 一定可相似对角化，从而 $r(\boldsymbol{A})\geqslant2$. 故 $r(\boldsymbol{A})=2$.

(Ⅱ)由 $\boldsymbol{\alpha}_1+2\boldsymbol{\alpha}_2-\boldsymbol{\alpha}_3=0$，知 $\boldsymbol{A}\begin{pmatrix}1\\2\\-1\end{pmatrix}=0$，故 $\begin{pmatrix}1\\2\\-1\end{pmatrix}$ 为方程组 $\boldsymbol{Ax}=0$ 的一个解．

又 $r(\boldsymbol{A})=2$,所以 $\begin{pmatrix}1\\2\\-1\end{pmatrix}$ 为 $\boldsymbol{Ax}=0$ 的一个基础解系.

由 $\boldsymbol{\beta}=\boldsymbol{\alpha}_1+\boldsymbol{\alpha}_2+\boldsymbol{\alpha}_3$,知 $\boldsymbol{A}\begin{pmatrix}1\\1\\1\end{pmatrix}=\boldsymbol{\beta}$,所以 $\begin{pmatrix}1\\1\\1\end{pmatrix}$ 为方程组 $\boldsymbol{Ax}=\boldsymbol{\beta}$ 的一个特解. 故 $\boldsymbol{Ax}=\boldsymbol{\beta}$ 的通解为 $x=\begin{pmatrix}1\\1\\1\end{pmatrix}+k\begin{pmatrix}1\\2\\-1\end{pmatrix}$,其中 k 为任意常数.

2.3 相似理论与二次型

题型考点 特征值与特征向量

【试题 37】(17-2.14) 设矩阵 $\boldsymbol{A}=\begin{pmatrix}4&1&-2\\1&2&a\\3&1&-1\end{pmatrix}$ 的一个特征向量为 $\begin{pmatrix}1\\1\\2\end{pmatrix}$,则 $a=$______.

【难度】本题的数学二难度值为 0.605,数学一、数学三的考生在学习时也应掌握此题.

【答案】-1.

【解析】设特征向量为 $\begin{pmatrix}1\\1\\2\end{pmatrix}$ 对应的特征值为 λ,则 $\boldsymbol{A}\begin{pmatrix}1\\1\\2\end{pmatrix}=\lambda\begin{pmatrix}1\\1\\2\end{pmatrix}$,即

$$\begin{pmatrix}4&1&-2\\1&2&a\\3&1&-1\end{pmatrix}\begin{pmatrix}1\\1\\2\end{pmatrix}=\begin{pmatrix}1\\3+2a\\2\end{pmatrix}=\begin{pmatrix}\lambda\\\lambda\\2\lambda\end{pmatrix},$$

解得 $\lambda=1, a=-1$.

题型考点 相似对角化

【试题 38】(17-1.6;2.8;3.6) 已知矩阵 $\boldsymbol{A}=\begin{pmatrix}2&0&0\\0&2&1\\0&0&1\end{pmatrix}$,$\boldsymbol{B}=\begin{pmatrix}2&1&0\\0&2&0\\0&0&1\end{pmatrix}$,$\boldsymbol{C}=\begin{pmatrix}1&0&0\\0&2&0\\0&0&2\end{pmatrix}$,则

(A) $\boldsymbol{A}$ 与 $\boldsymbol{C}$ 相似,$\boldsymbol{B}$ 与 $\boldsymbol{C}$ 相似.　　(B) $\boldsymbol{A}$ 与 $\boldsymbol{C}$ 相似,$\boldsymbol{B}$ 与 $\boldsymbol{C}$ 不相似.

(C) $\boldsymbol{A}$ 与 $\boldsymbol{C}$ 不相似,$\boldsymbol{B}$ 与 $\boldsymbol{C}$ 相似.　　(D) $\boldsymbol{A}$ 与 $\boldsymbol{C}$ 不相似,$\boldsymbol{B}$ 与 $\boldsymbol{C}$ 不相似.

【难度】本题的数学一难度值为 0.341,数学二难度值为 0.287,数学三难度值为 0.329.

【答案】B.

【解析】因为

$$|\lambda\boldsymbol{E}-\boldsymbol{A}|=|\lambda\boldsymbol{E}-\boldsymbol{B}|=|\lambda\boldsymbol{E}-\boldsymbol{C}|=(\lambda-2)^2(\lambda-1)=0,$$

所以矩阵 $\boldsymbol{A},\boldsymbol{B},\boldsymbol{C}$ 的特征值均为 2,2,1.

而 $r(2\boldsymbol{E}-\boldsymbol{A})=r\begin{pmatrix}0&0&0\\0&0&-1\\0&0&1\end{pmatrix}=1$，故 $\boldsymbol{A}$ 可相似对角化于 $\boldsymbol{C}$；

$r(2\boldsymbol{E}-\boldsymbol{B})=r\begin{pmatrix}0&-1&0\\0&0&0\\0&0&1\end{pmatrix}=2$，故 $\boldsymbol{B}$ 不可相似对角化于 $\boldsymbol{C}$；

故选 B.

【试题 39】(17-2.7) 设 $\boldsymbol{A}$ 为 3 阶矩阵，$\boldsymbol{P}=(\boldsymbol{\alpha}_1,\boldsymbol{\alpha}_2,\boldsymbol{\alpha}_3)$ 为可逆矩阵，使得 $\boldsymbol{P}^{-1}\boldsymbol{AP}=\begin{pmatrix}0&0&0\\0&1&0\\0&0&2\end{pmatrix}$，则 $\boldsymbol{A}(\boldsymbol{\alpha}_1+\boldsymbol{\alpha}_2+\boldsymbol{\alpha}_3)=$

(A) $\boldsymbol{\alpha}_1+\boldsymbol{\alpha}_2$.　　(B) $\boldsymbol{\alpha}_2+2\boldsymbol{\alpha}_3$.　　(C) $\boldsymbol{\alpha}_2+\boldsymbol{\alpha}_3$.　　(D) $\boldsymbol{\alpha}_1+2\boldsymbol{\alpha}_2$.

【难度】 本题的数学二难度值为 0.863，数学一、数学三的考生在学习时也应掌握此题.

【答案】 B.

【解析】 由 $\boldsymbol{P}^{-1}\boldsymbol{AP}=\begin{pmatrix}0&0&0\\0&1&0\\0&0&2\end{pmatrix}$ 知 $\boldsymbol{\alpha}_1,\boldsymbol{\alpha}_2,\boldsymbol{\alpha}_3$ 为矩阵 $\boldsymbol{A}$ 分别属于特征值 0，1，2 的特征向量，即 $\boldsymbol{A\alpha}_1=0,\boldsymbol{A\alpha}_2=\boldsymbol{\alpha}_2,\boldsymbol{A\alpha}_3=2\boldsymbol{\alpha}_3$ 所以

$$\boldsymbol{A}(\boldsymbol{\alpha}_1+\boldsymbol{\alpha}_2+\boldsymbol{\alpha}_3)=\boldsymbol{A\alpha}_1+\boldsymbol{A\alpha}_2+\boldsymbol{A\alpha}_3=\boldsymbol{\alpha}_2+2\boldsymbol{\alpha}_3.$$

故选 B.

题型考点　正交变换法化二次型为标准型

【试题 40】(17-1.21;2.23;3.21) 设二次型

$$f(x_1,x_2,x_3)=2x_1^2-x_2^2+ax_3^2+2x_1x_2-8x_1x_3+2x_2x_3,$$

在正交变换 $\boldsymbol{x}=\boldsymbol{Qy}$ 下的标准形为 $\lambda_1y_1^2+\lambda_2y_2^2$，求 a 的值及一个正交矩阵 $\boldsymbol{Q}$.

【难度】 本题的数学一难度值为 0.574，数学二难度值为 0.485，数学三难度值为 0.539.

【解析】 二次型 f 的矩阵为

$$\boldsymbol{A}=\begin{pmatrix}2&1&-4\\1&-1&1\\-4&1&a\end{pmatrix}.$$

由题设知，0 是矩阵 $\boldsymbol{A}$ 的一个特征值，故 $|\boldsymbol{A}|=6-3a=0$，于是 $a=2$.

所以，由 $|\lambda\boldsymbol{E}-\boldsymbol{A}|=\lambda(\lambda+3)(\lambda-6)=0$ 得 $\boldsymbol{A}$ 的特征值为 $\lambda_1=-3,\lambda_2=6,\lambda_3=0$.

当 $\lambda_1=-3$ 时，解 $(\lambda_1\boldsymbol{E}-\boldsymbol{A})x=0$ 得 $\boldsymbol{\alpha}_1=(1,-1,1)^T$；

当 $\lambda_2=6$ 时，解 $(\lambda_2\boldsymbol{E}-\boldsymbol{A})x=0$ 得 $\boldsymbol{\alpha}_2=(-1,0,1)^T$；

当 $\lambda_3=0$ 时，解 $(\lambda_3\boldsymbol{E}-\boldsymbol{A})x=0$ 得 $\boldsymbol{\alpha}_3=(1,2,1)^T$；

单位化得：$\boldsymbol{\gamma}_1=\frac{1}{\sqrt{3}}(1,-1,1)^T$；$\boldsymbol{\gamma}_2=\frac{1}{\sqrt{2}}(-1,0,1)^T$；$\boldsymbol{\gamma}_3=\frac{1}{\sqrt{6}}(1,2,1)^T$.

故所求的一个正交矩阵为

$$Q=(\gamma_1,\gamma_2,\gamma_3)=\begin{pmatrix}\frac{1}{\sqrt{3}} & -\frac{1}{\sqrt{2}} & \frac{1}{\sqrt{6}}\\ -\frac{1}{\sqrt{3}} & 0 & \frac{2}{\sqrt{6}}\\ \frac{1}{\sqrt{3}} & \frac{1}{\sqrt{2}} & \frac{1}{\sqrt{6}}\end{pmatrix}.$$

第三部分　概率论与数理统计试题解析(数学一、数学三)

3.1　事件与概率

题型考点　概率计算公式

【试题 41】(17-1.7)　设 A,B 为随机事件. 若 $0<P(A)<1,0<P(B)<1$,则 $P(A|B)>P(A|\overline{B})$ 的充分必要条件是

(A) $P(B|A)>P(B|\overline{A})$.　　(B) $P(B|A)<P(B|\overline{A})$.

(C) $P(\overline{B}|A)>P(B|\overline{A})$.　　(D) $P(\overline{B}|A)<P(B|\overline{A})$.

【难度】 本题的数学一难度值为 0.367,数学三的考生在学习时也应掌握此题.

【答案】 A.

【解析】 由 $P(A|B)>P(A|\overline{B})$,得 $\frac{P(AB)}{P(B)}>\frac{P(A\overline{B})}{P(\overline{B})}=\frac{P(A)-P(AB)}{1-P(B)}$,整理得 $P(AB)>P(A)P(B)$.

对于 A 选项,由 $P(B|A)>P(B|\overline{A})$,得 $\frac{P(AB)}{P(A)}>\frac{P(B\overline{A})}{P(\overline{A})}=\frac{P(B)-P(AB)}{1-P(A)}$,整理得 $P(AB)>P(A)P(B)$. 故应选 A.

题型考点　事件的独立性

【试题 42】(17-3.7)　设 A,B,C 是三个随机事件,且 A 与 C 相互独立,B 与 C 相互独立,则 $A\cup B$ 与 C 相互独立的充分必要条件是

(A) A 与 B 相互独立.　　(B) A 与 B 互不相容.

(C) AB 与 C 相互独立.　　(D) AB 与 C 互不相容.

【难度】 本题的数学三难度值为 0.516,数学一的考生在学习时也应掌握此题.

【答案】 C.

【解析】 $A\cup B$ 与 C 相互独立的充分必要条件是

$$P[(A\cup B)C]=P(A\cup B)P(C).$$

而

$$P[(A\cup B)C]=P(AC\cup BC)=P(AC)+P(BC)-P(ABC)$$

$$=P(A)P(C)+P(B)P(C)-P(ABC),$$

$$P(A\cup B)P(C)=[P(A)+P(B)-P(AB)]P(C)$$

$$=P(A)P(C)+P(B)P(C)-P(AB)P(C),$$

因此等式 $P[(A\cup B)C]=P(A\cup B)P(C)$ 成立的充要条件是

$$P(ABC)=P(AB)P(C),$$

即 AB 与 C 相互独立．故选 C.

3.2 随机变量及其分布

题型考点 随机变量函数的分布

【试题 43】(17-1.22;3.22) 设随机变量 X,Y 相互独立，且 X 的概率分布为 $P\{X=0\}=P\{X=2\}=\frac{1}{2}$，$Y$ 的概率密度为

$$f(y)=\begin{cases}2y,0<y<1,\\0,\ 其他.\end{cases}$$

(Ⅰ)求 $P\{Y\leqslant EY\}$；

(Ⅱ)求 $Z=X+Y$ 的概率密度.

【难度】 本题的数学一难度值为 0.574，数学三难度值为 0.517.

【解析】 (Ⅰ)

$$EY=\int_{-\infty}^{+\infty}yf(y)\mathrm{d}y=\int_0^1 2y^2\mathrm{d}y=\frac{2}{3},$$

$$P\{Y\leqslant EY\}=P\left\{Y\leqslant\frac{2}{3}\right\}=\int_0^{\frac{2}{3}}2y\mathrm{d}y=\frac{4}{9}.$$

(Ⅱ) Z 的分布函数记为 $F_z(z)$，则

$$\begin{aligned}F_z(z)&=P\{Z\leqslant z\}\\&=P\{X+Y\leqslant z\}\\&=P\{X=0\}P\{X+Y\leqslant z\mid X=0\}+P\{X=2\}P\{X+Y\leqslant z\mid X=2\}\\&=\frac{1}{2}P\{Y\leqslant z\}+\frac{1}{2}P\{Y\leqslant z-2\}.\end{aligned}$$

当 $z<0$ 时，$F_z(z)=0$；

当 $0\leqslant z<1$，$F_z(z)=\frac{1}{2}P\{Y\leqslant z\}=\frac{z^2}{2}$；

当 $1\leqslant z<2$ 时，$F_z(z)=\frac{1}{2}$；

当 $2\leqslant z<3$ 时，$F_z(z)=\frac{1}{2}+\frac{1}{2}P\{Y\leqslant z-2\}=\frac{1}{2}+\frac{1}{2}(z-2)^2$；

当 $z\geqslant 3$ 时，$F_z(z)=1$.

所以 Z 的概率密度为

$$f_Z(z)=\begin{cases}z, & 0<z<1,\\ z-2, & 2<z<3,\\ 0, & 其他.\end{cases}$$

3.3 数字特征、大数定理与中心极限定理

题型考点 期望、方差

【试题 44】(17-3.14) 设随机变量 X 的概率分布为 $P\{X=-2\}=\frac{1}{2}, P\{X=1\}=a, P\{X=3\}=b$,若 $EX=0$,则 $DX=$ ________.

【难度】 本题的数学三难度值为 0.619,数学一的考生在学习时也应掌握此题.

【答案】 $\frac{9}{2}$.

【解析】 由离散型随机变量概率分布的性质及题设知

$$\begin{cases}\frac{1}{2}+a+b=1,\\ -1+a+3b=0,\end{cases}$$

解得 $a=b=\frac{1}{4}$,从而

$$DX=E(X^2)-(EX)^2=E(X^2)=(-2)^2\times\frac{1}{2}+1\times\frac{1}{4}+3^2\times\frac{1}{4}=\frac{9}{2}.$$

所以应填 $\frac{9}{2}$.

【试题 45】(17-1.14) 设随机变量 X 的分布函数为 $F(x)=0.5\Phi(x)+0.5\Phi\left(\frac{x-4}{2}\right)$,其中 $\Phi(x)$ 为标准正态分布函数,则 $EX=$ ________.

【难度】 本题的数学一难度值为 0.435,数学三的考生在学习时也应掌握此题.

【答案】 2.

【解析】 由题设知 X 的概率密度函数为

$$f(x)=0.5\phi(x)+0.5\times\frac{1}{2}\phi\left(\frac{x-4}{2}\right),$$

其中 $\phi(x)$ 为标准正态分布的密度,所以

$$EX=0.5\int_{-\infty}^{+\infty}x\phi(x)\,dx+0.5\int_{-\infty}^{+\infty}x\cdot\frac{1}{2}\phi\left(\frac{x-4}{2}\right)dx=0+0.5\times4=2.$$

3.4 数理统计初步

题型考点 三大抽样分布

【试题 46】(17-1.8;3.8) 设 $X_1,X_2,\cdots,X_n(n\geqslant2)$ 为来自总体 $N(\mu,1)$ 的简单随机样本,记

$\overline{X}=\frac{1}{n}\sum_{i=1}^{n}X_i$,则下列结论中不正确的是

(A) $\sum_{i=1}^{n}(X_i-\mu)^2$ 服从χ^2 分布.　　(B) $2(X_n-X_1)^2$ 服从χ^2 分布.

(C) $\sum_{i=1}^{n}(X_i-\overline{X})^2$ 服从χ^2 分布.　　(D) $n(\overline{X}-\mu)^2$ 服从χ^2 分布.

【难度】本题的数学一难度值为 0.474,数学三难度值为 0.495.

【答案】B.

【解析】对 A,由于 $X_1,X_2,\cdots,X_n$ 独立同分布于 $N(\mu,1)$,从而

$$X_1-\mu,X_2-\mu,\cdots,X_n-\mu$$

独立同分布于 $N(0,1)$,由χ^2 分布的定义知 $\sum_{i=1}^{n}(X_i-\mu)^2$ 服从χ^2 分布,其自由度为 n. 因此 A 是正确的.

对选项 B,由题设及正态分布的性质知 $X_n-X_1\sim N(0,2)$,因此$\frac{X_n-X_1}{\sqrt{2}}\sim N(0,1)$,再由$\chi^2$ 分布的定义知$\frac{(X_n-X_1)^2}{2}$服从χ^2 分布,其自由度为 1,故 $2(X_n-X_1)^2$ 并不服从χ^2 分布. 因此 B 是不正确的.

对选项 C,由正态总体的抽样定理知 $\sum_{i=1}^{n}(X_i-\overline{X})^2$ 服从χ^2 分布,其自由度为 $n-1$. 因此 C 是正确的.

对选项 D,由于 $\overline{X}\sim N\left(\mu,\frac{1}{n}\right)$,从而$\sqrt{n}(\overline{X}-\mu)\sim N(0,1)$,故 $n(\overline{X}-\mu)^2$ 服从χ^2 分布,其自由度为 1. 因此 D 是正确的. 故选 B.

题型考点　矩估计与最大似然估计

【试题 47】(17-1.23;3.23)　某工程师为了解一台天平的精度,用该天平对一物体的质量做 n 次测量,该物体的质量 μ 是已知的. 设 n 次测量结果 $X_1,X_2,\cdots,X_n$ 相互独立且均服从正态分布 $N(\mu,\sigma^2)$,该工程师记录的是 n 次测量的绝对误差 $Z_i=|X_i-\mu|(i=1,2,\cdots,n)$. 利用 $Z_1,Z_2,\cdots,Z_n$ 估计 σ.

(Ⅰ)求 Z_1 的概率密度;

(Ⅱ)利用一阶矩求 σ 的矩估计量;

(Ⅲ)求 σ 的最大似然量.

【难度】本题的数学一难度值为 0.221,数学三难度值为 0.168.

【解析】(Ⅰ)Z_1 的分布函数为

$$F(z)=P\{Z_1\leqslant z\}=P\{|X_1-\mu|\leqslant z\}=\begin{cases}2\phi\left(\frac{z}{\sigma}\right)-1, z\geqslant 0,\\ 0, z<0,\end{cases}$$

所以 Z_1 的概率密度为

$$f(z)=\begin{cases}\dfrac{2}{\sqrt{2\pi}\sigma}e^{-\frac{z^2}{2\sigma^2}}, z\geqslant 0,\\ 0, z<0.\end{cases}$$

(Ⅱ) $EZ_1=\int_{-\infty}^{+\infty}zf(z)\,dz=\dfrac{2}{\sqrt{2\pi}\sigma}\int_0^{+\infty}ze^{-\frac{z^2}{2\sigma^2}}dz=\dfrac{2}{\sqrt{2\pi}}\sigma.$

$\sigma=\dfrac{\sqrt{2\pi}}{2}EZ_1$，令 $\overline{Z}=\dfrac{1}{n}\sum\limits_{i=1}^{n}Z_i$，得 σ 的矩估计量为 $\hat{\sigma}=\dfrac{\sqrt{2\pi}}{2}\overline{Z}.$

(Ⅲ) 记 $z_1,z_2,\cdots,z_n$ 为样本 $Z_1,Z_2,\cdots,Z_n$ 的观测值，则似然函数为

$$L(\sigma)=\prod_{i=1}^{n}f(z_i)=\left(\frac{2}{\sqrt{2\pi}}\right)^n\sigma^{-n}e^{-\frac{1}{2\sigma^2}\sum\limits_{i=1}^{n}z_i^2},$$

对数似然函数为

$$\ln L(\sigma)=n\ln\frac{2}{\sqrt{2\pi}}-n\ln\sigma-\frac{1}{2\sigma^2}\sum_{i=1}^{n}z_i^2.$$

令 $\dfrac{d[\ln L(\sigma)]}{d\sigma}=-\dfrac{n}{\sigma}+\dfrac{1}{\sigma^3}\sum\limits_{i=1}^{n}z_i^2=0$，得 σ 的最大似然估计值为 $\hat{\sigma}=\sqrt{\dfrac{1}{n}\sum\limits_{i=1}^{n}z_i^2}$，所以 σ 的最大似然估计量为 $\hat{\sigma}=\sqrt{\dfrac{1}{n}\sum\limits_{i=1}^{n}Z_i^2}$.

第一部分　高等数学试题解析

1.1　函数、极限、连续

题型考点　函数求极限

【试题 1】(18-1.9)　若$\lim\limits_{x\to0}\left(\dfrac{1-\tan x}{1+\tan x}\right)^{\frac{1}{\sin kx}}=\mathrm{e}$,则 $k=$________.

【难度】本题的数学一难度值为 0.638,数学二、数学三的考生在学习时也应掌握此题.

【答案】-2.

【解析】$\lim\limits_{x\to0}\left(\dfrac{1-\tan x}{1+\tan x}\right)^{\frac{1}{\sin kx}}=\lim\limits_{x\to0}\mathrm{e}^{\frac{1}{\sin kx}\ln\left(\frac{1-\tan x}{1+\tan x}\right)}=\mathrm{e}^{\lim\limits_{x\to0}\frac{1}{\sin kx}\ln\left(1-\frac{2\tan x}{1+\tan x}\right)}$

$$=\mathrm{e}^{\lim\limits_{x\to0}\frac{1}{\sin kx}\cdot\frac{-2\tan x}{1+\tan x}}=\mathrm{e}^{\lim\limits_{x\to0}\frac{-2x}{kx}}=\mathrm{e}^{\frac{-2}{k}}=\mathrm{e},$$

所以,$k=-2$.

【试题 2】(18-2.9)　$\lim\limits_{x\to+\infty}x^2[\arctan(x+1)-\arctan x]=$________.

【难度】本题的数学二难度值为 0.403,数学一、数学三的考生在学习时也应掌握此题.

【答案】1.

【解析】$\lim\limits_{x\to+\infty}x^2[\arctan(x+1)-\arctan x]=\lim\limits_{x\to+\infty}x^2\cdot\dfrac{1}{1+\xi^2}=1,\xi\in(x,x+1)$.

题型考点　已知极限反求参数

【试题 3】(18-2.1)　若$\lim\limits_{x\to0}(\mathrm{e}^x+ax^2+bx)^{\frac{1}{x^2}}=1$ 则

(A) $a=\dfrac{1}{2},b=-1$.　　(B) $a=-\dfrac{1}{2},b=-1$.

(C) $a=\dfrac{1}{2},b=1$.　　(D) $a=-\dfrac{1}{2},b=1$.

【难度】本题的数学二难度值为 0.623,数学一、数学三的考生在学习时也应掌握此题.

【答案】B.

【解析】$\lim\limits_{x\to0}(\mathrm{e}^x+ax^2+bx)^{\frac{1}{x^2}}=\lim\limits_{x\to0}\mathrm{e}^{\frac{1}{x^2}\ln(\mathrm{e}^x+ax^2+bx)}$

$$=\mathrm{e}^{\lim\limits_{x\to0}\frac{\mathrm{e}^x+ax^2+bx-1}{x^2}}=\mathrm{e}^{\lim\limits_{x\to0}\frac{\mathrm{e}^x+bx-1}{x^2}+a}=1$$

$$\therefore b=-1,a=-\frac{1}{2}$$

故应选 B.

题型考点　已知极限反求参数

【试题 4】(18-3.15)　已知极限 $\lim\limits_{x\to+\infty}[(ax+b)e^{\frac{1}{x}}-x]=2$,求 a,b.

【难度】本题的数学三难度值为 0.633,数学一、数学二的考生在学习时也应掌握此题.

【解析】 $\lim\limits_{x\to+\infty}[(ax+b)e^{\frac{1}{x}}-x]\xlongequal{\frac{1}{x}=t}\lim\limits_{t\to0^+}\dfrac{(a+bt)e^t-1}{t}$

$$=\lim_{t\to0^+}\frac{(a+bt)(1+t+o(t))-1}{t}$$

$$=\lim_{t\to0^+}\frac{(a-1)+(a+b)t+o(t)}{t}=2,$$

所以,$\begin{cases}a-1=0,\\a+b=2,\end{cases}$ 解得$\begin{cases}a=1\\b=1\end{cases}$.

题型考点　利用单调有界准则求数列极限

【试题 5】(18-1.19;2.21;3.19)　设数列 $\{x_n\}$ 满足:$x_1>0,x_ne^{x_{n+1}}=e^{x_n}-1(n=1,2,\cdots)$. 证明 $\{x_n\}$ 收敛,并求 $\lim\limits_{n\to\infty}x_n$.

【难度】本题的数学一难度值为 0.204,数学二难度值为 0.166,数学三难度值为 0.127.

【解析】由题可知 $e^{x_2}=\dfrac{e^{x_1}-1}{x_1}$,令 $f(x)=e^x-1-x(x>0)$,则 $f'(x)=e^x-1>0$,所以 $f(x)=e^x-1-x>f(0)=0$,即 $e^x-1>x$,故 $e^{x_2}=\dfrac{e^{x_1}-1}{x_1}>1$,所以 $x_2>0$. 以此类推,$x_n>0,n=1,2,\cdots$,故数列 $\{x_n\}$ 有下界.

$x_ne^{x_{n+1}}-x_ne^{x_n}=e^{x_n}-1-x_ne^{x_n}$,令 $g(x)=e^x-1-xe^x(x>0)$,则 $g'(x)=-xe^x<0$,所以 $g(x)$ 单调递减,所以 $g(x)<g(0)=0$,所以 $x_n(e^{x_{n+1}}-e^{x_n})<0$,即 $x_{n+1}<x_n$,故数列 $\{x_n\}$ 单调递减.

综上,由单调有界准则可知,$\lim\limits_{n\to\infty}x_n$ 存在,即 $\{x_n\}$ 收敛.

记 $\lim\limits_{n\to\infty}x_n=A$,则 $Ae^A=e^A-1$,即 $g(A)=0$,所以 $A=0$.

题型考点　分段函数的连续性

【试题 6】(18-2.3)　设函数 $f(x)=\begin{cases}-1,x<0,\\1,\ \ x\geqslant0.\end{cases}$　$g(x)=\begin{cases}2-ax,x\leqslant-1,\\x,\quad -1<x<0,\\x-b,\ \ x\geqslant0.\end{cases}$ 若 $f(x)+g(x)$ 在 R 上连续,则

(A) $a=3,b=1$.　　(B) $a=3,b=2$.

(C) $a=-3,b=1$.　　(D) $a=-3,b=2$

【难度】本题的数学二难度值为 0.819,数学一、数学三的考生在学习时也应掌握此题.

【答案】D.

【解析】$f(x)+g(x)=\begin{cases}1-ax,\ \ x\leqslant-1,\\x-1,\quad -1<x<0,\\x-b+1,x\geqslant0.\end{cases}$

$\lim\limits_{x\to-1^-}f(x)+g(x)=1+a$, $\lim\limits_{x\to-1^+}f(x)+g(x)=-2$, $\therefore a=-3$

$\lim\limits_{x\to0^-}f(x)+g(x)=-1$, $\lim\limits_{x\to0^+}f(x)+g(x)=1-b$, $\therefore b=2$,故应选 D.

1.2 一元函数微分学

题型考点 不可导点的判断

【试题 7】(18-1.1;2.2;3.1) 下列函数中,在 $x=0$ 处不可导的是

(A) $f(x)=|x|\sin|x|$. (B) $f(x)=|x|\sin\sqrt{|x|}$.

(C) $f(x)=\cos|x|$. (D) $f(x)=\cos\sqrt{|x|}$.

【难度】本题的数学一难度值为 0.442,数学二的难度值为 0.390,数学三难度值为 0.430.

【答案】D.

【解析】$\because \lim\limits_{x\to0}\sin|x|=0$, $\lim\limits_{x\to0}\sin\sqrt{|x|}=0$, $\therefore$ 由①可知 A、B 函数在 $x=0$ 处可导,排除;$\because f(x)=\cos|x|=\begin{cases}\cos x, x>0,\\ \cos(-x)=\cos x, x<0,\end{cases}=\cos x$,故 C 函数在 $x=0$ 处可导,排除;应选 D.

另外,关于 D 选项,$f'(0)=\lim\limits_{x\to0}\dfrac{f(x)-f(0)}{x-0}=\lim\limits_{x\to0}\dfrac{\cos\sqrt{|x|}-1}{x}=\lim\limits_{x\to0}\dfrac{-\frac{1}{2}|x|}{x}=$ 不存在,故 D 函数在 $x=0$ 处不可导,选 D.

题型考点 拐点、导数的几何意义(切线方程)

【试题 8】(18-2.10;3.9) $f(x)=x^2+2\ln x$ 在其拐点处的切线方程为________.

【难度】本题的数学二难度值为 0.740,数学三难度值为 0.700,数学一的考生在学习时也应掌握此题.

【答案】$y=4x-3$.

【解析】由题可知 $x>0$ 且 $f'(x)=2x+\dfrac{2}{x}$, $f''(x)=2-\dfrac{2}{x^2}=0$,解得 $x=1$,所以 $f'(1)=4$, $f(1)=1$,故切线方程为 $y-1=4(x-1)$,即 $y=4x-3$.

题型考点 不等式的证明

【试题 9】(18-2.18) 已知常数 $k\geqslant\ln2-1$. 证明:$(x-1)(x-\ln^2x+2k\ln x-1)\geqslant0$.

【难度】本题的数学二难度值为 0.286,数学一、数学三的考生在学习时也应掌握此题.

【解析】由题可知:$x>0$.

令 $f(x)=x-\ln^2x+2k\ln x-1$, $x>0$

则 $f'(x)=1-\dfrac{2\ln x}{x}+\dfrac{2k}{x}=\dfrac{1}{x}(x-2\ln x+2k)$

令 $g(x)=x-2\ln x+2k$, $x>0$,

则 $g'(x)=1-\dfrac{2}{x}=0$ 得:$x=2$

当 $x\in(0,2)$ 时，$g'(x)<0$，$g(x)$ 单调递减；

当 $x\in(2,+\infty)$ 时，$g'(x)>0$，$g(x)$ 单调递增；

所以 $g(x)\geqslant g(2)=2(k+1-\ln 2)\geqslant 0$.

所以 $f'(x)\geqslant 0$，$f(x)$ 单调递增.

当 $0<x<1$ 时，$f(x)<f(1)=0$；当 $x\geqslant 1$ 时，$f(x)\geqslant f(1)=0$；

所以 $(x-1)f(x)=(x-1)(x-\ln^2 x+2k\ln x-1)\geqslant 0$.

题型考点　平均成本(仅数学三要求)

【试题 10】(18-3.4)　设某产品的成本函数 $C(Q)$ 可导，其中，Q 为产量，若产量为 Q_0 时平均成本最小，则

(A) $C'(Q_0)=0$　　(B) $C'(Q_0)=C(Q_0)$

(C) $C'(Q_0)=Q_0C(Q_0)$　　(D) $Q_0C'(Q_0)=C(Q_0)$

【难度】本题的数学二难度值为 0.686，数学一、数学二的考生不要求.

【答案】D.

【解析】

$\because \overline{C}(Q)=\dfrac{C(Q)}{Q}$，$\therefore \overline{C}'(Q)\Big|_{Q=Q_0}=\dfrac{QC'(Q)-C(Q)}{Q^2}\Bigg|_{Q=Q_0}=0$，$\therefore Q_0C'(Q_0)-C(Q_0)=0$，故应选 D.

题型考点　变化率问题(仅数学一、数学二要求)

【试题 11】(18-2.20)　已知曲线 $L:y=\dfrac{4}{9}x^2(x\geqslant 0)$，点 $O(0,0)$，点 $A(0,1)$. 设 P 是 L 上的动点，S 是直线 OA 与直线 AP 及曲线 L 所围图形的面积. 若 P 运动到点(3,4)时沿 x 轴正向的速度是 4，求此时 S 关于时间 t 的变化率.

【难度】本题的数学二难度值为 0.286，数学一、数学三的考生在学习时也应掌握此题.

【解析】由题可知：

$$\begin{aligned}S&=\frac{1}{2}x(y+1)-\int_0^x y\,\mathrm{d}x\\&=\frac{1}{2}x\left(\frac{4}{9}x^2+1\right)-\frac{4}{27}x^3\\&=\frac{2}{27}x^3+\frac{1}{2}x\end{aligned}$$

且 $x=3$ 时，$\dfrac{\mathrm{d}x}{\mathrm{d}t}=4$，故此时 $\dfrac{\mathrm{d}S}{\mathrm{d}t}=\left(\dfrac{2}{9}x^2+\dfrac{1}{2}\right)\cdot\dfrac{\mathrm{d}x}{\mathrm{d}t}=10$.

题型考点　参数方程求导、曲率(仅数学一、数学二要求)

【试题 12】(18-2.12)　曲线 $\begin{cases}x=\cos^3 t\\y=\sin^3 t\end{cases}$，在 $t=\dfrac{\pi}{4}$ 对应点处的曲率为________.

【难度】本题的数学二难度值为 0.354，数学一的考生在学习时也应掌握此题，数学三的考生不要求.

【答案】$\frac{2}{3}$.

【解析】$y'=\dfrac{\frac{dy}{dt}}{\frac{dx}{dt}}=\dfrac{3\sin^2t\cos t}{3\cos^2t(-\sin t)}=-\tan t$，$\therefore y'|_{t=\frac{\pi}{4}}=-1$；

$$y''=\dfrac{\frac{dy'}{dt}}{\frac{dx}{dt}}=\dfrac{-\sec^2t}{3\cos^2t(-\sin t)}=\dfrac{1}{3\cos^4t\sin t},\therefore y''|_{t=\frac{\pi}{4}}=\dfrac{4\sqrt{2}}{3},$$

$$\therefore K=\dfrac{|y''|}{(1+y'^2)^{\frac{3}{2}}}=\dfrac{\frac{4\sqrt{2}}{3}}{2\sqrt{2}}=\dfrac{2}{3}.$$

1.3　一元函数积分学

题型考点　不定积分的计算

【试题 13】(18-3.10)　$\int e^x\arcsin\sqrt{1-e^{2x}}dx=$ ________.

【难度】本题的数学三难度值为 0.198，数学一、数学二的考生在学习时也应掌握此题.

【答案】$e^x\arcsin\sqrt{1-e^{2x}}-\sqrt{1-e^{2x}}+C$.

【解析】$\int e^x\arcsin\sqrt{1-e^{2x}}dx=\int\arcsin\sqrt{1-e^{2x}}de^x$

$$\overset{e^x=t}{=\!=}\int\arcsin\sqrt{1-t^2}dt=t\arcsin\sqrt{1-t^2}-\int(\sqrt{1-t^2})'dt$$

$$=t\arcsin\sqrt{1-t^2}-\sqrt{1-t^2}+C$$

$$=e^x\arcsin\sqrt{1-e^{2x}}-\sqrt{1-e^{2x}}+C$$

【试题 14】(18-1.15;2.15)　求不定积分$\int e^{2x}\arctan\sqrt{e^x-1}dx$.

【难度】本题的数学一难度值为 0.565，数学二的难度值为 0.515，数学三的考生在学习时也应掌握此题.

【解析】方法一

$$\int e^{2x}\arctan\sqrt{e^x-1}dx=\int e^x\arctan\sqrt{e^x-1}de^x$$

$$\overset{e^x=t}{=\!=}\int t\arctan\sqrt{t-1}dt=\int\arctan\sqrt{t-1}d\left(\frac{1}{2}t^2\right)$$

$$=\frac{1}{2}t^2\arctan\sqrt{t-1}-\frac{1}{4}\int\frac{t}{\sqrt{t-1}}dt$$

$$=\frac{1}{2}t^2\arctan\sqrt{t-1}-\frac{1}{4}\int\left(\sqrt{t-1}+\frac{1}{\sqrt{t-1}}\right)dt$$

$$=\frac{1}{2}t^2\arctan\sqrt{t-1}-\frac{1}{4}\left(\frac{2}{3}(t-1)^{\frac{3}{2}}+2\sqrt{t-1}\right)+C$$

$$=\frac{1}{2}e^{2x}\arctan\sqrt{e^x-1}-\frac{1}{6}(e^x-1)^{\frac{3}{2}}-\frac{1}{2}\sqrt{e^x-1}+C$$

方法二 $\int e^{2x}\arctan\sqrt{e^x-1}\,dx$

$$=\int\arctan\sqrt{e^x-1}\,d\left(\frac{1}{2}e^{2x}\right)$$

$$=\frac{1}{2}e^{2x}\arctan\sqrt{e^x-1}-\frac{1}{2}\int\frac{e^{2x}}{2\sqrt{e^x-1}}dx$$

$$=\frac{1}{2}e^{2x}\arctan\sqrt{e^x-1}-\frac{1}{4}\int\frac{e^x}{\sqrt{e^x-1}}d(e^x-1)$$

$$=\frac{1}{2}e^{2x}\arctan\sqrt{e^x-1}-\frac{1}{4}\int\left(\sqrt{e^x-1}+\frac{1}{\sqrt{e^x-1}}\right)d(e^x-1)$$

$$=\frac{1}{2}e^{2x}\arctan\sqrt{e^x-1}-\frac{1}{6}(e^x-1)^{\frac{3}{2}}-\frac{1}{2}\sqrt{e^x-1}+C$$

题型考点　定积分的概念与性质

【试题 15】(18-1.4;2.5;3.3)　设

$$M=\int_{-\frac{\pi}{2}}^{\frac{\pi}{2}}\frac{(1+x)^2}{1+x^2}dx,N=\int_{-\frac{\pi}{2}}^{\frac{\pi}{2}}\frac{1+x}{e^x}dx,K=\int_{-\frac{\pi}{2}}^{\frac{\pi}{2}}(1+\sqrt{\cos x})dx,$$

则

(A) $M>N>K$.　　　　(B) $M>K>N$.

(C) $K>M>N$.　　　　(D) $K>N>M$.

【难度】本题的数学一难度值为 0.669,数学二难度值为 0.615,数学三难度值为 0.612.

【答案】C.

【解析】$M=\int_{-\frac{\pi}{2}}^{\frac{\pi}{2}}\frac{(1+x)^2}{1+x^2}dx=\int_{-\frac{\pi}{2}}^{\frac{\pi}{2}}1dx+\int_{-\frac{\pi}{2}}^{\frac{\pi}{2}}\frac{2x}{1+x^2}dx=\int_{-\frac{\pi}{2}}^{\frac{\pi}{2}}1dx$;令$f(x)=\frac{1+x}{e^x}$,则$f'(x)=-xe^{-x}$,当$x<0$时$f'(x)>0$,$f(x)$单调递增,当$x>0$时$f'(x)<0$,$f(x)$单调递减,故$f(x)\leqslant f(0)=1$,而$1+\sqrt{\cos x}\geqslant 1$,故$K>M>N$,应选 C.

题型考点　含抽象函数的积分

【试题 16】(18-1.10)　　设函数$f(x)$具有 2 阶连续导数. 若曲线$y=f(x)$过点(0,0)且与曲线$y=2^x$在点(1,2)处相切,则$\int_0^1 xf''(x)dx=$________.

【难度】本题的数学一难度值为 0.572,数学二、数学三的考生在学习时也应掌握此题.

【答案】2ln2-2.

【解析】由题可知,$f(0)=0,f(1)=2,f'(1)=(2^x)'|_{x=1}=2\ln 2$. 故

$$\int_0^1 xf''(x)dx=xf'(x)\big|_0^1-\int_0^1 f'(x)dx=f'(1)-[f(1)-f(0)]=2\ln 2-2.$$

题型考点　定积分的几何意义与不等式性质

【试题 17】(18-2.4;3.2)　已知函数 $f(x)$ 在 $[0,1]$ 上二阶可导，且 $\int_0^1 f(x)\mathrm{d}x=0$，则

(A) 当 $f'(x)<0$ 时，$f\left(\frac{1}{2}\right)<0$.　　(B) 当 $f''(x)<0$ 时，$f\left(\frac{1}{2}\right)<0$.

(C) 当 $f'(x)>0$ 时，$f\left(\frac{1}{2}\right)<0$.　　(D) 当 $f''(x)>0$ 时，$f\left(\frac{1}{2}\right)<0$.

【难度】 本题的数学二难度值为 0.508，数学三的难度值为 0.503，数学一的考生在学习时也应掌握此题.

【答案】 D.

【解析】方法一　特例排除法

画图，取 $f(x)$ 为过 $\left(\frac{1}{2},0\right)$ 的直线，满足 A 或 C，同时满足已知条件，此时 $f\left(\frac{1}{2}\right)=0$，排除 A 和 C；

取以 $x=\frac{1}{2}$ 为对称轴，开口向下且满足已知条件的抛物线，比如 $f(x)=-\left(x-\frac{1}{2}\right)^2+a$，满足 $\int_0^1 f(x)\mathrm{d}x=\int_0^1\left[-\left(x-\frac{1}{2}\right)^2+a\right]\mathrm{d}x=\left[-\frac{1}{3}\left(x-\frac{1}{2}\right)^3+ax\right]\Big|_0^1=-\frac{1}{12}+a=0$，$\therefore a=\frac{1}{12}$，此时，$f\left(\frac{1}{2}\right)=a=\frac{1}{12}>0$，排除 B，故应选 D.

方法二　由泰勒中值定理可知：

$$f(x)=f\left(\frac{1}{2}\right)+f'\left(\frac{1}{2}\right)\left(x-\frac{1}{2}\right)+\frac{f''(\xi)}{2}\left(x-\frac{1}{2}\right)^2,\xi\text{ 介于}\frac{1}{2}\text{与 }x\text{ 之间},$$

故

$$\int_0^1 f(x)\mathrm{d}x=f\left(\frac{1}{2}\right)+f'\left(\frac{1}{2}\right)\cdot\frac{1}{2}\left(x-\frac{1}{2}\right)^2\Big|_0^1+\int_0^1\frac{f''(\xi)}{2}\left(x-\frac{1}{2}\right)^2\mathrm{d}x$$

$$=f\left(\frac{1}{2}\right)+\int_0^1\frac{f''(\xi)}{2}\left(x-\frac{1}{2}\right)^2\mathrm{d}x=0$$

所以 $f\left(\frac{1}{2}\right)=-\int_0^1\frac{f''(\xi)}{2}\left(x-\frac{1}{2}\right)^2\mathrm{d}x$，当 $f''(x)>0$ 时，$f\left(\frac{1}{2}\right)<0$.

题型考点　反常积分的计算

【试题 18】(18-2.11)　$\int_5^{+\infty}\frac{1}{x^2-4x+3}\mathrm{d}x=$ ________.

【难度】 本题的数学二难度值为 0.537，数学一、数学三的考生在学习时也应掌握此题.

【答案】 $\frac{1}{2}\ln 2$.

【解析】 $\int_5^{+\infty}\frac{1}{x^2-4x+3}\mathrm{d}x=\frac{1}{2}\int_5^{+\infty}\left(\frac{1}{x-3}-\frac{1}{x-1}\right)\mathrm{d}x=\frac{1}{2}\ln\frac{x-3}{x-1}\Big|_5^{+\infty}=\frac{1}{2}\ln 2$.

1.4 常微分方程

题型考点　一阶微分方程

【试题 19】(18-3.12)　已知$f(x)$在$x=0$处连续且满足

$$f(x+\Delta x)-f(x)=2xf(x)\Delta x+o(\Delta x),f(0)=2,$$

则$f(1)=$ ________.

【难度】本题的数学三难度值为 0.385,数学一、数学二的考生在学习时也应掌握此题.

【答案】2e.

【解析】由题可知:$\lim\limits_{\Delta x\to 0}\dfrac{f(x+\Delta x)-f(x)}{\Delta x}=f'(x)=2xf(x)$,

解得$\ln|f(x)|=x^2+\ln|C|$,$\therefore f(x)=Ce^{x^2}$.

$\because f(0)=2$,$\therefore C=2$,$\therefore f(x)=2e^{x^2}$,$\therefore f(1)=2e$.

题型考点　常系数线性微分方程

【试题 20】(18-1.18)　已知微分方程$y'+y=f(x)$,其中$f(x)$是$\boldsymbol{R}$上的连续函数.

(1)若$f(x)=x$,求方程的通解。

(2)若$f(x)$是周期为T的周期函数,证明:方程存在唯一的以T为周期的解.

【难度】本题的数学一难度值为 0.338,数学二、数学三的考生在学习时也应掌握此题.

【解析】(1)微分方程$y'+y=x$两边同乘积分因子e^x并积分得:

$$e^xy=\int xe^x\mathrm{d}x=e^x(x-1)+C_1,$$

所以,$y=x-1+C_1e^{-x}$,C_1为任意常数.

(2)微分方程$y'+y=f(x)$两边同乘积分因子e^x并积分得:

$$e^xy=\int e^xf(x)\mathrm{d}x=\int_0^x e^tf(t)\mathrm{d}t+C_2,$$

所以,$y(x)=e^{-x}\left[\int_0^x e^tf(t)\mathrm{d}t+C_2\right]$,$C_2$为任意常数.

因为$f(x)$是周期为T的周期函数,所以

$$\begin{aligned}y(x+T)&=e^{-(x+T)}\left[\int_0^{x+T}e^tf(t)\mathrm{d}t+C_2\right]\\&=e^{-(x+T)}\left[\int_T^{x+T}e^tf(t)\mathrm{d}t+\int_0^T e^tf(t)\mathrm{d}t+C_2\right]\\&\xlongequal{t-T=u}e^{-(x+T)}\left[\int_0^x e^{u+T}f(u+T)\mathrm{d}u+\int_0^T e^tf(t)\mathrm{d}t+C_2\right]\\&=e^{-x}\left[\int_0^x e^uf(u)\mathrm{d}u+C_2+\left(e^{-T}\int_0^T e^tf(t)\mathrm{d}t+C_2e^{-T}-C_2\right)\right]\\&=e^{-x}\left[\int_0^x e^tf(t)\mathrm{d}t+C_2\right]=y(x),\end{aligned}$$

所以,当且仅当$e^{-T}\int_0^T e^tf(t)\mathrm{d}t+C_2e^{-T}-C_2=0$,即$C_2=\dfrac{e^{-T}\int_0^T e^tf(t)\mathrm{d}t}{1-e^{-T}}=\dfrac{\int_0^T e^tf(t)\mathrm{d}t}{e^T-1}$时,$y(x)$为周期

函数.

题型考点　含变限积分函数的等式方程、一阶微分方程、平均值

【试题 21】(18-2.16)　已知连续函数 $f(x)$ 满足 $\int_0^x f(t)\mathrm{d}t+\int_0^x tf(x-t)\mathrm{d}t=ax^2$.

(1)求 $f(x)$;

(2)若 $f(x)$ 在区间 $[0,1]$ 上的平均值为 1,求 a 的值.

【难度】本题的数学二难度值为 0.502,数学一、数学三的考生在学习时也应掌握此题.

【解析】(1) 令 $x-t=u$,方程化简为 $\int_0^x f(t)\mathrm{d}t+x\int_0^x f(u)\mathrm{d}u-\int_0^x uf(u)\mathrm{d}u=ax^2$,

两边对 x 求导得:$f(x)+\int_0^x f(u)\mathrm{d}u=2ax$,令 $x=0$ 得,$f(0)=0$.

再求导得:$f'(x)+f(x)=2a$,

两边同乘积分因子并积分得:$\mathrm{e}^x f(x)=2a\mathrm{e}^x+C$,

所以 $f(x)=2a+C\mathrm{e}^{-x}$,因为 $f(0)=0$,所以 $C=-2a$,

所以 $f(x)=2a(1-\mathrm{e}^{-x})$.

(2) 由题可知:$\dfrac{\int_0^1 f(x)\mathrm{d}x}{1-0}=\int_0^1 2a(1-\mathrm{e}^{-x})\mathrm{d}x=2a(x+\mathrm{e}^{-x})\Big|_0^1=\dfrac{2a}{\mathrm{e}}=1$,

所以 $a=\dfrac{\mathrm{e}}{2}$.

题型考点　差分方程(仅数学三要求)

【试题 22】(18-3.11)　差分方程 $\Delta^2 y_x-y_x=5$ 的通解为________.

【难度】本题的数学三难度值为 0.026,数学一、数学二的考生不要求.

【答案】$y_x=C2^x-5$.

【解析】$\Delta^2 y_x-y_x=\Delta(y_{x+1}-y_x)-y_x=y_{x+2}-2y_{x+1}=5$ 为一阶差分方程(未知函数下标的最大值与最小值之差称为差分方程的阶).

齐次差分方程的特征方程为 $r-2=0$,解得 $r=2$,所以齐次差分方程的通解为 $\overline{y}_{x+1}=C_1 2^x$.

设 $y_{x+1}^*=a$,则 $y_{x+2}^*=a$,代入差分方程得 $a=-5$,所以 $y_{x+1}^*=-5$.

故差分方程的通解为 $y_{x+1}=\overline{y}_{x+1}+y_{x+1}^*=C_1 2^x-5$,即 $y_x=C_1 2^{x-1}-5=C2^x-5$.

1.5　多元函数微分学

题型考点　多元隐函数求偏导

【试题 23】(18-2.13)　设函数 $z=z(x,y)$ 由方程 $\ln z+\mathrm{e}^{z-1}=xy$ 确定,则 $\left.\dfrac{\partial z}{\partial x}\right|_{(2,\frac{1}{2})}=$________.

【难度】本题的数学二难度值为 0.690,数学一、数学三的考生在学习时也应掌握此题.

【答案】$\dfrac{1}{4}$.

【解析】令 $x=2,y=\frac{1}{2}$ 得：$\ln z+e^{z-1}=1$，$\therefore z=1$

方程两边对 x 求导得：$\frac{1}{z}\cdot z'_x+e^{z-1}\cdot z'_x=y$.

代入 $x=2,y=\frac{1}{2},z=1$ 得：$z'_x=\frac{1}{4}$.

题型考点　多元函数的条件极值

【试题 24】(18-1.16;2.19;3.17)　将长为 2m 的铁丝分成三段，依次围成圆、正方形与正三角形．三个图形的面积之和是否存在最小值？若存在，求出最小值．

【难度】本题的数学一难度值为 0.588，数学二难度值为 0.494，数学三难度值为 0.527.

【解析】设铁丝分成三段分别为 x,y,z，单位为 m. 由题可知：

$$x+y+z=2,S=\frac{1}{4\pi}x^2+\frac{1}{16}y^2+\frac{\sqrt{3}}{36}z^2$$

令 $F(x,y,z,\lambda)=\frac{1}{4\pi}x^2+\frac{1}{16}y^2+\frac{\sqrt{3}}{36}z^2+\lambda(x+y+z-2)$，则

$$\begin{cases}F'_x=\frac{1}{2\pi}x+\lambda=0\\F'_y=\frac{1}{8}y+\lambda=0\\F'_z=\frac{\sqrt{3}}{18}z+\lambda=0\\F'_\lambda=x+y+z-2=0\end{cases}$$

解得：$\frac{1}{2\pi}x=\frac{1}{8}y=\frac{\sqrt{3}}{18}z=-\lambda=\frac{1}{\pi+4+3\sqrt{3}}$，

$\therefore x=\frac{2\pi}{\pi+4+3\sqrt{3}},y=\frac{8}{\pi+4+3\sqrt{3}},z=\frac{6\sqrt{3}}{\pi+4+3\sqrt{3}}$

因为是实际问题，仅有唯一驻点，故必为最值点．此时 $S_{\min}=\frac{1}{\pi+4+3\sqrt{3}}$.

1.6　二重积分

题型考点　二重积分的计算

【试题 25】(18-2.6)　$\int_{-1}^{0}dx\int_{-x}^{2-x^2}(1-xy)dy+\int_{0}^{1}dx\int_{x}^{2-x^2}(1-xy)dy=$

(A) $\frac{5}{3}$　(B) $\frac{5}{6}$　(C) $\frac{7}{3}$　(D) $\frac{7}{6}$

【难度】本题的数学二难度值为 0.606，数学一、数学三的考生在学习时也应掌握此题．

【答案】C.

【解析】画图积分区域 D，显然关于 y 轴对称.

$$\int_{-1}^{0}\mathrm{d}x\int_{-x}^{2-x^2}(1-xy)\mathrm{d}y+\int_{0}^{1}\mathrm{d}x\int_{x}^{2-x^2}(1-xy)\mathrm{d}y=\iint\limits_{D}(1-xy)\mathrm{d}x\mathrm{d}y$$

$$=\iint\limits_{D}\mathrm{d}x\mathrm{d}y-\iint\limits_{D}xy\mathrm{d}x\mathrm{d}y=2\int_{0}^{1}\mathrm{d}x\int_{x}^{2-x^2}\mathrm{d}y$$

$$=2\int_{0}^{1}(2-x^2-x)\mathrm{d}x=2\left(2x-\frac{1}{3}x^2-\frac{1}{2}x^2\right)\Big|_0^1=\frac{7}{3}$$

故应选 C.

【试题 26】(18-3.16) 求 $\iint\limits_{D}x^2\mathrm{d}x\mathrm{d}y$，$D$ 是由曲线 $y=\sqrt{3(1-x^2)}$ 与直线 $y=\sqrt{3}x$，y 轴围成.

【难度】本题的数学三难度值为 0.511，数学一、数学二的考生在学习时也应掌握此题.

【解析】由题可知：曲线与直线在第一象限的交点横坐标为 $x=\frac{\sqrt{2}}{2}$，

故 $\iint\limits_{D}x^2\mathrm{d}x\mathrm{d}y=\int_{0}^{\frac{\sqrt{2}}{2}}\mathrm{d}x\int_{\sqrt{3}x}^{\sqrt{3(1-x^2)}}x^2\mathrm{d}y=\sqrt{3}\int_{0}^{\frac{\sqrt{2}}{2}}(\sqrt{1-x^2}-x)x^2\mathrm{d}x$

$$\xlongequal{x=\sin t}\sqrt{3}\left(\int_{0}^{\frac{\pi}{4}}\sin^2t\cos^2t\mathrm{d}t-\int_{0}^{\frac{\sqrt{2}}{2}}x^3\mathrm{d}x\right)$$

$$=\frac{\sqrt{3}}{4}\left(\int_{0}^{\frac{\pi}{4}}\sin^2 2t\mathrm{d}t-x^4\Big|_0^{\frac{\sqrt{2}}{2}}\right)$$

$$\xlongequal{2t=u}\frac{\sqrt{3}}{4}\left(\frac{1}{2}\int_{0}^{\frac{\pi}{2}}\sin^2u\mathrm{d}u-\frac{1}{4}\right)$$

$$=\frac{\sqrt{3}}{32}(\pi-2)$$

【试题 27】(18-2.17) 设平面区域 D 由曲线 $\begin{cases}x=t-\sin t,\\ y=1-\cos t,\end{cases}$ $(0\leqslant t\leqslant 2\pi)$ 与 x 轴围成，计算二重积分 $\iint\limits_{D}(x+2y)\mathrm{d}x\mathrm{d}y$.

【难度】本题的数学二难度值为 0.098，数学一、数学三的考生在学习时也应掌握此题.

【解析】

$$\iint\limits_{D}(x+2y)\mathrm{d}x\mathrm{d}y=\int_{0}^{2\pi}\mathrm{d}x\int_{0}^{y(x)}(x+2y)\mathrm{d}y$$

$$=\int_{0}^{2\pi}\mathrm{d}x\int_{0}^{y(x)}(x+2y)\mathrm{d}y=\int_{0}^{2\pi}[xy(x)+y^2(x)]\mathrm{d}x$$

$$=\int_{0}^{2\pi}[(t-\sin t)(1-\cos t)+(1-\cos t)^2]\cdot(1-\cos t)\mathrm{d}t$$

$$=\int_{0}^{2\pi}t(1-\cos t)^2\mathrm{d}t-\int_{0}^{2\pi}\sin t(1-\cos t)^2\mathrm{d}t+\int_{0}^{2\pi}(1-\cos t)^3\mathrm{d}t$$

$$=4\int_{0}^{2\pi}t\sin^4\frac{t}{2}\mathrm{d}t-\frac{1}{3}(1-\cos t)^3\Big|_0^{2\pi}+8\int_{0}^{2\pi}\sin^6\frac{t}{2}\mathrm{d}t$$

$$\int_0^{2\pi} t\sin^4\frac{t}{2}\mathrm{d}t \underline{\underline{t=2\pi-u}} \int_0^{2\pi}(2\pi-u)\sin^4\left(\pi-\frac{u}{2}\right)\mathrm{d}u = 2\pi\int_0^{2\pi}\sin^4\frac{u}{2}\mathrm{d}u - \int_0^{2\pi}u\sin^4\frac{u}{2}\mathrm{d}u$$

$$= \pi\int_0^{2\pi}\sin^4\frac{u}{2}\mathrm{d}u \underline{\underline{u=2v}} 2\pi\int_0^{\pi}\sin^4 v\mathrm{d}v = 4\pi\int_0^{\frac{\pi}{2}}\sin^4 v\mathrm{d}v = 4\pi\cdot\frac{3}{4}\cdot\frac{1}{2}\cdot\frac{\pi}{2} = \frac{3}{4}\pi^2$$

$$\int_0^{2\pi}\sin^6\frac{t}{2}\mathrm{d}t \underline{\underline{t=2v}} 2\int_0^{\pi}\sin^6 v\mathrm{d}v = 4\int_0^{\frac{\pi}{2}}\sin^6 v\mathrm{d}v = 4\cdot\frac{5}{6}\cdot\frac{3}{4}\cdot\frac{1}{2}\cdot\frac{\pi}{2} = \frac{5\pi}{8}$$

$$\therefore \iint_D (x+2y)\mathrm{d}x\mathrm{d}y = 3\pi^2 + 5\pi$$

1.7 无穷级数(数学一、数学三)

题型考点 幂级数求和函数

【试题 28】(18-1.3) $\sum_{n=0}^{\infty}(-1)^n\frac{2n+3}{(2n+1)!}=$

(A) $\sin 1+\cos 1$.

(B) $2\sin 1+\cos 1$.

(C) $2\sin 1+2\cos 1$.

(D) $2\sin 1+3\cos 1$.

【难度】 本题的数学一难度值为 0.720,数学三的考生在学习时也应掌握此题.

【答案】 B.

【解析】 $\sum_{n=0}^{\infty}(-1)^n\frac{2n+3}{(2n+1)!}=\sum_{n=0}^{\infty}(-1)^n\frac{2n+1}{(2n+1)!}+\sum_{n=0}^{\infty}(-1)^n\frac{2}{(2n+1)!}$,而:

$$\sum_{n=0}^{\infty}(-1)^n\frac{2n+1}{(2n+1)!}=\sum_{n=0}^{\infty}(-1)^n\frac{1}{(2n)!}=\sum_{n=0}^{\infty}(-1)^n\frac{x^{2n}}{(2n)!}\Bigg|_{x=1}=\cos x\big|_{x=1}=\cos 1;$$

$$\sum_{n=0}^{\infty}(-1)^n\frac{2}{(2n+1)!}=2\sum_{n=0}^{\infty}(-1)^n\frac{x^{2n+1}}{(2n+1)!}\Bigg|_{x=1}=2\sin x\big|_{x=1}=2\sin 1.$$

所以 $\sum_{n=0}^{\infty}(-1)^n\frac{2n+3}{(2n+1)!}=2\sin 1+\cos 1$,故应选 B.

题型考点 函数展开成幂级数

【试题 29】(18-3.18) 已知 $\cos 2x-\frac{1}{(1+x)^2}=\sum_{n=0}^{\infty}a_nx^n$,$x\in(-1,1)$ 求 a_n.

【难度】 本题的数学三难度值为 0.228,数学一的考生在学习时也应掌握此题.

【解析】 $\because \frac{1}{1+x}=\sum_{n=0}^{\infty}(-1)^nx^n$,$x\in(-1,1)$,

$$\therefore -\frac{1}{(1+x)^2}=\left(\frac{1}{1+x}\right)'=\sum_{n=1}^{\infty}(-1)^nnx^{n-1}=\sum_{n=0}^{\infty}(-1)^{n+1}(n+1)x^n,x\in(-1,1),$$

$$\because \cos 2x=\sum_{n=0}^{\infty}(-1)^n\frac{1}{(2n)!}(2x)^{2n}=\sum_{n=0}^{\infty}(-1)^{\frac{n}{2}}\cdot\frac{(-1)^n+1}{2}\cdot\frac{1}{n!}(2x)^n,$$

$$\therefore \sum_{n=0}^{\infty}a_nx^n=\cos 2x-\frac{1}{(1+x)^2}=\sum_{n=0}^{\infty}\left[(-1)^{n+1}(n+1)+(-1)^{\frac{n}{2}}\cdot\frac{(-1)^n+1}{2}\cdot\frac{2^n}{n!}\right]x^n,$$

$$\therefore a_n=(-1)^{n+1}(n+1)+(-1)^{\frac{n}{2}}\cdot\frac{(-1)^n+1}{2}\cdot\frac{2^n}{n!},n=0,1,2,\cdots$$

1.8 空间解析几何与场论初步(数学一)

题型考点 空间曲面的切平面

【试题 30】(18-1.2) 过点(1,0,0),(0,1,0),且与曲面 $z=x^2+y^2$ 相切的平面为

(A) $z=0$ 与 $x+y-z=1$.　　(B) $z=0$ 与 $2x+2y-z=2$.

(C) $x=y$ 与 $x+y-z=1$.　　(D) $x=y$ 与 $2x+2y-z=2$.

【难度】本题的数学一难度值为 0.581.

【答案】B.

【解析】方法一 排除法

显然,C、D 选项中平面 $x=y$ 不过题干中的点,故排除.

设切点为(x_0,y_0,z_0),则曲面 $z=x^2+y^2$ 在该点处切平面的法向量为$(2x_0,2y_0,-1)$,而 A 选项中平面 $x+y-z=1$ 的法向量为$(1,1,-1)$,故 $x_0=y_0=\dfrac{1}{2}$,代入切平面得 $z_0=0$,代入曲面得 $z_0=\dfrac{1}{2}$,矛盾,排除 A.

故应选 B.

方法二 设切点为(x_0,y_0,z_0),则曲面 $z=x^2+y^2$ 在该点处切平面的法向量为$(2x_0,2y_0,-1)$,故切平面方程为 $2x_0(x-x_0)+2y_0(y-y_0)-(z-z_0)=0$.

题干中的两点对应的向量为$(-1,1,0)$,该向量与法向量$(2x_0,2y_0,-1)$垂直,故有$-2x_0+2y_0=0$,即 $x_0=y_0$,又 $z_0=x_0^2+y_0^2=2x_0^2$,以上两式代入切平面方程得:

$$2x_0(x-x_0)+2x_0(y-x_0)-(z-2x_0)=0.$$

因为切平面过(1,0,0),所以代入切平面方程得:$x_0^2-x_0=0$,解得:$x_0=0$ 或 $x_0=1$. 故切平面方程为:$z=0$ 或 $2x+2y-z=2$.

题型考点 旋度公式

【试题 31】(18-1.11) 设 $\boldsymbol{F}(x,y,z)=xy\boldsymbol{i}-yz\boldsymbol{j}+zx\boldsymbol{k}$,求 $\mathbf{rot}\boldsymbol{F}(1,1,0)=$ ________.

【难度】本题的数学一难度值为 0.402.

【答案】$\vec{i}-\vec{k}$ 或$(1,0,-1)$.

【解析】$\mathbf{rot}\boldsymbol{F}(x,y,z)=\begin{vmatrix}\vec{i} & \vec{j} & \vec{k}\\ \dfrac{\partial}{\partial x} & \dfrac{\partial}{\partial y} & \dfrac{\partial}{\partial z}\\ xy & -yz & zx\end{vmatrix}=y\vec{i}-z\vec{j}-x\vec{k}$,所以 $\mathbf{rot}\boldsymbol{F}(1,1,0)=\vec{i}-\vec{k}$.

1.9 三重积分、曲线积分、曲面积分(数学一)

题型考点 第一类曲线积分

【试题 32】(18-1.12) 设 L 为球面 $x^2+y^2+z^2=1$ 与平面 $x+y+z=0$ 的交线,则$\oint_L xy\mathrm{d}s=$

________.

【难度】本题的数学一难度值为 0.026.

【答案】$-\frac{\pi}{3}$.

【解析】曲线 L 方程为$\begin{cases}x^2+y^2+z^2=1\\x+y+z=0\end{cases}$，显然曲线 L 具有轮换对称性.

曲线方程消去 z 并化简得 $xy=\frac{1}{2}-(x^2+y^2)$，代入曲线积分得：

$$\begin{aligned}\oint_L xy\mathrm{d}s&=\oint_L\left[\frac{1}{2}-(x^2+y^2)\right]\mathrm{d}s\\&=\frac{1}{2}\oint_L\mathrm{d}s-\oint_L(x^2+y^2)\mathrm{d}s\\&=\frac{1}{2}\oint_L\mathrm{d}s-\frac{2}{3}\oint_L(x^2+y^2+z^2)\mathrm{d}s\\&=-\frac{1}{6}\oint_L\mathrm{d}s=-\frac{1}{6}\times 2\pi=-\frac{\pi}{3}.\end{aligned}$$

题型考点　第二类曲面积分、高斯公式

【试题 33】(18-1.17)　设 Σ 是曲面 $x=\sqrt{1-3y^2-3z^2}$ 的前侧，计算曲面积分

$$I=\iint_\Sigma x\mathrm{d}y\mathrm{d}z+(y^3+2)\mathrm{d}z\mathrm{d}x+z^3\mathrm{d}x\mathrm{d}y.$$

【难度】本题的数学一难度值为 0.417.

【解析】记 Σ_0^- 为 $\begin{cases}x=0\\y^2+z^2\leqslant\frac{1}{3}\end{cases}$ 的指向 x 负半轴的一侧，$\Omega=\{(x,y,z)\mid 0\leqslant x\leqslant\sqrt{1-3y^2-3z^2}\}$. 由高斯公式可知：

$$\begin{aligned}&\iint_{\Sigma+\Sigma_0^-}x\mathrm{d}y\mathrm{d}z+(y^3+2)\mathrm{d}z\mathrm{d}x+z^3\mathrm{d}x\mathrm{d}y\\&=\iiint_\Omega(1+3y^2+3z^2)\mathrm{d}V\\&=\int_0^{2\pi}\mathrm{d}\theta\int_0^{\frac{1}{\sqrt{3}}}r\mathrm{d}r\int_0^{\sqrt{1-3r^2}}(1+3r^2)\mathrm{d}x\\&=2\pi\int_0^{\frac{1}{\sqrt{3}}}\sqrt{1-3r^2}(1+3r^2)r\mathrm{d}r\\&\xlongequal{1-3r^2=t}-\frac{\pi}{3}\int_1^0\sqrt{t}(2-t)\mathrm{d}t\\&=-\frac{\pi}{3}\left(\frac{4}{3}t^{\frac{3}{2}}-\frac{2}{5}t^{\frac{5}{2}}\right)\Big|_1^0=\frac{14}{45}\pi.\end{aligned}$$

而 $\iint_{\Sigma_0^-}x\mathrm{d}y\mathrm{d}z+(y^3+2)\mathrm{d}z\mathrm{d}x+z^3\mathrm{d}x\mathrm{d}y=\iint_{\Sigma_0^-}x\mathrm{d}y\mathrm{d}z=\iint_{\Sigma_0^-}0\mathrm{d}y\mathrm{d}z=0$，故：

$$I=\iint\limits_{\Sigma+\Sigma_0^-} x\mathrm{d}y\mathrm{d}z+(y^3+2)\mathrm{d}z\mathrm{d}x+z^3\mathrm{d}x\mathrm{d}y-\iint\limits_{\Sigma_0^-} x\mathrm{d}y\mathrm{d}z+(y^3+2)\mathrm{d}z\mathrm{d}x+z^3\mathrm{d}x\mathrm{d}y=\frac{14}{45}\pi.$$

第二部分　线性代数试题解析

2.1　行列式与矩阵

题型考点　抽象矩阵的行列式

【试题 34】(18−3.13)　设 $\boldsymbol{A}$ 为 3 阶矩阵，$\boldsymbol{\alpha}_1,\boldsymbol{\alpha}_2,\boldsymbol{\alpha}_3$ 是线性无关的向量组，若 $\boldsymbol{A\alpha}_1=\boldsymbol{\alpha}_1+\boldsymbol{\alpha}_2$，$\boldsymbol{A\alpha}_2=\boldsymbol{\alpha}_2+\boldsymbol{\alpha}_3$，$\boldsymbol{A\alpha}_3=\boldsymbol{\alpha}_1+\boldsymbol{\alpha}_3$ 则 $|\boldsymbol{A}|=$________.

【难度】本题的数学三难度值为 0.662，数学一、数学二的考生在学习时也应掌握此题.

【答案】2.

【解析】由题可知：$\boldsymbol{A}(\boldsymbol{\alpha}_1,\boldsymbol{\alpha}_2,\boldsymbol{\alpha}_3)=(\boldsymbol{\alpha}_1,\boldsymbol{\alpha}_2,\boldsymbol{\alpha}_3)\begin{pmatrix}1&0&1\\1&1&0\\0&1&1\end{pmatrix}$，因为 $\boldsymbol{\alpha}_1,\boldsymbol{\alpha}_2,\boldsymbol{\alpha}_3$ 是线性无关的向量组，即 $(\boldsymbol{\alpha}_1,\boldsymbol{\alpha}_2,\boldsymbol{\alpha}_3)$ 可逆，所以 $\boldsymbol{A}$ 与 $\begin{pmatrix}1&0&1\\1&1&0\\0&1&1\end{pmatrix}$ 相似，故 $|\boldsymbol{A}|=\begin{vmatrix}1&0&1\\1&1&0\\0&1&1\end{vmatrix}=2$.

题型考点　矩阵的秩

【试题 35】(18−1.6;2.8;3.6)　设 $\boldsymbol{A},\boldsymbol{B}$ 为 n 阶矩阵，记 $r(\boldsymbol{X})$ 为矩阵 $\boldsymbol{X}$ 的秩，$(\boldsymbol{X}\quad \boldsymbol{Y})$ 表示分块矩阵，则

(A) $r(\boldsymbol{A}\quad \boldsymbol{AB})=r(\boldsymbol{A})$.　　(B) $r(\boldsymbol{A}\quad \boldsymbol{BA})=r(\boldsymbol{A})$.

(C) $r(\boldsymbol{A}\quad \boldsymbol{B})=\max\{r(\boldsymbol{A}),r(\boldsymbol{B})\}$.　　(D) $r(\boldsymbol{A}\quad \boldsymbol{B})=r(\boldsymbol{A}^T\quad \boldsymbol{B}^T)$.

【难度】本题的数学一难度值为 0.114，数学二的难度值为 0.130，数学三的难度值为 0.107.

【答案】A.

【解析】因为 $r(\boldsymbol{A}\quad \boldsymbol{AB})=r(\boldsymbol{A}(\boldsymbol{E}\quad \boldsymbol{B}))$，且 $(\boldsymbol{E}\quad \boldsymbol{B})$ 行满秩，所以 $r(\boldsymbol{A}\quad \boldsymbol{AB})=\boldsymbol{A}$，故应选 A.

另外，B，C，D 可根据特例法排除：

关于 B 选项，取 $\boldsymbol{A}=\begin{pmatrix}1&0\\0&0\end{pmatrix}$，$\boldsymbol{B}=\boldsymbol{E}_{12}$，则 $\boldsymbol{BA}=\begin{pmatrix}0&0\\1&0\end{pmatrix}$，$r(\boldsymbol{A})=1$，而

$r(\boldsymbol{A}\quad \boldsymbol{BA})=r\begin{pmatrix}1&0&0&0\\0&0&1&0\end{pmatrix}=2\neq r(\boldsymbol{A})$，排除 B.

关于 C 选项，取 $\boldsymbol{A}=\begin{pmatrix}1&0\\0&0\end{pmatrix}$，$\boldsymbol{B}=\begin{pmatrix}0&0\\1&0\end{pmatrix}$，则 $r(\boldsymbol{A})=r(\boldsymbol{B})=1$，而

$r(\boldsymbol{A}\quad \boldsymbol{B})=r\begin{pmatrix}1&0&0&0\\0&0&1&0\end{pmatrix}=2\neq\max\{r(\boldsymbol{A}),r(\boldsymbol{B})\}$，排除 C.

关于 D 选项，取 $\boldsymbol{A}=\begin{pmatrix}1&0\\0&0\end{pmatrix}$，$\boldsymbol{B}=\begin{pmatrix}1&1\\0&0\end{pmatrix}$，则 $r(\boldsymbol{A}\quad \boldsymbol{B})=r\begin{pmatrix}1&0&1&1\\0&0&0&0\end{pmatrix}=1$，而

$r(\boldsymbol{A}^T \quad \boldsymbol{B}^T)=r\begin{pmatrix}1&0&1&0\\0&0&1&0\end{pmatrix}=2\neq r(\boldsymbol{A} \quad \boldsymbol{B})$,排除 D.

2.2 向量组与线性方程组

题型考点 解矩阵方程(线性方程组)

【试题 36】(18-1.21;2.23;3.21) 已知 a 是常数,且矩阵 $\boldsymbol{A}=\begin{pmatrix}1&2&a\\1&3&0\\2&7&-a\end{pmatrix}$ 可经初等列变换化成 $\boldsymbol{B}=\begin{pmatrix}1&a&2\\0&1&1\\-1&1&1\end{pmatrix}$.

(1)求 a;

(2)求满足 $\boldsymbol{AP}=\boldsymbol{B}$ 的可逆矩阵 $\boldsymbol{P}$.

【难度】 本题的数学一难度值为 0.463,数学二的难度值为 0.397,数学三的难度值为 0.450.

【解析】 (1)$\boldsymbol{A}=\begin{pmatrix}1&2&a\\1&3&0\\2&7&-a\end{pmatrix}\to\begin{pmatrix}1&2&a\\0&1&-a\\0&0&0\end{pmatrix}\therefore r(\boldsymbol{A})=2.$

由题可知,矩阵 $\boldsymbol{A},\boldsymbol{B}$ 等价,故 $r(\boldsymbol{B})=r(\boldsymbol{A})=2$,故 $|\boldsymbol{B}|=2-a=0$,所以 $a=2$.

(2)记 $\boldsymbol{P}=(\boldsymbol{\alpha}_1,\boldsymbol{\alpha}_2,\boldsymbol{\alpha}_3)$,$B=(\boldsymbol{\beta}_1,\boldsymbol{\beta}_2,\boldsymbol{\beta}_3)$,则 $\boldsymbol{A\alpha}_i=\boldsymbol{\beta}_i$,$i=1,2,3$,

$$(\boldsymbol{A},\boldsymbol{B})=\begin{pmatrix}1&2&2&1&2&2\\1&3&0&0&1&1\\2&7&-2&-1&1&1\end{pmatrix}\to\begin{pmatrix}1&0&6&3&4&4\\0&1&-2&-1&-1&-1\\0&0&0&0&0&0\end{pmatrix}$$

分别解 $\boldsymbol{A\alpha}_i=\boldsymbol{\beta}_i$,$i=1,2,3$ 得:

$$\boldsymbol{\alpha}_1=\begin{pmatrix}-6k_1+3\\2k_1-1\\k_1\end{pmatrix},\boldsymbol{\alpha}_2=\begin{pmatrix}-6k_2+4\\2k_2-1\\k_2\end{pmatrix},\boldsymbol{\alpha}_3=\begin{pmatrix}-6k_3+4\\2k_3-1\\k_3\end{pmatrix},k_1,k_2,k_3\text{ 为任意常数}.$$

所以 $\boldsymbol{P}=(\boldsymbol{\alpha}_1,\boldsymbol{\alpha}_2,\boldsymbol{\alpha}_3)=\begin{pmatrix}-6k_1+3&-6k_2+4&-6k_3+4\\2k_1-1&2k_2-1&2k_3-1\\k_1&k_2&k_3\end{pmatrix}$.

因为 $\boldsymbol{P}$ 可逆,所以 $|\boldsymbol{P}|=k_3-k_2\neq0$,所以 $k_2\neq k_3$,即

$$\boldsymbol{P}=(\boldsymbol{\alpha}_1,\boldsymbol{\alpha}_2,\boldsymbol{\alpha}_3)=\begin{pmatrix}-6k_1+3&-6k_2+4&-6k_3+4\\2k_1-1&2k_2-1&2k_3-1\\k_1&k_2&k_3\end{pmatrix},k_2\neq k_3,k_1\text{ 为任意常数}.$$

2.3　相似理论与二次型

题型考点　特征值与特征向量

【试题 37】(18-1.13)　设 2 阶矩阵 $\boldsymbol{A}$ 有两个不同特征值，$\boldsymbol{\alpha}_1,\boldsymbol{\alpha}_2$ 是 $\boldsymbol{A}$ 的线性无关的特征向量，且满足 $\boldsymbol{A}^2(\boldsymbol{\alpha}_1+\boldsymbol{\alpha}_2)=\boldsymbol{\alpha}_1+\boldsymbol{\alpha}_2$，则 $|\boldsymbol{A}|=$________.

【难度】本题的数学一难度值为 0.520，数学二、数学三的考生在学习时也应掌握此题．

【答案】-1.

【解析】设 $\boldsymbol{A}$ 的两个不同的特征值分别为 λ_1,λ_2，对应的特征向量为 $\boldsymbol{\alpha}_1,\boldsymbol{\alpha}_2$.

因为 $\boldsymbol{A}^2(\boldsymbol{\alpha}_1+\boldsymbol{\alpha}_2)=\boldsymbol{\alpha}_1+\boldsymbol{\alpha}_2$，所以 $\lambda_1^2\boldsymbol{\alpha}_1+\lambda_2^2\boldsymbol{\alpha}_2=\boldsymbol{\alpha}_1+\boldsymbol{\alpha}_2$. 又因为 $\boldsymbol{\alpha}_1,\boldsymbol{\alpha}_2$ 线性无关，所以有 $\lambda_1^2=1,\lambda_2^2=1$，即 $\begin{cases}\lambda_1=1,\\ \lambda_2=-1,\end{cases}$ 或 $\begin{cases}\lambda_1=-1,\\ \lambda_2=1.\end{cases}$，故 $|\boldsymbol{A}|=\lambda_1\lambda_2=-1$.

【试题 38】(18-2.14)　设 $\boldsymbol{A}$ 为 3 阶矩阵，$\boldsymbol{\alpha}_1,\boldsymbol{\alpha}_2,\boldsymbol{\alpha}_3$ 是线性无关的向量组，若 $\boldsymbol{A\alpha}_1=2\boldsymbol{\alpha}_1+\boldsymbol{\alpha}_2+\boldsymbol{\alpha}_3$，$\boldsymbol{A\alpha}_2=\boldsymbol{\alpha}_2+2\boldsymbol{\alpha}_3$，$\boldsymbol{A\alpha}_3=-\boldsymbol{\alpha}_2+\boldsymbol{\alpha}_3$ 则 $\boldsymbol{A}$ 的实特征值为________.

【难度】本题的数学二难度值为 0.465，数学一、数学三的考生在学习时也应掌握此题．

【答案】2.

【解析】由题可知：$\boldsymbol{A}(\boldsymbol{\alpha}_1,\boldsymbol{\alpha}_2,\boldsymbol{\alpha}_3)=(\boldsymbol{\alpha}_1,\boldsymbol{\alpha}_2,\boldsymbol{\alpha}_3)\begin{pmatrix}2&0&0\\1&1&-1\\1&2&1\end{pmatrix}$，因为 $\boldsymbol{\alpha}_1,\boldsymbol{\alpha}_2,\boldsymbol{\alpha}_3$ 是线性无关的向量组，即 $(\boldsymbol{\alpha}_1,\boldsymbol{\alpha}_2,\boldsymbol{\alpha}_3)$ 可逆，故 $\boldsymbol{A}$ 与 $\begin{pmatrix}2&0&0\\1&1&-1\\1&2&1\end{pmatrix}$ 相似．

而 $\begin{vmatrix}\lambda-2&0&0\\-1&\lambda-1&1\\-1&-2&\lambda-1\end{vmatrix}=(\lambda-2)(\lambda^2-2\lambda+3)=0$，解得实根 $\lambda=2$.

题型考点　相似矩阵

【试题 39】(18-1.5;2.7;3.5)　下列矩阵中，与矩阵 $\begin{pmatrix}1&1&0\\0&1&1\\0&0&1\end{pmatrix}$ 相似的为

(A) $\begin{pmatrix}1&1&-1\\0&1&1\\0&0&1\end{pmatrix}$.　　(B) $\begin{pmatrix}1&0&-1\\0&1&1\\0&0&1\end{pmatrix}$.

(C) $\begin{pmatrix}1&1&-1\\0&1&0\\0&0&1\end{pmatrix}$.　　(D) $\begin{pmatrix}1&0&-1\\0&1&0\\0&0&1\end{pmatrix}$.

【难度】本题的数学一难度值为 0.536，数学二难度值为 0.560，数学三难度值为 0.553.

【答案】A.

【解析】$\because P^{-1}AP=B$, $\therefore P^{-1}(A-E)P=P^{-1}AP-P^{-1}EP=B-E$,即 A 与 B 相似等价于 $A-E$ 与 $B-E$ 相似.

$\begin{pmatrix}1&1&0\\0&1&1\\0&0&1\end{pmatrix}-E=\begin{pmatrix}0&1&0\\0&0&1\\0&0&0\end{pmatrix}$,秩为 2;而:$B-E=\begin{pmatrix}0&0&-1\\0&0&1\\0&0&0\end{pmatrix}$,秩为 1,排除;$C-E=\begin{pmatrix}0&1&-1\\0&0&0\\0&0&0\end{pmatrix}$,秩为 1,排除;$D-E=\begin{pmatrix}0&0&-1\\0&0&0\\0&0&0\end{pmatrix}$,秩为 1,排除;故应选 A.

题型考点　解二次型、二次型的规范形

【试题 40】(18-1.20;2.22;3.20)　设实二次型

$$f(x_1,x_2,x_3)=(x_1-x_2+x_3)^2+(x_2+x_3)^2+(x_1+ax_3)^2,$$

其中 a 是参数.

(1)求 $f(x_1,x_2,x_3)=0$ 的解;

(2)求 $f(x_1,x_2,x_3)$ 的规范型.

【难度】本题的数学一难度值为 0.347,数学二难度值为 0.248,数学三难度值为 0.303.

【解析】(1)由 $f(x_1,x_2,x_3)=0$ 得:$\begin{cases}x_1-x_2+x_3=0\\x_2+x_3=0\\x_1+ax_3=0\end{cases}$,

记 $P=\begin{pmatrix}1&-1&1\\0&1&1\\1&0&a\end{pmatrix}$,则 $|P|=\begin{vmatrix}1&-1&1\\0&1&1\\1&0&a\end{vmatrix}=a-2$.

当 $a\neq2$ 时,$|P|\neq0$,方程组只有零解,即 $x=\begin{pmatrix}0\\0\\0\end{pmatrix}$;

当 $a=2$ 时,$P=\begin{pmatrix}1&-1&1\\0&1&1\\1&0&2\end{pmatrix}\to\begin{pmatrix}1&0&2\\0&1&1\\0&0&0\end{pmatrix}$,解得 $x=k\begin{pmatrix}-2\\-1\\1\end{pmatrix}$,$k$ 为任意常数.

(2)当 $a\neq2$ 时,$|P|\neq0$,即 P 可逆.

令 $\begin{cases}y_1=x_1-x_2+x_3\\y_2=x_2+x_3\\y_3=x_1+ax_3\end{cases}$,则二次型的规范形为 $f=y_1^2+y_2^2+y_3^2$.

当 $a=2$ 时,$f(x_1,x_2,x_3)=x^T\begin{pmatrix}1\\-1\\1\end{pmatrix}(1,-1,1)x+x^T\begin{pmatrix}0\\1\\1\end{pmatrix}(0,1,1)x+x^T\begin{pmatrix}1\\0\\2\end{pmatrix}(1,0,2)x$

$$=x^T\begin{pmatrix}2&-1&3\\-1&2&0\\3&0&6\end{pmatrix}x=x^TAx$$

以下有两个方法:

方法一 由 $|\lambda E-A|=\begin{vmatrix}\lambda-2&1&-3\\1&\lambda-2&0\\-3&0&\lambda-6\end{vmatrix}=\lambda(\lambda^2-10\lambda+18)=0$ 得

$$\lambda_1=5+\sqrt{7}>0,\lambda_2=5-\sqrt{7}>0,\lambda_3=0,$$

故 A 的证惯性指数为 2,负惯性指数为 0. 所以,二次型的规范形为 $y_1^2+y_2^2$.

方法二 $f(x_1,x_2,x_3)=2x_1^2+2x_2^2+6x_3^2-2x_1x_2+6x_1x_3$

$$=\frac{1}{2}(2x_1-x_2+3x_3)^2+\frac{3}{2}(x_2+x_3)^2$$

令 $\begin{cases}y_1=\dfrac{1}{\sqrt{2}}(2x_1-x_2+3x_3)\\y_2=\sqrt{\dfrac{3}{2}}(x_2+x_3)\\y_3=x_3\end{cases}$,则二次型的规范形为 $y_1^2+y_2^2$.

第三部分 概率论与数理统计试题解析(数学一、数学三)

3.1 事件与概率

题型考点 概率计算公式

【试题 41】(18-1.14) 设随机事件 A 与 B 相互独立,A 与 C 相互独立,$BC=\varnothing$. 若 $P(A)=P(B)=\frac{1}{2}$,$P(AC|AB\cup C)=\frac{1}{4}$,则 $P(C)=$ ________.

【难度】 本题的数学一难度值为 0.441,数学三的考生在学习时也应掌握此题.

【答案】 $\frac{1}{4}$.

【解析】 因为 $BC=\varnothing$,所以 $ABC=\varnothing$,故:

$$P(AC|AB\cup C)=\frac{P\{AC\cap(AB\cup C)\}}{P(AB\cup C)}$$

$$=\frac{P\{(AC\cap AB)\cup(AC\cap C)\}}{P(AB\cup C)}$$

$$=\frac{P(ABC\cup AC)}{P(AB\cup C)}$$

$$=\frac{P(AC)}{P(AB)+P(C)-P(ABC)}$$

$$=\frac{P(A)\ P(C)}{P(A)\ P(B)\ +P(C)}$$

$$=\frac{\frac{1}{2}P(C)}{\frac{1}{4}+P(C)}=\frac{1}{4},$$

所以,$P(C)=\frac{1}{4}$.

【试题 42】(18-3.14) 随机事件 A,B,C 相互独立,且 $P(A)=P(B)=P(C)=\frac{1}{2}$,则 $P(AC|A\cup B)=$ ________.

【难度】本题的数学三难度值为 0.334,数学一的考生在学习时也应掌握此题.

【答案】$\frac{1}{3}$.

【解析】因为 $AC\subset A\subset(A\cup B)$,所以

$$P(AC|A\cup B)=\frac{P(AC\cap(A\cup B))}{P(A\cup B)}=\frac{P(AC)}{P(A)\ +P(A)\ -P(AB)}$$

$$=\frac{P(A)\ P(C)}{P(A)\ +P(B)\ -P(A)\ P(B)}$$

$$=\frac{\frac{1}{2}\cdot\frac{1}{2}}{\frac{1}{2}+\frac{1}{2}-\frac{1}{2}\cdot\frac{1}{2}}=\frac{1}{3}.$$

3.2 随机变量及其分布

题型考点 概率密度、正态分布的性质

【试题 43】(18-1.7;3.7) 设随机变量 X 的概率密度 $f(x)$ 满足 $f(1+x)=f(1-x)$,且 $\int_0^2 f(x)\,\mathrm{d}x=0.6$,则 $P\{X<0\}=$

(A) 0.2. (B) 0.3. (C) 0.4. (D). 0.5.

【难度】本题的数学一难度值为 0.718,数学三的难度值为 0.608.

【答案】A.

【解析】由 $f(1+x)=f(1-x)$ 可知 $f(x)$ 关于 $x=1$ 对称,$f(x)$ 的图形性质类似正态分布 $X\sim N(1,\sigma^2)$,画图可知:

$$\int_0^1 f(x)\,\mathrm{d}x=0.3,\int_{-\infty}^0 f(x)\,\mathrm{d}x=\int_{-\infty}^1 f(x)\,\mathrm{d}x-\int_0^1 f(x)\,\mathrm{d}x=0.5-0.3=0.2,$$

故应选 A.

题型考点 数字特征、离散型随机变量的概率分布

【试题 44】(18-1.22;3.22) 已知随机变量 X、Y 相互独立,且 $P\{X=1\}=P\{X=-1\}=\frac{1}{2}$,$Y$

服从参数为 λ 的泊松分布, $Z=XY$.

(1)求 $Cov(X,Z)$;

(2)求 Z 的概率分布.

【难度】本题的数学一难度值为 0.321,数学三的难度值为 0.309.

【解析】(1)
$$\begin{aligned}Cov(X,Z)&=EXZ-EXEZ=EX^2Y-EXEXY\\&=EX^2EY-(EX)^2EY=1\cdot\lambda+0\cdot\lambda=\lambda\end{aligned}$$

(2)
$$\begin{aligned}P\{Z=k\}&=P\{XY=k\}=P\{XY=k,X=1\}+P\{XY=k,X=-1\}\\&=P\{Y=k,X=1\}+P\{Y=-k,X=-1\}\\&=P\{Y=k\}P\{X=1\}+P\{Y=-k\}P\{X=-1\}\\&=\frac{1}{2}(P\{Y=k\}+P\{Y=-k\})\\&=\begin{cases}\dfrac{\lambda^{|k|}e^{-\lambda}}{2\cdot|k|!}, & k=\pm1,\pm2,\cdots,\\ e^{-\lambda}, & k=0.\end{cases}\end{aligned}$$

3.3 数字特征、大数定理与中心极限定理

3.4 数理统计初步

题型考点 三大抽样分布

【试题 45】(18-3.8) 设 $X_1,X_2,\cdots,X_n$ 为来自总体 $N(\mu,\sigma^2)(\sigma>0)$ 的简单随机样本,令 $\overline{X}=\frac{1}{n}\sum_{i=1}^{n}X_i$, $S=\sqrt{\frac{1}{n-1}\sum_{i=1}^{n}(X-\overline{X})^2}$, $S^*=\sqrt{\frac{1}{n}\sum_{i=1}^{n}(X_i-\mu)^2}$,则

(A) $\frac{\sqrt{n}(\overline{X}-\mu)}{S}\sim t(n)$ (B) $\frac{\sqrt{n}(\overline{X}-\mu)}{S}\sim t(n-1)$

(C) $\frac{\sqrt{n}(\overline{X}-\mu)}{S^*}\sim t(n)$ (D) $\frac{\sqrt{n}(\overline{X}-\mu)}{S^*}\sim t(n-1)$

【难度】本题的数学三难度值为 0.514,数学一的考生在学习时也应掌握此题.

【答案】B.

【解析】正态总体下 $\overline{X}$ 与 S^2 相互独立,又因为 $\frac{\overline{X}-\mu}{\sqrt{\frac{\sigma^2}{n}}}\sim N(0,1)$, $\frac{(n-1)S^2}{\sigma^2}\sim\chi^2(n-1)$,所以

$$\frac{\frac{\overline{X}-\mu}{\sqrt{\frac{\sigma^2}{n}}}}{\sqrt{\frac{\frac{(n-1)S^2}{\sigma^2}}{n-1}}}=\frac{\overline{X}-\mu}{\frac{S}{\sqrt{n}}}\sim t(n-1)$$,故应选 B.

题型考点　最大似然估计、统计量的数字特征

【试题 46】(18-1.23;3.23)　已知总体 X 的密度函数为 $f(x,\sigma)=\frac{1}{2\sigma}e^{-\frac{|x|}{\sigma}},-\infty<x<+\infty$，$X_1,X_2,\cdots,X_n$ 为来自总体 X 的简单随机样本，σ 为大于 0 的参数，σ 的最大似然估计量为 $\hat{\sigma}$.

(1)求 $\hat{\sigma}$;

(2)求 $E\hat{\sigma},D\hat{\sigma}$.

【难度】本题的数学一难度值为 0.433，数学三的难度值为 0.350.

【解析】(1) $L(\sigma,x_i)=\prod_{i=1}^{n}f(x_i,\sigma)=\prod_{i=1}^{n}\frac{1}{2\sigma}e^{-\frac{|x_i|}{\sigma}}$,

则 $\ln L(\sigma,x_i)=\sum_{i=1}^{n}\left(\ln\frac{1}{2}-\ln\sigma-\frac{|x_i|}{\sigma}\right)=n\ln\frac{1}{2}-n\ln\sigma-\frac{1}{\sigma}\sum_{i=1}^{n}|x_i|$.

令 $\frac{\partial\ln L(\sigma,x_i)}{\partial\sigma}=-\frac{n}{\sigma}+\frac{1}{\sigma^2}\sum_{i=1}^{n}|x_i|=0$ 得 $\hat{\sigma}=\frac{1}{n}\sum_{i=1}^{n}|X_i|$.

(2) $E\hat{\sigma}=\frac{1}{n}E\sum_{i=1}^{n}|X_i|=E|X_i|=\int_{-\infty}^{+\infty}|x|\frac{1}{2\sigma}e^{-\frac{|x|}{\sigma}}dx$

$$=\int_0^{+\infty}\frac{x}{\sigma}e^{-\frac{x}{\sigma}}dx\ \underline{\underline{\frac{x}{\sigma}=t}}\ \int_0^{+\infty}\sigma te^{-t}dx=\sigma\Gamma(2)=\sigma;$$

$$D\hat{\sigma}=\frac{1}{n^2}D\sum_{i=1}^{n}|X_i|=\frac{1}{n}D|X_i|=\frac{1}{n}(EX_i^2-(E|X_i|)^2)$$

$$=\frac{1}{n}\left(\int_{-\infty}^{+\infty}x^2\frac{1}{2\sigma}e^{-\frac{|x|}{\sigma}}dx-\sigma^2\right)=\frac{1}{n}\left(\int_0^{+\infty}\frac{x^2}{\sigma}e^{-\frac{x}{\sigma}}dx-\sigma^2\right)$$

$$\underline{\underline{\frac{x}{\sigma}=t}}\ \frac{1}{n}\left(\sigma^2\int_0^{+\infty}t^2e^{-t}dx-\sigma^2\right)=\frac{\sigma^2}{n}(\Gamma(3)-1)=\frac{\sigma^2}{n}$$

题型考点　假设检验

【试题 47】(18-1.8)　设总体 X 服从正态分布 $N(\mu,\sigma^2)$. $X_1,X_2,X_3,\cdots,X_n$ 是来自总体 X 的简单随机样本，据此样本检验假设：$H_0:\mu=\mu_0,H_1:\mu\neq\mu_0$，则：

(A) 如果在检验水平 $\alpha=0.05$ 下拒绝 H_0，那么在检验水平 $\alpha=0.01$ 下必拒绝 H_0.

(B) 如果在检验水平 $\alpha=0.05$ 下拒绝 H_0，那么在检验水平 $\alpha=0.01$ 下必接受 H_0.

(C) 如果在检验水平 $\alpha=0.05$ 下接受 H_0，那么在检验水平 $\alpha=0.01$ 下必拒绝 H_0.

(D) 如果在检验水平 $\alpha=0.05$ 下接受 H_0，那么在检验水平 $\alpha=0.01$ 下必接受 H_0.

【难度】本题的数学一难度值为 0.324，数学三的考生不要求.

【答案】D.

【解析】 令 $T=\dfrac{\overline{X}-\mu_0}{\dfrac{\sigma}{\sqrt{n}}}\sim N(0,1)$，则：

在检验水平 $\boldsymbol{\alpha}=0.05$ 下的拒绝域为 $W_1=\{(X_1,X_2,\cdots,X_n)\mid |T|>u_{0.025}\}$，在检验水平 $\boldsymbol{\alpha}=0.01$ 下的拒绝域为 $W_2=\{(X_1,X_2,\cdots,X_n)\mid |T|>u_{0.005}\}$.

因为 $u_{0.025}<u_{0.005}$，所以 $W_2\subset W_1$.

当 $(X_1,X_2,\cdots,X_n)\notin W_1$ 时，一定有 $(X_1,X_2,\cdots,X_n)\notin W_2$，故 D 选项正确 .

2019 年全国硕士研究生招生考试数学试题分类解析

第一部分　高等数学试题解析

1.1　函数、极限、连续

题型考点　函数求极限

【试题 1】(19-2.9)　$\lim\limits_{x\to0}(x+2^x)^{\frac{2}{x}}=$________.

【难度】本题的数学二难度值为 0.512,数学一、数学三的考生在学习时也应掌握此题.

【答案】$4e^2$.

【解析】$\lim\limits_{x\to0}(x+2^x)^{\frac{2}{x}}=\lim\limits_{x\to0}e^{\frac{2}{x}\ln(x+2^x)}=e^{\lim\limits_{x\to0}\frac{2}{x}\ln[1+(x+2^x-1)]}$

$$=e^{2\lim\limits_{x\to0}\frac{x+2^x-1}{x}}=e^{2\lim\limits_{x\to0}(1+2^x\ln2)}=e^{2(1+\ln2)}=4e^2.$$

题型考点　无穷小的比较

【试题 2】(19-1.1;2.1;3.1)　当 $x\to0$ 时,若 $x-\tan x$ 与 x^k 是同阶无穷小,则 $k=$

(A) 1.　　(B) 2.　　(C) 3.　　(D) 4.

【难度】本题的数学一难度值为 0.827,数学二难度值为 0.851,数学三的难度值为 0.817.

【答案】C .

【解析】当 $x\to0$ 时,$x-\tan x\sim-\frac{1}{3}x^3$,故 $k=3$.

题型考点　数列求极限——可化为函数极限

【试题 3】(19-3.9)　$\lim\limits_{n\to\infty}\left[\frac{1}{1\cdot2}+\frac{1}{2\cdot3}+\cdots+\frac{1}{n(n+1)}\right]^n=$________.

【难度】本题的数学三难度值为 0.568,数学一、数学二的考生在学习时也应掌握此题.

【答案】e^{-1}.

【解析】原式$=\lim\limits_{n\to\infty}\left[\left(1-\frac{1}{2}\right)+\left(\frac{1}{2}-\frac{1}{3}\right)+\cdots+\left(\frac{1}{n}-\frac{1}{n+1}\right)\right]^n$

$$=\lim\limits_{n\to\infty}\left(1-\frac{1}{n+1}\right)^{-(n+1)\cdot\frac{n}{-(n+1)}}=e^{-1}.$$

题型考点　数列求极限——夹逼准则

【试题 4】(19-1.18;3.19)　设 $a_n=\int_0^1x^n\sqrt{1-x^2}\,dx(n=0,1,2\cdots)$

(1)证明:数列 $\{a_n\}$ 单调减少,且 $a_n=\frac{n-1}{n+2}a_{n-2}(n=2,3\cdots)$;

（2）求$\lim\limits_{n\to\infty}\dfrac{a_n}{a_{n-1}}$.

【难度】本题的数学一难度值为 0.246，数学三难度值为 0.208，数学二的考生在学习时也应掌握此题．

【解析】（1）当 $x\in(0,1)$，$n=0,1,2,\cdots$ 时，$x^n>x^{n+1}$，故 $x^n\sqrt{1-x^2}>x^{n+1}\sqrt{1-x^2}$，从而有 $\int_0^1 x^n\sqrt{1-x^2}\,\mathrm{d}x>\int_0^1 x^{n+1}\sqrt{1-x^2}\,\mathrm{d}x$，即 $a_n>a_{n+1}$，所以数列$\{a_n\}$单调减少．

$$\text{因为 } a_n \xlongequal{x=\sin t}\int_0^{\frac{\pi}{2}}\sin^n t\cos^2 t\,\mathrm{d}t=\int_0^{\frac{\pi}{2}}\sin^n t\,\mathrm{d}t-\int_0^{\frac{\pi}{2}}\sin^{n+2}t\,\mathrm{d}t$$

$$=\left[\frac{n-1}{n}-\frac{(n+1)(n-1)}{(n+2)n}\right]\int_0^{\frac{\pi}{2}}\sin^{n-2}t\,\mathrm{d}t$$

$$=\frac{n-1}{n(n+2)}\int_0^{\frac{\pi}{2}}\sin^{n-2}t\,\mathrm{d}t,$$

$$a_{n-2}=\int_0^{\frac{\pi}{2}}\sin^{n-2}t\,\mathrm{d}t-\int_0^{\frac{\pi}{2}}\sin^n t\,\mathrm{d}t=\left(1-\frac{n-1}{n}\right)\int_0^{\frac{\pi}{2}}\sin^{n-2}t\,\mathrm{d}t=\frac{1}{n}\int_0^{\frac{\pi}{2}}\sin^{n-2}t\,\mathrm{d}t,$$

所以，$a_n=\dfrac{n-1}{n+2}a_{n-2}(n=2,3\cdots)$.

（2）因为数列$\{a_n\}$单调减少且 $a_n>0$，所以$\dfrac{a_n}{a_{n-2}}<\dfrac{a_n}{a_{n-1}}<1$，即$\dfrac{n-1}{n+2}<\dfrac{a_n}{a_{n-1}}<1$. 又因为$\lim\limits_{n\to\infty}\dfrac{n-1}{n+2}=1$，所以由夹逼准则可知$\lim\limits_{n\to\infty}\dfrac{a_n}{a_{n-1}}=1$.

1.2 一元函数微分学

题型考点　导数的几何意义

【试题 5】（19-2.10）　曲线$\begin{cases}x=t-\sin t,\\ y=1-\cos t\end{cases}$在 $t=\dfrac{3\pi}{2}$对应点处的切线在 y 轴上的截距为________.

【难度】本题的数学二难度值为 0.670，数学一、数学三的考生在学习时也应掌握此题．

【答案】$\dfrac{3\pi}{2}+2$.

【解析】因为$\left.\dfrac{\mathrm{d}y}{\mathrm{d}x}\right|_{t=\frac{3\pi}{2}}=\left.\dfrac{\sin t}{1-\cos t}\right|_{t=\frac{3\pi}{2}}=-1$，$x\big|_{t=\frac{3\pi}{2}}=\dfrac{3\pi}{2}+1$，$y\big|_{t=\frac{3\pi}{2}}=1$，所以切线方程为 $y-1=-\left[x-\left(\dfrac{3\pi}{2}+1\right)\right]$，即 $y=-x+\dfrac{3\pi}{2}+2$，所以切线在 y 轴上的截距为$\dfrac{3\pi}{2}+2$.

题型考点　分段函数的导数

【试题 6】（19-1.2）　设函数 $f(x)=\begin{cases}x|x|,x\leqslant 0\\ x\ln x,x>0\end{cases}$，则 $x=0$ 是 $f(x)$ 的

（A）可导点，极值点．　　（B）不可导点，极值点．

（C）可导点，非极值点．　　（D）不可导点，非极值点．

【难度】本题的数学一难度值为 0.549，数学二、数学三的考生在学习时也应掌握此题．

【答案】B．

【解析】因为 $f'_+(0)=\lim\limits_{x\to0^+}\dfrac{f(x)-f(0)}{x-0}=\lim\limits_{x\to0^+}\dfrac{x\ln x}{x}=-\infty$，所以 $f(x)$ 在 $x=0$ 处不可导．

因为当 $x<0$ 时，$f(x)=x|x|<0$，当 $0<x<1$ 时，$f(x)=x\ln x<0$，而 $f(0)=0$，所以 $f(x)$ 在 $x=0$ 处取极大值．

综上，应选 B．

题型考点　导数的应用——极值

【试题 7】(19-2.15;3.15)　已知函数 $f(x)=\begin{cases}x^{2x}, & x>0,\\ xe^x+1, & x\leqslant0.\end{cases}$ 求 $f'(x)$，并求 $f(x)$ 的极值．

【难度】本题的数学二难度值为 0.621，数学三难度值为 0.634．数学一的考生在学习时也应掌握此题．

【解析】因为 $f'_-(0)=\lim\limits_{x\to0^-}\dfrac{f(x)-f(0)}{x-0}=\lim\limits_{x\to0^-}\dfrac{xe^x+1-1}{x}=\lim\limits_{x\to0^-}e^x=1$；

$$f'_+(0)=\lim_{x\to0^+}\frac{f(x)-f(0)}{x-0}=\lim_{x\to0^+}\frac{x^{2x}-1}{x}=\lim_{x\to0^+}\frac{e^{2x\ln x}-1}{x}=\lim_{x\to0^+}\frac{2x\ln x}{x}=-\infty,$$

所以 $f(x)$ 在 $x=0$ 处不可导．所以

$$f'(x)=\begin{cases}2e^{2x\ln x}(1+\ln x), & x>0,\\ e^x(1+x), & x<0.\end{cases}$$

令 $f'(x)=0$ 得 $x=\dfrac{1}{e}$，$x=-1$．

当 $x<-1$ 时，$f'(x)<0$，当 $-1<x<0$ 时，$f'(x)>0$，故 $f(x)$ 在 $x=-1$ 处取极小值 $f(-1)=1-\dfrac{1}{e}$；

当 $0<x<\dfrac{1}{e}$ 时，$f'(x)<0$，故 $f(x)$ 在 $x=0$ 处取极大值 $f(0)=1$；

当 $x>\dfrac{1}{e}$ 时，$f'(x)>0$，故 $f(x)$ 在 $x=\dfrac{1}{e}$ 处取极小值 $f\left(\dfrac{1}{e}\right)=e^{-\frac{2}{e}}$．

题型考点　导数的应用——拐点

【试题 8】(19-2.2)　曲线 $y=x\sin x+2\cos x\left(-\dfrac{\pi}{2}\leqslant x\leqslant\dfrac{3\pi}{2}\right)$ 的拐点是

(A) $(0,2)$．　(B) $(\pi,-2)$．　(C) $\left(\dfrac{\pi}{2},\dfrac{\pi}{2}\right)$．　(D) $\left(\dfrac{3\pi}{2},-\dfrac{3\pi}{2}\right)$．

【难度】本题的数学二难度值为 0.645，数学一的考生在学习时也应掌握此题．

【答案】B．

【解析】同【试题 9】．

【试题 9】(19-3.10)　曲线 $y=x\sin x+2\cos x\left(-\dfrac{\pi}{2}\leqslant x\leqslant\dfrac{3\pi}{2}\right)$ 的拐点坐标为________．

【难度】本题的数学三难度值为 0.444，数学一的考生在学习时也应掌握此题．

【答案】$(\pi,-2)$.

【解析】因为 $y'=x\cos x-\sin x, y''=-x\sin x$,令 $y''=0$ 得 $x=0$ 或 $x=\pi$. 当 $-\frac{\pi}{2}\leqslant x<0$ 时 $y''<0$,当 $0<x<\pi$ 时 $y''<0$,故 $(0,2)$ 不是曲线的拐点;当 $\pi<x\leqslant\frac{3\pi}{2}$ 时 $y''>0$。所以 $(\pi,-2)$ 是曲线的拐点.

题型考点　导数的应用——方程根的问题(零点问题)

【试题 10】(19-3.2)　已知方程 $x^5-5x+k=0$ 有 3 个不同的实根,则 k 的取值范围是

(A) $(-\infty,-4)$.　(B) $(4,+\infty)$.　(C) $\{-4,4\}$.　(D) $(-4,4)$.

【难度】本题的数学三难度值为 0.813,数学一、数学二的考生在学习时也应掌握此题.

【答案】D.

【解析】令 $f(x)=x^5-5x+k$,则由 $f'(x)=5x^4-5=0$ 得 $x=\pm1$.

当 $x<-1$ 时,$f'(x)>0$,$f(x)$ 单调递增;当 $-1<x<1$ 时,$f'(x)<0$,$f(x)$ 单调递减;当 $x>1$ 时,$f'(x)>0$,$f(x)$ 单调递增.

因为 $f(-\infty)=-\infty$,$f(+\infty)=+\infty$,且 $f(x)$ 应有三个零点,所以,$f(-1)=4+k>0$,$f(1)=-4+k<0$,解得 $-4<k<4$,故应选 D.

题型考点　导数的应用——切线与曲率(仅数学一、数学二)

【试题 11】(19-2.6)　已知 $f(x)$,$g(x)$ 的 2 阶导函数在 $x=a$ 处连续,则 $\lim\limits_{x\to a}\frac{f(x)-g(x)}{(x-a)^2}=0$ 是两条曲线 $y=f(x)$,$y=g(x)$ 在 $x=a$ 对应的点处相切及曲率相等的

(A) 充分非必要条件.　(B) 充分必要条件.

(C) 必要非充分条件.　(D) 既非充分又非必要条件.

【难度】本题的数学二难度值为 0.273,数学一的考生在学习时也应掌握此题.

【答案】A.

【解析】充分性:因为 $f(x)$,$g(x)$ 的 2 阶导函数在 $x=a$ 处连续,所以

$$\lim_{x\to a}\frac{f(x)-g(x)}{(x-a)^2}=\lim_{x\to a}\frac{f'(x)-g'(x)}{2(x-a)}=\lim_{x\to a}\frac{f''(x)-g''(x)}{2}=0,$$

所以 $f(a)=g(a)$,$f'(a)=g'(a)$,$f''(a)=g''(a)$,即 $f(x)$,$g(x)$ 在 $x=a$ 处的切点相同,斜率相同,所以曲线 $y=f(x)$,$y=g(x)$ 在 $x=a$ 处相切. 又因为曲率 $K=\frac{|y''|}{(1+y'^2)^{\frac{3}{2}}}$,所以曲线 $y=f(x)$,$y=g(x)$ 在 $x=a$ 处的曲率相等.

必要性:因为曲线 $y=f(x)$,$y=g(x)$ 在 $x=a$ 对应的点处相切,所以 $f(a)=g(a)$,$f'(a)=g'(a)$. 又因为曲线 $y=f(x)$,$y=g(x)$ 在 $x=a$ 处的曲率相等,即

$$K=\frac{|f''(a)|}{[1+f'^2(a)]^{\frac{3}{2}}}=\frac{|g''(a)|}{[1+g'^2(a)]^{\frac{3}{2}}},$$

所以,$|f''(a)|=|g''(a)|$,即 $f''(a)=g''(a)$ 或 $f''(a)=-g''(a)$.

当 $f(a)=g(a)$,$f'(a)=g'(a)$,$f''(a)=-g''(a)$ 时,

$$\lim_{x\to a}\frac{f(x)-g(x)}{(x-a)^2}=\lim_{x\to a}\frac{f'(x)-g'(x)}{2(x-a)}=\lim_{x\to a}\frac{f''(x)-g''(x)}{2}=f''(a),$$

不一定等于0.

综上,应选 A .

题型考点　导数的经济学应用(仅数学三)

【试题 12】(19−3. 12)　以 P_A,P_B 分别表示 A,B 两种商品的价格,设商品 A 的需求函数 $Q_A=500-P_A^2-P_AP_B+2P_B^2$,则当 $P_A=10$,$P_B=20$ 时,商品 A 的需求量对自身价格的弹性 $\eta_{AA}(\eta_{AA}>0)$为________.

【难度】本题的数学三难度值为 0. 569.

【答案】$\frac{2}{5}$.

【解析】令 $Q=Q_A|_{P_B=20}=1300-P_A^2-20P_A$,则

$$\eta_{AA}=-\frac{\mathrm{d}Q}{\mathrm{d}P_A}\cdot\frac{P_A}{Q}\bigg|_{P=10}=-(-2P_A-20)\cdot\frac{P_A}{1300-P_A^2-20P_A}\bigg|_{P=10}=\frac{400}{1000}=\frac{2}{5}.$$

题型考点　微分中值定理的证明

【试题 13】(19−2. 21)　已知函数 $f(x)$ 在[0,1]上具有 2 阶导数,且 $f(0)=0$,$f(1)=1$,$\int_0^1 f(x)\mathrm{d}x=1$,证明:

(1)存在 $\xi\in(0,1)$,使得 $f'(\xi)=0$;

(2)存在 $\eta\in(0,1)$,使得 $f''(\eta)<-2$.

【难度】本题的数学二难度值为 0. 364,数学一、数学三的考生在学习时也应掌握此题.

【证明】(1) 因为 $\int_0^1 f(x)\mathrm{d}x=1$,所以由积分中值定理可知,存在 $\xi_0\in(0,1)$,使得 $f(\xi_0)=1$. 所以,$f(\xi_0)=f(1)$,由罗尔定理可知,存在 $\xi\in(\xi_0,1)\subset(0,1)$,使得 $f'(\xi)=0$.

(2)令 $F(x)=f(x)+x^2$,易知 $F(x)$ 在[0,1]上具有 2 阶导数.

因为 $F(0)=0$,$F(\xi_0)=1+\xi_0^2\in(1,2)$,$F(1)=2$,所以,由拉格朗日中值定理可知,

存在 $\eta_1\in(0,\xi_0)$,$\eta_2\in(\xi_0,1)$使得:

$$F'(\eta_1)=\frac{F(\xi_0)-F(0)}{\xi_0-0}=\frac{1+\xi_0^2}{\xi_0};F'(\eta_2)=\frac{F(1)-F(\xi_0)}{1-\xi_0}=\frac{1-\xi_0^2}{1-\xi_0}=1+\xi_0.$$

所以存在 $\eta\in(\eta_1,\eta_2)\subset(0,1)$,使得 $F''(\eta)=\frac{F'(\eta_2)-F'(\eta_1)}{\eta_2-\eta_1}=\frac{\xi_0-1}{\xi_0(\eta_2-\eta_1)}<0$,即 $f''(\eta)<-2$.

1.3　一元函数积分学

题型考点　不定积分的计算

【试题 14】(19−2. 16)　求不定积分 $\int\frac{3x+6}{(x-1)^2(x^2+x+1)}\mathrm{d}x$.

【难度】本题的数学二难度值为 0.367，数学一、数学三的考生在学习时也应掌握此题.

【答案】$-2\ln|x-1|-\frac{3}{x-1}+\ln(x^2+x+1)+C$.

【解析】$\int\frac{3x+6}{(x-1)^2(x^2+x+1)}dx=\int\left[\frac{-2}{x-1}+\frac{3}{(x-1)^2}+\frac{2x+1}{x^2+x+1}\right]dx$

$$=-2\ln|x-1|-\frac{3}{x-1}+\ln(x^2+x+1)+C.$$

题型考点　定积分的计算

【试题 15】(19-2.13)　已知函数 $f(x)=x\int_1^x\frac{\sin t^2}{t}dt$，则 $\int_0^1 f(x)dx=$ ________.

【难度】本题的数学二难度值为 0.258，数学一、数学三的考生在学习时也应掌握此题.

【答案】$\frac{1}{4}(\cos 1-1)$.

【解析】方法一　$\int_0^1 f(x)dx=\int_0^1\frac{f(x)}{x}\cdot x dx=\int_0^1\frac{f(x)}{x}d\left(\frac{1}{2}x^2\right)$

$$=\frac{1}{2}x^2\cdot\frac{f(x)}{x}\Big|_0^1-\int_0^1\frac{1}{2}x^2\cdot\left(\frac{f(x)}{x}\right)'dx$$

$$=\frac{1}{2}xf(x)\Big|_0^1-\int_0^1\frac{1}{2}x^2\cdot\frac{\sin x^2}{x}dx$$

$$=-\frac{1}{2}\int_0^1 x\sin x^2dx=\frac{1}{4}\cos x^2\Big|_0^1$$

$$=\frac{1}{4}(\cos 1-1).$$

方法二　$\int_0^1 f(x)dx=\int_0^1\left(x\int_1^x\frac{\sin t^2}{t}dt\right)dx=-\int_0^1 xdx\int_x^1\frac{\sin t^2}{t}dt$

$$=-\int_0^1\frac{\sin t^2}{t}dt\int_0^t xdx=-\int_0^1\frac{\sin t^2}{t}\cdot\frac{1}{2}t^2dt$$

$$=-\frac{1}{2}\int_0^1 t\sin t^2dt=\frac{1}{4}\cos t^2\Big|_0^1$$

$$=\frac{1}{4}(\cos 1-1).$$

【试题 16】(19-3.11)　已知函数 $f(x)=\int_1^x\sqrt{1+t^4}dt$，则 $\int_0^1 x^2f(x)dx=$ ________.

【难度】本题的数学三难度值为 0.355，数学一、数学二的考生在学习时也应掌握此题.

【答案】$\frac{1}{18}(1-2\sqrt{2})$.

【解析】$\int_0^1 x^2f(x)dx=\int_0^1 f(x)d\left(\frac{1}{3}x^3\right)=\frac{1}{3}x^3f(x)\Big|_0^1-\int_0^1\frac{1}{3}x^3\sqrt{1+x^4}dx$

$$=-\frac{1}{12}\cdot\frac{2}{3}(1+x^4)^{\frac{3}{2}}\Big|_0^1=\frac{1}{18}(1-2\sqrt{2}).$$

题型考点　反常积分敛散性的判定

【试题 17】(19-2.3)　下列反常积分发散的是

(A) $\int_0^{+\infty} x\mathrm{e}^{-x}\mathrm{d}x$.　　　　(B) $\int_0^{+\infty} x\mathrm{e}^{-x^2}\mathrm{d}x$.

(C) $\int_0^{+\infty} \frac{\arctan x}{1+x^2}\mathrm{d}x$.　　　　(D) $\int_0^{+\infty} \frac{x}{1+x^2}\mathrm{d}x$.

【难度】本题的数学二难度值为 0.724,数学一、数学三的考生在学习时也应掌握此题.

【答案】D.

【解析】因为$\int_0^{+\infty}\frac{x}{1+x^2}\mathrm{d}x = \frac{1}{2}\ln(1+x^2)\Big|_0^{+\infty} = +\infty$,发散.

题型考点　定积分的几何应用——求面积

【试题 18】(19-1.17;3.18)　求曲线 $y=\mathrm{e}^{-x}\sin x(x\geqslant 0)$ 与 x 轴之间图形的面积.

【难度】本题的数学一难度值为 0.249,数学三难度值为 0.237.

【解析】同【试题 19】

【试题 19】(19-2.19)　设 n 是正整数,记 S_n 为曲线 $y=\mathrm{e}^{-x}\sin x(0\leqslant x\leqslant n\pi)$ 与 x 轴所围图形的面积.求 S_n,并求$\lim\limits_{n\to\infty}S_n$.

【难度】本题的数学二难度值为 0.183.

【解析】因为$\int \mathrm{e}^{-x}\sin x\mathrm{d}x = \int \mathrm{e}^{-x}\mathrm{d}(-\cos x) = -\mathrm{e}^{-x}\cos x - \int \mathrm{e}^{-x}\cos x\mathrm{d}x$

$$= -\mathrm{e}^{-x}\cos x - \left(\mathrm{e}^{-x}\sin x + \int \mathrm{e}^{-x}\sin x\mathrm{d}x\right)$$

$$= -\mathrm{e}^{-x}(\cos x + \sin x) - \int \mathrm{e}^{-x}\sin x\mathrm{d}x,$$

所以$\int \mathrm{e}^{-x}\sin x\mathrm{d}x = -\frac{1}{2}\mathrm{e}^{-x}(\cos x + \sin x) + C$,从而有

$$a_n = \int_{(n-1)\pi}^{n\pi}\mathrm{e}^{-x}\sin x\mathrm{d}x = -\frac{1}{2}\mathrm{e}^{-x}(\cos x+\sin x)\Big|_{(n-1)\pi}^{n\pi}$$

$$= -\frac{1}{2}[\mathrm{e}^{-n\pi}\cos n\pi - \mathrm{e}^{-(n-1)\pi}\cos(n-1)\pi]$$

$$= -\frac{1}{2}[(-1)^n\mathrm{e}^{-n\pi} - (-1)^{n-1}\mathrm{e}^{-(n-1)\pi}]$$

$$= -\frac{1}{2}(-1)^n\mathrm{e}^{-n\pi}(1+\mathrm{e}^{\pi}).$$

所以 $S_n = \sum\limits_{k=1}^{n}|a_k| = \sum\limits_{k=1}^{n}\frac{1}{2}(1+\mathrm{e}^{\pi})\mathrm{e}^{-n\pi} = \frac{1}{2}(1+\mathrm{e}^{\pi})\frac{\mathrm{e}^{-\pi}-\mathrm{e}^{-(n+1)\pi}}{1-\mathrm{e}^{-\pi}} = \frac{\mathrm{e}^{\pi}+1}{2(\mathrm{e}^{\pi}-1)}(1-\mathrm{e}^{-n\pi})$,

$\lim\limits_{n\to\infty}S_n = \frac{\mathrm{e}^{\pi}+1}{2(\mathrm{e}^{\pi}-1)}$.

题型考点　定积分的几何应用——求弧长(仅数学一、数学二)

【试题 20】(19-2.12)　曲线 $y=\ln\cos x\left(0\leqslant x\leqslant\frac{\pi}{6}\right)$ 的弧长为________.

【难度】本题的数学二难度值为 0.404,数学一、数学三的考生在学习时也应掌握此题.

【答案】$\frac{1}{2}\ln 3$.

【解析】$s=\int_0^{\frac{\pi}{6}}\sqrt{1+(\ln\cos x)'^2}\,dx=\int_0^{\frac{\pi}{6}}\sqrt{1+\tan^2 x}\,dx$

$$=\int_0^{\frac{\pi}{6}}\sec x\,dx=\ln\left|\sec x+\tan x\right|\Big|_0^{\frac{\pi}{6}}=\frac{1}{2}\ln 3.$$

1.4　常微分方程

题型考点　可分离变量的微分方程

【试题 21】(19-1.10)　微分方程 $2yy'-y^2-2=0$ 满足条件 $y(0)=1$ 的特解 $y=$________.

【难度】本题的数学一难度值为 0.381,数学二、数学三的考生在学习时也应掌握此题.

【答案】$y=\sqrt{3e^x-2}$.

【解析】$y'=\frac{y^2+2}{2y}$,分离变量得 $\frac{2y}{y^2+2}dy=dx$,积分得 $\ln(y^2+2)=x+\ln C$,所以 $y^2+2=Ce^x$. 因为 $y(0)=1$,所以 $C=3$,即 $y=\sqrt{3e^x-2}$.

题型考点　一阶线性微分方程

【试题 22】(19-1.15)　设函数 $y(x)$ 是微分方程 $y'+xy=e^{-\frac{x^2}{2}}$ 满足条件 $y(0)=0$ 的特解.

(1)求 $y(x)$;

(2)求曲线 $y=y(x)$ 的凹凸区间及拐点.

【难度】本题的数学一难度值为 0.603,数学二、数学三的考生在学习时也应掌握此题.

【解析】(1)方程两边同乘积分因子 $e^{\frac{x^2}{2}}$,并积分得 $e^{\frac{x^2}{2}}y=x+C$,故 $y=e^{-\frac{x^2}{2}}(x+C)$. 因为 $y(0)=0$,所以 $C=0$,所以 $y=xe^{-\frac{x^2}{2}}$.

(2)$y'=e^{-\frac{x^2}{2}}(1-x^2)$,$y''=e^{-\frac{x^2}{2}}(x^3-3x)$,令 $y''=0$ 得 $x=0,\pm\sqrt{3}$.

当 $x<-\sqrt{3}$ 时,$y''<0$;当 $-\sqrt{3}<x<0$ 时,$y''>0$;当 $0<x<\sqrt{3}$ 时,$y''<0$;当 $x>\sqrt{3}$ 时,$y''>0$.

所以,曲线 $y=y(x)$ 凹区间为:$(-\sqrt{3},0)$ 和 $(\sqrt{3},+\infty)$;凸区间为:$(-\infty,-\sqrt{3})$ 和 $(0,\sqrt{3})$;拐点为:$(-\sqrt{3},-\sqrt{3}e^{-\frac{3}{2}})$,$(0,0)$,$(\sqrt{3},\sqrt{3}e^{-\frac{3}{2}})$.

【试题 23】(19-2.17;3.17)　设函数 $y(x)$ 是微分方程 $y'-xy=\frac{1}{2\sqrt{x}}e^{\frac{x^2}{2}}$ 满足条件 $y(1)=\sqrt{e}$ 的特解.

(1)求 $y(x)$;

(2)设平面区域 $D=\{(x,y)\mid 1\leqslant x\leqslant 2,0\leqslant y\leqslant y(x)\}$,求 D 绕 x 轴旋转所得旋转体的体积.

【难度】本题的数学二难度值为 0.668,数学三难度值为 0.619,数学二的考生在学习时也应掌握此题.

【解析】(1) 方程两边同乘积分因子 $e^{-\frac{x^2}{2}}$,并积分得 $e^{-\frac{x^2}{2}}y=\int\frac{1}{2\sqrt{x}}dx=\sqrt{x}+C$,故 $y=e^{\frac{x^2}{2}}(\sqrt{x}+C)$.

因为 $y(1)=\sqrt{e}$,所以 $C=0$,所以 $y=\sqrt{x}e^{\frac{x^2}{2}}$.

(2) $V_x=\int_1^2\pi y^2dx=\int_1^2\pi xe^{x^2}dx=\frac{\pi}{2}e^{x^2}\Big|_1^2=\frac{\pi}{2}(e^4-e)$.

题型考点　二阶常系数线性微分方程

【试题 24】(19-2.4;3.3)　已知微分方程 $y''+ay'+by=ce^x$ 的通解为 $y=(C_1+C_2x)e^{-x}+e^x$,则 a,b,c 依次为

(A) 1,0,1.　　(B) 1,0,2.　　(C) 2,1,3.　　(D) 2,1,4.

【难度】本题的数学二难度值为 0.750,数学三难度值为 0.679,数学一的考生在学习时也应掌握此题.

【答案】D.

【解析】由题可知,特征根 $r_1=r_2=-1$,所以特征方程为 $r^2+2r+1=0$,故 $a=2,b=1$. 易知 e^x 是非齐次方程的特解,所以 $e^x+2e^x+e^x=ce^x$,所以 $c=4$,应选 D.

1.5　多元函数微分学

题型考点　多元复合函数求偏导

【试题 25】(19-1.9)　设函数 $f(u)$ 可导,$z=f(\sin y-\sin x)+xy$,则 $\frac{1}{\cos x}\cdot\frac{\partial z}{\partial x}+\frac{1}{\cos y}\cdot\frac{\partial z}{\partial y}=$________.

【难度】本题的数学一难度值为 0.696,数学二、数学三的考生在学习时也应掌握此题.

【答案】$\frac{y}{\cos x}+\frac{x}{\cos y}$.

【解析】因为 $\frac{\partial z}{\partial x}=f'\cdot(-\cos x)+y$,$\frac{\partial z}{\partial y}=f'\cdot\cos y+x$,所以

$$\begin{aligned}&\frac{1}{\cos x}\cdot\frac{\partial z}{\partial x}+\frac{1}{\cos y}\cdot\frac{\partial z}{\partial y}\\&=\frac{1}{\cos x}\cdot[f'\cdot(-\cos x)+y]+\frac{1}{\cos y}\cdot[f'\cdot\cos y+x]\\&=\frac{y}{\cos x}+\frac{x}{\cos y}.\end{aligned}$$

【试题 26】(19-2.11)　设函数 $f(u)$ 可导,$z=yf\left(\frac{y^2}{x}\right)$,则 $2x\frac{\partial z}{\partial x}+y\frac{\partial z}{\partial y}=$________.

【难度】本题的数学二难度值为 0.617,数学一、数学三的考生在学习时也应掌握此题.

【答案】$yf\left(\frac{y^2}{x}\right)$.

【解析】因为$\frac{\partial z}{\partial x}=yf'\cdot\left(-\frac{y^2}{x^2}\right)=-\frac{y^3}{x^2}f'$，$\frac{\partial z}{\partial y}=f+yf'\cdot\frac{2y}{x}=f+\frac{2y^2}{x}f'$，所以

$$2x\frac{\partial z}{\partial x}+y\frac{\partial z}{\partial y}=2x\left(-\frac{y^3}{x^2}f'\right)+y\left(f+\frac{2y^2}{x}f'\right)=yf\left(\frac{y^2}{x}\right).$$

【试题27】(19-3.16) 设函数$f(u,v)$具有2阶连续偏导数学，函数$g(x,y)=xy-f(x+y,x-y)$，求$\frac{\partial^2 g}{\partial x^2}+\frac{\partial^2 g}{\partial x\partial y}+\frac{\partial^2 g}{\partial y^2}$.

【难度】本题的数学三难度值为0.694，数学一、数学二的考生在学习时也应掌握此题.

【解析】因为$\frac{\partial g}{\partial x}=y-f'_1-f'_2$，$\frac{\partial g}{\partial y}=x-f'_1+f'_2$，所以

$$\frac{\partial^2 g}{\partial x^2}=-f''_{11}-f''_{12}-f''_{21}-f''_{22}=-f''_{11}-2f''_{12}-f''_{22},$$

$$\frac{\partial^2 g}{\partial x\partial y}=1-f''_{11}+f''_{12}-f''_{21}+f''_{22}=1-f''_{11}+f''_{22},$$

$$\frac{\partial^2 g}{\partial y^2}=-f''_{11}+f''_{12}+f''_{21}-f''_{22}=-f''_{11}+2f''_{12}-f''_{22},$$

所以$\frac{\partial^2 g}{\partial x^2}+\frac{\partial^2 g}{\partial x\partial y}+\frac{\partial^2 g}{\partial y^2}=1-3f''_{11}-f''_{22}$.

【试题28】(19-2.20) 已知函数$u(x,y)$满足$2\frac{\partial^2 u}{\partial x^2}-2\frac{\partial^2 u}{\partial y^2}+3\frac{\partial u}{\partial x}+3\frac{\partial u}{\partial y}=0$，求$a,b$的值，使得在变换$u(x,y)=v(x,y)\mathrm{e}^{ax+by}$之下，上述等式可化为函数$v(x,y)$的不含一阶偏导数的等式.

【难度】本题的数学二难度值为0.522，数学一、数学三的考生在学习时也应掌握此题.

【解析】因为$\frac{\partial u}{\partial x}=\mathrm{e}^{ax+by}\left(\frac{\partial v}{\partial x}+av\right)$，$\frac{\partial u}{\partial y}=\mathrm{e}^{ax+by}\left(\frac{\partial v}{\partial y}+bv\right)$，所以

$$\frac{\partial^2 u}{\partial x^2}=\mathrm{e}^{ax+by}\left(a\frac{\partial v}{\partial x}+a^2v+\frac{\partial^2 v}{\partial x^2}+a\frac{\partial v}{\partial x}\right)=\mathrm{e}^{ax+by}\left(\frac{\partial^2 v}{\partial x^2}+2a\frac{\partial v}{\partial x}+a^2v\right),$$

$$\frac{\partial^2 u}{\partial y^2}=\mathrm{e}^{ax+by}\left(b\frac{\partial v}{\partial y}+b^2v+\frac{\partial^2 v}{\partial y^2}+b\frac{\partial v}{\partial y}\right)=\mathrm{e}^{ax+by}\left(\frac{\partial^2 v}{\partial y^2}+2b\frac{\partial v}{\partial y}+b^2v\right).$$

代入$2\frac{\partial^2 u}{\partial x^2}-2\frac{\partial^2 u}{\partial y^2}+3\frac{\partial u}{\partial x}+3\frac{\partial u}{\partial y}=0$，并化简得：

$$2\left(\frac{\partial^2 v}{\partial x^2}+2a\frac{\partial v}{\partial x}+a^2v\right)-2\left(\frac{\partial^2 v}{\partial y^2}+2b\frac{\partial v}{\partial y}+b^2v\right)+3\left(\frac{\partial v}{\partial x}+av\right)+3\left(\frac{\partial v}{\partial y}+bv\right)=0,$$ 即

$$2\frac{\partial^2 v}{\partial x^2}-2\frac{\partial^2 v}{\partial y^2}+(4a+3)\frac{\partial v}{\partial x}+(-4b+3)\frac{\partial v}{\partial y}+(2a^2-2b^2+3a+3b)v=0.$$

因为上述等式不含一阶偏导数，所以$4a+3=0$，$-4b+3=0$，解得$a=-\frac{3}{4}$，$b=\frac{3}{4}$.

1.6 二重积分

题型考点 二重积分的概念与性质

【试题 29】(19-2.5) 已知平面区域$D=\{(x,y)\mid |x|+|y|\leqslant\frac{\pi}{2}\}$,记$I_1=\iint\limits_D\sqrt{x^2+y^2}\,\mathrm{d}x\mathrm{d}y$,

$I_2=\iint\limits_D\sin\sqrt{x^2+y^2}\,\mathrm{d}x\mathrm{d}y$,$I_3=\iint\limits_D(1-\cos\sqrt{x^2+y^2})\,\mathrm{d}x\mathrm{d}y$,则

(A) $I_3<I_2<I_1$. (B) $I_2<I_1<I_3$.

(C) $I_1<I_2<I_3$. (D) $I_2<I_3<I_1$.

【难度】本题的数学二难度值为 0.5-6,数学一、数学三的考生在学习时也应掌握此题.

【答案】A .

【解析】因为$|x|+|y|\leqslant\frac{\pi}{2}$,所以$x^2+y^2\leqslant\left(\frac{\pi}{2}\right)^2$,即$u=\sqrt{x^2+y^2}\in\left[0,\frac{\pi}{2}\right]$.

因为$\sin u\leqslant u$,所以$I_2<I_1$.

因为$\sin\frac{u}{2}\leqslant\cos\frac{u}{2}$,所以$2\sin^2\frac{u}{2}\leqslant2\sin\frac{u}{2}\cos\frac{u}{2}$,即$1-\cos u\leqslant\sin u$,所以$I_3<I_2$.

综上,$I_3<I_2<I_1$,应选 A .

题型考点 二重积分的计算

【试题 30】(19-2.18) 已知平面区域$D=\{(x,y)\mid |x|\leqslant y,(x^2+y^2)^3\leqslant y^4\}$,计算二重积分$\iint\limits_D\frac{x+y}{\sqrt{x^2+y^2}}\mathrm{d}x\mathrm{d}y$.

【难度】本题的数学二难度值为 0.390,数学一、数学三的考生在学习时也应掌握此题.

【解析】$(x^2+y^2)^3=y^4$的极坐标方程为$r=\sin^2\theta$. 因为平面区域D关于y轴对称,所以根据对称性可知:

$$
\begin{aligned}
\iint\limits_D\frac{x+y}{\sqrt{x^2+y^2}}\mathrm{d}x\mathrm{d}y&=\iint\limits_D\frac{x}{\sqrt{x^2+y^2}}\mathrm{d}x\mathrm{d}y+\iint\limits_D\frac{y}{\sqrt{x^2+y^2}}\mathrm{d}x\mathrm{d}y\\
&=0+2\int_{\frac{\pi}{4}}^{\frac{\pi}{2}}\mathrm{d}\theta\int_0^{\sin^2\theta}\frac{r\sin\theta}{r}r\mathrm{d}r\\
&=\int_{\frac{\pi}{4}}^{\frac{\pi}{2}}\sin^5\theta\mathrm{d}\theta=\int_0^{\frac{\pi}{4}}\cos^5\theta\mathrm{d}\theta\\
&=\int_0^{\frac{\pi}{4}}(1-\sin^2\theta)^2\mathrm{d}\sin\theta\\
&=\left(\sin\theta-\frac{2}{3}\sin^3\theta+\frac{1}{5}\sin^5\theta\right)\Big|_0^{\frac{\pi}{4}}\\
&=\left(\frac{\sqrt{2}}{2}-\frac{1}{3}\cdot\frac{\sqrt{2}}{2}+\frac{1}{20}\frac{\sqrt{2}}{2}\right)=\frac{43\sqrt{2}}{120}.
\end{aligned}
$$

1.7 无穷级数(数学一、数学三)

题型考点 数项级数敛散性的判定

【试题 31】(19-1.3) 设$\{u_n\}$是单调增加的有界数列,则下列级数中收敛的是

(A) $\sum\limits_{n=1}^{\infty}\frac{u_n}{n}$.　　(B) $\sum\limits_{n=1}^{\infty}(-1)^n\frac{1}{u_n}$.

(C) $\sum\limits_{n=1}^{\infty}\left(1-\frac{u_n}{u_{n+1}}\right)$.　　(D) $\sum\limits_{n=1}^{\infty}(u_{n+1}^2-u_n^2)$.

【难度】本题的数学一难度值为 0.294,数学三的考生在学习时也应掌握此题.

【答案】D.

【解析】对于 A 选项,若取$u_n=-\frac{1}{\ln(n+1)}$,满足题设,但$-\sum\limits_{n=1}^{\infty}\frac{1}{n\ln(n+1)}$发散.

对于 B 选项,若取$u_n=-\frac{1}{n}$,满足题设,但$\sum\limits_{n=1}^{\infty}(-1)^n\frac{1}{u_n}=\sum\limits_{n=1}^{\infty}(-1)^{n+1}n$发散.

对于 C 选项,若取$u_n=-\frac{1}{n}$,满足题设,但$\sum\limits_{n=1}^{\infty}\left(1-\frac{u_n}{u_{n+1}}\right)=\sum\limits_{n=1}^{\infty}\left(1-\frac{-\frac{1}{n}}{-\frac{1}{n+1}}\right)=-\sum\limits_{n=1}^{\infty}\frac{1}{n}$发散.

对于 D 选项,因为$\{u_n\}$是单调增加的有界数列,故$\lim\limits_{n\to\infty}u_n$存在,记为$A$,则$\sum\limits_{n=1}^{\infty}(u_{n+1}^2-u_n^2)=\lim\limits_{n\to\infty}(u_{n+1}^2-u_1^2)=A^2-u_1^2$,收敛.

综上,应选 D.

【试题 32】(19-3.4) 若$\sum\limits_{n=1}^{\infty}nu_n$绝对收敛,$\sum\limits_{n=1}^{\infty}\frac{v_n}{n}$条件收敛,则

(A) $\sum\limits_{n=1}^{\infty}u_nv_n$条件收敛.　　(B) $\sum\limits_{n=1}^{\infty}u_nv_n$绝对收敛.

(C) $\sum\limits_{n=1}^{\infty}(u_n+v_n)$收敛.　　(D) $\sum\limits_{n=1}^{\infty}(u_n+v_n)$发散.

【难度】本题的数学三难度值为 0.401,数学一的考生在学习时也应掌握此题.

【答案】B.

【解析】因为$\sum\limits_{n=1}^{\infty}\frac{v_n}{n}$条件收敛,所以$\lim\limits_{n\to\infty}\frac{v_n}{n}=0$,故$\lim\limits_{n\to\infty}\left|\frac{u_nv_n}{nu_n}\right|=\lim\limits_{n\to\infty}\left|\frac{v_n}{n}\right|=0$,又因为$\sum\limits_{n=1}^{\infty}nu_n$绝对收敛,所以$\sum\limits_{n=1}^{\infty}|u_nv_n|$收敛,即$\sum\limits_{n=1}^{\infty}u_nv_n$绝对收敛,故应选 B.

若取$u_n=\frac{1}{n^3}$,$v_n=(-1)^n$,满足题设,但$\sum\limits_{n=1}^{\infty}(u_n+v_n)=\sum\limits_{n=1}^{\infty}u_n+\sum\limits_{n=1}^{\infty}v_n$发散,故排除 C 选项.

若取$u_n=\frac{1}{n^3}$,$v_n=(-1)^n\frac{1}{\ln(n+1)}$,满足题设,但$\sum\limits_{n=1}^{\infty}(u_n+v_n)=\sum\limits_{n=1}^{\infty}u_n+\sum\limits_{n=1}^{\infty}v_n$发散,故排除 D 选项.

题型考点　幂级数求和函数

【试题 33】(19-1.11)　幂级数 $\sum_{n=0}^{\infty}\frac{(-1)^n}{(2n)!}x^n$ 在内 $(0,+\infty)$ 的和函数 $S(x)=$ ______.

【难度】 本题的数学一难度值为 0.199,数学三的考生在学习时也应掌握此题.

【答案】 $\cos\sqrt{x}$.

【解析】 $S(x)=\sum_{n=0}^{\infty}\frac{(-1)^n}{(2n)!}(\sqrt{x})^{2n}=\cos\sqrt{x}$.

1.8　空间解析几何与场论初步(数学一)

题型考点　方向导数

【试题 34】(19-1.16)　设 a,b 为实数,函数 $z=2+ax^2+by^2$ 在点 $(3,4)$ 处的方向导数中,沿方向 $l=-3i-4j$ 的方向导数最大,最大值为 10.

(1)求 a,b;

(2)求曲面 $z=2+ax^2+by^2(z\geqslant 0)$ 的面积.

【难度】 本题的数学一难度值为 0.407.

【解析】(1)由题可知:

$$\mathbf{grad}z\big|_{(3,4)}=(2ax\boldsymbol{i}+2by\boldsymbol{j})\big|_{(3,4)}=6a\boldsymbol{i}+8b\boldsymbol{j}\,/\!/-3\boldsymbol{i}-4\boldsymbol{j},\text{即}\frac{6a}{-3}=\frac{8b}{-4},$$

$$|\mathbf{grad}z\big|_{(3,4)}|=|6a\boldsymbol{i}+8b\boldsymbol{j}|=\sqrt{36a^2+64b^2}=10,$$

解得 $\begin{cases}a=-1\\b=-1\end{cases}$ 或 $\begin{cases}a=1\\b=1\end{cases}$ (舍去).

(2)记 $\sum=\{(x,y,z)\mid z=2+x^2+y^2,z\geqslant 0\}$,则曲面面积

$$S=\iint_{\Sigma}\mathrm{d}S=\iint_{x^2+y^2\leqslant 2}\sqrt{1+4x^2+4y^2}\,\mathrm{d}x\mathrm{d}y$$

$$=\int_0^{2\pi}\mathrm{d}\theta\int_0^{\sqrt{2}}\sqrt{1+4r^2}\cdot r\mathrm{d}r$$

$$=2\pi\cdot\frac{1}{8}\cdot\frac{2}{3}(1+4r^2)^{\frac{3}{2}}\Big|_0^{\sqrt{2}}$$

$$=\frac{13}{3}\pi.$$

1.9　三重积分、曲线积分、曲面积分(数学一)

题型考点　形心

【试题 35】(19-1.19)　设 Ω 是由锥面 $x^2+(y-z)^2=(1-z)^2(0\leqslant z\leqslant 1)$ 与平面 $z=0$ 围成的椎体,求 Ω 的形心坐标.

【难度】 本题的数学一难度值为 0.222.

【解析】易知 Ω 关于 yoz 面对称，所以 $\bar{x}=0$.

因为

$$\iiint\limits_{\Omega} y\mathrm{d}V = \int_0^1 \mathrm{d}z \iint\limits_{x^2+(y-z)^2\leqslant(1-z)^2} y\mathrm{d}x\mathrm{d}y$$

$$\xlongequal{y-z=u} \int_0^1 \mathrm{d}z \iint\limits_{x^2+u^2\leqslant(1-z)^2} (u+z)\mathrm{d}x\mathrm{d}u$$

$$= \int_0^1 \mathrm{d}z \int_0^{2\pi} \mathrm{d}\theta \int_0^{1-z} (r\sin\theta + z) r\mathrm{d}r$$

$$= \int_0^1 \mathrm{d}z \int_0^{2\pi} \left[\frac{1}{3}(1-z)^3\sin\theta + \frac{1}{2}z(1-z)^2\right]\mathrm{d}\theta$$

$$= \int_0^1 \pi z(1-z)^2\mathrm{d}z = \frac{\pi}{12}.$$

$$\iiint\limits_{\Omega} z\mathrm{d}V = \int_0^1 \mathrm{d}z \iint\limits_{x^2+(y-z)^2\leqslant(1-z)^2} z\mathrm{d}x\mathrm{d}y = \int_0^1 \pi z(1-z)^2\mathrm{d}z = \frac{\pi}{12}.$$

$$\iiint\limits_{\Omega} \mathrm{d}V = \int_0^1 \mathrm{d}z \iint\limits_{x^2+(y-z)^2\leqslant(1-z)^2} \mathrm{d}x\mathrm{d}y = \int_0^1 \pi(1-z)^2\mathrm{d}z = \frac{\pi}{3}.$$

所以 $\bar{y} = \dfrac{\iiint\limits_{\Omega} y\mathrm{d}V}{\iiint\limits_{\Omega} \mathrm{d}V} = \dfrac{1}{4}$，$\bar{z} = \dfrac{\iiint\limits_{\Omega} z\mathrm{d}V}{\iiint\limits_{\Omega} \mathrm{d}V} = \dfrac{1}{4}$，所以 Ω 的形心坐标为 $\left(0,\dfrac{1}{4},\dfrac{1}{4}\right)$.

题型考点　曲线积分与路径无关

【试题 36】(19-1.4)　设函数 $Q(x,y)=\dfrac{x}{y^2}$，如果对上半平面 $(y>0)$ 内的任意有向光滑封闭曲线 C 都有 $\oint\limits_C P(x,y)\mathrm{d}x + Q(x,y)\mathrm{d}y = 0$，那么函数 $P(x,y)$ 可取为

(A) $y-\dfrac{x^2}{y^3}$.　　(B) $\dfrac{1}{y}-\dfrac{x^2}{y^3}$.　　(C) $\dfrac{1}{x}-\dfrac{1}{y}$.　　(D) $x-\dfrac{1}{y}$.

【难度】本题的数学一难度值为 0.679.

【答案】D .

【解析】由题可知，曲线积分与路径无关，故应满足 $\dfrac{\partial Q}{\partial x}=\dfrac{\partial P}{\partial y}=\dfrac{1}{y^2}$，且在上半平面 $(y>0)$ 内连续 . AB 选项不满足 $\dfrac{\partial P}{\partial y}=\dfrac{1}{y^2}$，C 选项 $P(x,y)$ 在 $x=0$ 时不连续，D 选项符合题意，故应选 D .

题型考点　第二类曲面积分

【试题 37】(19-1.12)　设 $\sum$ 为曲面 $x^2+y^2+4z^2=4(z\geqslant 0)$ 的上侧，则 $\iint\limits_{\Sigma}\sqrt{4-x^2-4z^2}\,\mathrm{d}x\mathrm{d}y=$ ________.

【难度】本题的数学一难度值为 0.183.

【答案】$\frac{32}{3}$.

【解析】$\iint\limits_{\Sigma}\sqrt{4-x^2-4z^2}\,\mathrm{d}x\mathrm{d}y=\iint\limits_{D:x^2+y^2\leqslant 4}|y|\,\mathrm{d}x\mathrm{d}y=4\int_0^{\frac{\pi}{2}}\mathrm{d}\theta.\int_0^2 r\sin\theta\cdot r\mathrm{d}r$

$$=4(-\cos\theta)\Big|_0^{\frac{\pi}{2}}\cdot\frac{1}{3}r^3\Big|_0^2$$

$$=\frac{32}{3}.$$

第二部分 线性代数试题解析

2.1 行列式与矩阵

题型考点 代数余子式之和

【试题 38】(19-2.14) 已知矩阵 $\boldsymbol{A}=\begin{pmatrix}1&-1&0&0\\-2&1&-1&1\\3&-2&2&-1\\0&0&3&4\end{pmatrix}$,$A_{ij}$ 表示 $|\boldsymbol{A}|$ 中 (i,j) 元的代数余子式,则 $A_{11}-A_{12}=$________.

【难度】本题的数学二难度值为 0.360,数学一、数学三的考生在学习时也应掌握此题.

【答案】-4.

【解析】$A_{11}-A_{12}=\begin{vmatrix}1&-1&0&0\\-2&1&-1&1\\3&-2&2&-1\\0&0&3&4\end{vmatrix}=\begin{vmatrix}3&-2&1&-1\\-2&1&-1&1\\3&-2&2&-1\\0&0&3&4\end{vmatrix}=\begin{vmatrix}3&-2&1&-1\\-2&1&-1&1\\0&0&1&0\\0&0&3&4\end{vmatrix}$

$$=\begin{vmatrix}3&-2\\-2&1\end{vmatrix}\cdot\begin{vmatrix}1&0\\3&4\end{vmatrix}=-4.$$

题型考点 矩阵的秩

【试题 39】(19-2.7;3.5) 设 $\boldsymbol{A}$ 是 4 阶矩阵,$\boldsymbol{A}^*$ 是 $\boldsymbol{A}$ 的伴随矩阵,若线性方程组 $\boldsymbol{A}\boldsymbol{x}=\boldsymbol{0}$ 的基础解系中只有 2 个向量,则 $r(\boldsymbol{A}^*)=$

(A) 0. (B) 1. (C) 2. (D) 3.

【难度】本题的数学二难度值为 0.643,数学三难度值为 0.661,数学一的考生在学习时也应掌握此题.

【答案】A.

【解析】由题可知,$r(\boldsymbol{A})=4-2=2$,所以 $r(\boldsymbol{A}^*)=0$,应选 A.

2.2 向量组与线性方程组

题型考点 线性方程组解的判定

【试题 40】(19-1.6) 如图所示,有 3 张平面两两相交,交线相互平行,它们的方程

$$a_{i1}x+a_{i2}y+a_{i3}z=d_i(i=1,2,3)$$

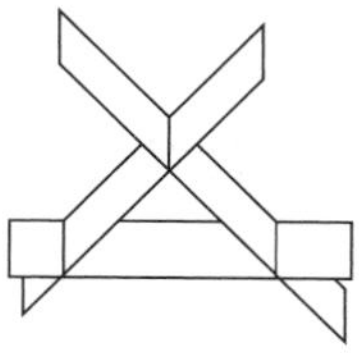

组成的线性方程组的系数矩阵和增广矩阵分别为 $\boldsymbol{A},\overline{\boldsymbol{A}}$,则

(A) $r(\boldsymbol{A})=2,r(\overline{\boldsymbol{A}})=3$. (B) $r(\boldsymbol{A})=2,r(\overline{\boldsymbol{A}})=2$.

(C) $r(\boldsymbol{A})=1,r(\overline{\boldsymbol{A}})=2$. (D) $r(\boldsymbol{A})=1,r(\overline{\boldsymbol{A}})=1$.

【难度】本题的数学一难度值为 0.368,数学二、数学三的考生在学习时也应掌握此题.

【答案】A.

【解析】因为 3 张平面没有交点,即三个方程构成的方程组无解,所以 $r(\boldsymbol{A})\neq r(\overline{\boldsymbol{A}})$. 又因为 3 张平面两两相交,即 3 张平面两两不平行,所以 $r(\boldsymbol{A})\geqslant 2$,故 $r(\boldsymbol{A})=2,r(\overline{\boldsymbol{A}})=3$. 应选 A.

【试题 41】(19-3.13) 已知矩阵 $\boldsymbol{A}=\begin{pmatrix}1&0&-1\\1&1&-1\\0&1&a^2-1\end{pmatrix},\boldsymbol{b}=\begin{pmatrix}0\\1\\a\end{pmatrix}$. 若线性方程组 $\boldsymbol{Ax}=\boldsymbol{b}$ 有无穷多解,则 $a=$________.

【难度】本题的数学三难度值为 0.832,数学一、数学二的考生在学习时也应掌握此题.

【答案】1.

【解析】$(\boldsymbol{A},\boldsymbol{b})=\begin{pmatrix}1&0&-1&0\\1&1&-1&1\\0&1&a^2-1&a\end{pmatrix}\to\begin{pmatrix}1&0&-1&0\\0&1&0&1\\0&0&a^2-1&a-1\end{pmatrix}$,因为 $\boldsymbol{Ax}=\boldsymbol{b}$ 有无穷多解,故 $r(\boldsymbol{A})=r(\boldsymbol{A},\boldsymbol{b})<3$,所以 $a=1$.

题型考点 抽象方程组的通解

【试题 42】(19-1.13) 设 $\boldsymbol{A}=(\boldsymbol{\alpha}_1,\boldsymbol{\alpha}_2,\boldsymbol{\alpha}_3)$ 为 3 阶矩阵,若 $\boldsymbol{\alpha}_1,\boldsymbol{\alpha}_2$ 线性无关,且 $\boldsymbol{\alpha}_3=-\boldsymbol{\alpha}_1+2\boldsymbol{\alpha}_2$,则线性方程组 $\boldsymbol{Ax}=\boldsymbol{0}$ 的通解为________.

【难度】本题的数学一难度值为 0.560,数学二、数学三的考生在学习时也应掌握此题.

【答案】$k(-1,2-1)^T$.

【解析】因为 $\boldsymbol{\alpha}_1,\boldsymbol{\alpha}_2$ 线性无关,且 $\boldsymbol{\alpha}_3=-\boldsymbol{\alpha}_1+2\alpha_2$,所以 $r(\boldsymbol{A})=2$,所以 $\boldsymbol{Ax}=\boldsymbol{0}$ 的基础解系有一个解向量. 因为 $\boldsymbol{A}\begin{pmatrix}-1\\2\\-1\end{pmatrix}=-\boldsymbol{\alpha}_1+2\boldsymbol{\alpha}_2-\boldsymbol{\alpha}_3=0$,所以 $\begin{pmatrix}-1\\2\\-1\end{pmatrix}$ 是 $\boldsymbol{Ax}=\boldsymbol{0}$ 的一个基础解系,故 $\boldsymbol{Ax}=\boldsymbol{0}$ 的通解为 $k(-1,2-1)^T$.

题型考点 向量组的等价

【试题 43】(19-2.22;3.20) 已知向量组

$$\mathrm{I}:\boldsymbol{\alpha}_1=(1,1,4)^T,\boldsymbol{\alpha}_2=(1,0,4)^T,\boldsymbol{\alpha}_3=(1,2,a^2+3)^T$$

$$\mathrm{II}:\boldsymbol{\beta}_1=(1,1,a+3)^T,\boldsymbol{\beta}_2=(0,2,1-a)^T,\boldsymbol{\beta}_3=(1,3,a^2+3)^T.$$

若向量组 I 与 II 等价，求 a 的取值，并将 $\boldsymbol{\beta}_3$ 用 $\boldsymbol{\alpha}_1,\boldsymbol{\alpha}_2,\boldsymbol{\alpha}_3$ 线性表示．

【难度】本题的数学二难度值为 0.378，数学三难度值为 0.428，数学一的考生在学习时也应掌握此题．

【解析】 $(\boldsymbol{\alpha}_1,\boldsymbol{\alpha}_2,\boldsymbol{\alpha}_3,\boldsymbol{\beta}_1,\boldsymbol{\beta}_2,\boldsymbol{\beta}_3)=\begin{pmatrix}1&1&1&1&0&1\\1&0&2&1&2&3\\4&4&a^2+3&a+3&1-a&a^2+3\end{pmatrix}$

$$\to\begin{pmatrix}1&1&1&1&0&1\\0&-1&1&0&2&2\\0&0&a^2-1&a-1&1-a&a^2-1\end{pmatrix},$$

$(\boldsymbol{\beta}_1,\boldsymbol{\beta}_2,\boldsymbol{\beta}_3)\to\begin{pmatrix}1&0&1\\0&1&1\\0&0&a^2-1\end{pmatrix}.$

当 $a\neq\pm1$ 时，$r(\boldsymbol{\alpha}_1,\boldsymbol{\alpha}_2,\boldsymbol{\alpha}_3,\boldsymbol{\beta}_1,\boldsymbol{\beta}_2,\boldsymbol{\beta}_3)=r(\boldsymbol{\alpha}_1,\boldsymbol{\alpha}_2,\boldsymbol{\alpha}_3)=r(\boldsymbol{\beta}_1,\boldsymbol{\beta}_2,\boldsymbol{\beta}_3)=3$，向量组 I 与 II 等价．当 $a=1$ 时，$r(\boldsymbol{\alpha}_1,\boldsymbol{\alpha}_2,\boldsymbol{\alpha}_3,\boldsymbol{\beta}_1,\boldsymbol{\beta}_2,\boldsymbol{\beta}_3)=r(\boldsymbol{\alpha}_1,\boldsymbol{\alpha}_2,\boldsymbol{\alpha}_3)=r(\boldsymbol{\beta}_1,\boldsymbol{\beta}_2,\boldsymbol{\beta}_3)=2$，向量组 I 与 II 等价．当 $a=-1$ 时，$r(\boldsymbol{\alpha}_1,\boldsymbol{\alpha}_2,\boldsymbol{\alpha}_3,\boldsymbol{\beta}_1,\boldsymbol{\beta}_2,\boldsymbol{\beta}_3)=3$，$r(\boldsymbol{\alpha}_1,\boldsymbol{\alpha}_2,\boldsymbol{\alpha}_3)=r(\boldsymbol{\beta}_1,\boldsymbol{\beta}_2,\boldsymbol{\beta}_3)=2$，向量组 I 与 II 不等价．综上，若向量组 I 与 II 等价，则 $a\neq-1$.

当 $a\neq\pm1$ 时，$(\boldsymbol{\alpha}_1,\boldsymbol{\alpha}_2,\boldsymbol{\alpha}_3,\boldsymbol{\beta}_3)\to\begin{pmatrix}1&0&0&1\\0&1&0&-1\\0&0&1&1\end{pmatrix}$，故 $\boldsymbol{\beta}_3=\boldsymbol{\alpha}_1-\boldsymbol{\alpha}_2+\boldsymbol{\alpha}_3$.

当 $a=1$ 时，$(\boldsymbol{\alpha}_1,\boldsymbol{\alpha}_2,\boldsymbol{\alpha}_3,\boldsymbol{\beta}_3)\to\begin{pmatrix}1&0&2&3\\0&1&-1&-2\\0&0&0&0\end{pmatrix}$，设 $\boldsymbol{\beta}_3=x_1\boldsymbol{\alpha}_1+x_2\boldsymbol{\alpha}_2+x_3\boldsymbol{\alpha}_3$，则同解方程组为

$\begin{cases}x_1=-2x_3+3\\x_2=x_3-2\\x_3=x_3\end{cases}$，即 $\begin{cases}x_1=-2k+3\\x_2=k-2\\x_3=k\end{cases}$，所以 $\boldsymbol{\beta}_3=(-2k+3)\boldsymbol{\alpha}_1+(k-2)\boldsymbol{\alpha}_2+k\boldsymbol{\alpha}_3,k\in\mathbf{R}$.

题型考点　向量空间(仅数学一)

【试题 44】(19-1. 20)　设向量组 $\boldsymbol{\alpha}_1=(1,2,1)^T,\boldsymbol{\alpha}_2=(1,3,2)^T,\boldsymbol{\alpha}_3=(1,a,3)^T$ 为 $\mathbf{R}^3$ 的一组基，$\boldsymbol{\beta}=(1,1,1)^T$ 在这组基下的坐标为 $(b,c,1)^T$.

(1) 求 a,b,c 的值；

(2) 证明 $\boldsymbol{\alpha}_2,\boldsymbol{\alpha}_3,\boldsymbol{\beta}$ 为 R^3 的一组基，并求 $\boldsymbol{\alpha}_2,\boldsymbol{\alpha}_3,\boldsymbol{\beta}$ 到 $\boldsymbol{\alpha}_1,\boldsymbol{\alpha}_2,\boldsymbol{\alpha}_3$ 的过渡矩阵．

【难度】本题的数学一难度值为 0.473，数学二、数学三的考生仅作了解．

【解析】(1) 由题可知 $b\boldsymbol{\alpha}_1+c\boldsymbol{\alpha}_2+\boldsymbol{\alpha}_3=\boldsymbol{\beta}$，即 $\begin{cases}b+c+1=1,\\2b+3c+a=1,\\b+2c+3=1,\end{cases}$ 解得 $\begin{cases}a=3,\\b=2,\\c=-2.\end{cases}$

(2)因为 $\boldsymbol{\alpha}_1,\boldsymbol{\alpha}_2,\boldsymbol{\alpha}_3$ 为 $\mathbf{R}^3$ 的一组基,所以 $r(\boldsymbol{\alpha}_1,\boldsymbol{\alpha}_2,\boldsymbol{\alpha}_3)=3$. 由初等列变换可知:$r(\boldsymbol{\alpha}_2,\boldsymbol{\alpha}_3,\boldsymbol{\beta})=r(\boldsymbol{\alpha}_2,\boldsymbol{\alpha}_3,2\boldsymbol{\alpha}_1-2\boldsymbol{\alpha}_2+\boldsymbol{\alpha}_3)=r(\boldsymbol{\alpha}_2,\boldsymbol{\alpha}_3,2\boldsymbol{\alpha}_1)=3$,故 $\boldsymbol{\alpha}_2,\boldsymbol{\alpha}_3,\boldsymbol{\beta}$ 线性无关,所以 $\boldsymbol{\alpha}_2,\boldsymbol{\alpha}_3,\boldsymbol{\beta}$ 为 $\mathbf{R}^3$ 的一组基.

因为$\frac{1}{2}(2\boldsymbol{\alpha}_2-\boldsymbol{\alpha}_3+\boldsymbol{\beta})=\frac{1}{2}(2\boldsymbol{\alpha}_2-\boldsymbol{\alpha}_3+2\boldsymbol{\alpha}_1-2\boldsymbol{\alpha}_2+\boldsymbol{\alpha}_3)=\boldsymbol{\alpha}_1$,$\frac{1}{2}(2\boldsymbol{\alpha}_2+0\boldsymbol{\alpha}_3+0\boldsymbol{\beta})=\boldsymbol{\alpha}_2$,$\frac{1}{2}(0\boldsymbol{\alpha}_2+2\boldsymbol{\alpha}_3+0\boldsymbol{\beta})=\boldsymbol{\alpha}_3$,所以$(\boldsymbol{\alpha}_2,\boldsymbol{\alpha}_3,\boldsymbol{\beta})\cdot\frac{1}{2}\begin{pmatrix}2&2&0\\-1&0&2\\1&0&0\end{pmatrix}=(\boldsymbol{\alpha}_1,\boldsymbol{\alpha}_2,\boldsymbol{\alpha}_3)$,即所求过渡矩阵为$\frac{1}{2}\begin{pmatrix}2&2&0\\-1&0&2\\1&0&0\end{pmatrix}$.

2.3 相似理论与二次型

题型考点 相似矩阵

【试题 45】(19-1.21;2.23;3.21) 设矩阵 $\boldsymbol{A}=\begin{pmatrix}-2&-2&1\\2&x&-2\\0&0&-2\end{pmatrix}$与 $\boldsymbol{B}=\begin{pmatrix}2&1&0\\0&-1&0\\0&0&y\end{pmatrix}$相似,

(1)求 x,y;

(2)求可逆矩阵 $\boldsymbol{P}$ 使得 $\boldsymbol{P}^{-1}\boldsymbol{AP}=\boldsymbol{B}$.

【难度】 本题的数学一难度值为 0.443,数学二难度值为 0.402,数学三难度值为 0.451.

【解析】 (1)因为 $\boldsymbol{A},\boldsymbol{B}$ 相似,所以$\begin{cases}|\boldsymbol{A}|=|\boldsymbol{B}|,\\ tr(\boldsymbol{A})=tr(\boldsymbol{B})\end{cases}$, 即$\begin{cases}-2(-2x+4)=-2y,\\ x-4=y+1,\end{cases}$ 解得 $x=3,y=-2$.

(2)因为$|\lambda\boldsymbol{E}-\boldsymbol{B}|=(\lambda-2)(\lambda+1)(\lambda+2)=0$,所以 $\lambda_1=2,\lambda_2=-1,\lambda_3=-2$.

当 $\lambda_1=2$ 时,解$(2\boldsymbol{E}-\boldsymbol{A})x=0$ 得 $\boldsymbol{\alpha}_1=\begin{pmatrix}1\\-2\\0\end{pmatrix}$;解$(2\boldsymbol{E}-\boldsymbol{B})x=0$ 得 $\boldsymbol{\beta}_1=\begin{pmatrix}1\\0\\0\end{pmatrix}$.

当 $\lambda_2=-1$ 时,解$(-\boldsymbol{E}-\boldsymbol{A})x=0$ 得 $\boldsymbol{\alpha}_2=\begin{pmatrix}2\\-1\\0\end{pmatrix}$;解$(-\boldsymbol{E}-\boldsymbol{B})x=0$ 得 $\boldsymbol{\beta}_2=\begin{pmatrix}-1\\3\\0\end{pmatrix}$.

当 $\lambda_3=-2$ 时,解$(-2\boldsymbol{E}-\boldsymbol{A})x=0$ 得 $\boldsymbol{\alpha}_3=\begin{pmatrix}-1\\2\\4\end{pmatrix}$;解$(-2\boldsymbol{E}-\boldsymbol{B})x=0$ 得 $\boldsymbol{\beta}_3=\begin{pmatrix}0\\0\\1\end{pmatrix}$.

令 $\boldsymbol{P}_1=\begin{pmatrix}1&2&-1\\-2&-1&2\\0&0&4\end{pmatrix}$,$\boldsymbol{P}_2=\begin{pmatrix}1&-1&0\\0&3&0\\0&0&1\end{pmatrix}$,则 $\boldsymbol{P}_1^{-1}\boldsymbol{AP}_1=\boldsymbol{P}_2^{-1}\boldsymbol{BP}_2=\begin{pmatrix}2&&\\&-1&\\&&-2\end{pmatrix}$.

令 $\boldsymbol{P}=\boldsymbol{P}_1\boldsymbol{P}_2^{-1}=\begin{pmatrix}1&2&-1\\-2&-1&2\\0&0&4\end{pmatrix}\begin{pmatrix}1&-1&0\\0&3&0\\0&0&1\end{pmatrix}^{-1}=\begin{pmatrix}1&1&-1\\-2&-1&2\\0&0&4\end{pmatrix}$,则 $\boldsymbol{P}^{-1}\boldsymbol{AP}=\boldsymbol{B}$.

题型考点 二次型的规范形

【试题 46】(19-1.5;2.8;3.6) 设 $\boldsymbol{A}$ 是 3 阶实对称矩阵,$\boldsymbol{E}$ 是 3 阶单位矩阵,若 $\boldsymbol{A}^2+\boldsymbol{A}=2\boldsymbol{E}$,

且$|\boldsymbol{A}|=4$,则二次型 $\boldsymbol{x}^T\boldsymbol{A}\boldsymbol{x}$ 的规范形为

(A) $y_1^2+y_2^2+y_3^2$.　　(B) $y_1^2+y_2^2-y_3^2$.

(C) $y_1^2-y_2^2-y_3^2$.　　(D) $-y_1^2-y_2^2-y_3^2$.

【难度】本题的数学一难度值为 0.608,数学二难度值为 0.601,数学三难度值为 0.579.

【答案】C.

【解析】因为 $\boldsymbol{A}^2+\boldsymbol{A}=2\boldsymbol{E}$,所以 $\lambda^2+\lambda=2$,解得 $\lambda=1$ 或 $\lambda=-2$. 又因为$|\boldsymbol{A}|=4$,所以 $\lambda_1=1,\lambda_2=\lambda_3=-2$,故二次型 $\boldsymbol{x}^T\boldsymbol{A}\boldsymbol{x}$ 的规范形为 $y_1^2-y_2^2-y_3^2$,应选 C.

第三部分　概率论与数理统计试题解析(数学一、数学三)

3.1　事件与概率

题型考点　概率计算公式

【试题 47】(19-1.7;3.7)　设 A,B 为随机事件,则 $P(A)=P(B)$ 充分必要条件是

(A) $P(A\cup B)=P(A)+P(B)$.　　(B) $P(AB)=P(A)P(B)$.

(C) $P(A\overline{B})=P(B\overline{A})$.　　(D) $P(AB)=P(\overline{AB})$.

【难度】本题的数学一难度值为 0.900,数学三难度值为 0.885.

【答案】C.

【解析】由 A 项得 $P(AB)=0$,不符合题意. 由 B 项得 A,B 独立,不符合题意. 由 C 项得 $P(A)-P(AB)=P(B)-P(AB)$,即 $P(A)=P(B)$,符合题意,故应选 C.

由 D 项得 $P(AB)=P(\overline{A\cup B})=1-[P(A)+P(B)-P(AB)]$,即 $P(A)+P(B)=1$,不符合题意.

3.2　随机变量及其分布

题型考点　正态分布

【试题 48】(19-1.8;3.8)　设随机变量 X 和 Y 相互独立,且都服从正态分布 $N(\mu,\sigma^2)$,则 $P\{|X-Y|<1\}$

(A) 与 μ 无关,而与 σ^2 有关.　　(B) 与 μ 有关,而与 σ^2 无关.

(C) 与 μ,σ^2 都有关.　　(D) 与 μ,σ^2 都无关.

【难度】本题的数学一难度值为 0.691,数学三难度值为 0.660.

【答案】A.

【解析】由题可知:$X-Y\sim N(0,2\sigma^2)$,从而$\dfrac{X-Y}{\sqrt{2\sigma^2}}\sim N(0,1)$,所以 $P\{|X-Y|<1\}=P\left\{\left|\dfrac{X-Y}{\sqrt{2\sigma^2}}\right|<\dfrac{1}{\sqrt{2\sigma^2}}\right\}$,只与 σ^2 有关,故应选 A.

题型考点　二维随机变量函数的分布

【试题 49】(19-1.22;3.22)　设随机变量 X 和 Y 相互独立,X 服从参数为 1 的指数分布,Y 的概率分布为

$$P\{Y=-1\}=p,P\{Y=1\}=1-p,(0<p<1).$$

令 $Z=XY$

(1)求 Z 的概率密度;

(2)p 为何值时,X 和 Z 不相关;

(3)X 与 Z 是否相互独立?

【难度】　本题的数学一难度值为 0.350,数学三难度值为 0.373.

【解析】(1)
$$\begin{aligned}F_Z(z)&=P\{Z\leqslant z\}=P\{XY\leqslant z\}\\&=P\{XY\leqslant z,Y=-1\}+P\{XY\leqslant z,Y=1\}\\&=P\{X\geqslant -z,Y=-1\}+P\{X\leqslant z,Y=1\}\\&=P\{X\geqslant -z\}P\{Y=-1\}+P\{X\leqslant z\}P\{Y=1\}\\&=pP\{X\geqslant -z\}+(1-p)P\{X\leqslant z\},\end{aligned}$$

当 $z<0$ 时,$F_Z(z)=p\int_{-z}^{+\infty}e^{-x}dx+0=pe^z$;

当 $z\geqslant 0$ 时,$F_Z(z)=p+(1-p)\int_0^z e^{-x}dx=p+(1-p)(1-e^{-z})$.

因此,$f_Z(z)=F'_Z(z)=\begin{cases}pe^z,z<0,\\(1-p)e^{-z},z\geqslant 0.\end{cases}$

(2)令
$$\begin{aligned}Cov(X,Z)&=EXZ-EX\cdot EZ=EX^2Y-EX\cdot EXY\\&=EX^2\cdot EY-EX\cdot EX\cdot EY\\&=(1+1)(-p+1-p)-1^2\cdot(-p+1-p)\\&=1-2p=0,\end{aligned}$$

则 $p=\frac{1}{2}$,此时 $\rho_{XZ}=\frac{Cov(X,Z)}{\sqrt{DX}\sqrt{DZ}}=0$,即 X 和 Z 不相关.

(3)因为
$$\begin{aligned}P\{X<1,Z<-1\}&=P\{X<1,XY<-1\}\\&=P\{X<1,Y=-1,X>1\}+P\{X<1,Y=1,X<-1\}=0,\end{aligned}$$

$P\{X<1\}=1-e^{-1}$,$P\{Z<-1\}=pe^{-1}$,所以 $P\{X<1,Z<-1\}\neq P\{X<1\}P\{Z<-1\}$,即 X 与 Z 不独立.

3.3　数字特征、大数定理与中心极限定理

题型考点　期望

【试题 50】(19-1.14;3.14)　设随机变量 X 的概率密度为 $f(x)=\begin{cases}\frac{x}{2},0<x<2\\0,\text{其他}\end{cases}$,$F(x)$ 为 X 的

分布函数,EX 为 X 的数学期望,则 $P\{F(X)>EX-1\}=$________.

【难度】本题的数学一难度值为 0.306,数学三难度值为 0.292.

【答案】$\frac{2}{3}$.

【解析】方法一　因为 $F(x)=\begin{cases}0, x<0,\\ \frac{x^2}{4}, 0\leqslant x<2,\\ 1, x\geqslant 2,\end{cases}$ $EX=\int_0^2 x\cdot\frac{x}{2}\mathrm{d}x=\frac{4}{3}$,所以

$$P\{F(X)>EX-1\}=P\left\{\frac{X^2}{4}>\frac{4}{3}-1\right\}=P\left\{X>\frac{2}{\sqrt{3}}\right\}=\int_{\frac{2}{\sqrt{3}}}^2\frac{x}{2}\mathrm{d}x=\frac{2}{3}.$$

方法二　结论:若 $F(x)$ 为 X 的分布函数,则 $Y=F(X)\sim U(0,1)$.

因为 $EX=\int_0^2 x\cdot\frac{x}{2}\mathrm{d}x=\frac{4}{3}$,所以 $P\{F(X)>EX-1\}=P\left\{Y>\frac{1}{3}\right\}=\frac{2}{3}$.

3.4　数理统计初步

题型考点　点估计

【试题 51】(19-1.23;3.23)　设总体 X 的概率密度为

$$f(x;\sigma^2)=\begin{cases}\frac{A}{\sigma}\mathrm{e}^{-\frac{(x-\mu)^2}{2\sigma^2}}, x\geqslant\mu,\\ 0, \qquad x<\mu.\end{cases}$$

其中 μ 的是已知参数,$\sigma>0$ 是未知参数,A 是常数. $X_1,X_2,\cdots,X_n$ 是来自总体 X 的简单随机样本.

(1)求 A;

(2)求 σ^2 的最大似然估计量.

【难度】本题的数学一难度值为 0.503,数学三难度值为 0.444.

【解析】(1) 因为 $\int_{\mu}^{+\infty}\frac{A}{\sigma}\mathrm{e}^{-\frac{(x-\mu)^2}{2\sigma^2}}\mathrm{d}x=A\cdot\sqrt{2\pi}\int_{\mu}^{+\infty}\frac{1}{\sqrt{2\pi}\sigma}\mathrm{e}^{-\frac{(x-\mu)^2}{2\sigma^2}}\mathrm{d}x=\frac{\sqrt{2\pi}}{2}A=1$,所以 $A=\sqrt{\frac{2}{\pi}}$.

(2) 设 $x_1,x_2,\cdots,x_n$ 为相应的样本值,则似然函数 $L(\sigma^2)=\prod_{i=1}^n\sqrt{\frac{2}{\pi\sigma^2}}\mathrm{e}^{-\frac{(x_i-\mu)^2}{2\sigma^2}}$,所以

$$\ln L(\sigma^2)=\sum_{i=1}^n\left[\frac{1}{2}\left(\ln\frac{2}{\pi}-\ln\sigma^2\right)-\frac{(x_i-\mu)^2}{2\sigma^2}\right]$$

$$=\frac{n}{2}\ln\frac{2}{\pi}-\frac{n}{2}\ln\sigma^2-\frac{1}{2\sigma^2}\sum_{i=1}^n(x_i-\mu)^2.$$

令 $\frac{\partial\ln L(\sigma^2)}{\partial\sigma^2}=-\frac{n}{2\sigma^2}+\frac{1}{2\sigma^4}\sum_{i=1}^n(x_i-\mu)^2=0$,得 $\sigma^2=\frac{1}{n}\sum_{i=1}^n(x_i-\mu)^2$,即 σ^2 最大似然估计量为 $\widehat{\sigma^2}=\frac{1}{n}\sum_{i=1}^n(X_i-\mu)^2$.

2020年全国硕士研究生招生考试数学试题分类解析

第一部分　高等数学试题解析

1.1　函数、极限、连续

题型考点　函数的特性

【试题1】(20-3.3)　设奇函数$f(x)$在$(-\infty,+\infty)$上具有连续导数,则________.

(A) $\int_0^x [\cos f(t)+f'(t)]\,dt$ 是奇函数.　　(B) $\int_0^x [\cos f(t)+f'(t)]\,dt$ 是偶函数.

(C) $\int_0^x [\cos f'(t)+f(t)]\,dt$ 是奇函数.　　(D) $\int_0^x [\cos f'(t)+f(t)]\,dt$ 是偶函数.

【答案】A.

【解析】因为$f(x)$为奇函数,所有$f'(x)$为偶函数. 又因为

$$\cos f(-x)=\cos(-f(x))=\cos f(x),$$

所以$\cos f(x)$为偶函数.

根据以上分析可知,$\cos f(x)+f'(x)$为偶函数,所以$\int_0^x \cos f(t)+f'(t)\,dt$为奇函数,故应选A.

题型考点　函数求极限

【试题2】(20-1.9)　$\lim\limits_{x\to 0}\left[\dfrac{1}{e^x-1}-\dfrac{1}{\ln(1+x)}\right]=$________.

【答案】-1.

【解析】$\lim\limits_{x\to 0}\left[\dfrac{1}{e^x-1}-\dfrac{1}{\ln(1+x)}\right]=\lim\limits_{x\to 0}\dfrac{\ln(1+x)-(e^x-1)}{(e^x-1)\ln(1+x)}$

$$=\lim_{x\to 0}\frac{\left[x-\frac{1}{2}x^2+o(x^2)\right]-\left[x+\frac{1}{2}x^2+o(x^2)\right]}{x^2}$$

$$=\lim_{x\to 0}\frac{-x^2+o(x^2)}{x^2}=-1.$$

题型考点　无穷小的比较

【试题3】(20-1.1;2.1)　当$x\to 0^+$时,下列无穷小量中最高阶的是________.

(A) $\int_0^x (e^{t^2}-1)\,dt$.　　(B) $\int_0^x \ln(1+\sqrt{t^3})\,dt$.

(C) $\int_0^{\sin x} \sin t^2\,dt$.　　(D) $\int_0^{1-\cos x} \sqrt{\sin t^3}\,dt$.

【答案】D.

【解析】若$\lim\limits_{x\to0}\frac{f(x)}{g(x)}=1$，则$\lim\limits_{x\to0}\frac{\int_0^x f(t)\,\mathrm{d}t}{\int_0^x g(t)\,\mathrm{d}t}\xlongequal{洛}\lim\limits_{x\to0}\frac{f(x)}{g(x)}=1$，即$x\to0$时，

$$\int_0^x f(t)\,\mathrm{d}t\sim\int_0^x g(t)\,\mathrm{d}t.$$

根据以上结论，$x\to0^+$时：

$$\int_0^x(e^{t^2}-1)\,\mathrm{d}t\sim\int_0^x t^2\mathrm{d}t=\frac{1}{3}x^3;$$

$$\int_0^x\ln(1+\sqrt{t^3})\,\mathrm{d}t\sim\int_0^x t^{\frac{3}{2}}\mathrm{d}t=\frac{2}{5}x^{\frac{5}{2}};$$

$$\int_0^{\sin x}\sin t^2\mathrm{d}t\sim\int_0^{\sin x}t^2\mathrm{d}t=\frac{1}{3}\sin^3x\sim\frac{1}{3}x^3;$$

$$\int_0^{1-\cos x}\sqrt{\sin t^3}\,\mathrm{d}t\sim\int_0^{1-\cos x}t^{\frac{3}{2}}\mathrm{d}t=\frac{2}{5}(1-\cos x)^{\frac{5}{2}}\sim\frac{2}{5}\cdot\left(\frac{1}{2}\right)^{\frac{5}{2}}\cdot x^5;$$

综上，应选 D.

题型考点　极限的反问题——已知极限求另一极限

【试题 4】(20-3.1)　设$\lim\limits_{x\to a}\frac{f(x)-a}{x-a}=b$，则$\lim\limits_{x\to a}\frac{\sin f(x)-\sin a}{x-a}=$________.

(A) $b\sin a$.　(B) $b\cos a$.　(C) $b\sin f(a)$.　(D) $b\cos f(a)$.

【答案】B.

【解析】**方法一**　原式$=\lim\limits_{x\to a}\frac{\sin f(x)-\sin a}{f(x)-a}\cdot\frac{f(x)-a}{x-a}$

$$=b\,(\sin x)'\Big|_{x=a}=b\cos a.$$

故应选 B.

方法二　由题易知：$\lim\limits_{x\to a}f(x)=a$，由拉格朗日中值定理可知：

$$原式=\lim_{x\to a}\frac{[f(x)-a]\cos\xi}{x-a}=b\lim_{x\to a}\cos\xi=b\cos a,$$

其中，ξ介于a与$f(x)$之间，故应选 B.

题型考点　极限的反问题——已知极限求参数

【试题 5】(20-3.15)　设a,b为常数，且当$n\to\infty$时，$\left(1+\frac{1}{n}\right)^n-\mathrm{e}$与$\frac{b}{n^a}$为等价无穷小，求$a,b$的值.

【解析】根据等价无穷小的定义可知：

$$1=\lim_{n\to\infty}\frac{\left(1+\frac{1}{n}\right)^n-\mathrm{e}}{\frac{b}{n^a}}\xlongequal{令\frac{1}{n}=x}\lim_{x\to0^+}\frac{(1+x)^{\frac{1}{x}}-\mathrm{e}}{bx^a}=\lim_{x\to0^+}\frac{\mathrm{e}^{\frac{1}{x}\ln(1+x)}-\mathrm{e}}{bx^a}$$

$$=\frac{e}{b}\lim_{x\to0^+}\frac{e^{\frac{1}{x}\ln(1+x)-1}-1}{x^a}=\frac{e}{b}\lim_{x\to0^+}\frac{\frac{1}{x}\ln(1+x)-1}{x^a}=\frac{e}{b}\lim_{x\to0^+}\frac{\ln(1+x)-x}{x^{a+1}}$$

$$=\frac{e}{b}\lim_{x\to0^+}\frac{-\frac{1}{2}x^2+o(x^2)}{x^{a+1}}$$

所以，$a=1,b=-\frac{e}{2}$.

题型考点　函数的间断点及其类型

【试题 6】(20-2.2;3.2)　函数 $f(x)=\frac{e^{\frac{1}{x-1}}\ln|1+x|}{(e^x-1)(x-2)}$ 的第二类间断点的个数为________.

(A) 1　　(B) 2　　(C) 3　　(D) 4

【答案】 C.

【解析】 函数 $f(x)$ 的间断点为：$1,-1,0,2$.

因为 $\lim\limits_{x\to1^+}f(x)=\frac{\ln2}{-(e-1)}\lim\limits_{x\to1^+}e^{\frac{1}{x-1}}=\infty$，所以 $x=1$ 为 $f(x)$ 的无穷间断点.

因为 $\lim\limits_{x\to-1}f(x)=\frac{e^{-\frac{1}{2}}}{-3(e^{-1}-1)}\lim\limits_{x\to-1}\ln|1+x|=\infty$，所以 $x=-1$ 为 $f(x)$ 的无穷间断点.

因为 $\lim\limits_{x\to0}f(x)=\frac{e^{-1}}{-2}\lim\limits_{x\to0}\frac{\ln|1+x|}{e^x-1}=-\frac{1}{2e}\lim\limits_{x\to0}\frac{\ln(1+x)}{x}=-\frac{1}{2e}$，所以 $x=0$ 为 $f(x)$ 的可去间断点.

因为 $\lim\limits_{x\to2}f(x)=\frac{e\ln3}{e^2-1}\lim\limits_{x\to2}\frac{1}{x-2}=\infty$，所以 $x=2$ 为 $f(x)$ 的无穷间断点.

综上，应选 C.

题型考点　函数的间断点及其类型

【试题 7】(20-2.15)　求函数 $y=\frac{x^{1+x}}{(1+x)^x}(x>0)$ 的斜渐近线.

【解析】 $k=\lim\limits_{x\to+\infty}\frac{y}{x}=\lim\limits_{x\to+\infty}\frac{x^x}{(1+x)^x}=\lim\limits_{x\to+\infty}e^{x\ln x-x\ln(1+x)}$

$$=e^{\lim\limits_{x\to+\infty}-x\ln\left(1+\frac{1}{x}\right)}=e^{\lim\limits_{x\to+\infty}-x\cdot\frac{1}{x}}=e^{-1},$$

$$b=\lim_{x\to+\infty}(y-kx)=\lim_{x\to+\infty}\left[\frac{x^{1+x}}{(1+x)^x}-e^{-1}x\right]$$

$$=\lim_{x\to+\infty}x\left[\frac{x^x}{(1+x)^x}-e^{-1}\right]=\lim_{x\to+\infty}x\left[e^{-x\ln\left(1+\frac{1}{x}\right)}-e^{-1}\right]$$

$$=e^{-1}\lim_{x\to+\infty}x\left[e^{-x\ln\left(1+\frac{1}{x}\right)+1}-1\right]=\frac{1}{e}\lim_{x\to+\infty}x\left[-x\ln\left(1+\frac{1}{x}\right)+1\right]$$

$$\xlongequal{\frac{1}{x}=t}\frac{1}{e}\lim_{t\to0^+}\frac{t-\ln(1+t)}{t^2}=\frac{1}{e}\lim_{t\to0^+}\frac{\frac{1}{2}t^2+o(t^2)}{t^2}=\frac{1}{2e},$$

所以，函数的斜渐近线为：$y=\frac{1}{e}x+\frac{1}{2e}$.

1.2 一元函数微分学

题型考点 导数的定义

【试题 8】(20-1.2) 设函数 $f(x)$ 在区间 $(-1,1)$ 内有定义，且 $\lim\limits_{x\to0}f(x)=0$，则________.

(A) 当 $\lim\limits_{x\to0}\frac{f(x)}{\sqrt{|x|}}=0$ 时，$f(x)$ 在 $x=0$ 处可导.

(B) 当 $\lim\limits_{x\to0}\frac{f(x)}{x^2}=0$ 时，$f(x)$ 在 $x=0$ 处可导.

(C) 当 $f(x)$ 在 $x=0$ 处可导时，$\lim\limits_{x\to0}\frac{f(x)}{\sqrt{|x|}}=0$.

(D) 当 $f(x)$ 在 $x=0$ 处可导时，$\lim\limits_{x\to0}\frac{f(x)}{x^2}=0$.

【答案】C.

【解析】对于 C 选项，因为 $f(x)$ 在 $x=0$ 处可导，所以 $f(x)$ 在 $x=0$ 处连续，所以 $f(0)=\lim\limits_{x\to0}f(x)=0$.

因为 $f'(0)=\lim\limits_{x\to0}\frac{f(x)-f(0)}{x-0}=\lim\limits_{x\to0}\frac{f(x)}{x}$ 存在，所以

$$\lim_{x\to0}\frac{f(x)}{\sqrt{|x|}}=\lim_{x\to0}\frac{f(x)}{x}\cdot\frac{x}{\sqrt{|x|}}=f'(0)\cdot0=0.$$

对于 AB 选项，因为极限存在与 $f(0)$ 无关，所以举特例 $f(x)=\begin{cases}x^3, x\neq0,\\1, x=0,\end{cases}$ 均可排除.

对于 D 选项，举特例 $f(x)=x$ 可排除.

题型考点 导数的几何意义

【试题 9】(20-3.10) 曲线 $x+y+e^{2xy}=0$ 在 $(0,-1)$ 处的切线方程为________.

【答案】$y=x-1$.

【解析】方程两边对 x 求导得：

$$1+y'+e^{2xy}(2y+2xy')=0,$$

带入 $x=0, y=-1$ 得：$y'(0)=1$. 所以，曲线在 $(0,-1)$ 处的切线方程为

$$y-(-1)=1\cdot(x-0),$$

即 $y=x-1$.

题型考点 参数方程求导

【试题 10】(20-1.10;2.9) 设 $\begin{cases}x=\sqrt{t^2+1},\\y=\ln(t+\sqrt{t^2+1}),\end{cases}$ 则 $\left.\frac{d^2y}{dx^2}\right|_{t=1}=$________.

【答案】$-\sqrt{2}$.

【解析】$$\frac{dy}{dx}=\frac{y'(t)}{x'(t)}=\frac{\frac{1}{t+\sqrt{t^2+1}}\cdot\left(1+\frac{t}{\sqrt{t^2+1}}\right)}{\frac{t}{\sqrt{t^2+1}}}=\frac{\frac{1}{\sqrt{t^2+1}}}{\frac{t}{\sqrt{t^2+1}}}=\frac{1}{t},$$

$$\frac{\mathrm{d}^2y}{\mathrm{d}x^2}=\frac{-\frac{1}{t^2}}{\frac{t}{\sqrt{t^2+1}}}=-\frac{\sqrt{t^2+1}}{t^3},$$

所以 $\left.\frac{\mathrm{d}^2y}{\mathrm{d}x^2}\right|_{t=1}=-\sqrt{2}$.

题型考点　变限积分函数求导

【试题 11】(20-2.16)　设 $f(x)$ 连续，且 $\lim\limits_{x\to0}\frac{f(x)}{x}=1$，$g(x)=\int_0^1 f(xt)\mathrm{d}t$，求 $g'(x)$ 并证明 $g'(x)$ 在 $x=0$ 处连续.

【解析】(1)因为 $\lim\limits_{x\to0}\frac{f(x)}{x}=1$，所以 $\lim\limits_{x\to0}f(x)=0$，因为 $f(x)$ 连续，所以 $f(0)=0$.

当 $x\neq0$ 时，令 $xt=u$，则 $g(x)=\frac{1}{x}\int_0^x f(u)\mathrm{d}u$，所以，

$$g'(x)=\frac{xf(x)-\int_0^x f(u)\mathrm{d}u}{x^2}.$$

当 $x=0$ 时，$g(0)=\int_0^1 f(0)\mathrm{d}t=0$，所以，

$$g'(0)=\lim_{x\to0}\frac{g(x)-g(0)}{x-0}=\lim_{x\to0}\frac{\int_0^x f(u)\mathrm{d}u}{x^2}=\lim_{x\to0}\frac{f(x)}{2x}=\frac{1}{2}.$$

所以，$g'(x)=\begin{cases}\dfrac{xf(x)-\int_0^x f(u)\mathrm{d}u}{x^2}, & x\neq0,\\ \dfrac{1}{2}, & x=0.\end{cases}$

(2)因为 $\lim\limits_{x\to0}g'(x)=\lim\limits_{x\to0}\frac{xf(x)-\int_0^x f(u)\mathrm{d}u}{x^2}$

$$=\lim_{x\to0}\frac{f(x)}{x}-\lim_{x\to0}\frac{\int_0^x f(u)\mathrm{d}u}{x^2}=1-\frac{1}{2}=\frac{1}{2}=g'(0),$$

所以，$g'(x)$ 在 $x=0$ 处连续.

题型考点　高阶导数

【试题 12】(20-2.4)　已知 $f(x)=x^2\ln(1-x)$，当 $n\geqslant3$ 时，$f^{(n)}(0)=$

(A) $-\frac{n!}{n-2}$　　(B) $\frac{n!}{n-2}$　　(C) $-\frac{(n-2)!}{n}$　　(D) $\frac{(n-2)!}{n}$

【答案】A.

【解析】根据泰勒公式可知：

$$f(x)=x^2\left[-x-\frac{1}{2}(-x)^2+\cdots+(-1)^{n-3}\frac{1}{n-2}(-x)^{n-2}+\cdots\right]$$

$$=-x^3-\frac{1}{2}x^4+\cdots+(^-1)2n-5\frac{1}{n-2}x^n+\cdots,$$

对比 x^n 的系数可知：$\frac{f^{(n)}(0)}{n!}=-\frac{1}{n-2}$，所以，$f^{(n)}(0)=-\frac{n!}{n-2}$，故应选 A.

题型考点　导数的应用——单调性

【试题 13】(20-2.6)　设函数 $f(x)$ 在区间 $[-2,2]$ 上可导，且 $f'(x)>f(x)>0$，则

(A) $\frac{f(-2)}{f(-1)}>1$.　　(B) $\frac{f(0)}{f(-1)}>e$.　　(C) $\frac{f(0)}{f(-1)}<e^2$.　　(D) $\frac{f(2)}{f(-1)}<e^3$.

【答案】 B.

【解析】方法一　因为 $f'(x)>f(x)>0$，所以 $\frac{f'(x)}{f(x)}>1$.

当 $-2\leqslant x<-1$ 时，$\int_x^{-1}\frac{f'(t)}{f(t)}dt>\int_x^{-1}1dt$，即

$$\ln f(t)\Big|_x^{-1}=\ln f(-1)-\ln f(x)=-\ln\frac{f(x)}{f(-1)}>-1-x,$$

所以，$\frac{f(x)}{f(-1)}<e^{x+1}$，所以 $\frac{f(-2)}{f(-1)}<e^{-1}$.

当 $-1<x\leqslant 2$ 时，$\int_{-1}^x\frac{f'(t)}{f(t)}dt>\int_{-1}^x 1dt$，即

$$\ln f(t)\Big|_{-1}^x=\ln f(x)-\ln f(-1)=\ln\frac{f(x)}{f(-1)}>x+1,$$

所以，$\frac{f(x)}{f(-1)}>e^{x+1}$，所以 $\frac{f(0)}{f(-1)}>e$，$\frac{f(2)}{f(-1)}>e^3$，故应选 B.

方法二　取 $f(x)=e^{2x}$，则 $f'(x)=2e^{2x}>f(x)>0$.

因为 $f(-2)=e^{-4}$，$f(-1)=e^{-2}$，$f(0)=1$，$f(2)=e^4$，所以 $\frac{f(-2)}{f(-1)}=e^{-2}<1$，排除 A 选项；$\frac{f(0)}{f(-1)}=e^2$，排除 C 选项；$\frac{f(2)}{f(-1)}=e^6>e^3$，排除 D 选项；故应选 B.

方法三　令 $F(x)=e^{-x}f(x)$，则 $F'(x)=e^{-x}[f'(x)-f(x)]>0$，所以 $F(x)$ 单调递增，从而有 $F(2)>F(0)>F(-1)>F(-2)$.

化简 $F(-1)>F(-2)$，即 $ef(-1)>e^2f(-2)$，得：$\frac{f(-2)}{f(-1)}>e^{-1}$，所以 A 选项不正确.

化简 $F(0)>F(-1)$，即 $f(0)>ef(-1)$，得：$\frac{f(0)}{f(-1)}>e$，所以 B 选项正确，C 选项不正确.

化简 $F(2)>F(-1)$，即 $e^{-2}f(2)>ef(-1)$，得：$\frac{f(2)}{f(-1)}>e^3$，所以 D 选项不正确.

综上，应选 B.

题型考点　导数的经济学应用(仅数学三)

【试题 14】(29−3. 11)　设产量为 Q,单价为 P,厂商成本函数为 $C(Q)=100+13Q$,需求函数为 $Q(P)=\dfrac{800}{P+3}-2$,则工厂取得最大利润时的产量为________.

【答案】8.

【解析】由 $Q(P)=\dfrac{800}{P+3}-2$ 得 $P=\dfrac{800}{Q+2}-3$. 所以

$$\begin{aligned}L(Q)&=PQ-C(Q)\\&=\left(\frac{800}{Q+2}-3\right)Q-(100+13Q)\\&=-\frac{1600}{Q+2}-16Q+700.\end{aligned}$$

令 $L'(Q)=\dfrac{1600}{(Q+2)^2}-16=0$,得:$Q=8$.

又因为 $L'(8)=-\dfrac{3200}{(Q+2)^3}\Bigg|_{Q=8}<0$,所以 $L(Q)$ 在 $Q=8$ 时取最大值.

题型考点　微分中值定理的证明

【试题 15】(20 − 2. 20)　设函数 $f(x)=\int_1^x e^{t^2}dt$,证明:

(1) 存在 $\xi\in(1,2)$,使 $f(\xi)=(2-\xi)e^{\xi^2}$.

(2) 存在 $\eta\in(1,2)$,使 $f(2)=\ln2\cdot\eta e^{\eta^2}$.

【解析】(1)令 $F(x)=f(x)-(2-x)e^{x^2}$,则

$$F(1)=f(1)-e=-e<0,F(2)=f(2)=\int_1^2 e^{t^2}dt>0,$$

所以,由零点定理可知:存在 $\xi\in(1,2)$ 使得 $F(\xi)=0$,即 $f(\xi)=(2-\xi)e^{\xi^2}$.

(2)**方法一**　令 $G(x)=f(2)\ln x-\ln2f(x)$,则

$$G(1)=f(2)\ln1-\ln2f(1)=0,$$

$$G(2)=f(2)\ln2-\ln2f(2)=0,$$

由罗尔定理可知:存在 $\eta\in(1,2)$,使得

$$G'(\eta)=\frac{f(2)}{\eta}-\ln2f'(\eta)=\frac{f(2)}{\eta}-\ln2\cdot e^{\eta^2}=0,$$

即 $f(2)=\ln2\cdot\eta e^{\eta^2}$.

方法二　令 $g(x)=\ln x$,则由柯西中值定理可知:存在 $\eta\in(1,2)$,使得

$$\frac{f(2)-f(1)}{g(2)-g(1)}=\frac{f'(\eta)}{g'(\eta)},\text{即}\frac{f(2)}{\ln2}=\frac{e^{\eta^2}}{\frac{1}{\eta}},$$

所以,$f(2)=\ln2\cdot\eta e^{\eta^2}$.

【试题 16】(20-1.19;3.19) 设函数 $f(x)$ 在区间 $[0,2]$ 上具有连续导数,已知 $f(0)=f(2)=0, M=\max\limits_{x\in[0,2]}\{|f(x)|\}$.

证明:(1)存在 $\xi\in(0,2)$,使得 $|f'(\xi)|\geqslant M$.

(2)若对任意的 $x\in(0,2)$,$|f'(x)|\leqslant M$,则 $M=0$.

【解析】(1)设 $|f(x)|$ 在 $x=x_0$ 处取最大值 M,即 $|f(x_0)|=M$.

若 $x_0=0$ 或 $x_0=2$,则 $M=0$,结论成立.

若 $x_0\in(0,1]$,则由拉格朗日中值定理可知:存在 $\xi\in(0,x_0)\subset(0,2)$,使得

$$f'(\xi)=\frac{f(x_0)-f(0)}{x_0-0}=\frac{f(x_0)}{x_0},$$

所以 $|f'(\xi)|=\dfrac{|f(x_0)|}{x_0}=\dfrac{M}{x_0}\geqslant M$.

若 $x_0\in(1,2)$,则由拉格朗日中值定理可知:存在 $\xi\in(x_0,2)\subset(0,2)$,使得

$$f'(\xi)=\frac{f(2)-f(x_0)}{2-x_0}=\frac{-f(x_0)}{2-x_0},$$

所以 $|f'(\xi)|=\dfrac{|f(x_0)|}{2-x_0}=\dfrac{M}{2-x_0}>M$.

综上,存在 $\xi\in(0,2)$,使得 $|f'(\xi)|\geqslant M$.

(2)假设 $M>0$,则 $x_0\in(0,2)$,且 $f'(x_0)=0$.

由题易知,$|f'(x)|$ 在 $x=x_0$ 处连续,所以 $\lim\limits_{x\to x_0}|f'(x)|=|f'(x_0)|=0<M$,由极限的局部保号性可知,存在 $\delta>0$,当 $x\in(x_0-\delta,x_0)$ 或 $x\in(x_0,x_0+\delta)$ 时,$|f'(x)|<M$.

若 $x_0\in(0,1]$,则 $M=|f(x_0)|=\left|\int_0^{x_0}f'(x)\mathrm{d}x\right|\leqslant\int_0^{x_0}|f'(x)|\mathrm{d}x<\int_0^{x_0}M\mathrm{d}x=Mx_0$,所以 $1<x_0$,矛盾.

若 $x_0\in(1,2)$,则 $M=|f(x_0)|=\left|\int_{x_0}^2 f'(x)\mathrm{d}x\right|\leqslant\int_{x_0}^2|f'(x)|\mathrm{d}x<\int_{x_0}^2 M\mathrm{d}x=(2-x_0)M$,所以 $1<2-x_0$,即 $x_0<1$,矛盾.

综上,假设不成立,故结论成立.

1.3 一元函数积分学

题型考点 定积分的计算

【试题 17】(20-2.3) $\displaystyle\int_0^1\frac{\arcsin\sqrt{x}}{\sqrt{x(1-x)}}\mathrm{d}x=$

(A) $\dfrac{\pi^2}{4}$　　(B) $\dfrac{\pi^2}{8}$　　(C) $\dfrac{\pi}{4}$　　(D) $\dfrac{\pi}{8}$

【答案】A.

【解析】原式 $=2\displaystyle\int_0^1\frac{\arcsin\sqrt{x}}{\sqrt{1-x}}\mathrm{d}\sqrt{x}=2\int_0^1\arcsin\sqrt{x}\,\mathrm{d}\arcsin\sqrt{x}=\left(\arcsin\sqrt{x}\right)^2\Big|_0^1=\frac{\pi^2}{4}$,故应选 A.

题型考点　定积分的几何应用——求体积

【试题 18】(20-3.12)　设平面区域 $D=\left\{(x,y)\,\middle|\,\frac{x}{2}\leqslant y\leqslant\frac{1}{1+x^2},0\leqslant x\leqslant 1\right\}$，则 D 绕 y 轴旋转所形成的旋转体体积为________．

【答案】 $\left(\ln 2-\frac{1}{3}\right)\pi$.

【解析】

$$V=\int_0^1 2\pi x\left(\frac{1}{1+x^2}-\frac{x}{2}\right)\mathrm{d}x$$

$$=\pi\left[\ln(1+x^2)-\frac{1}{3}x^3\right]\Bigg|_0^1$$

$$=\left(\ln 2-\frac{1}{3}\right)\pi.$$

【试题 19】(20-2.18)　设 $f(x)$ 在 $(0,+\infty)$ 有定义，且满足 $2f(x)+x^2f\left(\frac{1}{x}\right)=\frac{x^2+2x}{\sqrt{1+x^2}}$，求：

(1) $f(x)$；

(2) 直线 $y=f(x)$，$y=\frac{1}{2}$，$y=\frac{\sqrt{3}}{2}$ 以及 y 轴所围图形绕 x 轴旋转一周而成的旋转体的体积．

【解析】 (1) 由题可知：$2f\left(\frac{1}{x}\right)+\frac{1}{x^2}f(x)=\frac{\frac{1}{x^2}+\frac{2}{x}}{\sqrt{1+\frac{1}{x^2}}}=\frac{2x+1}{x\sqrt{x^2+1}}$，与原式联立，消去 $f\left(\frac{1}{x}\right)$ 得：

$$3f(x)=\frac{2(x^2+2x)}{\sqrt{x^2+1}}-\frac{2x^2+x}{\sqrt{x^2+1}}=\frac{3x}{\sqrt{x^2+1}},$$

所以 $f(x)=\frac{x}{\sqrt{x^2+1}}$，$x\in(0,+\infty)$．

(2)
$$V=\int_{\frac{1}{2}}^{\frac{\sqrt{3}}{2}}2\pi y\cdot\frac{y}{\sqrt{1-y^2}}\mathrm{d}y\xlongequal{y=\sin t}2\pi\int_{\frac{\pi}{6}}^{\frac{\pi}{3}}\sin^2 t\,\mathrm{d}t$$

$$=\pi\int_{\frac{\pi}{6}}^{\frac{\pi}{3}}(1-\cos 2t)\mathrm{d}t=\pi\left(t-\frac{1}{2}\sin 2t\right)\Bigg|_{\frac{\pi}{6}}^{\frac{\pi}{3}}=\frac{\pi^2}{6}.$$

题型考点　定积分的物理应用——静水压力(仅数学一、数学二)

【试题 20】(20-2.12)　斜边长为 $2a$ 的等腰直角三角形平板铅直的沉浸在水中，且斜边与水面相齐，设重力加速度为 g，水的密度为 ρ，则该平板一侧所受的水压力为________．

【答案】 $\frac{1}{3}\rho g a^3$.

【解析】 如图建立坐标系，则：

$$P=\int_0^a \rho g(a-y)\cdot 2y\mathrm{d}y$$
$$=\rho g\left(ay^2-\frac{2}{3}y^3\right)\bigg|_0^a$$
$$=\frac{1}{3}\rho g a^3.$$

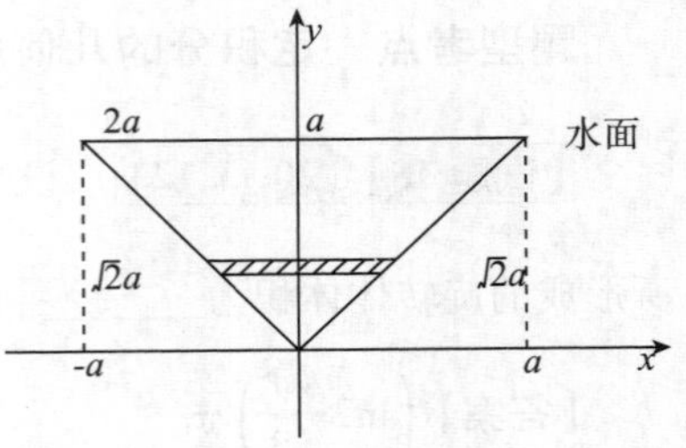

1.4 常微分方程

题型考点 二阶常系数线性微分方程

【试题 21】(20-2.13) 若函数 $y=y(x)$ 满足 $y''+2y'+y=0$,且 $y(0)=0,y'(0)=1$,则 $\int_0^{+\infty} y(x)\mathrm{d}x=$ ________.

【答案】1.

【解析】特征方程为:$r^2+2r+1=0$,解得 $r_1=r_2=-1$,所以

$$y=\mathrm{e}^{-x}(C_1+C_2x).$$

方法一 因为

$$\begin{cases} y(0)=C_1=0, \\ y'(0)=\mathrm{e}^{-x}(-C_1-C_2x+C_2)\Big|_{x=0}=C_2-C_1=1, \end{cases}$$

所以 $C_1=0,C_2=1$,故 $y=x\mathrm{e}^{-x}$,所以

$$\int_0^{+\infty} y(x)\mathrm{d}x=\int_0^{+\infty} x\mathrm{e}^{-x}\mathrm{d}x=-(x+1)\mathrm{e}^{-x}\Big|_0^{+\infty}=1.$$

方法二 显然,$\lim\limits_{x\to+\infty}y(x)=0,\lim\limits_{x\to+\infty}y'(x)=0$,所以

$$\int_0^{+\infty} y(x)\mathrm{d}x=\int_0^{+\infty}-(y''+2y')\mathrm{d}x$$
$$=-(y'+2y)\mathrm{e}^{-x}\Big|_0^{+\infty}$$
$$=y'(0)+2y(0)=1.$$

【试题 22】(20-1.11) 若函数 $f(x)$ 满足 $f''(x)+af'(x)+f(x)=0(a>0)$,且 $f(0)=m$, $f'(0)=n$,则 $\int_0^{+\infty} f(x)\mathrm{d}x=$ ________.

【答案】$n+ma$.

【解析】特征方程为:$r^2+ar+1=0$,

①若 $\Delta>0$,则 $r_1<0,r_2<0$(若 $r_{1,2}>0$,则 $r_{1,2}^2+ar_{1,2}+1>0$,矛盾),方程的通解为:

$$f(x)=C_1\mathrm{e}^{r_1x}+C_2\mathrm{e}^{r_2x}.$$

②若 $\Delta=0$,则 $r_1=r_2<0$,方程的通解为:

$$f(x)=\mathrm{e}^{r_1x}(C_1+C_2x).$$

③若 $\Delta<0$,则 $r_{1,2}=-\frac{a}{2}\pm\sqrt{1-\frac{a^2}{4}}i$,方程的通解为:

$$f(x)=e^{-\frac{a}{2}x}\left(C_1\cos\sqrt{1-\frac{a^2}{4}}x+C_2\sin\sqrt{1-\frac{a^2}{4}}x\right).$$

综上,$\lim\limits_{x\to+\infty}f(x)=0$,$\lim\limits_{x\to+\infty}f'(x)=0$,所以

$$\int_0^{+\infty}f(x)\,dx=\int_0^{+\infty}-[f''(x)+af'(x)]\,dx$$

$$=-[f'(x)+af(x)]\Big|_0^{+\infty}$$

$$=f'(0)+af(0)=n+ma.$$

【试题 23】(20-3.17) 设函数 $y=f(x)$ 满足 $y''+2y'+5y=0$,$f(0)=1$,$f'(0)=-1$

(1)求 $f(x)$.

(2)设 $a_n=\int_{n\pi}^{+\infty}f(x)\,dx$,求 $\sum\limits_{n=1}^{\infty}a_n$.

【解析】(1)特征方程为:$r^2+2r+5=0$,解得 $r_{1,2}=-1\pm2i$,所以,方程的通解为:

$$f(x)=e^{-x}(C_1\cos2x+C_2\sin2x).$$

因为

$$\begin{cases}f(0)=C_1=1,\\ f'(0)=e^{-x}(-C_1\cos2x-C_2\sin2x-2C_1\sin2x+2C_2\cos2x)\Big|_{x=0}\\ \quad=-C_1+2C_2=-1,\end{cases}$$

所以 $C_1=1$,$C_2=0$,故 $f(x)=e^{-x}\cos2x$.

(2) $a_n=\int_{n\pi}^{+\infty}e^{-x}\cos2x\,dx$

$$=\frac{1}{2}\int_{n\pi}^{+\infty}e^{-x}\,d\sin2x$$

$$=\frac{1}{2}e^{-x}\sin2x\Big|_{n\pi}^{+\infty}+\frac{1}{2}\int_{n\pi}^{+\infty}e^{-x}\sin2x\,dx$$

$$=-\frac{1}{4}\int_{n\pi}^{+\infty}e^{-x}\,d\cos2x$$

$$=-\frac{1}{4}e^{-x}\cos2x\Big|_{n\pi}^{+\infty}-\frac{1}{4}\int_{n\pi}^{+\infty}e^{-x}\cos2x\,dx$$

$$=\frac{1}{5}e^{-n\pi},$$

所以,$\sum\limits_{n=1}^{\infty}a_n=\sum\limits_{n=1}^{\infty}\frac{1}{5}e^{-n\pi}=\frac{1}{5}\cdot\frac{e^{-\pi}}{1-e^{-\pi}}=\frac{1}{5(e^{\pi}-1)}$.

题型考点　微分方程的几何应用

【试题 24】(20-2.21) 设函数 $f(x)$ 可导,且 $f'(x)>0(x\geqslant0)$. 曲线 $y=f(x)$ 过原点,点 M 为

曲线 $y=f(x)$ 上任意一点，过点 M 的切线与 x 轴相交于点 T，过点 M 做 MP 垂直 x 轴于 P 点，且曲线 $y=f(x)$ 与直线 MP 以及 x 轴所围成的面积与三角形 MTP 的面积之比恒为 $3:2$，求曲线 $y=f(x)$ 满足的方程.

【解析】设 M 点坐标为 (x,y)，则过点 M 的切线方程为：

$$Y-y=y'(X-x).$$

令 $Y=0$，得：$X=x-\dfrac{y}{y'}$，为 T 点横坐标，所以

$$|TP|=x-X=\frac{y}{y'}.$$

由题可知：

$$\frac{\int_0^x f(t)\mathrm{d}t}{\frac{1}{2}\cdot\frac{y}{y'}\cdot y}=\frac{3}{2},$$

即 $\int_0^x f(t)\mathrm{d}t=\dfrac{3}{4}\cdot\dfrac{y^2}{y'}$，对 x 求导得：

$$f(x)=y=\frac{3}{4}\cdot\frac{2yy'-y^2y''}{(y')^2},$$

整理得：$yy''=\dfrac{2}{3}(y')^2$.

令 $y'=p,y''=p\dfrac{\mathrm{d}p}{\mathrm{d}y}$，代入方程得：

$$yp\frac{\mathrm{d}p}{\mathrm{d}y}=\frac{2}{3}p^2, \text{即} \frac{\mathrm{d}p}{p}=\frac{2}{3}\cdot\frac{1}{y}\mathrm{d}y,$$

积分得：

$$\ln p=\frac{2}{3}\ln y+\ln C_1,$$

即 $p=y'=C_1y^{\frac{2}{3}}$.

因为 $f'(x)>0$，所以 $C_1>0$.

分离变量得：

$$y^{-\frac{2}{3}}\mathrm{d}y=C_1\mathrm{d}x,$$

积分得：

$$3y^{\frac{1}{3}}=C_1x+C_2.$$

因为曲线 $y=f(x)$ 过原点，所以 $y(0)=0$，解得 $C_2=0$，所以

$$y=\left(\frac{C_1}{3}\right)^3x^3=Cx^3, C>0.$$

1.5 多元函数微分学

题型考点 多元函数的基本概念——极限、偏导数、全微分

【试题 25】(20-2.5) 关于函数 $f(x,y)=\begin{cases} xy, xy\neq 0, \\ x, y=0, \\ y, x=0, \end{cases}$ 给出以下结论

①$\left.\dfrac{\partial f}{\partial x}\right|_{(0,0)}=1$　　②$\left.\dfrac{\partial^2 f}{\partial x\partial y}\right|_{(0,0)}=1$

③$\lim\limits_{(x,y)\to(0,0)}f(x,y)=0$　　④$\lim\limits_{y\to 0}\lim\limits_{x\to 0}f(x,y)=0$

正确的个数是

(A)4　　(B)3　　(C)2　　(D)1

【答案】 B.

【解析】 ①$f'_x\Big|_{(0,0)}=\lim\limits_{x\to 0}\dfrac{f(x,0)-f(0,0)}{x-0}=\lim\limits_{x\to 0}\dfrac{x}{x}=1$,①正确.

②因为 $f'_x=\begin{cases} y, xy\neq 0, \\ 1, y=0, \\ 0, x=0, \end{cases}$ 所以

$$f''_{xy}\Big|_{(0,0)}=\lim_{y\to 0}\frac{f'_x(0,y)-f'_x(0,x)}{y-0}=\lim_{y\to 0}\frac{0-1}{y}=\infty,$$

故②不正确.

③当 $xy\neq 0$ 时,$\lim\limits_{(x,y)\to(0,0)}f(x,y)=\lim\limits_{(x,y)\to(0,0)}xy=0$;

当 $y=0$ 时,$\lim\limits_{(x,y)\to(0,0)}f(x,y)=\lim\limits_{(x,y)\to(0,0)}x=0$;

当 $x=0$ 时,$\lim\limits_{(x,y)\to(0,0)}f(x,y)=\lim\limits_{(x,y)\to(0,0)}y=0$;

所以,$\lim\limits_{(x,y)\to(0,0)}f(x,y)=0$,故③正确.

④当 $xy\neq 0$ 时,$\lim\limits_{x\to 0}f(x,y)=\lim\limits_{x\to 0}xy=0$;

当 $y=0$ 时,$\lim\limits_{x\to 0}f(x,y)=\lim\limits_{x\to 0}x=0$;

所以,$\lim\limits_{y\to 0}\lim\limits_{x\to 0}f(x,y)=\lim\limits_{y\to 0}0=0$,故④正确.

综上,应选 B.

【试题 26】(20-1.12) 设函数 $f(x,y)=\int_0^{xy}e^{xt^2}dt$,则$\left.\dfrac{\partial^2 f}{\partial x\partial y}\right|_{(1,1)}=$ ________.

【答案】 4e.

【解析】 $\left.\dfrac{\partial f}{\partial y}\right|_{y=1}=e^{x^3y^2}\cdot x\Big|_{y=1}=xe^{x^3}$,$\left.\dfrac{\partial^2 f}{\partial x\partial y}\right|_{(1,1)}=e^{x^3}(1+3x^3)\Big|_{x=1}=4e$.

【试题 27】(20-2.11;3.9) 设 $z=\arctan(xy+\sin(x+y))$,则$dz\Big|_{(0,\pi)}=$ ________.

【答案】 $(\pi-1)dx-dy$.

【解析】因为 $dz=\frac{1}{1+[xy+\sin(x+y)]^2}[ydx+xdy+\cos(x+y)(dx+dy)]$，所以

$$dz\Big|_{(0,\pi)}=\pi dx-dx-dy=(\pi-1)dx-dy.$$

题型考点　多元函数求极值

【试题 28】(20-1.15;2.17;3.16)　求函数 $f(x,y)=x^3+8y^3-xy$ 的极值.

【解析】(1) 令 $\begin{cases}f'_x=3x^2-y=0,\\ f'_y=24y^2-x=0,\end{cases}$ 解得：$\begin{cases}x=0,\\ y=0,\end{cases}$ 或 $\begin{cases}x=\frac{1}{6},\\ y=\frac{1}{12}.\end{cases}$

(2) 记 $A(x,y)=f''_{xx}=6x, B(x,y)=f''_{xy}=-1, C(x,y)=f''_{yy}=48y.$

当 $x=0,y=0$ 时，$A(0,0)=0, B(0,0)=-1, C(0,0)=0$，所以

$$AC-B^2=-1<0,$$

故 $f(x,y)$ 在 $(0,0)$ 处不取极值.

当 $x=\frac{1}{6},y=\frac{1}{12}$ 时，$A\left(\frac{1}{6},\frac{1}{12}\right)=1, B\left(\frac{1}{6},\frac{1}{12}\right)=-1, C\left(\frac{1}{6},\frac{1}{12}\right)=4$，所以

$$AC-B^2=3>0, A>0,$$

故 $f(x,y)$ 在 $\left(\frac{1}{6},\frac{1}{12}\right)$ 处取极小值 $f\left(\frac{1}{6},\frac{1}{12}\right)=-\frac{1}{216}$.

1.6　二重积分

题型考点　二重积分的计算

【试题 29】(20 - 2.10)　求 $\int_0^1 dy\int_{\sqrt{y}}^1\sqrt{x^3+1}\,dx=$ ________.

【答案】$\frac{2}{9}(2\sqrt{2}-1)$.

【解析】原式 $=\int_0^1 dx\int_0^{x^2}\sqrt{x^3+1}\,dy$

$$=\int_0^1 x^2\sqrt{x^3+1}\,dx$$

$$=\frac{1}{3}\int_0^1\sqrt{x^3+1}\,d(x^3+1)$$

$$=\frac{2}{9}(x^3+1)^{\frac{3}{2}}\Big|_0^1$$

$$=\frac{2}{9}(2\sqrt{2}-1).$$

【试题 30】(20 - 2.19)　计算二重积分 $I=\iint_D\frac{\sqrt{x^2+y^2}}{x}dxdy$，其中 D 是由 $y=x, x=1, x=2$ 及 x 轴围成.

【解析】$I=\int_1^2 dx\int_0^x \frac{\sqrt{x^2+y^2}}{x}dy$

$$\xlongequal{y=x\tan t}\int_1^2 dx\int_0^{\frac{\pi}{4}} x\sec^3 t dt$$

$$=\frac{1}{2}x^2\Big|_1^2\cdot\frac{1}{2}(\sec t\tan t+\ln|\sec t+\tan t|)\Big|_0^{\frac{\pi}{4}}$$

$$=\frac{3}{4}[\sqrt{2}+\ln(1+\sqrt{2})].$$

其中：$\int\sec^3 t dt=\int\sec t d\tan t$

$$=\sec t\tan t-\int\tan^2 t\sec t dt$$

$$=\sec t\tan t-\int\sec^3 t dt+\int\sec t dt$$

$$=\frac{1}{2}(\sec t\tan t+\ln|\sec t+\tan t|)+C.$$

【试题 31】(20 - 3.18) 设平面区域 $D=\{(x,y)\mid x^2+y^2\leqslant 1,y\geqslant 0\}$，

$$f(x,y)=y\sqrt{1-x^2}+x\iint_D f(x,y)dxdy,$$

求 $\iint_D xf(x,y)dxdy$.

【解析】记 $A=\iint_D f(x,y)dxdy$，则

$$f(x,y)=y\sqrt{1-x^2}+Ax,$$

代入得：

$$A=\iint_D f(x,y)dxdy=\iint_D\left(y\sqrt{1-x^2}+Ax\right)dxdy$$

$$=2\int_0^1 dx\int_0^{\sqrt{1-x^2}} y\sqrt{1-x^2}dy+\iint_D Axdxdy$$

$$=\int_0^1(1-x^2)^{\frac{3}{2}}dx+0$$

$$\xlongequal{x=\sin t}\int_0^{\frac{\pi}{2}}\cos^4 t dt$$

$$=\frac{3}{4}\cdot\frac{1}{2}\cdot\frac{\pi}{2}=\frac{3\pi}{16},$$

所以，$f(x,y)=y\sqrt{1-x^2}+\frac{3\pi}{16}x$，故

$$\iint_D xf(x,y)dxdy=\iint_D xy\sqrt{1-x^2}dxdy+\iint_D\frac{3\pi}{16}x^2dxdy$$

$$=0+\frac{3\pi}{8}\int_0^{\frac{\pi}{2}}d\theta\int_0^1 r^2\cos^2\theta\cdot rdr$$

$$= \frac{3\pi}{8}\int_0^{\frac{\pi}{2}} \cos^2\theta \mathrm{d}\theta \int_0^1 r^3 \mathrm{d}r$$

$$= \frac{3\pi}{8} \cdot \frac{1}{2} \cdot \frac{\pi}{2} \cdot \frac{1}{4} r^4 \Big|_0^1$$

$$= \frac{3\pi^2}{128}.$$

1.7 无穷级数(数学一、数学三)

题型考点 幂级数的收敛区间、收敛半径

【试题32】(20-3.4) 已知幂级数 $\sum_{n=1}^{\infty} na_n (x-2)^n$ 收敛区间为 $(-2,6)$,则 $\sum_{n=1}^{\infty} a_n (x+1)^{2n}$ 的收敛区间为

(A) $(-2,6)$.　　(B) $(-3,1)$.

(C) $(-5,3)$.　　(D) $(-17,15)$.

【答案】 B.

【解析】 由题可知: $\sum_{n=1}^{\infty} na_n (x-2)^n$ 的收敛半径为4,所以, $\sum_{n=1}^{\infty} na_n (x-2)^{n-1}$ 的收敛半径为4.

积分得: $\sum_{n=1}^{\infty} a_n (x-2)^n$ 的收敛半径为4;平移得: $\sum_{n=1}^{\infty} a_n x^n$ 的收敛半径为4,收敛区间为 $|x|<4$.

所以, $\sum_{n=1}^{\infty} a_n (x+1)^{2n} = \sum_{n=1}^{\infty} a_n [(x+1)^2]^n$ 的收敛区间为: $|(x+1)^2|<4$,解得: $-3<x<1$.

故应选 B.

【试题33】(20-1.4) 设幂级数 $\sum_{n=1}^{\infty} a_n x^n$ 的收敛半径为 R,r 是实数,则

(A) $\sum_{n=1}^{\infty} a_{2n} r^{2n}$ 发散时,$|r| \geqslant R$.　　(B) $\sum_{n=1}^{\infty} a_{2n} r^{2n}$ 收敛时,$|r| \leqslant R$.

(C) $|r| \geqslant R$ 时,$\sum_{n=1}^{\infty} a_{2n} r^{2n}$ 发散.　　(D) $|r| \leqslant R$ 时,$\sum_{n=1}^{\infty} a_{2n} r^{2n}$ 收敛.

【答案】 A.

【解析】方法一 当 $|r|<R$ 时,级数 $\sum_{n=1}^{\infty} a_n r^n$ 绝对收敛,即正项级数 $\sum_{n=1}^{\infty} |a_n r^n|$ 收敛,故其偶数项子列 $\sum_{n=1}^{\infty} |a_{2n} r^{2n}|$ 也收敛,即级数 $\sum_{n=1}^{\infty} a_{2n} r^{2n}$ 绝对收敛,从而级数 $\sum_{n=1}^{\infty} a_{2n} r^{2n}$ 收敛. 简而言之,当 $|r|<R$ 时,级数 $\sum_{n=1}^{\infty} a_{2n} r^{2n}$ 收敛,其逆否命题亦成立,即 A 选项正确.

同时,由于 $|r|=R$ 时,级数 $\sum_{n=1}^{\infty} a_n r^n$ 敛散性不确定,故 $\sum_{n=1}^{\infty} a_{2n} r^{2n}$ 敛散性也不确定,所以 D 选项不正确.

方法二 特例法:取 $a_n = \frac{1}{n^2}$,则 $R = \lim_{n\to\infty} \left| \frac{a_n}{a_{n+1}} \right| = 1$. 当 $r = R = 1$ 时,

$$\sum_{n=1}^{\infty} a_{2n}r^{2n} = \sum_{n=1}^{\infty} \frac{1}{(2n)^2} \cdot 1^{2n} = \frac{1}{4}\sum_{n=1}^{\infty} \frac{1}{n^2},$$

级数收敛,故排除 C 选项.

取 $a_n = \frac{1}{n}$,则 $R = \lim\limits_{n\to\infty}\left|\frac{a_n}{a_{n+1}}\right| = 1$. 当 $r = R = 1$ 时,

$$\sum_{n=1}^{\infty} a_{2n}r^{2n} = \sum_{n=1}^{\infty} \frac{1}{2n} \cdot 1^{2n} = \frac{1}{2}\sum_{n=1}^{\infty} \frac{1}{n},$$

级数发散,故排除 D 选项.

幂级数的性质:"若幂级数 $\sum\limits_{n=1}^{\infty} a_n x^n$ 和 $\sum\limits_{n=1}^{\infty} b_n x^n$ 的收敛半径分别为 R_1 和 R_2,且 $R_1 \neq R_2$,则幂级数 $\sum\limits_{n=1}^{\infty} a_n x^n \pm \sum\limits_{n=1}^{\infty} b_n x^n = \sum\limits_{n=1}^{\infty} (a_n \pm b_n)x^n$ 的收敛半径为 $R = \min\{R_1, R_2\}$.

根据上述性质,若幂级数 $\sum\limits_{n=1}^{\infty} a_{2n-1}x^{2n-1}$ 和 $\sum\limits_{n=1}^{\infty} a_{2n}x^{2n}$ 的收敛半径分别为 R_1 和 R_2,且 $R_1 = R, R_2 > R$,则幂级数 $\sum\limits_{n=1}^{\infty} a_n x^n$ 的收敛半径为 R. 而当 $R < |x| < R_2$ 时,$\sum\limits_{n=1}^{\infty} a_{2n}x^{2n}$ 收敛. 所以,若取 $a_{2n-1} = 1$, $a_{2n} = \frac{1}{3^{2n}}$,则幂级数 $\sum\limits_{n=1}^{\infty} a_n x^n$ 的收敛半径 $R = 1$,而当 $r = 2 > R$ 时级数 $\sum\limits_{n=1}^{\infty} a_{2n}r^{2n} = \sum\limits_{n=1}^{\infty} \frac{1}{3^{2n}}2^{2n} = \sum\limits_{n=1}^{\infty} \left(\frac{2}{3}\right)^{2n}$ 收敛,故排除 B 选项.

综上,应选 A.

题型考点　幂级数求和函数

【试题 34】(20-1.17)　设数列$\{a_n\}$满足 $a_1 = 1, (n+1)a_{n+1} = \left(n + \frac{1}{2}\right)a_n$,证明:当 $|x| < 1$ 时,幂级数 $\sum\limits_{n=1}^{\infty} a_n x^n$ 收敛,并求其和函数.

【解析】(1) 因为 $\rho = \lim\limits_{n\to\infty}\left|\frac{a_{n+1}}{a_n}\right| = \lim\limits_{n\to\infty}\frac{n + \frac{1}{2}}{n+1} = 1$,所以 $R = \frac{1}{\rho} = 1$,所以,当 $|x| < 1$ 时,幂级数 $\sum\limits_{n=1}^{\infty} a_n x^n$ 收敛.

(2) 令 $S(x) = \sum\limits_{n=1}^{\infty} a_n x^n$,则

$$\begin{aligned} S'(x) &= \sum_{n=1}^{\infty} na_n x^{n-1} = \sum_{n=0}^{\infty} (n+1)a_{n+1}x^n \\ &= a_1 + \sum_{n=1}^{\infty} (n+1)a_{n+1}x^n \\ &= 1 + \sum_{n=1}^{\infty} na_n x^n + \frac{1}{2}\sum_{n=1}^{\infty} a_n x^n \\ &= 1 + xS'(x) + \frac{1}{2}S(x), \end{aligned}$$

即：$S'(x)-\frac{1}{2(1-x)}S(x)=\frac{1}{1-x}$，所以，

$$(1-x)^{\frac{1}{2}}\left[S'(x)-\frac{1}{2(1-x)}S(x)\right]=\frac{1}{\sqrt{1-x}},$$

积分得：$(1-x)^{\frac{1}{2}}S(x)=-2\sqrt{1-x}+C$，所以

$$S(x)=\frac{C}{\sqrt{1-x}}-2.$$

因为 $S(0)=\sum_{n=1}^{\infty}a_nx^n\Big|_{x=0}=0$，所以 $C=2$，所以，

$$S(x)=\frac{2}{\sqrt{1-x}}-2,\ |x|<1.$$

1.8 空间解析几何与场论初步（数学一）

题型考点 向量代数

【试题 35】(20-1.3) 设函数 $f(x,y)$ 在点 $(0,0)$ 处可微，$f(0,0)=0$，$\boldsymbol{n}=\left(\frac{\partial f}{\partial x},\frac{\partial f}{\partial y},-1\right)\Big|_{(0,0)}$，非零向量 $\boldsymbol{\alpha}$ 与 $\boldsymbol{n}$ 垂直，则

(A) $\lim\limits_{(x,y)\to(0,0)}\frac{|\boldsymbol{n}\cdot(x,y,f(x,y))|}{\sqrt{x^2+y^2}}=0$　　(B) $\lim\limits_{(x,y)\to(0,0)}\frac{|\boldsymbol{n}\times(x,y,f(x,y))|}{\sqrt{x^2+y^2}}=0$

(C) $\lim\limits_{(x,y)\to(0,0)}\frac{|\boldsymbol{\alpha}\cdot(x,y,f(x,y))|}{\sqrt{x^2+y^2}}=0$　　(D) $\lim\limits_{(x,y)\to(0,0)}\frac{|\boldsymbol{\alpha}\times(x,y,f(x,y))|}{\sqrt{x^2+y^2}}=0$

【解析】方法一 因为 $f(x)$ 在点 $(0,0)$ 处可微，$f(0,0)=0$，所以根据可微的定义可知：

$$\lim_{(x,y)\to(0,0)}\frac{[f(x,y)-f(0,0)]-[f'_x(0,0)(x-0)+f'_y(0,0)(y-0)]}{\sqrt{(x-0)^2+(y-0)^2}}$$

$$=\lim_{(x,y)\to(0,0)}\frac{f(x,y)-f'_x(0,0)x-f'_y(0,0)y}{\sqrt{x^2+y^2}}=0,$$

所以，

$$\lim_{(x,y)\to(0,0)}\frac{|\boldsymbol{n}\cdot(x,y,f(x,y))|}{\sqrt{x^2+y^2}}=\lim_{(x,y)\to(0,0)}\frac{|f'_x(0,0)x+f'_y(0,0)y-f(x,y)|}{\sqrt{x^2+y^2}}=0,$$

故应选 A.

方法二 特例法：取 $f(x,y)=0$，则 $\boldsymbol{n}=(0,0,-1)$，可取 $\boldsymbol{\alpha}=(1,0,0)$.

对于 B 选项，

$$\lim_{(x,y)\to(0,0)}\frac{|\boldsymbol{n}\times(x,y,f(x,y))|}{\sqrt{x^2+y^2}}=\lim_{(x,y)\to(0,0)}\frac{\left\|\begin{matrix}\boldsymbol{i}&\boldsymbol{j}&\boldsymbol{k}\\0&0&-1\\x&y&0\end{matrix}\right\|}{\sqrt{x^2+y^2}}$$

$$=\lim_{(x,y)\to(0,0)}\frac{|y\boldsymbol{i}-x\boldsymbol{j}|}{\sqrt{x^2+y^2}}=\lim_{(x,y)\to(0,0)}\frac{\sqrt{y^2+(-x)^2}}{\sqrt{x^2+y^2}}=1\neq 0.$$

对于 C 选项,

$$\lim_{(x,y)\to(0,0)}\frac{|\boldsymbol{\alpha}\cdot(x,y,f(x,y))|}{\sqrt{x^2+y^2}}=\lim_{(x,y)\to(0,0)}\frac{|(1,0,0)\cdot(x,y,0)|}{\sqrt{x^2+y^2}}$$

$$=\lim_{(x,y)\to(0,0)}\frac{|x|}{\sqrt{x^2+y^2}}\overset{y=kx}{=\!=}\lim_{x\to 0}\frac{|x|}{\sqrt{(1+k^2)x^2}}=\frac{1}{\sqrt{1+k^2}}\neq 0.$$

对于 D 选项,

$$\lim_{(x,y)\to(0,0)}\frac{|\boldsymbol{\alpha}\times(x,y,f(x,y))|}{\sqrt{x^2+y^2}}=\lim_{(x,y)\to(0,0)}\frac{\left\|\begin{vmatrix}\boldsymbol{i}&\boldsymbol{j}&\boldsymbol{k}\\1&0&0\\x&y&0\end{vmatrix}\right\|}{\sqrt{x^2+y^2}}$$

$$=\lim_{(x,y)\to(0,0)}\frac{|y\boldsymbol{k}|}{\sqrt{x^2+y^2}}=\lim_{(x,y)\to(0,0)}\frac{\sqrt{y^2}}{\sqrt{x^2+y^2}}$$

$$\overset{x=ky}{=\!=}\lim_{y\to 0}\frac{\sqrt{y^2}}{\sqrt{(k^2+1)y^2}}=\frac{1}{\sqrt{k^2+1}}\neq 0.$$

综上,排除 BCD,应选 A.

1.9 三重积分、曲线积分、曲面积分(数学一)

题型考点 第二类曲线积分

【试题 36】(20-1.16) 计算曲线积分 $I=\int_L\frac{4x-y}{4x^2+y^2}\mathrm{d}x+\frac{x+y}{4x^2+y^2}\mathrm{d}y$,其中 L 的方程是 $x^2+y^2=2$,方向为逆时针方向.

【解析】 记 L_0^- 为 $4x^2+y^2=\varepsilon^2$ 的顺时针方向,$\varepsilon>0$,足够小,

$$P(x,y)=\frac{4x-y}{4x^2+y^2},Q(x,y)=\frac{x+y}{4x^2+y^2},$$

则 $\frac{\partial P}{\partial y}=\frac{-4x^2+y^2-8xy}{(4x^2+y^2)^2}=\frac{\partial Q}{\partial x}$,所以,

$$I=\int_{L+L_0^-}P\mathrm{d}x+Q\mathrm{d}y-\int_{L_0^-}P\mathrm{d}x+Q\mathrm{d}y$$

$$=\iint_{D_{L+L_0^-}}\left(\frac{\partial Q}{\partial x}-\frac{\partial P}{\partial y}\right)\mathrm{d}x\mathrm{d}y-\frac{1}{\varepsilon^2}\int_{L_0^-}(4x-y)\mathrm{d}x+(x+y)\mathrm{d}y$$

$$=0+\frac{1}{\varepsilon^2}\iint_{D_{L_0^-}}(1+1)\mathrm{d}x\mathrm{d}y$$

$$= \frac{2}{\varepsilon^2} \cdot \pi \cdot \frac{1}{2} \cdot 1 \cdot \varepsilon^2 = \pi.$$

题型考点　第二类曲面积分

【试题 37】(20-1.18)　设 Σ 为曲面 $z = \sqrt{x^2 + y^2}(1 \leqslant x^2 + y^2 \leqslant 4)$ 的下侧，$f(x)$ 是连续函数，计算曲面积分

$$I = \iint_{\Sigma} [xf(xy) + 2x - y] \mathrm{d}y\mathrm{d}z + [yf(xy) + 2y + x] \mathrm{d}z\mathrm{d}x + [zf(xy) + z] \mathrm{d}x\mathrm{d}y.$$

【解析】 由题可知：$z'_x = \frac{x}{\sqrt{x^2 + y^2}}, z'_y = \frac{y}{\sqrt{x^2 + y^2}}$，根据轮换投影法可知：

$$I = \iint_{\Sigma} (xf(xy) + 2x - y, yf(xy) + 2y + x, zf(xy) + z) \cdot (-z'_x, -z', 1) \mathrm{d}x\mathrm{d}y$$

$$= -\iint_{\Sigma} \left(\frac{x^2 f(xy)}{\sqrt{x^2 + y^2}} + \frac{x(2x - y)}{\sqrt{x^2 + y^2}} + \frac{y^2 f(xy)}{\sqrt{x^2 + y^2}} + \frac{y(2y + x)}{\sqrt{x^2 + y^2}} - zf(xy) - z \right) \mathrm{d}x\mathrm{d}y$$

$$= -\iint_{\Sigma} \sqrt{x^2 + y^2} \mathrm{d}x\mathrm{d}y = \iint_{1 \leqslant x^2 + y^2 \leqslant 4} \sqrt{x^2 + y^2} \mathrm{d}x\mathrm{d}y$$

$$= \int_0^{2\pi} \mathrm{d}\theta \int_1^2 r \cdot r\mathrm{d}r = \frac{14}{3}\pi.$$

第二部分　线性代数试题解析

2.1　行列式与矩阵

题型考点　数值型行列式的计算

【试题 38】(20-1.13;2.14;3.13)　行列式 $\begin{vmatrix} a & 0 & -1 & 1 \\ 0 & a & 1 & -1 \\ -1 & 1 & a & 0 \\ 1 & -1 & 0 & a \end{vmatrix} =$ ________.

【答案】 $a^2(a^2-4)$.

【解析】 原式 $= \begin{vmatrix} a & a & 0 & 0 \\ 0 & a & 1 & -1 \\ -1 & 1 & a & 0 \\ 1 & -1 & 0 & a \end{vmatrix} = \begin{vmatrix} a & 0 & 0 & 0 \\ 0 & a & 1 & -1 \\ -1 & 2 & a & 0 \\ 1 & -2 & 0 & a \end{vmatrix} = a \begin{vmatrix} a & 1 & -1 \\ 2 & a & 0 \\ -2 & 0 & a \end{vmatrix}$

$$= a \begin{vmatrix} a & 1 & -1 \\ 2 & a & 0 \\ 0 & a & a \end{vmatrix} = a^2 \begin{vmatrix} a & 1 & -1 \\ 2 & a & 0 \\ 0 & 1 & 1 \end{vmatrix} = a^2 \begin{vmatrix} a & 2 & -1 \\ 2 & a & 0 \\ 0 & 0 & 1 \end{vmatrix}$$

$$=a^2\begin{vmatrix} a & 2 \\ 2 & a \end{vmatrix}=a^2(a^2-4).$$

题型考点　矩阵的初等变换

【试题 39】(20-1.5)　设矩阵 $\boldsymbol{A}$ 经过初等列变换化成 $\boldsymbol{B}$,则

(A)存在矩阵 $\boldsymbol{P}$,使得 $\boldsymbol{PA}=\boldsymbol{B}$.　　(B)存在矩阵 $\boldsymbol{P}$,使得 $\boldsymbol{PB}=\boldsymbol{A}$.

(C)存在矩阵 $\boldsymbol{P}$,使得 $\boldsymbol{BP}=\boldsymbol{A}$.　　(D)方程组 $\boldsymbol{Ax}=\boldsymbol{0}$ 与 $\boldsymbol{Bx}=\boldsymbol{0}$ 同解.

【答案】C.

【解析】由题可知,存在可逆矩阵 $\boldsymbol{Q}$,使得 $\boldsymbol{AQ}=\boldsymbol{B}$,所以 $\boldsymbol{A}=\boldsymbol{BQ}^{-1}$,即 $\boldsymbol{Q}^{-1}=\boldsymbol{P}$,则有 $\boldsymbol{BP}=\boldsymbol{A}$,故应选 C.

2.2　向量组与线性方程组

题型考点　向量组的线性相关性

【试题 40】(20-1.6)　已知直线 $L_1:\dfrac{x-a_2}{a_1}=\dfrac{y-b_2}{b_1}=\dfrac{z-c_2}{c_1}$与直线 $L_2:\dfrac{x-a_3}{a_2}=\dfrac{y-b_3}{b_2}=\dfrac{z-c_3}{c_2}$相交于一点,记向量 $\boldsymbol{\alpha}_i=\begin{pmatrix} a_i \\ b_i \\ c_i \end{pmatrix}$,$i=1,2,3$,则

(A)$\boldsymbol{\alpha}_1$ 可由 $\boldsymbol{\alpha}_2,\boldsymbol{\alpha}_3$ 线性表示.　　(B)$\boldsymbol{\alpha}_2$ 可由 $\boldsymbol{\alpha}_1,\boldsymbol{\alpha}_3$ 线性表示.

(C)$\boldsymbol{\alpha}_3$ 可由 $\boldsymbol{\alpha}_1,\boldsymbol{\alpha}_2$ 线性表示.　　(D)$\boldsymbol{\alpha}_1,\boldsymbol{\alpha}_2,\boldsymbol{\alpha}_3$ 线性无关.

【答案】C

【解析】方法一　记点 $A(a_2,b_2,c_2)$,$B(a_3,b_3,c_3)$,因为 L_1,L_2 相交,所以方向向量 α_1,α_2 线性无关,且向量 $\boldsymbol{\alpha}_1,\boldsymbol{\alpha}_2,\overrightarrow{AB}$共面,即混合积

$$[\boldsymbol{\alpha}_1,\boldsymbol{\alpha}_2,\overrightarrow{AB}]=\begin{vmatrix} a_1 & b_1 & c_1 \\ a_2 & b_2 & c_2 \\ a_3-a_2 & b_3-b_2 & c_3-c_2 \end{vmatrix}=\begin{vmatrix} a_1 & b_1 & c_1 \\ a_2 & b_2 & c_2 \\ a_3 & b_3 & c_3 \end{vmatrix}=0,$$

所以 $\boldsymbol{\alpha}_1,\boldsymbol{\alpha}_2,\boldsymbol{\alpha}_3$ 线性相关,即 $\boldsymbol{\alpha}_3$ 可由 $\boldsymbol{\alpha}_1,\boldsymbol{\alpha}_2$ 线性表示,应选 C.

方法二　直线 L_1 的参数方程为:$\begin{cases} x=a_1x_1+a_2 \\ y=b_1x_1+b_2 \\ z=c_1x_1+c_2 \end{cases}$;直线 L_2 的参数方程为:$\begin{cases} x=a_2x_2+a_3 \\ y=b_2x_2+b_3 \\ z=c_2x_2+c_3 \end{cases}$.

因为 L_1,L_2 相交于一点,所以

$$\begin{cases} a_1x_1+a_2=a_2x_2+a_3 \\ b_1x_1+b_2=b_2x_2+b_3 \\ c_1x_1+c_2=c_2x_2+c_3 \end{cases} 即 \begin{cases} a_1x_1-a_2x_2=a_3-a_2 \\ b_1x_1-b_2x_2=b_3-b_2 \\ c_1x_1-c_2x_2=c_3-c_2 \end{cases}$$

有唯一解,所以

$$r\begin{pmatrix} a_1 & -a_2 & a_3-a_2 \\ b_1 & -b_2 & b_3-b_2 \\ c_1 & -c_2 & c_3-c_2 \end{pmatrix}=r\begin{pmatrix} a_1 & -a_2 \\ b_1 & -b_2 \\ c_1 & -c_2 \end{pmatrix}=2,$$

即 $r(\boldsymbol{\alpha}_1,-\boldsymbol{\alpha}_2,\boldsymbol{\alpha}_3-\boldsymbol{\alpha}_2)=r(\boldsymbol{\alpha}_1,-\boldsymbol{\alpha}_2)=2$,由初等列变换可得,

$$r(\boldsymbol{\alpha}_1,\boldsymbol{\alpha}_2,\boldsymbol{\alpha}_3)=r(\boldsymbol{\alpha}_1,\boldsymbol{\alpha}_2)=2,$$

所以 $\boldsymbol{\alpha}_3$ 可由 $\boldsymbol{\alpha}_1,\boldsymbol{\alpha}_2$ 线性表示,应选 C.

题型考点　解的解构——齐次方程的通解

【试题 41】(20-2.7;3.5)　设 4 阶矩阵 $\boldsymbol{A}=(a_{ij})$ 不可逆,a_{12} 的代数余子式 $A_{12}\neq0$,$\boldsymbol{\alpha}_1,\boldsymbol{\alpha}_2,\boldsymbol{\alpha}_3,\boldsymbol{\alpha}_4$ 为矩阵 $\boldsymbol{A}$ 的列向量,$\boldsymbol{A}^*$ 是 $\boldsymbol{A}$ 的伴随矩阵,$\boldsymbol{A}^*\boldsymbol{x}=\boldsymbol{0}$ 的通解为

(A) $\boldsymbol{x}=k_1\boldsymbol{\alpha}_1+k_2\boldsymbol{\alpha}_2+k_3\boldsymbol{\alpha}_3$.　　(B) $\boldsymbol{x}=k_1\boldsymbol{\alpha}_1+k_2\boldsymbol{\alpha}_2+k_3\boldsymbol{\alpha}_4$.

(C) $\boldsymbol{x}=k_1\boldsymbol{\alpha}_1+k_2\boldsymbol{\alpha}_3+k_3\boldsymbol{\alpha}_4$.　　(D) $\boldsymbol{x}=k_1\boldsymbol{\alpha}_2+k_2\boldsymbol{\alpha}_3+k_3\boldsymbol{\alpha}_4$.

【答案】 应选 C.

【解析】 因为 $\boldsymbol{A}$ 不可逆,所以 $r(\boldsymbol{A})<4$. 因为 $A_{12}\neq0$,所以 $M_{12}\neq0$,即 $\boldsymbol{A}$ 有一个三阶子式不为 0,所以 $r(\boldsymbol{A})\geqslant3$. 综上,$r(\boldsymbol{A})=3$,所以 $r(\boldsymbol{A}^*)=1$,$|\boldsymbol{A}|=0$.

因为 $\boldsymbol{A}^*\boldsymbol{A}=|\boldsymbol{A}|\boldsymbol{E}=\boldsymbol{0}$,所以 $\boldsymbol{\alpha}_1,\boldsymbol{\alpha}_2,\boldsymbol{\alpha}_3,\boldsymbol{\alpha}_4$ 为 $\boldsymbol{A}^*\boldsymbol{x}=\boldsymbol{0}$ 的解.

因为 $M_{12}\neq0$,所以 $r(\boldsymbol{\alpha}_1,\boldsymbol{\alpha}_3,\boldsymbol{\alpha}_4)=3$,所以 $\boldsymbol{\alpha}_1,\boldsymbol{\alpha}_3,\boldsymbol{\alpha}_4$ 线性无关.

综上,$\boldsymbol{\alpha}_1,\boldsymbol{\alpha}_3,\boldsymbol{\alpha}_4$ 为 $\boldsymbol{A}^*\boldsymbol{x}=\boldsymbol{0}$ 的基础解系,所以 $\boldsymbol{A}^*\boldsymbol{x}=\boldsymbol{0}$ 的通解为

$$\boldsymbol{x}=k_1\boldsymbol{\alpha}_1+k_2\boldsymbol{\alpha}_3+k_3\boldsymbol{\alpha}_4,$$

故应选 C.

2.3　相似理论与二次型

题型考点　相似对角化

【试题 42】(20-2.8;3.6)　设 $\boldsymbol{A}$ 是 3 阶矩阵,$\boldsymbol{\alpha}_1,\boldsymbol{\alpha}_2$ 为 $\boldsymbol{A}$ 属于特征值为 1 的线性无关的特征向量,$\boldsymbol{\alpha}_3$ 为 $\boldsymbol{A}$ 属于特征值为-1 的特征向量,$\boldsymbol{P}^{-1}\boldsymbol{A}\boldsymbol{P}=\begin{pmatrix} 1 & & \\ & -1 & \\ & & 1 \end{pmatrix}$ 的可逆矩阵 $\boldsymbol{P}$ 为

(A) $(\boldsymbol{\alpha}_1+\boldsymbol{\alpha}_3,\boldsymbol{\alpha}_2,-\boldsymbol{\alpha}_3)$.　　(B) $(\boldsymbol{\alpha}_1+\boldsymbol{\alpha}_2,\boldsymbol{\alpha}_2,-\boldsymbol{\alpha}_3)$.

(C) $(\boldsymbol{\alpha}_1+\boldsymbol{\alpha}_3,-\boldsymbol{\alpha}_3,\boldsymbol{\alpha}_2)$.　　(D) $(\boldsymbol{\alpha}_1+\boldsymbol{\alpha}_2,-\boldsymbol{\alpha}_3,\boldsymbol{\alpha}_2)$.

【答案】 D.

【解析】 由题可知:$\lambda_1=\lambda_2=1$ 的特征向量为 $k_1\boldsymbol{\alpha}_1+k_2\boldsymbol{\alpha}_2$,$k_1,k_2$ 不全为 0;$\lambda_3=-1$ 的特征向量为 $k_3\boldsymbol{\alpha}_3$,$k_3\neq0$ 不全为 0.

对于 D 选项,$\boldsymbol{\alpha}_1+\boldsymbol{\alpha}_2$ 是 $\lambda_1=1$ 的特征向量;$-\boldsymbol{\alpha}_3$ 是 $\lambda_3=-1$ 的特征向量,$\boldsymbol{\alpha}_2$ 是 $\lambda_2=1$ 的特征向量;

所以,$\boldsymbol{P}^{-1}\boldsymbol{A}\boldsymbol{P}=\begin{pmatrix} 1 & & \\ & -1 & \\ & & 1 \end{pmatrix}$.

综上,应选 D.

【试题 43】(20-1.21;2.23;3.21) 设 $\boldsymbol{A}$ 为二阶矩阵,$\boldsymbol{P}=(\boldsymbol{\alpha},\boldsymbol{A\alpha})$,其中 $\boldsymbol{\alpha}$ 是非零向量且不是 $\boldsymbol{A}$ 的特征向量:

(1)证明 $\boldsymbol{P}$ 是可逆矩阵.

(2)若 $\boldsymbol{A}^2\boldsymbol{\alpha}+\boldsymbol{A\alpha}-6\boldsymbol{\alpha}=\boldsymbol{0}$,求 $\boldsymbol{P}^{-1}\boldsymbol{AP}$,并判断 $\boldsymbol{A}$ 是否相似于对角矩阵.

【解析】(1)证明:因为 $\boldsymbol{\alpha}$ 不是 $\boldsymbol{A}$ 的特征向量,所以 $\boldsymbol{A\alpha}\neq k\boldsymbol{\alpha}$,所以 $\boldsymbol{\alpha}$ 与 $\boldsymbol{A\alpha}$ 线性无关,所以 $\boldsymbol{P}$ 是可逆矩阵.

(2)①因为 $\boldsymbol{AP}=\boldsymbol{A}(\boldsymbol{\alpha},\boldsymbol{A\alpha})=(\boldsymbol{A\alpha},\boldsymbol{A}^2\boldsymbol{\alpha})=(\boldsymbol{A\alpha},6\boldsymbol{\alpha}-\boldsymbol{A\alpha})=(\boldsymbol{\alpha},\boldsymbol{A\alpha})\begin{pmatrix}0&6\\1&-1\end{pmatrix}$,所以

$$\boldsymbol{P}^{-1}\boldsymbol{AP}=\begin{pmatrix}0&6\\1&-1\end{pmatrix}=\boldsymbol{B}.$$

②因为 $|\lambda\boldsymbol{E}-\boldsymbol{B}|=\begin{vmatrix}\lambda&-6\\-1&\lambda+1\end{vmatrix}=\lambda^2+\lambda-6=0$,所以 $\lambda_1=-3,\lambda_2=2$.

所以,$\boldsymbol{A}$ 的特征值为 $\lambda_1=-3,\lambda_2=2$,故 $\boldsymbol{A}$ 有两个线性无关的特征向量,所以,$\boldsymbol{A}$ 相似于对角矩阵 $\begin{pmatrix}-3&\\&2\end{pmatrix}$.

题型考点　二次型的正交变换

【试题 44】(20-1.20;3.20) 设二次型 $f(x_1,x_2)=x_1^2-4x_1x_2+4x_2^2$ 经正交变换 $\begin{pmatrix}x_1\\x_2\end{pmatrix}=\boldsymbol{Q}\begin{pmatrix}y_1\\y_2\end{pmatrix}$ 化为二次型 $g(y_1,y_2)=ay_1^2+4y_1y_2+by_2^2$,其中 $a\geqslant b$.

(1)求 a,b 的值.

(2)求正交矩阵 $\boldsymbol{Q}$.

【解析】(1)记 $\boldsymbol{A}=\begin{pmatrix}1&-2\\-2&4\end{pmatrix}$,$\boldsymbol{B}=\begin{pmatrix}a&2\\2&b\end{pmatrix}$.

由题可知:$\boldsymbol{Q}^T\boldsymbol{AQ}=\boldsymbol{B}$,所以 $\boldsymbol{Q}^{-1}\boldsymbol{AQ}=\boldsymbol{B}$,即 $\boldsymbol{A},\boldsymbol{B}$ 相似,所以,

$$\begin{cases}|\boldsymbol{A}|=|\boldsymbol{B}|,\\tr(\boldsymbol{A})=tr(\boldsymbol{B}),\end{cases}\text{即}\begin{cases}8=ab-4,\\5=a+b,\end{cases}$$

因为 $a\geqslant b$,所以 $a=4,b=1$.

(2)因为 $r(\boldsymbol{A})=1$,所以 $\lambda_1=0,\lambda_2=tr(\boldsymbol{A})=5$.

当 $\lambda_1=0$ 时,解 $(0\boldsymbol{E}-\boldsymbol{A})x=\boldsymbol{0}$ 得:$\alpha_1=\begin{pmatrix}2\\1\end{pmatrix}$;解解 $(0\boldsymbol{E}-\boldsymbol{B})x=\boldsymbol{0}$ 得:$\beta_1=\begin{pmatrix}1\\-2\end{pmatrix}$.

当 $\lambda_2=5$ 时,解 $(5\boldsymbol{E}-\boldsymbol{A})x=\boldsymbol{0}$ 得:$\alpha_2=\begin{pmatrix}1\\-2\end{pmatrix}$;解解 $(5\boldsymbol{E}-\boldsymbol{B})x=\boldsymbol{0}$ 得:$\beta_2=\begin{pmatrix}2\\1\end{pmatrix}$.

单位化得:$\gamma_1=\dfrac{\alpha_1}{\|\alpha_1\|}=\dfrac{\beta_2}{\|\beta_2\|}=\dfrac{1}{\sqrt5}\begin{pmatrix}2\\1\end{pmatrix}$;$\gamma_2=\dfrac{\alpha_2}{\|\alpha_2\|}=\dfrac{\beta_1}{\|\beta_1\|}=\dfrac{1}{\sqrt5}\begin{pmatrix}1\\-2\end{pmatrix}$.

令 $\boldsymbol{Q}_1=(\gamma_1,\gamma_2)$,$\boldsymbol{Q}_2=(\gamma_2,\gamma_1)$,则有

$$Q_1{}^TAQ_1=\begin{pmatrix}0&\\&5\end{pmatrix}=Q_2{}^TBQ_2,$$

所以，$Q_2Q_1{}^TAQ_1Q_2{}^T=B$，所以，

$$Q=Q_1Q_2{}^T=\left(\frac{1}{\sqrt{5}}\right)^2\begin{pmatrix}2&1\\1&-2\end{pmatrix}\begin{pmatrix}1&-2\\2&1\end{pmatrix}=\frac{1}{5}\begin{pmatrix}4&-3\\-3&-4\end{pmatrix}.$$

题型考点　二次型的配方法

【试题 45】(20-2.22)　已知二次型 $f(x_1,x_2,x_3)=x_1^2+x_2^2+x_3^2+2ax_1x_2+2ax_1x_3+2ax_2x_3$ 经可逆线性变换 $\begin{pmatrix}x_1\\x_2\\x_3\end{pmatrix}=P\begin{pmatrix}y_1\\y_2\\y_3\end{pmatrix}$ 化为二次型 $g(y_1,y_2,y_3)=y_1^2+y_2^2+4y_3^2+2y_1y_2$.

(1)求 a;

(2)求可逆矩阵 P.

【解析】(1)记 $A=\begin{pmatrix}1&a&a\\a&1&a\\a&a&1\end{pmatrix}$，$B=\begin{pmatrix}1&1&0\\1&1&0\\0&0&4\end{pmatrix}$.

由题可知 $P^TAP=B$，所以 $r(A)=r(B)=2$.

由 $|A|=(2a+1)(1-a^2)=0$，解得 $a=-\frac{1}{2}$ 或 $a=1$. 当 $a=1$ 时，$r(A)=1$，舍去．所以 $a=-\frac{1}{2}$.

(2)$f(x_1,x_2,x_3)=x_1^2+x_2^2+x_3^2-x_1x_2-x_1x_3-x_2x_3$

$$=\left(x_1-\frac{1}{2}x_2-\frac{1}{2}x_3\right)^2+\frac{3}{4}(x_2-x_3)^2.$$

令 $\begin{cases}z_1=x_1-\frac{1}{2}x_2-\frac{1}{2}x_3,\\z_2=\frac{\sqrt{3}}{2}(x_2-x_3),\\z_3=x_3\end{cases}$　即 $\begin{cases}x_1=z_1+\frac{1}{\sqrt{3}}z_2+z_3,\\x_2=\frac{2}{\sqrt{3}}z_2+z_3,\\x_3=z_3,\end{cases}$　①

则 $f=z_1^2+z_2^2$.

$g(y_1,y_2,y_3)=y_1^2+y_2^2+4y_3^2+2y_1y_2=(y_1+y_2)^2+4y_3^2$.

令 $\begin{cases}z_1=y_1+y_2,\\z_2=2y_3,\\z_3=y_2,\end{cases}$　②

则 $g=z_1^2+z_2^2$.

将②代入①得：$\begin{cases}x_1=y_1+2y_2+\frac{2}{\sqrt{3}}y_3,\\x_2=y_2+\frac{4}{\sqrt{3}}y_3,\\x_3=y_2,\end{cases}$　即 $\begin{pmatrix}x_1\\x_2\\x_3\end{pmatrix}=\begin{pmatrix}1&2&\frac{2}{\sqrt{3}}\\0&1&\frac{4}{\sqrt{3}}\\0&1&0\end{pmatrix}\begin{pmatrix}y_1\\y_2\\y_3\end{pmatrix}$，所以 $P=\begin{pmatrix}1&2&\frac{2}{\sqrt{3}}\\0&1&\frac{4}{\sqrt{3}}\\0&1&0\end{pmatrix}$.

第三部分　概率论与数理统计试题解析(数学一、数学三)

3.1　事件与概率

题型考点　概率计算公式

【试题 46】(20-1.7;3.7)　设 A,B,C 为三个随机事件,且 $P(A)=P(B)=P(C)=\frac{1}{4}$,$P(AB)=0$,$P(AC)=P(BC)=\frac{1}{12}$,则 A,B,C 中恰有一个事件发生的概率为

(A) $\frac{3}{4}$.　　(B) $\frac{2}{3}$.　　(C) $\frac{1}{2}$.　　(D) $\frac{5}{12}$.

【答案】 D.

【解析】方法一　画文氏图:

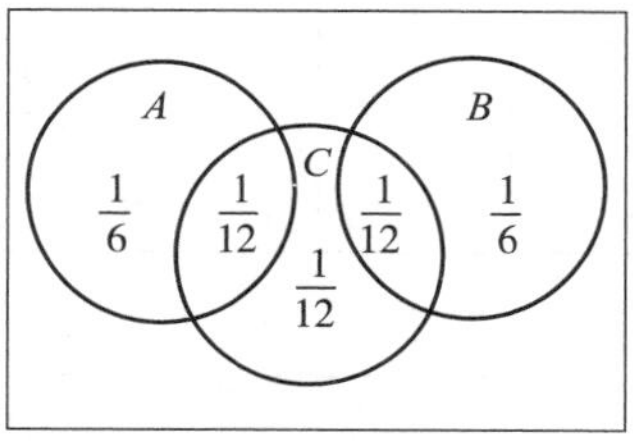

所求概率等于 $\frac{1}{6}+\frac{1}{6}+\frac{1}{12}=\frac{5}{12}$,应选 D.

方法二　$P(A\overline{BC})=P(A)-P(AB)-P(AC)+P(ABC)=\frac{1}{4}-0-\frac{1}{12}+0=\frac{1}{6}$;

$P(B\overline{AC})=P(B)-P(BA)-P(BC)+P(ABC)=\frac{1}{4}-0-\frac{1}{12}+0=\frac{1}{6}$;

$P(C\overline{AB})=P(C)-P(AC)-P(BC)+P(ABC)=\frac{1}{4}-\frac{1}{12}-\frac{1}{12}+0=\frac{1}{12}$;

所以,所求概率等于 $P(A\overline{BC})+P(B\overline{AC})+P(C\overline{AB})=\frac{1}{6}+\frac{1}{6}+\frac{1}{12}=\frac{5}{12}$,故应选 D.

3.2　随机变量及其分布

题型考点　二维离散型随机变量的概率分布

【试题 47】(20-3.22)　设二维随机变量 (X,Y) 在 $D=\left\{(x,y)\mid 0<y<\sqrt{1-x^2}\right\}$ 上服从均匀分布. 设 $Z_1=\begin{cases}1, X-Y>0,\\0, X-Y\leqslant 0,\end{cases}$ $Z_2=\begin{cases}1, X+Y>0,\\0, X+Y\leqslant 0.\end{cases}$

(1)求二维随机变量 (Z_1,Z_2) 的概率分布

(2)求 Z_1,Z_2 的相关系数.

【解析】(1)因为(X,Y)在 D 上服从均匀分布,所以

$$P\{Z_1=1,Z_2=1\}=P\{X-Y>0,X+Y>0\}=\frac{\pi/8}{\pi/2}=\frac{1}{4},$$

$$P\{Z_1=1,Z_2=0\}=P\{X-Y>0,X+Y<0\}=0,$$

$$P\{Z_1=0,Z_2=1\}=P\{X-Y<0,X+Y>0\}=\frac{\pi/4}{\pi/2}=\frac{1}{2},$$

$$P\{Z_1=0,Z_2=0\}=P\{X-Y<0,X+Y<0\}=\frac{\pi/8}{\pi/2}=\frac{1}{4},$$

所以(Z_1,Z_2)的概率分布为:

Z_2 \ Z_1	0	1	
0	$\frac{1}{4}$	0	$\frac{1}{4}$
1	$\frac{1}{2}$	$\frac{1}{4}$	$\frac{3}{4}$
	$\frac{3}{4}$	$\frac{1}{4}$	

(2)Z_1Z_2 的概率分布为:

Z_1Z_2	0	1
P	$\frac{3}{4}$	$\frac{1}{4}$

所以,$Cov(Z_1,Z_2)=EZ_1Z_2-EZ_1EZ_2=\frac{1}{4}-\frac{1}{4}\cdot\frac{3}{4}=\frac{1}{16}$.

所以,$\rho_{Z_1Z_2}=\frac{Cov(Z_1,Z_2)}{\sqrt{DZ_1}\sqrt{DZ_2}}=\frac{\frac{1}{16}}{\sqrt{\frac{1}{4}\cdot\frac{3}{4}}\sqrt{\frac{1}{4}\cdot\frac{3}{4}}}=\frac{1}{3}$.

题型考点　二维随机变函数量的分布

【试题 48】(20-1.22)　设随机变量 X_1,X_2,X_3 相互独立,其中 X_1,X_2 服从标准正态分布,X_3 的概率分布为 $P\{X_3=0\}=P\{X_3=1\}=\frac{1}{2}$,$Y=X_3X_1+(1-X_3)X_2$.

(1)求二维随机变量(X_1,Y)的分布函数,结果用标准正态分布函数 $\Phi(x)$表示.

(2)证明随机变量 Y 服从标准正态分布.

【解析】(1)$F(x,y)=P\{X_1\leqslant x,Y\leqslant y\}=P\{X_1\leqslant x,X_3X_1+(1-X_3)X_2\leqslant y\}$

$$=P\{X_1\leqslant x,X_2\leqslant y,X_3=0\}+P\{X_1\leqslant x,X_1\leqslant y,X_3=1\}$$

$$=\frac{1}{2}P\{X_1\leqslant x\}P\{X_2\leqslant y\}+\frac{1}{2}P\{X_1\leqslant x,X_1\leqslant y\}$$

$$=\frac{1}{2}\varphi(x)\varphi(y)+\frac{1}{2}P\{X_1\leqslant x,X_1\leqslant y\}.$$

当 $x\leqslant y$ 时，$F(x,y)=\frac{1}{2}\varphi(x)\varphi(y)+\frac{1}{2}P\{X_1\leqslant x,\}=\frac{1}{2}\varphi(x)[\varphi(y)+1]$.

当 $x>y$ 时，$F(x,y)=\frac{1}{2}\varphi(x)\varphi(y)+\frac{1}{2}P\{X_1\leqslant y,\}=\frac{1}{2}\varphi(y)[\varphi(x)+1]$.

所以，二维随机变量 (X_1,Y) 的分布函数为：

$$F(x,y)=\begin{cases}\frac{1}{2}\varphi(x)[\varphi(y)+1], & x\leqslant y,\\ \frac{1}{2}\varphi(y)[\varphi(x)+1], & x>y.\end{cases}$$

(2) 因为 $F_Y(y)=F(+\infty,y)=\frac{1}{2}\varphi(y)[\varphi(+\infty)+1]=\varphi(y)$，所以随机变量 Y 服从标准正态分布．

3.3 数字特征、大数定理与中心极限定理

题型考点　期望

【试题 49】(20-3.14)　随机变量 X 的概率分布 $P\{X=k\}=\frac{1}{2^k},k=1,2,3,\cdots$，$Y$ 表示 X 被 3 除的余数，则 $E(Y)$________．

【答案】 $\frac{8}{7}$.

【解析】 Y 的取值为：0,1,2.

$$P\{Y=1\}=\sum_{n=0}^{\infty}P\{X=3n+1\}=\sum_{n=0}^{\infty}\frac{1}{2^{3n+1}}=\frac{1}{2}\sum_{n=0}^{\infty}\left(\frac{1}{8}\right)^n=\frac{1}{2}\cdot\frac{1}{1-\frac{1}{8}}=\frac{4}{7},$$

$$P\{Y=2\}=\sum_{n=0}^{\infty}P\{X=3n+2\}=\sum_{n=0}^{\infty}\frac{1}{2^{3n+2}}=\frac{1}{4}\sum_{n=0}^{\infty}\left(\frac{1}{8}\right)^n=\frac{1}{4}\cdot\frac{1}{1-\frac{1}{8}}=\frac{2}{7},$$

$$P\{Y=0\}=1-P\{Y=1\}-P\{Y=2\}=\frac{1}{7},$$

所以，$E(Y)=0\times\frac{1}{7}+1\times\frac{4}{7}+2\times\frac{2}{7}=\frac{8}{7}$.

题型考点　协方差

【试题 50】(20-1.14)　设 X 服从区间 $\left(-\frac{\pi}{2},\frac{\pi}{2}\right)$ 上的均匀分布，$Y=\sin X$，则 $Cov(X,Y)=$

________．

【答案】$\frac{2}{\pi}$.

【解析】$Cov(X,Y)=EXY-EXEY=E(X\sin X)-EXEY$

$$=\int_{-\frac{\pi}{2}}^{\frac{\pi}{2}}x\sin x\cdot\frac{1}{\pi}\mathrm{d}x-\int_{-\frac{\pi}{2}}^{\frac{\pi}{2}}x\cdot\frac{1}{\pi}\mathrm{d}x\cdot EY$$

$$=\frac{2}{\pi}\int_{0}^{\frac{\pi}{2}}x\sin x\mathrm{d}x-0$$

$$=\frac{2}{\pi}(-x\cos x+\sin x)\Big|_{0}^{\frac{\pi}{2}}=\frac{2}{\pi}.$$

题型考点　二维正态分布的性质

【试题 51】(20-3.8)　设随机变量(X,Y)服从二维正态分布$N\left(0,0;1,4;-\frac{1}{2}\right)$，下列选项的随机变量中服从标准正态分布且与$X$独立的是

(A)$\frac{\sqrt{5}}{5}(X+Y)$.　(B)$\frac{\sqrt{5}}{5}(X-Y)$.　(C)$\frac{\sqrt{3}}{3}(X+Y)$.　(D)$\frac{\sqrt{3}}{3}(X-Y)$.

【答案】C.

【解析】(1)由题可知：$X\sim N(0,1)$，$Y\sim N(0,4)$，$\rho_{XY}=-\frac{1}{2}$，所以，

$$E(X+Y)=EX+EY=0,E(X-Y)=EX-EY=0,$$

$$D(X+Y)=DX+DY+2Cov(X,Y)$$

$$=DX+DY+2\rho_{XY}\sqrt{DX}\sqrt{DY}$$

$$=1+4-2\cdot\frac{1}{2}\cdot1\cdot2=3,$$

$$D(X-Y)=DX+DY-2Cov(X,Y)$$

$$=DX+DY-2\rho_{XY}\sqrt{DX}\sqrt{DY}$$

$$=1+4+2\cdot\frac{1}{2}\cdot1\cdot2=7,$$

所以，$(X+Y)\sim N(0,3)$，$(X-Y)\sim N(0,7)$，故

$$\frac{X+Y}{\sqrt{3}}\sim N(0,1),\frac{X-Y}{\sqrt{7}}\sim N(0,1).$$

(2)因为 $Cov\left(\frac{X+Y}{\sqrt{3}},X\right)=\frac{1}{\sqrt{3}}[Cov(X,X)+Cov(Y,X)]$

$$=\frac{1}{\sqrt{3}}[DX+\rho_{XY}\sqrt{DX}\sqrt{DY}]$$

$$=\frac{1}{\sqrt{3}}\left(1+-\frac{1}{2}\cdot1\cdot2\right)=0,$$

所以，$\rho_{\frac{X+Y}{\sqrt{3}},X}=0$. 因为$\left(\frac{X+Y}{\sqrt{3}},X\right)$服从二维正态分布，所以$\frac{X+Y}{\sqrt{3}}$，$X$独立.

综上,应选 C.

题型考点　中心极限定理

【试题 52】(20-1.8)　设 $X_1,X_2,\cdots X_n$ 为来自总体 X 的简单随机样本,其中 $P\{X=0\}=P\{X=1\}=\frac{1}{2}$,$\varphi(x)$ 表示标准正态分布函数,则利用中心极限定理可得 $P\left\{\sum_{i=1}^{100}X_i\leqslant 55\right\}$ 的近似值为

(A)$1-\varphi(1)$.　　　　(B)$\varphi(1)$.

(C)$1-\varphi(0.2)$.　　　　(D)$\varphi(0.2)$.

【答案】 B.

【解析】 因为 $E\left(\sum_{i=1}^{100}X_i\right)=100EX=50,D\left(\sum_{i=1}^{100}X_i\right)=100DX=25$,所以由中心极限定理可知,$\sum_{i=1}^{100}X_i$ 近似服从 $N(50,5^2)$,故 $\dfrac{\sum_{i=1}^{100}X_i-50}{5}$ 近似服从 $N(0,1)$.

所以,$P\left\{\sum_{i=1}^{100}X_i\leqslant 55\right\}=P\left\{\dfrac{\sum_{i=1}^{100}X_i-50}{5}\leqslant 1\right\}=\Phi(1)$,应选 B .

3.4　数理统计初步

题型考点　点估计

【试题 53】(20-1.23;3.23)　设某总元件的使用寿命为随机变量 T,其分布函数为:

$$F(t)=\begin{cases}1-e^{-\left(\frac{t}{\theta}\right)^m},t\geqslant 0,\\0,\text{其他},\end{cases}$$

其中 θ,m 为参数且大于零 .

(1)求概率 $P\{T>t\}$ 与 $P\{T>s+t|T>s\}$,其中 $s>0,t>0$.

(2)任取 n 个这种元件做寿命试验,测得他们的寿命分别为 $t_1,t_2,\cdots,t_n$,若 m 已知,求 θ 的最大似然估计值 $\hat{\theta}$.

【解析】(1)$P\{T>t\}=1-P\{T\leqslant t\}=1-F(t)=e^{-\left(\frac{t}{\theta}\right)^m}$,

$$P\{T>s+t|T>s\}=\frac{P\{T>s+t,T>s\}}{P\{T>s\}}=\frac{P\{T>s+t\}}{P\{T>s\}}$$

$$=\frac{e^{-\left(\frac{s+t}{\theta}\right)^m}}{e^{-\left(\frac{s}{\theta}\right)^m}}=e^{\left(\frac{s}{\theta}\right)^m-\left(\frac{s+t}{\theta}\right)^m}.$$

(2)$$f(t)=F'(t)=\begin{cases}\dfrac{mt^{m-1}}{\theta^m}e^{-\left(\frac{t}{\theta}\right)^m},t\geqslant 0,\\0,\quad\text{其他}.\end{cases}$$

似然函数 $L(\theta)=\prod_{i=1}^{n}f(t_i)=\prod_{i=1}^{n}\dfrac{mt_i^{m-1}}{\theta^m}e^{-\left(\frac{t_i}{\theta}\right)^m}$,

对数似然函数 $\ln L(\theta) = \sum_{i=1}^{n}\left[\ln(mt_i^{m-1}) - m\ln\theta - \left(\frac{t_i}{\theta}\right)^m\right]$

$= \sum_{i=1}^{n}\ln(mt_i^{m-1}) - mn\ln\theta - \frac{1}{\theta^m}\sum_{i=1}^{n}t_i^m$，

令 $\frac{\partial \ln L(\theta)}{\partial\theta} = -\frac{mn}{\theta} + \frac{m}{\theta^{m+1}}\sum_{i=1}^{n}t_i^m = 0$，解得 θ 的最大似然估计值

$$\hat{\theta} = \left(\frac{1}{n}\sum_{i=1}^{n}t_i^m\right)^{\frac{1}{m}}.$$

第一部分　高等数学试题解析

1.1　函数、极限、连续

题型考点　无穷小的比较

【试题 1】(21-2.1;3.1)　当 $x\to0$ 时，$\int_0^{x^2}(e^{t^3}-1)\,dt$ 是 x^7 的

(A)低阶无穷小.　　(B)等价无穷小.

(C)高阶无穷小.　　(D)同阶但非等价无穷小.

【答案】 C.

【解析】方法一　由变限积分求导公式、洛必达法则、等价无穷小替换，可得

$$\lim_{x\to0}\frac{\int_0^{x^2}(e^{t^3}-1)\,dt}{x^7}=\lim_{x\to0}\frac{2x(e^{x^6}-1)}{7x^6}=\lim_{x\to0}\frac{2x^7}{7x^6}=0,$$

所以 $\int_0^{x^2}(e^{t^3}-1)\,dt$ 是 x^7 的高阶无穷小，故应选 C.

方法二　若 $f(x),g(x)$ 连续，且 $\lim\limits_{x\to0}\dfrac{f(x)}{g(x)}=1$，则 $\lim\limits_{x\to0}\dfrac{\int_0^x f(t)\,dt}{\int_0^x g(t)\,dt}=1$，

即 $x\to0$ 时，$\int_0^x f(t)\,dt\sim\int_0^x g(t)\,dt$.

根据上述结论可知，当 $x\to0$ 时，$\int_0^{x^2}(e^{t^3}-1)\,dt\sim\int_0^{x^2}t^3\,dt=\dfrac{1}{4}x^8$ 是 x^7 的高阶无穷小，故应选 C.

题型考点　泰勒公式

【试题 2】(21-1.3)　设函数 $f(x)=\dfrac{\sin x}{1+x^2}$ 在 $x=0$ 处的 3 次泰勒多项式为 $ax+bx^2+cx^3$，则

(A) $a=1,b=0,c=-\dfrac{7}{6}$.　　(B) $a=1,b=0,c=\dfrac{7}{6}$.

(C) $a=-1,b=-1,c=-\dfrac{7}{6}$.　　(D) $a=-1,b=-1,c=\dfrac{7}{6}$.

【答案】 A.

【解析】方法一　由泰勒公式可知，

$$f(x)=\frac{\sin x}{1+x^2}=\left(x-\frac{1}{6}x^3+o(x^3)\right)\cdot\left(1-x^2+o(x^3)\right)=x-\frac{7}{6}x^3+o(x^3).$$

所以 $a=1,b=0,c=-\dfrac{7}{6}$，故应选 A.

方法二　因为$f(x)$为奇函数,所以$f(x)$在$x=0$处的泰勒展开式中只含奇数幂次项,故$b=0$,排除选项C和D. 由选项A和B可知,$a=1$,所以

$$f(x)=\frac{\sin x}{1+x^2}=x+cx^3+o(x^3).$$

又因为$x>0$时,$\frac{\sin x}{1+x^2}<\sin x<x$,所以$x\in(0,\delta)$时,$\frac{\sin x}{1+x^2}-x=cx^3+o(x^3)<0$,所以$c<0$,排除选项B,故应选A.

【试题3】(21-2.5)　设函数$f(x)=\sec x$在$x=0$处的2次泰勒多项式为$1+ax+bx^2$,则

(A) $a=1,b=-\frac{1}{2}$.　　　　(B) $a=1,b=\frac{1}{2}$.

(C) $a=0,b=-\frac{1}{2}$.　　　　(D) $a=0,b=\frac{1}{2}$.

【答案】 D.

【解析】方法一　因为$f(x)=\sec x$,所以

$$f'(x)=\sec x\cdot\tan x,f''(x)=\sec x\cdot\tan^2 x+\sec^3 x,$$

进而$f(0)=1,f'(0)=0,f''(0)=1$,因此$f(x)$在$x=0$处的2次泰勒多项式为

$$f(0)+f'(0)x+\frac{f''(0)}{2!}x^2=1+\frac{1}{2}x^2,$$

所以$a=0,b=\frac{1}{2}$,故应选D.

方法二　由题可知:$I=\lim\limits_{x\to0}\frac{f(x)-1-ax-bx^2}{x^2}=0$. 因此,本题可以转化为已知极限反求参数的问题:

$$I=\lim_{x\to0}\frac{\sec x-1-ax-bx^2}{x^2}=\lim_{x\to0}\frac{\sec x-1-ax}{x^2}-b=\lim_{x\to0}\frac{\sec x\tan x-a}{2x}-b,$$

若$a\neq0$,则$I=\infty$,不符合题意,因此$a=0$. 进而$I=\frac{1}{2}-b=0$,故$b=\frac{1}{2}$,应选D.

方法三　因为$f(x)$为偶函数,所以$f(x)$在$x=0$处的泰勒展开式中只含偶数幂次项,故$a=0$,排除选项A和B.

又因为$x\in(-\delta,\delta)$时,$\sec x>1$,所以$\sec x-1=bx^2+o(x^2)>0$,故$b>0$,排除选项C,故应选D.

题型考点　函数求极限

【试题4】(21-1.17;2.17)　求极限$\lim\limits_{x\to0}\left(\frac{1+\int_0^x e^{t^2}dt}{e^x-1}-\frac{1}{\sin x}\right)$.

【解析】 由拆分极限存在的项、等价无穷小替换和洛必达法则,得

$$原式=\lim_{x\to 0}\frac{\int_0^x e^{t^2}dt}{e^x-1}+\lim_{x\to 0}\left(\frac{1}{e^x-1}-\frac{1}{\sin x}\right)$$

$$=\lim_{x\to 0}\frac{\int_0^x e^{t^2}dt}{x}+\lim_{x\to 0}\frac{\sin x-e^x+1}{x^2}$$

$$=\lim_{x\to 0}\frac{e^{x^2}}{1}+\lim_{x\to 0}\frac{\cos x-e^x}{2x}$$

$$=1+\lim_{x\to 0}\frac{-\sin x-1}{2}$$

$$=1-\frac{1}{2}=\frac{1}{2}.$$

【试题 5】(21-3.17) 已知$\lim\limits_{x\to 0}\left[a\arctan\frac{1}{x}+(1+|x|)^{\frac{1}{x}}\right]$存在,求 a 的值.

【解析】 由题可知,$\lim\limits_{x\to 0^+}\left[a\arctan\frac{1}{x}+(1+|x|)^{\frac{1}{x}}\right]=\lim\limits_{x\to 0^-}\left[a\arctan\frac{1}{x}+(1+|x|)^{\frac{1}{x}}\right]$.

由

$$\lim_{x\to 0^+}\left[a\arctan\frac{1}{x}+(1+|x|)^{\frac{1}{x}}\right]=\frac{\pi}{2}a+\lim_{x\to 0^+}(1+x)^{\frac{1}{x}}=\frac{\pi}{2}a+e,$$

$$\lim_{x\to 0^-}\left[a\arctan\frac{1}{x}+(1+|x|)^{\frac{1}{x}}\right]=-\frac{\pi}{2}a+\lim_{x\to 0^-}(1-x)^{\frac{1}{x}}=-\frac{\pi}{2}a+e^{-1},$$

所以$\frac{\pi}{2}a+e=-\frac{\pi}{2}a+e^{-1}$,解得 $a=\frac{1-e^2}{\pi e}$.

1.2 一元函数微分学

题型考点 导数的定义

【试题 6】(21-1.1;2.2;3.2) 函数$f(x)=\begin{cases}\frac{e^x-1}{x}, & x\neq 0,\\ 1, & x=0\end{cases}$在 $x=0$ 处

(A)连续且取得极大值.　　(B)连续且取得极小值.

(C)可导且导数等于零.　　(D)可导且导数不为零.

【答案】 D.

【解析】 因为$\lim\limits_{x\to 0}f(x)=\lim\limits_{x\to 0}\frac{e^x-1}{x}=\lim\limits_{x\to 0}\frac{x}{x}=1=f(0)$,所以$f(x)$在 $x=0$ 处连续.

又因为$f'(0)=\lim\limits_{x\to 0}\frac{f(x)-f(0)}{x-0}=\lim\limits_{x\to 0}\frac{\frac{e^x-1}{x}-1}{x}=\lim\limits_{x\to 0}\frac{e^x-1-x}{x^2}=\frac{1}{2}$,所以$f(x)$在 $x=0$ 处可导,且导数不为零;同时,$x=0$ 也不是$f(x)$的极值点,故应选 D.

题型考点　复合函数求导

【试题 7】(21-3.11)　若 $y=\cos e^{-\sqrt{x}}$,则 $\left.\frac{dy}{dx}\right|_{x=1}=$______.

【答案】 $\frac{1}{2e}\sin\frac{1}{e}$.

【解析】 $\left.\frac{dy}{dx}\right|_{x=1}=-\sin e^{-\sqrt{x}}\cdot e^{-\sqrt{x}}\left.\left(-\frac{1}{2\sqrt{x}}\right)\right|_{x=1}=\frac{1}{2e}\sin\frac{1}{e}$.

题型考点　参数方程求导

【试题 8】(21-1.12;2.12)　设函数 $y=y(x)$ 由参数方程 $\begin{cases}x=2e^t+t+1,\\y=4(t-1)e^t+t^2\end{cases}$ 确定,$\left.\frac{d^2y}{dx^2}\right|_{t=0}=$______.

【答案】 $\frac{2}{3}$.

【解析】 因为 $y'=\frac{y'(t)}{x'(t)}=\frac{4te^t+2t}{2e^t+1}=2t,\frac{d^2y}{dx^2}=\frac{dy'}{dx}=\frac{dy'/dt}{dx/dt}=\frac{2}{2e^t+1}$,所以 $\left.\frac{d^2y}{dx^2}\right|_{t=0}=\frac{2}{3}$.

题型考点　凹凸区间与渐近线

【试题 9】(21-2.18)　已知函数 $f(x)=\frac{x|x|}{1+x}$,求曲线 $y=f(x)$ 的凹凸区间及渐近线.

【解析】 由题可知:$f(x)=\begin{cases}\frac{-x^2}{1+x},x<0,且\ x\neq-1,\\\frac{x^2}{1+x},x\geqslant0.\end{cases}$

当 $x\neq0$ 且 $x\neq-1$ 时,

$$f'(x)=\begin{cases}\frac{1}{(x+1)^2}-1,x<0,x\neq-1,\\\frac{-1}{(x+1)^2}+1,x>0\end{cases}\qquad f''(x)=\begin{cases}-\frac{2}{(x+1)^3},x<0,x\neq-1,\\\frac{2}{(x+1)^3},\quad x>0.\end{cases}$$

当 $x\in(-1,0)$ 时,$f''(x)<0$,故 $(-1,0)$ 为曲线 $y=f(x)$ 的凸区间;

当 $x\in(-\infty,-1)$ 和 $x\in(0,+\infty)$ 时,$f''(x)>0$,故 $(-\infty,-1)$ 和 $(0,+\infty)$ 均为曲线 $y=f(x)$ 的凹区间.

因为 $\lim\limits_{x\to-1}f(x)=\infty$,所以 $x=-1$ 为曲线 $y=f(x)$ 的铅直渐近线.

因为 $\lim\limits_{x\to+\infty}\frac{f(x)}{x}=\lim\limits_{x\to+\infty}\frac{x^2}{x(1+x)}=1,\lim\limits_{x\to+\infty}[f(x)-x]=\lim\limits_{x\to+\infty}\left(\frac{x^2}{1+x}-x\right)=-1$,所以 $y=-x+1$ 为曲线 $y=f(x)$ 当 $x\to+\infty$ 时的斜渐近线.

因为 $\lim\limits_{x\to-\infty}\frac{f(x)}{x}=\lim\limits_{x\to-\infty}\frac{-x^2}{x(1+x)}=-1,\lim\limits_{x\to-\infty}[f(x)-(-x)]=\lim\limits_{x\to-\infty}\left(\frac{-x^2}{1+x}+x\right)=1$,所以 $y=-x+1$ 为曲线 $y=f(x)$ 当 $x\to-\infty$ 时的斜渐近线.

题型考点　方程根的问题(零点问题)

【试题 10】(21-2.4;3.3)　设函数 $f(x)=ax-b\ln x(a>0)$ 有 2 个零点,则 $\frac{b}{a}$ 的取值范围是

(A) $(e,+\infty)$.　　　　(B) $(0,e)$.

(C) $\left(0,\frac{1}{e}\right)$.　　　　(D) $\left(\frac{1}{e},+\infty\right)$.

【答案】A.

【解析】由题可知:$f(x)$的定义域为$(0,+\infty)$. 记$\frac{b}{a}=k$,则:

$$f(x)=a(x-k\ln x),f'(x)=a(1-\frac{k}{x}).$$

当$k\leqslant 0$时,$f'(x)>0$,$f(x)$单调递增,不符合题意.

当$k>0$时,令$f'(x)=0$,得$x=k$.

当$x\in(0,k)$时,$f'(x)<0$,所以$f(x)$在$(0,k)$内单调递减;

当$x\in(k,+\infty)$时,$f'(x)>0$,所以$f(x)$在$(k,+\infty)$内单调递增.

又因为$\lim\limits_{x\to 0^+}f(x)=\lim\limits_{x\to+\infty}f(x)=+\infty$,所以当$f(k)=a(k-k\ln k)=ak(1-\ln k)<0$时,函数$f(x)$有2个零点,即$k=\frac{b}{a}>e$. 故应选A.

题型考点　相关变化率(数学一、数学二)

【试题11】(21-2.3)　有一圆柱体底面半径与高随时间变化的速率分别为2cm/s,-3cm/s. 当底面半径为10cm,高为5cm时,圆柱体的体积与表面积随时间变化的速率分别为

(A) $125\pi cm^3/s$, $40\pi cm^2/s$.　　　　(B) $125\pi cm^3/s$, $-40\pi cm^2/s$.

(C) $-100\pi cm^3/s$, $40\pi cm^2/s$.　　　　(D) $-100\pi cm^3/s$, $-40\pi cm^2/s$.

【答案】C.

【解析】设圆柱体的底面半径为$r(t)$,高为$h(t)$,则圆柱的体积、表面积分别为

$$V(t)=\pi r^2(t)\cdot h(t),S(t)=2\pi r^2(t)+2\pi r(t)\cdot h(t)$$

从而有

$$V'(t)=2\pi r(t)r'(t)\cdot h(t)+\pi r^2(t)\cdot h'(t),$$

$$S'(t)=2\pi\cdot 2r(t)\cdot r'(t)+2\pi r'(t)h(t)+2\pi r(t)h'(t).$$

将$r=10$cm,$h=5$cm,$r'(t)=2$cm/s,$h'(t)=-3$cm/s代入上式,得

$$V'\big|_{r=10,h=5}=2\pi\cdot 10\cdot 2\cdot 5+\pi\cdot 100\cdot(-3)=-100\pi cm^3/s$$

$$S'\big|_{r=10,h=5}=2\pi\cdot 2\cdot 10\cdot 2+2\pi\cdot 2\cdot 5+2\pi\cdot 10\cdot(-3)=40\pi cm^2/s.$$

故应选C.

1.3　一元函数积分学

题型考点　定积分的定义求数列极限

【试题12】(21-1.4;2.7)　设函数$f(x)$在区间$[0,1]$上连续,则$\int_0^1 f(x)dx=$

(A) $\lim\limits_{n\to\infty}\sum\limits_{k=1}^{n}f\left(\frac{2k-1}{2n}\right)\frac{1}{2n}$.　　　　(B) $\lim\limits_{n\to\infty}\sum\limits_{k=1}^{n}f\left(\frac{2k-1}{2n}\right)\frac{1}{n}$.

(C) $\lim\limits_{n\to\infty}\sum\limits_{k=1}^{2n} f\left(\frac{k-1}{2n}\right)\frac{1}{n}$.　　　　(D) $\lim\limits_{n\to\infty}\sum\limits_{k=1}^{2n} f\left(\frac{k}{2n}\right)\frac{2}{n}$.

【答案】B.

【解析】由定积分定义可知,

$$\int_0^1 f(x)\,\mathrm{d}x=\lim_{n\to\infty}\sum_{k=1}^{n} f(\xi_k)\frac{1}{n},\xi_k\in\left[\frac{k-1}{n},\frac{k}{n}\right],k=1,2,\cdots,n.$$

又因为$\frac{k-1}{n}<\frac{2k-1}{2n}=\frac{k-\frac{1}{2}}{n}<\frac{k}{n}$,故应选 B.

对于 A 选项,$\lim\limits_{n\to\infty}\sum\limits_{k=1}^{n} f\left(\frac{2k-1}{2n}\right)\frac{1}{2n}=\frac{1}{2}\lim\limits_{n\to\infty}\sum\limits_{k=1}^{n} f\left(\frac{2k-1}{2n}\right)\frac{1}{n}=\frac{1}{2}\int_0^1 f(x)\,\mathrm{d}x$.

对于 C 选项,$\lim\limits_{n\to\infty}\sum\limits_{k=1}^{2n} f\left(\frac{k-1}{2n}\right)\frac{1}{n}=2\lim\limits_{n\to\infty}\sum\limits_{k=1}^{2n} f\left(\frac{k-1}{2n}\right)\frac{1}{2n}=2\int_0^1 f(x)\,\mathrm{d}x$.

对于 D 选项,$\lim\limits_{n\to\infty}\sum\limits_{k=1}^{2n} f\left(\frac{k}{2n}\right)\frac{2}{n}=4\lim\limits_{n\to\infty}\sum\limits_{k=1}^{2n} f\left(\frac{k}{2n}\right)\frac{1}{2n}=4\int_0^1 f(x)\,\mathrm{d}x$.

题型考点　反常积分的计算

【试题 13】(21-1.11)　$\int_0^{+\infty}\frac{\mathrm{d}x}{x^2+2x+2}=$________.

【答案】$\frac{\pi}{4}$.

【解析】$\int_0^{+\infty}\frac{\mathrm{d}x}{x^2+2x+2}=\int_0^{+\infty}\frac{\mathrm{d}(x+1)}{(x+1)^2+1}=\arctan(x+1)\Big|_0^{+\infty}=\frac{\pi}{2}-\frac{\pi}{4}=\frac{\pi}{4}$.

【试题 14】(21-2.11)　$\int_{-\infty}^{+\infty}|x|3^{-x^2}\mathrm{d}x=$________.

【答案】$\frac{1}{\ln 3}$.

【解析】$\int_{-\infty}^{+\infty}|x|3^{-x^2}\mathrm{d}x=2\int_0^{+\infty}x3^{-x^2}\mathrm{d}x=-\int_0^{+\infty}3^{-x^2}\mathrm{d}(-x^2)=-\frac{1}{\ln 3}3^{-x^2}\Big|_0^{+\infty}=\frac{1}{\ln 3}$.

【试题 15】(21-3.12)　$\int_{\sqrt{5}}^{5}\frac{x}{\sqrt{|x^2-9|}}\mathrm{d}x=$________.

【答案】6.

【解析】$\int_{\sqrt{5}}^{5}\frac{x}{\sqrt{|x^2-9|}}\mathrm{d}x=\int_{\sqrt{5}}^{3}\frac{x}{\sqrt{9-x^2}}\mathrm{d}x+\int_3^5\frac{x}{\sqrt{x^2-9}}\mathrm{d}x=-\sqrt{9-x^2}\Big|_{\sqrt{5}}^{3}+\sqrt{x^2-9}\Big|_3^5=6$.

题型考点　定积分的几何应用——旋转体的体积

【试题 16】(21-3.13)　设平面区域 D 由曲线段 $y=\sqrt{x}\sin\pi x(0\leqslant x\leqslant 1)$ 与 x 轴围成,则 D 绕 x 轴旋转所成旋转体的体积为________.

【答案】$\frac{\pi}{4}$.

【解析】D 绕 x 轴旋转所成旋转体的体积为

$$\int_0^1 \pi(\sqrt{x}\sin \pi x)^2 \mathrm{d}x = \pi\int_0^1 x\sin^2 \pi x \mathrm{d}x \xlongequal{\pi x = t} \frac{1}{\pi}\int_0^{\pi} t\sin^2 t\mathrm{d}t$$

$$= \frac{1}{\pi}\cdot\frac{\pi}{2}\int_0^{\pi}\sin^2 t\mathrm{d}t = \int_0^{\frac{\pi}{2}}\sin^2 t\mathrm{d}t = \frac{1}{2}\cdot\frac{\pi}{2} = \frac{\pi}{4}.$$

这里用到一个常用结论：$\int_0^{\pi} tf(\sin t)\mathrm{d}t = \frac{\pi}{2}\int_0^{\pi} f(\sin t)\mathrm{d}t$.

题型考点　定积分的几何应用——弧长、侧面积(数学一、数学二)

【试题 17】(21-2.19)　设函数 $f(x)$ 满足

$$\int\frac{f(x)}{\sqrt{x}}\mathrm{d}x = \frac{1}{6}x^2 - x + C,$$

L 为曲线 $y=f(x)(4\leqslant x\leqslant 9)$，记 L 的长度为 s，L 绕 x 轴旋转所成旋转曲面的面积为 A，求 s 和 A.

【解析】等式 $\int\frac{f(x)}{\sqrt{x}}\mathrm{d}x = \frac{1}{6}x^2 - x + C$ 两边对 x 求导，得

$$\frac{f(x)}{\sqrt{x}} = \frac{1}{3}x - 1, \text{即} f(x) = \frac{1}{3}x\sqrt{x} - \sqrt{x}.$$

所以 L 的长度

$$s = \int_4^9 \sqrt{1+[f'(x)]^2}\mathrm{d}x = \int_4^9 \sqrt{1+\left[\frac{1}{2}\left(\sqrt{x}-\frac{1}{\sqrt{x}}\right)\right]^2}\mathrm{d}x = \int_4^9 \frac{1}{2}\left(\sqrt{x}+\frac{1}{\sqrt{x}}\right)\mathrm{d}x = \frac{22}{3},$$

L 绕 x 轴旋转所成旋转曲面的面积

$$A = \int_4^9 2\pi f(x)\sqrt{1+[f'(x)]^2}\mathrm{d}x = \int_4^9 2\pi\left(\frac{1}{3}x\sqrt{x}-\sqrt{x}\right)\cdot\frac{1}{2}\left(\sqrt{x}+\frac{1}{\sqrt{x}}\right)\mathrm{d}x$$

$$= \int_4^9 \pi\left(\frac{1}{3}x^2 - \frac{2}{3}x - 1\right)\mathrm{d}x$$

$$= \frac{425}{9}\pi.$$

1.4　常微分方程

题型考点　一阶线性微分方程

【试题 18】(21-2.20)　设 $y=y(x)(x>0)$ 是微分方程 $xy'-6y=-6$ 满足条件 $y(\sqrt{3})=10$ 的解.

(1)求 $y(x)$；

(2)设 P 为曲线 $y=y(x)$ 上的一点，记曲线 $y=y(x)$ 在点 P 处的法线在 y 轴上的截距为 I_P. 当 I_P 最小时，求点 P 的坐标.

【解析】(1)由 $xy'-6y=-6$ 得 $y'-\frac{6}{x}y=-\frac{6}{x}$，解得

$$y = e^{\int \frac{6}{x}dx}\left[\int\left(-\frac{6}{x}\right)e^{-\int\frac{6}{x}dx}dx + C\right] = 1 + Cx^6.$$

由 $y(\sqrt{3})=10$,得 $C=\frac{1}{3}$. 故 $y=\frac{1}{3}x^6+1(x>0)$.

(2)曲线 $y=1+\frac{1}{3}x^6$ 在点 $P(x,y)$ 处的法线方程为 $Y-y=-\frac{1}{2x^5}(X-x)$,它在 y 轴上的截距为 $I_P=1+\frac{x^6}{3}+\frac{1}{2x^4}$,则 $I'_P=2x^5-\frac{2}{x^5}=0$,解得 $x=1,x=-1$,(舍去).

当 $x\in(0,1)$ 时,$I'_P<0$;当 $x\in(1,+\infty)$ 时,$I'_P>0$,所以在 $x=1$ 处取最小值,故所求点 P 的坐标为 $P(1,\frac{4}{3})$.

题型考点　常系数线性微分方程

【试题 19】(21-2.15)　微分方程 $y'''-y=0$ 的通解为 $y=$________.

【答案】 $C_1e^x+C_2e^{-\frac{x}{2}}\cos\frac{\sqrt{3}}{2}x+C_3e^{-\frac{x}{2}}\sin\frac{\sqrt{3}}{2}x$,$C_1,C_2,C_3$ 为任意常数.

【解析】 由特征方程为 $r^3-1=0$,解得 $r_1=1,r_{2,3}=-\frac{1}{2}\pm\frac{\sqrt{3}}{2}i$,

故微分方程的通解为 $y=C_1e^x+C_2e^{-\frac{x}{2}}\cos\frac{\sqrt{3}}{2}x+C_3e^{-\frac{x}{2}}\sin\frac{\sqrt{3}}{2}x$,$C_1,C_2,C_3$ 为任意常数.

题型考点　欧拉方程(数学一)

【试题 20】(21-1.13)　欧拉方程 $x^2y''+xy'-4y=0$ 满足条件 $y(1)=1,y'(1)=2$ 的解为 $y=$________.

【答案】 x^2.

【解析】 令 $x=e^t$,记 $D=\frac{d}{dt},D^2=\frac{d^2}{dt^2}$,则

$$xy'=Dy,x^2y''=D(D-1)y,$$

代入方程得:$D(D-1)y+Dy-4y=(D^2-4)y=0$,即 $\frac{d^2y}{dt^2}-4y=0$. 解该微分方程,通解为 $y(t)=C_1e^{2t}+C_2e^{-2t}$.

所以原微分方程的通解为 $y(x)=C_1x^2+C_2x^{-2}$.

又因为 $y(1)=1,y'(1)=2$,得 $C_1=1,C_2=0$. 故所求微分方程的解为 $y=x^2$.

题型考点　差分方程(数学三)

【试题 21】(21-3.14)　差分方程 $\Delta y_t=t$ 的通解为 $y_t=$________.

【答案】 $\frac{1}{2}t(t-1)+C$,C 为任意常数.

【解析】 由差分的定义可得,$y_{t+1}-y_t=t$,则特征方程为 $r-1=0$,解得 $r=1$.

设特解为 $y_t^*=(at+b)t$，代入差分方程，得 $a=\frac{1}{2}, b=-\frac{1}{2}$.

故差分方程 $\Delta y_t=t$ 的通解为 $y_t=\frac{1}{2}t(t-1)+C$，C 为任意常数.

1.5　多元函数微分学

题型考点　多元微分的基本概念——全微分

【试题 22】(21-1.2;2.6;3.4)　设函数 $f(x,y)$ 可微，且 $f(x+1,e^x)=x(x+1)^2$，$f(x,x^2)=2x^2\ln x$，则 $df(1,1)=$

(A) $dx+dy$.　　　　(B) $dx-dy$.

(C) dy.　　　　(D) $-dy$.

【答案】 C.

【解析】 分别对 $f(x+1,e^x)=x(x+1)^2$，$f(x,x^2)=2x^2\ln x$ 两边关于变量 x 求导，得

$$f_1'(x+1,e^x)+f_2'(x+1,e^x)\cdot e^x=(x+1)(3x+1). \quad ①$$

$$f_1'(x,x^2)+f_2'(x,x^2)\cdot 2x=4x\ln x+2x. \quad ②$$

令①中 $x=0$，②中 $x=1$，则有

$$\begin{cases} f_1'(1,1)+f_2'(1,1)=1; \\ f_1'(1,1)+2f_2'(1,1)=2. \end{cases}$$

解方程组得 $f_1'(1,1)=0$，$f_2'(1,1)=1$，从而 $df(1,1)=f_1'(1,1)dx+f_2'(1,1)dy=dy$.

故应选 C.

题型考点　多元隐函数求偏导

【试题 23】(21-2.13)　设函数 $z=z(x,y)$ 由方程 $(x+1)z+y\ln z-\arctan(2xy)=1$ 确定，则 $\left.\frac{\partial z}{\partial x}\right|_{(0,2)}$ ________.

【答案】 1.

【解析】 将点(0,2)代入方程，得 $z=1$.

将 $y=2$ 代入方程后，两边关于 x 求偏导，得 $z+(x+1)\frac{\partial z}{\partial x}+\frac{2}{z}\frac{\partial z}{\partial x}-\frac{4}{1+16x^2}=0$.

代入点(0,2)计算，得 $\left.\frac{\partial z}{\partial x}\right|_{(0,2)}=1$.

题型考点　多元函数求极值

【试题 24】(21-3.18)　求函数 $f(x,y)=2\ln|x|+\frac{(x-1)^2+y^2}{2x^2}$ 的极值.

【解析】 令 $\begin{cases} f_x'=\frac{2x^2+x-1-y^2}{x^3}=0, \\ f_y'=\frac{y}{x^2}=0, \end{cases}$ 解得驻点为 $\begin{cases} x=\frac{1}{2} \\ y=0 \end{cases}$ 或 $\begin{cases} x=-1 \\ y=0 \end{cases}$.

记 $A(x,y)=f''_{xx}=\dfrac{-2x^2-2x+3+3y^2}{x^4}$，$B(x,y)=f''_{xy}=-\dfrac{2y}{x^3}$，$C(x,y)=f''_{yy}=\dfrac{1}{x^2}$.

当 $x=\dfrac{1}{2}$，$y=0$ 时，$A\left(\dfrac{1}{2},0\right)=24$，$B\left(\dfrac{1}{2},0\right)=0$，$C\left(\dfrac{1}{2},0\right)=4$，由于 $AC-B^2>0$，$A>0$，所以函数 $f(x,y)$ 在 $\left(\dfrac{1}{2},0\right)$ 处取极小值，极小值为 $\dfrac{1}{2}-2\ln 2$.

当 $x=-1$，$y=0$ 时，$A(-1,0)=3$，$B(-1,0)=0$，$C(-1,0)=1$，由于 $AC-B^2>0$，$A>0$，所以函数 $f(x,y)$ 在 $(-1,0)$ 处取极小值，极小值为 2.

题型考点　多元函数求条件极值

【试题 25】(21-1.19)　已知曲线 $C:\begin{cases}x^2+2y^2-z=6,\\4x+2y+z=30,\end{cases}$ 求 C 上的点到 xOy 坐标面距离的最大值.

【解析】 曲线 C 上到 xOy 坐标面距离最大的点一定是 z 在条件 $x^2+2y^2-z=6$ 与 $4x+2y+z=30$ 下取最值，且使得 $|z|$ 最大的点，设拉格朗日函数为

$$L(x,y,z,\lambda,\mu)=z+\lambda(x^2+2y^2-z-6)+\mu(4x+2y+z-30),$$

令

$$\begin{cases}L'_x=2\lambda x+4\mu=0,\\L'_y=4\lambda y+2\mu=0,\\L'_z=1-\lambda+\mu=0,\\x^2+2y^2-z=6,\\4x+2y+z=30.\end{cases}$$

解得 $\begin{cases}x=4\\y=1\\z=12\end{cases}$ 或 $\begin{cases}x=-8\\y=-2.\\z=66\end{cases}$

所以 $|z|$ 在 $(-8,-2,66)$ 处最大，即曲线 C 上的点到 xoy 坐标面的距离最大值为 66.

1.6　二重积分

题型考点　二重积分的计算

【试题 26】(21-2.21)　设平面区域 D 由曲线 $(x^2+y^2)^2=x^2-y^2$ $(x\geqslant 0,y\geqslant 0)$ 与 x 轴围成，计算二重积分 $\iint\limits_D xy\mathrm{d}x\mathrm{d}y$.

【解析】 根据题意可得

$$\begin{aligned}\iint\limits_D xy\mathrm{d}x\mathrm{d}y&=\int_0^{\frac{\pi}{4}}\mathrm{d}\theta\int_0^{\sqrt{\cos 2\theta}}r^2\cos\theta\sin\theta\cdot r\mathrm{d}r=\frac{1}{8}\int_0^{\frac{\pi}{4}}\cos^2 2\theta\cdot\sin 2\theta\mathrm{d}\theta\\&=-\frac{1}{16}\int_0^{\frac{\pi}{4}}\cos^2 2\theta\mathrm{d}\cos 2\theta\\&=-\frac{1}{48}\cos^3 2\theta\Big|_0^{\frac{\pi}{4}}=\frac{1}{48}.\end{aligned}$$

【试题 27】(21-3.19) 设有界区域 D 是圆 $x^2+y^2=1$ 和直线 $y=x$ 以及 x 轴在第一象限围成的部分,计算二重积分

$$\iint_D e^{(x+y)^2}(x^2-y^2)\,dxdy.$$

【解析】 根据题意,利用极坐标计算二重积分.

$$\begin{aligned}\iint_D e^{(x+y)^2}(x^2-y^2)\,dxdy &= \int_0^{\frac{\pi}{4}}d\theta\int_0^1 e^{r^2(1+\sin2\theta)}r^3\cos2\theta dr\\ &= \int_0^1 r^3dr\int_0^{\frac{\pi}{4}}e^{r^2(1+\sin2\theta)}\cos2\theta d\theta\\ &= \frac{1}{2}\int_0^1 rdr\int_0^{\frac{\pi}{4}}e^{r^2(1+\sin2\theta)}d(r^2(1+\sin2\theta))\\ &= \frac{1}{2}\int_0^1 r(e^{2r^2}-e^{r^2})dr\\ &= \frac{(e-1)^2}{8}.\end{aligned}$$

题型考点　交换积分次序

【试题 28】(21-2.14) 已知函数 $f(t)=\int_1^{t^2}dx\int_{\sqrt{x}}^{t}\sin\frac{x}{y}dy$,则 $f'\left(\frac{\pi}{2}\right)=$ ________.

【答案】 $\frac{\pi}{2}\cos\frac{2}{\pi}$.

【解析】 交换积分次序可得 $f(t)=\int_1^t dy\int_1^{y^2}\sin\frac{x}{y}dx=\int_1^t y\left(\cos\frac{1}{y}-\cos y\right)dy$,

所以 $f'(t)=t\left(\cos\frac{1}{t}-\cos t\right)$,故 $f'\left(\frac{\pi}{2}\right)=\frac{\pi}{2}\left(\cos\frac{2}{\pi}-\cos\frac{\pi}{2}\right)=\frac{\pi}{2}\cos\frac{2}{\pi}$.

1.7　无穷级数(数学一、数学三)

题型考点　幂级数求收敛域及和函数

【试题 29】(21-1.18) 设 $u_n(x)=e^{-nx}+\frac{1}{n(n+1)}x^{n+1}(n=1,2,\cdots)$,求级数 $\sum_{n=1}^{\infty}u_n(x)$ 的收敛域及和函数.

【解析】 由于 $\lim_{n\to\infty}\frac{n(n+1)}{(n+1)(n+2)}=1$,所以幂级数 $\sum_{n=1}^{\infty}\frac{x^{n+1}}{n(n+1)}$ 的收敛半径为 1.

当 $x=\pm1$ 时,$\sum_{n=1}^{\infty}\frac{(-1)^{n+1}}{n(n+1)}$ 和 $\sum_{n=1}^{\infty}\frac{1}{n(n+1)}$ 均收敛,所以 $\sum_{n=1}^{\infty}\frac{x^{n+1}}{n(n+1)}$ 的收敛域为 $[-1,1]$.

又因为级数 $\sum_{n=1}^{\infty}e^{-nx}$ 的收敛域为 $(0,+\infty)$,故 $\sum_{n=1}^{\infty}u_n(x)$ 的收敛域为 $(0,1]$.

$\sum_{n=1}^{\infty}e^{-nx}=\frac{e^{-x}}{1-e^{-x}}=\frac{1}{e^x-1}$,$x\in(0,1]$. 令 $S_1(x)=\sum_{n=1}^{\infty}\frac{x^{n+1}}{n(n+1)}$,$x\in(0,1]$.

则 $S'_1(x)=\sum_{n=1}^{\infty}\frac{x^n}{n}=-\ln(1-x), x\in(0,1)$.

于是 $S_1(x)=\int_0^x S'_1(t)\mathrm{d}t+S_1(0)=\int_0^x -\ln(1-t)\mathrm{d}t=(1-x)\ln(1-x)+x, x\in(0,1)$,

$$S_1(1)=\lim_{x\to1^-}S_1(x)=1,$$

所以 $S_1(x)=\begin{cases}(1-x)\ln(1-x)+x, x\in(0,1),\\1, x=1.\end{cases}$

故 $\sum_{n=1}^{\infty}u_n(x)$ 的和函数为 $S(x)=\begin{cases}\frac{1}{e^x-1}+(1-x)\ln(1-x)+x, x\in(0,1),\\\frac{e}{e-1}, x=1.\end{cases}$

【试题 30】(21-3.20) 设 n 为正整数, $y=y_n(x)$ 是微分方程 $xy'-(n+1)y=0$ 满足条件 $y_n(1)=\frac{1}{n(n+1)}$ 的解.

(1) 求 $y_n(x)$;

(2) 求级数 $\sum_{n=1}^{\infty}y_n(x)$ 的收敛域及和函数.

【解析】(1) 由 $xy'-(n+1)y=0$, 得 $\int\frac{\mathrm{d}y}{y}=(n+1)\int\frac{\mathrm{d}x}{x}$,

解得 $y_n(x)=Cx^{n+1}$, C 为任意常数.

由 $y_n(1)=\frac{1}{n(n+1)}$, 得 $C=\frac{1}{n(n+1)}$, 从而 $y_n(x)=\frac{x^{n+1}}{n(n+1)}$.

(2) 由于 $\lim_{n\to\infty}\left|\frac{n(n+1)}{(n+1)(n+2)}\right|=1$, 则幂级数 $\sum_{n=1}^{\infty}\frac{x^{n+1}}{n(n+1)}$ 的收敛半径为 1.

当 $x=\pm1$ 时, $\sum_{n=1}^{\infty}\frac{1}{n(n+1)}$ 和 $\sum_{n=1}^{\infty}\frac{(-1)^{n+1}}{n(n+1)}$ 均收敛, 所以 $\sum_{n=1}^{\infty}\frac{x^{n+1}}{n(n+1)}$ 的收敛域为 $[-1,1]$.

令 $S(x)=\sum_{n=1}^{\infty}\frac{x^{n+1}}{n(n+1)}, x\in[-1,1]$, 则 $S'(x)=\sum_{n=1}^{\infty}\frac{x^n}{n}=-\ln(1-x), x\in[-1,1)$.

所以 $S(x)=S(0)+\int_0^x S'(t)\mathrm{d}t=\int_0^x -\ln(1-t)\mathrm{d}t=x+(1-x)\ln(1-x), x\in[-1,1)$,

$$S(1)=\lim_{x\to1^-}S(x)=1.$$

故级数 $\sum_{n=1}^{\infty}y_n(x)$ 的和函数为 $S(x)=\begin{cases}x+(1-x)\ln(1-x), x\in[-1,1),\\1, x=1.\end{cases}$

1.8 空间解析几何与场论初步(数学一)

1.9 三重积分、曲线积分、曲面积分(数学一)

题型考点　第二类曲线积分的计算

【试题 31】(21-1.20) 设 $D\subset \boldsymbol{R}^2$ 是有界单连通闭区域，$I(D)=\iint\limits_D(4-x^2-y^2)\mathrm{d}x\mathrm{d}y$ 取得最大值的积分域记为 D_1.

(1)求 $I(D_1)$ 的值；

(2) 计算 $\int_{\partial D_1}\frac{(xe^{x^2+4y^2}+y)\mathrm{d}x+(4ye^{x^2+4y^2}-x)\mathrm{d}y}{x^2+4y^2}$，其中 ∂D_1 是 D_1 的正向边界.

【解析】(1)由题可知，当被积函数 $4-x^2-y^2$ 在区域 D 上非负，在区域 D 外非正时，$I(D)=\iint\limits_D(4-x^2-y^2)\mathrm{d}x\mathrm{d}y$ 取得最大值，所以 $D_1=\{(x,y)\mid x^2+y^2\leqslant 4\}$.

从而 $I(D_1)=\iint\limits_{D_1}(4-x^2-y^2)\mathrm{d}x\mathrm{d}y=\int_0^{2\pi}\mathrm{d}\theta\int_0^2(4-r^2)r\mathrm{d}r=8\pi$.

(2)取 $L_1=\{(x,y)\mid x^2+4y^2=\varepsilon^2\}$($\varepsilon$ 为很小的正数)，$D_2=\{(x,y)\mid x^2+4y^2\leqslant\varepsilon^2\}$.

$$\text{所以}\int_{\partial D_1}\frac{(xe^{x^2+4y^2}+y)\mathrm{d}x+(4ye^{x^2+4y^2}-x)\mathrm{d}y}{x^2+4y^2}$$

$$=\int_{\partial D_1+L_1}\frac{(xe^{x^2+4y^2}+y)\mathrm{d}x+(4ye^{x^2+4y^2}-x)\mathrm{d}y}{x^2+4y^2}-\int_{L_1}\frac{(xe^{x^2+4y^2}+y)\mathrm{d}x+(4ye^{x^2+4y^2}-x)\mathrm{d}y}{x^2+4y^2}$$

$$=\iint\limits_{D_1-D_2}0\mathrm{d}x\mathrm{d}y-\frac{1}{\varepsilon^2}\int_{L_1}(e^{\varepsilon^2}x+y)\mathrm{d}x+(4e^{\varepsilon^2}y-x)\mathrm{d}y$$

$$=\frac{1}{\varepsilon^2}\iint\limits_{D_2}(-2)\mathrm{d}\sigma=-\pi.$$

题型考点　第二类曲面积分的计算

【试题 32】(21-1.14) 设 $\sum$ 为空间区域 $\{(x,y,z)\mid x^2+4y^2\leqslant 4,0\leqslant z\leqslant 2\}$ 表面的外侧，则曲面积分 $\iint\limits_\Sigma x^2\mathrm{d}y\mathrm{d}z+y^2\mathrm{d}z\mathrm{d}x+z\mathrm{d}x\mathrm{d}y=$________.

【答案】4π.

【解析】由高斯公式可知：

$$\iint\limits_\Sigma x^2\mathrm{d}y\mathrm{d}z+y^2\mathrm{d}z\mathrm{d}x+z\mathrm{d}x\mathrm{d}y$$

$$=\iiint\limits_\Omega(2x+2y+1)\mathrm{d}v$$

$$=\iiint\limits_\Omega 2x\mathrm{d}v+\iiint\limits_\Omega 2y\mathrm{d}v+\iiint\limits_\Omega 1\mathrm{d}v$$

$$=0+0+2\pi\cdot 2=4\pi.$$

第二部分　线性代数试题解析

2.1　行列式与矩阵

题型考点　行列式的定义

【试题 33】(21-2.16;3.15)　多项式 $f(x)=\begin{vmatrix} x & x & 1 & 2x \\ 1 & x & 2 & -1 \\ 2 & 1 & x & 1 \\ 2 & -1 & 1 & x \end{vmatrix}$ 中 x^3 项的系数为________.

【答案】 -5.

【解析】 根据行列式的定义,只有 $a_{12},a_{21},a_{33},a_{44}$ 和 $a_{14},a_{22},a_{33},a_{41}$ 这两种取法会出现 x^3,即

$$(-1)^{\tau(2134)}a_{12}a_{21}a_{33}a_{44}+(-1)^{\tau(4231)}a_{14}a_{22}a_{33}a_{41}=-x\cdot 1\cdot x\cdot x-2x\cdot x\cdot x\cdot 2=-5x^3,$$

故 x^3 项的系数为-5.

题型考点　代数余子式的计算

【试题 34】(21-1.15)　设 $\boldsymbol{A}=(a_{ij})$ 为 3 阶矩阵,$\boldsymbol{A}_{ij}$ 为元素 a_{ij} 的代数余子式. 若 $\boldsymbol{A}$ 的每行元素之和均为 2,且 $|\boldsymbol{A}|=3$,则 $\boldsymbol{A}_{11}+\boldsymbol{A}_{21}+\boldsymbol{A}_{31}=$________.

【答案】 $\frac{3}{2}$.

【解析】方法一　由 $\boldsymbol{A}$ 的每行元素之和均为 2 可知:$\boldsymbol{A}\begin{pmatrix}1\\1\\1\end{pmatrix}=2\begin{pmatrix}1\\1\\1\end{pmatrix}$,所以 $\boldsymbol{A}$ 的特征值和特征向量分别为 $\lambda=2,\alpha=\begin{pmatrix}1\\1\\1\end{pmatrix}$.

从而对应 $\boldsymbol{A}^*$ 的一个特征值为 $\frac{|\boldsymbol{A}|}{\lambda}=\frac{3}{2}$,特征向量为 α,即 $\boldsymbol{A}^*\begin{pmatrix}1\\1\\1\end{pmatrix}=\frac{|\boldsymbol{A}|}{\lambda}\begin{pmatrix}1\\1\\1\end{pmatrix}=\frac{3}{2}\begin{pmatrix}1\\1\\1\end{pmatrix}$,

所以 $\boldsymbol{A}^*$ 的每行元素之和均为 $\frac{3}{2}$,故 $\boldsymbol{A}_{11}+\boldsymbol{A}_{21}+\boldsymbol{A}_{31}=\frac{3}{2}$.

方法二

$$\boldsymbol{A}_{11}+\boldsymbol{A}_{21}+\boldsymbol{A}_{31}=\begin{vmatrix}1 & a_{12} & a_{13}\\ 1 & a_{22} & a_{23}\\ 1 & a_{32} & a_{33}\end{vmatrix}=\frac{1}{2}\begin{vmatrix}2 & a_{12} & a_{13}\\ 2 & a_{22} & a_{23}\\ 2 & a_{32} & a_{33}\end{vmatrix}=\frac{1}{2}\begin{vmatrix}a_{11}+a_{12}+a_{13} & a_{12} & a_{13}\\ a_{21}+a_{22}+a_{23} & a_{22} & a_{23}\\ a_{31}+a_{32}+a_{33} & a_{32} & a_{33}\end{vmatrix}.$$

$$=\frac{1}{2}\begin{vmatrix}a_{11} & a_{12} & a_{13}\\ a_{21} & a_{22} & a_{23}\\ a_{31} & a_{32} & a_{33}\end{vmatrix}=\frac{1}{2}|\boldsymbol{A}|=\frac{3}{2}.$$

故 $A_{11}+A_{21}+A_{31}=\dfrac{1}{2}|A|=\dfrac{3}{2}$.

题型考点　矩阵的基本运算

【试题 35】(21-2.10;3.7)　已知矩阵 $A=\begin{pmatrix}1&0&-1\\2&-1&1\\-1&2&-5\end{pmatrix}$. 若下三角可逆矩阵 P 和上三角可逆矩阵 Q,使 PAQ 为对角矩阵,则 P,Q 可以分别取

(A) $\begin{pmatrix}1&0&0\\0&1&0\\0&0&1\end{pmatrix},\begin{pmatrix}1&0&1\\0&1&3\\0&0&1\end{pmatrix}$.　　(B) $\begin{pmatrix}1&0&0\\2&-1&0\\-3&2&1\end{pmatrix},\begin{pmatrix}1&0&0\\0&1&0\\0&0&1\end{pmatrix}$.

(C) $\begin{pmatrix}1&0&0\\2&-1&0\\-3&2&1\end{pmatrix},\begin{pmatrix}1&0&1\\0&1&3\\0&0&1\end{pmatrix}$.　　(D) $\begin{pmatrix}1&0&0\\0&1&0\\1&3&1\end{pmatrix},\begin{pmatrix}1&2&-3\\0&-1&2\\0&0&1\end{pmatrix}$.

【答案】C.

【解析】对于 A 选项,$PAQ=\begin{pmatrix}1&0&0\\0&1&0\\0&0&1\end{pmatrix}\begin{pmatrix}1&0&-1\\2&-1&1\\-1&2&-5\end{pmatrix}\begin{pmatrix}1&0&1\\0&1&3\\0&0&1\end{pmatrix}=\begin{pmatrix}1&0&0\\2&-1&0\\-1&2&0\end{pmatrix}$,排除 A 选项;

对于 B 选项,$PAQ=\begin{pmatrix}1&0&0\\2&-1&0\\-3&2&1\end{pmatrix}\begin{pmatrix}1&0&-1\\2&-1&1\\-1&2&-5\end{pmatrix}\begin{pmatrix}1&0&0\\0&1&0\\0&0&1\end{pmatrix}=\begin{pmatrix}1&0&-1\\0&1&-3\\0&0&0\end{pmatrix}$,排除 B 选项;

对于 D 选项,$PAQ=\begin{pmatrix}1&0&0\\0&1&0\\1&3&1\end{pmatrix}\begin{pmatrix}1&0&-1\\2&-1&1\\-1&2&-5\end{pmatrix}\begin{pmatrix}1&2&-3\\0&-1&2\\0&0&1\end{pmatrix}=\begin{pmatrix}1&2&-4\\2&5&-7\\6&13&-23\end{pmatrix}$,排除 D 选项;

对于 C 选项,$PAQ=\begin{pmatrix}1&0&0\\2&-1&0\\-3&2&1\end{pmatrix}\begin{pmatrix}1&0&-1\\2&-1&1\\-1&2&-5\end{pmatrix}\begin{pmatrix}1&0&1\\0&1&3\\0&0&1\end{pmatrix}=\begin{pmatrix}1&0&0\\0&1&0\\0&0&0\end{pmatrix}$,故应选 C.

题型考点　矩阵的秩

【试题 36】(21-1.7)　设 A,B 为 n 阶实矩阵. 下列结论不成立的是

(A) $r\begin{pmatrix}A&O\\O&A^TA\end{pmatrix}=2r(A)$.　　(B) $r\begin{pmatrix}A&AB\\O&A^T\end{pmatrix}=2r(A)$.

(C) $r\begin{pmatrix}A&BA\\O&AA^T\end{pmatrix}=2r(A)$.　　(D) $r\begin{pmatrix}A&O\\BA&A^T\end{pmatrix}=2r(A)$.

【答案】C.

【解析】由秩的性质:① $r(A^TA)=r(A)=r(A^T)$,②若矩阵 P 可逆,则 $r(AP)=r(A)$,可知:

对于 A 选项，$r\begin{pmatrix} \boldsymbol{A} & \boldsymbol{O} \\ \boldsymbol{O} & \boldsymbol{A}^{\mathrm{T}}\boldsymbol{A} \end{pmatrix} = r(\boldsymbol{A}) + r(\boldsymbol{A}^{\mathrm{T}}\boldsymbol{A}) = 2r(\boldsymbol{A})$，排除 A 选项；

对于 B 选项，$r\begin{pmatrix} \boldsymbol{A} & \boldsymbol{AB} \\ \boldsymbol{O} & \boldsymbol{A}^{\mathrm{T}} \end{pmatrix} = r\left(\begin{pmatrix} \boldsymbol{A} & \boldsymbol{O} \\ \boldsymbol{O} & \boldsymbol{A}^{\mathrm{T}} \end{pmatrix}\begin{pmatrix} \boldsymbol{E} & \boldsymbol{B} \\ \boldsymbol{O} & \boldsymbol{E} \end{pmatrix}\right) = r\begin{pmatrix} \boldsymbol{A} & \boldsymbol{O} \\ \boldsymbol{O} & \boldsymbol{A}^{\mathrm{T}} \end{pmatrix} = 2r(\boldsymbol{A})$，排除 B 选项；

对于 D 选项，$r\begin{pmatrix} \boldsymbol{A} & \boldsymbol{O} \\ \boldsymbol{BA} & \boldsymbol{A}^{\mathrm{T}} \end{pmatrix} = r\left(\begin{pmatrix} \boldsymbol{E} & \boldsymbol{O} \\ \boldsymbol{B} & \boldsymbol{E} \end{pmatrix}\begin{pmatrix} \boldsymbol{A} & \boldsymbol{O} \\ \boldsymbol{O} & \boldsymbol{A}^{\mathrm{T}} \end{pmatrix}\right) = r\begin{pmatrix} \boldsymbol{A} & \boldsymbol{O} \\ \boldsymbol{O} & \boldsymbol{A}^{\mathrm{T}} \end{pmatrix} = 2r(\boldsymbol{A})$，排除 D 选项；

对于 C 选项，令 $\boldsymbol{A} = \begin{pmatrix} 1 & 1 \\ 0 & 0 \end{pmatrix}$，$\boldsymbol{B} = \begin{pmatrix} 0 & 1 \\ 1 & 0 \end{pmatrix}$，则 $\boldsymbol{BA} = \begin{pmatrix} 0 & 0 \\ 1 & 1 \end{pmatrix}$，$r(\boldsymbol{A}) = 1$，

而 $r\begin{pmatrix} \boldsymbol{A} & \boldsymbol{BA} \\ \boldsymbol{O} & \boldsymbol{AA}^{\mathrm{T}} \end{pmatrix} = \begin{pmatrix} 1 & 1 & 0 & 0 \\ 0 & 0 & 1 & 1 \\ 0 & 0 & 2 & 0 \\ 0 & 0 & 0 & 0 \end{pmatrix} = 3 \neq 2r(\boldsymbol{A})$，故应选 C.

2.2 向量组与线性方程组

题型考点 施密特正交化

【试题 37】(21-1.6) 已知 $\boldsymbol{\alpha}_1 = \begin{pmatrix} 1 \\ 0 \\ 1 \end{pmatrix}$，$\boldsymbol{\alpha}_2 = \begin{pmatrix} 1 \\ 2 \\ 1 \end{pmatrix}$，$\boldsymbol{\alpha}_3 = \begin{pmatrix} 3 \\ 1 \\ 2 \end{pmatrix}$，记 $\boldsymbol{\beta}_1 = \boldsymbol{\alpha}_1$，$\boldsymbol{\beta}_2 = \boldsymbol{\alpha}_2 - k\boldsymbol{\beta}_1$，$\boldsymbol{\beta}_3 = \boldsymbol{\alpha}_3 - l_1\boldsymbol{\beta}_1 - l_2\boldsymbol{\beta}_2$. 若 $\boldsymbol{\beta}_1, \boldsymbol{\beta}_2, \boldsymbol{\beta}_3$ 两两正交，则 l_1, l_2 依次为

(A) $\frac{5}{2}, \frac{1}{2}$.　　(B) $-\frac{5}{2}, \frac{1}{2}$.　　(C) $\frac{5}{2}, -\frac{1}{2}$.　　(D) $-\frac{5}{2}, -\frac{1}{2}$.

【答案】 A.

【解析】 由施密特正交化可知：

$$\boldsymbol{\beta}_1 = \boldsymbol{\alpha}_1 = \begin{pmatrix} 1 \\ 0 \\ 1 \end{pmatrix}, k = \frac{(\boldsymbol{\alpha}_2, \boldsymbol{\beta}_1)}{(\boldsymbol{\beta}_1, \boldsymbol{\beta}_1)} = \frac{2}{2} = 1, \boldsymbol{\beta}_2 = \boldsymbol{\alpha}_2 - k\boldsymbol{\beta}_1 = \begin{pmatrix} 1 \\ 2 \\ 1 \end{pmatrix} - \begin{pmatrix} 1 \\ 0 \\ 1 \end{pmatrix} = \begin{pmatrix} 0 \\ 2 \\ 0 \end{pmatrix},$$

$$l_1 = \frac{(\boldsymbol{\alpha}_3, \boldsymbol{\beta}_1)}{(\boldsymbol{\beta}_1, \boldsymbol{\beta}_1)} = \frac{5}{2}, l_2 = \frac{(\boldsymbol{\alpha}_3, \boldsymbol{\beta}_2)}{(\boldsymbol{\beta}_2, \boldsymbol{\beta}_2)} = \frac{2}{4} = \frac{1}{2},$$

故应选 A.

题型考点 抽象方程组的求解

【试题 38】(21-3.6) 设 $\boldsymbol{A} = (\boldsymbol{\alpha}_1, \boldsymbol{\alpha}_2, \boldsymbol{\alpha}_3, \boldsymbol{\alpha}_4)$ 为 4 阶正交矩阵. 若矩阵 $\boldsymbol{B} = \begin{pmatrix} \boldsymbol{\alpha}_1^{\mathrm{T}} \\ \boldsymbol{\alpha}_2^{\mathrm{T}} \\ \boldsymbol{\alpha}_3^{\mathrm{T}} \end{pmatrix}$，$\boldsymbol{\beta} = \begin{pmatrix} 1 \\ 1 \\ 1 \end{pmatrix}$，$k$ 表示任意常数，则线性方程组 $\boldsymbol{B}x = \boldsymbol{\beta}$ 的通解 $x =$

(A) $\boldsymbol{\alpha}_2 + \boldsymbol{\alpha}_3 + \boldsymbol{\alpha}_4 + k\boldsymbol{\alpha}_1$.　　(B) $\boldsymbol{\alpha}_1 + \boldsymbol{\alpha}_3 + \boldsymbol{\alpha}_4 + k\boldsymbol{\alpha}_2$.

(C) $\boldsymbol{\alpha}_1+\boldsymbol{\alpha}_2+\boldsymbol{\alpha}_4+k\boldsymbol{\alpha}_3$. (D) $\boldsymbol{\alpha}_1+\boldsymbol{\alpha}_2+\boldsymbol{\alpha}_3+k\boldsymbol{\alpha}_4$.

【答案】 D.

【解析】 因为 $\boldsymbol{A}=(\boldsymbol{\alpha}_1,\boldsymbol{\alpha}_2,\boldsymbol{\alpha}_3,\boldsymbol{\alpha}_4)$ 为 4 阶正交矩阵，所以 $r(\boldsymbol{B})=3$，故 $\boldsymbol{B}x=0$ 的基础解系中解向量的个数为 $4-r(\boldsymbol{B})=1$.

因为 $\boldsymbol{B}\boldsymbol{\alpha}_4=\begin{pmatrix}\boldsymbol{\alpha}_1^{\mathrm{T}}\\ \boldsymbol{\alpha}_2^{\mathrm{T}}\\ \boldsymbol{\alpha}_3^{\mathrm{T}}\end{pmatrix}\boldsymbol{\alpha}_4=\begin{pmatrix}0\\0\\0\end{pmatrix}$，所以 $\boldsymbol{\alpha}_4$ 为 $\boldsymbol{B}x=0$ 的一个基础解系 .

又因为 $\boldsymbol{B}\boldsymbol{\alpha}_1=\begin{pmatrix}\boldsymbol{\alpha}_1^{\mathrm{T}}\\ \boldsymbol{\alpha}_2^{\mathrm{T}}\\ \boldsymbol{\alpha}_3^{\mathrm{T}}\end{pmatrix}\boldsymbol{\alpha}_1=\begin{pmatrix}1\\0\\0\end{pmatrix}$，$\boldsymbol{B}\boldsymbol{\alpha}_2=\begin{pmatrix}\boldsymbol{\alpha}_1^{\mathrm{T}}\\ \boldsymbol{\alpha}_2^{\mathrm{T}}\\ \boldsymbol{\alpha}_3^{\mathrm{T}}\end{pmatrix}\boldsymbol{\alpha}_2=\begin{pmatrix}0\\1\\0\end{pmatrix}$，$\boldsymbol{B}\boldsymbol{\alpha}_3=\begin{pmatrix}\boldsymbol{\alpha}_1^{\mathrm{T}}\\ \boldsymbol{\alpha}_2^{\mathrm{T}}\\ \boldsymbol{\alpha}_3^{\mathrm{T}}\end{pmatrix}\boldsymbol{\alpha}_3=\begin{pmatrix}0\\0\\1\end{pmatrix}$，所以

$$\boldsymbol{B}(\boldsymbol{\alpha}_1+\boldsymbol{\alpha}_2+\boldsymbol{\alpha}_3)=\begin{pmatrix}1\\1\\1\end{pmatrix}=\boldsymbol{\beta},$$

所以 $\boldsymbol{\alpha}_1+\boldsymbol{\alpha}_2+\boldsymbol{\alpha}_3$ 是 $\boldsymbol{B}x=\boldsymbol{\beta}$ 的一个特解，从而有 $\boldsymbol{B}x=\boldsymbol{\beta}$ 的通解为 $x=\boldsymbol{\alpha}_1+\boldsymbol{\alpha}_2+\boldsymbol{\alpha}_3+k\boldsymbol{\alpha}_4$，故应选 D.

题型考点　方程组的公共解与同解

【试题 39】(21-2.9)　设 3 阶矩阵 $\boldsymbol{A}=(\boldsymbol{\alpha}_1,\boldsymbol{\alpha}_2,\boldsymbol{\alpha}_3)$，$\boldsymbol{B}=(\boldsymbol{\beta}_1,\boldsymbol{\beta}_2,\boldsymbol{\beta}_3)$. 若向量组 $\boldsymbol{\alpha}_1,\boldsymbol{\alpha}_2,\boldsymbol{\alpha}_3$ 可以由向量组 $\boldsymbol{\beta}_1,\boldsymbol{\beta}_2,\boldsymbol{\beta}_3$ 线性表出，则

(A) $\boldsymbol{A}x=0$ 的解均为 $\boldsymbol{B}x=0$ 的解 . (B) $\boldsymbol{A}^{\mathrm{T}}x=0$ 的解均为 $\boldsymbol{B}^{\mathrm{T}}x=0$ 的解 .

(C) $\boldsymbol{B}x=0$ 的解均为 $\boldsymbol{A}x=0$ 的解 . (D) $\boldsymbol{B}^{\mathrm{T}}x=0$ 的解均为 $\boldsymbol{A}^{\mathrm{T}}x=0$ 的解 .

【答案】 D.

【解析】 因为向量组 $\boldsymbol{\alpha}_1,\boldsymbol{\alpha}_2,\boldsymbol{\alpha}_3$ 可以由向量组 $\boldsymbol{\beta}_1,\boldsymbol{\beta}_2,\boldsymbol{\beta}_3$ 线性表出，所以存在矩阵 $\boldsymbol{C}$，使得 $\boldsymbol{BC}=\boldsymbol{A}$.

若 $\boldsymbol{B}^{\mathrm{T}}x=0$，则 $\boldsymbol{A}^{\mathrm{T}}x=(\boldsymbol{BC})^{\mathrm{T}}x=\boldsymbol{C}^{\mathrm{T}}\boldsymbol{B}^{\mathrm{T}}x=0$，所以 $\boldsymbol{B}^{\mathrm{T}}x=0$ 的解均为 $\boldsymbol{A}^{\mathrm{T}}x=0$ 的解，故应选 D.

2.3　相似理论与二次型

题型考点　相似对角化

【试题 40】(21-2.22;3.21)　设矩阵 $\boldsymbol{A}=\begin{pmatrix}2&1&0\\1&2&0\\1&a&b\end{pmatrix}$ 仅有两个不同的特征值 . 若 $\boldsymbol{A}$ 相似于对角矩阵，求 a,b 的值，并求可逆矩阵 $\boldsymbol{P}$，使 $\boldsymbol{P}^{-1}\boldsymbol{AP}$ 为对角矩阵 .

【解析】 因为

$$|\lambda\boldsymbol{E}-\boldsymbol{A}|=\begin{vmatrix}\lambda-2&-1&0\\-1&\lambda-2&0\\-1&-a&\lambda-b\end{vmatrix}=(\lambda-b)(\lambda-1)(\lambda-3),$$

所以 $\boldsymbol{A}$ 的特征值为 $\lambda_1=b,\lambda_2=1,\lambda_3=3$.

又因为 $\boldsymbol{A}$ 仅有两个不同的特征值,所以 $b=1$ 或 $b=3$.

(1)当 $b=1$ 时,$\lambda_1=\lambda_2=1$,因为 $\boldsymbol{A}$ 相似于对角矩阵,所以 $r(\boldsymbol{E}-\boldsymbol{A})=1$,故 $a=1$. 解方程组 $(\boldsymbol{E}-\boldsymbol{A})x=0$,得 $\boldsymbol{A}$ 的线性无关的特征向量为 $\boldsymbol{\alpha}_1=\begin{pmatrix}-1\\1\\0\end{pmatrix}$,$\boldsymbol{\alpha}_2=\begin{pmatrix}0\\0\\1\end{pmatrix}$.

当 $\lambda_3=3$ 时,解方程组 $(3\boldsymbol{E}-\boldsymbol{A})x=0$,得 $\boldsymbol{A}$ 的特征向量为 $\boldsymbol{\alpha}_3=\begin{pmatrix}1\\1\\1\end{pmatrix}$.

令 $\boldsymbol{P}=(\boldsymbol{\alpha}_1,\boldsymbol{\alpha}_2,\boldsymbol{\alpha}_3)=\begin{pmatrix}-1&0&1\\1&0&1\\0&1&1\end{pmatrix}$,则 $\boldsymbol{P}^{-1}\boldsymbol{AP}=\begin{pmatrix}1&0&0\\0&1&0\\0&0&3\end{pmatrix}$.

(2)当 $b=3$ 时,$\lambda_1=\lambda_3=3$,因为 $\boldsymbol{A}$ 相似于对角矩阵,所以 $r(3\boldsymbol{E}-\boldsymbol{A})=1$,故 $a=-1$. 解方程组 $(3\boldsymbol{E}-\boldsymbol{A})x=0$,得 $\boldsymbol{A}$ 的线性无关的特征向量为 $\boldsymbol{\beta}_1=\begin{pmatrix}1\\1\\0\end{pmatrix}$,$\boldsymbol{\beta}_2=\begin{pmatrix}0\\0\\1\end{pmatrix}$.

当 $\lambda_2=1$ 时,解方程组由 $(\boldsymbol{E}-\boldsymbol{A})x=0$,得 $\boldsymbol{A}$ 的特征向量为 $\boldsymbol{\beta}_3=\begin{pmatrix}1\\-1\\-1\end{pmatrix}$.

令 $\boldsymbol{P}=(\boldsymbol{\beta}_1,\boldsymbol{\beta}_2,\boldsymbol{\beta}_3)=\begin{pmatrix}1&0&-1\\1&0&1\\0&1&1\end{pmatrix}$,则 $\boldsymbol{P}^{-1}\boldsymbol{AP}=\begin{pmatrix}3&0&0\\0&3&0\\0&0&1\end{pmatrix}$.

题型考点 合同对角化

【试题 41】(21-1. 21) 设矩阵 $\boldsymbol{A}=\begin{pmatrix}a&1&-1\\1&a&-1\\-1&-1&a\end{pmatrix}$.

(1)求正交矩阵 $\boldsymbol{P}$,使 $\boldsymbol{P}^{\mathrm{T}}\boldsymbol{AP}$ 为对角矩阵;

(2)求正定矩阵 $\boldsymbol{C}$,使 $\boldsymbol{C}^2=(a+3)\boldsymbol{E}-\boldsymbol{A}$,其中 $\boldsymbol{E}$ 为 3 阶单位矩阵.

【解析】(1)因为

$$|\lambda\boldsymbol{E}-\boldsymbol{A}|=\begin{vmatrix}\lambda-a&-1&1\\-1&\lambda-a&1\\1&1&\lambda-a\end{vmatrix}=(\lambda-a+1)^2(\lambda-a-2),$$

所以 $\boldsymbol{A}$ 的特征值为 $\lambda_1=\lambda_2=a-1$,$\lambda_3=a+2$.

当 $\lambda_1=\lambda_2=a-1$ 时,解方程组 $((a-1)\boldsymbol{E}-\boldsymbol{A})x=0$,得 $\boldsymbol{A}$ 的线性无关的特征向量为 $\boldsymbol{\alpha}_1=(-1,1,0)^{\mathrm{T}}$,$\boldsymbol{\alpha}_2=(1,0,1)^{\mathrm{T}}$,进行施密特化,并单位化得:

$$\gamma_1=\left(-\frac{1}{\sqrt2},\frac{1}{\sqrt2},0\right)^{\mathrm{T}},\gamma_2=\left(\frac{1}{\sqrt6},\frac{1}{\sqrt6},\frac{2}{\sqrt6}\right)^{\mathrm{T}}.$$

当 $\lambda_3=a+2$ 时，解方程组 $((a+2)\boldsymbol{E}-\boldsymbol{A})x=0$，得 $\boldsymbol{A}$ 的线性无关的特征向量为 $\alpha_3=(-1,-1,1)^{\mathrm{T}}$，单位化得 $\gamma_1=\left(-\frac{1}{\sqrt{3}},-\frac{1}{\sqrt{3}},\frac{1}{\sqrt{3}}\right)^{\mathrm{T}}$.

故 $\boldsymbol{P}=(\gamma_1,\gamma_2,\gamma_3)=\begin{pmatrix}-\frac{1}{\sqrt{2}} & \frac{1}{\sqrt{6}} & -\frac{1}{\sqrt{3}}\\ \frac{1}{\sqrt{2}} & \frac{1}{\sqrt{6}} & -\frac{1}{\sqrt{3}}\\ 0 & \frac{2}{\sqrt{6}} & \frac{1}{\sqrt{3}}\end{pmatrix}$，且 $\boldsymbol{P}^{\mathrm{T}}\boldsymbol{A}\boldsymbol{P}=\begin{pmatrix}a-1 & & \\ & a-1 & \\ & & a+2\end{pmatrix}$.

(2)由(1)知，

$$\boldsymbol{C}^2=(a+3)\boldsymbol{E}-\boldsymbol{A}=(a+3)\boldsymbol{E}-\boldsymbol{P}\begin{pmatrix}a-1 & & \\ & a-1 & \\ & & a+2\end{pmatrix}\boldsymbol{P}^{\mathrm{T}}$$

$$=\boldsymbol{P}\begin{pmatrix}4 & & \\ & 4 & \\ & & 1\end{pmatrix}\boldsymbol{P}^{\mathrm{T}}=\boldsymbol{P}\begin{pmatrix}2 & & \\ & 2 & \\ & & 1\end{pmatrix}\boldsymbol{P}^{\mathrm{T}}\cdot\boldsymbol{P}\begin{pmatrix}2 & & \\ & 2 & \\ & & 1\end{pmatrix}\boldsymbol{P}^{\mathrm{T}},$$

令 $\boldsymbol{C}=\boldsymbol{P}\begin{pmatrix}2 & & \\ & 2 & \\ & & 1\end{pmatrix}\boldsymbol{P}^{\mathrm{T}}$，满足题意，故所求正定矩阵

$$\boldsymbol{C}=\begin{pmatrix}\frac{5}{3} & -\frac{1}{3} & \frac{1}{3}\\ -\frac{1}{3} & \frac{5}{3} & \frac{1}{3}\\ \frac{1}{3} & \frac{1}{3} & \frac{5}{3}\end{pmatrix}.$$

题型考点　二次型的正负惯性指数

【试题 42】(21-1.5;2.8;3.5)　二次型 $f(x_1,x_2,x_3)=(x_1+x_2)^2+(x_2+x_3)^2-(x_3-x_1)^2$ 的正惯性指数与负惯性指数依次为

(A)2,0.　　(B)1,1.　　(C)2,1.　　(D)1,2.

【答案】 B.

【解析】 由题意可知，$f(x_1,x_2,x_3)=(x_1+x_2)^2+(x_2+x_3)^2-(x_3-x_1)^2$

$$=2x_2^2+2x_1x_2+2x_2x_3+2x_1x_3.$$

方法一　由配方法可知，$f(x_1,x_2,x_3)=2\left(\frac{1}{2}x_1+x_2+\frac{1}{2}x_3\right)^2-\frac{1}{2}(x_1-x_3)^2$. 所以二次型的正惯性指数与负惯性指数分别为 1 和 1，故应选 B.

方法二　二次型 f 的系数矩阵 $\boldsymbol{A}=\begin{pmatrix}0 & 1 & 1\\ 1 & 2 & 1\\ 1 & 1 & 0\end{pmatrix}$，

由特征值方程 $|\lambda E-A|=\begin{vmatrix}\lambda & -1 & -1\\ -1 & \lambda-2 & -1\\ -1 & -1 & \lambda\end{vmatrix}=-\lambda(\lambda+1)(\lambda-3)=0$，得 A 的特征值为 $0,-1,3$，所以二次型的正惯性指数与负惯性指数分别为 1 和 1. 故应选 B.

第三部分　概率论与数理统计试题解析(数学一、数学三)

3.1　事件与概率

题型考点　概率计算公式

【试题 43】(21-1.8;3.8)　设 A,B 为随机事件，且 $0<P(B)<1$，下列命题中为假命题的是

(A) 若 $P(A|B)=P(A)$，则 $P(A|\overline{B})=P(A)$.

(B) 若 $P(A|B)>P(A)$，则 $P(\overline{A}|\overline{B})>P(\overline{A})$.

(C) 若 $P(A|B)>P(A|\overline{B})$，则 $P(A|B)>P(A)$.

(D) 若 $P(A|A\cup B)>P(\overline{A}|A\cup B)$，则 $P(A)>P(B)$.

【答案】 D.

【解析】 对于 A 选项，由 $P(A|B)=P(A)$ 可知 A,B 独立，于是 $P(A|\overline{B})=P(A)$，排除 A 选项.

对于 B 选项，因为 $P(A|B)=\dfrac{P(AB)}{P(B)}>P(A)$，所以 $P(AB)>P(A)P(B)$. 故

$$P(A|\overline{B})=\frac{P(A\overline{B})}{P(\overline{B})}=\frac{P(A)-P(AB)}{1-P(B)}<\frac{P(A)-P(A)P(B)}{1-P(B)}=P(A),$$

所以 $1-P(A|\overline{B})>1-P(A)$，即 $P(\overline{A}|\overline{B})>P(\overline{A})$. 排除 B 选项.

对于 C 选项，因为 $P(A|B)=\dfrac{P(AB)}{P(B)}>P(A|\overline{B})=\dfrac{P(A\overline{B})}{P(\overline{B})}=\dfrac{P(A)-P(AB)}{1-P(B)}$，所以 $P(AB)>P(A)P(B)$，从而 $P(A|B)>P(A)$. 排除 C 选项.

对于 D 选项，取 $A=B$，则 $P(A|A\cup B)=P(A|A)=1$，$P(\overline{A}|A\cup B)=P(\overline{A}|A)=0$，满足条件，但 $P(A)=P(B)$，故应选 D.

3.2　随机变量及其分布

题型考点　一维随机变量函数的分布

【试题 44】(21-1.22;3.22)　在区间 $(0,2)$ 上随机取一点，将该区间分成两段，较短一段的长度记为 X，较长一段的长度记为 Y. 令 $Z=\dfrac{Y}{X}$.

(1) 求 X 的概率密度；

(2) 求 Z 的概率密度；

(3)求 $E\left(\frac{X}{Y}\right)$.

【解析】(1)设随机取的点的坐标记为 V,则 $V\sim U(0,2)$,$X=\min\{V,2-V\}$. X 的分布函数记为 $F_X(x)$. 由于 $P\{0\leqslant X\leqslant 1\}=1$,故

当 $x<0$ 时,$F_X(x)=0$;当 $x\geqslant 1$ 时,$F_X(x)=1$;

当 $0\leqslant x<1$ 时,

$$F_X(x)=P\{X\leqslant x\}=P\{\min\{V,2-V\}\leqslant x\}=1-P\{\min\{V,2-V\}>x\}$$
$$=1-P\{x<V<2-x\}=x.$$

所以 X 的分布函数为 $F_X(x)=\begin{cases}0,x<0,\\x,0\leqslant x<1,\\1,x\geqslant 1.\end{cases}$

故 X 的概率密度函数为 $f_X(x)=\begin{cases}1,0<x<1,\\0,其他.\end{cases}$

(2)因为 $Y=2-X$,所以 $Z=\frac{Y}{X}=\frac{2}{X}-1$.

当 $z<1$ 时,$F_Z(z)=0$;

当 $z\geqslant 1$ 时,$F_Z(z)=P(Z\leqslant z)=P\left\{\frac{2}{X}-1\leqslant z\right\}=P\left\{\frac{2}{X}\leqslant z+1\right\}$

$$=P\left\{X\geqslant\frac{2}{z+1}\right\}=\int_{\frac{2}{z+1}}^{1}\mathrm{d}x=\frac{z-1}{z+1}.$$

所以 $F_Z(z)=\begin{cases}0,z<1,\\\frac{z-1}{z+1},z\geqslant 1.\end{cases}$

故 Z 的概率密度为 $f_Z(z)=F'_Z(z)=\begin{cases}\frac{2}{(z+1)^2},z\geqslant 1,\\0,其他.\end{cases}$

(3)$E\left(\frac{X}{Y}\right)=E\left(\frac{X}{2-X}\right)=\int_0^1\frac{x}{2-x}\mathrm{d}x=2\ln 2-1.$

3.3 数字特征、大数定理与中心极限定理

题型考点 相关系数

【试题45】(21-1.16;3.16) 甲、乙两个盒子中各装有2个红球和2个白球,先从甲盒中任取一球,观察颜色后放入乙盒中,再从乙盒中任取一球. 令 X,Y 分别表示从甲盒和从乙盒中取到的红球个数,则 X 与 Y 的相关系数为________.

【答案】 $\frac{1}{5}$.

【解析】 由题意可得 X 与 Y 的联合概率分布为

Y \ X	0	1
0	$\frac{3}{10}$	$\frac{2}{10}$
1	$\frac{2}{10}$	$\frac{3}{10}$

从而有

$$X\sim\begin{pmatrix}0 & 1\\ \frac{1}{2} & \frac{1}{2}\end{pmatrix},Y\sim\begin{pmatrix}0 & 1\\ \frac{1}{2} & \frac{1}{2}\end{pmatrix},XY\sim\begin{pmatrix}0 & 1\\ \frac{7}{10} & \frac{3}{10}\end{pmatrix}.$$

$$EX=EY=\frac{1}{2},DX=DY=\frac{1}{4},EXY=\frac{3}{10}.$$

故 $\rho_{XY}=\frac{\operatorname{cov}(X,Y)}{\sqrt{DX}\sqrt{DY}}=\frac{EXY-EXEY}{\sqrt{DX}\sqrt{DY}}=\frac{\frac{3}{10}-\frac{1}{2}\cdot\frac{1}{2}}{\frac{1}{2}\cdot\frac{1}{2}}=\frac{1}{5}.$

3.4 数理统计初步

题型考点 统计量的数字特征

【试题 46】(21-3.9) 设 $(X_1,Y_1),(X_2,Y_2),\cdots,(X_n,Y_n)$ 为来自总体 $N(\mu_1,\mu_2;\sigma_1^2,\sigma_2^2;\rho)$ 的简单随机样本，令 $\theta=\mu_1-\mu_2,\overline{X}=\frac{1}{n}\sum_{i=1}^{n}X_i,\overline{Y}=\frac{1}{n}\sum_{i=1}^{n}Y_i,\hat{\theta}=\overline{X}-\overline{Y}$，则

(A) $E(\hat{\theta})=\theta,D(\hat{\theta})=\frac{\sigma_1^2+\sigma_2^2}{n}.$

(B) $E(\hat{\theta})=\theta,D(\hat{\theta})=\frac{\sigma_1^2+\sigma_2^2-2\rho\sigma_1\sigma_2}{n}.$

(C) $E(\hat{\theta})\neq\theta,D(\hat{\theta})=\frac{\sigma_1^2+\sigma_2^2}{n}.$

(D) $E(\hat{\theta})\neq\theta,D(\hat{\theta})=\frac{\sigma_1^2+\sigma_2^2-2\rho\sigma_1\sigma_2}{n}.$

【答案】 B.

【解析】 由题可知，总体 $(X,Y)\sim N(\mu_1,\mu_2;\sigma_1^2,\sigma_2^2;\rho)$，所以

$$X\sim N(\mu_1,\sigma_1^2),Y\sim N(\mu_2,\sigma_2^2),\overline{X}\sim N\left(\mu_1,\frac{\sigma_1^2}{n}\right),\overline{Y}\sim N\left(\mu_2,\frac{\sigma_2^2}{n}\right),$$

于是

$$E(\hat{\theta})=E(\overline{X}-\overline{Y})=E\,\overline{X}-E\,\overline{Y}=\mu_1-\mu_2=\theta,$$

$$D(\hat{\theta})=D(\overline{X}-\overline{Y})=D\,\overline{X}+D\,\overline{Y}-2\operatorname{cov}(\overline{X},\overline{Y})$$

$$=D\,\overline{X}+D\,\overline{Y}-2\rho\sqrt{D\,\overline{X}}\sqrt{D\,\overline{Y}}=\frac{\sigma_1^2+\sigma_2^2-2\rho\sigma_1\sigma_2}{n}.$$

故应选 B.

题型考点　最大似然估计

【试题 47】(21-3. 10)　设总体 X 的概率分布为

$$P\{X=1\}=\frac{1-\theta}{2}, P\{X=2\}=P\{X=3\}=\frac{1+\theta}{4}.$$

利用来自总体的样本值 1,3,2,2,1,3,1,2,可得 θ 的最大似然估计值为

(A) $\frac{1}{4}$.　　(B) $\frac{3}{8}$.　　(C) $\frac{1}{2}$.　　(D) $\frac{5}{8}$.

【答案】 A.

【解析】 似然函数为 $L(\theta)=\left(\frac{1-\theta}{2}\right)^3\left(\frac{1+\theta}{4}\right)^5$,则

$$\ln L(\theta)=3\ln(1-\theta)+5\ln(1+\theta)-3\ln 2-5\ln 4.$$

令 $\frac{\mathrm{d}\ln L(\theta)}{\mathrm{d}\theta}=\frac{3}{\theta-1}+\frac{5}{1+\theta}=0$,解得 $\theta=\frac{1}{4}$,所以 θ 的最大似然估计值为 $\hat{\theta}=\frac{1}{4}$. 故应选 A.

题型考点　估计量的评选标准

【试题 48】(21-1. 9)　设 $(X_1,Y_1),(X_2,Y_2),\cdots,(X_n,Y_n)$ 为来自总体 $N(\mu_1,\mu_2;\sigma_1^2,\sigma_2^2;\rho)$ 的简单随机样本．令 $\theta=\mu_1-\mu_2,\overline{X}=\frac{1}{n}\sum_{i=1}^{n}X_i,\overline{Y}=\frac{1}{n}\sum_{i=1}^{n}Y_i,\hat{\theta}=\overline{X}-\overline{Y}$,则

(A) $\hat{\theta}$ 是 θ 的无偏估计,$D(\hat{\theta})=\frac{\sigma_1^2+\sigma_2^2}{n}$.

(B) $\hat{\theta}$ 不是 θ 的无偏估计,$D(\hat{\theta})=\frac{\sigma_1^2+\sigma_2^2}{n}$.

(C) $\hat{\theta}$ 是 θ 的无偏估计,$D(\hat{\theta})=\frac{\sigma_1^2+\sigma_2^2-2\rho\sigma_1\sigma_2}{n}$.

(D) $\hat{\theta}$ 不是 θ 的无偏估计,$D(\hat{\theta})=\frac{\sigma_1^2+\sigma_2^2-2\rho\sigma_1\sigma_2}{n}$.

【答案】 C.

【解析】 由题可知,总体 $(X,Y)\sim N(\mu_1,\mu_2;\sigma_1^2,\sigma_2^2;\rho)$,所以

$$X\sim N(\mu_1,\sigma_1^2),Y\sim N(\mu_2,\sigma_2^2),\overline{X}\sim N\left(\mu_1,\frac{\sigma_1^2}{n}\right),\overline{Y}\sim N\left(\mu_2,\frac{\sigma_2^2}{n}\right),$$

于是

$$E(\hat{\theta})=E(\overline{X}-\overline{Y})=E\overline{X}-E\overline{Y}=\mu_1-\mu_2=\theta,$$

即 $\hat{\theta}$ 是 θ 的无偏估计．

$$D(\hat{\theta})=D(\overline{X}-\overline{Y})=D\overline{X}+D\overline{Y}-2\operatorname{cov}(\overline{X},\overline{Y})$$

$$=D\overline{X}+D\overline{Y}-2\rho\sqrt{D\overline{X}}\sqrt{D\overline{Y}}=\frac{\sigma_1^2+\sigma_2^2-2\rho\sigma_1\sigma_2}{n}.$$

故应选 C.

题型考点　假设检验（数学一）

【试题 49】（21-1.10） 设 $X_1,X_2,\cdots,X_{16}$ 是来自总体 $N(\mu,4)$ 的简单随机样本，考虑假设检验问题：

$$H_0:\mu\leqslant 10,H_1:\mu>10.$$

$\Phi(x)$ 表示标准正态分布函数．若该检验问题的拒绝域为 $W=\{\overline{X}\geqslant 11\}$，

其中 $\overline{X}=\frac{1}{16}\sum_{i=1}^{16}X_i$，则 $\mu=11.5$ 时，该检验犯第二类错误的概率为

(A) $1-\Phi(0.5)$.　　(B) $1-\Phi(1)$.　　(C) $1-\Phi(1.5)$.　　(D) $1-\Phi(2)$.

【答案】 B.

【解析】 由第二类错误（取伪，即实际上 H_0 为假，而检验时接受 H_0 为真）可知 $\beta=P$（接受 $H_0\mid H_1$ 为真），又因为拒绝域 $W=\{\overline{X}\geqslant 11\}$ 可得

$$\beta=P\{\overline{X}<11\}=P\left\{\frac{\overline{X}-\mu}{\frac{1}{2}}<\frac{11-\mu}{\frac{1}{2}}\right\}=\Phi(2(11-\mu)).$$

当 $\mu=11.5$ 时，$\beta=\Phi(2(11-11.5))=\Phi(-1)=1-\Phi(1)$．故应选 B.

2022年全国硕士研究生招生考试数学试题分类解析

第一部分　高等数学试题解析

1.1　函数、极限、连续

题型考点　无穷小的比较

【试题1】(22-2.1;3.1)　当$x\to 0$时，$\alpha(x)$，$\beta(x)$是非零无穷小量，给出以下四个命题：

①若$\alpha(x)\sim\beta(x)$，则$\alpha^2(x)\sim\beta^2(x)$；

②若$\alpha^2(x)\sim\beta^2(x)$，则$\alpha(x)\sim\beta(x)$；

③若$\alpha(x)\sim\beta(x)$，则$\alpha(x)-\beta(x)=o(\alpha(x))$；

④若$\alpha(x)-\beta(x)=o(\alpha(x))$，则$\alpha(x)\sim\beta(x)$.

其中所有真命题的序号是

(A) ①③.　　(B) ①④.

(C) ①③④.　　(D) ②③④.

【答案】 C.

【解析】 ①因为$\alpha(x)\sim\beta(x)$，所以$\lim\limits_{x\to 0}\dfrac{\alpha(x)}{\beta(x)}=1$.

于是，$\lim\limits_{x\to 0}\dfrac{\alpha^2(x)}{\beta^2(x)}=\lim\limits_{x\to 0}\left(\dfrac{\alpha(x)}{\beta(x)}\right)^2=1$，即$\alpha^2(x)\sim\beta^2(x)$；

② 若$\alpha(x)=-\beta(x)$，则$\alpha^2(x)\sim\beta^2(x)$，而$\alpha(x)$与$\beta(x)$不等价，错误；

③④ $\alpha(x)\sim\beta(x)\Leftrightarrow\beta(x)=\alpha(x)+o(\alpha(x))$

$$\Leftrightarrow\alpha(x)-\beta(x)=-o(\alpha(x))=o(\alpha(x))\text{，正确}.$$

综上，选C.

题型考点　函数求极限

【试题2】(22-1.1)　设函数$f(x)$满足$\lim\limits_{x\to 1}\dfrac{f(x)}{\ln x}=1$，则

(A) $f(1)=0$.　　(B) $\lim\limits_{x\to 1}f(x)=0$.

(C) $f'(1)=1$.　　(D) $\lim\limits_{x\to 1}f'(x)=1$.

【答案】 B.

【解析】 因为$\lim\limits_{x\to 1}\ln x=0$，所以$\lim\limits_{x\to 1}f(x)=\lim\limits_{x\to 1}\dfrac{f(x)}{\ln x}\cdot\ln x=1\cdot 0=0$，故选(B).

【试题3】(22-2.11;3.11)　$\lim\limits_{x\to 0}\left(\dfrac{1+e^x}{2}\right)^{\cot x}=$________.

【答案】 $e^{\frac{1}{2}}$.

【解析】方法一　原式$=\lim\limits_{x\to 0}\left(1+\dfrac{e^x-1}{2}\right)^{\cot x}=e^{\lim\limits_{x\to 0}\frac{e^x-1}{2}\cdot\frac{\cos x}{\sin x}}=e^{\lim\limits_{x\to 0}\frac{x}{2}\cdot\frac{1}{x}}=e^{\frac{1}{2}}$.

方法二　原式$=\lim\limits_{x\to 0}e^{\cot x\ln\left(1+\frac{e^x-1}{2}\right)}=e^{\lim\limits_{x\to 0}\frac{\cos x}{\sin x}\cdot\frac{e^x-1}{2}}=e^{\lim\limits_{x\to 0}\frac{1}{x}\cdot\frac{x}{2}}=e^{\frac{1}{2}}$.

题型考点　数列求极限

【试题 4】(22-1.3;2.6)　已知数列$\{x_n\}$,其中x_n满足$-\dfrac{\pi}{2}\leqslant x_n\leqslant\dfrac{\pi}{2}$,则

(A) 当$\lim\limits_{n\to\infty}\cos(\sin x_n)$存在时,$\lim\limits_{n\to\infty}x_n$存在.

(B) 当$\lim\limits_{n\to\infty}\sin(\cos x_n)$存在时,$\lim\limits_{n\to\infty}x_n$存在.

(C) 当$\lim\limits_{n\to\infty}\cos(\sin x_n)$存在时,$\lim\limits_{n\to\infty}\sin x_n$存在,但$\lim\limits_{n\to\infty}x_n$不一定存在.

(D) 当$\lim\limits_{n\to\infty}\sin(\cos x_n)$存在时,$\lim\limits_{n\to\infty}\cos x_n$存在,但$\lim\limits_{n\to\infty}x_n$不一定存在.

【答案】D.

【解析】方法一:因为$y=\sin x$在$\left(-\dfrac{\pi}{2},\dfrac{\pi}{2}\right)$连续且单调,所以$x$与$y$一一对应.

当$\lim\limits_{n\to\infty}\sin(\cos x_n)$存在时,有$\lim\limits_{n\to\infty}\cos x_n$存在.

又因为$y=\cos x$在$\left(-\dfrac{\pi}{2},\dfrac{\pi}{2}\right)$连续但不单调,所以同一$y$可能对应两个$x$,故

$\lim\limits_{n\to\infty}\cos x_n$存在时,$\lim\limits_{n\to\infty}x_n$不一定存在. 选(D).

方法二:取$x_n=(-1)^n$,则$\lim\limits_{n\to\infty}\cos(\sin x_n)=\cos(\sin 1)$,$\lim\limits_{n\to\infty}\sin(\cos x_n)=\sin(\cos 1)$,

而$\lim\limits_{n\to\infty}\sin x_n$不存在,$\lim\limits_{n\to\infty}x_n$不存在,排除(A)(B)(C),故选(D).

【试题 5】(22-2.2;3.2)　已知$a_n=\sqrt[n]{n}-\dfrac{(-1)^n}{n}(n=1,2,\cdots.)$,则$\{a_n\}$

(A) 有最大值,有最小值.　　(B) 有最大值,没有最小值.

(C) 没有最大值,有最小值.　　(D) 没有最大值,没有最小值.

【答案】A.

【解析】因为$a_1=2>1$,$a_2=\sqrt{2}-\dfrac{1}{2}<1$,$\lim\limits_{n\to\infty}a_n=\lim\limits_{n\to\infty}e^{\frac{1}{n}\ln n}-0=1$,所以有(1)存在$N>0$,当$n>N$时,$a_2<a_n<a_1$;(2)当$1\leqslant n\leqslant N$时,$a_n$一定有最大值且$\max\{a_n\}\geqslant a_1$,一定有最小值且$\min\{a_n\}\leqslant a_2$,综上,$\{a_n\}$有最大值和最小值,选A.

1.2　一元函数微分学

题型考点　导数的定义

【试题 6】(22-2.17)　已知函数$f(x)$在$x=1$处可导,且$\lim\limits_{x\to 0}\dfrac{f(e^{x^2})-3f(1+\sin^2 x)}{x^2}=2$,求$f'(1)$.

【解析】因为函数$f(x)$在$x=1$处可导,所以函数$f(x)$在$x=1$处连续.

进而有$\lim\limits_{x\to 0}f(e^{x^2})-3f(1+\sin^2 x)=0$,即$f(1)=0$. 于是

$$f'(1)=\lim_{\Delta x\to 0}\frac{f(1+\Delta x)-f(1)}{\Delta x}=\lim_{\Delta x\to 0}\frac{f(1+\Delta x)}{\Delta x}$$

$$2=\lim_{x\to 0}\frac{f(e^{x^2})}{x^2}-3\lim_{x\to 0}\frac{f(1+\sin^2 x)}{x^2}$$

$$=\lim_{x\to 0}\frac{f(1+e^{x^2}-1)}{e^{x^2}-1}-3\lim_{x\to 0}\frac{f(1+\sin^2 x)}{\sin^2 x}$$

$$=f'(1)-3f'(1)=-2f'(1)$$

$$f'(1)=-1.$$

题型考点　各类函数求导

【试题 7】(22-2.12)　已知函数 $y=y(x)$ 由方程 $x^2+xy+y^3=3$ 确定，则 $y''(1)=$ ________.

【答案】$-\frac{31}{32}$.

【解析】由题意可知，$y(1)=1$. 对于方程关于 x 求导，得

$$2x+y+xy'+3y^2y'=0. \qquad ①$$

代入 $y(1)=1$，得 $y'(1)=-\frac{3}{4}$.

对①式，再关于 x 求导，得

$$2+2y'+xy''+6y(y')^2+3y^2y''=0. \qquad ②$$

代入 $y(1)=1$，得 $y''(1)=-\frac{31}{32}$.

【试题 8】(22-3.13)　已知函数 $f(x)=e^{\sin x}+e^{-\sin x}$，则 $f'''(2\pi)=$ ________.

【答案】0.

【解析】显然 $f(x)$ 是周期为 2π 的偶函数，于是，$f'(x)$ 是周期为 2π 的奇函数，$f''(x)$ 是周期为 2π 的偶函数，$f'''(x)$ 是周期为 2π 的奇函数，所以

$$f'''(0)=f'''(2\pi)=0.$$

题型考点　导数的应用

【试题 9】(22-2.3)　设函数 $f(x)$ 在 $x=x_0$ 处具有 2 阶导数，则

(A) 当 $f(x)$ 在 x_0 的某领域内单调增加时，$f'(x_0)>0$.

(B) 当 $f'(x_0)>0$ 时，$f(x)$ 在 x_0 的某领域内单调增加.

(C) 当 $f(x)$ 在 x_0 的某领域内是凹函数时，$f''(x_0)>0$.

(D) 当 $f''(x_0)>0$ 时，$f(x)$ 在 x_0 的某领域内是凹函数.

【答案】B.

【解析】(A) 选项，若 $f(x)=x^3$ 在 $x=0$ 的某领域内单调增加，而 $f'(0)=0$，错误；

(C) 选项，若 $f(x)=x^4$ 在 $x=0$ 的某领域内是凹的，而 $f''(0)=0$，错误；

(B) 选项，由题意，可得 $f(x)$ 在 $x=x_0$ 处一阶导函数连续，即 $\lim_{x\to x_0}f'(x)=f'(x_0)$.

若 $f'(x_0)>0$，则利用极限的保号性，在 x_0 的某领域内有 $f'(x)>0$，进而 $f(x)$ 在 x_0 的某领域内单

调增加,正确;

(D) 选项,由题意,未知 $f''(x)$ 在 $x=x_0$ 处的连续性,可能是小于零的,所以无法确定凹凸性.

例 $f'(x)=\begin{cases}x^2\sin\dfrac{1}{x}+\dfrac{1}{2}x, x\neq 0,\\ 0, x=0.\end{cases}$

当 $x=0$ 时,$f''(0)=\lim\limits_{x\to 0}\dfrac{f'(x)-f'(0)}{x-0}=\dfrac{1}{2}>0$,

当 $x\neq 0$ 时,$f''(x)=2x\sin\dfrac{1}{x}-\cos\dfrac{1}{x}+\dfrac{1}{2}$,取 $x=\dfrac{1}{2k\pi}$,$k\to\infty$,则 $x\to 0$,而

$f''\left(\dfrac{1}{2kx}\right)=0-1+\dfrac{1}{2}=-\dfrac{1}{2}<0$,所以 $f(x)=\int_0^x f'(t)\,dt$ 不是凹函数,错误.

综上,选 B.

1.3 一元函数积分学

题型考点 定积分的性质

【试题 10】(22-1.4;2.7;3.4) 已知 $I_1=\int_0^1\dfrac{x}{2(1+\cos x)}dx$, $I_2=\int_0^1\dfrac{\ln(1+x)}{1+\cos x}dx$,

$I_3=\int_0^1\dfrac{2x}{1+\sin x}dx$, 则

(A) $I_1<I_2<I_3$.　　(B) $I_2<I_1<I_3$.

(C) $I_1<I_3<I_2$.　　(D) $I_3<I_2<I_1$.

【解析】(1) 令 $f(x)=\dfrac{x}{2}-\ln(1+x)$, $x\in[0,1]$,则 $f'(x)=\dfrac{1}{2}-\dfrac{1}{1+x}=\dfrac{x-1}{2(1+x)}<0$.

所以 $f(x)$ 在 $[0,1]$ 上单调递减,即有 $f(x)<f(0)=0$, $\dfrac{x}{2}<\ln(1+x)$.

于是

$$\frac{x}{2(1+\cos x)}<\frac{\ln(1+x)}{1+\cos x},$$

进而有 $I_1<I_2$.

(2) 当 $x\in(0,1)\subset\left(0,\dfrac{\pi}{2}\right)$ 时,有

$$1+\cos x\in(1,2), 1+\sin x\in(1,2); \frac{1}{1+\cos x}\in\left(\frac{1}{2},1\right), \frac{2}{1+\sin x}\in(1,2).$$

故 $\dfrac{1}{1+\cos x}<\dfrac{2}{1+\sin x}$.

又因为 $\ln(1+x)<x$,所以 $\dfrac{\ln(1+x)}{1+\cos x}<\dfrac{2x}{1+\sin x}$. 故 $I_2<I_3$.

综上,选 A.

题型考点　定积分的计算

【试题 11】(22-1.12)　$\int_1^{e^2}\frac{\ln x}{\sqrt{x}}dx=$ ________.

【答案】4.

【解析】令$\sqrt{x}=t$，则 $x=t^2$.

$$\int_1^{e^2}\frac{\ln x}{\sqrt{x}}dx=\int_1^{e}\frac{\ln t^2}{t}\cdot 2tdt=4\int_1^{e}\ln tdt=4(t\ln t-t)\Big|_1^{e}=4.$$

【试题 12】(22-2.13)　$\int_0^1\frac{2x+3}{x^2-x+1}dx=$ ________.

【答案】$\frac{8\sqrt{3}}{9}\pi$.

【解析】原式 $=\int_0^1\frac{2x-1}{x^2-x+1}dx+\int_0^1\frac{4}{x^2-x+1}dx$

$$=\ln|x^2-x+1|\Big|_0^1+\int_0^1\frac{4}{\left(x-\frac{1}{2}\right)^2+\frac{3}{4}}dx$$

$$=0+\frac{8}{\sqrt{3}}\arctan\frac{2x-1}{\sqrt{3}}\Bigg|_0^1=\frac{8}{\sqrt{3}}\cdot\frac{\pi}{3}=\frac{8\sqrt{3}}{9}\pi.$$

【试题 13】(22-3.12)　$\int_0^2\frac{2x-4}{x^2+2x+4}dx=$ ________.

【答案】$\ln 3-\frac{\sqrt{3}}{3}\pi$.

【解析】原式 $=\int_0^2\frac{2x+2}{x^2+2x+4}dx-\int_0^2\frac{6}{x^2+2x+4}dx$

$$=\ln(x^2+2x+4)\Big|_0^2-\int_0^2\frac{6}{(x+1)^2+3}dx$$

$$=\ln 3-\frac{6}{\sqrt{3}}\arctan\frac{x+1}{\sqrt{3}}\Bigg|_0^2$$

$$=\ln 3-\frac{\sqrt{3}}{3}\pi.$$

题型考点　反常积分敛散性的判定

【试题 14】(22-2.5)　设 p 为常数，若反常积分 $\int_0^1\frac{\ln x}{x^p(1-x)^{1-p}}dx$ 收敛，则 p 的取值范围是

(A) $(-1,1)$.　　(B) $(-1,2)$.

(C) $(-\infty,1)$.　　(D) $(-\infty,2)$.

【答案】A.

【解析】方法一　$\int_0^1\frac{\ln x}{x^p(1-x)^{1-p}}dx=\int_0^{\frac{1}{2}}\frac{\ln x}{x^p(1-x)^{1-p}}dx+\int_{\frac{1}{2}}^1\frac{\ln x}{x^p(1-x)^{1-p}}dx.$

当 $x\to1^-$ 时，$\dfrac{\ln x}{x^p(1-x)^{1-p}}=\dfrac{\ln(1+x-1)}{x^p(1-x)^{1-p}}\sim\dfrac{x-1}{(1-x)^{1-p}}=-\dfrac{1}{(1-x)^{-p}}$.

若 $\int_{\frac{1}{2}}^{1}\dfrac{\ln x}{x^p(1-x)^{1-p}}dx$ 收敛，则 $\int_{\frac{1}{2}}^{1}\dfrac{1}{(1-x)^{-p}}dx$ 收敛，进而有 $-p<1$，即 $p>-1$.

当 $x\to0^+$ 时，$\dfrac{\ln x}{x^p(1-x)^{1-p}}\sim\dfrac{\ln x}{x^p}$.

当 $p=1$ 时，$\int_0^{\frac{1}{2}}\dfrac{\ln x}{x}dx=\dfrac{1}{2}\ln^2x\Big|_0^{\frac{1}{2}}=\infty$，发散；

当 $p>1$ 时，$\dfrac{\ln x}{x^p}>\dfrac{\ln x}{x}$，$x\in\left(0,\dfrac{1}{2}\right)$，且 $\int_0^{\frac{1}{2}}\dfrac{\ln x}{x}dx$ 发散，所以 $\int_0^{\frac{1}{2}}\dfrac{\ln x}{x^p}dx$ 发散；

当 $p<1$ 时，$\lim\limits_{x\to0^+}\dfrac{\frac{\ln x}{x^p}}{\frac{1}{x^{\frac{p+1}{2}}}}=\lim\limits_{x\to0^+}x^{\frac{1-p}{2}}\ln x=0$，由于 $\dfrac{p+1}{2}<1$，所以 $\int_0^{\frac{1}{2}}\dfrac{1}{x^{\frac{p+1}{2}}}dx$ 收敛，进而 $\int_0^{\frac{1}{2}}\dfrac{\ln x}{x^p}dx$ 收敛. 因此，$p<1$ 时，$\int_0^{\frac{1}{2}}\dfrac{\ln x}{x^p(1-x)^{1-p}}dx$ 收敛.

综上，$-1<p<1$，$\int_0^1\dfrac{\ln x}{x^p(1-x)^{1-p}}dx$ 收敛，选 A.

方法二 当 $p=1$ 时，$\int_0^1\dfrac{\ln x}{x^p(1-x)^{1-p}}dx=\int_0^1\dfrac{\ln x}{x}dx=\dfrac{1}{2}\ln^2x\Big|_0^1=\infty$，发散，排除 B、D；

当 $p=-1$ 时，$\int_0^1\dfrac{\ln x}{x^p(1-x)^{1-p}}dx=\int_0^1\dfrac{x\ln x}{(1-x)^2}dx$，又因为 $\lim\limits_{x\to0^+}\dfrac{x\ln x}{(1-x)^2}=0$，$x\to1^-$ 时，$\dfrac{x\ln x}{(1-x)^2}\sim\dfrac{x-1}{(1-x)^2}=\dfrac{1}{x-1}$，且 $\int_0^1\dfrac{1}{x-1}dx$ 发散，所以 $\int_0^1\dfrac{x\ln x}{(1-x)^2}dx$ 发散，排除 C，选 A.

题型考点　求平面图形的面积

【试题 15】(22-2.15)　已知曲线 L 的极坐标方程为 $r=\sin3\theta\left(0\leqslant\theta\leqslant\dfrac{\pi}{3}\right)$，则 L 围成有界区域的面积为________.

【答案】 $\dfrac{\pi}{12}$.

【解析】 $S=\int_0^{\frac{\pi}{3}}\dfrac{1}{2}r^2d\theta=\int_0^{\frac{\pi}{3}}\dfrac{1}{2}\sin^23\theta d\theta=\dfrac{1}{6}\int_0^{\pi}\sin^2tdt=\dfrac{1}{3}\int_0^{\frac{\pi}{2}}\sin^2tdt=\dfrac{1}{3}\cdot\dfrac{1}{2}\cdot\dfrac{\pi}{2}=\dfrac{\pi}{12}$.

题型考点　求平面曲线的弧长(仅数一、二)

【试题 16】(22-2.18)　设函数 $y(x)$ 是微分方程 $2xy'-4y=2\ln x-1$ 满足条件 $y(1)=\dfrac{1}{4}$ 的解，求曲线 $y=y(x)(1\leqslant x\leqslant e)$ 的弧长.

【解析】(1)由题意，得

$$y'-\frac{2}{x}y=\frac{2\ln x-1}{2x}.$$

解微分方程,得

$$y(x)=-\frac{1}{2}\ln x+Cx^2.$$

由 $y(1)=\frac{1}{4}$,得

$$C=\frac{1}{4},故\ y(x)=\frac{1}{4}x^2-\frac{1}{2}\ln x.$$

(2) $L=\int_1^e\sqrt{1+y'^2}\,dx=\int_1^e\sqrt{1+\left(\frac{x}{2}-\frac{1}{2x}\right)^2}\,dx=\int_1^e\left(\frac{x}{2}+\frac{1}{2x}\right)dx=\frac{1}{4}(e^2+1)$.

题型考点　积分(不)等式的证明

【试题 17】(22-1.20;2.21)　设函数 $f(x)$ 在 $(-\infty,+\infty)$ 上具有 2 阶连续导数. 证明:$f''(x)\geqslant 0$ 的充要条件是:对不同的实数 a,b, $f\left(\frac{a+b}{2}\right)\leqslant\frac{1}{b-a}\int_a^b f(x)\,dx$.

【解析】 任取 $a,b\in R$,不妨设 $a<b$.

方法一　令 $F(t)=\int_a^t f(x)\,dx-(t-a)f\left(\frac{a+t}{2}\right)$, $t\in[a,b]$,则

$$\begin{aligned}F'(t)&=f(t)-f\left(\frac{a+t}{2}\right)-\frac{1}{2}(t-a)f'\left(\frac{a+t}{2}\right)\\&=\left(t-\frac{a+t}{2}\right)f'(\xi)-\frac{t-a}{2}f'\left(\frac{a+t}{2}\right)\\&=\frac{t-a}{2}\left[f'(\xi)-f'\left(\frac{a+t}{2}\right)\right],\xi\in\left(\frac{a+t}{2},t\right).\end{aligned}$$

因为 t,a,b 具有任意性,所以 $\xi,\frac{a+t}{2}$ 也具有任意性.

又因为 $f(x)$ 具有连续二阶导数,所以 $f'(x)$ 与 $F(t)$ 均可导.

于是有 $f''(x)\geqslant 0\Leftrightarrow f'(x)$ 单调不减,且可导;

$\Leftrightarrow\xi>\frac{a+t}{2}$ 时, $f'(\xi)\geqslant f'\left(\frac{a+t}{2}\right)$

$\Leftrightarrow F'(t)\geqslant 0$

$\Leftrightarrow F(t)$ 单调不减

$\Leftrightarrow t>a$ 时, $F(t)\geqslant F(a)=0$

$\Leftrightarrow b>a$ 时, $F(b)\geqslant 0$

$\Leftrightarrow\frac{1}{b-a}\int_a^b f(x)\,dx\geqslant f\left(\frac{a+b}{2}\right)$

即结论成立。

方法二 由泰勒中值定理可知：

$$f(x)=f\left(\frac{a+b}{2}\right)+f'\left(\frac{a+b}{2}\right)\left(x-\frac{a+b}{2}\right)+\frac{f''(\xi)}{2}\left(x-\frac{a+b}{2}\right)^2,\xi\text{ 介于}\frac{a+b}{2}\text{与 }x\text{ 之间}.$$

于是，

$$\int_a^b f(x)\,dx=(b-a)f\left(\frac{a+b}{2}\right)+\frac{1}{2}f'\left(\frac{a+b}{2}\right)\left(x-\frac{a+b}{2}\right)^2\Bigg|_a^b+\int_a^b\frac{f''(\xi)}{2}\left(x-\frac{a+b}{2}\right)^2dx$$

$$=(b-a)f\left(\frac{a+b}{2}\right)+\int_a^b\frac{f''(\xi)}{2}\left(x-\frac{a+b}{2}\right)^2dx.$$

①必要性

因为 $f''(x)\geqslant 0$，所以 $f''(\xi)\geqslant 0$，$\int_a^b f(x)\,dx\geqslant(b-a)f\left(\frac{a+b}{2}\right)$，即

$$\frac{1}{b-a}\int_a^b f(x)\,dx\geqslant f\left(\frac{a+b}{2}\right).$$

②充分性

假设存在 x_0，使得 $f''(x_0)<0$. 因为 $f''(x)$ 连续，所以存在 $x\in U(x_0)$，使得 $f''(x)<0$.

取 $a\in U(x_0)$，$b\in U(x_0)$，$a\neq b$，则 $f''(\xi)<0$，$\int_a^b\frac{f''(\xi)}{2}\left(x-\frac{a+b}{2}\right)^2dx<0$.

于是 $\int_a^b f(x)\,dx<(b-a)f\left(\frac{a+b}{2}\right)$ 与 $\frac{1}{b-a}\int_a^b f(x)\,dx>f\left(\frac{a+b}{2}\right)$ 矛盾．假设不成立，原结论成立．

1.4 微分方程

题型考点 一阶微分方程

【试题 18】(22-1.17;3.17) 设函数 $y=y(x)$ 是微分方程 $y'+\frac{1}{2\sqrt{x}}y=2+\sqrt{x}$ 满足条件 $y(1)=3$ 的解，求曲线 $y=y(x)$ 的渐近线．

【解析】(1)两边同乘以积分因子 $e^{\int\frac{1}{2\sqrt{x}}dx}$，得

$$e^{\sqrt{x}}\left(y'+\frac{1}{2\sqrt{x}}y\right)=e^{\sqrt{x}}(2+\sqrt{x}),$$

再在积分得，

$$e^{\sqrt{x}}y=\int e^{\sqrt{x}}(2+\sqrt{x})\,dx.$$

方法一 令 $\sqrt{x}=t$，则 $x=t^2$，

$$\int e^{\sqrt{x}}(2+\sqrt{x})\,dx=\int e^t(2+t)\cdot 2t\,dt=2\int(t^2+2t)\,de^t$$

$$=2\left[e^t(t^2+2t)-\int e^t(2t+2)\,dt\right]$$

$$=2\left[e^t(t^2+2t)-\int(2t+2)\,de^t\right]$$

$$
\begin{aligned}
&= 2\left[e^t(t^2+2t) - e^t(2t+2) + \int 2e^t dt\right] \\
&= 2e^t t^2 + C \\
&= 2xe^{\sqrt{x}} + C.
\end{aligned}
$$

方法二　$\int e^{\sqrt{x}}(2+\sqrt{x})dx = \int 2e^{\sqrt{x}}dx + \int 2\sqrt{x}\cdot\sqrt{x}de^{\sqrt{x}}$

$$
\begin{aligned}
&= \int 2e^{\sqrt{x}}dx + \int 2xde^{\sqrt{x}} = \int 2e^{\sqrt{x}}dx + 2xe^{\sqrt{x}} - \int 2e^{\sqrt{x}}dx \\
&= 2xe^{\sqrt{x}} + C,
\end{aligned}
$$

于是，$y=2x+Ce^{-\sqrt{x}}$.

由 $y(1)=3$，得 $C=e$．故 $y=2x+e^{1-\sqrt{x}}$.

(2)① 因为 $y=y(x)$ 连续，所以 $y=y(x)$ 没有垂直渐近线；

② 因为 $\lim\limits_{x\to+\infty}y=+\infty$，所以 $y=y(x)$ 没有水平渐近线；

③ **方法一**　因为 $k=\lim\limits_{x\to+\infty}\dfrac{y}{x}=\lim\limits_{x\to+\infty}\left(2+\dfrac{e^{1-\sqrt{x}}}{x}\right)=2$,

$$b=\lim_{x\to+\infty}(y-kx)=\lim_{x\to+\infty}e^{1-\sqrt{x}}=0,$$

所以 $y=2x$ 为 $y=y(x)$ 的斜渐近线．

方法二　因为 $\lim\limits_{x\to+\infty}(y-2x)=\lim\limits_{x\to+\infty}e^{1-\sqrt{x}}=0$，所以 $y=2x$ 为 $y=y(x)$ 的斜渐近线．

题型考点　常系数线性微分方程

【试题 19】(22-2. 14)　微分方程 $y'''-2y''+5y'=0$ 的通解 $y(x)=$__________.

【答案】$C_1+e^x(C_2\cos 2x+C_3\sin 2x)$.

【解析】特征方程为 $r^3-2r^2+5r=r(r^2-2r+5)=0$，解得 $r_1=0, r_{2,3}=1\pm 2i$.

故通解为 $y=C_1+e^x(C_2\cos 2x+C_3\sin 2x)$，$C_1,C_2,C_3$ 为任意常数．

1.5　多元函数微分学

题型考点　多元复合函数求偏导

【试题 20】(22-1. 2)　设函数 $z=xyf\left(\dfrac{y}{x}\right)$，其中 $f(u)$ 可导．若 $x\dfrac{\partial z}{\partial x}+y\dfrac{\partial z}{\partial y}=y^2(\ln y-\ln x)$，则

(A) $f(1)=\dfrac{1}{2}, f'(1)=0$.　　(B) $f(1)=0, f'(1)=\dfrac{1}{2}$.

(C) $f(1)=\dfrac{1}{2}, f'(1)=1$.　　(D) $f(1)=0, f'(1)=1$.

【答案】B.

【解析】因为

$$z'_x=yf\left(\frac{y}{x}\right)+xyf'\left(\frac{y}{x}\right)\cdot\left(-\frac{y}{x^2}\right)=yf\left(\frac{y}{x}\right)-\frac{y^2}{x}f'\left(\frac{y}{x}\right),$$

$$z'_y=xf\left(\frac{y}{x}\right)+xyf'\left(\frac{y}{x}\right)\cdot\frac{1}{x}=xf\left(\frac{y}{x}\right)+yf'\left(\frac{y}{x}\right),$$

所以

$$xz'_x+yz'_y=2xyf\left(\frac{y}{x}\right)=y^2(\ln y-\ln x)=y^2\ln\frac{y}{x}.$$

于是,

$$f\left(\frac{y}{x}\right)=\frac{1}{2}\frac{y}{x}\ln\frac{y}{x},\text{即}f(u)=\frac{1}{2}u\ln u,f'(u)=\frac{1}{2}(\ln u+1).$$

故 $f(1)=0,f'(1)=\frac{1}{2}$,选 B.

【试题 21】(22-2.4;3.3) 设函数 $f(t)$ 连续,令 $F(x,y)=\int_0^{x-y}(x-y-t)f(t)\mathrm{d}t$,则

(A) $\frac{\partial F}{\partial x}=\frac{\partial F}{\partial y},\frac{\partial^2 F}{\partial x^2}=\frac{\partial^2 F}{\partial y^2}$.　　(B) $\frac{\partial F}{\partial x}=\frac{\partial F}{\partial y},\frac{\partial^2 F}{\partial x^2}=-\frac{\partial^2 F}{\partial y^2}$.

(C) $\frac{\partial F}{\partial x}=-\frac{\partial F}{\partial y},\frac{\partial^2 F}{\partial x^2}=\frac{\partial^2 F}{\partial y^2}$.　　(D) $\frac{\partial F}{\partial x}=-\frac{\partial F}{\partial y},\frac{\partial^2 F}{\partial x^2}=-\frac{\partial^2 F}{\partial y^2}$.

【答案】 C.

【解析】方法一 取 $f(x)=1$,则

$$F(x,y)=\int_0^{x-y}(x-y-t)\mathrm{d}t=-\frac{1}{2}(x-y-t)^2\Big|_0^{x-y}=\frac{1}{2}(x-y)^2,$$

$$F'_x=x-y,F'_y=y-x,F''_{xx}=1,F''_{yy}=1,$$

$$F'_x=-F'_y,F''_{xx}=F''_{yy}.$$

排除 A、B、D,选 C.

方法二 令 $g(u)=\int_0^u(u-t)f(t)\mathrm{d}t$,则 $F(x,y)=g(x-y)$,

$$F'_x=g'(x-y),F'_y=-g'(x-y),F''_{xx}=g''(x-y),F''_{yy}=g''(x-y),$$

故 $F'_x=-F'_y,F''_{xx}=F''_{yy}$,选 C.

题型考点　多元函数求极值

【试题 22】(22-2.20) 已知可微函数 $f(u,v)$ 满足 $\frac{\partial f(u,v)}{\partial u}-\frac{\partial f(u,v)}{\partial v}=2(u-v)\mathrm{e}^{-(u+v)}$,且 $f(u,0)=u^2\mathrm{e}^{-u}$.

(1) 记 $g(x,y)=f(x,y-x)$,求 $\frac{\partial g(x,y)}{\partial x}$;

(2) 求 $f(u,v)$ 的表达式和极值.

【解析】 (1) 令 $u=x,v=y-x$,则

$$g'_x=f'_u\cdot 1+f'_v\cdot(-1)=f'_u-f'_v=2(u-v)\mathrm{e}^{-(u+v)}=(4x-2y)\mathrm{e}^{-y}.$$

(2) $g(x,y)=\int g'_x(x,y)\mathrm{d}x=(2x^2-2xy)\mathrm{e}^{-y}+c(y)=2x(x-y)\mathrm{e}^{-y}+c(y)$,于是有

$$f(u,v)=g(u,u+v)=-2uv\mathrm{e}^{-(u+v)}+c(u+v),$$

$$f(u,0)=c(u)=u^2\mathrm{e}^{-u},$$

$$c(u+v)=(u+v)^2\mathrm{e}^{-(u+v)},$$

故 $f(u,v)=(u^2+v^2)e^{-(u+v)}$.

令 $\begin{cases} f_u'=e^{-(u+v)} & (2u-u^2-v^2)=0, \\ f_v'=e^{-(u+v)} & (2v-u^2-v^2)=0, \end{cases}$ 解得 $\begin{cases} u=0 \\ v=0 \end{cases}$, $\begin{cases} u=1 \\ v=1 \end{cases}$.

记 $A(u,v)=f_{uu}''=e^{-(u+v)}(u^2+v^2-4u+2)$, $B(u,v)=f_{uv}''=e^{-(u+v)}(u^2+v^2-2u-2v)$, $C(u,v)=f_{vv}''=e^{-(u+v)}(u^2+v^2-4v+2)$.

当 $u=0,v=0$ 时, $A(0,0)=2$, $B(0,0)=0$, $C(0,0)=2$, $AC-B^2=4>0$, $A>0$, 所以 $f(u,v)$ 在 $(0,0)$ 处取极小值 $f(0,0)=0$;

当 $u=1,v=1$ 时, $A(1,1)=0$, $B(1,1)=-2$, $C(1,1)=0$, $AC-B^2=-4<0$, 所以 $f(u,v)$ 在 $(1,1)$ 处不取极小值.

题型考点　多元函数求闭区域上的最值

【试题 23】(22-1.13)　当 $x\geqslant 0,y\geqslant 0$ 时, $x^2+y^2\leqslant ke^{x+y}$ 恒成立,则 k 的取值范围是________.

【答案】 $k\geqslant \frac{4}{e^2}$.

【解析】 由题意,可将不等式转化为当 $x\geqslant 0,y\geqslant 0$, $(x^2+y^2)e^{-(x+y)}\leqslant k$ 恒成立对应 k 的取值范围.

令 $f(x,y)=(x^2+y^2)e^{-(x+y)}$, $x\geqslant 0,y\geqslant 0$,

①当 $x>0,y>0$ 时,

$$\begin{cases} f_x'=e^{-(x+y)}(2x-x^2-y^2)=0, \\ f_y'=e^{-(x+y)}(2y-x^2-y^2)=0. \end{cases}$$

解得, $x=y=1$. 所以 $f(1,1)=2e^{-2}$.

②当 $x=0,y\geqslant 0$ 时, $g(y)=f(0,y)=y^2e^{-y}$。

令 $g'(y)=e^{-y}(2y-y^2)=0$,解得, $y=0$ 或 $y=2$.

进而有 $f(0,0)=0$, $f(0,2)=4e^{-2}$, $f(0,+\infty)=0$.

③当 $x>0,y=0$ 时,由变量对称性可知, $f(2,0)=4e^{-2}$, $f(+\infty,0)=0$.

由①②③可知, $f(x,y)$ 在 $x\geqslant 0,y\geqslant 0$ 上的最大值为 $4e^{-2}$,故 $k\geqslant \frac{4}{e^2}$.

【试题 24】(22-3.18)　设某产品的产量 Q 由资本投入量 x 和劳动投入量 y 决定,生产函数为 $Q=12x^{\frac{1}{2}}y^{\frac{1}{6}}$,该产品的销售单价 p 与 Q 的关系为 $p=1160-1.5Q$. 若单位资本投入和单位劳动投入的价格分别为 6 和 8,求利润最大时的产量.

【解析】 $L=PQ-6x-8y=(1160-1.5Q)Q-6x-8y$

$=-1.5Q^2+1160Q-6x-8y$,

令 $F(x,y,a,\lambda)=-1.5Q^2+1160Q-6x-8y+\lambda(12x^{\frac{1}{2}}y^{\frac{1}{6}}-Q)$,

$$\begin{cases} F_x'=-6+6\lambda x^{-\frac{1}{2}}y^{\frac{1}{6}}=0 & ① \\ F_y'=-8+2\lambda x^{\frac{1}{2}}y^{-\frac{5}{6}}=0 & ② \\ F_Q'=-3Q+1160-\lambda=0 & ③ \\ F_\lambda'=12x^{\frac{1}{2}}y^{\frac{1}{6}}-Q=0 & ④ \end{cases}$$

由①得，$\lambda=x^{\frac{1}{2}}y^{-\frac{1}{6}}$；由②得，$\lambda=4x^{-\frac{1}{2}}y^{\frac{5}{6}}$，联立，得 $x^{\frac{1}{2}}y-\frac{1}{6}=4x^{-\frac{1}{2}}y^{\frac{5}{6}}$，即 $x=4y$，

进而有 $\lambda=2y^{\frac{1}{3}}$，$Q=24y^{\frac{2}{3}}$，所以 $Q=6\lambda^2$，代入③得，

$$18\lambda^2+\lambda-1160=(18\lambda+145)(\lambda-8)=0.$$

解得 $\lambda=8$，$Q=384$，唯一驻解，必为最值，故利润最大时的产量是 384.

1.6 二重积分

题型考点 二重积分的计算

【试题 25】(22-1.18;2.19;3.19) 已知平面区域 $D=\{(x,y)\mid y-2\leqslant x\leqslant\sqrt{4-y^2},0\leqslant y\leqslant 2\}$，计算 $I=\iint\limits_D\frac{(x-y)^2}{x^2+y^2}\mathrm{d}x\mathrm{d}y$.

【解析】 $I=\int_0^{\frac{\pi}{2}}\mathrm{d}\theta\int_0^2\frac{(r\cos\theta-r\sin\theta)^2}{r^2}\cdot r\mathrm{d}r+\int_{\frac{\pi}{2}}^{\pi}\mathrm{d}\theta\int_0^{\frac{2}{\sin\theta-\cos\theta}}(\cos\theta-\sin\theta)^2\cdot r\mathrm{d}r$

$$=\int_0^{\frac{\pi}{2}}2(\cos\theta-\sin\theta)^2\mathrm{d}\theta+\int_{\frac{\pi}{2}}^{\pi}2\mathrm{d}\theta=2\int_0^{\frac{\pi}{2}}(1-2\sin\theta\cos\theta)\mathrm{d}\theta+\pi$$

$$=2(\theta-\sin^2\theta)\Big|_0^{\frac{\pi}{2}}+\pi=2\pi-2.$$

【试题 26】(22-2.2) $\int_0^2\mathrm{d}y\int_y^2\frac{y}{\sqrt{1+x^3}}\mathrm{d}x=$

(A) $\frac{\sqrt{2}}{6}$. (B) $\frac{1}{3}$. (C) $\frac{\sqrt{2}}{3}$. (D) $\frac{2}{3}$.

【答案】 D.

【解析】 原式 $=\int_0^2\mathrm{d}x\int_0^x\frac{y}{\sqrt{1+x^3}}\mathrm{d}y=\frac{1}{2}\int_0^2\frac{x^2}{\sqrt{1+x^3}}\mathrm{d}x$

$$=\frac{1}{6}\int_0^2\frac{1}{\sqrt{1+x^3}}\mathrm{d}(1+x^3)=\frac{1}{3}\sqrt{1+x^3}\Big|_0^2=\frac{2}{3}.$$

【试题 27】(22-3.14) 已知函数 $f(x)=\begin{cases}\mathrm{e}^x, & 0\leqslant x\leqslant 1\\ 0, & \text{其他}\end{cases}$. 则 $\int_{-\infty}^{+\infty}\mathrm{d}x\int_{-\infty}^{+\infty}f(x)f(y-x)\mathrm{d}y=$ ________.

【答案】 $(\mathrm{e}-1)^2$.

【解析】 $f(x)f(y-x)=\begin{cases}\mathrm{e}^x\cdot\mathrm{e}^{y-x}=\mathrm{e}^y, & 0\leqslant x\leqslant 1,0\leqslant y-x\leqslant 1,\\ 0, & \text{其他},\end{cases}$

$$\text{原式}=\int_0^1\mathrm{d}x\int_x^{x+1}\mathrm{e}^y\mathrm{d}y=\int_0^1(\mathrm{e}^{x+1}-\mathrm{e}^x)\mathrm{d}x=(\mathrm{e}^{x+1}-\mathrm{e}^x)\Big|_0^1=(\mathrm{e}-1)^2.$$

1.7 无穷级数(仅数一、三)

题型考点　幂级数的收敛域与和函数

【试题 28】(22-1.14)　已知级数 $\sum_{n=1}^{\infty}\frac{n!}{n^n}e^{-nx}$ 的收敛域为 $(a,+\infty)$,则 $a=$________.

【答案】 -1.

【解析】 $\lim_{n\to\infty}\left|\frac{\frac{(n+1)!}{(n+1)^{n+1}}e^{-(n+1)x}}{\frac{n!}{n^n}e^{-nx}}\right|=\lim_{n\to\infty}\frac{n^n}{(n+1)^n}e^{-x}=\lim_{n\to\infty}\frac{e^{-x}}{\left(1+\frac{1}{n}\right)^n}=e^{-x-1}<1.$

故 $x>-1$, $a=-1$.

【试题 29】(22-3.20)　求幂级数 $\sum_{n=0}^{\infty}\frac{(-4)^n+1}{4^n(2n+1)}x^{2n}$ 的收敛域及和函数 $S(x)$.

【解析】(1) $\lim_{n\to\infty}\left|\frac{(-4)^{n+1}+1}{4^{n+1}(2n+3)}x^{2n+2}\Big/\frac{(-4)^n+1}{4^n(2n+1)}x^{2n}\right|=x^2<1$,即 $x\in(-1,1)$;

当 $x=\pm1$ 时,级数 $\sum_{n=0}^{\infty}\frac{(-4)^n+1}{4^n(2n+1)}=\sum_{n=0}^{\infty}\frac{(-1)^n}{2n+1}+\sum_{n=0}^{\infty}\frac{1}{4^n(2n+1)}$ 收敛,故收敛域为 $[-1,1]$.

(2)记 $S_1(x)=\sum_{n=0}^{\infty}\frac{(-1)^n}{2n+1}x^{2n}$, $S_2(x)=\sum_{n=0}^{\infty}\frac{1}{4^n(2n+1)}x^{2n}$,则 $S(x)=S_1(x)+S_2(x)$.

因为 $[xS_1(x)]'=\left(\sum_{n=0}^{\infty}\frac{(-1)^n}{2n+1}x^{2n+1}\right)'=\sum_{n=0}^{\infty}(-1)^nx^{2n}=\frac{1}{1+x^2}$,所以

$$xS_1(x)=\int_0^x\frac{1}{1+t^2}dt=\arctan x,$$

$$S_1(x)=\begin{cases}\frac{\arctan x}{x}, & x\neq0,\\ S_1(0)=1, & x=0.\end{cases}$$

又因为 $[xS_2(x)]'=\left(\sum_{n=0}^{\infty}\frac{x^{2n+1}}{4^n(2n+1)}\right)'=\sum_{n=0}^{\infty}\frac{x^{2n}}{4^n}=\sum_{n=0}^{\infty}\left(\frac{x^2}{4}\right)^n=\frac{1}{1-\frac{x^2}{4}}=\frac{4}{4-x^2}$,所以

$$xS_2(x)=\int_0^x\frac{4}{4-t^2}dt=\ln\frac{2+x}{2-x},\quad S_2(x)=\begin{cases}\frac{1}{x}\ln\frac{2+x}{2-x}, & x\neq0,\\ S_2(0)=1, & x=0.\end{cases}$$

综上,有

$$S(x)=\begin{cases}\frac{1}{x}\arctan x+\frac{1}{x}\ln\frac{2+x}{2-x}, & x\in(-1,0)\cup(0,1),\\ 2, & x=0.\end{cases}$$

1.8 多元函数积分学与场论初步(仅数一)

题型考点 空间曲线积分的计算

【试题30】(22-1.19) 已知Σ为曲面$4x^2+y^2+z^2=1(x\geqslant 0,y\geqslant 0,z\geqslant 0)$的上侧,$L$为$\Sigma$的边界曲线,其正向与$\Sigma$的正法向量满足右手法则,计算曲线积分

$$I=\int_L (yz^2-\cos z)\mathrm{d}x+2xz^2\mathrm{d}y+(2xyz+x\sin z)\mathrm{d}z.$$

【解析】方法一 记:$\Sigma_1: x=0,y^2+z^2\leqslant 1,y\geqslant 0,z\geqslant 0$,方向朝$x$轴正向

$\Sigma_2: y=0,4x^2+z^2\leqslant 1,x\geqslant 0,z\geqslant 0$,方向朝$y$轴正向

$\Sigma_3: z=0,4x^2+y^2\leqslant 1,x\geqslant 0,y\geqslant 0$,方向朝$z$轴正向

由斯托克斯公式可知:

$$I=\iint\limits_{\Sigma_1+\Sigma_2+\Sigma_3}\begin{vmatrix}\mathrm{d}y\mathrm{d}z & \mathrm{d}x\mathrm{d}z & \mathrm{d}x\mathrm{d}y\\ \dfrac{\partial}{\partial x} & \dfrac{\partial}{\partial y} & \dfrac{\partial}{\partial z}\\ yz^2-\cos z & 2xz^2 & 2xyz+x\sin z\end{vmatrix}$$

$$=\iint\limits_{\Sigma_1+\Sigma_2+\Sigma_3}-2xz\mathrm{d}y\mathrm{d}z+z^2\mathrm{d}x\mathrm{d}y$$

$$=\iint\limits_{\Sigma_1}-2xz\mathrm{d}y\mathrm{d}z+\iint\limits_{\Sigma_3}z^2\mathrm{d}x\mathrm{d}y$$

$$=0+0$$

$$=0.$$

方法二 根据斯托克斯公式,得

$$I=\iint\limits_{\Sigma}\begin{vmatrix}\mathrm{d}y\mathrm{d}z & \mathrm{d}x\mathrm{d}z & \mathrm{d}x\mathrm{d}y\\ \dfrac{\partial}{\partial x} & \dfrac{\partial}{\partial y} & \dfrac{\partial}{\partial z}\\ yz^2-\cos z & 2xz^2 & 2xyz+x\sin z\end{vmatrix}$$

$$=\iint\limits_{\Sigma}-2xz\mathrm{d}y\mathrm{d}z+z^2\mathrm{d}x\mathrm{d}y.$$

记$D=\{(x,y)\mid 4x^2+y^2\leqslant 1,x\geqslant 0,y\geqslant 0\}$,则$\Sigma: z=\sqrt{1-4x^2-y^2},(x,y)\in D$.

因为Σ上侧为正,所以

$$I=\iint\limits_{D}(-2x\sqrt{1-4x^2-y^2}\cdot\left(-\frac{\partial z}{\partial x}\right)+\left(\sqrt{1-4x^2-y^2}\right)^2\mathrm{d}x\mathrm{d}y$$

$$=\iint\limits_{D}(1-12x^2-y^2)\mathrm{d}x\mathrm{d}y$$

令$\begin{cases}x=\dfrac{1}{2}r\cos\theta,\\ y=r\sin\theta,\end{cases}$则

$$
\begin{aligned}
I &= \int_0^{\frac{\pi}{2}} \mathrm{d}\theta \int_0^1 (1 - r^2 - 2r^2\cos^2\theta)\ \frac{r}{2}\mathrm{d}r \\
&= \frac{1}{2}\int_0^{\frac{\pi}{2}} \mathrm{d}\theta \int_0^1 (1 - r^2) r\mathrm{d}r - \int_0^{\frac{\pi}{2}} \mathrm{d}\theta \int_0^1 r^3\cos^2\theta\mathrm{d}r \\
&= \frac{\pi}{16} - \frac{\pi}{16} = 0.
\end{aligned}
$$

题型考点　方向导数

【试题 31】(22-1.11)　函数 $f(x,y)=x^2+2y^2$ 在 $(0,1)$ 的最大方向导数为________.

【答案】 4.

【解析】 因为 $\mathrm{grad}f=(2x,4y)$，$\mathrm{grad}f(0,1)=(0,4)$，所以 $f(x,y)$ 在 $(0,1)$ 的最大方向导数为 $|\mathrm{grad}f(0,1)|=4$.

第二部分　线性代数试题解析

2.1　矩阵

题型考点　矩阵的运算

【试题 32】(22-1.15)　已知矩阵 $\boldsymbol{A}$ 和 $\boldsymbol{E}-\boldsymbol{A}$ 可逆，其中 $\boldsymbol{E}$ 为单位矩阵．若矩阵 $\boldsymbol{B}$ 满足 $(\boldsymbol{E}-(\boldsymbol{E}-\boldsymbol{A})^{-1})\boldsymbol{B}=\boldsymbol{A}$，则 $\boldsymbol{B}-\boldsymbol{A}=$________.

【答案】 $-\boldsymbol{E}$.

【解析】 等式两边同左乘 $(\boldsymbol{E}-\boldsymbol{A})$ 得，

$$((\boldsymbol{E}-\boldsymbol{A})-\boldsymbol{E})\boldsymbol{B}=(\boldsymbol{E}-\boldsymbol{A})\boldsymbol{A}，即 -\boldsymbol{A}\boldsymbol{B}=\boldsymbol{A}-\boldsymbol{A}^2.$$

又因为 $-\boldsymbol{A}^{-1}\boldsymbol{A}\boldsymbol{B}=\boldsymbol{A}^{-1}(\boldsymbol{A}-\boldsymbol{A}^2)$，所以 $-\boldsymbol{B}=\boldsymbol{E}-\boldsymbol{A}$，故 $\boldsymbol{B}-\boldsymbol{A}=-\boldsymbol{E}$.

题型考点　矩阵的初等变换

【试题 33】(22-2.16;3.15)　设 $\boldsymbol{A}$ 为 3 阶矩阵，交换 $\boldsymbol{A}$ 的第 2 行和第 3 行，再将第 2 列的 -1 倍加到第 1 列，得到矩阵 $\begin{pmatrix} -2 & 1 & -1 \\ 1 & -1 & 0 \\ -1 & 0 & 0 \end{pmatrix}$，则 $\boldsymbol{A}^{-1}$ 的迹 $tr(\boldsymbol{A}^{-1})=$________.

【答案】 -1.

【解析】 由题意可知，

$$\boldsymbol{E}_{23}\boldsymbol{A}\boldsymbol{E}_{21}(-1)=\begin{pmatrix} -2 & 1 & -1 \\ 1 & -1 & 0 \\ -1 & 0 & 0 \end{pmatrix}，\boldsymbol{A}=\boldsymbol{E}_{23}\begin{pmatrix} -2 & 1 & -1 \\ 1 & -1 & 0 \\ -1 & 0 & 0 \end{pmatrix}\boldsymbol{E}_{21}(1)=\begin{pmatrix} -1 & 1 & -1 \\ - & 0 & 0 \\ 0 & -1 & 0 \end{pmatrix}.$$

方法一　$$|\lambda\boldsymbol{E}-\boldsymbol{A}|=\begin{vmatrix} \lambda+1 & -1 & 1 \\ 1 & \lambda & 0 \\ 0 & 1 & \lambda \end{vmatrix}=(\lambda+1)(\lambda^2+1)=0，解得 \lambda_1=-1,\lambda_2=i,\lambda_3=-i.$$

所以 A^{-1} 的特征值为 $-1,\frac{1}{i},-\frac{1}{i}$，$tr(A^{-1})=-1$.

方法二 由 $(A,E)=\begin{pmatrix}-1&1&-1&1&0&0\\-1&0&0&0&1&0\\0&-1&0&0&0&1\end{pmatrix}\to\begin{pmatrix}1&0&0&0&-1&0\\0&1&0&0&0&-1\\0&0&1&-1&1&-1\end{pmatrix}$，得

$$A^{-1}=\begin{pmatrix}0&-1&0\\0&0&-1\\-1&1&-1\end{pmatrix}.$$

故 $tr(A^{-1})=-1$.

2.2 向量组

题型考点 向量组的线性表示

【试题 34】(22-1.7;2.10;3.7) 设 $\boldsymbol{\alpha}_1=\begin{pmatrix}\lambda\\1\\1\end{pmatrix},\boldsymbol{\alpha}_2=\begin{pmatrix}1\\\lambda\\1\end{pmatrix},\boldsymbol{\alpha}_3=\begin{pmatrix}1\\1\\\lambda\end{pmatrix},\boldsymbol{\alpha}_4=\begin{pmatrix}1\\\lambda\\\lambda^2\end{pmatrix}$. 若向量组 $\boldsymbol{\alpha}_1,\boldsymbol{\alpha}_2,\boldsymbol{\alpha}_3$ 与 $\boldsymbol{\alpha}_1,\boldsymbol{\alpha}_2,\boldsymbol{\alpha}_4$ 等价，则 λ 的取值范围是

(A) $\{0,1\}$.　　(B) $\{\lambda\mid\lambda\in R,\lambda\neq-2\}$.

(C) $\{\lambda\mid\lambda\in R,\lambda\neq-1,\lambda\neq-2\}$.　　(D) $\{\lambda\mid\lambda\in R,\lambda\neq-1\}$.

【答案】C.

【解析】因为 $|(\boldsymbol{\alpha}_1\boldsymbol{\alpha}_2\boldsymbol{\alpha}_3)|=(\lambda+2)(\lambda-1)^2$，$|(\boldsymbol{\alpha}_1\boldsymbol{\alpha}_2\boldsymbol{\alpha}_4)|=(1-\lambda^2)^2$，所以

①若 $\lambda=-1$，则 $|\boldsymbol{\alpha}_1\boldsymbol{\alpha}_2\boldsymbol{\alpha}_3|\neq0$，$|\boldsymbol{\alpha}_1\boldsymbol{\alpha}_2\boldsymbol{\alpha}_4|=0$.

此时，$r(\boldsymbol{\alpha}_1\boldsymbol{\alpha}_2\boldsymbol{\alpha}_3)\neq r(\boldsymbol{\alpha}_1\boldsymbol{\alpha}_2\boldsymbol{\alpha}_4)$，故 $\boldsymbol{\alpha}_1,\boldsymbol{\alpha}_2,\boldsymbol{\alpha}_3$ 与 $\boldsymbol{\alpha}_1,\boldsymbol{\alpha}_2,\boldsymbol{\alpha}_4$ 不等价，D 选项不正确.

②若 $\lambda=-2$，则 $|(\boldsymbol{\alpha}_1\boldsymbol{\alpha}_2\boldsymbol{\alpha}_3)|=0$，$|(\boldsymbol{\alpha}_1\boldsymbol{\alpha}_2\boldsymbol{\alpha}_4)|\neq0$.

此时，$r(\boldsymbol{\alpha}_1\boldsymbol{\alpha}_2\boldsymbol{\alpha}_3)\neq r(\boldsymbol{\alpha}_1\boldsymbol{\alpha}_2\boldsymbol{\alpha}_4)$，故 $\boldsymbol{\alpha}_1,\boldsymbol{\alpha}_2,\boldsymbol{\alpha}_3$ 与 $\boldsymbol{\alpha}_1,\boldsymbol{\alpha}_2,\boldsymbol{\alpha}_4$ 不等价，B 选项不正确.

③若 $\lambda=2$，则 $|(\boldsymbol{\alpha}_1\boldsymbol{\alpha}_2\boldsymbol{\alpha}_3)|\neq0$，$|(\boldsymbol{\alpha}_1\boldsymbol{\alpha}_2\boldsymbol{\alpha}_4)|\neq0$.

此时，$r(\boldsymbol{\alpha}_1\boldsymbol{\alpha}_2\boldsymbol{\alpha}_3)=r(\boldsymbol{\alpha}_1\boldsymbol{\alpha}_2\boldsymbol{\alpha}_4)=3$，$\boldsymbol{\alpha}_1,\boldsymbol{\alpha}_2,\boldsymbol{\alpha}_3$ 与 $\boldsymbol{\alpha}_1,\boldsymbol{\alpha}_2,\boldsymbol{\alpha}_4$ 等价，A 选项不正确.

综上，选 C.

2.3 线性方程组

题型考点 具体方程组的求解

【试题 35】(22-2.9;3.6) 设矩阵 $A=\begin{pmatrix}1&1&1\\1&a&a^2\\1&b&b^2\end{pmatrix}$，$b=\begin{pmatrix}1\\2\\4\end{pmatrix}$，则线性方程组 $Ax=b$ 解的情况为

(A) 无解.　　(B) 有解.

(C) 有无穷多解或无解.　　(D) 有唯一解或无解.

【答案】D.

【解析】方法一 若 $1,a,b$ 互不相等，则 $|\boldsymbol{A}|=(b-1)(b-a)(a-1)\neq 0$，所以 $r(\boldsymbol{A},b)=r(\boldsymbol{A})=3$，方程组有唯一解，排除 A、C.

若 $a=b=0$，则 $\begin{cases}x_1+x_2+x_3=1,\\ x_1=2,\\ x_1=4\end{cases}$ 矛盾，所以无解，排除 B，故选 D.

方法二 $(\boldsymbol{A},b)\to\begin{pmatrix}1&1&1&1\\0&a-1&a^2-1&1\\0&b-1&b^2-1&3\end{pmatrix}$.

(1)若 $a=1$ 或 $b=1$，则 $r(\boldsymbol{A})<r(\boldsymbol{A},b)$，方程组无解；

(2)若 $a\neq1$ 且 $b\neq1$，则

$$(\boldsymbol{A},b)\to\begin{pmatrix}1&1&1&1\\0&1&a+1&\dfrac{1}{a-1}\\0&1&b+1&\dfrac{3}{b-1}\end{pmatrix}\to\begin{pmatrix}1&1&1&1\\0&1&a+1&\dfrac{1}{a-1}\\0&0&b-a&\dfrac{3}{b-1}-\dfrac{1}{a-1}\end{pmatrix}.$$

①若 $a=b$，则 $r(\boldsymbol{A},b)=3$，$r(\boldsymbol{A})=2$，方程组无解；

②若 $a\neq b$，则 $r(\boldsymbol{A},b)=r(\boldsymbol{A})=3$，方程组有唯一解.

综上，选 D.

题型考点　方程组的同解

【试题 36】(22-1.6) 设 $\boldsymbol{A},\boldsymbol{B}$ 为 n 阶矩阵，$\boldsymbol{E}$ 为单位矩阵. 若方程组 $\boldsymbol{Ax}=0$ 与 $\boldsymbol{Bx}=0$ 同解，则

(A) 方程组 $\begin{pmatrix}\boldsymbol{A}&\boldsymbol{O}\\\boldsymbol{E}&\boldsymbol{B}\end{pmatrix}y=0$ 只有零解.

(B) 方程组 $\begin{pmatrix}\boldsymbol{E}&\boldsymbol{A}\\\boldsymbol{O}&\boldsymbol{AB}\end{pmatrix}y=0$ 只有零解.

(C) 方程组 $\begin{pmatrix}\boldsymbol{A}&\boldsymbol{B}\\\boldsymbol{O}&\boldsymbol{B}\end{pmatrix}y=0$ 与 $\begin{pmatrix}\boldsymbol{B}&\boldsymbol{A}\\\boldsymbol{O}&\boldsymbol{A}\end{pmatrix}y=0$ 同解.

(D) 方程组 $\begin{pmatrix}\boldsymbol{AB}&\boldsymbol{B}\\\boldsymbol{O}&\boldsymbol{A}\end{pmatrix}y=0$ 与 $\begin{pmatrix}\boldsymbol{BA}&\boldsymbol{A}\\\boldsymbol{O}&\boldsymbol{B}\end{pmatrix}y=0$ 同解.

【答案】 C.

【解析】方法一 由于方程组 $\boldsymbol{Ax}=0$ 与 $\boldsymbol{Bx}=0$ 同解，所以矩阵 $\boldsymbol{A}$ 经初等行变换可得到矩阵 $\boldsymbol{B}$，且 $r(\boldsymbol{A})=r(\boldsymbol{B})\leqslant n$.

对于(A)选项，$r\begin{pmatrix}\boldsymbol{A}&\boldsymbol{O}\\\boldsymbol{E}&\boldsymbol{B}\end{pmatrix}\leqslant 2n$，故方程组 $\begin{pmatrix}\boldsymbol{A}&\boldsymbol{O}\\\boldsymbol{E}&\boldsymbol{B}\end{pmatrix}y=0$ 不一定只有零解，不正确.

对于(B)选项，由于 $r(\boldsymbol{AB})\leqslant n$，所以 $r\begin{pmatrix}\boldsymbol{E}&\boldsymbol{A}\\\boldsymbol{O}&\boldsymbol{AB}\end{pmatrix}\leqslant 2n$，方程组 $\begin{pmatrix}\boldsymbol{E}&\boldsymbol{A}\\\boldsymbol{O}&\boldsymbol{AB}\end{pmatrix}y=0$ 不一定只有零解，

不正确.

对于(C)选项,经初等行变换可知,

$$\begin{pmatrix} A & B \\ 0 & B \end{pmatrix} y=0 \Leftrightarrow \begin{pmatrix} A & 0 \\ 0 & B \end{pmatrix} y=0 \Leftrightarrow \begin{pmatrix} B & 0 \\ 0 & B \end{pmatrix} y=0,$$

$$\begin{pmatrix} B & A \\ 0 & A \end{pmatrix} y=0 \Leftrightarrow \begin{pmatrix} B & 0 \\ 0 & A \end{pmatrix} y=0 \Leftrightarrow \begin{pmatrix} B & 0 \\ 0 & B \end{pmatrix} y=0,$$

所以方程组$\begin{pmatrix} A & B \\ O & B \end{pmatrix} y=0$与$\begin{pmatrix} B & A \\ O & A \end{pmatrix} y=0$同解,选 C.

对于(D)选项,$r(AB)$与$r(BA)$不一定相等,所以$\begin{pmatrix} AB & B \\ O & A \end{pmatrix} y=0$与$\begin{pmatrix} BA & A \\ O & B \end{pmatrix} y=0$不一定同解,不正确.

方法二 取$A=B=O$,则 A 和 B 不正确.

当$AB=O$时,BA不一定为O,所以$(AB)y_1=0$与$(BA)y_1=0$不一定同解(y_1是指y的前n个分量),而其余部分同解,故方程组$\begin{pmatrix} AB & B \\ O & A \end{pmatrix} y=0$与$\begin{pmatrix} BA & A \\ O & B \end{pmatrix} y=0$不一定同解.

例如:$A=\begin{pmatrix} 1 & 1 \\ 0 & 0 \end{pmatrix}$,$B=\begin{pmatrix} 1 & 1 \\ -1 & -1 \end{pmatrix}$,满足$AX=O$与$BX=O$同解,但$AB=O$,

$BA=\begin{pmatrix} 1 & 1 \\ -1 & -1 \end{pmatrix}$,此时,方程组$\begin{pmatrix} AB & B \\ O & A \end{pmatrix} y=0$与$\begin{pmatrix} BA & A \\ O & B \end{pmatrix} y=0$不同解.

2.4 相似理论

题型考点 特征值与特征向量

【试题 37】(22-2.8;3.5) 设A为 3 阶矩阵,$\Lambda=\begin{pmatrix} 1 & 0 & 0 \\ 0 & -1 & 0 \\ 0 & 0 & 0 \end{pmatrix}$,则$A$的特征值为 1,-1,0 的充分必要条件是

(A) 存在可逆矩阵P,Q,使得$A=P\Lambda Q$.

(B) 存在可逆矩阵P,使得$A=P\Lambda P^{-1}$.

(C) 存在正交矩阵Q,使得$A=Q\Lambda Q^{-1}$.

(D) 存在可逆矩阵P,使得$A=P\Lambda P^{T}$.

【答案】 B.

【解析】 若A的特征值为 1,-1,0,即有三个不同特征值,则$A\sim\Lambda$;

若$A\sim\Lambda$,则A的特征值为 1,-1,0,故选 B.

题型考点 相似对角化

【试题 38】(22-1.5) 下列四个条件中,3 阶矩阵A可对角化的一个充分但不必要条件是

(A) A有 3 个互不相等的特征值.

(B) A有 3 个线性无关的特征向量.

(C) A有 3 个两两线性无关的特征向量.

(D) $\boldsymbol{A}$ 的属于不同特征值的特征向量相互正交.

【答案】A.

【解析】对于 A 选项,当 $\boldsymbol{A}$ 有 3 个不同的特征值,则 $\boldsymbol{A}$ 一定可对角化,反之,$\boldsymbol{A}$ 可对角化不一定有 3 个不同的特征值,例如 $\boldsymbol{A}=\boldsymbol{E}$,故选 A.

对于 B 选项,$\boldsymbol{A}$ 有 3 个线性无关的特征向量是 $\boldsymbol{A}$ 可对角化的充要条件,不符合题意.

对于 C 选项,$\boldsymbol{A}$ 有 3 个两两线性无关的特征向量不等于 3 个线性无关的特征向量,不能推出 $\boldsymbol{A}$ 可对角化,不符合题意. 举一个例子:$\boldsymbol{A}=\begin{pmatrix}1&0&1\\0&1&0\\0&0&1\end{pmatrix}$,$\lambda_1=\lambda_2=\lambda_3=1$,$\boldsymbol{\alpha}_1=\begin{pmatrix}1\\0\\0\end{pmatrix}$,$\boldsymbol{\alpha}_2=\begin{pmatrix}0\\1\\0\end{pmatrix}$,

$\boldsymbol{\alpha}_3=\boldsymbol{\alpha}_1+\boldsymbol{\alpha}_2=\begin{pmatrix}1\\1\\0\end{pmatrix}$.

对于 D 选项,不同特征值的特征向量正交$\neq\boldsymbol{A}$ 为实对称矩阵.

例如:$\boldsymbol{A}=\begin{pmatrix}1&1&0\\0&1&0\\0&0&0\end{pmatrix}$,则:$\lambda_1=\lambda_2=1$,$\lambda_3=0$.

当 $\lambda_1=\lambda_2=1$ 时,$(\boldsymbol{E}-\boldsymbol{A})=\begin{pmatrix}0&-1&0\\0&0&0\\0&0&1\end{pmatrix}\to\begin{pmatrix}0&1&0\\0&0&1\\0&0&0\end{pmatrix}$,特征向量为 $\boldsymbol{\alpha}_1=\begin{pmatrix}1\\0\\0\end{pmatrix}$;

当 $\lambda_3=0$ 时,$(0\boldsymbol{E}-\boldsymbol{A})\to\boldsymbol{A}\to\begin{pmatrix}1&1&0\\0&1&0\\0&0&0\end{pmatrix}$,特征向量为 $\boldsymbol{\alpha}_2=\begin{pmatrix}0\\0\\1\end{pmatrix}$. 此时,$\boldsymbol{\alpha}_1$,$\boldsymbol{\alpha}_2$ 正交,但是 $\boldsymbol{A}$ 不可对角化,不符合题意.

2.5 二次型

题型考点 化二次型为标准形

【试题 39】(22-1.21) 已知二次型 $f(x_1,x_2,x_3)=\sum_{i=1}^{3}\sum_{j=1}^{3}ijx_ix_j$.

(1) 写出 $f(x_1,x_2,x_3)$ 对应的矩阵;

(2) 求正交变换 $x=\boldsymbol{Q}y$ 将 $f(x_1,x_2,x_3)$ 化为标准形;

(3) 求 $f(x_1,x_2,x_3)=0$ 的解.

【解析】(1) 二次型的系数矩阵 $\boldsymbol{A}=\begin{pmatrix}1&2&3\\2&4&6\\3&6&9\end{pmatrix}$.

(2) **方法一** 因为 $r(\boldsymbol{A})=1$,所以 $\lambda_1=\lambda_2=0$,$\lambda_3=tr(\boldsymbol{A})=14$.

当 $\lambda_1=\lambda_2=0$ 时,解方程组 $(0\boldsymbol{E}-\boldsymbol{A})x=0$,得两个线性无关的特征向量

$$\boldsymbol{\alpha}_1=\begin{pmatrix}-2\\1\\0\end{pmatrix},\boldsymbol{\alpha}_2=\begin{pmatrix}1\\2\\-5/3\end{pmatrix}=\frac{1}{3}\begin{pmatrix}3\\6\\-5\end{pmatrix}.$$

当 $\lambda_3=14$ 时，$\boldsymbol{A}^2=14\boldsymbol{A}$，即 $\boldsymbol{A}\begin{pmatrix}1\\2\\3\end{pmatrix}=14\begin{pmatrix}1\\2\\3\end{pmatrix}$.

于是，得到特征向量 $\boldsymbol{\alpha}_3=\begin{pmatrix}1\\2\\3\end{pmatrix}$.

方法二 $|\lambda\boldsymbol{E}-\boldsymbol{A}|=\begin{vmatrix}\lambda-1 & -2 & -3\\-2 & \lambda-4 & -6\\-3 & -6 & \lambda-9\end{vmatrix}=\lambda^2(\lambda-14)=0$，即 $\lambda_1=\lambda_2=0,\lambda_3=14$.

当 $\lambda_1=\lambda_2=0$ 时，解方程组 $(0\boldsymbol{E}-\boldsymbol{A})x=0$，得两个线性无关的特征向量

$$\boldsymbol{\alpha}_1=\begin{pmatrix}-2\\1\\0\end{pmatrix},\boldsymbol{\alpha}_2=\begin{pmatrix}-3\\0\\1\end{pmatrix}.$$

经正交化，得

$$\boldsymbol{\beta}_1=\boldsymbol{\alpha}_1=\begin{pmatrix}-2\\1\\0\end{pmatrix},$$

$$\boldsymbol{\beta}_2=\boldsymbol{\alpha}_2-\frac{(\boldsymbol{\alpha}_1\boldsymbol{\alpha}_2)}{(\boldsymbol{\alpha}_1\boldsymbol{\alpha}_1)}\boldsymbol{\alpha}_1=\begin{pmatrix}-3\\0\\1\end{pmatrix}-\frac{6}{5}\begin{pmatrix}-2\\1\\0\end{pmatrix}=\frac{1}{5}\begin{pmatrix}-3\\-6\\5\end{pmatrix}.$$

当 $\lambda_3=14$ 时，解方程组 $(14\boldsymbol{E}-\boldsymbol{A})x=0$，得特征向量 $\boldsymbol{\alpha}_3=\begin{pmatrix}1\\2\\3\end{pmatrix}$.

单位化，得

$$r_1=\frac{1}{\sqrt{5}}\begin{pmatrix}-2\\1\\0\end{pmatrix},r_2=\frac{1}{\sqrt{70}}\begin{pmatrix}3\\6\\-5\end{pmatrix},r_3=\frac{1}{\sqrt{14}}\begin{pmatrix}1\\2\\3\end{pmatrix}.$$

令 $\boldsymbol{Q}=(r_1,r_2,r_3)=\begin{pmatrix}\frac{-2}{\sqrt{5}} & \frac{3}{\sqrt{70}} & \frac{1}{\sqrt{14}}\\\frac{1}{\sqrt{5}} & \frac{6}{\sqrt{70}} & \frac{2}{\sqrt{14}}\\0 & \frac{-5}{\sqrt{70}} & \frac{3}{\sqrt{14}}\end{pmatrix}$，则在正交变换 $x=\boldsymbol{Q}y$ 下二次型的标准型为 $14y_3^2$.

(3) 令 $14y_3^2=0$，得，$y_1=k_1,y_2=k_2,y_3=0$，所以

$$x=\boldsymbol{Q}y=(r_1,r_2,r_3)\begin{pmatrix}k_1\\k_2\\0\end{pmatrix}=k_1r_1+k_2r_2=\frac{k_1}{\sqrt{5}}\begin{pmatrix}-2\\1\\0\end{pmatrix}+\frac{k_2}{\sqrt{70}}\begin{pmatrix}3\\6\\-5\end{pmatrix}$$

$$=k_3\begin{pmatrix}-2\\1\\0\end{pmatrix}+k_4\begin{pmatrix}3\\6\\-5\end{pmatrix},k_3,k_4\text{ 为任意实数}.$$

【试题 40】(22-2. 22;3. 21) 已知二次型 $f(x_1,x_2,x_3)=3x_1^2+4x_2^2+3x_3^2+2x_1x_3$.

(1) 求正交变换 $x=\boldsymbol{Q}y$ 将 $f(x_1,x_2,x_3)$ 化为标准形;

(2) 证明:$\min\limits_{x\neq 0}\dfrac{f(x)}{x^{\mathrm{T}}x}=2$.

【解析】(1)由题意,二次型的系数矩阵 $\boldsymbol{A}=\begin{pmatrix}3&0&1\\0&4&0\\1&0&3\end{pmatrix}$.

$$|\lambda\boldsymbol{E}-\boldsymbol{A}|=\begin{vmatrix}\lambda-3&0&-1\\0&\lambda-4&0\\-1&0&\lambda-3\end{vmatrix}=(\lambda-2)(\lambda-4)^2=0,$$

解得 $\lambda_1=\lambda_2=4,\lambda_3=2$.

当 $\lambda_1=\lambda_2=4$ 时,解方程组 $(4\boldsymbol{E}-\boldsymbol{A})x=0$,得特征向量 $\boldsymbol{\alpha}_1=\begin{pmatrix}0\\1\\0\end{pmatrix},\boldsymbol{\alpha}_2=\begin{pmatrix}1\\0\\1\end{pmatrix}$;

当 $\lambda_3=2$ 时,解方程组 $(2E-A)x=0$,得特征向量 $\boldsymbol{\alpha}_3=\begin{pmatrix}-1\\0\\1\end{pmatrix}$;

单位化,得 $r_1=\boldsymbol{\alpha}_1=\begin{pmatrix}0\\1\\0\end{pmatrix},r_2=\dfrac{\boldsymbol{\alpha}_2}{||\boldsymbol{\alpha}_2||}=\dfrac{1}{\sqrt{2}}\begin{pmatrix}1\\0\\1\end{pmatrix},\quad r_3=\dfrac{\boldsymbol{\alpha}_3}{||\boldsymbol{\alpha}_3||}=\dfrac{1}{\sqrt{2}}\begin{pmatrix}-1\\0\\1\end{pmatrix}$.

令 $\boldsymbol{Q}=(r_1,r_2,r_3)=\begin{pmatrix}0&\frac{1}{\sqrt{2}}&\frac{-1}{\sqrt{2}}\\1&0&0\\0&\frac{1}{\sqrt{2}}&\frac{1}{\sqrt{2}}\end{pmatrix}$,则在正交变换 $x=\boldsymbol{Q}y$ 将 $f(x_1,x_2,x_3)$ 化为标准形为 $f(x_1,x_2,x_3)=4y_1^2+4y_2^2+3y_3^2$.

(2) $\dfrac{f(x)}{x^{\mathrm{T}}x}\xrightarrow{x=\boldsymbol{Q}y}\dfrac{f(\boldsymbol{Q}y)}{(\boldsymbol{Q}y)^{\mathrm{T}}\boldsymbol{Q}y}=\dfrac{f(\boldsymbol{Q}y)}{y^{\mathrm{T}}y}=\dfrac{4y_1^2+4y_2^2+3y_3^2}{y_1^2+y_2^2+y_3^2}=2+\dfrac{2y_1^2+2y_2^2}{y_1^2+y_2^2+y_3^2}\geqslant 2$.

当 $y_1=y_2=0,y_3=k$,即 $x=\boldsymbol{Q}\begin{pmatrix}0\\0\\k\end{pmatrix}=kr_3,k\neq 0$ 时取等号,即 $\min\limits_{x\neq 0}\dfrac{f(x)}{x^{\mathrm{T}}x}=2$.

第三部分　概率论与数理统计试题解析

3.1　随机事件与概率

题型考点　概率基本计算公式

【试题 41】(22-1.16;3.16)　设 A,B,C 为随机事件,且 A 与 B 互不相容,A 与 C 互不相容,B 与 C 相互独立,$P(A)=P(B)=P(C)=\frac{1}{3}$,则 $P(B\cup C|A\cup B\cup C)=$ ________.

【答案】$\frac{5}{8}$.

【解析】因为 B,C 独立,所以 $P(BC)=P(B)P(C)=\frac{1}{9}$.

方法一　因为 $P(B\cup C)=P(B)+P(C)-P(BC)=\frac{5}{9}$,

$$\begin{aligned}P(A\cup B\cup C)&=P(A)+P(B)+P(C)-P(AB)-P(AC)-P(BC)+P(ABC)\\&=\frac{1}{3}+\frac{1}{3}+\frac{1}{3}-0-0-\frac{1}{9}+0=\frac{8}{9},\end{aligned}$$

所以

$$P(B\cup C|A\cup B\cup C)=\frac{P[(B\cup C)\cap(A\cup B\cup C)]}{P(A\cup B\cup C)}=\frac{P(B\cup C)}{P(A\cup B\cup C)}=\frac{5}{9}/\frac{8}{9}=\frac{5}{8}.$$

方法二　由于 $P(B\cup C|A\cup B\cup C)$ 表示 $B\cup C$ 在 $A\cup B\cup C$ 中的占比,所以

$$P(B\cup C|A\cup B\cup C)==\frac{\frac{5}{9}}{\frac{1}{3}+\frac{5}{9}}=\frac{5}{8}.$$

3.2　数字特征

题型考点　方差

【试题 42】(22-1.8)　设随机变量 $X\sim U(0,3)$,随机变量 Y 服从参数为 2 的泊松分布,且 X 与 Y 的协方差为 -1,则 $D(2X-Y+1)=$

(A) 1.　　(B) 5.　　(C) 9.　　(D) 12.

【答案】C.

【解析】$D(2X-Y+1)=4DX+DY-4Cov(X,Y)$

$$=4\cdot\frac{3^2}{12}+2-4\cdot(-1)=9.$$

故选 C.

【试题 43】(22-3.8)　设随机变量 $X\sim N(0,4)$,随机变量 $Y\sim B\left(3,\frac{1}{3}\right)$,且 X 与 Y 不相关,则 D

$(X-3Y+1)=$

(A) 2.　　(B) 4.　　(C) 6.　　(D) 10.

【答案】D.

【解析】因为 X 与 Y 不相关,所以

$$D(X-3Y+1)=DX+D(3Y)=DX+9DY=4+9\cdot 3\cdot \frac{1}{3}\cdot \frac{2}{3}=10.$$

故选 D.

题型考点　协方差

【试题 44】(22-3.10)　设二维随机变量 (X,Y) 的概率分布为

X \ Y	0	1	2
-1	0.1	0.1	b
1	a	0.1	0.1

若事件 $\{\max(X,Y)=2\}$ 与事件 $\{\min(X,Y)=1\}$ 相互独立,则 $Cov(X,Y)=$

(A) -0.6.　　(B) -0.36.　　(C) 0.　　(D) 0.48.

【答案】B.

【解析】因为 $P\{\max(X,Y)=2\}=p\{X=-1,Y=2\}+P\{X=1,Y=2\}=b+0.1$,

$$P\{\min(X,Y)=1\}=P\{X=1,Y=1\}+P\{X=1,Y=2\}=0.1+0.1=0.2,$$

$$P\{\max(X,Y)=2,\min(X,Y)=1\}=P\{X=1,Y=2\}=0.1,$$

且事件 $\{\max(X,Y)=2\}$ 与事件 $\{\min(X,Y)=1\}$ 相互独立,所以有 $(b+0.1)\times 0.2=0.1$,从而有 $b=0.4$.

于是有 $E(X)=(-1)\times 0.6+1\times 0.4=-0.2$, $E(Y)=0.2+1=1.2$,

$$E(XY)=0\cdot 0.3+(-1)\cdot 0.1+(-2)\cdot 0.4+1\cdot 0.1+2\cdot 0.1=-0.6,$$

$$Cov(X,Y)=E(XY)-E(X)E(Y)=-0.6+0.24=-0.36,$$

故选 B.

题型考点　相关系数

【试题 45】(22-1.10)　设随机变量 $X\sim N(0,1)$,在 $X=x$ 条件下随机变量 $Y\sim N(x,1)$,则 X 与 Y 的相关系数为

(A) $\frac{1}{4}$.　　(B) $\frac{1}{2}$.　　(C) $\frac{\sqrt{3}}{3}$.　　(D) $\frac{\sqrt{2}}{2}$.

【答案】

【解析】由题意可知, $f_X(x)=\frac{1}{\sqrt{2\pi}}e^{-\frac{x^2}{2}}$, $f_{Y|X}(y|x)=\frac{1}{\sqrt{2\pi}}e^{-\frac{(y-x)^2}{2}}$, $-\infty<x<+\infty$.

于是, $f(x,y)=f_{Y|X}(y|x)f_X(x)=\frac{1}{2\pi}e^{-\frac{2x^2-2xy+y^2}{2}}$, $-\infty<x<+\infty$.

方法一 $f_Y(y)=\int_{-\infty}^{+\infty}f(x,y)\,dx=\int_{-\infty}^{+\infty}\frac{1}{\sqrt{2\pi\cdot\frac{1}{2}}}e^{-\frac{(x-\frac{y}{2})^2}{2\cdot\frac{1}{2}}}\cdot\frac{1}{2\sqrt{\pi}}e^{-\frac{y^2}{4}}dx=\frac{1}{\sqrt{2\pi}\cdot\sqrt{2}}e^{-\frac{y^2}{4}}$,

因此,$Y\sim N(0,2)$.

$$\begin{aligned}EXY&=\int_{-\infty}^{+\infty}dy\int_{-\infty}^{+\infty}xy\cdot\frac{1}{\sqrt{2\pi\cdot\frac{1}{2}}}e^{-\frac{(x-\frac{y}{2})^2}{2\cdot\frac{1}{2}}}\cdot\frac{1}{2\sqrt{\pi}}e^{-\frac{y^2}{4}}dx\\&=\int_{-\infty}^{+\infty}y\cdot\frac{1}{2\sqrt{\pi}}e^{-\frac{y^2}{4}}dy\int_{-\infty}^{+\infty}x\cdot\frac{1}{\sqrt{2\pi\cdot\frac{1}{2}}}e^{-\frac{(x-\frac{y}{2})^2}{2\cdot\frac{1}{2}}}dx\\&\xlongequal{\text{记}z\sim N\left(\frac{y}{2},\frac{1}{2}\right)}\int_{-\infty}^{+\infty}y\cdot\frac{1}{2\sqrt{\pi}}e^{-\frac{y^2}{4}}\cdot Ez\,dy\\&=\int_{-\infty}^{+\infty}\frac{y^2}{2}\cdot\frac{1}{2\sqrt{\pi}}e^{-\frac{y^2}{4}}dy\\&=\frac{1}{2}EY^2\\&=\frac{1}{2}[DY+(EY)^2]\\&=\frac{1}{2}\cdot 2\\&=1.\end{aligned}$$

故 $\rho_{XY}=\frac{Cov(X,Y)}{\sqrt{DX}\sqrt{DY}}=\frac{EXY-EXEY}{\sqrt{DX}\sqrt{DY}}=\frac{1-0}{1\cdot\sqrt{2}}=\frac{\sqrt{2}}{2}$,选 D

方法二 (考纲要求:了解)

将 $f(x,y)$ 与二维正态分布的概率密度进行对比,即

$$f(x,y)=\frac{1}{2\pi}e^{-\frac{2x^2-2xy+y^2}{2}}=\frac{1}{2\pi}e^{-(x^2-xy+\frac{y^2}{2})},$$

$$f(x,y)=\frac{1}{2\pi\sigma_1\sigma_2\sqrt{1-\rho^2}}e^{-\frac{1}{2(1-\rho^2)}\left[\left(\frac{x-\mu_1}{\sigma_1}\right)^2-2\rho\frac{(x-\mu_1)(y-\mu_2)}{\sigma_1\sigma_2}+\left(\frac{y-\mu_2}{\sigma_2}\right)^2\right]}.$$

本题中,$\mu_1=0,\sigma_1=1,\left(\frac{x-\mu_1}{\sigma_1}\right)^2=x^2$,对比 e 的指数中 x^2 的系数可知,

$$-\frac{1}{2(1-\rho^2)}=-\frac{2}{2}=-1,$$

则 $\rho=\pm\frac{1}{\sqrt{2}}$,排除 A 、B 、C 选项,选 D.

3.3 大数定理与中心极限定理

题型考点 切比雪夫不等式

【试题 46】(22-1.9) 设随机变量 $X_1,X_2,\cdots,X_n$ 独立同分布,且 X_1 的 4 阶矩存在. 记 $\mu_k=E(X_1^k)(k=1,2,3,4)$,则由切比雪夫不等式,对任意 $\varepsilon>0$,有

$$P\left\{\left|\frac{1}{n}\sum_{i=1}^{n}X_i^2-\mu_2\right|\geqslant\varepsilon\right\}\leqslant$$

(A) $\dfrac{\mu_4-\mu_2^2}{n\varepsilon^2}$. (B) $\dfrac{\mu_4-\mu_2^2}{\sqrt{n}\varepsilon^2}$. (C) $\dfrac{\mu_2-\mu_1^2}{n\varepsilon^2}$. (D) $\dfrac{\mu_2-\mu_1^2}{\sqrt{n}\varepsilon^2}$.

【答案】 A.

【解析】 记 $\overline{X^2}=\dfrac{1}{n}\sum\limits_{i=1}^{n}X_i^2$,则 $E\overline{X^2}=\dfrac{1}{n}\sum\limits_{i=1}^{n}EX_i^2=EX_1^2=\mu_2$,

$$D\overline{X^2}=\frac{1}{n^2}\sum_{i=1}^{n}DX_i^2=\frac{1}{n}DX_1^2=\frac{1}{n}(EX_1^4-(EX_1)^2)=\frac{1}{n}(\mu_4-\mu_2^2).$$

于是,$P\{|\overline{X^2}-\mu_2|\geqslant\varepsilon\}\leqslant\dfrac{D\overline{X^2}}{\varepsilon^2}=\dfrac{\mu_4-\mu_2^2}{n\varepsilon^2}$,故选 A.

题型考点 大数定律

【试题 47】(22-3.9) 设随机变量序列 $X_1,X_2,\cdots,X_n,\cdots$ 独立同分布,且 X_1 的概率密度为 $f(x)=\begin{cases}1-|x|, & |x|<1,\\ 0, & \text{其他},\end{cases}$ 则当 $n\to\infty$ 时,$\dfrac{1}{n}\sum\limits_{i=1}^{n}X_i^2$ 依概率收敛于

(A) $\dfrac{1}{8}$. (B) $\dfrac{1}{6}$. (C) $\dfrac{1}{3}$. (D) $\dfrac{1}{2}$.

【答案】 B.

【解析】 因为 $EX^2=\int_{-\infty}^{+\infty}x^2\cdot f(x)\,\mathrm{d}x=\int_{-1}^{1}x^2\cdot(1-|x|)\,\mathrm{d}x=2\int_0^1 x^2(1-x)\,\mathrm{d}x=\dfrac{1}{6}$,所以由大数定律,得

$$\frac{1}{n}\sum_{i=1}^{n}X_i^2\xrightarrow{P}EX^2=\frac{1}{6}.$$

故选 B.

3.4 数理统计

题型考点 最大似然估计

【试题 48】(22-1.22;3.22) 设 $X_1,X_2,\cdots,X_n$ 是来自均值为 θ 的指数分布总体的简单随机样本,$Y_1,Y_2,\cdots,Y_m$ 为来自均值为 2θ 的指数分布总体的简单随机样本,且两样本相互独立,其中 $\theta(\theta>0)$ 是未知参数. 利用样本 $X_1,X_2,\cdots,X_n,Y_1,Y_2,\cdots,Y_m$,求 θ 的最大似然函数估计量 $\hat{\theta}$,并求

$D(\hat{\theta})$.

【解析】(1)由题意,可知

$$f_X(x)=\begin{cases}\dfrac{1}{\theta}e^{-\frac{x}{\theta}}, & x>0,\\ 0, & \text{其他},\end{cases}\quad f_Y(y)=\begin{cases}\dfrac{1}{2\theta}e^{-\frac{y}{2\theta}}, & y>0,\\ 0, & \text{其他}.\end{cases}$$

记 $x_1x_2\cdots x_n,y_1y_2\cdots y_n$ 分别为 $X_1X_2\cdots X_n,Y_1Y_2\cdots Y_n$ 的样本值.

令 $L(\theta)=\prod\limits_{i=1}^{n}f_X(x_i)\cdot\prod\limits_{j=1}^{m}f_Y(y_j)=\prod\limits_{i=1}^{n}\dfrac{1}{\theta}e^{-\frac{x_i}{\theta}}\cdot\prod\limits_{j=1}^{m}\dfrac{1}{2\theta}e^{-\frac{y_j}{2\theta}},x_i>0,y_j>0$,则

$$\begin{aligned}\ln L(\theta)&=\sum_{i=1}^{n}\left(-\ln\theta-\frac{x_i}{\theta}\right)+\sum_{j=1}^{m}\left(\ln\frac{1}{2}-\ln\theta-\frac{y_j}{2\theta}\right)\\&=\left(-n\ln\theta-\frac{1}{\theta}\sum_{i=1}^{n}x_i\right)+\left(m\ln\frac{1}{2}-m\ln\theta-\frac{1}{2\theta}\sum_{j=1}^{m}y_j\right)\end{aligned}$$

令 $\dfrac{\partial\ln L(\theta)}{\partial\theta}=-\dfrac{n}{\theta}+\dfrac{1}{\theta^2}\sum\limits_{i=1}^{n}x_i-\dfrac{m}{\theta}+\dfrac{1}{2\theta^2}\sum\limits_{j=1}^{m}y_j=-\dfrac{m+n}{\theta}+\dfrac{\sum\limits_{i=1}^{n}x_i+\dfrac{1}{2}\sum\limits_{j=1}^{m}y_j}{\theta^2}=0$,解得

$$\theta=\frac{1}{m+n}\left(\sum_{i=1}^{n}x_i+\frac{1}{2}\sum_{j=1}^{m}y_j\right).$$

故 θ 的最大似然估计量 $\hat{\theta}=\dfrac{1}{m+n}\left(\sum\limits_{i=1}^{n}X_i+\dfrac{1}{2}\sum\limits_{j=1}^{m}Y_j\right)$.

(2) $$\begin{aligned}D\hat{\theta}&=\frac{1}{(m+n)^2}\left[D\left(\sum_{i=1}^{n}x_i\right)+\frac{1}{4}D\left(\sum_{j=1}^{m}y_j\right)\right]\\&=\frac{1}{(m+n)^2}\left(nDX+\frac{m}{4}DY\right)=\frac{1}{(m+n)^2}\left(n\theta^2+\frac{m}{4}\cdot4\theta^2\right)\\&=\frac{\theta^2}{m+n}.\end{aligned}$$

有道考神 | 更懂考试

2013／2022

考研数学

真题金解——真题分册

有道考神研发中心——刘金峰　佟庆英　主编

中国石化出版社

2013 年全国硕士研究生入学统一考试
数学一试题

一、选择题：1~8 小题，每小题 4 分，共 32 分．下列每题给出的四个选项中，只有一个选项符合题目要求．

（1）已知极限 $\lim\limits_{x\to 0}\dfrac{x-\arctan x}{x^k}=c$，其中 k,c 为常数，且 $c\neq 0$，则

（A）$k=2,c=-\dfrac{1}{2}$．　　（B）$k=2,c=\dfrac{1}{2}$．

（C）$k=3,c=-\dfrac{1}{3}$．　　（D）$k=3,c=\dfrac{1}{3}$．

（2）曲面 $x^2+\cos(xy)+yz+x=0$ 在点 $(0,1,-1)$ 处的切平面方程为

（A）$x-y+z=-2$．　　（B）$x+y+z=0$．

（C）$x-2y+z=-3$．　　（D）$x-y-z=0$．

（3）设 $f(x)=\left|x-\dfrac{1}{2}\right|$，$b_n=2\displaystyle\int_0^1 f(x)\sin n\pi x\,dx\ (n=1,2,\cdots)$．令 $S(x)=\displaystyle\sum_{n=1}^{\infty}b_n\sin n\pi x$，则 $S\left(-\dfrac{9}{4}\right)=$

（A）$\dfrac{3}{4}$．　　（B）$\dfrac{1}{4}$．　　（C）$-\dfrac{1}{4}$．　　（D）$-\dfrac{3}{4}$．

（4）设 $L_1:x^2+y^2=1$，$L_2:x^2+y^2=2$，$L_3:x^2+2y^2=2$，$L_4:2x^2+y^2=2$ 为四条逆时针方向的平面曲线．记 $I_i=\displaystyle\oint_{L_i}\left(y+\dfrac{y^3}{6}\right)dx+\left(2x-\dfrac{x^3}{3}\right)dy\ (i=1,2,3,4)$，则 $\max\{I_1,I_2,I_3,I_4\}=$

（A）I_1．　　（B）I_2．　　（C）I_3．　　（D）I_4．

（5）设 $\boldsymbol{A},\boldsymbol{B},\boldsymbol{C}$ 均为 n 阶矩阵，若 $\boldsymbol{AB}=\boldsymbol{C}$，且 $\boldsymbol{B}$ 可逆，则

（A）矩阵 $\boldsymbol{C}$ 的行向量组与矩阵 $\boldsymbol{A}$ 的行向量组等价．

（B）矩阵 $\boldsymbol{C}$ 的列向量组与矩阵 $\boldsymbol{A}$ 的列向量组等价．

（C）矩阵 $\boldsymbol{C}$ 的行向量组与矩阵 $\boldsymbol{B}$ 的行向量组等价．

（D）矩阵 $\boldsymbol{C}$ 的列向量组与矩阵 $\boldsymbol{B}$ 的列向量组等价．

（6）矩阵 $\begin{pmatrix}1&a&1\\a&b&a\\1&a&1\end{pmatrix}$ 与 $\begin{pmatrix}2&0&0\\0&b&0\\0&0&0\end{pmatrix}$ 相似的充分必要条件为

（A）$a=0,b=2$．　　（B）$a=0,b$ 为任意常数．

（C）$a=2,b=0$．　　（D）$a=2,b$ 为任意常数．

答案速查

一、选择题

(1) D (2) A (3) C (4) D (5) B (6) B (7) A (8) C

二、填空题

(9) 1. (10) $C_1e^x+C_2e^{3x}-xe^{2x}$,其中 C_1,C_2 为任意常数. (11) $\sqrt{2}$. (12) $\ln 2$.

(13) -1. (14) $1-\frac{1}{e}$.

三、解答题

(15) $8-2\pi-4\ln 2$.

(16) (Ⅰ)证明略;(Ⅱ)$S(x)=2e^x+e^{-x}$.

(17) 极小值为$f\left(1,-\frac{4}{3}\right)=-e^{-\frac{1}{3}}$.

(18) 证明略.

(19) (Ⅰ)$x^2+y^2-2z^2+2z=1$;(Ⅱ)$\left(0,0,\frac{7}{5}\right)$.

(20) $a=-1,b=0,\boldsymbol{C}=\begin{pmatrix}1+k_1+k_2 & -k_1\\ k_1 & k_2\end{pmatrix}$,其中 k_1,k_2 为任意常数.

(21) 证明略.

(22) (Ⅰ)$F_Y(y)=\begin{cases}0, & y<1,\\ \frac{y^3+18}{27}, & 1\leqslant y<2,\\ 1, & y\geqslant 2\end{cases}$;(Ⅱ)$\frac{8}{27}$.

(23) (Ⅰ)θ 的矩估计量为$\frac{1}{n}\sum_{i=1}^{n}X_i$;(Ⅱ)$\theta$ 的最大似然估计量为$\frac{2n}{\sum_{i=1}^{n}\frac{1}{X_i}}$.

2014 年全国硕士研究生招生考试 数学一试题

一、选择题：1~8 小题，每小题 4 分，共 32 分．下列每题给出的四个选项中，只有一个选项符合题目要求．

(1) 下列曲线中有渐近线的是

(A) $y=x+\sin x$.　　(B) $y=x^2+\sin x$.

(C) $y=x+\sin\dfrac{1}{x}$.　　(D) $y=x^2+\sin\dfrac{1}{x}$.

(2) 设函数 $f(x)$ 具有 2 阶导数，$g(x)=f(0)(1-x)+f(1)x$，则在区间 $[0,1]$ 上

(A) 当 $f'(x)\geqslant 0$ 时，$f(x)\geqslant g(x)$.　　(B) 当 $f'(x)\geqslant 0$ 时，$f(x)\leqslant g(x)$.

(C) 当 $f''(x)\geqslant 0$ 时，$f(x)\geqslant g(x)$.　　(D) 当 $f''(x)\geqslant 0$ 时，$f(x)\leqslant g(x)$.

(3) 设 $f(x,y)$ 是连续函数，则 $\int_0^1 \mathrm{d}y\int_{-\sqrt{1-y^2}}^{1-y} f(x,y)\,\mathrm{d}x=$

(A) $\int_0^1 \mathrm{d}x\int_0^{x-1} f(x,y)\,\mathrm{d}y+\int_{-1}^0 \mathrm{d}x\int_0^{\sqrt{1-x^2}} f(x,y)\,\mathrm{d}y$.

(B) $\int_0^1 \mathrm{d}x\int_0^{1-x} f(x,y)\,\mathrm{d}y+\int_{-1}^0 \mathrm{d}x\int_{-\sqrt{1-x^2}}^0 f(x,y)\,\mathrm{d}y$.

(C) $\int_0^{\frac{\pi}{2}} \mathrm{d}\theta\int_0^{\frac{1}{\cos\theta+\sin\theta}} f(r\cos\theta,r\sin\theta)\,\mathrm{d}r+\int_{\frac{\pi}{2}}^{\pi} \mathrm{d}\theta\int_0^1 f(r\cos\theta,r\sin\theta)\,\mathrm{d}r$.

(D) $\int_0^{\frac{\pi}{2}} \mathrm{d}\theta\int_0^{\frac{1}{\cos\theta+\sin\theta}} f(r\cos\theta,r\sin\theta)\,r\mathrm{d}r+\int_{\frac{\pi}{2}}^{\pi} \mathrm{d}\theta\int_0^1 f(r\cos\theta,r\sin\theta)\,r\mathrm{d}r$.

(4) 若 $\int_{-\pi}^{\pi}(x-a_1\cos x-b_1\sin x)^2\mathrm{d}x=\min\limits_{a,b\in\mathbf{R}}\left\{\int_{-\pi}^{\pi}(x-a\cos x-b\sin x)^2\mathrm{d}x\right\}$，则 $a_1\cos x+b_1\sin x=$

(A) $2\sin x$.　　(B) $2\cos x$.　　(C) $2\pi\sin x$.　　(D) $2\pi\cos x$.

(5) 行列式 $\begin{vmatrix} 0 & a & b & 0\\ a & 0 & 0 & b\\ 0 & c & d & 0\\ c & 0 & 0 & d\end{vmatrix}=$

(A) $(ad-bc)^2$.　　(B) $-(ad-bc)^2$.

(C) $a^2d^2-b^2c^2$.　　(D) $b^2c^2-a^2d^2$.

(6) 设 $\boldsymbol{\alpha}_1,\boldsymbol{\alpha}_2,\boldsymbol{\alpha}_3$ 均为 3 维向量，则对任意常数 k,l，向量组 $\boldsymbol{\alpha}_1+k\boldsymbol{\alpha}_3,\boldsymbol{\alpha}_2+l\boldsymbol{\alpha}_3$ 线性无关是向量组 $\boldsymbol{\alpha}_1,\boldsymbol{\alpha}_2,\boldsymbol{\alpha}_3$ 线性无关的

(A) 必要非充分条件．　　(B) 充分非必要条件．

(C) 充分必要条件．　　(D) 既非充分也非必要条件．

答案速查

一、选择题

(1) C (2) D (3) D (4) A (5) B (6) A (7) B (8) D

二、填空题

(9) $2x-y-z-1=0$. (10) 1. (11) xe^{2x+1}. (12) π. (13) $-2\leqslant a\leqslant 2$. (14) $\dfrac{2}{5n}$.

三、解答题

(15) $\dfrac{1}{2}$.

(16) 极小值为$f(1)=-2$.

(17) $f(u)=\dfrac{1}{16}(e^{2u}-e^{-2u}-4u)$.

(18) -4π.

(19) 证明略.

(20) (Ⅰ)基础解系为$\boldsymbol{\alpha}=\begin{pmatrix}-1\\2\\3\\1\end{pmatrix}$;(Ⅱ)$\boldsymbol{B}=\begin{pmatrix}-k_1+2 & -k_2+6 & -k_3-1\\2k_1-1 & 2k_2-3 & 2k_3+1\\3k_1-1 & 3k_2-4 & 3k_3+1\\k_1 & k_2 & k_3\end{pmatrix}$,$k_1,k_2,k_3$为任意常数.

(21) 证明略.

(22) (Ⅰ)$F_Y(y)=\begin{cases}0, & y<0,\\ \dfrac{3y}{4}, & 0\leqslant y<1,\\ \dfrac{1}{2}+\dfrac{y}{4}, & 1\leqslant y<2,\\ 1, & y\geqslant 2.\end{cases}$ (Ⅱ)$\dfrac{3}{4}$.

(23) (Ⅰ)$EX=\dfrac{\sqrt{\pi\theta}}{2}$,$EX^2=\theta$;(Ⅱ)$\hat{\theta}_n=\dfrac{1}{n}\sum\limits_{i=1}^{n}X_i^2$;(Ⅲ)存在,$a=\theta$,理由略.

2015 年全国硕士研究生招生考试
数学一试题

一、选择题:1~8 小题,每小题 4 分,共 32 分.下列每题给出的四个选项中,只有一个选项符合题目要求.

(1) 设函数$f(x)$在$(-\infty,+\infty)$内连续,其 2 阶导函数$f''(x)$的图形如右图所示,则曲线$y=f(x)$的拐点个数为

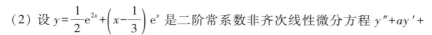

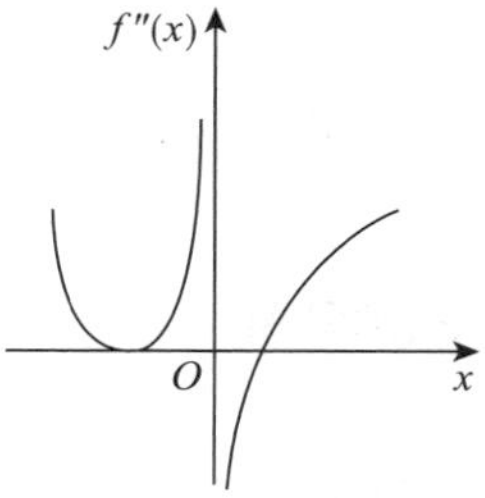

(A) 0.　　(B) 1.

(C) 2.　　(D) 3.

(2) 设 $y=\frac{1}{2}e^{2x}+\left(x-\frac{1}{3}\right)e^x$ 是二阶常系数非齐次线性微分方程 $y''+ay'+by=ce^x$ 的一个特解,则

(A) $a=-3,b=2,c=-1$.　　(B) $a=3,b=2,c=-1$.

(C) $a=-3,b=2,c=1$.　　(D) $a=3,b=2,c=1$.

(3) 若级数 $\sum_{n=1}^{\infty}a_n$ 条件收敛,则 $x=\sqrt{3}$ 与 $x=3$ 依次为幂级数 $\sum_{n=1}^{\infty}na_n(x-1)^n$ 的

(A) 收敛点,收敛点.　　(B) 收敛点,发散点.

(C) 发散点,收敛点.　　(D) 发散点,发散点.

(4) 设 D 是第一象限中由曲线 $2xy=1,4xy=1$ 与直线 $y=x,y=\sqrt{3}x$ 围成的平面区域,函数$f(x,y)$在 D 上连续,则 $\iint\limits_D f(x,y)\,dxdy=$

(A) $\int_{\frac{\pi}{4}}^{\frac{\pi}{3}}d\theta\int_{\frac{1}{2\sin2\theta}}^{\frac{1}{\sin2\theta}}f(r\cos\theta,r\sin\theta)r\,dr$.　　(B) $\int_{\frac{\pi}{4}}^{\frac{\pi}{3}}d\theta\int_{\frac{1}{\sqrt{2\sin2\theta}}}^{\frac{1}{\sqrt{\sin2\theta}}}f(r\cos\theta,r\sin\theta)r\,dr$.

(C) $\int_{\frac{\pi}{4}}^{\frac{\pi}{3}}d\theta\int_{\frac{1}{2\sin2\theta}}^{\frac{1}{\sin2\theta}}f(r\cos\theta,r\sin\theta)\,dr$.　　(D) $\int_{\frac{\pi}{4}}^{\frac{\pi}{3}}d\theta\int_{\frac{1}{\sqrt{2\sin2\theta}}}^{\frac{1}{\sqrt{\sin2\theta}}}f(r\cos\theta,r\sin\theta)\,dr$.

(5) 设矩阵 $\boldsymbol{A}=\begin{pmatrix}1&1&1\\1&2&a\\1&4&a^2\end{pmatrix}$,$\boldsymbol{b}=\begin{pmatrix}1\\d\\d^2\end{pmatrix}$. 若集合 $\Omega=\{1,2\}$,则线性方程组 $\boldsymbol{Ax}=\boldsymbol{b}$ 有无穷多解的充分必要条件为

(A) $a\notin\Omega,d\notin\Omega$.　　(B) $a\notin\Omega,d\in\Omega$.

(C) $a\in\Omega,d\notin\Omega$.　　(D) $a\in\Omega,d\in\Omega$.

答案速查

一、选择题

(1) C　(2) A　(3) B　(4) B　(5) D　(6) A　(7) C　(8) D

二、填空题

(9) $-\frac{1}{2}$.　(10) $\frac{\pi^2}{4}$.　(11) $-\mathrm{d}x$.　(12) $\frac{1}{4}$.　(13) $2^{n+1}-2$.　(14) $\frac{1}{2}$.

三、解答题

(15) $a=-1, b=-\frac{1}{2}, k=-\frac{1}{3}$.

(16) $f(x)=\frac{8}{4-x}, x\in I$.

(17) 3.

(18) (Ⅰ)证明略;(Ⅱ)$f'(x)=u'_1(x)u_2(x)\cdots u_n(x)+u_1(x)u'_2(x)\cdots u_n(x)+\cdots+u_1(x)u_2(x)\cdots u'_n(x)$.

(19) $\frac{\sqrt{2}}{2}\pi$.

(20) (Ⅰ)证明略;(Ⅱ)当 $k=0$ 时,$\boldsymbol{\xi}=c(\boldsymbol{\alpha}_1-\boldsymbol{\alpha}_3)$,$c$ 为任意非零常数.

(21) (Ⅰ)$a=4, b=5$;(Ⅱ)$\boldsymbol{P}=\begin{pmatrix}2&-3&1\\1&0&1\\0&1&-1\end{pmatrix}$.

(22) (Ⅰ)$P\{Y=k\}=(k-1)\left(\frac{7}{8}\right)^{k-2}\left(\frac{1}{8}\right)^2, k=2,3,\cdots$;(Ⅱ)16.

(23) (Ⅰ)θ 的矩估计量 $\hat{\theta}=2\overline{X}-1$,其中 $\overline{X}$ 为样本均值;(Ⅱ)θ 的最大似然估计量 $\hat{\theta}=\min\{X_1,X_2,\cdots,X_n\}$.

2016年全国硕士研究生招生考试
数学一试题

一、选择题：1~8小题，每小题4分，共32分．下列每题给出的四个选项中，只有一个选项符合题目要求．

(1) 若反常积分 $\int_0^{+\infty}\frac{1}{x^a(1+x)^b}dx$ 收敛，则

(A) $a<1$ 且 $b>1$.　　(B) $a>1$ 且 $b>1$.

(C) $a<1$ 且 $a+b>1$.　　(D) $a>1$ 且 $a+b>1$.

(2) 已知函数 $f(x)=\begin{cases}2(x-1), & x<1,\\ \ln x, & x\geqslant 1,\end{cases}$ 则 $f(x)$ 的一个原函数是

(A) $F(x)=\begin{cases}(x-1)^2, & x<1,\\ x(\ln x-1), & x\geqslant 1.\end{cases}$　　(B) $F(x)=\begin{cases}(x-1)^2, & x<1,\\ x(\ln x+1)-1, & x\geqslant 1.\end{cases}$

(C) $F(x)=\begin{cases}(x-1)^2, & x<1,\\ x(\ln x+1)+1, & x\geqslant 1.\end{cases}$　　(D) $F(x)=\begin{cases}(x-1)^2, & x<1,\\ x(\ln x-1)+1, & x\geqslant 1.\end{cases}$

(3) 若 $y=(1+x^2)^2-\sqrt{1+x^2}$，$y=(1+x^2)^2+\sqrt{1+x^2}$ 是微分方程 $y'+p(x)y=q(x)$ 的两个解，则 $q(x)=$

(A) $3x(1+x^2)$.　　(B) $-3x(1+x^2)$.　　(C) $\frac{x}{1+x^2}$.　　(D) $-\frac{x}{1+x^2}$.

(4) 已知函数 $f(x)=\begin{cases}x, & x\leqslant 0,\\ \frac{1}{n}, & \frac{1}{n+1}<x\leqslant\frac{1}{n}, n=1,2,\cdots,\end{cases}$ 则

(A) $x=0$ 是 $f(x)$ 的第一类间断点．　　(B) $x=0$ 是 $f(x)$ 的第二类间断点．

(C) $f(x)$ 在 $x=0$ 处连续但不可导．　　(D) $f(x)$ 在 $x=0$ 处可导．

(5) 设 $\boldsymbol{A},\boldsymbol{B}$ 是可逆矩阵，且 $\boldsymbol{A}$ 与 $\boldsymbol{B}$ 相似，则下列结论错误的是

(A) $\boldsymbol{A}^{\mathrm{T}}$ 与 $\boldsymbol{B}^{\mathrm{T}}$ 相似．　　(B) $\boldsymbol{A}^{-1}$ 与 $\boldsymbol{B}^{-1}$ 相似．

(C) $\boldsymbol{A}+\boldsymbol{A}^{\mathrm{T}}$ 与 $\boldsymbol{B}+\boldsymbol{B}^{\mathrm{T}}$ 相似．　　(D) $\boldsymbol{A}+\boldsymbol{A}^{-1}$ 与 $\boldsymbol{B}+\boldsymbol{B}^{-1}$ 相似．

(6) 设二次型 $f(x_1,x_2,x_3)=x_1^2+x_2^2+x_3^2+4x_1x_2+4x_1x_3+4x_2x_3$，则 $f(x_1,x_2,x_3)=2$ 在空间直角坐标下表示的二次曲面为

(A) 单叶双曲面．　　(B) 双叶双曲面．　　(C) 椭球面．　　(D) 柱面．

(7) 设随机变量 $X\sim N(\mu,\sigma^2)(\sigma>0)$，记 $p=P\{X\leqslant\mu+\sigma^2\}$，则

(A) p 随着 μ 的增加而增加．　　(B) p 随着 σ 的增加而增加．

(C) p 随着 μ 的增加而减少．　　(D) p 随着 σ 的增加而减少．

(8) 随机试验 E 有三种两两不相容的结果 A_1,A_2,A_3，且三种结果发生的概率均为 $\frac{1}{3}$. 将试验 E 独立重复做2次，X 表示2次试验中结果 A_1 发生的次数，Y 表示2次试验中结果 A_2 发生的

答案速查

一、选择题

(1) C　(2) D　(3) A　(4) D　(5) C　(6) B　(7) B　(8) A

二、填空题

(9) $\frac{1}{2}$.　(10) $\boldsymbol{j}+(y-1)\boldsymbol{k}$ 或 $(0,1,y-1)$.　(11) $-\mathrm{d}x+2\mathrm{d}y$.　(12) $\frac{1}{2}$.

(13) $\lambda^4+\lambda^3+2\lambda^2+3\lambda+4$.　(14) $(8.2,10.8)$.

三、解答题

(15) $\frac{32}{3}+5\pi$.　(16) (Ⅰ)证明略；(Ⅱ) $\frac{3}{k}$.

(17) $I(t)=\mathrm{e}^{2-t}+t$；$I(2)=3$ 是 $I(t)$ 在 $(-\infty,+\infty)$ 上的最小值.

(18) $\frac{1}{2}$.　(19) 证明略.

(20) 当 $a\neq1$ 且 $a\neq-2$ 时，$\boldsymbol{AX}=\boldsymbol{B}$ 有唯一解，$\boldsymbol{X}=\begin{pmatrix}1 & \frac{3a}{a+2}\\ 0 & \frac{a-4}{a+2}\\ -1 & 0\end{pmatrix}$；当 $a=1$ 时，$\boldsymbol{AX}=\boldsymbol{B}$ 有无穷多解，

$$\boldsymbol{X}=\begin{pmatrix}1 & 1\\ -1 & -1\\ 0 & 0\end{pmatrix}+\begin{pmatrix}0 & 0\\ k_1 & k_2\\ -k_1 & -k_2\end{pmatrix}$$，其中 k_1,k_2 为任意常数；当 $a=-2$ 时，$\boldsymbol{AX}=\boldsymbol{B}$ 无解.

(21) (Ⅰ) $\boldsymbol{A}^{99}=\begin{pmatrix}2^{99}-2 & 1-2^{99} & 2-2^{98}\\ 2^{100}-2 & 1-2^{100} & 2-2^{99}\\ 0 & 0 & 0\end{pmatrix}$；(Ⅱ) $\begin{cases}\boldsymbol{\beta}_1=(2^{99}-2)\boldsymbol{\alpha}_1+(2^{100}-2)\boldsymbol{\alpha}_2,\\ \boldsymbol{\beta}_2=(1-2^{99})\boldsymbol{\alpha}_1+(1-2^{100})\boldsymbol{\alpha}_2,\\ \boldsymbol{\beta}_3=(2-2^{98})\boldsymbol{\alpha}_1+(2-2^{99})\boldsymbol{\alpha}_2.\end{cases}$

(22) (Ⅰ) $f(x,y)=\begin{cases}3, & (x,y)\in D,\\ 0, & \text{其他}.\end{cases}$ (Ⅱ) U 与 X 不相互独立；

(Ⅲ) $F(z)=\begin{cases}0, & z<0,\\ \frac{3}{2}z^2-z^3, & 0\leqslant z<1,\\ \frac{1}{2}+2(z-1)^{\frac{3}{2}}-\frac{3}{2}(z-1)^2, & 1\leqslant z<2,\\ 1, & z\geqslant2.\end{cases}$

(23) (Ⅰ) $f_T(t)=\begin{cases}\frac{9t^8}{\theta^9}, & 0<t<\theta\\ 0, & \text{其他}\end{cases}$；(Ⅱ) $a=\frac{10}{9}$ 时，aT 为 θ 的无偏估计.

2017 年全国硕士研究生招生考试
数学一试题

一、选择题 1～8 小题,每小题 4 分,共 32 分．下列每题给出的四个选项中,只有一个选项符合题目要求．

(1) 若函数 $f(x)=\begin{cases}\dfrac{1-\cos\sqrt{x}}{ax}, & x>0\\ b, & x\leqslant 0\end{cases}$,在 $x=0$ 处连续,则

(A) $ab=\dfrac{1}{2}$.　　(B) $ab=-\dfrac{1}{2}$.　　(C) $ab=0$.　　(D) $ab=2$.

(2) 设函数 $f(x)$ 可导,且 $f(x)f'(x)>0$,则

(A) $f(1)>f(-1)$.　　(B) $f(1)<f(-1)$.

(C) $|f(1)|>|f(-1)|$.　　(D) $|f(1)|<|f(-1)|$.

(3) 函数 $f(x,y,z)=x^2y+z^2$ 在点 $(1,2,0)$ 处沿向量 $\boldsymbol{n}=(1,2,2)$ 的方向导数为

(A) 12.　　(B) 6.　　(C) 4.　　(D) 2.

(4) 甲、乙两人赛跑,计时开始时,甲在乙前方 10(单位:m)处．图中,实线表示甲的速度曲线 $v=v_1(t)$(单位:m/s),虚线表示乙的速度曲线 $v=v_2(t)$,三块阴影部分面积的数值依次为 10,20,3. 计时开始后乙追上甲的时刻记为 t_0(单位:s),则

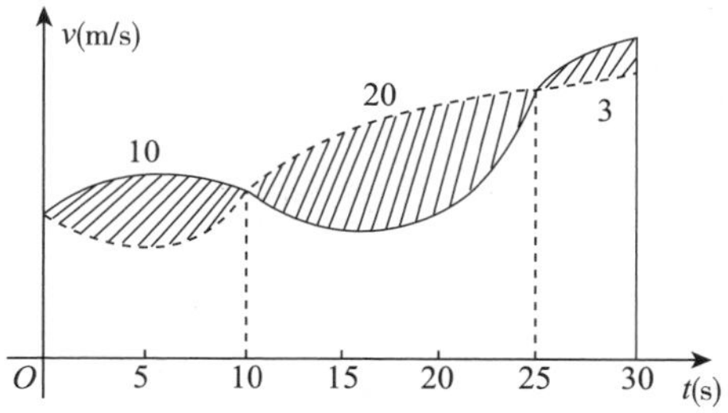

(A) $t_0=10$.　　(B) $15<t_0<20$.

(C) $t_0=25$.　　(D) $t_0>25$.

(5) 设 $\boldsymbol{\alpha}$ 为 n 维单位向量,$\boldsymbol{E}$ 为 n 阶单位矩阵,则

(A) $\boldsymbol{E}-\boldsymbol{\alpha}\boldsymbol{\alpha}^{\mathrm{T}}$ 不可逆．　　(B) $\boldsymbol{E}+\boldsymbol{\alpha}\boldsymbol{\alpha}^{\mathrm{T}}$ 不可逆．

(C) $\boldsymbol{E}+2\boldsymbol{\alpha}\boldsymbol{\alpha}^{\mathrm{T}}$ 不可逆．　　(D) $\boldsymbol{E}-2\boldsymbol{\alpha}\boldsymbol{\alpha}^{\mathrm{T}}$ 不可逆．

(6) 已知矩阵 $\boldsymbol{A}=\begin{pmatrix}2&0&0\\0&2&1\\0&0&1\end{pmatrix}$,$\boldsymbol{B}=\begin{pmatrix}2&1&0\\0&2&0\\0&0&1\end{pmatrix}$,$\boldsymbol{C}=\begin{pmatrix}1&0&0\\0&2&0\\0&0&2\end{pmatrix}$,则

答案速查

一、选择题

(1) A (2) C (3) D (4) C (5) A (6) B (7) A (8) B

二、填空题

(9) 0. (10) $e^{-x}(C_1\cos\sqrt{2}x+C_2\sin\sqrt{2}x)$. (11) -1. (12) $\frac{1}{(1+x)^2}$. (13) 2. (14) 2.

三、解答题

(15) $\left.\frac{dy}{dx}\right|_{x=0}=f'_1(1,1)$;$\left.\frac{d^2y}{dx^2}\right|_{x=0}=f'_1(1,1)+f''_{11}(1,1)-f'_2(1,1)$.

(16) $\frac{1}{4}$.

(17) $y(-1)=0$ 是 $y(x)$ 的极小值;$y(1)=1$ 是 $y(x)$ 的极大值.

(18) 证明略.

(19) (Ⅰ) $\begin{cases}x^2+y^2=2x,\\ z=0.\end{cases}$ (Ⅱ) $M=64$.

(20) (Ⅰ)证明略;(Ⅱ) $\boldsymbol{x}=\begin{pmatrix}1\\1\\1\end{pmatrix}+k\begin{pmatrix}1\\2\\-1\end{pmatrix}$,其中 k 为任意常数.

(21) $a=2$;$\boldsymbol{Q}=\begin{pmatrix}\frac{1}{\sqrt{3}} & -\frac{1}{\sqrt{2}} & \frac{1}{\sqrt{6}}\\ -\frac{1}{\sqrt{3}} & 0 & \frac{2}{\sqrt{6}}\\ \frac{1}{\sqrt{3}} & \frac{1}{\sqrt{2}} & \frac{1}{\sqrt{6}}\end{pmatrix}$.

(22) (Ⅰ) $\frac{4}{9}$;(Ⅱ) $f_Z(z)=\begin{cases}z, & 0<z<1,\\ z-2, & 2<z<3,\\ 0, & \text{其他}.\end{cases}$

(23) (Ⅰ) $f_{Z_1}(z)=\begin{cases}\frac{2}{\sqrt{2\pi\sigma^2}}e^{-\frac{z^2}{2\sigma^2}}, & z>0,\\ 0, & z\leqslant 0.\end{cases}$ (Ⅱ)矩估计量 $\hat{\sigma}=\frac{\sqrt{2\pi}}{2n}\sum\limits_{i=1}^{n}Z_i$;(Ⅲ)最大似然估计量 $\hat{\sigma}=\sqrt{\frac{1}{n}\sum\limits_{i=1}^{n}Z_i^2}$.

2018年全国硕士研究生招生考试
数学一试题

一、选择题:1~8小题,每小题4分,共32分.下列每题给出的四个选项中,只有一个选项符合题目要求.

(1)下列函数中,在 $x=0$ 处不可导的是

(A) $f(x)=|x|\sin|x|$.　　(B) $f(x)=|x|\sin\sqrt{|x|}$.

(C) $f(x)=\cos|x|$.　　(D) $f(x)=\cos\sqrt{|x|}$.

(2)过点$(1,0,0)$,$(0,1,0)$,且与曲面 $z=x^2+y^2$ 相切的平面为

(A) $z=0$ 与 $x+y-z=1$.　　(B) $z=0$ 与 $2x+2y-z=2$.

(C) $x=y$ 与 $x+y-z=1$.　　(D) $x=y$ 与 $2x+2y-z=2$.

(3) $\sum\limits_{n=0}^{\infty}(-1)^n\dfrac{2n+3}{(2n+1)!}=$

(A) $\sin 1+\cos 1$.　　(B) $2\sin 1+\cos 1$.

(C) $2\sin 1+2\cos 1$.　　(D) $2\sin 1+3\cos 1$.

(4)设 $M=\int_{-\frac{\pi}{2}}^{\frac{\pi}{2}}\dfrac{(1+x)^2}{1+x^2}\mathrm{d}x$,$N=\int_{-\frac{\pi}{2}}^{\frac{\pi}{2}}\dfrac{1+x}{\mathrm{e}^x}\mathrm{d}x$,$K=\int_{-\frac{\pi}{2}}^{\frac{\pi}{2}}(1+\sqrt{\cos x})\mathrm{d}x$,则

(A) $M>N>K$.　　(B) $M>K>N$.　　(C) $K>M>N$.　　(D) $K>N>M$.

(5)下列矩阵中,与矩阵$\begin{pmatrix}1&1&0\\0&1&1\\0&0&1\end{pmatrix}$相似的为

(A) $\begin{pmatrix}1&1&-1\\0&1&1\\0&0&1\end{pmatrix}$.　　(B) $\begin{pmatrix}1&0&-1\\0&1&1\\0&0&1\end{pmatrix}$.

(C) $\begin{pmatrix}1&1&-1\\0&1&0\\0&0&1\end{pmatrix}$.　　(D) $\begin{pmatrix}1&0&-1\\0&1&0\\0&0&1\end{pmatrix}$.

(6)设 $\boldsymbol{A}$,$\boldsymbol{B}$ 为 n 阶矩阵,记 $r(\boldsymbol{X})$ 为矩阵 $\boldsymbol{X}$ 的秩,$(\boldsymbol{X}\quad\boldsymbol{Y})$ 表示分块矩阵,则

(A) $r(\boldsymbol{A}\quad\boldsymbol{AB})=r(\boldsymbol{A})$.　　(B) $r(\boldsymbol{A}\quad\boldsymbol{BA})=r(\boldsymbol{A})$.

(C) $r(\boldsymbol{A}\quad\boldsymbol{B})=\max\{r(\boldsymbol{A}),r(\boldsymbol{B})\}$.　　(D) $r(\boldsymbol{A}\quad\boldsymbol{B})=r(\boldsymbol{A}^{\mathrm{T}}\quad\boldsymbol{B}^{\mathrm{T}})$.

答案速查

一、选择题．

(1) D (2) B (3) B (4) C (5) A (6) A (7) A (8) D

二、填空题．

(9) -2. (10) $2\ln 2-2$. (11) $\boldsymbol{i}-\boldsymbol{k}$ 或$(1,0,-1)$. (12) $-\dfrac{\pi}{3}$. (13) -1. (14) $\dfrac{1}{4}$.

三、解答题．

(15) $\dfrac{1}{2}\mathrm{e}^{2x}\arctan\sqrt{\mathrm{e}^x-1}-\dfrac{1}{6}(\mathrm{e}^x-1)^{\frac{3}{2}}-\dfrac{1}{2}\sqrt{\mathrm{e}^x-1}+C$.

(16) $\dfrac{1}{\pi+4+3\sqrt{3}}$.

(17) $\dfrac{14}{45}\pi$.

(18) (Ⅰ) $y=C\mathrm{e}^{-x}+x-1$，C 为任意常数；(Ⅱ) 证明略．

(19) 证明略，$\lim\limits_{n\to\infty}x_n=0$.

(20) (Ⅰ) 当 $a\neq 2$ 时，$\boldsymbol{x}=\begin{pmatrix}0\\0\\0\end{pmatrix}$；当 $a=2$ 时，$\boldsymbol{x}=k\begin{pmatrix}-2\\-1\\1\end{pmatrix}$，$k$ 为任意常数；

(Ⅱ) 当 $a\neq 2$ 时，$f=z_1^2+z_2^2+z_3^2$；当 $a=2$ 时，$f=z_1^2+z_2^2$.

(21) (Ⅰ) $a=2$；(2) $\boldsymbol{P}=\begin{pmatrix}-6k_1+3 & -6k_2+4 & -6k_3+4\\ 2k_1-1 & 2k_2-1 & 2k_3-1\\ k_1 & k_2 & k_3\end{pmatrix}$，$k_2\neq k_3$，$k_1,k_2,k_3$ 为任意常数．

(22) (Ⅰ) λ；(2) $P\{Z=k\}=\begin{cases}\dfrac{\lambda^{|k|}\mathrm{e}^{-\lambda}}{2\cdot|k|!}, & k=\pm1,\pm2,\cdots\\ \mathrm{e}^{-\lambda}, & k=0.\end{cases}$

(23) (Ⅰ) $\dfrac{1}{n}\sum\limits_{i=1}^{n}|X_i|$；(Ⅱ) $E\hat{\sigma}=\sigma$，$D\hat{\sigma}=\dfrac{\sigma^2}{n}$.

2019 年全国硕士研究生招生考试
数学一试题

一、选择题:1~8 小题,每小题 4 分,共 32 分. 下列每题给出的四个选项中,只有一个选项是符合要求的.

(1) 当 $x\to 0$ 时,若 $x-\tan x$ 与 x^k 是同阶无穷小量,则 $k=$

(A) 1.　　(B) 2.　　(C) 3.　　(D) 4.

(2) 设函数 $f(x)=\begin{cases} x|x|, & x\leqslant 0 \\ x\ln x, & x>0 \end{cases}$,则 $x=0$ 是 $f(x)$ 的

(A) 可导点,极值点.　　(B) 不可导点,极值点.

(C) 可导点,非极值点.　　(D) 不可导点,非极值点.

(3) 设 $\{u_n\}$ 是单调增加的有界数列,则下列级数中收敛的是

(A) $\sum\limits_{n=1}^{\infty}\dfrac{u_n}{n}$.　　(B) $\sum\limits_{n=1}^{\infty}(-1)^n\dfrac{1}{u_n}$.

(C) $\sum\limits_{n=1}^{\infty}\left(1-\dfrac{u_n}{u_{n+1}}\right)$.　　(D) $\sum\limits_{n=1}^{\infty}(u_{n+1}^2-u_n^2)$.

(4) 设函数 $Q(x,y)=\dfrac{x}{y^2}$,如果对上半平面 $(y>0)$ 内的任意有向光滑封闭曲线 C 都有 $\oint_C P(x,y)\mathrm{d}x+Q(x,y)\mathrm{d}y=0$,那么函数 $P(x,y)$ 可取为

(A) $y-\dfrac{x^2}{y^3}$.　　(B) $\dfrac{1}{y}-\dfrac{x^2}{y^3}$.　　(C) $\dfrac{1}{x}-\dfrac{1}{y}$.　　(D) $x-\dfrac{1}{y}$.

(5) 设 $\boldsymbol{A}$ 是 3 阶实对称矩阵,$\boldsymbol{E}$ 是 3 阶单位矩阵,若 $\boldsymbol{A}^2+\boldsymbol{A}=2\boldsymbol{E}$,且 $|\boldsymbol{A}|=4$,则二次型 $\boldsymbol{x}^T\boldsymbol{A}\boldsymbol{x}$ 的规范形为

(A) $y_1^2+y_2^2+y_3^2$.　　(B) $y_1^2+y_2^2-y_3^2$.

(C) $y_1^2-y_2^2-y_3^2$.　　(D) $-y_1^2-y_2^2-y_3^2$.

(6) 如图所示,有 3 张平面两两相交,交线相互平行,它们的方程

$$a_{i1}x+a_{i2}y+a_{i3}z=d_i(i=1,2,3)$$

组成的线性方程组的系数矩阵和增广矩阵分别为 $\boldsymbol{A},\overline{\boldsymbol{A}}$,则

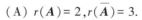

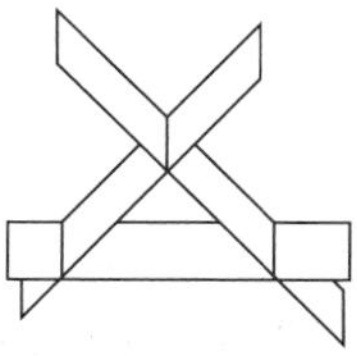

(A) $r(\boldsymbol{A})=2,r(\overline{\boldsymbol{A}})=3$.　　(B) $r(\boldsymbol{A})=2,r(\overline{\boldsymbol{A}})=2$.

(C) $r(\boldsymbol{A})=1,r(\overline{\boldsymbol{A}})=2$.　　(D) $r(\boldsymbol{A})=1,r(\overline{\boldsymbol{A}})=1$.

(7) 设 A,B 为随机事件,则 $P(A)=P(B)$ 的充分必要条件是

(A) $P(A\cup B)=P(A)+P(B)$.　　(B) $P(AB)=P(A)P(B)$.

(C) $P(A\overline{B})=P(B\overline{A})$.　　(D) $P(AB)=P(\overline{A}\,\overline{B})$.

答案速查

一、选择题

(1) C (2) B (3) D (4) D (5) C (6) A (7) C (8) A

二、填空题

(9) $\dfrac{y}{\cos x}+\dfrac{x}{\cos y}$. (10) $y=\sqrt{3e^{x}-2}$. (11) $\cos\sqrt{x}$. (12) $\dfrac{32}{3}$.

(13) $k(-1,2,-1)^{\mathrm{T}}$,k 为任意常数. (14) $\dfrac{2}{3}$.

三、解答题

(15) (1)$y(x)=xe^{-\frac{1}{2}x^{2}}$;

(2)$y(x)$的凹区间为:$(-\sqrt{3},0)$和$(\sqrt{3},+\infty)$;$y(x)$的凸区间为:$(-\infty,-\sqrt{3})$和$(0,\sqrt{3})$;拐点为:$(-\sqrt{3},-\sqrt{3}e^{-\frac{3}{2}})$,$(0,0)$,$(\sqrt{3},\sqrt{3}e^{-\frac{3}{2}})$.

(16) (1)$a=-1,b=-1$;(2)$\dfrac{13\pi}{3}$.

(17) $\dfrac{e^{\pi}+1}{2(e^{\pi}-1)}$.

(18) (1)证明略;(2)$\lim\limits_{n\to\infty}\dfrac{a_{n}}{a_{n-1}}=1$.

(19) $\left(0,\dfrac{1}{4},\dfrac{1}{4}\right)$.

(20) (1)$\begin{cases}a=3,\\ b=2,\\ c=-2.\end{cases}$ (2)证明略;过渡矩阵为$\dfrac{1}{2}\begin{pmatrix}2&2&0\\-1&0&2\\1&0&0\end{pmatrix}$.

(21) (1)$x=3,y=-2$;(2)$\boldsymbol{P}=\begin{pmatrix}1&1&-1\\-2&-1&2\\0&0&4\end{pmatrix}$(答案不唯一,与选取的特征向量有关).

(22) (1)$f_{Z}(z)=\begin{cases}pe^{z}, & z<0,\\(1-p)e^{-z}, & z\geqslant 0.\end{cases}$ (2)$p=\dfrac{1}{2}$;(3)不独立.

(23) (1)$\sqrt{\dfrac{2}{\pi}}$;(2) $\hat{\sigma}^{2}=\dfrac{1}{n}\sum\limits_{i=1}^{n}(X_{i}-\mu)^{2}$.

2020 年全国硕士研究生招生考试
数学一试题

一、选择题:1~8 小题,每小题 4 分,共 32 分. 下列每题给出的四个选项中,只有一个选项是符合要求的.

(1)当 $x\to 0^+$ 时,下列无穷小量中最高阶的是

(A) $\int_0^x (e^{t^2}-1)dt$.　(B) $\int_0^x \ln(1+\sqrt{t^3})dt$.　(C) $\int_0^{\sin x} \sin t^2 dt$.　(D) $\int_0^{1-\cos x}\sqrt{\sin^3 t}\,dt$.

(2)设函数 $f(x)$ 在区间 $(-1,1)$ 内有定义,且 $\lim\limits_{x\to 0}f(x)=0$,则

(A)当 $\lim\limits_{x\to 0}\dfrac{f(x)}{\sqrt{|x|}}=0$ 时,$f(x)$ 在 $x=0$ 处可导.

(B)当 $\lim\limits_{x\to 0}\dfrac{f(x)}{x^2}=0$ 时,$f(x)$ 在 $x=0$ 处可导.

(C)当 $f(x)$ 在 $x=0$ 处可导时,$\lim\limits_{x\to 0}\dfrac{f(x)}{\sqrt{|x|}}=0$.

(D)当 $f(x)$ 在 $x=0$ 处可导时,$\lim\limits_{x\to 0}\dfrac{f(x)}{x^2}=0$.

(3)设函数 $f(x,y)$ 在点 $(0,0)$ 处可微,$f(0,0)=0$,$\boldsymbol{n}=\left(\dfrac{\partial f}{\partial x},\dfrac{\partial f}{\partial y},-1\right)\Bigg|_{(0,0)}$,非零向量 $\boldsymbol{\alpha}$ 与 $\boldsymbol{n}$ 垂直,则

(A) $\lim\limits_{(x,y)\to(0,0)}\dfrac{|\boldsymbol{n}\cdot(x,y,f(x,y))|}{\sqrt{x^2+y^2}}$ 存在.　(B) $\lim\limits_{(x,y)\to(0,0)}\dfrac{|\boldsymbol{n}\times(x,y,f(x,y))|}{\sqrt{x^2+y^2}}$ 存在.

(C) $\lim\limits_{(x,y)\to(0,0)}\dfrac{|\boldsymbol{\alpha}\cdot(x,y,f(x,y))|}{\sqrt{x^2+y^2}}$ 存在.　(D) $\lim\limits_{(x,y)\to(0,0)}\dfrac{|\boldsymbol{\alpha}\times(x,y,f(x,y))|}{\sqrt{x^2+y^2}}$ 存在.

(4)设 R 为幂级数 $\sum\limits_{n=1}^{\infty}a_n x^n$ 的收敛半径,r 是实数,则

(A) 当 $\sum\limits_{n=1}^{\infty}a_{2n}r^{2n}$ 发散时,$|r|\geqslant R$.　(B) 当 $\sum\limits_{n=1}^{\infty}a_{2n}r^{2n}$ 收敛时,$|r|\leqslant R$.

(C) 当 $|r|\geqslant R$ 时,$\sum\limits_{n=1}^{\infty}a_{2n}r^{2n}$ 发散.　(D) 当 $|r|\leqslant R$ 时,$\sum\limits_{n=1}^{\infty}a_{2n}r^{2n}$ 收敛.

(5)若矩阵 A 经初等列变换化成 $\boldsymbol{B}$,则

(A)存在矩阵 $\boldsymbol{P}$,使得 $\boldsymbol{PA}=\boldsymbol{B}$.　(B)存在矩阵 $\boldsymbol{P}$,使得 $\boldsymbol{BP}=\boldsymbol{A}$.

(C)存在矩阵 $\boldsymbol{P}$,使得 $\boldsymbol{PB}=\boldsymbol{A}$.　(D)方程组 $\boldsymbol{Ax}=\boldsymbol{0}$ 与 $\boldsymbol{Bx}=\boldsymbol{0}$ 同解.

(6)已知直线 $l_1:\dfrac{x-a_2}{a_1}=\dfrac{y-b_2}{b_1}=\dfrac{z-c_2}{c_1}$ 与直线 $l_2:\dfrac{x-a_3}{a_2}=\dfrac{y-b_3}{b_2}=\dfrac{z-c_3}{c_2}$ 相交于一点. 记向量 $\boldsymbol{\alpha}_i=\begin{pmatrix}a_i\\b_i\\c_i\end{pmatrix}$,

答案速查

一、选择题

(1)D (2)C (3)A (4)A (5)B (6)C (7)D (8)B

二、填空题

(9) -1. (10) $-\sqrt{2}$. (11) $n+ma$. (12) $4e$. (13) $a^2(a^2-4)$. (14) $\frac{2}{\pi}$.

三、解答题

(15) $f(x,y)$ 在 $\left(\frac{1}{6},\frac{1}{12}\right)$ 处取极小值 $f\left(\frac{1}{6},\frac{1}{12}\right)=-\frac{1}{216}$.

(16) π.

(17)(Ⅰ)证明略;(Ⅱ) $S(x)=\frac{2}{\sqrt{1-x}}-2,\ |x|<1$.

(18) $\frac{14}{3}\pi$.

(19)证明略.

(20)(Ⅰ) $a=4,b=1$;(Ⅱ) $Q=\frac{1}{5}\begin{pmatrix}4 & -3\\ -3 & -4\end{pmatrix}$.

(21)(Ⅰ)证明略;(Ⅱ) $\boldsymbol{P}^{-1}\boldsymbol{A}\boldsymbol{P}=\begin{pmatrix}0 & 6\\ 1 & -1\end{pmatrix}$, $\boldsymbol{A}$ 可对角化.

(22)(Ⅰ) $F(x,y)=\begin{cases}\frac{1}{2}\Phi(x)[1+\Phi(y)], & x\leqslant y,\\ \frac{1}{2}\Phi(y)[1+\Phi(x)], & x>y.\end{cases}$ (Ⅱ)证明略.

(23)(Ⅰ) $e^{-\left(\frac{t}{\theta}\right)^m}$, $e^{\left(\frac{s}{\theta}\right)^m-\left(\frac{s+t}{\theta}\right)^m}$;(Ⅱ) $\hat{\theta}=\left(\frac{1}{n}\sum_{i=1}^{n}t_i^m\right)^{\frac{1}{m}}$.

2021年全国硕士研究生招生考试
数学一试题

一、选择题：1～10小题，每小题5分，共50分．下列每题给出的四个选项中，只有一个选项是符合要求的．

(1) 函数$f(x)=\begin{cases}\dfrac{e^x-1}{x}, & x\neq 0,\\ 1, & x=0\end{cases}$在$x=0$处

(A) 连续且取得极大值．

(B) 连续且取得极小值．

(C) 可导且导数等于零．

(D) 可导且导数不为零．

(2) 设函数$f(x,y)$可微，且$f(x+1,e^x)=x(x+1)^2$，$f(x,x^2)=2x^2\ln x$，则$df(1,1)=$

(A) $dx+dy$.

(B) $dx-dy$.

(C) dy.

(D) $-dy$.

(3) 设函数$f(x)=\dfrac{\sin x}{1+x^2}$在$x=0$处的3次泰勒多项式为$ax+bx^2+cx^3$，则

(A) $a=1,b=0,c=-\dfrac{7}{6}$.

(B) $a=1,b=0,c=\dfrac{7}{6}$.

(C) $a=-1,b=-1,c=-\dfrac{7}{6}$.

(D) $a=-1,b=-1,c=\dfrac{7}{6}$.

(4) 设函数$f(x)$在区间$[0,1]$上连续，则$\int_0^1 f(x)\,dx=$

(A) $\lim\limits_{n\to\infty}\sum\limits_{k=1}^{n} f\left(\dfrac{2k-1}{2n}\right)\dfrac{1}{2n}$.

(B) $\lim\limits_{n\to\infty}\sum\limits_{k=1}^{n} f\left(\dfrac{2k-1}{2n}\right)\dfrac{1}{n}$.

(C) $\lim\limits_{n\to\infty}\sum\limits_{k=1}^{2n} f\left(\dfrac{k-1}{2n}\right)\dfrac{1}{n}$.

(D) $\lim\limits_{n\to\infty}\sum\limits_{k=1}^{2n} f\left(\dfrac{k}{2n}\right)\dfrac{2}{n}$.

(5) 二次型$f(x_1,x_2,x_3)=(x_1+x_2)^2+(x_2+x_3)^2-(x_3-x_1)^2$的正惯性指数与负惯性指数依次为

(A) 2,0.

(B) 1,1.

(C) 2,1.

(D) 1,2.

(6) 已知$\boldsymbol{\alpha}_1=\begin{pmatrix}1\\0\\1\end{pmatrix}$，$\boldsymbol{\alpha}_2=\begin{pmatrix}1\\2\\1\end{pmatrix}$，$\boldsymbol{\alpha}_3=\begin{pmatrix}3\\1\\2\end{pmatrix}$，记$\boldsymbol{\beta}_1=\boldsymbol{\alpha}_1$，$\boldsymbol{\beta}_2=\boldsymbol{\alpha}_2-k\boldsymbol{\beta}_1$，$\boldsymbol{\beta}_3=\boldsymbol{\alpha}_3-l_1\boldsymbol{\beta}_1-l_2\boldsymbol{\beta}_2$.

若$\boldsymbol{\beta}_1,\boldsymbol{\beta}_2,\boldsymbol{\beta}_3$两两正交，则$l_1,l_2$依次为

(A) $\dfrac{5}{2},\dfrac{1}{2}$.

(B) $-\dfrac{5}{2},\dfrac{1}{2}$.

(C) $\dfrac{5}{2},-\dfrac{1}{2}$.

(D) $-\dfrac{5}{2},-\dfrac{1}{2}$.

(7) 设$\boldsymbol{A},\boldsymbol{B}$为$n$阶实矩阵．下列结论不成立的是

(A) $r\begin{pmatrix}\boldsymbol{A} & \boldsymbol{O}\\ \boldsymbol{O} & \boldsymbol{A}^T\boldsymbol{A}\end{pmatrix}=2r(\boldsymbol{A})$.

(B) $r\begin{pmatrix}\boldsymbol{A} & \boldsymbol{AB}\\ \boldsymbol{O} & \boldsymbol{A}^T\end{pmatrix}=2r(\boldsymbol{A})$.

答案速查

一、选择题

(1)D (2)C (3)A (4)B (5)B (6)A (7)C (8)D (9)C (10)B

二、填空题

(11)$\frac{\pi}{4}$. (12)$\frac{2}{3}$. (13)x^2. (14)4π. (15)$\frac{3}{2}$. (16)$\frac{1}{5}$.

三、解答题

(17)$\frac{1}{2}$.

(18)收敛域为$(0,1]$;和函数 $s(x)=\begin{cases}\dfrac{1}{e^x-1}+x+(1-x)\ln(1-x), & x\in(0,1),\\ \dfrac{e}{e-1}, & x=1.\end{cases}$

(19)C 上的点到 xOy 坐标面距离的最大值为 66.

(20)(1)$I(D_1)=8\pi$;(2)$-\pi$.

(21)(1)$P=\begin{pmatrix}-\frac{\sqrt{2}}{2} & \frac{\sqrt{6}}{6} & -\frac{\sqrt{3}}{3}\\ \frac{\sqrt{2}}{2} & \frac{\sqrt{6}}{6} & -\frac{\sqrt{3}}{3}\\ 0 & \frac{\sqrt{6}}{3} & \frac{\sqrt{3}}{3}\end{pmatrix}$;(2)$C=\begin{pmatrix}\frac{5}{3} & -\frac{1}{3} & \frac{1}{3}\\ -\frac{1}{3} & \frac{5}{3} & \frac{1}{3}\\ \frac{1}{3} & \frac{1}{3} & \frac{5}{3}\end{pmatrix}$.

(22)(1)X 的概率密度为 $f_X(x)=\begin{cases}1, & 0<x<1,\\ 0, & \text{其他};\end{cases}$

(2)Z 的概率密度 $f_Z(z)=\begin{cases}\dfrac{2}{(1+z)^2}, & z>1,\\ 0, & \text{其他};\end{cases}$ (3)$E\left(\dfrac{X}{Y}\right)=2\ln 2-1$.

2022年全国硕士研究生招生考试
数学一试题

一、选择题:1~10小题,每小题5分,共50分.下列每题给出的四个选项中,只有一个选项是符合题目要求的.

(1) 设函数$f(x)$满足$\lim\limits_{x\to 1}\dfrac{f(x)}{\ln x}=1$,则

(A) $f(1)=0$.

(B) $\lim\limits_{x\to 1}f(x)=0$.

(C) $f'(1)=1$.

(D) $\lim\limits_{x\to 1}f'(x)=1$.

(2) 设函数$z=xyf\left(\dfrac{y}{x}\right)$,其中$f(u)$可导.若$x\dfrac{\partial z}{\partial x}+y\dfrac{\partial z}{\partial y}=y^2(\ln y-\ln x)$,则

(A) $f(1)=\dfrac{1}{2},f'(1)=0$.

(B) $f(1)=0,f'(1)=\dfrac{1}{2}$.

(C) $f(1)=\dfrac{1}{2},f'(1)=1$.

(D) $f(1)=0,f'(1)=1$.

(3) 已知数列$\{x_n\}$,其中x_n满足$-\dfrac{\pi}{2}\leqslant x_n\leqslant\dfrac{\pi}{2}$,则

(A) 当$\lim\limits_{n\to\infty}\cos(\sin x_n)$存在时,$\lim\limits_{n\to\infty}x_n$存在.

(B) 当$\lim\limits_{n\to\infty}\sin(\cos x_n)$存在时,$\lim\limits_{n\to\infty}x_n$存在.

(C) 当$\lim\limits_{n\to\infty}\cos(\sin x_n)$存在时,$\lim\limits_{n\to\infty}\sin x_n$存在,但$\lim\limits_{n\to\infty}x_n$不一定存在.

(D) 当$\lim\limits_{n\to\infty}\sin(\cos x_n)$存在时,$\lim\limits_{n\to\infty}\cos x_n$存在,但$\lim\limits_{n\to\infty}x_n$不一定存在.

(4) 已知$I_1=\int_0^1\dfrac{x}{2(1+\cos x)}dx,I_2=\int_0^1\dfrac{\ln(1+x)}{1+\cos x}dx,I_3=\int_0^1\dfrac{2x}{1+\sin x}dx$,则

(A) $I_1<I_2<I_3$.

(B) $I_2<I_1<I_3$.

(C) $I_1<I_3<I_2$.

(D) $I_3<I_2<I_1$.

(5) 下列四个条件中,3阶矩阵$\boldsymbol{A}$可对角化的一个充分但不必要条件是

(A) $\boldsymbol{A}$有3个互不相等的特征值.

(B) $\boldsymbol{A}$有3个线性无关的特征向量.

(C) $\boldsymbol{A}$有3个两两线性无关的特征向量.

(D) $\boldsymbol{A}$的属于不同特征值的特征向量相互正交.

答案速查

一、选择题

(1) B　(2) B　(3) D　(4) A　(5) A　(6) C　(7) C　(8) C　(9) A　(10) D

二、填空题

(11) 4.　(12) 4.　(13) $[4e^{-2},+\infty)$.　(14) -1.　(15) $-E$.　(16) $\frac{5}{8}$.

三、解答题

(17) $y(x)=2x+e^{1-\sqrt{x}}, x\in(0,+\infty)$;斜渐近线为 $y=2x$.

(18) $2\pi-2$.

(19) 0.

(20) 略.

(21) (Ⅰ) $A=\begin{pmatrix}1&2&3\\2&4&6\\3&6&9\end{pmatrix}$;(Ⅱ) $Q=\begin{pmatrix}\frac{1}{\sqrt{14}}&-\frac{2}{\sqrt{5}}&-\frac{3}{\sqrt{70}}\\\frac{2}{\sqrt{14}}&\frac{1}{\sqrt{5}}&-\frac{6}{\sqrt{70}}\\\frac{3}{\sqrt{14}}&0&\frac{5}{\sqrt{70}}\end{pmatrix}$,标准形为 $14y_1^2$;

(Ⅲ) $\begin{pmatrix}x_1\\x_2\\x_3\end{pmatrix}=k_1\begin{pmatrix}-2\\1\\0\end{pmatrix}+k_2\begin{pmatrix}-3\\0\\1\end{pmatrix}$,其中 k_1,k_2 为任意常数.

(22) θ 的最大似然函数估计量 $\hat{\theta}=\frac{2n\overline{X}+m\overline{Y}}{2(n+m)}$,其中 $\overline{X}=\frac{1}{n}\sum_{i=1}^{n}X_i,\overline{Y}=\frac{1}{m}\sum_{j=1}^{m}Y_j$, $D(\hat{\theta})=\frac{\theta^2}{n+m}$.

2013年全国硕士研究生入学统一考试
数学二试题

一、选择题:1~8小题,每小题4分,共32分.下列每题给出的四个选项中,只有一个选项符合题目要求.

(1) 设 $\cos x-1=x\sin\alpha(x)$,其中 $|\alpha(x)|<\dfrac{\pi}{2}$,则当 $x\to 0$ 时,$\alpha(x)$ 是

(A) 比 x 高阶的无穷小量.　　(B) 比 x 低阶的无穷小量.

(C) 与 x 同阶但不等价的无穷小量.　　(D) 与 x 等价的无穷小量.

(2) 设函数 $y=f(x)$ 由方程 $\cos(xy)+\ln y-x=1$ 确定,则 $\lim\limits_{n\to\infty}n\left[f\left(\dfrac{2}{n}\right)-1\right]=$

(A) 2.　　(B) 1.　　(C) −1.　　(D) −2.

(3) 设函数 $f(x)=\begin{cases}\sin x, 0\leqslant x<\pi,\\ 2, \quad \pi\leqslant x\leqslant 2\pi,\end{cases}$ $F(x)=\int_0^x f(t)\,\mathrm{d}t$,则

(A) $x=\pi$ 是函数 $F(x)$ 的跳跃间断点.　　(B) $x=\pi$ 是函数 $F(x)$ 的可去间断点.

(C) $F(x)$ 在 $x=\pi$ 处连续但不可导.　　(D) $F(x)$ 在 $x=\pi$ 处可导.

(4) 设函数 $f(x)=\begin{cases}\dfrac{1}{(x-1)^{\alpha-1}}, 1<x<\mathrm{e},\\ \dfrac{1}{x\ln^{\alpha+1}x}, \quad x\geqslant \mathrm{e}.\end{cases}$ 若反常积分 $\int_1^{+\infty}f(x)\,\mathrm{d}x$ 收敛,则

(A) $\alpha<-2$.　　(B) $\alpha>2$.　　(C) $-2<\alpha<0$.　　(D) $0<\alpha<2$.

(5) 设 $z=\dfrac{y}{x}f(xy)$,其中函数 f 可微,则 $\dfrac{x}{y}\dfrac{\partial z}{\partial x}+\dfrac{\partial z}{\partial y}=$

(A) $2yf'(xy)$.　　(B) $-2yf'(xy)$.　　(C) $\dfrac{2}{x}f(xy)$.　　(D) $-\dfrac{2}{x}f(xy)$.

(6) 设 D_k 是圆域 $D=\{(x,y)\mid x^2+y^2\leqslant 1\}$ 在第 k 象限的部分,记 $I_k=\iint\limits_{D_k}(y-x)\,\mathrm{d}x\mathrm{d}y\ (k=1,2,3,4)$,则

(A) $I_1>0$.　　(B) $I_2>0$.　　(C) $I_3>0$.　　(D) $I_4>0$.

(7) 设 $\boldsymbol{A},\boldsymbol{B},\boldsymbol{C}$ 均为 n 阶矩阵.若 $\boldsymbol{AB}=\boldsymbol{C}$,且 $\boldsymbol{B}$ 可逆,则

(A) 矩阵 $\boldsymbol{C}$ 的行向量组与矩阵 $\boldsymbol{A}$ 的行向量组等价.

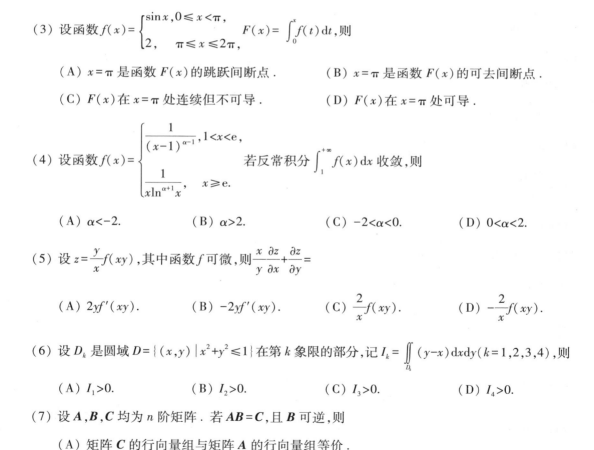

答案速查

一、选择题

(1) C (2) A (3) C (4) D (5) A (6) B (7) B (8) B

二、填空题

(9) $\sqrt{e}$.

(10) $\dfrac{1}{\sqrt{1-e^{-1}}}$.

(11) $\dfrac{\pi}{12}$.

(12) $x+y=\dfrac{\pi}{4}+\dfrac{1}{2}\ln 2$.

(13) $-e^{x}+e^{3x}-xe^{2x}$.

(14) -1.

三、解答题

(15) $a=7$; $n=2$.

(16) $a=7\sqrt{7}$.

(17) $\dfrac{416}{3}$.

(18) 证明略.

(19) 最长距离为$\sqrt{2}$;最短距离为 1.

(20) (Ⅰ)最小值为$f(1)=1$;(Ⅱ)$\lim\limits_{n\to\infty}x_n=1$.

(21) (Ⅰ)$\dfrac{e^2+1}{4}$;(Ⅱ)$\dfrac{3(e^2+1)(e^2-3)}{4(e^3-7)}$.

(22) $a=-1,b=0$;$\boldsymbol{C}=\begin{pmatrix}1+k_1+k_2 & -k_1\\ k_1 & k_2\end{pmatrix}$,其中 k_1,k_2 为任意常数.

(23) 证明略.

2014年全国硕士研究生招生考试
数学二试题

一、选择题：1～8小题，每小题4分，共32分．下列每题给出的四个选项中，只有一个选项符合题目要求．

(1) 当$x\to 0^+$时，若$\ln^{\alpha}(1+2x)$，$(1-\cos x)^{\frac{1}{\alpha}}$均是比$x$高阶的无穷小量，则$\alpha$的取值范围是

(A) $(2,+\infty)$.　　(B) $(1,2)$.　　(C) $\left(\frac{1}{2},1\right)$.　　(D) $\left(0,\frac{1}{2}\right)$.

(2) 下列曲线中有渐近线的是

(A) $y=x+\sin x$.　　(B) $y=x^2+\sin x$.

(C) $y=x+\sin\frac{1}{x}$.　　(D) $y=x^2+\sin\frac{1}{x}$.

(3) 设函数$f(x)$具有2阶导数，$g(x)=f(0)(1-x)+f(1)x$，则在区间$[0,1]$上

(A) 当$f'(x)\geqslant 0$时，$f(x)\geqslant g(x)$.　　(B) 当$f'(x)\geqslant 0$时，$f(x)\leqslant g(x)$.

(C) 当$f''(x)\geqslant 0$时，$f(x)\geqslant g(x)$.　　(D) 当$f''(x)\geqslant 0$时，$f(x)\leqslant g(x)$.

(4) 曲线$\begin{cases}x=t^2+7,\\ y=t^2+4t+1\end{cases}$上对应于$t=1$的点处的曲率半径是

(A) $\frac{\sqrt{10}}{50}$.　　(B) $\frac{\sqrt{10}}{100}$.　　(C) $10\sqrt{10}$.　　(D) $5\sqrt{10}$.

(5) 设函数$f(x)=\arctan x$．若$f(x)=xf'(\xi)$，则$\lim\limits_{x\to 0}\frac{\xi^2}{x^2}=$

(A) 1.　　(B) $\frac{2}{3}$.　　(C) $\frac{1}{2}$.　　(D) $\frac{1}{3}$.

(6) 设函数$u(x,y)$在有界闭区域D上连续，在D的内部具有2阶连续偏导数，且满足$\frac{\partial^2 u}{\partial x\partial y}\neq 0$及$\frac{\partial^2 u}{\partial x^2}+\frac{\partial^2 u}{\partial y^2}=0$，则

(A) $u(x,y)$的最大值和最小值都在D的边界上取得．

(B) $u(x,y)$的最大值和最小值都在D的内部取得．

(C) $u(x,y)$的最大值在D的内部取得，最小值在D的边界上取得．

(D) $u(x,y)$的最小值在D的内部取得，最大值在D的边界上取得．

答案速查

一、选择题

(1) B (2) C (3) D (4) C (5) D (6) A (7) B (8) A

二、填空题

(9) $\frac{3}{8}\pi$.

(10) 1.

(11) $-\frac{1}{2}\mathrm{d}x-\frac{1}{2}\mathrm{d}y$.

(12) $\frac{2}{\pi}x+y-\frac{\pi}{2}=0$.

(13) $\frac{11}{20}$.

(14) $[-2,2]$.

三、解答题

(15) $\frac{1}{2}$.

(16) 极小值为 $y(-1)=0$;极大值为 $y(1)=1$.

(17) $-\frac{3}{4}$.

(18) $f(u)=\frac{1}{16}(\mathrm{e}^{2u}-\mathrm{e}^{-2u}-4u)$.

(19) 证明略.

(20) 1.

(21) $\left(2\ln 2-\frac{5}{4}\right)\pi$.

(22) (Ⅰ)基础解系为 $\boldsymbol{\alpha}=\begin{pmatrix}-1\\2\\3\\1\end{pmatrix}$;(Ⅱ) $\boldsymbol{B}=\begin{pmatrix}-k_1+2 & -k_2+6 & -k_3-1\\2k_1-1 & 2k_2-3 & 2k_3+1\\3k_1-1 & 3k_2-4 & 3k_3+1\\k_1 & k_2 & k_3\end{pmatrix}$, k_1,k_2,k_3 为任意常数.

(23) 证明略.

2015 年全国硕士研究生招生考试
数学二试题

一、选择题:1~8 小题,每小题 4 分,共 32 分．下列每题给出的四个选项中,只有一个选项符合题目要求．

(1) 下列反常积分中收敛的是

(A) $\int_2^{+\infty}\frac{1}{\sqrt{x}}dx$.　　(B) $\int_2^{+\infty}\frac{\ln x}{x}dx$.

(C) $\int_2^{+\infty}\frac{1}{x\ln x}dx$.　　(D) $\int_2^{+\infty}\frac{x}{e^x}dx$.

(2) 函数 $f(x)=\lim\limits_{t\to0}\left(1+\frac{\sin t}{x}\right)^{\frac{x^2}{t}}$ 在 $(-\infty,+\infty)$ 内

(A) 连续．　　(B) 有可去间断点．

(C) 有跳跃间断点．　　(D) 有无穷间断点．

(3) 设函数 $f(x)=\begin{cases}x^\alpha\cos\frac{1}{x^\beta}, & x>0,\\ 0, & x\leqslant0\end{cases}$ $(\alpha>0,\beta>0)$．若 $f'(x)$ 在 $x=0$ 处连续,则

(A) $\alpha-\beta>1$.　　(B) $0<\alpha-\beta\leqslant1$.

(C) $\alpha-\beta>2$.　　(D) $0<\alpha-\beta\leqslant2$.

(4) 设函数 $f(x)$ 在 $(-\infty,+\infty)$ 内连续,其 2 阶导函数 $f''(x)$ 的图形如右图所示,则曲线 $y=f(x)$ 的拐点个数为

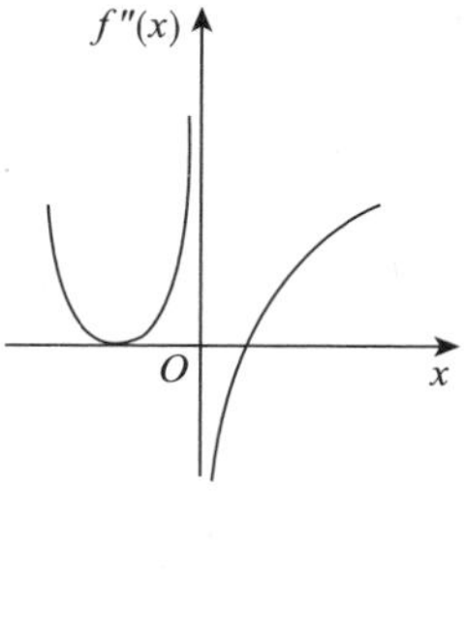

(A) 0.　　(B) 1.

(C) 2.　　(D) 3.

(5) 设函数 $f(u,v)$ 满足 $f\left(x+y,\frac{y}{x}\right)=x^2-y^2$,则 $\left.\frac{\partial f}{\partial u}\right|_{\substack{u=1\\v=1}}$ 与 $\left.\frac{\partial f}{\partial v}\right|_{\substack{u=1\\v=1}}$ 依次是

(A) $\frac{1}{2},0$.　　(B) $0,\frac{1}{2}$.　　(C) $-\frac{1}{2},0$.　　(D) $0,-\frac{1}{2}$.

(6) 设 D 是第一象限中由曲线 $2xy=1$, $4xy=1$ 与直线 $y=x$, $y=\sqrt{3}x$ 围成的平面区域,函数 $f(x,y)$

答案速查

一、选择题

(1) D　(2) B　(3) A　(4) C　(5) D　(6) B　(7) D　(8) A

二、填空题

(9) 48.　(10) $n(n-1)(\ln 2)^{n-2}$.　(11) 2.　(12) $2e^{x}+e^{-2x}$.

(13) $-\frac{1}{3}dx-\frac{2}{3}dy$.　(14) 21.

三、解答题

(15) $a=-1;b=-\frac{1}{2};k=-\frac{1}{3}$.

(16) $A=\frac{8}{\pi}$.

(17) 极小值$f(0,-1)=-1$.

(18) $\frac{\pi}{4}-\frac{2}{5}$.

(19) $f(x)$有且仅有 2 个零点 .

(20) 30min.

(21) 证明略 .

(22) (Ⅰ) $a=0$;(Ⅱ) $\boldsymbol{X}=\begin{pmatrix}3&1&-2\\1&1&-1\\2&1&-1\end{pmatrix}$.

(23) (Ⅰ) $a=4;b=5$;(Ⅱ) $\boldsymbol{P}=\begin{pmatrix}2&-3&1\\1&0&1\\0&1&-1\end{pmatrix}$.

2016年全国硕士研究生招生考试
数学二试题

一、选择题:1~8小题,每小题4分,共32分.下列每题给出的四个选项中,只有一个选项符合题目要求.

(1) 设 $\alpha_1=x(\cos\sqrt{x}-1)$,$\alpha_2=\sqrt{x}\ln(1+\sqrt[3]{x})$,$\alpha_3=\sqrt[3]{x+1}-1$. 当 $x\to0^+$ 时,以上3个无穷小量按照从低阶到高阶的排序是

(A) $\alpha_1,\alpha_2,\alpha_3$.　　(B) $\alpha_2,\alpha_3,\alpha_1$.

(C) $\alpha_2,\alpha_1,\alpha_3$.　　(D) $\alpha_3,\alpha_2,\alpha_1$.

(2) 已知函数 $f(x)=\begin{cases}2(x-1), & x<1,\\ \ln x, & x\geqslant1,\end{cases}$ 则 $f(x)$ 的一个原函数是

(A) $F(x)=\begin{cases}(x-1)^2, & x<1,\\ x(\ln x-1), & x\geqslant1.\end{cases}$　　(B) $F(x)=\begin{cases}(x-1)^2, & x<1,\\ x(\ln x+1)-1, & x\geqslant1.\end{cases}$

(C) $F(x)=\begin{cases}(x-1)^2, & x<1,\\ x(\ln x+1)+1, & x\geqslant1.\end{cases}$　　(D) $F(x)=\begin{cases}(x-1)^2, & x<1,\\ x(\ln x-1)+1, & x\geqslant1.\end{cases}$

(3) 反常积分① $\int_{-\infty}^{0}\frac{1}{x^2}e^{\frac{1}{x}}dx$,② $\int_{0}^{+\infty}\frac{1}{x^2}e^{\frac{1}{x}}dx$ 的敛散性为

(A) ①收敛,②收敛.　　(B) ①收敛,②发散.

(C) ①发散,②收敛.　　(D) ①发散,②发散.

(4) 设函数 $f(x)$ 在 $(-\infty,+\infty)$ 内连续,其导函数的图形如右图所示,则

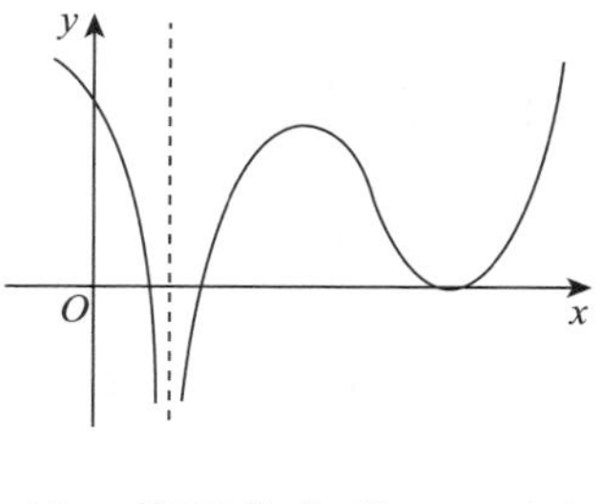

(A) 函数 $f(x)$ 有2个极值点,曲线 $y=f(x)$ 有2个拐点.

(B) 函数 $f(x)$ 有2个极值点,曲线 $y=f(x)$ 有3个拐点.

(C) 函数 $f(x)$ 有3个极值点,曲线 $y=f(x)$ 有1个拐点.

(D) 函数 $f(x)$ 有3个极值点,曲线 $y=f(x)$ 有2个拐点.

(5) 设函数 $f_i(x)\ (i=1,2)$ 具有二阶连续导数,且 $f''_i(x_0)<0\ (i=1,2)$. 若两条曲线 $y=f_i(x)\ (i=1,2)$ 在点 (x_0,y_0) 处具有公切线 $y=g(x)$,且在该点处曲线 $y=f_1(x)$ 的曲率大于曲线 $y=f_2(x)$ 的曲率,则在 x_0 的某个邻域内,有

(A) $f_1(x)\leqslant f_2(x)\leqslant g(x)$.　　(B) $f_2(x)\leqslant f_1(x)\leqslant g(x)$.

(C) $f_1(x)\leqslant g(x)\leqslant f_2(x)$.　　(D) $f_2(x)\leqslant g(x)\leqslant f_1(x)$.

答案速查

一、选择题

(1) B (2) D (3) B (4) B (5) A (6) D (7) C (8) C

二、填空题

(9) $y=x+\frac{\pi}{2}$. (10) $\sin 1-\cos 1$. (11) $y'-y=2x-x^2$. (12) $5\cdot 2^{n-1}$.

(13) $2\sqrt{2}v_0$. (14) 2.

三、解答题

(15) $e^{\frac{1}{3}}$.

(16) $f'(x)=\begin{cases}4x^2-2x, & 0<x\leqslant 1,\\ 2x, & x>1;\end{cases}$，最小值 $f\left(\frac{1}{2}\right)=\frac{1}{4}$.

(17) $z(-1,-1)=1$ 是 $z(x,y)$ 的极大值.

(18) $1-\frac{\pi}{2}$.

(19) $u(x)=-(2x+1)e^{-x}$；$y=C_1e^x-C_2(2x+1)$，其中 C_1,C_2 为任意常数.

(20) $\frac{18}{35}\pi$；$\frac{16}{5}\pi$.

(21) (Ⅰ)$\frac{1}{3\pi}$；(Ⅱ)证明略.

(22) (Ⅰ)$a=0$；(Ⅱ)$\boldsymbol{x}=\begin{pmatrix}1\\-2\\0\end{pmatrix}+k\begin{pmatrix}0\\-1\\1\end{pmatrix}$（$k$ 为任意常数）.

(23) (Ⅰ)$\begin{pmatrix}2^{99}-2 & 1-2^{99} & 2-2^{98}\\ 2^{100}-2 & 1-2^{100} & 2-2^{99}\\ 0 & 0 & 0\end{pmatrix}$；(Ⅱ)$\begin{cases}\boldsymbol{\beta}_1=(2^{99}-2)\boldsymbol{\alpha}_1+(2^{100}-2)\boldsymbol{\alpha}_2,\\ \boldsymbol{\beta}_2=(1-2^{99})\boldsymbol{\alpha}_1+(1-2^{100})\boldsymbol{\alpha}_2,\\ \boldsymbol{\beta}_3=(2-2^{98})\boldsymbol{\alpha}_1+(2-2^{99})\boldsymbol{\alpha}_2.\end{cases}$

2017年全国硕士研究生招生考试
数学二试题

一、选择题:1~8小题,每小题4分,共32分．下列每题给出的四个选项中,只有一个选项符合题目要求．

(1) 若函数 $f(x)=\begin{cases}\dfrac{1-\cos\sqrt{x}}{ax}, & x>0,\\ b, & x\leqslant 0\end{cases}$ 在 $x=0$ 处连续,则

(A) $ab=\frac{1}{2}$.　(B) $ab=-\frac{1}{2}$.　(C) $ab=0$.　(D) $ab=2$.

(2) 设二阶可导函数 $f(x)$ 满足 $f(1)=f(-1)=1$, $f(0)=-1$,且 $f''(x)>0$,则

(A) $\int_{-1}^{1}f(x)\mathrm{d}x>0$.　(B) $\int_{-1}^{1}f(x)\mathrm{d}x<0$.

(C) $\int_{-1}^{0}f(x)\mathrm{d}x>\int_{0}^{1}f(x)\mathrm{d}x$.　(D) $\int_{-1}^{0}f(x)\mathrm{d}x<\int_{0}^{1}f(x)\mathrm{d}x$.

(3) 设数列 $\{x_n\}$ 收敛,则

(A) 当 $\lim\limits_{n\to\infty}\sin x_n=0$ 时, $\lim\limits_{n\to\infty}x_n=0$.　(B) 当 $\lim\limits_{n\to\infty}(x_n+\sqrt{|x_n|})=0$ 时, $\lim\limits_{n\to\infty}x_n=0$.

(C) 当 $\lim\limits_{n\to\infty}(x_n+x_n^2)=0$ 时, $\lim\limits_{n\to\infty}x_n=0$.　(D) 当 $\lim\limits_{n\to\infty}(x_n+\sin x_n)=0$ 时, $\lim\limits_{n\to\infty}x_n=0$.

(4) 微分方程 $y''-4y'+8y=\mathrm{e}^{2x}(1+\cos 2x)$ 的特解可设为 $y^*=$

(A) $A\mathrm{e}^{2x}+\mathrm{e}^{2x}(B\cos 2x+C\sin 2x)$.　(B) $Ax\mathrm{e}^{2x}+\mathrm{e}^{2x}(B\cos 2x+C\sin 2x)$.

(C) $A\mathrm{e}^{2x}+x\mathrm{e}^{2x}(B\cos 2x+C\sin 2x)$.　(D) $Ax\mathrm{e}^{2x}+x\mathrm{e}^{2x}(B\cos 2x+C\sin 2x)$.

(5) 设 $f(x,y)$ 具有一阶偏导数,且对任意的 (x,y) 都有 $\frac{\partial f(x,y)}{\partial x}>0$, $\frac{\partial f(x,y)}{\partial y}<0$,则

(A) $f(0,0)>f(1,1)$.　(B) $f(0,0)<f(1,1)$.

(C) $f(0,1)>f(1,0)$.　(D) $f(0,1)<f(1,0)$.

答案速查

一、选择题

(1) A (2) B (3) D (4) C (5) D (6) C (7) B (8) B

二、填空题

(9) $y=x+2$. (10) $-\frac{1}{8}$. (11) 1. (12) xye^{y}. (13) $-\ln(\cos 1)$. (14) -1.

三、解答题

(15) $\frac{2}{3}$.

(16) $f'_1(1,1)$；$f'_1(1,1)+f''_{11}(1,1)-f'_2(1,1)$.

(17) $\frac{1}{4}$.

(18) $y(-1)=0$ 是 $y(x)$ 的极小值；$y(1)=1$ 是 $y(x)$ 的极大值.

(19) 证明略.

(20) $\frac{5\pi}{4}$.

(21) $\arctan\frac{y}{x}+\frac{1}{2}\ln(x^2+y^2)=0$.

(22) (Ⅰ)证明略；(Ⅱ) $\boldsymbol{x}=\begin{pmatrix}1\\1\\1\end{pmatrix}+k\begin{pmatrix}1\\2\\-1\end{pmatrix}$，其中 k 为任意常数.

(23) $a=2$；$\boldsymbol{Q}=\begin{pmatrix}\frac{1}{\sqrt{3}} & -\frac{1}{\sqrt{2}} & \frac{1}{\sqrt{6}}\\ -\frac{1}{\sqrt{3}} & 0 & \frac{2}{\sqrt{6}}\\ \frac{1}{\sqrt{3}} & \frac{1}{\sqrt{2}} & \frac{1}{\sqrt{6}}\end{pmatrix}$.

2018 年全国硕士研究生招生考试
数学二试题

一、选择题：1~8 小题，每小题 4 分，共 32 分．下列每题给出的四个选项中，只有一个选项符合题目要求．

(1) 若 $\lim\limits_{x\to 0}(e^x+ax^2+bx)^{\frac{1}{x^2}}=1$，则

(A) $a=\frac{1}{2},b=-1$.　　(B) $a=-\frac{1}{2},b=-1$.

(C) $a=\frac{1}{2},b=1$.　　(D) $a=-\frac{1}{2},b=1$.

(2) 下列函数中，在 $x=0$ 处不可导的是

(A) $f(x)=|x|\sin|x|$.　　(B) $f(x)=|x|\sin\sqrt{|x|}$.

(C) $f(x)=\cos|x|$.　　(D) $f(x)=\cos\sqrt{|x|}$.

(3) 设函数 $f(x)=\begin{cases}-1, & x<0,\\ 1, & x\geqslant 0,\end{cases}$ $g(x)=\begin{cases}2-ax, & x\leqslant -1,\\ x, & -1<x<0,\\ x-b, & x\geqslant 0.\end{cases}$ 若 $f(x)+g(x)$ 在 $\boldsymbol{R}$ 上连续，则

(A) $a=3,b=1$.　　(B) $a=3,b=2$.

(C) $a=-3,b=1$.　　(D) $a=-3,b=2$.

(4) 设函数 $f(x)$ 在 $[0,1]$ 上二阶可导，且 $\int_0^1 f(x)\,dx=0$，则

(A) 当 $f'(x)<0$ 时，$f\left(\frac{1}{2}\right)<0$.　　(B) 当 $f''(x)<0$ 时，$f\left(\frac{1}{2}\right)<0$.

(C) 当 $f'(x)>0$ 时，$f\left(\frac{1}{2}\right)<0$.　　(D) 当 $f''(x)>0$ 时，$f\left(\frac{1}{2}\right)<0$.

(5) 设 $M=\int_{-\frac{\pi}{2}}^{\frac{\pi}{2}}\frac{(1+x)^2}{1+x^2}dx$，$N=\int_{-\frac{\pi}{2}}^{\frac{\pi}{2}}\frac{1+x}{e^x}dx$，$K=\int_{-\frac{\pi}{2}}^{\frac{\pi}{2}}(1+\sqrt{\cos x})\,dx$，则

(A) $M>N>K$.　　(B) $M>K>N$.

(C) $K>M>N$.　　(D) $K>N>M$.

(6) $\int_{-1}^{0}dx\int_{-x}^{2-x^2}(1-xy)\,dy+\int_{0}^{1}dx\int_{x}^{2-x^2}(1-xy)\,dy=$

(A) $\frac{5}{3}$.　　(B) $\frac{5}{6}$.　　(C) $\frac{7}{3}$.　　(D) $\frac{7}{6}$.

答案速查

一、选择题

(1) B　(2) D　(3) D　(4) D　(5) C　(6) C　(7) A　(8) A

二、填空题

(9) 1.　(10) $y=4x-3$.　(11) $\frac{1}{2}\ln 2$.　(12) $\frac{2}{3}$.　(13) $\frac{1}{4}$.　(14) 2.

三、解答题

(15) $\frac{1}{2}e^{2x}\arctan\sqrt{e^x-1}-\frac{1}{6}(e^x-1)^{\frac{3}{2}}-\frac{1}{2}\sqrt{e^x-1}+C$.

(16) (Ⅰ) $2a(1-e^{-x})$；(Ⅱ) $\frac{e}{2}$.

(17) $3\pi^2+5\pi$.

(18) 证明略.

(19) $S_{\min}=\frac{1}{\pi+4+3\sqrt{3}}$.

(20) $\left.\frac{dS}{dt}\right|_{m=3}=10$.

(21) 证明略，$\lim\limits_{n\to\infty}x_n=0$.

(22) (Ⅰ) 当 $a\neq 2$ 时，$\boldsymbol{x}=\begin{pmatrix}0\\0\\0\end{pmatrix}$；当 $a=2$ 时，$\boldsymbol{x}=k\begin{pmatrix}-2\\-1\\1\end{pmatrix}$，$k$ 为任意常数.

(Ⅱ) 当 $a\neq 2$ 时，$f=z_1^2+z_2^2+z_3^2$；当 $a=2$ 时，$f=z_1^2+z_2^2$.

(23) (Ⅰ) $a=2$；(Ⅱ) $\boldsymbol{P}=\begin{pmatrix}-6k_1+3 & -6k_2+4 & -6k_3+4\\2k_1-1 & 2k_2-1 & 2k_3-1\\k_1 & k_2 & k_3\end{pmatrix}$，$k_2\neq k_3$，$k_1,k_2,k_3$ 为任意常数.

2019年全国硕士研究生招生考试
数学二试题

一、选择题：1～8小题，每小题4分，共32分．下列每题给出的四个选项中，只有一个选项符合题目要求．

（1）当 $x\to 0$ 时，若 $x-\tan x$ 与 x^k 是同阶无穷小量，则 $k=$

（A）1.　　（B）2.　　（C）3.　　（D）4.

（2）曲线 $y=x\sin x+2\cos x\left(-\frac{\pi}{2}<x<2\pi\right)$ 的拐点是

（A）$(0,2)$.　　（B）$(\pi,-2)$.

（C）$\left(\frac{\pi}{2},\frac{\pi}{2}\right)$.　　（D）$\left(\frac{3\pi}{2},-\frac{3\pi}{2}\right)$.

（3）下列反常积分发散的是

（A）$\int_0^{+\infty} xe^{-x}dx$.　　（B）$\int_0^{+\infty} xe^{-x^2}dx$.

（C）$\int_0^{+\infty} \frac{\arctan x}{1+x^2}dx$.　　（D）$\int_0^{+\infty} \frac{x}{1+x^2}dx$.

（4）已知微分方程 $y''+ay'+by=ce^x$ 的通解为 $y=(C_1+C_2x)e^{-x}+e^x$，则 a,b,c 依次为

（A）1,0,1.　　（B）1,0,2.　　（C）2,1,3.　　（D）2,1,4.

（5）已知平面区域 $D=\left\{(x,y)\,\middle|\,|x|+|y|\leqslant\frac{\pi}{2}\right\}$，记 $I_1=\iint\limits_D\sqrt{x^2+y^2}\,dxdy$，$I_2=\iint\limits_D\sin\sqrt{x^2+y^2}\,dxdy$，

$I_3=\iint\limits_D(1-\cos\sqrt{x^2+y^2})\,dxdy$，则

（A）$I_3<I_2<I_1$.　　（B）$I_2<I_1<I_3$.　　（C）$I_1<I_2<I_3$.　　（D）$I_2<I_3<I_1$.

（6）设函数 $f(x)$，$g(x)$ 的二阶导函数在 $x=a$ 处连续，则 $\lim\limits_{x\to a}\frac{f(x)-g(x)}{(x-a)^2}=0$ 是两条曲线 $y=f(x)$，$y=g(x)$ 在 $x=a$ 对应的点处相切及曲率相等的

（A）充分不必要条件．　　（B）充分必要条件．

（C）必要不充分条件．　　（D）既不充分又不必要条件．

（7）设 $\boldsymbol{A}$ 是4阶矩阵，$\boldsymbol{A}^*$ 是 $\boldsymbol{A}$ 的伴随矩阵．若线性方程组 $\boldsymbol{Ax}=\boldsymbol{0}$ 的基础解系中只有2个向量，则 $r(\boldsymbol{A}^*)=$

（A）0.　　（B）1.　　（C）2.　　（D）3.

答案速查

一、选择题

(1) C (2) B (3) D (4) D (5) A (6) A (7) A (8) C

二、填空题

(9) $4e^2$. (10) $\frac{3\pi}{2}+2$. (11) $yf\left(\frac{y^2}{x}\right)$. (12) $\frac{1}{2}\ln 3$. (13) $\frac{1}{4}(\cos 1-1)$. (14) -4.

三、解答题

(15) (1) $f'(x)=\begin{cases}2e^{2x\ln x}(1+\ln x), & x>0,\\(x+1)e^x, & x<0.\end{cases}$ (2) $f(x)$在$x=-1$处取极小值$f(-1)=1-e^{-1}$；在$x=e^{-1}$处取极小值$f(e^{-1})=e^{-2e^{-1}}$；在$x=0$处取极大值$f(0)=1$.

(16) $-2\ln|x-1|-\frac{3}{x-1}+\ln(x^2+x+1)+C$.

(17) (1) $y=e^{\frac{x^2}{2}}(\sqrt{x}+c)$；(2) $\frac{\pi}{2}(e^4-e)$.

(18) $\frac{43}{120}\sqrt{2}$.

(19) (1) $S_n=\frac{(e^{\pi}+1)(1-e^{-n\pi})}{2(e^{\pi}-1)}$；(2) $\lim\limits_{n\to\infty}S_n=\frac{e^{\pi}+1}{2(e^{\pi}-1)}$.

(20) $a=-\frac{3}{4}, b=\frac{3}{4}$.

(21) 证明略.

(22) (1) $a\neq-1$；(2) 当$a=1$时，$\boldsymbol{\beta}_3=(-2k+3)\boldsymbol{\alpha}_1+(k-2)\boldsymbol{\alpha}_2+k\boldsymbol{\alpha}_3$，$k$为任意常数；当$a\neq\pm1$时，$\boldsymbol{\beta}_3=\boldsymbol{\alpha}_1-\boldsymbol{\alpha}_2+\boldsymbol{\alpha}_3$.

(23) (1) $x=3, y=-2$；(2) $P=\begin{pmatrix}1 & 1 & -1\\-2 & -1 & 2\\0 & 0 & 4\end{pmatrix}$（答案不唯一，与选取的特征向量有关）.

2020年全国硕士研究生招生考试
数学二试题

一、选择题:1~8小题,每小题4分,共32分.下列每题给出的四个选项中,只有一个选项是符号题目要求的.

(1)当$x\to0^+$时,下列无穷小量中最高阶的是

(A)$\int_0^x(e^{t^2}-1)dt$.　　(B)$\int_0^x\ln(1+\sqrt{t^3})dt$.

(C)$\int_0^{\sin x}\sin t^2dt$.　　(D)$\int_0^{1-\cos x}\sqrt{\sin^3t}\,dt$.

(2)函数$f(x)=\dfrac{e^{\frac{1}{x-1}}\ln|1+x|}{(e^x-1)(x-2)}$的第二类间断点的个数为

(A)1.　(B)2.　(C)3.　(D)4.

(3)$\int_0^1\dfrac{\arcsin\sqrt{x}}{\sqrt{x(1-x)}}dx=$

(A)$\dfrac{\pi^2}{4}$.　(B)$\dfrac{\pi^2}{8}$.　(C)$\dfrac{\pi}{4}$.　(D)$\dfrac{\pi}{8}$.

(4)已知函数$f(x)=x^2\ln(1-x)$.当$n\geqslant3$时,$f^{(n)}(0)=$

(A)$-\dfrac{n!}{n-2}$.　(B)$\dfrac{n!}{n-2}$.　(C)$-\dfrac{(n-2)!}{n}$.　(D)$\dfrac{(n-2)!}{n}$.

(5)关于函数$f(x,y)=\begin{cases}xy, & xy\neq0,\\ x, & y=0,\\ y, & x=0,\end{cases}$　给出以下结论

①$\left.\dfrac{\partial f}{\partial x}\right|_{(0,0)}=1$;②$\left.\dfrac{\partial^2f}{\partial x\partial y}\right|_{(0,0)}=1$;③$\lim\limits_{(x,y)\to(0,0)}f(x,y)=0$;④$\lim\limits_{y\to0}\lim\limits_{x\to0}f(x,y)=0$.

其中正确的个数是

(A)4.　(B)3.　(C)2.　(D)1.

(6)设函数$f(x)$在区间$[-2,2]$上可导,且$f'(x)>f(x)>0$,则

(A)$\dfrac{f(-2)}{f(-1)}>1$.　(B)$\dfrac{f(0)}{f(-1)}>e$.　(C)$\dfrac{f(1)}{f(-1)}<e^2$.　(D)$\dfrac{f(2)}{f(-1)}<e^3$.

答案速查

一、选择题

(1) D　(2) C　(3) A　(4) A　(5) B　(6) B　(7) C　(8) D

二、填空题

(9) $-\sqrt{2}$.　(10) $\frac{2}{9}(2\sqrt{2}-1)$.　(11) $(\pi-1)\mathrm{d}x-\mathrm{d}y$.　(12) $\frac{1}{3}\rho g a^3$.　(13) 1.　(14) $a^2(a^2-4)$.

三、解答题

(15) $y=\frac{1}{\mathrm{e}}x+\frac{1}{2\mathrm{e}}$.

(16) (1) $g'(x)=\begin{cases}\dfrac{xf(x)-\int_0^x f(u)\,\mathrm{d}u}{x^2}, & x\neq 0,\\ \dfrac{1}{2}, & x=0.\end{cases}$ (2) 证明略.

(17) $f(x,y)$在$\left(\frac{1}{6},\frac{1}{12}\right)$处取极小值$f\left(\frac{1}{6},\frac{1}{12}\right)=-\frac{1}{216}$.

(18) (1) $f(x)=\frac{x}{\sqrt{1+x^2}}, x\in(0,+\infty)$, (2) $\frac{\pi^2}{6}$.

(19) $\frac{3}{4}[\sqrt{2}+\ln(1+\sqrt{2})]$.

(20) 证明略.

(21) $y=Cx^3, C>0$.

(22) (1) $a=-\frac{1}{2}$; (2) $\boldsymbol{P}=\begin{pmatrix}1 & 2 & \frac{2}{\sqrt{3}}\\ 0 & 1 & \frac{4}{\sqrt{3}}\\ 0 & 1 & 0\end{pmatrix}$.

(23) (1) 证明略; (2) $\boldsymbol{P}^{-1}\boldsymbol{A}\boldsymbol{P}=\begin{pmatrix}0 & 6\\ 1 & -1\end{pmatrix}$, $\mathbf{A}$可对角化.

2021 年全国硕士研究生招生考试
数学二试题

一、选择题:1~10 小题,每小题 5 分,共 50 分.下列每题给出的四个选项中,只有一个选项是符合要求的.

(1)当 $x\to 0$ 时,$\int_0^{x^2}(e^{t^3}-1)\mathrm{d}t$ 是 x^7 的

(A)低阶无穷小.　　(B)等价无穷小.

(C)高阶无穷小.　　(D)同阶但非等价无穷小.

(2)函数 $f(x)=\begin{cases}\dfrac{e^x-1}{x}, & x\neq 0,\\ 1, & x=0\end{cases}$ 在 $x=0$ 处

(A)连续且取得极大值.　　(B)连续且取得极小值.

(C)可导且导数等于零.　　(D)可导且导数不为零.

(3)有一圆柱体底面半径与高随时间变化的速率分别为 2cm/s,-3cm/s. 当底面半径为 10cm,高为 5cm 时,圆柱体的体积与表面积随时间变化的速率分别为

(A)$125\pi\ \mathrm{cm}^3/\mathrm{s}, 40\pi\ \mathrm{cm}^2/\mathrm{s}$.　　(B)$125\pi\ \mathrm{cm}^3/\mathrm{s}, -40\pi\ \mathrm{cm}^2/\mathrm{s}$.

(C)$-100\pi\ \mathrm{cm}^3/\mathrm{s}, 40\pi\ \mathrm{cm}^2/\mathrm{s}$.　　(D)$-100\pi\ \mathrm{cm}^3/\mathrm{s}, -40\pi\ \mathrm{cm}^2/\mathrm{s}$.

(4)设函数 $f(x)=ax-b\ln x(a>0)$ 有 2 个零点,则 $\dfrac{b}{a}$ 的取值范围是

(A)$(e,+\infty)$.　　(B)$(0,e)$.　　(C)$\left(0,\dfrac{1}{e}\right)$.　　(D)$\left(\dfrac{1}{e},+\infty\right)$.

(5)设函数 $f(x)=\sec x$ 在 $x=0$ 处的 2 次泰勒多项式为 $1+ax+bx^2$,则

(A)$a=1,b=-\dfrac{1}{2}$.　　(B)$a=1,b=\dfrac{1}{2}$.

(C)$a=0,b=-\dfrac{1}{2}$.　　(D)$a=0,b=\dfrac{1}{2}$.

(6)设函数 $f(x,y)$ 可微,且 $f(x+1,e^x)=x(x+1)^2$,$f(x,x^2)=2x^2\ln x$,则 $\mathrm{d}f(1,1)=$

(A)$\mathrm{d}x+\mathrm{d}y$.　　(B)$\mathrm{d}x-\mathrm{d}y$.　　(C)$\mathrm{d}y$.　　(D)$-\mathrm{d}y$.

(7)设函数 $f(x)$ 在区间[0,1]上连续,则 $\int_0^1 f(x)\mathrm{d}x=$

(A)$\lim\limits_{n\to\infty}\sum\limits_{k=1}^{n}f\left(\dfrac{2k-1}{2n}\right)\dfrac{1}{2n}$.　　(B)$\lim\limits_{n\to\infty}\sum\limits_{k=1}^{n}f\left(\dfrac{2k-1}{2n}\right)\dfrac{1}{n}$.

答案速查

一、选择题

(1)C　(2)D　(3)C　(4)A　(5)D　(6)C　(7)B　(8)B　(9)D　(10)C

二、填空题

(11)$\frac{1}{\ln 3}$.　(12)$\frac{2}{3}$.　(13)1.　(14)$\frac{\pi}{2}\cos\frac{2}{\pi}$.

(15)$C_1e^x+C_2e^{-\frac{x}{2}}\cos\frac{\sqrt{3}}{2}x+C_3e^{-\frac{x}{2}}\sin\frac{\sqrt{3}}{2}x$，$C_1,C_2,C_3$ 为任意常数．　(16)-5.

三、解答题

(17)$\frac{1}{2}$.

(18)曲线 $y=f(x)$ 的凸区间为$(-1,0)$；凹区间为$(-\infty,-1)$，$(0,+\infty)$；铅直渐近线为 $x=-1$，斜渐近线为 $y=x-1$，$y=-x+1$.

(19)$s=\frac{22}{3}$；$A=\frac{425}{9}\pi$.

(20)(1)$y=\frac{1}{3}x^6+1(x>0)$；(2)当 I_P 最小时，点 P 的坐标为$(1,\frac{4}{3})$.

(21)$\frac{1}{48}$.

(22)当特征值为 1,1,3 时，$a=1$，$b=1$，可逆矩阵 $P=\begin{pmatrix}-1&0&1\\1&0&1\\0&1&1\end{pmatrix}$；当特征值为 1,3,3 时，$a=-1$，$b=3$，可逆矩阵 $P=\begin{pmatrix}1&0&-1\\1&0&1\\0&1&1\end{pmatrix}$.

2022年全国硕士研究生招生考试
数学二试题

一、选择题:1~10小题,每小题5分,共50分.下列每题给出的四个选项中,只有一个选项是符合要求的.

(1) 当$x\to 0$时,$\alpha(x)$,$\beta(x)$是非零无穷小量,给出以下四个命题:

①若$\alpha(x)\sim\beta(x)$,则$\alpha^2(x)\sim\beta^2(x)$;

②若$\alpha^2(x)\sim\beta^2(x)$,则$\alpha(x)\sim\beta(x)$;

③若$\alpha(x)\sim\beta(x)$,则$\alpha(x)-\beta(x)=o(\alpha(x))$;

④若$\alpha(x)-\beta(x)=o(\alpha(x))$,则$\alpha(x)\sim\beta(x)$.

其中所有真命题的序号是

(A) ①③. (B) ①④. (C) ①③④. (D) ②③④.

(2) $\int_0^2 dy\int_y^2 \frac{y}{\sqrt{1+x^3}}dx=$

(A) $\frac{\sqrt{2}}{6}$. (B) $\frac{1}{3}$. (C) $\frac{\sqrt{2}}{3}$. (D) $\frac{2}{3}$.

(3) 设函数$f(x)$在$x=x_0$处具有2阶导数,则

(A) 当$f(x)$在x_0的某领域内单调增加时,$f'(x_0)>0$.

(B) 当$f'(x_0)>0$时,$f(x)$在x_0的某领域内单调增加.

(C) 当$f(x)$在x_0的某领域内是凹函数时,$f''(x_0)>0$.

(D) 当$f''(x_0)>0$时,$f(x)$在x_0的某领域内是凹函数.

(4) 设函数$f(t)$连续,令$F(x,y)=\int_0^{x-y}(x-y-t)f(t)dt$,则

(A) $\frac{\partial F}{\partial x}=\frac{\partial F}{\partial y},\frac{\partial^2 F}{\partial x^2}=\frac{\partial^2 F}{\partial y^2}$.

(B) $\frac{\partial F}{\partial x}=\frac{\partial F}{\partial y},\frac{\partial^2 F}{\partial x^2}=-\frac{\partial^2 F}{\partial y^2}$.

(C) $\frac{\partial F}{\partial x}=-\frac{\partial F}{\partial y},\frac{\partial^2 F}{\partial x^2}=\frac{\partial^2 F}{\partial y^2}$.

(D) $\frac{\partial F}{\partial x}=-\frac{\partial F}{\partial y},\frac{\partial^2 F}{\partial x^2}=-\frac{\partial^2 F}{\partial y^2}$.

(5) 设p为常数,若反常积分$\int_0^1\frac{\ln x}{x^p(1-x)^{1-p}}dx$收敛,则$p$的取值范围是

(A) $(-1,1)$. (B) $(-1,2)$.

(C) $(-\infty,1)$. (D) $(-\infty,2)$.

答案速查

一、选择题

(1) C　(2) D　(3) B　(4) C　(5) A　(6) D　(7) A　(8) B　(9) D　(10) C

二、填空题

(11) $\sqrt{e}$.　(12) $-\frac{31}{32}$.　(13) $\frac{8\sqrt{3}}{9}\pi$.　(14) $C_1 e^x\cos 2x + C_2 e^x \sin 2x + C_3$.

(15) $\frac{\pi}{12}$.　(16) -1.

三、解答题

(17) $f'(1)=-1$.

(18) $\frac{1}{4}(e^2+1)$.

(19) $2\pi-2$.

(20) (Ⅰ) $\frac{\partial g(x,y)}{\partial x}=(4x-2y)e^{-y}$；(Ⅱ) $f(u,v)=(u^2+v^2)e^{-(u+v)}$，$(0,0)$是$f(u,v)$的极小值点，极小值为$f(0,0)=0$，$(1,1)$不是$f(u,v)$的极值点.

(21) 略.

(22) (1) $Q=\begin{pmatrix} -\frac{1}{\sqrt{2}} & 0 & \frac{1}{\sqrt{2}} \\ 0 & 1 & 0 \\ \frac{1}{\sqrt{2}} & 0 & \frac{1}{\sqrt{2}} \end{pmatrix}$，标准形为$2y_1^2+4y_2^2+4y_3^2$；(2) 略.

2013 年全国硕士研究生入学统一考试
数学三试题

一、选择题：1~8 小题，每小题 4 分，共 32 分．下列每题给出的四个选项中，只有一个选项符合题目要求．

（1）当 $x\to 0$ 时，用“$o(x)$”表示比 x 高阶的无穷小量，则下列式子中错误的是

（A）$x\cdot o(x^2)=o(x^3)$.　　（B）$o(x)\cdot o(x^2)=o(x^3)$.

（C）$o(x^2)+o(x^2)=o(x^2)$.　　（D）$o(x)+o(x^2)=o(x^2)$.

（2）函数 $f(x)=\dfrac{|x|^x-1}{x(x+1)\ln|x|}$ 的可去间断点的个数为

（A）0.　　（B）1.　　（C）2.　　（D）3.

（3）设 D_k 是圆域 $D=\{(x,y)\,|\,x^2+y^2\leqslant 1\}$ 位于第 k 象限的部分，记

$$I_k=\iint\limits_{D_k}(y-x)\,\mathrm{d}x\mathrm{d}y\ (k=1,2,3,4),$$

则

（A）$I_1>0$.　　（B）$I_2>0$.　　（C）$I_3>0$.　　（D）$I_4>0$.

（4）设 $\{a_n\}$ 为正项数列，下列选项正确的是

（A）若 $a_n>a_{n+1}$，则 $\sum\limits_{n=1}^{\infty}(-1)^{n-1}a_n$ 收敛．

（B）若 $\sum\limits_{n=1}^{\infty}(-1)^{n-1}a_n$ 收敛，则 $a_n>a_{n+1}$.

（C）若 $\sum\limits_{n=1}^{\infty}a_n$ 收敛，则存在常数 $p>1$，使 $\lim\limits_{n\to\infty}n^p a_n$ 存在．

（D）若存在常数 $p>1$，使 $\lim\limits_{n\to\infty}n^p a_n$ 存在，则 $\sum\limits_{n=1}^{\infty}a_n$ 收敛．

（5）设 $\boldsymbol{A},\boldsymbol{B},\boldsymbol{C}$ 均为 n 阶矩阵．若 $\boldsymbol{AB}=\boldsymbol{C}$，且 $\boldsymbol{B}$ 可逆，则

（A）矩阵 $\boldsymbol{C}$ 的行向量组与矩阵 $\boldsymbol{A}$ 的行向量组等价．

（B）矩阵 $\boldsymbol{C}$ 的列向量组与矩阵 $\boldsymbol{A}$ 的列向量组等价．

（C）矩阵 $\boldsymbol{C}$ 的行向量组与矩阵 $\boldsymbol{B}$ 的行向量组等价．

（D）矩阵 $\boldsymbol{C}$ 的列向量组与矩阵 $\boldsymbol{B}$ 的列向量组等价．

（6）矩阵 $\begin{pmatrix}1&a&1\\a&b&a\\1&a&1\end{pmatrix}$ 与 $\begin{pmatrix}2&0&0\\0&b&0\\0&0&0\end{pmatrix}$ 相似的充分必要条件为

（A）$a=0,b=2$.　　（B）$a=0$，b 为任意常数．

（C）$a=2,b=0$.　　（D）$a=2$，b 为任意常数．

答案速查

一、选择题

(1) D　(2) C　(3) B　(4) D　(5) B　(6) B　(7) A　(8) C

二、填空题

(9) -2.　(10) $2(1-\ln 2)$.　(11) $\ln 2$.　(12) $(C_1+C_2x)e^{\frac{1}{2}x}$，其中 C_1,C_2 为任意常数.

(13) -1.　(14) $2e^2$.

三、解答题

(15) $a=7;n=2$.

(16) $7\sqrt{7}$.

(17) $\frac{416}{3}$.

(18) (Ⅰ) $-\frac{Q}{500}+40$；(Ⅱ) 20，经济意义为：销售第 10001 件商品时所得的利润为 20 元.

(19) 证明略.

(20) $a=-1,b=0,\boldsymbol{C}=\begin{pmatrix}1+k_1+k_2 & -k_1\\ k_1 & k_2\end{pmatrix}$，其中 k_1,k_2 为任意常数.

(21) 证明略.

(22) (Ⅰ) $f(x,y)=\begin{cases}\frac{9y^2}{x}, & 0<y<x<1,\\ 0, & 其他.\end{cases}$　(Ⅱ) $f_Y(y)=\begin{cases}-9y^2\ln y, & 0<y<1,\\ 0, & 其他.\end{cases}$　(Ⅲ) $\frac{1}{8}$.

(23) (Ⅰ) θ 的矩估计量为 $\frac{1}{n}\sum_{i=1}^{n}X_i$；(Ⅱ) θ 的最大似然估计量为 $\frac{2n}{\sum_{i=1}^{n}\frac{1}{X_i}}$.

2014年全国硕士研究生招生考试
数学三试题

一、选择题:1~8小题,每小题4分,共32分.下列每题给出的四个选项中,只有一个选项符合题目要求.

(1) 设$\lim\limits_{n\to\infty}a_n=a$,且$a\neq0$,则当$n$充分大时有

(A) $|a_n|>\frac{|a|}{2}$.　(B) $|a_n|<\frac{|a|}{2}$.　(C) $a_n>a-\frac{1}{n}$.　(D) $a_n<a+\frac{1}{n}$.

(2) 下列曲线中有渐近线的是

(A) $y=x+\sin x$.　(B) $y=x^2+\sin x$.

(C) $y=x+\sin\frac{1}{x}$.　(D) $y=x^2+\sin\frac{1}{x}$.

(3) 设$p(x)=a+bx+cx^2+dx^3$,当$x\to0$时,若$p(x)-\tan x$是比x^3高阶的无穷小量,则下列选项中错误的是

(A) $a=0$.　(B) $b=1$.　(C) $c=0$.　(D) $d=\frac{1}{6}$.

(4) 设函数$f(x)$具有2阶导数,$g(x)=f(0)(1-x)+f(1)x$,则在区间$[0,1]$上

(A) 当$f'(x)\geqslant0$时,$f(x)\geqslant g(x)$.　(B) 当$f'(x)\geqslant0$时,$f(x)\leqslant g(x)$.

(C) 当$f''(x)\geqslant0$时,$f(x)\geqslant g(x)$.　(D) 当$f''(x)\geqslant0$时,$f(x)\leqslant g(x)$.

(5) 行列式$\begin{vmatrix}0&a&b&0\\a&0&0&b\\0&c&d&0\\c&0&0&d\end{vmatrix}=$

(A) $(ad-bc)^2$.　(B) $-(ad-bc)^2$.　(C) $a^2d^2-b^2c^2$.　(D) $b^2c^2-a^2d^2$.

(6) 设$\boldsymbol{\alpha}_1,\boldsymbol{\alpha}_2,\boldsymbol{\alpha}_3$均为3维向量,则对任意常数$k,l$,向量组$\boldsymbol{\alpha}_1+k\boldsymbol{\alpha}_3,\boldsymbol{\alpha}_2+l\boldsymbol{\alpha}_3$线性无关是向量组$\boldsymbol{\alpha}_1,\boldsymbol{\alpha}_2,\boldsymbol{\alpha}_3$线性无关的

(A) 必要非充分条件.　(B) 充分非必要条件.

(C) 充分必要条件.　(D) 既非充分也非必要条件.

(7) 设随机事件A与B相互独立,且$P(B)=0.5$,$P(A-B)=0.3$,则$P(B-A)=$

(A) 0.1.　(B) 0.2.　(C) 0.3.　(D) 0.4.

答案速查

一、选择题

(1) A　(2) C　(3) D　(4) D　(5) B　(6) A　(7) B　(8) C

二、填空题

(9) $20-Q$.　(10) $\frac{3}{2}-\ln 2$.　(11) $\frac{1}{2}$.　(12) $\frac{1}{2}(e-1)$.　(13) $-2\leqslant a\leqslant 2$.　(14) $\frac{2}{5n}$.

三、解答题

(15) $\frac{1}{2}$.　(16) $-\frac{3}{4}$.

(17) $f(u)=\frac{1}{16}(e^{4u}-4u-1)$.

(18) 收敛域为$(-1,1)$；$S(x)=\frac{3-x}{(1-x)^3}, x\in(-1,1)$.

(19) 证明略.

(20) (Ⅰ)基础解系为$\boldsymbol{\alpha}=\begin{pmatrix}-1\\2\\3\\1\end{pmatrix}$；(Ⅱ)$\boldsymbol{B}=\begin{pmatrix}-k_1+2 & -k_2+6 & -k_3-1\\2k_1-1 & 2k_2-3 & 2k_3+1\\3k_1-1 & 3k_2-4 & 3k_3+1\\k_1 & k_2 & k_3\end{pmatrix}$, k_1,k_2,k_3为任意常数.

(21) 证明略.

(22) (Ⅰ)$F_Y(y)=\begin{cases}0, & y<0,\\ \frac{3y}{4}, & 0\leqslant y<1,\\ \frac{1}{2}+\frac{y}{4}, & 1\leqslant y<2,\\ 1, & y\geqslant 2.\end{cases}$　(Ⅱ)$\frac{3}{4}$.

(23) (Ⅰ)(X,Y)的概率分布为

Y \ X	0	1
0	$\frac{2}{9}$	$\frac{1}{9}$
1	$\frac{1}{9}$	$\frac{5}{9}$

(Ⅱ)$\frac{4}{9}$.

2015 年全国硕士研究生招生考试
数学三试题

一、选择题:1~8 小题,每小题 4 分,共 32 分. 下列每题给出的四个选项中,只有一个选项符合题目要求的.

(1) 设 $\{x_n\}$ 是数列,下列命题中不正确的是

(A) 若 $\lim\limits_{n\to\infty}x_n=a$,则 $\lim\limits_{n\to\infty}x_{2n}=\lim\limits_{n\to\infty}x_{2n+1}=a$.

(B) 若 $\lim\limits_{n\to\infty}x_{2n}=\lim\limits_{n\to\infty}x_{2n+1}=a$,则 $\lim\limits_{n\to\infty}x_n=a$.

(C) 若 $\lim\limits_{n\to\infty}x_n=a$,则 $\lim\limits_{n\to\infty}x_{3n}=\lim\limits_{n\to\infty}x_{3n+1}=a$.

(D) 若 $\lim\limits_{n\to\infty}x_{3n}=\lim\limits_{n\to\infty}x_{3n+1}=a$,则 $\lim\limits_{n\to\infty}x_n=a$.

(2) 设函数 $f(x)$ 在 $(-\infty,+\infty)$ 内连续,其 2 阶导函数 $f''(x)$ 的图形如右图所示,则曲线 $y=f(x)$ 的拐点个数为

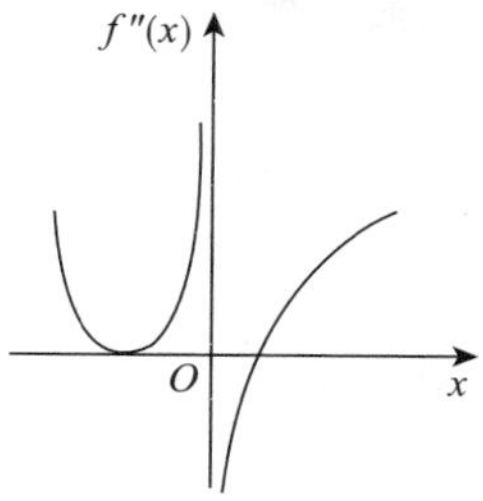

(A) 0.
(B) 1.
(C) 2.
(D) 3.

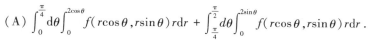

(3) 设 $D=\{(x,y)\mid x^2+y^2\leqslant 2x,x^2+y^2\leqslant 2y\}$,函数 $f(x,y)$ 在 D 上连续,则 $\iint\limits_D f(x,y)\,\mathrm{d}x\mathrm{d}y=$

(A) $\int_0^{\frac{\pi}{4}}\mathrm{d}\theta\int_0^{2\cos\theta}f(r\cos\theta,r\sin\theta)r\mathrm{d}r+\int_{\frac{\pi}{4}}^{\frac{\pi}{2}}\mathrm{d}\theta\int_0^{2\sin\theta}f(r\cos\theta,r\sin\theta)r\mathrm{d}r$.

(B) $\int_0^{\frac{\pi}{4}}\mathrm{d}\theta\int_0^{2\sin\theta}f(r\cos\theta,r\sin\theta)r\mathrm{d}r+\int_{\frac{\pi}{4}}^{\frac{\pi}{2}}\mathrm{d}\theta\int_0^{2\cos\theta}f(r\cos\theta,r\sin\theta)r\mathrm{d}r$.

(C) $2\int_0^1\mathrm{d}x\int_{1-\sqrt{1-x^2}}^{x}f(x,y)\mathrm{d}y$.

(D) $2\int_0^1\mathrm{d}x\int_x^{\sqrt{2x-x^2}}f(x,y)\mathrm{d}y$.

(4) 下列级数中发散的是

(A) $\sum\limits_{n=1}^{\infty}\frac{n}{3^n}$.

(B) $\sum\limits_{n=1}^{\infty}\frac{1}{\sqrt{n}}\ln\left(1+\frac{1}{n}\right)$.

(C) $\sum\limits_{n=2}^{\infty}\frac{(-1)^n+1}{\ln n}$.

(D) $\sum\limits_{n=1}^{\infty}\frac{n!}{n^n}$.

(5) 设矩阵 $\boldsymbol{A}=\begin{pmatrix}1&1&1\\1&2&a\\1&4&a^2\end{pmatrix}$,$\boldsymbol{b}=\begin{pmatrix}1\\d\\d^2\end{pmatrix}$. 若集合 $\Omega=\{1,2\}$,则线性方程组 $\boldsymbol{Ax}=\boldsymbol{b}$ 有无穷多解的充分必要条件为

(A) $a\notin\Omega,d\notin\Omega$.

(B) $a\notin\Omega,d\in\Omega$.

(C) $a\in\Omega,d\notin\Omega$.

(D) $a\in\Omega,d\in\Omega$.

答案速查

一、选择题

(1) D (2) C (3) B (4) C (5) D (6) A (7) C (8) B

二、填空题

(9) $-\frac{1}{2}$. (10) 2. (11) $-\frac{1}{3}\mathrm{d}x-\frac{2}{3}\mathrm{d}y$. (12) $2\mathrm{e}^{x}+\mathrm{e}^{-2x}$. (13) 21. (14) $\frac{1}{2}$.

三、解答题

(15) $a=-1,b=-\frac{1}{2},k=-\frac{1}{3}$.

(16) $\frac{\pi}{4}-\frac{2}{5}$.

(17) (Ⅰ)证明略;(Ⅱ)$p=30$.

(18) $f(x)=\frac{8}{4-x},x\in I$.

(19) (Ⅰ)证明略;

(Ⅱ)$f'(x)=u_1'(x)u_2(x)\cdots u_n(x)+u_1(x)u_2'(x)\cdots u_n(x)+\cdots+u_1(x)u_2(x)\cdots u_n'(x)$.

(20) (Ⅰ)$a=0$;(Ⅱ)$\boldsymbol{X}=\begin{pmatrix}3 & 1 & -2\\ 1 & 1 & -1\\ 2 & 1 & -1\end{pmatrix}$.

(21) (Ⅰ)$a=4,b=5$;(Ⅱ)$\boldsymbol{P}=\begin{pmatrix}2 & -3 & 1\\ 1 & 0 & 1\\ 0 & 1 & -1\end{pmatrix}$.

(22) (Ⅰ)$P\{Y=k\}=(k-1)\left(\frac{7}{8}\right)^{k-2}\left(\frac{1}{8}\right)^{2},k=2,3,\cdots$;(Ⅱ)16.

(23) (Ⅰ)θ的矩估计量$\hat{\theta}=2\overline{X}-1$,其中$\overline{X}$为样本均值.

(Ⅱ)θ的最大似然估计量$\hat{\theta}=\min\{X_1,X_2,\cdots,X_n\}$.

2016年全国硕士研究生招生考试
数学三试题

一、选择题:1~8小题,每小题4分,共32分.下列每题给出的四个选项中,只有一个选项符合题目要求的.

(1) 设函数 $y=f(x)$ 在 $(-\infty,+\infty)$ 内连续,其导函数的图形如图所示,则

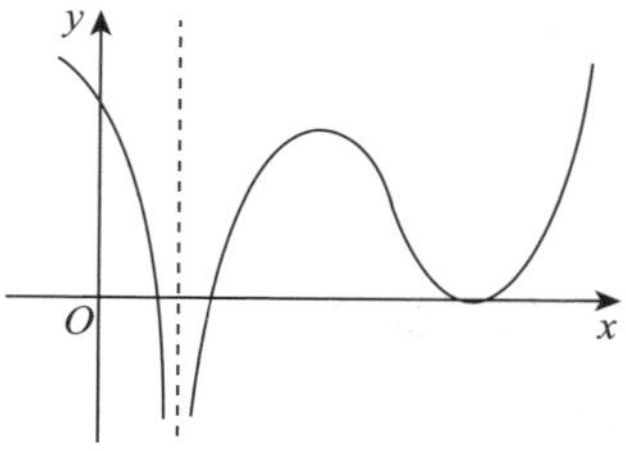

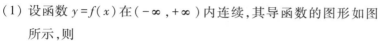

(A) 函数 $f(x)$ 有2个极值点,曲线 $y=f(x)$ 有2个拐点.

(B) 函数 $f(x)$ 有2个极值点,曲线 $y=f(x)$ 有3个拐点.

(C) 函数 $f(x)$ 有3个极值点,曲线 $y=f(x)$ 有1个拐点.

(D) 函数 $f(x)$ 有3个极值点,曲线 $y=f(x)$ 有2个拐点.

(2) 已知函数 $f(x,y)=\dfrac{e^x}{x-y}$,则

(A) $f'_x-f'_y=0$.　(B) $f'_x+f'_y=0$.　(C) $f'_x-f'_y=f$.　(D) $f'_x+f'_y=f$.

(3) 设 $J_i=\iint\limits_{D_i}\sqrt[3]{x-y}\,dxdy\ (i=1,2,3)$,其中 $D_1=\{(x,y)\mid 0\leqslant x\leqslant 1,0\leqslant y\leqslant 1\}$,

$$D_2=\{(x,y)\mid 0\leqslant x\leqslant 1,0\leqslant y\leqslant \sqrt{x}\},D_3=\{(x,y)\mid 0\leqslant x\leqslant 1,x^2\leqslant y\leqslant 1\},$$

则

(A) $J_1<J_2<J_3$.　(B) $J_3<J_1<J_2$.

(C) $J_2<J_3<J_1$.　(D) $J_2<J_1<J_3$.

(4) 级数 $\sum\limits_{n=1}^{\infty}\left(\dfrac{1}{\sqrt{n}}-\dfrac{1}{\sqrt{n+1}}\right)\sin(n+k)$ (k 为常数)

(A) 绝对收敛.　(B) 条件收敛.

(C) 发散.　(D) 收敛性与 k 有关.

(5) 设 $\boldsymbol{A},\boldsymbol{B}$ 是可逆矩阵,且 $\boldsymbol{A}$ 与 $\boldsymbol{B}$ 相似,则下列结论错误的是

(A) $\boldsymbol{A}^{\mathrm{T}}$ 与 $\boldsymbol{B}^{\mathrm{T}}$ 相似.　(B) $\boldsymbol{A}^{-1}$ 与 $\boldsymbol{B}^{-1}$ 相似.

(C) $\boldsymbol{A}+\boldsymbol{A}^{\mathrm{T}}$ 与 $\boldsymbol{B}+\boldsymbol{B}^{\mathrm{T}}$ 相似.　(D) $\boldsymbol{A}+\boldsymbol{A}^{-1}$ 与 $\boldsymbol{B}+\boldsymbol{B}^{-1}$ 相似.

(6) 设二次型 $f(x_1,x_2,x_3)=a(x_1^2+x_2^2+x_3^2)+2x_1x_2+2x_2x_3+2x_1x_3$ 的正、负惯性指数分别为1,2,则

(A) $a>1$.　(B) $a<-2$.

(C) $-2<a<1$.　(D) $a=1$ 或 $a=-2$.

(7) 设 A,B 为两个随机变量,且 $0<P(A)<1,0<P(B)<1$,如果 $P(A\mid B)=1$,则

(A) $P(\overline{B}\mid\overline{A})=1$.　(B) $P(A\mid\overline{B})=0$.

(C) $P(A\cup B)=1$.　(D) $P(B\mid A)=1$.

答案速查

一、选择题

(1) B (2) D (3) B (4) A (5) C (6) C (7) A (8) C

二、填空题

(9) 6. (10) $\sin 1-\cos 1$. (11) $-\mathrm{d}x+2\mathrm{d}y$. (12) $\frac{1}{3}-\frac{2}{3\mathrm{e}}$.

(13) $\lambda^4+\lambda^3+2\lambda^2+3\lambda+4$. (14) $\frac{2}{9}$.

三、解答题

(15) $\mathrm{e}^{\frac{1}{3}}$.

(16) (Ⅰ) $Q=1200-10p$; (Ⅱ) 80. 其经济意义为:销售第 201 件商品所得的收益为 80 万元.

(17) $\frac{1}{4}$.

(18) $f(x)=-\frac{1}{2}(\mathrm{e}^x+\mathrm{e}^{-x})$.

(19) $f(x)=\begin{cases}(1+x)\ln(1+x)+(1-x)\ln(1-x), & x\in(-1,1),\\ 2\ln 2, & x=\pm 1.\end{cases}$

(20) (Ⅰ) $a=0$; (Ⅱ) $\boldsymbol{x}=\begin{pmatrix}1\\-2\\0\end{pmatrix}+k\begin{pmatrix}0\\-1\\1\end{pmatrix}$ (k 为任意常数).

(21) (Ⅰ) $\begin{pmatrix}2^{99}-2 & 1-2^{99} & 2-2^{98}\\ 2^{100}-2 & 1-2^{100} & 2-2^{99}\\ 0 & 0 & 0\end{pmatrix}$; (Ⅱ) $\begin{cases}\boldsymbol{\beta}_1=(2^{99}-2)\boldsymbol{\alpha}_1+(2^{100}-2)\boldsymbol{\alpha}_2,\\ \boldsymbol{\beta}_2=(1-2^{99})\boldsymbol{\alpha}_1+(1-2^{100})\boldsymbol{\alpha}_2,\\ \boldsymbol{\beta}_3=(2-2^{98})\boldsymbol{\alpha}_1+(2-2^{99})\boldsymbol{\alpha}_2.\end{cases}$

(22) (Ⅰ) $f(x,y)=\begin{cases}3, & (x,y)\in D,\\ 0, & 其他.\end{cases}$ (Ⅱ) U 与 X 不相互独立;

(Ⅲ) $F(z)=\begin{cases}0, & z<0,\\ \frac{3}{2}z^2-z^3, & 0\leqslant z<1,\\ \frac{1}{2}+2(z-1)^{\frac{3}{2}}-\frac{3}{2}(z-1)^2, & 1\leqslant z<2,\\ 1, & z\geqslant 2.\end{cases}$

(23) (Ⅰ) $f_T(t)=\begin{cases}\frac{9t^8}{\theta^9}, & 0<t<\theta,\\ 0, & 其他.\end{cases}$ (Ⅱ) $a=\frac{10}{9}$ 时, aT 为 θ 的无偏估计.

2017 年全国硕士研究生招生考试 数学三试题

一、选择题:1~8 小题,每小题 4 分,共 32 分. 下列每题给出的四个选项中,只有一个选项符合题目要求.

(1) 若函数 $f(x)=\begin{cases}\dfrac{1-\cos\sqrt{x}}{ax}, & x>0,\\ b, & x\leqslant 0\end{cases}$ 在 $x=0$ 处连续,则

(A) $ab=\dfrac{1}{2}$.　　(B) $ab=-\dfrac{1}{2}$.　　(C) $ab=0$.　　(D) $ab=2$.

(2) 二元函数 $z=xy(3-x-y)$ 的极值点是

(A) $(0,0)$.　　(B) $(0,3)$.　　(C) $(3,0)$.　　(D) $(1,1)$.

(3) 设函数 $f(x)$ 可导,且 $f(x)f'(x)>0$,则

(A) $f(1)>f(-1)$.　　(B) $f(1)<f(-1)$.

(C) $|f(1)|>|f(-1)|$.　　(D) $|f(1)|<|f(-1)|$.

(4) 若级数 $\sum\limits_{n=2}^{\infty}\left[\sin\dfrac{1}{n}-k\ln\left(1-\dfrac{1}{n}\right)\right]$ 收敛,则 $k=$

(A) 1.　　(B) 2.　　(C) -1.　　(D) -2.

(5) 设 $\boldsymbol{\alpha}$ 为 n 维单位列向量,$\boldsymbol{E}$ 为 n 阶单位矩阵,则

(A) $\boldsymbol{E}-\boldsymbol{\alpha}\boldsymbol{\alpha}^{\mathrm{T}}$ 不可逆.　　(B) $\boldsymbol{E}+\boldsymbol{\alpha}\boldsymbol{\alpha}^{\mathrm{T}}$ 不可逆.

(C) $\boldsymbol{E}+2\boldsymbol{\alpha}\boldsymbol{\alpha}^{\mathrm{T}}$ 不可逆.　　(D) $\boldsymbol{E}-2\boldsymbol{\alpha}\boldsymbol{\alpha}^{\mathrm{T}}$ 不可逆.

(6) 已知矩阵 $\boldsymbol{A}=\begin{pmatrix}2&0&0\\0&2&1\\0&0&1\end{pmatrix}$,$\boldsymbol{B}=\begin{pmatrix}2&1&0\\0&2&0\\0&0&1\end{pmatrix}$,$\boldsymbol{C}=\begin{pmatrix}1&0&0\\0&2&0\\0&0&2\end{pmatrix}$,则

(A) $\boldsymbol{A}$ 与 $\boldsymbol{C}$ 相似,$\boldsymbol{B}$ 与 $\boldsymbol{C}$ 相似.　　(B) $\boldsymbol{A}$ 与 $\boldsymbol{C}$ 相似,$\boldsymbol{B}$ 与 $\boldsymbol{C}$ 不相似.

(C) $\boldsymbol{A}$ 与 $\boldsymbol{C}$ 不相似,$\boldsymbol{B}$ 与 $\boldsymbol{C}$ 相似.　　(D) $\boldsymbol{A}$ 与 $\boldsymbol{C}$ 不相似,$\boldsymbol{B}$ 与 $\boldsymbol{C}$ 不相似.

(7) 设 A,B,C 为三个随机事件,且 A 与 C 相互独立,B 与 C 相互独立,则 $A\cup B$ 与 C 相互独立的充分必要条件是

(A) A 与 B 相互独立.　　(B) A 与 B 互不相容.

(C) AB 与 C 相互独立.　　(D) AB 与 C 互不相容.

答案速查

一、选择题

(1) A　(2) D　(3) C　(4) C　(5) A　(6) B　(7) C　(8) B

二、填空题

(9) $\frac{\pi^3}{2}$.　(10) $C2^t+t2^{t-1}$.　(11) $1+(1-Q)\mathrm{e}^{-Q}$.　(12) $xy\mathrm{e}^y$.　(13) 2.　(14) $\frac{9}{2}$.

三、解答题

(15) $\frac{2}{3}$.

(16) $\frac{\pi}{8}\left(1-\frac{\sqrt{2}}{2}\right)$.

(17) $\frac{1}{4}$.

(18) $\frac{1}{\ln 2}-1<k<\frac{1}{2}$.

(19) (Ⅰ)证明略;(Ⅱ)$S(x)=\frac{\mathrm{e}^{-x}}{1-x}$.

(20) (Ⅰ)证明略;(Ⅱ)$\boldsymbol{x}=\begin{pmatrix}1\\1\\1\end{pmatrix}+k\begin{pmatrix}1\\2\\-1\end{pmatrix}$,其中 k 为任意常数.

(21) $a=2$;$\boldsymbol{Q}=\begin{pmatrix}\frac{1}{\sqrt{3}} & -\frac{1}{\sqrt{2}} & \frac{1}{\sqrt{6}}\\ -\frac{1}{\sqrt{3}} & 0 & \frac{2}{\sqrt{6}}\\ \frac{1}{\sqrt{3}} & \frac{1}{\sqrt{2}} & \frac{1}{\sqrt{6}}\end{pmatrix}$.

(22) (Ⅰ)$\frac{4}{9}$;(Ⅱ)$f_Z(z)=\begin{cases}z, & 0<z<1,\\ z-2, & 2<z<3,\\ 0, & \text{其他}.\end{cases}$

(23) (Ⅰ)$f_{Z_1}(z)=\begin{cases}\frac{2}{\sqrt{2\pi\sigma^2}}\mathrm{e}^{-\frac{z^2}{2\sigma^2}}, & z>0,\\ 0, & z\leqslant 0.\end{cases}$　(Ⅱ)矩估计量 $\hat{\sigma}=\frac{\sqrt{2\pi}}{2n}\sum_{i=1}^{n}Z_i$;

(Ⅲ)最大似然估计量 $\hat{\sigma}=\sqrt{\frac{1}{n}\sum_{i=1}^{n}Z_i^2}$.

2018 年全国硕士研究生招生考试
数学三试题

一、选择题：1~8 小题，每小题 4 分，共 32 分．下列每题给出的四个选项中，只有一个选项符合题目要求．

(1) 下列函数中，在 $x=0$ 处不可导的是

(A) $f(x)=|x|\sin|x|$.　　(B) $f(x)=|x|\sin\sqrt{|x|}$.

(C) $f(x)=\cos|x|$.　　(D) $f(x)=\cos\sqrt{|x|}$.

(2) 设函数 $f(x)$ 在 $[0,1]$ 上二阶可导，且 $\int_0^1 f(x)\,\mathrm{d}x=0$，则

(A) 当 $f'(x)<0$ 时，$f\left(\frac{1}{2}\right)<0$.　　(B) 当 $f''(x)<0$ 时，$f\left(\frac{1}{2}\right)<0$.

(C) 当 $f'(x)>0$ 时，$f\left(\frac{1}{2}\right)<0$.　　(D) 当 $f''(x)>0$ 时，$f\left(\frac{1}{2}\right)<0$.

(3) 设 $M=\int_{-\frac{\pi}{2}}^{\frac{\pi}{2}}\frac{(1+x)^2}{1+x^2}\mathrm{d}x$，$N=\int_{-\frac{\pi}{2}}^{\frac{\pi}{2}}\frac{1+x}{\mathrm{e}^x}\mathrm{d}x$，$K=\int_{-\frac{\pi}{2}}^{\frac{\pi}{2}}(1+\sqrt{\cos x})\,\mathrm{d}x$，则

(A) $M>N>K$.　　(B) $M>K>N$.

(C) $K>M>N$.　　(D) $K>N>M$.

(4) 设某产品的成本函数 $C(Q)$ 可导，其中 Q 为产量．若产量为 Q_0 时平均成本最小，则

(A) $C'(Q_0)=0$.　　(B) $C'(Q_0)=C(Q_0)$.

(C) $C'(Q_0)=Q_0C(Q_0)$.　　(D) $Q_0C'(Q_0)=C(Q_0)$.

(5) 下列矩阵中，与矩阵 $\begin{pmatrix}1&1&0\\0&1&1\\0&0&1\end{pmatrix}$ 相似的为

(A) $\begin{pmatrix}1&1&-1\\0&1&1\\0&0&1\end{pmatrix}$.　　(B) $\begin{pmatrix}1&0&-1\\0&1&1\\0&0&1\end{pmatrix}$.　　(C) $\begin{pmatrix}1&1&-1\\0&1&0\\0&0&1\end{pmatrix}$.　　(D) $\begin{pmatrix}1&0&-1\\0&1&0\\0&0&1\end{pmatrix}$.

答案速查

一、选择题

(1) D (2) D (3) C (4) D (5) A (6) A (7) A (8) B

二、填空题

(9) $y=4x-3$. (10) $e^x\arcsin\sqrt{1-e^{2x}}-\sqrt{1-e^{2x}}+C$. (11) $y_x=C2^x-5$. (12) $2e$. (13) 2.

(14) $\frac{1}{3}$.

三、解答题

(15) $a=1,b=1$.

(16) $\frac{\sqrt{3}}{32}(\pi-2)$.

(17) $\frac{1}{\pi+4+3\sqrt{3}}$.

(18) $a_n=(-1)^{n+1}(n+1)+(-1)^{\frac{n}{2}}\cdot\frac{(-1)^n+1}{2}\cdot\frac{2^n}{n!},n=0,1,2,\cdots$.

(19) 证明略，$\lim\limits_{n\to\infty}x_n=0$.

(20) (Ⅰ) 当 $a\neq2$ 时，$\boldsymbol{x}=\begin{pmatrix}0\\0\\0\end{pmatrix}$；当 $a=2$ 时，$\boldsymbol{x}=k\begin{pmatrix}-2\\-1\\1\end{pmatrix}$，$k$ 为任意常数.

(Ⅱ) 当 $a\neq2$ 时，$f=z_1^2+z_2^2+z_3^2$；当 $a=2$ 时，$f=z_1^2+z_2^2$.

(21) (Ⅰ) $a=2$；(Ⅱ) $\boldsymbol{P}=\begin{pmatrix}-6k_1+3 & -6k_2+4 & -6k_3+4\\2k_1-1 & 2k_2-1 & 2k_3-1\\k_1 & k_2 & k_3\end{pmatrix}$，$k_2\neq k_3$，$k_1,k_2,k_3$ 为任意常数.

(22) (Ⅰ) λ；(Ⅱ) $P\{Z=k\}=\begin{cases}\frac{\lambda^{|k|}e^{-\lambda}}{2\cdot|k|!},k=\pm1,\pm2,\cdots,\\e^{-\lambda},k=0.\end{cases}$

(23) (Ⅰ) $\frac{1}{n}\sum_{i=1}^{n}|X_i|$；(Ⅱ) $E\hat{\sigma}=\sigma,D\hat{\sigma}=\frac{\sigma^2}{n}$.

2019年全国硕士研究生招生考试
数学三试题

一、选择题:1~8小题,每小题4分,共32分.下列每题给出的四个选项中,只有一个选项符合题目要求.

(1) 当$x\to 0$时,若$x-\tan x$与x^k是同阶无穷小量,则$k=$

(A) 1.　　(B) 2.　　(C) 3.　　(D) 4.

(2) 已知方程$x^5-5x+k=0$有3个不同的实根,则k的取值范围是

(A) $(-\infty,-4)$.　　(B) $(4,+\infty)$.　　(C) $\{-4,4\}$.　　(D) $(-4,4)$.

(3) 已知微分方程$y''+ay'+by=ce^x$的通解为$y=(C_1+C_2x)e^{-x}+e^x$,则a,b,c依次为

(A) 1,0,1.　　(B) 1,0,2.　　(C) 2,1,3.　　(D) 2,1,4.

(4) 若$\sum\limits_{n=1}^{\infty} nu_n$绝对收敛,$\sum\limits_{n=1}^{\infty}\dfrac{v_n}{n}$条件收敛,则

(A) $\sum\limits_{n=1}^{\infty}u_nv_n$条件收敛.　　(B) $\sum\limits_{n=1}^{\infty}u_nv_n$绝对收敛.

(C) $\sum\limits_{n=1}^{\infty}(u_n+v_n)$收敛.　　(D) $\sum\limits_{n=1}^{\infty}(u_n+v_n)$发散.

(5) 设$\boldsymbol{A}$是4阶矩阵,$\boldsymbol{A}^*$为$\boldsymbol{A}$的伴随矩阵.若线性方程组$\boldsymbol{Ax}=\boldsymbol{0}$的基础解系中只有2个向量,则$r(\boldsymbol{A}^*)=$

(A) 0.　　(B) 1.　　(C) 2.　　(D) 3.

(6) 设$\boldsymbol{A}$是3阶实对称矩阵,$\boldsymbol{E}$是3阶单位矩阵.若$\boldsymbol{A}^2+\boldsymbol{A}=2\boldsymbol{E}$,且$|\boldsymbol{A}|=4$,则二次型$\boldsymbol{x}^T\boldsymbol{Ax}$的规范形为

(A) $y_1^2+y_2^2+y_3^2$.　　(B) $y_1^2+y_2^2-y_3^2$.

(C) $y_1^2-y_2^2-y_3^2$.　　(D) $-y_1^2-y_2^2-y_3^2$.

(7) 设A,B为随机事件,则$P(A)=P(B)$充分必要条件是

(A) $P(A\cup B)=P(A)+P(B)$.　　(B) $P(AB)=P(A)P(B)$.

(C) $P(A\overline{B})=P(B\overline{A})$.　　(D) $P(AB)=P(\overline{A}\,\overline{B})$.

(8) 设随机变量X和Y相互独立,且都服从正态分布$N(\mu,\sigma^2)$,则$P\{|X-Y|<1\}$

(A) 与μ无关,而与σ^2有关.　　(B) 与μ有关,而与σ^2无关.

(C) 与μ,σ^2都有关.　　(D) 与μ,σ^2都无关.

答案速查

一、选择题

(1) C (2) D (3) D (4) B (5) A (6) C (7) C (8) A

二、填空题

(9) e^{-1}. (10) $(\pi,-2)$. (11) $\frac{1}{18}(1-2\sqrt{2})$. (12) $\frac{2}{5}$. (13) 1. (14) $\frac{2}{3}$.

三、解答题

(15) (Ⅰ) $f'(x)=\begin{cases}2e^{2x\ln x}(1+\ln x), & x>0,\\ (x+1)e^x, & x<0.\end{cases}$

(Ⅱ) $f(x)$ 在 $x=-1$ 处取极小值 $f(-1)=1-e^{-1}$；在 $x=e^{-1}$ 处取极小值 $f(e^{-1})=e^{-2e^{-1}}$；在 $x=0$ 处取极大值 $f(0)=1$.

(16) $1-3f''_{11}-f''_{22}$.

(17) (Ⅰ) $y=\sqrt{x}e^{\frac{x^2}{2}}$；(Ⅱ) $\frac{\pi}{2}(e^4-e)$.

(18) $\frac{e^{\pi}+1}{2(e^{\pi}-1)}$.

(19) (Ⅰ) 证明略；(Ⅱ) $\lim\limits_{n\to\infty}\frac{a_n}{a_{n-1}}=1$.

(20) (Ⅰ) $a\neq-1$；(Ⅱ) 当 $a=1$ 时，$\boldsymbol{\beta}_3=(-2k+3)\boldsymbol{\alpha}_1+(k-2)\boldsymbol{\alpha}_2+k\boldsymbol{\alpha}_3$，$k$ 为任意常数；当 $a\neq\pm1$ 时，$\boldsymbol{\beta}_3=\boldsymbol{\alpha}_1-\boldsymbol{\alpha}_2+\boldsymbol{\alpha}_3$.

(21) (Ⅰ) $x=3, y=-2$；(Ⅱ) $\boldsymbol{P}=\begin{pmatrix}1 & 1 & -1\\ -2 & -1 & 2\\ 0 & 0 & 4\end{pmatrix}$（答案不唯一，与选取的特征向量有关）.

(22) (Ⅰ) $f_Z(z)=\begin{cases}pe^z, & z<0,\\ (1-p)e^{-z}, & z\geqslant0.\end{cases}$ (Ⅱ) $p=\frac{1}{2}$；(Ⅲ) 不独立.

(23) (Ⅰ) $\sqrt{\frac{2}{\pi}}$；(Ⅱ) $\hat{\sigma}^2=\frac{1}{n}\sum\limits_{i=1}^{n}(X_i-\mu)^2$.

2020 年全国硕士研究生招生考试
数学三试题

一、选择题:1~8 小题,每小题 4 分,共 32 分. 下列每题给出的四个选项中,只有一个选项是符合要求的.

(1)设$\lim\limits_{x\to a}\frac{f(x)-a}{x-a}=b$,则$\lim\limits_{x\to a}\frac{\sin f(x)-\sin a}{x-a}=$

(A)$b\sin a$.　　(B)$b\cos a$.　　(C)$b\sin f(a)$.　　(D)$b\cos f(a)$.

(2)函数$f(x)=\frac{e^{\frac{1}{x-1}}\ln|1+x|}{(e^x-1)(x-2)}$的第二类间断点的个数为

(A)1.　　(B)2.　　(C)3.　　(D)4.

(3)设奇函数$f(x)$在$(-\infty,+\infty)$上具有连续导数,则

(A)$\int_0^x[\cos f(t)+f'(t)]\mathrm{d}t$是奇函数.　　(B)$\int_0^x[\cos f(t)+f'(t)]\mathrm{d}t$是偶函数.

(C)$\int_0^x[\cos f'(t)+f(t)]\mathrm{d}t$是奇函数.　　(D)$\int_0^x[\cos f'(t)+f(t)]\mathrm{d}t$是偶函数.

(4)设幂级数$\sum\limits_{n=1}^{\infty}na_n(x-2)^n$的收敛区间为$(-2,6)$,则$\sum\limits_{n=1}^{\infty}a_n(x+1)^{2n}$的收敛区间为

(A)$(-2,6)$.　　(B)$(-3,1)$.　　(C)$(-5,3)$.　　(D)$(-17,15)$.

(5)设 4 阶矩阵$\boldsymbol{A}=(a_{ij})$不可逆,a_{12}的代数余子式$A_{12}\neq0$,$\boldsymbol{\alpha}_1,\boldsymbol{\alpha}_2,\boldsymbol{\alpha}_3,\boldsymbol{\alpha}_4$为矩阵$\boldsymbol{A}$的列向量组,$\boldsymbol{A}^*$为$\boldsymbol{A}$的伴随矩阵,则方程组$\boldsymbol{A}^*\boldsymbol{x}=\boldsymbol{0}$的通解为

(A)$\boldsymbol{x}=k_1\boldsymbol{\alpha}_1+k_2\boldsymbol{\alpha}_2+k_3\boldsymbol{\alpha}_3$其中$k_1,k_2,k_3$为任意常数.

(B)$\boldsymbol{x}=k_1\boldsymbol{\alpha}_1+k_2\boldsymbol{\alpha}_2+k_3\boldsymbol{\alpha}_4$其中$k_1,k_2,k_3$为任意常数.

(C)$\boldsymbol{x}=k_1\boldsymbol{\alpha}_1+k_2\boldsymbol{\alpha}_3+k_3\boldsymbol{\alpha}_4$其中$k_1,k_2,k_3$为任意常数.

(D)$\boldsymbol{x}=k_1\boldsymbol{\alpha}_2+k_2\boldsymbol{\alpha}_3+k_3\boldsymbol{\alpha}_4$其中$k_1,k_2,k_3$为任意常数.

(6)设$\boldsymbol{A}$为 3 阶矩阵,$\boldsymbol{\alpha}_1,\boldsymbol{\alpha}_2$为$\boldsymbol{A}$的属于特征值 1 的线性无关的特征向量,$\boldsymbol{\alpha}_3$为$\boldsymbol{A}$的属于特征值$-1$的特征向量,则满足$\boldsymbol{P}^{-1}\boldsymbol{AP}=\begin{pmatrix}1&0&0\\0&-1&0\\0&0&1\end{pmatrix}$的可逆矩阵$\boldsymbol{P}$可为

(A)$(\boldsymbol{\alpha}_1+\boldsymbol{\alpha}_3,\boldsymbol{\alpha}_2,-\boldsymbol{\alpha}_3)$.　　(B)$(\boldsymbol{\alpha}_1+\boldsymbol{\alpha}_2,\boldsymbol{\alpha}_2,-\boldsymbol{\alpha}_3)$.

(C)$(\boldsymbol{\alpha}_1+\boldsymbol{\alpha}_3,-\boldsymbol{\alpha}_3,\boldsymbol{\alpha}_2)$.　　(D)$(\boldsymbol{\alpha}_1+\boldsymbol{\alpha}_2,-\boldsymbol{\alpha}_3,\boldsymbol{\alpha}_2)$.

(7)设A,B,C为三个随机事件,且$P(A)=P(B)=P(C)=\frac{1}{4}$,$P(AB)=0$,$P(AC)=P(BC)=\frac{1}{12}$,则$A,B,C$中恰有一个事件发生的概率为

(A)$\frac{3}{4}$.　　(B)$\frac{2}{3}$.　　(C)$\frac{1}{2}$.　　(D)$\frac{5}{12}$.

答案速查

一、选择题

(1)B (2)C (3)A (4)B (5)C (6)D (7)D (8)C

二、填空题

(9)$(\pi-1)\mathrm{d}x-\mathrm{d}y$. (10)$y=x-1$. (11)8. (12)$\left(\ln2-\frac{1}{3}\right)\pi$. (13)$a^2(a^2-4)$. (14)$\frac{8}{7}$.

三、解答题

(15)$a=1,b=-\frac{\mathrm{e}}{2}$.

(16)$f(x,y)$在$\left(\frac{1}{6},\frac{1}{12}\right)$处取极小值$f\left(\frac{1}{6},\frac{1}{12}\right)=-\frac{1}{216}$.

(17)(Ⅰ)$f(x)=\mathrm{e}^{-x}\cos2x$;(Ⅱ)$\frac{1}{5(\mathrm{e}^{\pi}-1)}$.

(18)$\frac{3\pi^2}{128}$.

(19)证明略.

(20)(Ⅰ)$a=4,b=1$;(Ⅱ)$\boldsymbol{Q}=\frac{1}{5}\begin{pmatrix}4 & -3\\ -3 & -4\end{pmatrix}$.

(21)(Ⅰ)证明略;(Ⅱ)$\boldsymbol{P}^{-1}\boldsymbol{AP}=\begin{pmatrix}0 & 6\\ 1 & -1\end{pmatrix}$,$\boldsymbol{A}$可对角化.

(22)(Ⅰ)

Z_2 \ Z_1	0	1
0	$\frac{1}{4}$	0
1	$\frac{1}{2}$	$\frac{1}{4}$

(Ⅱ)$\rho_{Z_1Z_2}=\frac{1}{3}$.

(23)(Ⅰ)$\mathrm{e}^{-\left(\frac{t}{\theta}\right)^m}$,$\mathrm{e}^{\left(\frac{s}{\theta}\right)^m-\left(\frac{s+t}{\theta}\right)^m}$;(Ⅱ)$\hat{\theta}=\left(\frac{1}{n}\sum_{i=1}^{n}t_i^m\right)^{\frac{1}{m}}$.

2021 年全国硕士研究生招生考试
数学三试题

一、选择题:1~10 小题,每小题 5 分,共 50 分. 下列每题给出的四个选项中,只有一个选项是符合要求的.

(1)当 $x\to 0$ 时,$\int_0^{x^2}(e^{t^3}-1)\,dt$ 是 x^7 的

(A)低阶无穷小.　　(B)等价无穷小.

(C)高阶无穷小.　　(D)同阶但非等价无穷小.

(2)函数 $f(x)=\begin{cases}\dfrac{e^x-1}{x}, & x\neq 0,\\ 1, & x=0\end{cases}$ 在 $x=0$ 处

(A)连续且取得极大值.　　(B)连续且取得极小值.

(C)可导且导数等于零.　　(D)可导且导数不为零.

(3)设函数 $f(x)=ax-b\ln x\,(a>0)$ 有 2 个零点,则 $\dfrac{b}{a}$ 的取值范围是

(A)$(e,+\infty)$.　　(B)$(0,e)$.　　(C)$\left(0,\dfrac{1}{e}\right)$.　　(D)$\left(\dfrac{1}{e},+\infty\right)$.

(4)设函数 $f(x,y)$ 可微,且 $f(x+1,e^x)=x(x+1)^2$,$f(x,x^2)=2x^2\ln x$,则 $df(1,1)=$

(A)$dx+dy$.　　(B)$dx-dy$.　　(C)dy.　　(D)$-dy$.

(5)二次型 $f(x_1,x_2,x_3)=(x_1+x_2)^2+(x_2+x_3)^2-(x_3-x_1)^2$ 的正惯性指数与负惯性指数依次为

(A)2,0.　　(B)1,1.　　(C)2,1.　　(D)1,2.

(6)设 $\boldsymbol{A}=(\boldsymbol{\alpha}_1,\boldsymbol{\alpha}_2,\boldsymbol{\alpha}_3,\boldsymbol{\alpha}_4)$ 为 4 阶正交矩阵. 若矩阵 $\boldsymbol{B}=\begin{pmatrix}\boldsymbol{\alpha}_1^{T}\\ \boldsymbol{\alpha}_2^{T}\\ \boldsymbol{\alpha}_3^{T}\end{pmatrix}$,$\boldsymbol{\beta}=\begin{pmatrix}1\\1\\1\end{pmatrix}$,$k$ 表示任意常数,则线性方程组 $\boldsymbol{Bx}=\boldsymbol{\beta}$ 的通解 $\boldsymbol{x}=$

(A)$\boldsymbol{\alpha}_2+\boldsymbol{\alpha}_3+\boldsymbol{\alpha}_4+k\boldsymbol{\alpha}_1$.　　(B)$\boldsymbol{\alpha}_1+\boldsymbol{\alpha}_3+\boldsymbol{\alpha}_4+k\boldsymbol{\alpha}_2$.

(C)$\boldsymbol{\alpha}_1+\boldsymbol{\alpha}_2+\boldsymbol{\alpha}_4+k\boldsymbol{\alpha}_3$.　　(D)$\boldsymbol{\alpha}_1+\boldsymbol{\alpha}_2+\boldsymbol{\alpha}_3+k\boldsymbol{\alpha}_4$.

(7)已知矩阵 $\boldsymbol{A}=\begin{pmatrix}1&0&-1\\2&-1&1\\-1&2&-5\end{pmatrix}$. 若下三角可逆矩阵 $\boldsymbol{P}$ 和上三角可逆矩阵 $\boldsymbol{Q}$,使 $\boldsymbol{PAQ}$ 为对角矩阵,则 $\boldsymbol{P},\boldsymbol{Q}$ 可以分别取

(A)$\begin{pmatrix}1&0&0\\0&1&0\\0&0&1\end{pmatrix},\begin{pmatrix}1&0&1\\0&1&3\\0&0&1\end{pmatrix}$.　　(B)$\begin{pmatrix}1&0&0\\2&-1&0\\-3&2&1\end{pmatrix},\begin{pmatrix}1&0&0\\0&1&0\\0&0&1\end{pmatrix}$.

答案速查

一、选择题

(1)C (2)D (3)A (4)C (5)B (6)D (7)C (8)D (9)B (10)A

二、填空题

(11)$\frac{1}{2e}\sin\frac{1}{e}$. (12)6. (13)$\frac{\pi}{4}$. (14)$\frac{1}{2}t(t-1)+C$,$C$ 为任意常数. (15)-5. (16)$\frac{1}{5}$.

三、解答题

(17)$\frac{1-e^2}{\pi e}$.

(18)$f(-1,0)$、$f(\frac{1}{2},0)$均是函数$f(x,y)$的极小值,

极小值分别为$f(-1,0)=2$,$f(\frac{1}{2},0)=\frac{1}{2}-2\ln 2$.

(19)$\frac{(e-1)^2}{8}$.

(20)(Ⅰ)$y_n(x)=\frac{x^{n+1}}{n(n+1)}$;(Ⅱ)$S(x)=\begin{cases}x+(1-x)\ln(1-x), & x\in[-1,1),\\ 1, & x=1.\end{cases}$.

(21)当特征值为 1,1,3 时,$a=1$,$b=1$,可逆矩阵 $P=\begin{pmatrix}-1 & 0 & 1\\ 1 & 0 & 1\\ 0 & 1 & 1\end{pmatrix}$;当特征值为 1,3,3 时,$a=-1$,

$b=3$,可逆矩阵 $P=\begin{pmatrix}1 & 0 & -1\\ 1 & 0 & 1\\ 0 & 1 & 1\end{pmatrix}$.

(22)(Ⅰ)X 的概率密度为 $f_X(x)=\begin{cases}1, & 0<x<1,\\ 0, & \text{其他}.\end{cases}$

(Ⅱ)Z 的概率密度 $f_Z(z)=\begin{cases}\frac{2}{(1+z)^2}, & z>1,\\ 0, & \text{其他}.\end{cases}$;(Ⅲ)$E\left(\frac{X}{Y}\right)=2\ln 2-1$.

2022年全国硕士研究生招生考试
数学三试题

一、选择题:1~10小题,每小题5分,共50分.下列每题给出的四个选项中,只有一个选项是符合要求的.

(1) 当$x\to 0$时,$\alpha(x),\beta(x)$是非零无穷小量,给出以下四个命题:

①若$\alpha(x)\sim\beta(x)$,则$\alpha^2(x)\sim\beta^2(x)$;

②若$\alpha^2(x)\sim\beta^2(x)$,则$\alpha(x)\sim\beta(x)$;

③若$\alpha(x)\sim\beta(x)$,则$\alpha(x)-\beta(x)=o(\alpha(x))$;

④若$\alpha(x)-\beta(x)=o(\alpha(x))$,则$\alpha(x)\sim\beta(x)$.

其中所有真命题的序号是

(A) ①③.　(B) ①④.　(C) ①③④.　(D) ②③④.

(2) 已知$a_n=\sqrt[n]{n}-\dfrac{(-1)^n}{n}(n=1,2,\cdots)$,则$\{a_n\}$

(A) 有最大值,有最小值.　(B) 有最大值,没有最小值.

(C) 没有最大值,有最小值.　(D) 没有最大值,没有最小值.

(3) 设函数$f(t)$连续,令$F(x,y)=\int_0^{x-y}(x-y-t)f(t)\,\mathrm{d}t$,则

(A) $\dfrac{\partial F}{\partial x}=\dfrac{\partial F}{\partial y},\dfrac{\partial^2 F}{\partial x^2}=\dfrac{\partial^2 F}{\partial y^2}$.　(B) $\dfrac{\partial F}{\partial x}=\dfrac{\partial F}{\partial y},\dfrac{\partial^2 F}{\partial x^2}=-\dfrac{\partial^2 F}{\partial y^2}$.

(C) $\dfrac{\partial F}{\partial x}=-\dfrac{\partial F}{\partial y},\dfrac{\partial^2 F}{\partial x^2}=\dfrac{\partial^2 F}{\partial y^2}$.　(D) $\dfrac{\partial F}{\partial x}=-\dfrac{\partial F}{\partial y},\dfrac{\partial^2 F}{\partial x^2}=-\dfrac{\partial^2 F}{\partial y^2}$.

(4) 已知$I_1=\int_0^1\dfrac{x}{2(1+\cos x)}\mathrm{d}x,I_2=\int_0^1\dfrac{\ln(1+x)}{1+\cos x}\mathrm{d}x,I_3=\int_0^1\dfrac{2x}{1+\sin x}\mathrm{d}x$,则

(A) $I_1<I_2<I_3$.　(B) $I_2<I_1<I_3$.

(C) $I_1<I_3<I_2$.　(D) $I_3<I_2<I_1$.

(5) 设$\boldsymbol{A}$为3阶矩阵,$\Lambda=\begin{pmatrix}1&0&0\\0&-1&0\\0&0&0\end{pmatrix}$,则$\boldsymbol{A}$的特征值为$1,-1,0$的充分必要条件是

(A) 存在可逆矩阵$\boldsymbol{P},\boldsymbol{Q}$,使得$\boldsymbol{A}=\boldsymbol{P}\boldsymbol{\Lambda}\boldsymbol{Q}$.

(B) 存在可逆矩阵$\boldsymbol{P}$,使得$\boldsymbol{A}=\boldsymbol{P}\boldsymbol{\Lambda}\boldsymbol{P}^{-1}$.

(C) 存在正交矩阵$\boldsymbol{Q}$,使得$\boldsymbol{A}=\boldsymbol{Q}\boldsymbol{\Lambda}\boldsymbol{Q}^{-1}$.

(D) 存在可逆矩阵$\boldsymbol{P}$,使得$\boldsymbol{A}=\boldsymbol{P}\boldsymbol{\Lambda}\boldsymbol{P}^{\mathrm{T}}$.

答案速查

一、选择题

(1) C　(2) A　(3) C　(4) A　(5) B　(6) D　(7) C　(8) D　(9) B　(10) B

二、填空题

(11) $\sqrt{e}$.　(12) $\ln 3-\frac{\pi}{\sqrt{3}}$.　(13) 0.　(14) $(e-1)^2$.　(15) -1.　(16) $\frac{5}{8}$.

三、解答题

(17) $y(x)=2x+e^{1-\sqrt{x}}, x\in(0,+\infty)$；斜渐近线为 $y=2x$.

(18) 利润最大时的产量为 384.

(19) $2\pi-2$.

(20) 收敛域为 $[-1,1]$；$S(x)=\begin{cases}\frac{\arctan x}{x}+\frac{1}{x}\ln\frac{2+x}{2-x}, & 0<|x|\leqslant 1,\\ 2, & x=0.\end{cases}$

(21) (Ⅰ) $Q=\begin{pmatrix}-\frac{1}{\sqrt{2}} & 0 & \frac{1}{\sqrt{2}}\\ 0 & 1 & 0\\ \frac{1}{\sqrt{2}} & 0 & \frac{1}{\sqrt{2}}\end{pmatrix}$，标准形为 $2y_1^2+4y_2^2+4y_3^2$；(Ⅱ) 略.

(22) θ 的最大似然函数估计量 $\hat{\theta}=\frac{2n\overline{X}+m\overline{Y}}{2(n+m)}$，其中 $\overline{X}=\frac{1}{n}\sum_{i=1}^{n}X_i$，$\overline{Y}=\frac{1}{m}\sum_{j=1}^{m}Y_j$，$D(\hat{\theta})=\frac{\theta^2}{n+m}$.

(14) 已知函数$f(x)=\begin{cases}e^{x}, & 0\leqslant x\leqslant 1,\\ 0, & 其他.\end{cases}$则$\int_{-\infty}^{+\infty}\mathrm{d}x\int_{-\infty}^{+\infty}f(x)f(y-x)\,\mathrm{d}y=$ ________.

(15) 设$\boldsymbol{A}$为3阶矩阵,交换$\boldsymbol{A}$的第2行和第3行,再将第2列的-1倍加到第1列,得到矩阵$\begin{pmatrix}-2 & 1 & -1\\ 1 & -1 & 0\\ -1 & 0 & 0\end{pmatrix}$,则$\boldsymbol{A}^{-1}$的迹$tr(\boldsymbol{A}^{-1})=$ ________.

(16) 设A,B,C为随机事件,且A与B互不相容,A与C互不相容,B与C相互独立,$P(A)=P(B)=P(C)=\dfrac{1}{3}$,则$P(B\cup C\mid A\cup B\cup C)=$ ________.

三、解答题:17~22小题,共70分.请将解答写在答题卡指定位置上.解答应写出文字说明、证明过程或演算步骤.

(17)(本题满分10分)

设函数$y=y(x)$是微分方程$y'+\dfrac{1}{2\sqrt{x}}y=2+\sqrt{x}$满足条件$y(1)=3$的解,求曲线$y=y(x)$的渐近线.

(18)(本题满分12分)

设某产品的产量Q由资本投入量x和劳动投入量y决定,生产函数为$Q=12x^{\frac{1}{2}}y^{\frac{1}{6}}$,该产品的销售单价$p$与$Q$的关系为$p=1160-1.5Q$.若单位资本投入和单位劳动投入的价格分别为6和8,求利润最大时的产量.

(19)(本题满分12分)

已知平面区域$D=\{(x,y)\mid y-2\leqslant x\leqslant\sqrt{4-y^{2}},0\leqslant y\leqslant 2\}$,计算$I=\iint\limits_{D}\dfrac{(x-y)^{2}}{x^{2}+y^{2}}\mathrm{d}x\mathrm{d}y$.

(20)(本题满分12分)

求幂级数$\sum\limits_{n=0}^{\infty}\dfrac{(-4)^{n}+1}{4^{n}(2n+1)}x^{2n}$的收敛域及和函数$S(x)$.

(21)(本题满分12分)

已知二次型$f(x_1,x_2,x_3)=3x_1^2+4x_2^2+3x_3^2+2x_1x_3$.

(Ⅰ)求正交变换$x=Qy$将$f(x_1,x_2,x_3)$化为标准形;

(Ⅱ)证明:$\min\limits_{x\neq 0}\dfrac{f(x)}{x^{\mathrm{T}}x}=2$.

(22)(本题满分12分)

设$X_1,X_2,\cdots,X_n$是来自均值为θ的指数分布总体的简单随机样本,$Y_1,Y_2,\cdots,Y_m$为来自均值为2θ的指数分布总体的简单随机样本,且两样本相互独立,其中$\theta(\theta>0)$是未知参数.利用样本$X_1,X_2,\cdots,X_n,Y_1,Y_2,\cdots,Y_m$,求$\theta$的最大似然函数估计量$\hat{\theta}$,并求$D(\hat{\theta})$.

(6) 设矩阵 $A=\begin{pmatrix}1&1&1\\1&a&a^2\\1&b&b^2\end{pmatrix}$，$b=\begin{pmatrix}1\\2\\4\end{pmatrix}$，则线性方程组 $Ax=b$ 解的情况为

(A) 无解． (B) 有解．

(C) 有无穷多解或无解． (D) 有唯一解或无解．

(7) 设 $\alpha_1=\begin{pmatrix}\lambda\\1\\1\end{pmatrix}$，$\alpha_2=\begin{pmatrix}1\\\lambda\\1\end{pmatrix}$，$\alpha_3=\begin{pmatrix}1\\1\\\lambda\end{pmatrix}$，$\alpha_4=\begin{pmatrix}1\\\lambda\\\lambda^2\end{pmatrix}$，若向量组 $\alpha_1,\alpha_2,\alpha_3$ 与 $\alpha_1,\alpha_2,\alpha_4$ 等价，则 λ 的取值范围是

(A) $\{0,1\}$． (B) $\{\lambda\mid\lambda\in R,\lambda\neq-2\}$．

(C) $\{\lambda\mid\lambda\in R,\lambda\neq-1,\lambda\neq-2\}$． (D) $\{\lambda\mid\lambda\in R,\lambda\neq-1\}$．

(8) 设随机变量 $X\sim N(0,4)$，随机变量 $Y\sim B(3,\frac{1}{3})$，且 X 与 Y 不相关，则 $D(X-3Y+1)=$

(A) 2. (B) 4. (C) 6. (D) 10.

(9) 设随机变量序列 $X_1,X_2,\cdots,X_n,\cdots$ 独立同分布，且 X_1 的概率密度为 $f(x)=\begin{cases}1-|x|, & |x|<1,\\0, & \text{其他},\end{cases}$ 则当 $n\to\infty$ 时，$\frac{1}{n}\sum_{i=1}^{n}X_i^2$ 依概率收敛于

(A) $\frac{1}{8}$. (B) $\frac{1}{6}$. (C) $\frac{1}{3}$. (D) $\frac{1}{2}$.

(10) 设二维随机变量 (X,Y) 的概率分布为

X \ Y	0	1	2
−1	0.1	0.1	b
1	a	0.1	0.1

若事件 $\{\max(X,Y)=2\}$ 与事件 $\{\min(X,Y)=1\}$ 相互独立，则 $Cov(X,Y)=$

(A) −0.6. (B) −0.36. (C) 0. (D) 0.48.

二、填空题：11～16 小题，每小题 5 分，共 30 分．

(11) $\lim\limits_{x\to0}\left(\frac{1+e^x}{2}\right)^{\cot x}=$ ________．

(12) $\int_0^2\frac{2x-4}{x^2+2x+4}dx=$ ________．

(13) 已知函数 $f(x)=e^{\sin x}+e^{-\sin x}$，则 $f'''(2\pi)=$ ________．

三、解答题：17～22 小题，共 70 分．请将解答写在答题卡指定位置上．解答应写出文字说明、证明过程或演算步骤．

(17)(本题满分 10 分)

已知$\lim\limits_{x\to0}\left[a\arctan\dfrac{1}{x}+(1+|x|)^{\frac{1}{x}}\right]$存在，求 a 的值．

(18)(本题满分 12 分)

求函数$f(x,y)=2\ln|x|+\dfrac{(x-1)^2+y^2}{2x^2}$的极值．

(19)(本题满分 12 分)

设有界区域 D 是圆 $x^2+y^2=1$ 和直线 $y=x$ 以及 x 轴在第一象限围成的部分，计算二重积分

$$\iint\limits_D e^{(x+y)^2}(x^2-y^2)\,dxdy.$$

(20)(本题满分 12 分)

设 n 为正整数，$y=y_n(x)$是微分方程 $xy'-(n+1)y=0$ 满足条件 $y_n(1)=\dfrac{1}{n(n+1)}$的解．

(Ⅰ)求 $y_n(x)$；

(Ⅱ)求级数 $\sum\limits_{n=1}^{\infty}y_n(x)$ 的收敛域及和函数．

(21)(本题满分 12 分)

设矩阵 $\boldsymbol{A}=\begin{pmatrix}2&1&0\\1&2&0\\1&a&b\end{pmatrix}$仅有两个不同的特征值．若 $\boldsymbol{A}$ 相似于对角矩阵，求 a,b 的值，并求可逆矩阵 $\boldsymbol{P}$，使 $\boldsymbol{P}^{-1}\boldsymbol{AP}$ 为对角矩阵．

(22)(本题满分 12 分)

在区间(0,2)上随机取一点，将该区间分成两段，较短一段的长度记为 X，较长一段的长度记为 Y．令 $Z=\dfrac{Y}{X}$.

(Ⅰ)求 X 的概率密度；

(Ⅱ)求 Z 的概率密度；

(Ⅲ)求 $E\left(\dfrac{X}{Y}\right)$.

(C) $\begin{pmatrix}1&0&0\\2&-1&0\\-3&2&1\end{pmatrix},\begin{pmatrix}1&0&1\\0&1&3\\0&0&1\end{pmatrix}$.　　(D) $\begin{pmatrix}1&0&0\\0&1&0\\1&3&1\end{pmatrix},\begin{pmatrix}1&2&-3\\0&-1&2\\0&0&1\end{pmatrix}$.

(8) 设 A,B 为随机事件，且 $0<P(B)<1$，下列命题中为假命题的是

(A) 若 $P(A|B)=P(A)$，则 $P(A|\bar{B})=P(A)$.

(B) 若 $P(A|B)>P(A)$，则 $P(\bar{A}|\bar{B})>P(\bar{A})$.

(C) 若 $P(A|B)>P(A|\bar{B})$，则 $P(A|B)>P(A)$.

(D) 若 $P(A|A\cup B)>P(\bar{A}|A\cup B)$，则 $P(A)>P(B)$.

(9) 设 $(X_1,Y_1),(X_2,Y_2),\cdots,(X_n,Y_n)$ 为来自总体 $N(\mu_1,\mu_2;\sigma_1^2,\sigma_2^2;\rho)$ 的简单随机样本，令 $\theta=\mu_1-\mu_2$，$\bar{X}=\frac{1}{n}\sum_{i=1}^{n}X_i$，$\bar{Y}=\frac{1}{n}\sum_{i=1}^{n}Y_i$，$\hat{\theta}=\bar{X}-\bar{Y}$，则

(A) $E(\hat{\theta})=\theta,D(\hat{\theta})=\frac{\sigma_1^2+\sigma_2^2}{n}$.　　(B) $E(\hat{\theta})=\theta,D(\hat{\theta})=\frac{\sigma_1^2+\sigma_2^2-2\rho\sigma_1\sigma_2}{n}$.

(C) $E(\hat{\theta})\neq\theta,D(\hat{\theta})=\frac{\sigma_1^2+\sigma_2^2}{n}$.　　(D) $E(\hat{\theta})\neq\theta,D(\hat{\theta})=\frac{\sigma_1^2+\sigma_2^2-2\rho\sigma_1\sigma_2}{n}$.

(10) 设总体 X 的概率分布为 $P\{X=1\}=\frac{1-\theta}{2}$，$P\{X=2\}=P\{X=3\}=\frac{1+\theta}{4}$. 利用来自总体的样本值 1,3,2,2,1,3,1,2，可得 θ 的最大似然估计值为

(A) $\frac{1}{4}$.　　(B) $\frac{3}{8}$.　　(C) $\frac{1}{2}$.　　(D) $\frac{5}{8}$.

二、填空题：11~16 小题，每小题 5 分，共 30 分.

(11) 若 $y=\cos e^{-\sqrt{x}}$，则 $\left.\frac{\mathrm{d}y}{\mathrm{d}x}\right|_{x=1}=$________.

(12) $\int_{\sqrt{5}}^{5}\frac{x}{\sqrt{|x^2-9|}}\mathrm{d}x=$________.

(13) 设平面区域 D 由曲线段 $y=\sqrt{x}\sin\pi x\ (0\leqslant x\leqslant 1)$ 与 x 轴围成，则 D 绕 x 轴旋转所成旋转体的体积为________.

(14) 差分方程 $\Delta y_t=t$ 的通解为 $y_t=$________.

(15) 多项式 $f(x)=\begin{vmatrix}x&x&1&2x\\1&x&2&-1\\2&1&x&1\\2&-1&1&x\end{vmatrix}$ 中 x^3 项的系数为________.

(16) 甲、乙两个盒子中各装有 2 个红球和 2 个白球，先从甲盒中任取一球，观察颜色后放入乙盒中，再从乙盒中任取一球. 令 X,Y 分别表示从甲盒和从乙盒中取到的红球个数，则 X 与 Y 的相关系数为________.

(18)(本题满分 10 分)

设 $D=\{(x,y)\mid x^2+y^2\leqslant 1,y\geqslant 0\}$,连续函数 $f(x,y)$ 满足 $f(x,y)=y\sqrt{1-x^2}+x\iint\limits_D f(x,y)\mathrm{d}x\mathrm{d}y$,求 $\iint\limits_D xf(x,y)\mathrm{d}x\mathrm{d}y$.

(19)(本题满分 10 分)

设函数 $f(x)$ 在区间 $[0,2]$ 上具有连续导数,$f(0)=f(2)=0$,$M=\max\limits_{x\in[0,2]}\{|f(x)|\}$. 证明:

(Ⅰ)存在 $\xi\in(0,2)$,使得 $|f'(\xi)|\geqslant M$;

(Ⅱ)若对任意的 $x\in(0,2)$,$|f'(x)|\leqslant M$,则 $M=0$.

(20)(本题满分 11 分)

设二次型 $f(x_1,x_2)=x_1^2-4x_1x_2+4x_2^2$ 经正交变换 $\begin{pmatrix}x_1\\x_2\end{pmatrix}=\boldsymbol{Q}\begin{pmatrix}y_1\\y_2\end{pmatrix}$ 化为二次型 $g(y_1,y_2)=ay_1^2+4y_1y_2+by_2^2$,其中 $a\geqslant b$.

(Ⅰ)求 a,b 的值;

(Ⅱ)求正交矩阵 $\boldsymbol{Q}$.

(21)(本题满分 11 分)

设 $\boldsymbol{A}$ 为 2 阶矩阵,$\boldsymbol{P}=(\boldsymbol{\alpha},\boldsymbol{A\alpha})$,其中 $\boldsymbol{\alpha}$ 是非零向量且不是 $\boldsymbol{A}$ 的特征向量.

(Ⅰ)证明 $\boldsymbol{P}$ 为可逆矩阵;

(Ⅱ)若 $\boldsymbol{A}^2\boldsymbol{\alpha}+\boldsymbol{A\alpha}-6\boldsymbol{\alpha}=\boldsymbol{0}$,求 $\boldsymbol{P}^{-1}\boldsymbol{AP}$,并判断 $\boldsymbol{A}$ 是否相似于对角矩阵.

(22)(本题满分 11 分)

设二维随机变量 (X,Y) 在区域 $D=\left\{(x,y)\mid 0<y<\sqrt{1-x^2}\right\}$ 上服从均匀分布,令

$$Z_1=\begin{cases}1, X-Y>0,\\0, X-Y\leqslant 0,\end{cases}\quad Z_2=\begin{cases}1, X+Y>0,\\0, X+Y\leqslant 0.\end{cases}$$

(Ⅰ)求二维随机变量 (Z_1,Z_2) 的概率分布;

(Ⅱ)求 Z_1,Z_2 的相关系数.

(23)(本题满分 11 分)

设某种元件的使用寿命 T 的分布函数为

$$F(t)=\begin{cases}1-\mathrm{e}^{-\left(\frac{t}{\theta}\right)^m}, & t\geqslant 0,\\0, & 其他,\end{cases}$$

其中 θ,m 为参数且大于零.

(Ⅰ)求概率 $P\{T>t\}$ 与 $P\{T>s+t\mid T>s\}$,其中 $s>0,t>0$;

(Ⅱ)任取 n 个这种元件做寿命试验,测得他们的寿命分别为 $t_1,t_2,\cdots,t_n$. 若 m 已知,求 θ 的最大似然估计值 $\hat{\theta}$.

(8)设随机变量(X,Y)服从二维正态分布$N\left(0,0;1,4;-\frac{1}{2}\right)$，则下列随机变量中服从标准正态分布且与$X$独立的是

(A)$\frac{\sqrt{5}}{5}(X+Y)$.　　(B)$\frac{\sqrt{5}}{5}(X-Y)$.　　(C)$\frac{\sqrt{3}}{3}(X+Y)$.　　(D)$\frac{\sqrt{3}}{3}(X-Y)$.

二、填空题：9～14小题，每小题4分，共24分.

(9)设$z=\arctan[xy+\sin(x+y)]$，则$\mathrm{d}z|_{(0,\pi)}=$________.

(10)曲线$x+y+\mathrm{e}^{2xy}=0$在$(0,-1)$处的切线方程为________.

(11)设某厂家生产某产品的产量为Q，成本$C(Q)=100+13Q$，该产品的单价为p，需求量$q(p)=\frac{800}{p+3}-2$，则该厂家获得最大利润时的产量为________.

(12)设平面区域$D=\left\{(x,y)\,\middle|\,\frac{x}{2}\leqslant y\leqslant\frac{1}{1+x^2},0\leqslant x\leqslant 1\right\}$，则$D$绕$y$轴旋转所成的旋转体的体积为________.

(13)行列式$\begin{vmatrix} a & 0 & -1 & 1 \\ 0 & a & 1 & -1 \\ -1 & 1 & a & 0 \\ 1 & -1 & 0 & a \end{vmatrix}=$________.

(14)随机变量X的概率分布$P\{X=k\}=\frac{1}{2^k}$，$k=1,2,3,\cdots$. Y表示X被3除的余数，则$EY=$________.

三、解答题：15～23小题，共94分. 请将解答写在答题卡指定位置上. 解答应写出文字说明、证明过程或演算步骤.

(15)(本题满分10分)

设a,b为常数，若$\left(1+\frac{1}{n}\right)^n-\mathrm{e}$与$\frac{b}{n^a}$在$n\to\infty$时是等价无需小量，求$a,b$.

(16)(本题满分10分)

求函数$f(x,y)=x^3+8y^3-xy$的极值.

(17)(本题满分10分)

设函数$y=f(x)$满足$y''+2y'+5y=0$，且$f(0)=1,f'(0)=-1$.

(Ⅰ)求$f(x)$的表达式.

(Ⅱ)设$a_n=\int_{n\pi}^{+\infty}f(x)\mathrm{d}x$，求$\sum_{n=1}^{\infty}a_n$.

(19)(本题满分 10 分)

设 $a_n=\int_0^1 x^n\sqrt{1-x^2}\,\mathrm{d}x(n=0,1,2\cdots)$.

(Ⅰ)证明:数列$\{a_n\}$单调减少,且 $a_n=\dfrac{n-1}{n+2}a_{n-2}(n=2,3,\cdots)$;

(Ⅱ)求$\lim\limits_{n\to\infty}\dfrac{a_n}{a_{n-1}}$.

(20)(本题满分 11 分)

已知向量组Ⅰ:$\boldsymbol{\alpha}_1=(1,1,4)^{\mathrm{T}},\boldsymbol{\alpha}_2=(1,0,4)^{\mathrm{T}},\boldsymbol{\alpha}_3=(1,2,a^2+3)^{\mathrm{T}}$;

Ⅱ:$\boldsymbol{\beta}_1=(1,1,a+3)^{\mathrm{T}},\boldsymbol{\beta}_2=(0,2,1-a)^{\mathrm{T}},\boldsymbol{\beta}_3=(1,3,a^2+3)^{\mathrm{T}}$.

若向量组Ⅰ与向量组Ⅱ等价,求 a 的取值,并将 $\boldsymbol{\beta}_3$ 用 $\boldsymbol{\alpha}_1,\boldsymbol{\alpha}_2,\boldsymbol{\alpha}_3$ 线性表示.

(21)(本题满分 11 分)

已知矩阵 $\boldsymbol{A}=\begin{pmatrix}-2&-2&1\\2&x&-2\\0&0&-2\end{pmatrix}$ 与 $\boldsymbol{B}=\begin{pmatrix}2&1&0\\0&-1&0\\0&0&y\end{pmatrix}$ 相似.

(Ⅰ)求 x,y;

(Ⅱ)求可逆矩阵 $\boldsymbol{P}$ 使得 $\boldsymbol{P}^{-1}\boldsymbol{AP}=\boldsymbol{B}$.

(22)(本题满分 11 分)

设随机变量 X 与 Y 相互独立,X 服从参数为 1 的指数分布,Y 的概率分布为

$$P\{Y=-1\}=p,P\{Y=1\}=1-p(0<p<1).$$

令 $Z=XY$.

(Ⅰ)求 Z 的概率密度;

(Ⅱ)p 为何值时,X 和 Z 不相关?

(Ⅲ)X 与 Z 是否相互独立?

(23)(本题满分 11 分)

设总体 X 的概率密度为

$$f(x;\sigma^2)=\begin{cases}\dfrac{A}{\sigma}\mathrm{e}^{-\frac{(x-\mu)^2}{2\sigma^2}}, & x\geqslant\mu,\\ 0, & x<\mu,\end{cases}$$

其中 μ 是已知参数,$\sigma>0$ 是未知参数,A 是常数. $X_1,X_2,\cdots,X_n$ 是来自总体 X 的简单随机样本.

(Ⅰ)求 A;

(Ⅱ)求 σ^2 的最大似然估计量.

二、填空题:9~14 小题,每小题 4 分,共 24 分.

(9) $\lim\limits_{n\to\infty}\left[\frac{1}{1\cdot 2}+\frac{1}{2\cdot 3}+\cdots+\frac{1}{n(n+1)}\right]^n=$________.

(10) 曲线 $y=x\sin x+2\cos x\left(-\frac{\pi}{2}<x<\frac{3\pi}{2}\right)$ 的拐点坐标为________.

(11) 已知函数 $f(x)=\int_1^x\sqrt{1+t^4}\,\mathrm{d}t$,则$\int_0^1 x^2 f(x)\,\mathrm{d}x=$________.

(12) 以 p_A,p_B 分别表示 A,B 两种商品的价格,设商品 A 的需求函数 $Q_A=500-p_A^2-p_Ap_B+2p_B^2$,则当 $p_A=10,p_B=20$ 时,商品 A 的需求量对自身价格的弹性 $\eta_{AA}(\eta_{AA}>0)$ 为________.

(13) 已知矩阵 $\boldsymbol{A}=\begin{pmatrix}1&0&-1\\1&1&-1\\0&1&a^2-1\end{pmatrix}$,$\boldsymbol{b}=\begin{pmatrix}0\\1\\a\end{pmatrix}$. 若线性方程组 $\boldsymbol{Ax}=\boldsymbol{b}$ 有无穷多个解,则 $a=$________.

(14) 设随机变量 X 的概率密度为 $f(x)=\begin{cases}\frac{x}{2},0<x<2\\0,\text{ 其他},\end{cases}$ $F(x)$ 为 X 的分布函数,EX 为 X 的数学期望,则 $P\{F(X)>EX-1\}=$________.

三、解答题:15~23 小题,共 94 分.请将解答写在答题卡指定位置上.解答应写出文字说明、证明过程或演算步骤.

(15)(本题满分 10 分)

已知函数 $f(x)=\begin{cases}x^{2x}, & x>0,\\ xe^x+1, & x\leqslant 0,\end{cases}$ 求 $f'(x)$,并求 $f(x)$ 的极值.

(16)(本题满分 10 分)

设函数 $f(u,v)$ 具有二阶连续偏导数,函数 $g(x,y)=xy-f(x+y,x-y)$,求$\frac{\partial^2 g}{\partial x^2}+\frac{\partial^2 g}{\partial x\partial y}+\frac{\partial^2 g}{\partial y^2}$.

(17)(本题满分 10 分)

设函数 $y(x)$ 是微分方程 $y'-xy=\frac{1}{2\sqrt{x}}e^{\frac{x^2}{2}}$满足条件 $y(1)=\sqrt{e}$的特解.

(Ⅰ)求 $y(x)$;

(Ⅱ)设平面区域 $D=\{(x,y)\mid 1\leqslant x\leqslant 2,0\leqslant y\leqslant y(x)\}$,求 D 绕 x 轴旋转所得旋转体的体积.

(18)(本题满分 10 分)

求曲线 $y=e^{-x}\sin x(x\geqslant 0)$ 与 x 轴之间图形的面积.

(17)(本题满分 10 分)

将长为 2m 的铁丝分成三段,依次围成圆、正方形与正三角形．三个图形的面积之和是否存在最小值？若存在,求出最小值．

(18)(本题满分 10 分)

已知 $\cos 2x-\dfrac{1}{(1+x)^2}=\sum\limits_{n=0}^{\infty} a_n x^n(-1<x<1)$,求 a_n.

(19)(本题满分 10 分)

设数列$\{x_n\}$满足:$x_1>0, x_n e^{x_{n+1}}=e^{x_n}-1, n=1,2,\cdots$. 证明$\{x_n\}$收敛,并求$\lim\limits_{n\to\infty}x_n$.

(20)(本题满分 11 分)

设实二次型$f(x_1,x_2,x_3)=(x_1-x_2+x_3)^2+(x_2+x_3)^2+(x_1+ax_3)^2$,其中 a 是参数．

(Ⅰ)求$f(x_1,x_2,x_3)=0$ 的解;

(Ⅱ)求$f(x_1,x_2,x_3)$的规范形．

(21)(本题满分 11 分)

已知 a 是常数,且矩阵$\boldsymbol{A}=\begin{pmatrix}1&2&a\\1&3&0\\2&7&-a\end{pmatrix}$可经初等列变换化为矩阵$\boldsymbol{B}=\begin{pmatrix}1&a&2\\0&1&1\\-1&1&1\end{pmatrix}$.

(Ⅰ)求 a;

(Ⅱ)求满足 $\boldsymbol{AP}=\boldsymbol{B}$ 的可逆矩阵 $\boldsymbol{P}$.

(22)(本题满分 11 分)

设随机变量 X 与 Y 相互独立,X 的概率分布为 $P\{X=1\}=P\{X=-1\}=\dfrac{1}{2}$,$Y$ 服从参数为 λ 的泊松分布．令 $Z=XY$.

(Ⅰ)求 $Cov(X,Z)$;

(Ⅱ)求 Z 的概率分布．

(23)(本题满分 11 分)

设总体 X 的概率密度为$f(x;\sigma)=\dfrac{1}{2\sigma}e^{-\frac{|x|}{\sigma}}, -\infty<x<+\infty$,其中 $\sigma\in(0,+\infty)$为未知参数,X_1, $X_2,\cdots,X_n$ 为来自总体 X 的简单随机样本．记 σ 的最大似然估计量为 $\hat{\sigma}$.

(Ⅰ)求 $\hat{\sigma}$;

(Ⅱ)求 $E\hat{\sigma}$ 和 $D\hat{\sigma}$.

(6) 设 $\boldsymbol{A},\boldsymbol{B}$ 为 n 阶矩阵,记 $r(\boldsymbol{X})$ 为矩阵 $\boldsymbol{X}$ 的秩,$(\boldsymbol{X}\quad \boldsymbol{Y})$ 表示分块矩阵,则

(A) $r(\boldsymbol{A}\quad \boldsymbol{AB})=r(\boldsymbol{A})$.　　(B) $r(\boldsymbol{A}\quad \boldsymbol{BA})=r(\boldsymbol{A})$.

(C) $r(\boldsymbol{A}\quad \boldsymbol{B})=\max\{r(\boldsymbol{A}),r(\boldsymbol{B})\}$.　　(D) $r(\boldsymbol{A}\quad \boldsymbol{B})=r(\boldsymbol{A}^{\mathrm{T}}\quad \boldsymbol{B}^{\mathrm{T}})$.

(7) 设随机变量 X 的概率密度 $f(x)$ 满足 $f(1+x)=f(1-x)$,且 $\int_0^2 f(x)\,\mathrm{d}x=0.6$,则 $P\{X<0\}=$

(A) 0.2.　　(B) 0.3.　　(C) 0.4.　　(D) 0.5.

(8) 设 $X_1,X_2,\cdots,X_n(n\geqslant 2)$ 为来自总体 $N(\mu,\sigma^2)(\sigma>0)$ 的简单随机样本. 令

$$\overline{X}=\frac{1}{n}\sum_{i=1}^{n}X_i,S=\sqrt{\frac{1}{n-1}\sum_{i=1}^{n}(X-\overline{X})^2},S^*=\sqrt{\frac{1}{n}\sum_{i=1}^{n}(X_i-\mu)^2},$$

则

(A) $\dfrac{\sqrt{n}(\overline{X}-\mu)}{S}\sim t(n)$.　　(B) $\dfrac{\sqrt{n}(\overline{X}-\mu)}{S}\sim t(n-1)$.

(C) $\dfrac{\sqrt{n}(\overline{X}-\mu)}{S^*}\sim t(n)$.　　(D) $\dfrac{\sqrt{n}(\overline{X}-\mu)}{S^*}\sim t(n-1)$.

二、填空题:9~14 小题,每小题 4 分,共 24 分.

(9) 曲线 $y=x^2+2\ln x$ 在其拐点处的切线方程是________.

(10) $\int \mathrm{e}^x\arcsin\sqrt{1-\mathrm{e}^{2x}}\,\mathrm{d}x=$________.

(11) 差分方程 $\Delta^2 y_x-y_x=5$ 的通解为________.

(12) 设函数 $f(x)$ 满足 $f(x+\Delta x)-f(x)=2xf(x)\Delta x+o(\Delta x)(\Delta x\to 0)$,且 $f(0)=2$,则 $f(1)=$________.

(13) 设 $\boldsymbol{A}$ 为 3 阶矩阵,$\boldsymbol{\alpha}_1,\boldsymbol{\alpha}_2,\boldsymbol{\alpha}_3$ 是线性无关的向量组,若 $\boldsymbol{A\alpha}_1=\boldsymbol{\alpha}_1+\boldsymbol{\alpha}_2,\boldsymbol{A\alpha}_2=\boldsymbol{\alpha}_2+\boldsymbol{\alpha}_3$, $\boldsymbol{A\alpha}_3=\boldsymbol{\alpha}_1+\boldsymbol{\alpha}_3$,则 $|\boldsymbol{A}|=$________.

(14) 随机事件 A,B,C 相互独立,且 $P(A)=P(B)=P(C)=\dfrac{1}{2}$,则 $P(AC|A\cup B)=$________.

三、解答题:15~23 小题,共 94 分. 解答应写出文字说明、证明过程或演算步骤.

(15)(本题满分 10 分)

已知实数 a,b 满足 $\lim\limits_{x\to+\infty}[(ax+b)\mathrm{e}^{\frac{1}{x}}-x]=2$,求 a,b.

(16)(本题满分 10 分)

设平面区域 D 由曲线 $y=\sqrt{3(1-x^2)}$ 与直线 $y=\sqrt{3}x$ 及 y 轴围成,计算二重积分 $\iint\limits_D x^2\,\mathrm{d}x\mathrm{d}y$.

(18)(本题满分 10 分)

已知方程$\frac{1}{\ln(1+x)}-\frac{1}{x}=k$在区间$(0,1)$内有实根,确定常数$k$的取值范围.

(19)(本题满分 10 分)

设$a_0=1,a_1=0,a_{n+1}=\frac{1}{n+1}(na_n+a_{n-1})(n=1,2,3\cdots)$,$S(x)$为幂级数$\sum\limits_{n=0}^{\infty}a_nx^n$的和函数.

(Ⅰ)证明幂级数$\sum\limits_{n=0}^{\infty}a_nx^n$的收敛半径不小于1;

(Ⅱ)证明$(1-x)S'(x)-xS(x)=0(x\in(-1,1))$,并求$S(x)$的表达式.

(20)(本题满分 11 分)

设 3 阶矩阵$\boldsymbol{A}=(\boldsymbol{\alpha}_1,\boldsymbol{\alpha}_2,\boldsymbol{\alpha}_3)$有 3 个不同的特征值,且$\boldsymbol{\alpha}_3=\boldsymbol{\alpha}_1+2\boldsymbol{\alpha}_2$.

(Ⅰ)证明$r(\boldsymbol{A})=2$;

(Ⅱ)若$\boldsymbol{\beta}=\boldsymbol{\alpha}_1+\boldsymbol{\alpha}_2+\boldsymbol{\alpha}_3$,求方程组$\boldsymbol{Ax}=\boldsymbol{\beta}$的通解.

(21)(本题满分 11 分)

设二次型$f(x_1,x_2,x_3)=2x_1^2-x_2^2+ax_3^2+2x_1x_2-8x_1x_3+2x_2x_3$,在正交变换$\boldsymbol{x}=\boldsymbol{Qy}$下的标准形为$\lambda_1y_1^2+\lambda_2y_2^2$,求$a$的值及一个正交矩阵$\boldsymbol{Q}$.

(22)(本题满分 11 分)

设随机变量X,Y相互独立,且X的概率分布为$P\{X=0\}=P\{X=2\}=\frac{1}{2}$,$Y$的概率密度为

$$f(y)=\begin{cases}2y,0<y<1,\\0,\text{ 其他}\end{cases}$$

(Ⅰ)求$P(Y\leqslant EY)$;

(Ⅱ)求$Z=X+Y$的概率密度.

(23)(本题满分 11 分)

某工程师为了解一台天平的精度,用该天平对一物体的质量做n次测量,该物体的质量μ是已知的. 设n次测量结果$X_1,X_2,\cdots,X_n$相互独立且均服从正态分布$N(\mu,\sigma^2)$,该工程师记录的是n次测量的绝对误差$Z_i=|X_i-\mu|(i=1,2,\cdots n)$. 利用$Z_1,Z_2,\cdots,Z_n$估计$\sigma$.

(Ⅰ)求Z_1的概率密度;

(Ⅱ)利用一阶矩求σ的矩估计量;

(Ⅲ)求σ的最大似然估计量.

(8) 设 $X_1,X_2,\cdots,X_n(n\geqslant 2)$ 为来自总体 $N(\mu,1)$ 的简单随机样本，记 $\overline{X}=\frac{1}{n}\sum_{i=1}^{n}X_i$，则下列结论中不正确的是

(A) $\sum_{i=1}^{n}(X_i-\mu)^2$ 服从 χ^2 分布.

(B) $2(X_n-X_1)^2$ 服从 χ^2 分布.

(C) $\sum_{i=1}^{n}(X_i-\overline{X})^2$ 服从 χ^2 分布.

(D) $n(\overline{X}-\mu)^2$ 服从 χ^2 分布.

二、填空题:9~14 小题,每小题 4 分,共 24 分.

(9) $\int_{-\pi}^{\pi}(\sin^3 x+\sqrt{\pi^2-x^2})\,\mathrm{d}x=$________.

(10) 差分方程 $y_{t+1}-2y_t=2^t$ 的通解为 $y_t=$________.

(11) 设生产某产品的平均成本 $\overline{C}(Q)=1+\mathrm{e}^{-Q}$，其中 Q 为产量，则边际成本为________.

(12) 设函数 $f(x,y)$ 具有一阶连续偏导数，且 $\mathrm{d}f(x,y)=y\mathrm{e}^y\mathrm{d}x+x(1+y)\mathrm{e}^y\mathrm{d}y$，$f(0,0)=0$，则 $f(x,y)=$________.

(13) 设矩阵 $\boldsymbol{A}=\begin{pmatrix}1&0&1\\1&1&2\\0&1&1\end{pmatrix}$，$\boldsymbol{\alpha}_1,\boldsymbol{\alpha}_2,\boldsymbol{\alpha}_3$ 为线性无关的 3 维列向量组，则向量组 $\boldsymbol{A\alpha}_1,\boldsymbol{A\alpha}_2,\boldsymbol{A\alpha}_3$ 的秩为________.

(14) 设随机变量 X 的概率分布为 $P\{X=-2\}=\frac{1}{2}$，$P\{X=1\}=a$，$P\{X=3\}=b$，若 $EX=0$，则 $DX=$________.

三、解答题:15~23 小题,共 94 分.解答应写出文字说明、证明过程或演算步骤.

(15)(本题满分 10 分)

求 $\lim\limits_{x\to 0^+}\dfrac{\int_0^x\sqrt{x-t}\,\mathrm{e}^t\mathrm{d}t}{\sqrt{x^3}}$

(16)(本题满分 10 分)

计算积分 $\iint\limits_D\dfrac{y^3}{(1+x^2+y^4)^2}\mathrm{d}x\mathrm{d}y$，其中 D 是第一象限中以曲线 $y=\sqrt{x}$ 与 x 轴为边界的无界区域.

(17)(本题满分 10 分)

求 $\lim\limits_{n\to\infty}\sum_{k=1}^{n}\dfrac{k}{n^2}\ln\left(1+\dfrac{k}{n}\right)$.

(19)（本题满分 10 分）

求幂级数 $\sum_{n=0}^{\infty}\frac{x^{2n+2}}{(n+1)(2n+1)}$ 的收敛域及和函数.

(20)（本题满分 11 分）

设矩阵 $\boldsymbol{A}=\begin{pmatrix}1 & 1 & 1-a\\ 1 & 0 & a\\ a+1 & 1 & a+1\end{pmatrix}$，$\boldsymbol{\beta}=\begin{pmatrix}0\\ 1\\ 2a-2\end{pmatrix}$，且方程组 $\boldsymbol{Ax}=\boldsymbol{\beta}$ 无解.

（Ⅰ）求 a 的值；

（Ⅱ）求方程组 $\boldsymbol{A}^{\mathrm{T}}\boldsymbol{Ax}=\boldsymbol{A}^{\mathrm{T}}\boldsymbol{\beta}$ 的通解.

(21)（本题满分 11 分）

已知矩阵 $\boldsymbol{A}=\begin{pmatrix}0 & -1 & 1\\ 2 & -3 & 0\\ 0 & 0 & 0\end{pmatrix}$.

（Ⅰ）求 $\boldsymbol{A}^{99}$；

（Ⅱ）设 3 阶矩阵 $\boldsymbol{B}=(\boldsymbol{\alpha}_1,\boldsymbol{\alpha}_2,\boldsymbol{\alpha}_3)$ 满足 $\boldsymbol{B}^2=\boldsymbol{BA}$. 记 $\boldsymbol{B}^{100}=(\boldsymbol{\beta}_1,\boldsymbol{\beta}_2,\boldsymbol{\beta}_3)$，将 $\boldsymbol{\beta}_1,\boldsymbol{\beta}_2,\boldsymbol{\beta}_3$ 分别表示为 $\boldsymbol{\alpha}_1,\boldsymbol{\alpha}_2,\boldsymbol{\alpha}_3$ 的线性组合.

(22)（本题满分 11 分）

设二维随机变量 (X,Y) 在区域 $D=\{(x,y)\mid 0<x<1,x^2<y<\sqrt{x}\}$ 上服从均匀分布，令

$$U=\begin{cases}1, X\leqslant Y,\\ 0, X>Y.\end{cases}$$

（Ⅰ）写出 (X,Y) 的概率密度；

（Ⅱ）问 U 与 X 是否相互独立？并说明理由；

（Ⅲ）求 $Z=U+X$ 的分布函数 $F(z)$.

(23)（本题满分 11 分）

设总体 X 的概率密度为 $f(x;\theta)=\begin{cases}\frac{3x^2}{\theta^3}, 0<x<\theta,\\ 0,\quad 其他.\end{cases}$

其中 $\theta\in(0,+\infty)$ 为未知参数，X_1,X_2,X_3 为来自总体 X 的简单随机样本，令

$$T=\max\{X_1,X_2,X_3\}.$$

（Ⅰ）求 T 的概率密度；

（Ⅱ）确定 a，使得 $E(aT)=\theta$.

(8) 设随机变量 X 与 Y 相互独立，且 $X\sim N(1,2)$，$Y\sim N(1,4)$，则 $D(XY)=$

(A) 6.　　(B) 8.　　(C) 14.　　(D) 15.

二、填空题：9～14 小题，每小题 4 分，共 24 分.

(9) 已知函数 $f(x)$ 满足 $\lim\limits_{x\to 0}\dfrac{\sqrt{1+f(x)\sin 2x}-1}{e^{3x}-1}=2$，则 $\lim\limits_{x\to 0}f(x)=$ ________.

(10) 极限 $\lim\limits_{n\to\infty}\dfrac{1}{n^2}\left(\sin\dfrac{1}{n}+2\sin\dfrac{2}{n}+\cdots+n\sin\dfrac{n}{n}\right)=$ ________.

(11) 设函数 $f(u,v)$ 可微，$z=z(x,y)$ 由方程 $(x+1)z-y^2=x^2f(x-z,y)$ 确定，则 $\mathrm{d}z\big|_{(0,1)}=$ ________.

(12) 设 $D=\{(x,y)\,|\,|x|\leqslant y\leqslant 1,-1\leqslant x\leqslant 1\}$，则 $\iint\limits_D x^2e^{-y^2}\mathrm{d}x\mathrm{d}y=$ ________.

(13) 行列式 $\begin{vmatrix}\lambda & -1 & 0 & 0\\ 0 & \lambda & -1 & 0\\ 0 & 0 & \lambda & -1\\ 4 & 3 & 2 & \lambda+1\end{vmatrix}=$ ________.

(14) 设袋中有红、白、黑球各 1 个，从中有放回地取球，每次取 1 个，直到三种颜色的球都取到时停止，则取球次数恰好为 4 的概率为________.

三、解答题：15～23 小题，共 94 分. 解答应写出文字说明、证明过程或演算步骤.

(15)（本题满分 10 分）

求极限 $\lim\limits_{x\to 0}(\cos 2x+2x\sin x)^{\frac{1}{x^4}}$.

(16)（本题满分 10 分）

设某商品的最大需求量为 1200 件，该商品的需求函数 $Q=Q(p)$，需求弹性 $\eta=\dfrac{p}{120-p}$ $(\eta>0)$，p 为单价（万元）.

(Ⅰ) 求需求函数的表达式；

(Ⅱ) 求 $p=100$ 万元时的边际效益，并说明其经济意义.

(17)（本题满分 10 分）

设函数 $f(x)=\int_0^1|t^2-x^2|\mathrm{d}t\ (x>0)$，求 $f'(x)$，并求 $f(x)$ 的最小值.

(18)（本题满分 10 分）

设函数 $f(x)$ 连续，且满足 $\int_0^x f(x-t)\mathrm{d}t=\int_0^x(x-t)f(t)\mathrm{d}t+e^{-x}-1$，求 $f(x)$.

（Ⅱ）若该商品的成本函数为 $C(Q)=1600+Q^2$，需求函数为 $Q=40-p$，试由（I）中的定价模型确定此商品的价格．

（18）（本题满分 10 分）

设函数 $f(x)$ 在定义域 I 上的导数大于零．若对任意的 $x_0\in I$，曲线 $y=f(x)$ 在点 $(x_0,f(x_0))$ 处的切线与直线 $x=x_0$ 及 x 轴所围成区域的面积恒为 4，且 $f(0)=2$，求 $f(x)$ 的表达式．

（19）（本题满分 10 分）

（Ⅰ）设函数 $u(x),v(x)$ 可导，利用导数定义证明 $[u(x)v(x)]'=u'(x)v(x)+u(x)v'(x)$；

（Ⅱ）设函数 $u_1(x),u_2(x),\cdots,u_n(x)$ 可导，$f(x)=u_1(x)u_2(x)\cdots u_n(x)$，写出 $f(x)$ 的求导公式．

（20）（本题满分 11 分）

设矩阵 $\boldsymbol{A}=\begin{pmatrix}a&1&0\\1&a&-1\\0&1&a\end{pmatrix}$，且 $\boldsymbol{A}^3=\boldsymbol{O}$.

（Ⅰ）求 a 的值；

（Ⅱ）若矩阵 $\boldsymbol{X}$ 满足 $\boldsymbol{X}-\boldsymbol{X}\boldsymbol{A}^2-\boldsymbol{A}\boldsymbol{X}+\boldsymbol{A}\boldsymbol{X}\boldsymbol{A}^2=\boldsymbol{E}$，其中 $\boldsymbol{E}$ 为 3 阶单位矩阵，求 $\boldsymbol{X}$.

（21）（本题满分 11 分）

设矩阵 $\boldsymbol{A}=\begin{pmatrix}0&2&-3\\-1&3&-3\\1&-2&a\end{pmatrix}$ 相似于矩阵 $\boldsymbol{B}=\begin{pmatrix}1&-2&0\\0&b&0\\0&3&1\end{pmatrix}$.

（Ⅰ）求 a,b 的值；

（Ⅱ）求可逆矩阵 $\boldsymbol{P}$，使 $\boldsymbol{P}^{-1}\boldsymbol{A}\boldsymbol{P}$ 为对角矩阵．

（22）（本题满分 11 分）

设随机变量 X 的概率密度为 $f(x)=\begin{cases}2^{-x}\ln 2, & x>0,\\ 0, & x\leqslant 0.\end{cases}$ 对 X 进行独立重复的观测，直到第 2 个大于 3 的观测值出现时停止，记 Y 为观测次数．

（Ⅰ）求 Y 的概率分布；

（Ⅱ）求 EY.

（23）（本题满分 11 分）

设总体 X 的概率密度为 $f(x;\theta)=\begin{cases}\dfrac{1}{1-\theta}, & \theta\leqslant x\leqslant 1,\\ 0, & \text{其他},\end{cases}$ 其中 θ 为未知参数．$X_1,X_2,\cdots,X_n$ 为来自该总体的简单随机样本．

（Ⅰ）求 θ 的矩估计量；

（Ⅱ）求 θ 的最大似然估计量．

(6) 设二次型 $f(x_1,x_2,x_3)$ 在正交变换 $\boldsymbol{x}=\boldsymbol{P}\boldsymbol{y}$ 下的标准形为 $2y_1^2+y_2^2-y_3^2$，其中 $\boldsymbol{P}=(\boldsymbol{e}_1,\boldsymbol{e}_2,\boldsymbol{e}_3)$. 若 $\boldsymbol{Q}=(\boldsymbol{e}_1,-\boldsymbol{e}_3,\boldsymbol{e}_2)$，则 $f(x_1,x_2,x_3)$ 在正交变换 $\boldsymbol{x}=\boldsymbol{Q}\boldsymbol{y}$ 下的标准形为

(A) $2y_1^2-y_2^2+y_3^2$.　　(B) $2y_1^2+y_2^2-y_3^2$.

(C) $2y_1^2-y_2^2-y_3^2$.　　(D) $2y_1^2+y_2^2+y_3^2$.

(7) 若 A,B 为任意两个随机事件，则

(A) $P(AB)\leqslant P(A)P(B)$.　　(B) $P(AB)\geqslant P(A)P(B)$.

(C) $P(AB)\leqslant\dfrac{P(A)+P(B)}{2}$.　　(D) $P(AB)\geqslant\dfrac{P(A)+P(B)}{2}$.

(8) 设总体 $X\sim B(m,\theta)$，$X_1,X_2,\cdots,X_n$ 为来自该总体的简单随机样本，$\overline{X}$ 为样本均值，则 $E\left[\sum\limits_{i=1}^{n}(X_i-\overline{X})^2\right]=$

(A) $(m-1)n\theta(1-\theta)$.　　(B) $m(n-1)\theta(1-\theta)$.

(C) $(m-1)(n-1)\theta(1-\theta)$.　　(D) $mn\theta(1-\theta)$.

二、填空题：9～14 小题，每小题 4 分，共 24 分.

(9) $\lim\limits_{x\to 0}\dfrac{\ln(\cos x)}{x^2}=$ ________.

(10) 设函数 $f(x)$ 连续，$\varphi(x)=\int_0^{x^2}xf(t)\,\mathrm{d}t$. 若 $\varphi(1)=1,\varphi'(1)=5$，则 $f(1)=$ ________.

(11) 若函数 $z=z(x,y)$ 由方程 $\mathrm{e}^{x+2y+3z}+xyz=1$ 确定，则 $\mathrm{d}z\big|_{(0,0)}=$ ________.

(12) 设函数 $y=y(x)$ 是微分方程 $y''+y'-2y=0$ 的解，且在 $x=0$ 处 $y(x)$ 取得极值 3，则 $y(x)=$ ________.

(13) 设 3 阶矩阵 $\boldsymbol{A}$ 的特征值为 $2,-2,1$，$\boldsymbol{B}=\boldsymbol{A}^2-\boldsymbol{A}+\boldsymbol{E}$，其中 $\boldsymbol{E}$ 为 3 阶单位矩阵，则行列式 $|\boldsymbol{B}|=$ ________.

(14) 设二维随机变量 (X,Y) 服从正态分布 $N(1,0;1,1;0)$，则 $P\{XY-Y<0\}=$ ________.

三、解答题：15～23 小题，共 94 分. 解答应写出文字说明、证明过程或演算步骤.

(15)（本题满分 10 分）

设函数 $f(x)=x+a\ln(1+x)+bx\sin x$，$g(x)=kx^3$. 若 $f(x)$ 与 $g(x)$ 在 $x\to 0$ 时是等价无穷小，求 a,b,k 的值.

(16)（本题满分 10 分）

计算二重积分 $\iint\limits_D x(x+y)\,\mathrm{d}x\mathrm{d}y$，其中 $D=\{(x,y)\mid x^2+y^2\leqslant 2,y\geqslant x^2\}$.

(17)（本题满分 10 分）

为了实现利润最大化，厂商需要对某商品确定其定价模型. 设 Q 为该商品的需求量，p 为价格，MC 为边际成本，η 为需求弹性（$\eta>0$）.

（Ⅰ）证明定价模型为 $p=\dfrac{MC}{1-\dfrac{1}{\eta}}$；

(18)（本题满分 10 分）

求幂级数 $\sum_{n=0}^{\infty}(n+1)(n+3)x^n$ 的收敛域及和函数.

(19)（本题满分 10 分）

设函数 $f(x)$，$g(x)$ 在区间 $[a,b]$ 上连续，且 $f(x)$ 单调增加，$0\leqslant g(x)\leqslant 1$. 证明：

（Ⅰ）$0\leqslant\int_a^x g(t)\,\mathrm{d}t\leqslant x-a,x\in[a,b]$；

（Ⅱ）$\int_a^{a+\int_a^b g(t)\mathrm{d}t}f(x)\,\mathrm{d}x\leqslant\int_a^b f(x)g(x)\,\mathrm{d}x$.

(20)（本题满分 11 分）

设矩阵 $\boldsymbol{A}=\begin{pmatrix}1&-2&3&-4\\0&1&-1&1\\1&2&0&-3\end{pmatrix}$，$\boldsymbol{E}$ 为 3 阶单位矩阵.

（Ⅰ）求方程组 $\boldsymbol{Ax}=\boldsymbol{0}$ 的一个基础解系；

（Ⅱ）求满足 $\boldsymbol{AB}=\boldsymbol{E}$ 的所有矩阵 $\boldsymbol{B}$.

(21)（本题满分 11 分）

证明 n 阶矩阵 $\begin{pmatrix}1&1&\cdots&1\\1&1&\cdots&1\\\vdots&\vdots&&\vdots\\1&1&\cdots&1\end{pmatrix}$ 与 $\begin{pmatrix}0&\cdots&0&1\\0&\cdots&0&2\\\vdots&&\vdots&\vdots\\0&\cdots&0&n\end{pmatrix}$ 相似.

(22)（本题满分 11 分）

设随机变量 X 的概率分布为 $P\{X=1\}=P\{X=2\}=\frac{1}{2}$. 在给定 $X=i$ 的条件下，随机变量 Y 服从均匀分布 $U(0,i)(i=1,2)$.

（Ⅰ）求 Y 的分布函数 $F_Y(y)$；

（Ⅱ）求 EY.

(23)（本题满分 11 分）

设随机变量 X,Y 的概率分布相同，X 的概率分布为 $P(X=0)=\frac{1}{3}$，$P(X=1)=\frac{2}{3}$，且 X 与 Y 的相关系数 $\rho_{XY}=\frac{1}{2}$.

（Ⅰ）求 (X,Y) 的概率分布；

（Ⅱ）求 $P\{X+Y\leqslant 1\}$.

(8) 设 X_1,X_2,X_3 为来自正态总体 $N(0,\sigma^2)$ 的简单随机样本,则统计量 $S=\dfrac{X_1-X_2}{\sqrt{2}\,|X_3|}$服从的分布为

(A) $F(1,1)$.　　(B) $F(2,1)$.　　(C) $t(1)$.　　(D) $t(2)$.

二、填空题:9~14 小题,每小题 4 分,共 24 分.

(9) 设某商品的需求函数为 $Q=40-2P$(P 为商品的价格),则该商品的边际收益为________.

(10) 设 D 是由曲线 $xy+1=0$ 与直线 $x+y=0$ 及 $y=2$ 所围成的有界区域,则 D 的面积为________.

(11) 设 $\int_0^a x\mathrm{e}^{2x}\mathrm{d}x=\dfrac{1}{4}$,则 $a=$________.

(12) 二次积分 $\int_0^1\mathrm{d}y\int_y^1\left(\dfrac{\mathrm{e}^{x^2}}{x}-\mathrm{e}^{y^2}\right)\mathrm{d}x=$________.

(13) 设二次型 $f(x_1,x_2,x_3)=x_1^2-x_2^2+2ax_1x_3+4x_2x_3$ 的负惯性指数为 1,则 a 的取值范围是________.

(14) 设总体 X 的概率密度为

$$f(x;\theta)=\begin{cases}\dfrac{2x}{3\theta^2},\theta<x<2\theta,\\0,\quad 其他,\end{cases}$$

其中 θ 是未知参数,$X_1,X_2,\cdots,X_n$ 为来自总体 X 的简单随机样本. 若 $E\left(c\sum\limits_{i=1}^{n}X_i^2\right)=\theta^2$,则 $c=$________.

三、解答题:15~23 小题,共 94 分. 解答应写出文字说明、证明过程或演算步骤.

(15)(本题满分 10 分)

求极限 $\lim\limits_{x\to+\infty}\dfrac{\int_1^x\left[t^2\left(\mathrm{e}^{\frac{1}{t}}-1\right)-t\right]\mathrm{d}t}{x^2\ln\left(1+\dfrac{1}{x}\right)}$.

(16)(本题满分 10 分)

设平面区域 $D=\{(x,y)\mid 1\leqslant x^2+y^2\leqslant 4,x\geqslant 0,y\geqslant 0\}$,计算 $\iint\limits_D\dfrac{x\sin\left(\pi\sqrt{x^2+y^2}\right)}{x+y}\mathrm{d}x\mathrm{d}y$.

(17)(本题满分 10 分)

设函数 $f(u)$ 具有连续导数,$z=f(\mathrm{e}^x\cos y)$ 满足

$$\cos y\frac{\partial z}{\partial x}-\sin y\frac{\partial z}{\partial y}=(4z+\mathrm{e}^x\cos y)\mathrm{e}^x.$$

若 $f(0)=0$,求 $f(u)$ 的表达式.

(Ⅰ)该商品的边际利润;

(Ⅱ)当 $p=50$ 时的边际利润,并解释其经济意义;

(Ⅲ)使得利润最大的定价 p.

(19)(本题满分 10 分)

设函数 $f(x)$ 在 $[0,+\infty)$ 上可导,$f(0)=0$,且 $\lim\limits_{x\to+\infty}f(x)=2$. 证明:

(Ⅰ)存在 $a>0$,使得 $f(a)=1$;

(Ⅱ)对(Ⅰ)中的 a,存在 $\xi\in(0,a)$,使得 $f'(\xi)=\dfrac{1}{a}$.

(20)(本题满分 11 分)

设 $\boldsymbol{A}=\begin{pmatrix}1 & a\\ 1 & 0\end{pmatrix}$, $\boldsymbol{B}=\begin{pmatrix}0 & 1\\ 1 & b\end{pmatrix}$. 当 a,b 为何值时,存在矩阵 $\boldsymbol{C}$ 使得 $\boldsymbol{AC}-\boldsymbol{CA}=\boldsymbol{B}$,并求所有矩阵 $\boldsymbol{C}$.

(21)(本题满分 11 分)

设二次型 $f(x_1,x_2,x_3)=2(a_1x_1+a_2x_2+a_3x_3)^2+(b_1x_1+b_2x_2+b_3x_3)^2$,记

$$\boldsymbol{\alpha}=\begin{pmatrix}a_1\\ a_2\\ a_3\end{pmatrix},\boldsymbol{\beta}=\begin{pmatrix}b_1\\ b_2\\ b_3\end{pmatrix}.$$

(Ⅰ)证明二次型 f 对应的矩阵为 $2\boldsymbol{\alpha}\boldsymbol{\alpha}^{\mathrm{T}}+\boldsymbol{\beta}\boldsymbol{\beta}^{\mathrm{T}}$;

(Ⅱ)若 $\boldsymbol{\alpha},\boldsymbol{\beta}$ 正交且均为单位向量,证明 f 在正交变换下的标准形为 $2y_1^2+y_2^2$.

(22)(本题满分 11 分)

设 (X,Y) 是二维随机变量,X 的边缘概率密度为 $f_X(x)=\begin{cases}3x^2, & 0<x<1,\\ 0, & 其他.\end{cases}$ 在给定 $X=x\ (0<x<1)$ 的条件下 Y 的条件概率密度为 $f_{Y|X}(y|x)=\begin{cases}\dfrac{3y^2}{x^3}, & 0<y<x,\\ 0, & 其他.\end{cases}$

(Ⅰ)求 (X,Y) 的概率密度 $f(x,y)$;

(Ⅱ)求 Y 的边缘概率密度 $f_Y(y)$;

(Ⅲ)求 $P(X>2Y)$.

(23)(本题满分 11 分)

设总体 X 的概率密度为 $f(x;\theta)=\begin{cases}\dfrac{\theta^2}{x^3}\mathrm{e}^{-\frac{\theta}{x}}, & x>0,\\ 0, & 其他,\end{cases}$

其中 θ 为未知参数且大于零. $X_1,X_2,\cdots,X_n$ 为来自总体 X 的简单随机样本.

(Ⅰ)求 θ 的矩估计量;

(Ⅱ)求 θ 的最大似然估计量.

(7) 设 X_1,X_2,X_3 是随机变量,且 $X_1\sim N(0,1),X_2\sim N(0,2^2),X_3\sim N(5,3^2),p_i=P\{-2\leqslant X_i\leqslant 2\}$ $(i=1,2,3)$,则

(A) $p_1>p_2>p_3$. (B) $p_2>p_1>p_3$. (C) $p_3>p_1>p_2$. (D) $p_1>p_3>p_2$.

(8) 设随机变量 X 和 Y 相互独立,则 X 和 Y 的概率分布分别为

X	0	1	2	3
P	$\frac{1}{2}$	$\frac{1}{4}$	$\frac{1}{8}$	$\frac{1}{8}$

Y	-1	0	1
P	$\frac{1}{3}$	$\frac{1}{3}$	$\frac{1}{3}$

则 $P\{X+Y=2\}=$

(A) $\frac{1}{12}$. (B) $\frac{1}{8}$. (C) $\frac{1}{6}$. (D) $\frac{1}{2}$.

二、填空题:9~14 小题,每小题 4 分,共 24 分.

(9) 设曲线 $y=f(x)$ 与 $y=x^2-x$ 在点(1,0)处有公共切线,则 $\lim\limits_{n\to\infty}nf\left(\frac{n}{n+2}\right)=$ ________.

(10) 设函数 $z=z(x,y)$ 由方程 $(z+y)^x=xy$ 确定,则 $\left.\frac{\partial z}{\partial x}\right|_{(1,2)}=$ ________.

(11) $\int_1^{+\infty}\frac{\ln x}{(1+x)^2}\mathrm{d}x=$ ________.

(12) 微分方程 $y''-y'+\frac{1}{4}y=0$ 的通解为 $y=$ ________.

(13) 设 $\boldsymbol{A}=(a_{ij})$ 是 3 阶非零矩阵,$|\boldsymbol{A}|$ 为 $\boldsymbol{A}$ 的行列式,A_{ij} 为 a_{ij} 的代数余子式. 若 $a_{ij}+A_{ij}=0$ $(i,j=1,2,3)$ 则 $|\boldsymbol{A}|=$ ________.

(14) 设随机变量 X 服从标准正态分布 $N(0,1)$,则 $E(X\mathrm{e}^{2X})=$ ________.

三、解答题:15~23 小题,共 94 分. 解答应写出文字说明、证明过程或演算步骤.

(15)(本题满分 10 分)

当 $x\to 0$ 时,$1-\cos x\cdot\cos 2x\cdot\cos 3x$ 与 ax^n 为等价无穷小量,求 n 和 a 的值.

(16)(本题满分 10 分)

设 D 是由曲线 $y=x^{\frac{1}{3}}$,直线 $x=a(a>0)$ 及 x 轴所围成的平面图形,V_x,V_y 分别是 D 绕 x 轴,y 轴旋转一周所得旋转体的体积. 若 $V_y=10V_x$,求 a 的值.

(17)(本题满分 10 分)

设平面区域 D 由直线 $x=3y,y=3x,x+y=8$ 围成,求 $\iint\limits_D x^2\mathrm{d}x\mathrm{d}y$.

(18)(本题满分 10 分)

设生产某产品的固定成本为 60000 元,可变成本为 20 元/件,价格函数为 $p=60-\frac{Q}{1000}$(p 是单价,单位:元;Q 是销量,单位:件),已知产销平衡,求:

(13) $\int_0^1 \frac{2x+3}{x^2-x+1}\mathrm{d}x =$ ________.

(14) 微分方程 $y'''-2y''+5y'=0$ 的通解 $y(x)=$ ________.

(15) 已知曲线 L 的极坐标方程为 $r=\sin 3\theta\left(0\leqslant\theta\leqslant\frac{\pi}{3}\right)$,则 L 围成有界区域的面积为________.

(16) 设 $\boldsymbol{A}$ 为 3 阶矩阵,交换 $\boldsymbol{A}$ 的第 2 行和第 3 行,再将第 2 列的 -1 倍加到第 1 列,得到矩阵 $\begin{pmatrix}-2 & 1 & -1\\ 1 & -1 & 0\\ -1 & 0 & 0\end{pmatrix}$,则 $\boldsymbol{A}^{-1}$ 的迹 $tr(\boldsymbol{A}^{-1})=$ ________.

三、解答题:17~22 小题,共 70 分.解答应写出文字说明、证明过程或演算步骤.

(17)(本题满分 10 分)

已知函数 $f(x)$ 在 $x=1$ 处可导,且 $\lim\limits_{x\to 0}\frac{f(\mathrm{e}^{x^2})-3f(1+\sin^2 x)}{x^2}=2$,求 $f'(1)$.

(18)(本题满分 12 分)

设函数 $y(x)$ 是微分方程 $2xy'-4y=2\ln x-1$ 满足条件 $y(1)=\frac{1}{4}$ 的解,求曲线 $y=y(x)\ (1\leqslant x\leqslant \mathrm{e})$ 的弧长.

(19)(本题满分 12 分)

已知平面区域 $D=\{(x,y)\mid y-2\leqslant x\leqslant\sqrt{4-y^2},0\leqslant y\leqslant 2\}$,计算 $I=\iint\limits_D \frac{(x-y)^2}{x^2+y^2}\mathrm{d}x\mathrm{d}y$.

(20)(本题满分 12 分)

已知可微函数 $f(u,v)$ 满足 $\frac{\partial f(u,v)}{\partial u}-\frac{\partial f(u,v)}{\partial v}=2(u-v)\mathrm{e}^{-(u+v)}$,且 $f(u,0)=u^2\mathrm{e}^{-u}$.

(Ⅰ)记 $g(x,y)=f(x,y-x)$,求 $\frac{\partial g(x,y)}{\partial x}$;

(Ⅱ)求 $f(u,v)$ 的表达式和极值.

(21)(本题满分 12 分)

设函数 $f(x)$ 在 $(-\infty,+\infty)$ 内具有 2 阶连续导数.证明:$f''(x)\geqslant 0$ 的充分必要条件是:对不同实数 a,b,$f\left(\frac{a+b}{2}\right)\leqslant\frac{1}{b-a}\int_a^b f(x)\mathrm{d}x$.

(22)(本题满分 12 分)

已知二次型 $f(x_1,x_2,x_3)=3x_1^2+4x_2^2+3x_3^2+2x_1x_3$,

(1) 求正交变换 $x=Qy$ 将 $f(x_1,x_2,x_3)$ 化为标准形;

(2) 证明:$\min\limits_{x\neq 0}\frac{f(x)}{x^{\mathrm{T}}x}=2$.

(6) 已知数列$\{x_n\}$，其中$-\dfrac{\pi}{2}\leqslant x_n\leqslant\dfrac{\pi}{2}$，则

(A) 当$\lim\limits_{n\to\infty}\cos(\sin x_n)$存在时，$\lim\limits_{n\to\infty}x_n$ 存在 .

(B) 当$\lim\limits_{n\to\infty}\sin(\cos x_n)$存在时，$\lim\limits_{n\to\infty}x_n$ 存在 .

(C) 当$\lim\limits_{n\to\infty}\cos(\sin x_n)$存在时，$\lim\limits_{n\to\infty}\sin x_n$ 存在，但$\lim\limits_{n\to\infty}x_n$ 不一定存在 .

(D) 当$\lim\limits_{n\to\infty}\sin(\cos x_n)$存在时，$\lim\limits_{n\to\infty}\cos x_n$ 存在，但$\lim\limits_{n\to\infty}x_n$ 不一定存在 .

(7) 已知 $I_1=\int_0^1\dfrac{x}{2(1+\cos x)}\mathrm{d}x, I_2=\int_0^1\dfrac{\ln(1+x)}{1+\cos x}\mathrm{d}x, I_3=\int_0^1\dfrac{2x}{1+\sin x}\mathrm{d}x$，则

(A) $I_1<I_2<I_3$.　　(B) $I_2<I_1<I_3$.

(C) $I_1<I_3<I_2$.　　(D) $I_3<I_2<I_1$.

(8) 设 $\boldsymbol{A}$ 为 3 阶矩阵，$\boldsymbol{\Lambda}=\begin{pmatrix}1&0&0\\0&-1&0\\0&0&0\end{pmatrix}$，则 $\boldsymbol{A}$ 的特征值为 1，-1，0 的充分必要条件是

(A) 存在可逆矩阵 $\boldsymbol{P},\boldsymbol{Q}$，使得 $\boldsymbol{A}=\boldsymbol{P\Lambda Q}$.　　(B) 存在可逆矩阵 $\boldsymbol{P}$，使得 $\boldsymbol{A}=\boldsymbol{P\Lambda P}^{-1}$.

(C) 存在正交矩阵 $\boldsymbol{Q}$，使得 $\boldsymbol{A}=\boldsymbol{Q\Lambda Q}^{-1}$.　　(D) 存在可逆矩阵 $\boldsymbol{P}$，使得 $\boldsymbol{A}=\boldsymbol{P\Lambda P}^{\mathrm{T}}$.

(9) 设矩阵 $\boldsymbol{A}=\begin{pmatrix}1&1&1\\1&a&a^2\\1&b&b^2\end{pmatrix}$，$\boldsymbol{b}=\begin{pmatrix}1\\2\\4\end{pmatrix}$，则线性方程组 $\boldsymbol{Ax}=\boldsymbol{b}$ 解的情况为

(A) 无解 .　　(B) 有解 .

(C) 有无穷多解或无解 .　　(D) 有唯一解或无解 .

(10) 设 $\boldsymbol{\alpha}_1=\begin{pmatrix}\lambda\\1\\1\end{pmatrix}$，$\boldsymbol{\alpha}_2=\begin{pmatrix}1\\\lambda\\1\end{pmatrix}$，$\boldsymbol{\alpha}_3=\begin{pmatrix}1\\1\\\lambda\end{pmatrix}$，$\boldsymbol{\alpha}_4=\begin{pmatrix}1\\\lambda\\\lambda^2\end{pmatrix}$，若向量组 $\boldsymbol{\alpha}_1,\boldsymbol{\alpha}_2,\boldsymbol{\alpha}_3$ 与 $\boldsymbol{\alpha}_1,\boldsymbol{\alpha}_2,\boldsymbol{\alpha}_4$ 等价，则 λ 的取值范围是

(A) $\{0,1\}$.　　(B) $\{\lambda\mid\lambda\in R,\lambda\neq-2\}$.

(C) $\{\lambda\mid\lambda\in R,\lambda\neq-1,\lambda\neq-2\}$.　　(D) $\{\lambda\mid\lambda\in R,\lambda\neq-1\}$.

二、填空题：11~16 小题，每小题 5 分，共 30 分 .

(11) $\lim\limits_{x\to0}\left(\dfrac{1+\mathrm{e}^x}{2}\right)^{\cot x}=$________ .

(12) 已知函数 $y=y(x)$ 由方程 $x^2+xy+y^3=3$ 确定，则 $y''(1)=$ ________ .

(16)多项式$f(x)=\begin{vmatrix} x & x & 1 & 2x \\ 1 & x & 2 & -1 \\ 2 & 1 & x & 1 \\ 2 & -1 & 1 & x \end{vmatrix}$中 x^3 项的系数为________.

三、解答题:17~22 小题,共 70 分.请将解答写在答题卡指定位置上.解答应写出文字说明、证明过程或演算步骤.

(17)(本题满分 10 分)

求极限$\lim\limits_{x\to 0}\left(\dfrac{1+\int_0^x e^{t^2}dt}{e^x-1}-\dfrac{1}{\sin x}\right)$.

(18)(本题满分 12 分)

已知函数$f(x)=\dfrac{x|x|}{1+x}$,求曲线 $y=f(x)$ 的凹凸区间及渐近线.

(19)(本题满分 12 分)

设函数$f(x)$ 满足$\int\dfrac{f(x)}{\sqrt{x}}dx=\dfrac{1}{6}x^2-x+C$,$L$ 为曲线 $y=f(x)$ $(4\leqslant x\leqslant 9)$,记$L$的长度为$s$,$L$绕 x 轴旋转所成旋转曲面的面积为 A,求 s 和 A.

(20)(本题满分 12 分)

设 $y=y(x)$ $(x>0)$是微分方程 $xy'-6y=-6$ 满足条件 $y(\sqrt{3})=10$ 的解.

(1)求 $y(x)$;

(2)设 P 为曲线 $y=y(x)$ 上的一点,记曲线 $y=y(x)$ 在点 P 处的法线在 y 轴上的截距为 I_P.当 I_P 最小时,求点 P 的坐标.

(21)(本题满分 12 分)

设平面区域 D 由曲线$(x^2+y^2)^2=x^2-y^2$ $(x\geqslant 0,y\geqslant 0)$与 x 轴围成,

计算二重积分$\iint\limits_D xy\,dx\,dy$.

(22)(本题满分 12 分)

设矩阵$\boldsymbol{A}=\begin{pmatrix} 2 & 1 & 0 \\ 1 & 2 & 0 \\ 1 & a & b \end{pmatrix}$仅有两个不同的特征值.若 $\boldsymbol{A}$ 相似于对角矩阵,求 a,b 的值,并求可逆矩阵 $\boldsymbol{P}$,使 $\boldsymbol{P}^{-1}\boldsymbol{A}\boldsymbol{P}$ 为对角矩阵.

(C) $\lim\limits_{n\to\infty}\sum\limits_{k=1}^{2n}f\left(\frac{k-1}{2n}\right)\frac{1}{n}$.　　　　(D) $\lim\limits_{n\to\infty}\sum\limits_{k=1}^{2n}f\left(\frac{k}{2n}\right)\frac{2}{n}$.

(8)二次型 $f(x_1,x_2,x_3)=(x_1+x_2)^2+(x_2+x_3)^2-(x_3-x_1)^2$ 的正惯性指数与负惯性指数依次为

(A)2,0.　　(B)1,1.　　(C)2,1.　　(D)1,2.

(9)设3阶矩阵 $\boldsymbol{A}=(\boldsymbol{\alpha}_1,\boldsymbol{\alpha}_2,\boldsymbol{\alpha}_3)$，$\boldsymbol{B}=(\boldsymbol{\beta}_1,\boldsymbol{\beta}_2,\boldsymbol{\beta}_3)$. 若向量组 $\boldsymbol{\alpha}_1,\boldsymbol{\alpha}_2,\boldsymbol{\alpha}_3$ 可以由向量组 $\boldsymbol{\beta}_1,\boldsymbol{\beta}_2,\boldsymbol{\beta}_3$ 线性表出，则

(A) $\boldsymbol{Ax}=\boldsymbol{0}$ 的解均为 $\boldsymbol{Bx}=\boldsymbol{0}$ 的解.　　(B) $\boldsymbol{A}^T\boldsymbol{x}=\boldsymbol{0}$ 的解均为 $\boldsymbol{B}^T\boldsymbol{x}=\boldsymbol{0}$ 的解.

(C) $\boldsymbol{Bx}=\boldsymbol{0}$ 的解均为 $\boldsymbol{Ax}=\boldsymbol{0}$ 的解.　　(D) $\boldsymbol{B}^T\boldsymbol{x}=\boldsymbol{0}$ 的解均为 $\boldsymbol{A}^T\boldsymbol{x}=\boldsymbol{0}$ 的解.

(10)已知矩阵 $\boldsymbol{A}=\begin{pmatrix}1&0&-1\\2&-1&1\\-1&2&-5\end{pmatrix}$. 若下三角可逆矩阵 $\boldsymbol{P}$ 和上三角可逆矩阵 $\boldsymbol{Q}$，使 $\boldsymbol{PAQ}$ 为对角矩阵，则 $\boldsymbol{P},\boldsymbol{Q}$ 可以分别取

(A) $\begin{pmatrix}1&0&0\\0&1&0\\0&0&1\end{pmatrix},\begin{pmatrix}1&0&1\\0&1&3\\0&0&1\end{pmatrix}$.　　(B) $\begin{pmatrix}1&0&0\\2&-1&0\\-3&2&1\end{pmatrix},\begin{pmatrix}1&0&0\\0&1&0\\0&0&1\end{pmatrix}$.

(C) $\begin{pmatrix}1&0&0\\2&-1&0\\-3&2&1\end{pmatrix},\begin{pmatrix}1&0&1\\0&1&3\\0&0&1\end{pmatrix}$.　　(D) $\begin{pmatrix}1&0&0\\0&1&0\\1&3&1\end{pmatrix},\begin{pmatrix}1&2&-3\\0&-1&2\\0&0&1\end{pmatrix}$.

二、填空题：11～16小题，每小题5分，共30分.

(11) $\int_{-\infty}^{+\infty}|x|3^{-x^2}\mathrm{d}x=$ ________.

(12)设函数 $y=y(x)$ 由参数方程 $\begin{cases}x=2\mathrm{e}^t+t+1,\\y=4(t-1)\mathrm{e}^t+t^2\end{cases}$ 确定，$\left.\frac{\mathrm{d}^2y}{\mathrm{d}x^2}\right|_{t=0}=$ ________.

(13)设函数 $z=z(x,y)$ 由方程 $(x+1)z+y\ln z-\arctan(2xy)=1$ 确定，则 $\left.\frac{\partial z}{\partial x}\right|_{(0,2)}=$ ________.

(14)已知函数 $f(t)=\int_1^{t^2}\mathrm{d}x\int_{\sqrt{x}}^{t}\sin\frac{x}{y}\mathrm{d}y$，则 $f'\left(\frac{\pi}{2}\right)=$ ________.

(15)微分方程 $y'''-y=0$ 的通解为 $y=$ ________.

(17)(本题满分 10 分)

求函数 $f(x,y)=x^3+8y^3-xy$ 的极值.

(18)(本题满分 10 分)

设函数 $f(x)$ 的定义域为 $(0,+\infty)$ 且满足 $2f(x)+x^2f\left(\frac{1}{x}\right)=\frac{x^2+2x}{\sqrt{1+x^2}}$. 求:$f(x)$,并求曲线 $f(x)$,$y=\frac{1}{2}$,$y=\frac{\sqrt{3}}{2}$ 及 y 轴所围图形绕 x 轴旋转所成旋转体的体积.

(19)(本题满分 10 分)

设平面区域 D 由直线 $x=1$,$x=2$,$y=x$ 与 x 轴围成,计算 $\iint\limits_D \frac{\sqrt{x^2+y^2}}{x}\mathrm{d}x\mathrm{d}y$.

(20)(本题满分 11 分)

设函数 $f(x)=\int_1^x \mathrm{e}^{t^2}\mathrm{d}t$.

(1)证明:存在 $\xi\in(1,2)$,使 $f(\xi)=(2-\xi)\mathrm{e}^{\xi^2}$;

(2)证明:存在 $\eta\in(1,2)$,使 $f(2)=\ln 2\cdot\eta\mathrm{e}^{\eta^2}$.

(21)(本题满分 11 分)

设函数 $f(x)$ 可导,且 $f'(x)>0$. 曲线 $y=f(x)$ $(x\geqslant 0)$ 经过坐标原点 O,其上任意一点 M 处的切线与 x 轴交于 T,又 MP 垂直 x 轴于点 P. 已知由曲线 $y=f(x)$,直线 MP 以及 x 轴所围成图形的面积与 $\triangle MTP$ 的面积之比恒为 $3:2$,求满足上述条件的曲线的方程.

(22)(本题满分 11 分)

设二次型 $f(x_1,x_2,x_3)=x_1^2+x_2^2+x_3^2+2ax_1x_2+2ax_1x_3+2ax_2x_3$ 经可逆线性变换 $\begin{pmatrix}x_1\\x_2\\x_3\end{pmatrix}=\boldsymbol{P}\begin{pmatrix}y_1\\y_2\\y_3\end{pmatrix}$ 化为二次型 $g(y_1,y_2,y_3)=y_1^2+y_2^2+4y_3^2+2y_1y_2$.

(1)求 a 的值;

(2)求可逆矩阵 $\boldsymbol{P}$.

(23)(本题满分 11 分)

设 $\boldsymbol{A}$ 为 2 阶矩阵,$\boldsymbol{P}=(\boldsymbol{\alpha},\boldsymbol{A\alpha})$,其中 $\boldsymbol{\alpha}$ 是非零向量且不是 $\boldsymbol{A}$ 的特征向量.

(1)证明 $\boldsymbol{P}$ 是可逆矩阵;

(2)若 $\boldsymbol{A}^2\boldsymbol{\alpha}+\boldsymbol{A\alpha}-6\boldsymbol{\alpha}=\boldsymbol{0}$,求 $\boldsymbol{P}^{-1}\boldsymbol{AP}$,并判断 $\boldsymbol{A}$ 是否相似于对角矩阵.

(7) 设4阶矩阵 $\boldsymbol{A}=(a_{ij})$ 不可逆，a_{12} 的代数余子式 $A_{12}\neq 0$，$\boldsymbol{\alpha}_1,\boldsymbol{\alpha}_2,\boldsymbol{\alpha}_3,\boldsymbol{\alpha}_4$ 为矩阵 $\boldsymbol{A}$ 的列向量组，$\boldsymbol{A}^*$ 为 $\boldsymbol{A}$ 的伴随矩阵，则方程组 $\boldsymbol{A}^*\boldsymbol{x}=\boldsymbol{0}$ 的通解为

(A) $\boldsymbol{x}=k_1\boldsymbol{\alpha}_1+k_2\boldsymbol{\alpha}_2+k_3\boldsymbol{\alpha}_3$，其中 k_1,k_2,k_3 为任意常数.

(B) $\boldsymbol{x}=k_1\boldsymbol{\alpha}_1+k_2\boldsymbol{\alpha}_2+k_3\boldsymbol{\alpha}_4$，其中 k_1,k_2,k_3 为任意常数.

(C) $\boldsymbol{x}=k_1\boldsymbol{\alpha}_1+k_2\boldsymbol{\alpha}_3+k_3\boldsymbol{\alpha}_4$，其中 k_1,k_2,k_3 为任意常数.

(D) $\boldsymbol{x}=k_1\boldsymbol{\alpha}_2+k_2\boldsymbol{\alpha}_3+k_3\boldsymbol{\alpha}_4$，其中 k_1,k_2,k_3 为任意常数.

(8) 设 $\boldsymbol{A}$ 是3阶矩阵，$\boldsymbol{\alpha}_1,\boldsymbol{\alpha}_2$ 为 $\boldsymbol{A}$ 的属于特征值1的线性无关的特征向量，$\boldsymbol{\alpha}_3$ 为 $\boldsymbol{A}$ 属于特征值 -1 的特征向量，则满足 $\boldsymbol{P}^{-1}\boldsymbol{AP}=\begin{pmatrix}1&0&0\\0&-1&0\\0&0&1\end{pmatrix}$ 的可逆矩阵 $\boldsymbol{P}$ 可为

(A) $(\boldsymbol{\alpha}_1+\boldsymbol{\alpha}_3,\boldsymbol{\alpha}_2,-\boldsymbol{\alpha}_3)$.　　(B) $(\boldsymbol{\alpha}_1+\boldsymbol{\alpha}_2,\boldsymbol{\alpha}_2,-\boldsymbol{\alpha}_3)$.

(C) $(\boldsymbol{\alpha}_1+\boldsymbol{\alpha}_3,-\boldsymbol{\alpha}_3,\boldsymbol{\alpha}_2)$.　　(D) $(\boldsymbol{\alpha}_1+\boldsymbol{\alpha}_2,-\boldsymbol{\alpha}_3,\boldsymbol{\alpha}_2)$.

二、填空题：9~14小题，每小题4分，共24分.

(9) 设 $\begin{cases}x=\sqrt{t^2+1},\\y=\ln(t+\sqrt{t^2+1}),\end{cases}$ 则 $\left.\dfrac{\mathrm{d}^2y}{\mathrm{d}x^2}\right|_{t=1}=$ ________.

(10) $\int_0^1\mathrm{d}y\int_{\sqrt{y}}^1\sqrt{x^3+1}\,\mathrm{d}x=$ ________.

(11) 设 $z=\arctan[xy+\sin(x+y)]$，则 $\mathrm{d}z\big|_{(0,\pi)}=$ ________.

(12) 斜边长为 $2a$ 的等腰直角三角形平板铅直地沉没在水中，且斜边与水面相齐. 记重力加速度为 g，水的密度为 ρ，则该平板一侧所受的水压力为________.

(13) 设 $y=y(x)$ 满足 $y''+2y'+y=0$，且 $y(0)=0,y'(0)=1$，则 $\int_0^{+\infty}y(x)\,\mathrm{d}x=$ ________.

(14) 行列式 $\begin{vmatrix}a&0&-1&1\\0&a&1&-1\\-1&1&a&0\\1&-1&0&a\end{vmatrix}=$ ________.

三、解答题：15~23小题，共94分. 解答应写出文字说明、证明过程或演算步骤.

(15)（本题满分10分）

求曲线 $y=\dfrac{x^{1+x}}{(1+x)^x}(x>0)$ 的斜渐近线方程.

(16)（本题满分10分）

设函数 $f(x)$ 连续且 $\lim\limits_{x\to 0}\dfrac{f(x)}{x}=1$，$g(x)=\int_0^1 f(xt)\,\mathrm{d}t$，求 $g'(x)$ 并证明 $g'(x)$ 在 $x=0$ 处连续.

(2)设平面区域 $D=\{(x,y)|1\leqslant x\leqslant 2,0\leqslant y\leqslant y(x)\}$,求 D 绕 x 轴旋转所得旋转体的体积.

(18)(本题满分 10 分)

已知平面区域 $D=\{(x,y)||x|\leqslant y,(x^2+y^2)^3\leqslant y^4\}$,计算二重积分 $\iint\limits_D \frac{x+y}{\sqrt{x^2+y^2}}\mathrm{d}x\mathrm{d}y$.

(19)(本题满分 10 分)

设 n 是正整数,记 S_n 为曲线 $y=\mathrm{e}^{-x}\sin x(0\leqslant x\leqslant n\pi)$ 与 x 轴所围图形的面积. 求 S_n,并求 $\lim\limits_{n\to\infty}S_n$.

(20)(本题满分 11 分)

已知函数 $u(x,y)$ 满足 $2\frac{\partial^2 u}{\partial x^2}-2\frac{\partial^2 u}{\partial y^2}+3\frac{\partial u}{\partial x}+3\frac{\partial u}{\partial y}=0$,求 a,b 的值使得在变换 $u(x,y)=v(x,y)\mathrm{e}^{ax+by}$ 之下,上述等式可化为函数 $v(x,y)$ 的不含一阶偏导数的等式.

(21)(本题满分 11 分)

已知函数 $f(x)$ 在$[0,1]$上具有二阶导数,且 $f(0)=0,f(1)=1,\int_0^1 f(x)\mathrm{d}x=1$. 证明:

(1)存在 $\xi\in(0,1)$,使得 $f'(\xi)=0$;

(2)存在 $\eta\in(0,1)$,使得 $f''(\eta)<-2$.

(22)(本题满分 11 分)

已知向量组

$$\text{Ⅰ}:\boldsymbol{\alpha}_1=(1,1,4)^T,\boldsymbol{\alpha}_2=(1,0,4)^T,\boldsymbol{\alpha}_3=(1,2,a^2+3)^T;$$

$$\text{Ⅱ}:\boldsymbol{\beta}_1=(1,1,a+3)^T,\boldsymbol{\beta}_2=(0,2,1-a)^T,\boldsymbol{\beta}_3=(1,3,a^2+3)^T.$$

若向量组Ⅰ与向量组Ⅱ等价,求 a 的取值,并将 $\boldsymbol{\beta}_3$ 用 $\boldsymbol{\alpha}_1,\boldsymbol{\alpha}_2,\boldsymbol{\alpha}_3$ 线性表示.

(23)(本题满分 11 分)

已知矩阵 $\boldsymbol{A}=\begin{pmatrix}-2&-2&1\\2&x&-2\\0&0&-2\end{pmatrix}$ 与 $\boldsymbol{B}=\begin{pmatrix}2&1&0\\0&-1&0\\0&0&y\end{pmatrix}$ 相似.

(1)求 x,y;

(2)求可逆矩阵 $\boldsymbol{P}$ 使得 $\boldsymbol{P}^{-1}\boldsymbol{AP}=\boldsymbol{B}$.

(8) 设 $\boldsymbol{A}$ 是 3 阶实对称矩阵，$\boldsymbol{E}$ 是 3 阶单位矩阵．若 $\boldsymbol{A}^2+\boldsymbol{A}=2\boldsymbol{E}$，且 $|\boldsymbol{A}|=4$，则二次型 $\boldsymbol{x}^{\mathrm{T}}\boldsymbol{A}\boldsymbol{x}$ 的规范形为

(A) $y_1^2+y_2^2+y_3^2$.　　(B) $y_1^2+y_2^2-y_3^2$.

(C) $y_1^2-y_2^2-y_3^2$.　　(D) $-y_1^2-y_2^2-y_3^2$.

二、填空题：9～14 小题，每小题 4 分，共 24 分．

(9) $\lim\limits_{x\to0}(x+2^x)^{\frac{2}{x}}=$________.

(10) 曲线 $\begin{cases}x=t-\sin t,\\y=1-\cos t\end{cases}$ 在 $t=\dfrac{3\pi}{2}$ 对应点处的切线在 y 轴上的截距为________.

(11) 设函数 $f(u)$ 可导，$z=yf\left(\dfrac{y^2}{x}\right)$，则 $2x\dfrac{\partial z}{\partial x}+y\dfrac{\partial z}{\partial y}=$________.

(12) 曲线 $y=\ln\cos x\left(0\leqslant x\leqslant\dfrac{\pi}{6}\right)$ 的弧长为________.

(13) 已知函数 $f(x)=x\int_1^x\dfrac{\sin t^2}{t}\mathrm{d}t$，则 $\int_0^1 f(x)\,\mathrm{d}x=$________.

(14) 已知矩阵 $\boldsymbol{A}=\begin{pmatrix}1&-1&0&0\\-2&1&-1&1\\3&-2&2&-1\\0&0&3&4\end{pmatrix}$，$A_{ij}$ 表示 $|\boldsymbol{A}|$ 中 (i,j) 元的代数余子式，则 $A_{11}-A_{12}=$________.

三、解答题：15～23 小题，共 94 分．解答应写出文字说明、证明过程或演算步骤．

(15)（本题满分 10 分）

已知函数 $f(x)=\begin{cases}x^{2x}, & x>0,\\xe^x+1, & x\leqslant0,\end{cases}$ 求 $f'(x)$，并求 $f(x)$ 的极值．

(16)（本题满分 10 分）

求不定积分 $\int\dfrac{3x+6}{(x-1)^2(x^2+x+1)}\mathrm{d}x$．

(17)（本题满分 10 分）

设函数 $y=y(x)$ 是微分方程 $y'-xy=\dfrac{1}{2\sqrt{x}}e^{\frac{x^2}{2}}$ 满足条件 $y(1)=\sqrt{e}$ 的特解．

(1) 求 $y(x)$；

（Ⅱ）若$f(x)$在区间$[0,1]$上的平均值为1，求a的值．

(17)设平面区域D由曲线$\begin{cases}x=t-\sin t,\\ y=1-\cos t,\end{cases}$$(0\leqslant t\leqslant 2\pi)$与$x$轴围成，计算二重积分$\iint\limits_D (x+2y)\,\mathrm{d}x\mathrm{d}y$.

(18)已知常数$k\geqslant \ln 2-1$. 证明：$(x-1)(x-\ln^2 x+2k\ln x-1)\geqslant 0$.

(19)(本题满分10分)

将长为2m的铁丝分成三段，依次围成圆、正方形与正三角形．三个图形的面积之和是否存在最小值？若存在，求出最小值．

(20)(本题满分11分)

已知曲线$L:y=\dfrac{4}{9}x^2(x\geqslant 0)$，点$O(0,0)$，点$A(0,1)$．设$P$是$L$上的动点，$S$是直线$OA$与直线$AP$及曲线$L$所围图形的面积．若$P$运动到点$(3,4)$时沿$x$轴正向的速度是4，求此时$S$关于时间$t$的变化率．

(21)(本题满分11分)

设数列$\{x_n\}$满足：$x_1>0,x_n\mathrm{e}^{x_{n+1}}=\mathrm{e}^{x_n}-1(n=1,2,\cdots)$．证明$\{x_n\}$收敛，并求$\lim\limits_{n\to\infty}x_n$.

(22)(本题满分11分)

设实二次型$f(x_1,x_2,x_3)=(x_1-x_2+x_3)^2+(x_2+x_3)^2+(x_1+ax_3)^2$，其中$a$是参数．

（Ⅰ）求$f(x_1,x_2,x_3)=0$的解；

（Ⅱ）求$f(x_1,x_2,x_3)$的规范形．

(23)(本题满分11分)

已知a是常数，且矩阵$\boldsymbol{A}=\begin{pmatrix}1&2&a\\1&3&0\\2&7&-a\end{pmatrix}$可经初等列变换化为矩阵$\boldsymbol{B}=\begin{pmatrix}1&a&2\\0&1&1\\-1&1&1\end{pmatrix}$.

（Ⅰ）求a；

（Ⅱ）求满足$\boldsymbol{AP}=\boldsymbol{B}$的可逆矩阵$\boldsymbol{P}$.

(7)下列矩阵中,与矩阵$\begin{pmatrix}1 & 1 & 0\\0 & 1 & 1\\0 & 0 & 1\end{pmatrix}$相似的为

(A) $\begin{pmatrix}1 & 1 & -1\\0 & 1 & 1\\0 & 0 & 1\end{pmatrix}$. (B) $\begin{pmatrix}1 & 0 & -1\\0 & 1 & 1\\0 & 0 & 1\end{pmatrix}$. (C) $\begin{pmatrix}1 & 1 & -1\\0 & 1 & 0\\0 & 0 & 1\end{pmatrix}$. (D) $\begin{pmatrix}1 & 0 & -1\\0 & 1 & 0\\0 & 0 & 1\end{pmatrix}$.

(8)设$\boldsymbol{A},\boldsymbol{B}$为$n$阶矩阵,记$r(\boldsymbol{X})$为矩阵$\boldsymbol{X}$的秩,$(\boldsymbol{X}\quad \boldsymbol{Y})$表示分块矩阵,则

(A) $r(\boldsymbol{A}\quad \boldsymbol{AB})=r(\boldsymbol{A})$. (B) $r(\boldsymbol{A}\quad \boldsymbol{BA})=r(\boldsymbol{A})$.

(C) $r(\boldsymbol{A}\quad \boldsymbol{B})=\max\{r(\boldsymbol{A}),r(\boldsymbol{B})\}$. (D) $r(\boldsymbol{A}\quad \boldsymbol{B})=r(\boldsymbol{A}^{\mathrm{T}}\quad \boldsymbol{B}^{\mathrm{T}})$.

二、填空题:9~14小题,每小题4分,共24分.

(9) $\lim\limits_{x\to+\infty}x^2[\arctan(x+1)-\arctan x]=$________.

(10)曲线$f(x)=x^2+2\ln x$在其拐点处的切线方程是________.

(11) $\int_5^{+\infty}\dfrac{1}{x^2-4x+3}\mathrm{d}x=$________.

(12)曲线$\begin{cases}x=\cos^3 t,\\y=\sin^3 t,\end{cases}$在$t=\dfrac{\pi}{4}$对应点处的曲率为________.

(13)设函数$z=z(x,y)$由方程$\ln z+\mathrm{e}^{z-1}=xy$确定,则$\left.\dfrac{\partial z}{\partial x}\right|_{\left(2,\frac{1}{2}\right)}=$________.

(14)设$\boldsymbol{A}$为3阶矩阵,$\boldsymbol{\alpha}_1,\boldsymbol{\alpha}_2,\boldsymbol{\alpha}_3$为线性无关的向量组.若$\boldsymbol{A\alpha}_1=2\boldsymbol{\alpha}_1+\boldsymbol{\alpha}_2+\boldsymbol{\alpha}_3$,$\boldsymbol{A\alpha}_2=\boldsymbol{\alpha}_2+2\boldsymbol{\alpha}_3$,$\boldsymbol{A\alpha}_3=-\boldsymbol{\alpha}_2+\boldsymbol{\alpha}_3$则$\boldsymbol{A}$的实特征值为________.

三、解答题:15~23小题,共94分.解答应写出文字说明、证明过程或演算步骤.

(15)(本题满分10分)

求不定积分$\int \mathrm{e}^{2x}\arctan\sqrt{\mathrm{e}^x-1}\,\mathrm{d}x$.

(16)(本题满分10分)

已知连续函数$f(x)$满足$\int_0^x f(t)\,\mathrm{d}t+\int_0^x tf(x-t)\,\mathrm{d}t=ax^2$.

(Ⅰ)求$f(x)$;

三、解答题:15~23 小题,共 94 分. 解答应写出文字说明、证明过程或演算步骤.

(15)(本题满分 10 分)

求$\lim\limits_{x\to0^+}\dfrac{\int_0^x\sqrt{x-t}\,e^t\,dt}{\sqrt{x^3}}$.

(16)(本题满分 10 分)

设函数$f(u,v)$具有 2 阶连续偏导数,$y=f(e^x,\cos x)$,求$\left.\dfrac{dy}{dx}\right|_{x=0}$,$\left.\dfrac{d^2y}{dx^2}\right|_{x=0}$.

(17)(本题满分 10 分)

求$\lim\limits_{n\to\infty}\sum\limits_{k=1}^{n}\dfrac{k}{n^2}\ln\left(1+\dfrac{k}{n}\right)$.

(18)(本题满分 10 分)

已知函数$y(x)$由方程$x^3+y^3-3x+3y-2=0$确定,求$y(x)$的极值.

(19)(本题满分 10 分)

设函数$f(x)$在区间$[0,1]$上具有 2 阶导数,且$f(1)>0$,$\lim\limits_{x\to0^+}\dfrac{f(x)}{x}<0$. 证明:

(Ⅰ)方程$f(x)=0$在区间$(0,1)$内至少存在一个实根;

(Ⅱ)方程$f(x)f''(x)+[f'(x)]^2=0$在区间$(0,1)$内至少存在两个不同实根.

(20)(本题满分 11 分)

已知平面区域$D=\{(x,y)\mid x^2+y^2\leqslant 2y\}$,计算二重积分$\iint\limits_D(x+1)^2\,dxdy$.

(21)(本题满分 11 分)

设$y(x)$是区间$\left(0,\dfrac{3}{2}\right)$内的可导函数,且$y(1)=0$. 点$P$是曲线$l$:$y=y(x)$上的任意一点$l$在点$P$处的切线与$y$轴相交于点$(0,Y_P)$,法线与$x$轴相交干点$(X_P,0)$. 若$X_P=Y_P$,求$l$上点的坐标$(x,y)$满足的方程.

(22)(小题满分 11 分)

设 3 阶矩阵$\boldsymbol{A}=(\boldsymbol{\alpha}_1,\boldsymbol{\alpha}_2,\boldsymbol{\alpha}_3)$有 3 个不同的特征值,且$\boldsymbol{\alpha}_3=\boldsymbol{\alpha}_1+2\boldsymbol{\alpha}_2$.

(Ⅰ)证明$r(\boldsymbol{A})=2$;

(Ⅱ)若$\boldsymbol{\beta}=\boldsymbol{\alpha}_1+\boldsymbol{\alpha}_2+\boldsymbol{\alpha}_3$,求方程组$\boldsymbol{Ax}=\boldsymbol{\beta}$的通解.

(23)(本题满分 11 分)

设二次型$f(x_1,x_2,x_3)=2x_1^2-x_2^2+ax_3^2+2x_1x_2-8x_1x_3+2x_2x_3$在正交变换$\boldsymbol{x}=\boldsymbol{Qy}$下的标准形为$\lambda_1y_1^2+\lambda_2y_2^2$,求$a$的值及一个正交矩阵$\boldsymbol{Q}$.

(6) 甲、乙两人赛跑，计时开始时，甲在乙前方10(单位:m)处．图中，实线表示甲的速度曲线 $v=v_1(t)$(单位:m/s)，虚线表示乙的速度曲线 $v=v_2(t)$，三块阴影部分面积的数值依次为10，20，3．计时开始后乙追上甲的时刻记为 t_0(单位:s)，则

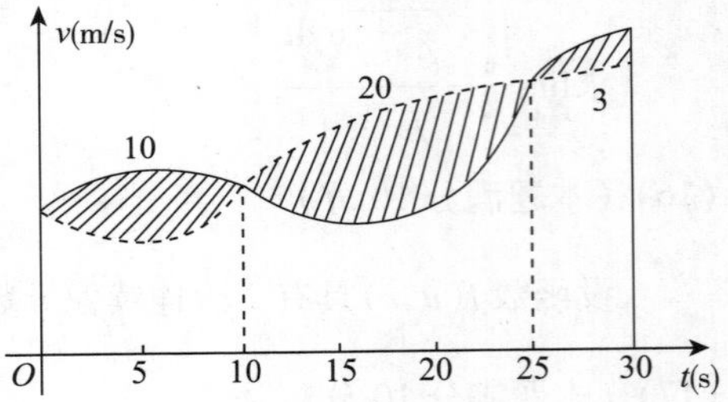

(A) $t_0=10$.　　(B) $15<t_0<20$.

(C) $t_0=25$.　　(D) $t_0>25$.

(7) 设 $\boldsymbol{A}$ 为3阶矩阵，$\boldsymbol{P}=(\boldsymbol{\alpha}_1,\boldsymbol{\alpha}_2,\boldsymbol{\alpha}_3)$ 为可逆矩阵，使得 $\boldsymbol{P}^{-1}\boldsymbol{A}\boldsymbol{P}=\begin{pmatrix}0&0&0\\0&1&0\\0&0&2\end{pmatrix}$，则 $\boldsymbol{A}(\boldsymbol{\alpha}_1+\boldsymbol{\alpha}_2+\boldsymbol{\alpha}_3)=$

(A) $\boldsymbol{\alpha}_1+\boldsymbol{\alpha}_2$.　　(B) $\boldsymbol{\alpha}_2+2\boldsymbol{\alpha}_3$.　　(C) $\boldsymbol{\alpha}_2+\boldsymbol{\alpha}_3$.　　(D) $\boldsymbol{\alpha}_1+2\boldsymbol{\alpha}_2$.

(8) 已知矩阵 $\boldsymbol{A}=\begin{pmatrix}2&0&0\\0&2&1\\0&0&1\end{pmatrix}$，$\boldsymbol{B}=\begin{pmatrix}2&1&0\\0&2&0\\0&0&1\end{pmatrix}$，$\boldsymbol{C}=\begin{pmatrix}1&0&0\\0&2&0\\0&0&2\end{pmatrix}$，则

(A) $\boldsymbol{A}$ 与 $\boldsymbol{C}$ 相似，$\boldsymbol{B}$ 与 $\boldsymbol{C}$ 相似．　　(B) $\boldsymbol{A}$ 与 $\boldsymbol{C}$ 相似，$\boldsymbol{B}$ 与 $\boldsymbol{C}$ 不相似．

(C) $\boldsymbol{A}$ 与 $\boldsymbol{C}$ 不相似，$\boldsymbol{B}$ 与 $\boldsymbol{C}$ 相似．　　(D) $\boldsymbol{A}$ 与 $\boldsymbol{C}$ 不相似，$\boldsymbol{B}$ 与 $\boldsymbol{C}$ 不相似．

二、填空题：9~14小题，每小题4分，共24分．

(9) 曲线 $y=x\left(1+\arcsin\dfrac{2}{x}\right)$ 的斜渐近线方程为________．

(10) 设函数 $y=y(x)$ 由参数方程 $\begin{cases}x=t+\mathrm{e}^t\\y=\sin t\end{cases}$ 确定，则 $\left.\dfrac{\mathrm{d}^2y}{\mathrm{d}x^2}\right|_{t=0}=$________．

(11) $\displaystyle\int_0^{+\infty}\frac{\ln(1+x)}{(1+x)^2}\mathrm{d}x=$________．

(12) 设函数 $f(x,y)$ 具有一阶连续偏导数，且 $\mathrm{d}f(x,y)=y\mathrm{e}^y\mathrm{d}x+x(1+y)\mathrm{e}^y\mathrm{d}y$，$f(0,0)=0$，则 $f(x,y)=$________．

(13) $\displaystyle\int_0^1\mathrm{d}y\int_y^1\frac{\tan x}{x}\mathrm{d}x=$________．

(14) 设矩阵 $\boldsymbol{A}=\begin{pmatrix}4&1&-2\\1&2&a\\3&1&-1\end{pmatrix}$ 的一个特征向量为 $\begin{pmatrix}1\\1\\2\end{pmatrix}$，则 $a=$________．

(18)(本题满分 10 分)

设 D 是由直线 $y=1, y=x, y=-x$ 围成的有界区域,计算二重积分 $\iint\limits_D \frac{x^2-xy-y^2}{x^2+y^2}\mathrm{d}x\mathrm{d}y$.

(19)(本题满分 10 分)

已知 $y_1(x)=\mathrm{e}^x, y_2(x)=u(x)\mathrm{e}^x$ 是二阶微分方程 $(2x-1)y''-(2x+1)y'+2y=0$ 的两个解. 若 $u(-1)=e, u(0)=-1$,求 $u(x)$,并写出该微分方程的通解.

(20)(本题满分 11 分)

设 D 是由曲线 $y=\sqrt{1-x^2}\ (0\leqslant x\leqslant 1)$ 与 $\begin{cases}x=\cos^3 t\\ y=\sin^3 t\end{cases}\left(0\leqslant t\leqslant \frac{\pi}{2}\right)$ 围成的平面区域,求 D 绕 x 轴旋转一周所得旋转体的体积和表面积.

(21)(本题满分 11 分)

已知函数 $f(x)$ 在 $\left[0,\frac{3\pi}{2}\right]$ 上连续,在 $\left(0,\frac{3\pi}{2}\right)$ 内是函数 $\frac{\cos x}{2x-3\pi}$ 的一个原函数,且 $f(0)=0$.

(Ⅰ)求 $f(x)$ 在区间 $\left[0,\frac{3\pi}{2}\right]$ 上的平均值;

(Ⅱ)证明 $f(x)$ 在区间 $\left(0,\frac{3\pi}{2}\right)$ 内存在唯一零点.

(22)(本题满分 11 分)

设矩阵 $\boldsymbol{A}=\begin{pmatrix}1 & 1 & 1-a\\ 1 & 0 & a\\ a+1 & 1 & a+1\end{pmatrix}, \boldsymbol{\beta}=\begin{pmatrix}0\\ 1\\ 2a-2\end{pmatrix}$,且方程组 $\boldsymbol{Ax}=\boldsymbol{\beta}$ 无解.

(Ⅰ)求 a 的值;

(Ⅱ)求方程组 $\boldsymbol{A}^{\mathrm{T}}\boldsymbol{Ax}=\boldsymbol{A}^{\mathrm{T}}\boldsymbol{\beta}$ 的通解.

(23)(本题满分 11 分)

已知矩阵 $\boldsymbol{A}=\begin{pmatrix}0 & -1 & 1\\ 2 & -3 & 0\\ 0 & 0 & 0\end{pmatrix}$.

(Ⅰ)求 $\boldsymbol{A}^{99}$;

(Ⅱ)设 3 阶矩阵 $\boldsymbol{B}=(\boldsymbol{\alpha}_1,\boldsymbol{\alpha}_2,\boldsymbol{\alpha}_3)$ 满足 $\boldsymbol{B}^2=\boldsymbol{BA}$. 记 $\boldsymbol{B}^{100}=(\boldsymbol{\beta}_1,\boldsymbol{\beta}_2,\boldsymbol{\beta}_3)$,将 $\boldsymbol{\beta}_1,\boldsymbol{\beta}_2,\boldsymbol{\beta}_3$ 分别表示为 $\boldsymbol{\alpha}_1,\boldsymbol{\alpha}_2,\boldsymbol{\alpha}_3$ 的线性组合.

(6) 已知函数$f(x,y)=\frac{e^x}{x-y}$,则

(A) $f'_x-f'_y=0$.

(B) $f'_x+f'_y=0$.

(C) $f'_x-f'_y=f$.

(D) $f'_x+f'_y=f$.

(7) 设$\boldsymbol{A}$,$\boldsymbol{B}$是可逆矩阵,且$\boldsymbol{A}$与$\boldsymbol{B}$相似,则下列结论错误的是

(A) $\boldsymbol{A}^{\mathrm{T}}$与$\boldsymbol{B}^{\mathrm{T}}$相似.

(B) $\boldsymbol{A}^{-1}$与$\boldsymbol{B}^{-1}$相似.

(C) $\boldsymbol{A}+\boldsymbol{A}^{\mathrm{T}}$与$\boldsymbol{B}+\boldsymbol{B}^{\mathrm{T}}$相似.

(D) $\boldsymbol{A}+\boldsymbol{A}^{-1}$与$\boldsymbol{B}+\boldsymbol{B}^{-1}$相似.

(8) 设二次型$f(x_1,x_2,x_3)=a(x_1^2+x_2^2+x_3^2)+2x_1x_2+2x_2x_3+2x_1x_3$的正、负惯性指数分别为1,2,则

(A) $a>1$.

(B) $a<-2$.

(C) $-2<a<1$.

(D) $a=1$或$a=-2$.

二、填空题:9~14小题,每小题4分,共24分.

(9) 曲线$y=\frac{x^3}{1+x^2}+\arctan(1+x^2)$的斜渐近线方程为________.

(10) 极限$\lim\limits_{n\to\infty}\frac{1}{n^2}\left(\sin\frac{1}{n}+2\sin\frac{2}{n}+\cdots+n\sin\frac{n}{n}\right)=$________.

(11) 以$y=x^2-e^x$与$y=x^2$为特解的一阶非齐次线性微分方程为________.

(12) 已知函数$f(x)$在$(-\infty,+\infty)$上连续,且$f(x)=(x+1)^2+2\int_0^x f(t)\,dt$,则当$n\geqslant 2$时,$f^{(n)}(0)=$

________.

(13) 已知动点P在曲线$y=x^3$上运动,记坐标原点与点P间的距离为l.若点P的横坐标对时间的变化率为常数v_0,则当点P运动到点$(1,1)$时,l对时间的变化率是________.

(14) 设矩阵$\begin{pmatrix}a&-1&-1\\-1&a&-1\\-1&-1&a\end{pmatrix}$与$\begin{pmatrix}1&1&0\\0&-1&1\\1&0&1\end{pmatrix}$等价,则$a=$________.

三、解答题:15~23小题,共94分.解答应写出文字说明、证明过程或演算步骤.

(15)(本题满分10分)

求极限$\lim\limits_{x\to 0}(\cos 2x+2x\sin x)^{\frac{1}{x^4}}$.

(16)(本题满分10分)

设函数$f(x)=\int_0^1|t^2-x^2|\,dt\ (x>0)$,求$f'(x)$,并求$f(x)$的最小值.

(17)(本题满分10分)

已知函数$z=z(x,y)$由方程$(x^2+y^2)z+\ln z+2(x+y+1)=0$确定,求$z=z(x,y)$的极值.

(16)(本题满分 10 分)

设 $A>0$,D 是由曲线段 $y=A\sin x\left(0\leqslant x\leqslant\dfrac{\pi}{2}\right)$ 及直线 $y=0,x=\dfrac{\pi}{2}$ 所围成的平面区域,V_1,V_2 分别表示 D 绕 x 轴与绕 y 轴旋转所成旋转体的体积. 若 $V_1=V_2$,求 A 的值.

(17)(本题满分 11 分)

已知函数 $f(x,y)$ 满足 $f''_{xy}(x,y)=2(y+1)e^x$,$f'_x(x,0)=(x+1)e^x$,$f(0,y)=y^2+2y$,求 $f(x,y)$ 的极值.

(18)(本题满分 10 分)

计算二重积分 $\iint\limits_D x(x+y)\mathrm{d}x\mathrm{d}y$,其中 $D=\{(x,y)\mid x^2+y^2\leqslant 2,y\geqslant x^2\}$.

(19)(本题满分 11 分)

已知函数 $f(x)=\int_x^1\sqrt{1+t^2}\,\mathrm{d}t+\int_1^{x^2}\sqrt{1+t}\,\mathrm{d}t$,求 $f(x)$ 零点的个数.

(20)(本题满分 10 分)

已知高温物体置于低温介质中,任一时刻该物体温度对时间的变化率与该时刻物体和介质的温差成正比. 现将一初始温度为 120℃ 的物体在 20℃ 恒温介质中冷却,30min 后该物体温度降至 30℃,若要将该物体的温度继续降至 21℃,还需冷却多长时间?

(21)(本题满分 10 分)

已知函数 $f(x)$ 在区间 $[a,+\infty)$ 上具有 2 阶导数,$f(a)=0$,$f'(x)>0$,$f''(x)>0$. 设 $b>a$,曲线 $y=f(x)$ 在点 $(b,f(b))$ 处的切线与 x 轴的交点是 $(x_0,0)$,证明 $a<x_0<b$.

(22)(本题满分 11 分)

设矩阵 $\boldsymbol{A}=\begin{pmatrix}a&1&0\\1&a&-1\\0&1&a\end{pmatrix}$,且 $\boldsymbol{A}^3=\boldsymbol{O}$.

(Ⅰ)求 a 的值;

(Ⅱ)若矩阵 $\boldsymbol{X}$ 满足 $\boldsymbol{X}-\boldsymbol{X}\boldsymbol{A}^2-\boldsymbol{A}\boldsymbol{X}+\boldsymbol{A}\boldsymbol{X}\boldsymbol{A}^2=\boldsymbol{E}$,其中 $\boldsymbol{E}$ 为 3 阶单位矩阵,求 $\boldsymbol{X}$.

(23)(本题满分 11 分)

设矩阵 $\boldsymbol{A}=\begin{pmatrix}0&2&-3\\-1&3&-3\\1&-2&a\end{pmatrix}$ 相似于矩阵 $\boldsymbol{B}=\begin{pmatrix}1&-2&0\\0&b&0\\0&3&1\end{pmatrix}$.

(Ⅰ)求 a,b 的值;

(Ⅱ)求可逆矩阵 $\boldsymbol{P}$,使 $\boldsymbol{P}^{-1}\boldsymbol{A}\boldsymbol{P}$ 为对角矩阵.

在 D 上连续,则 $\iint\limits_D f(x,y)\,\mathrm{d}x\mathrm{d}y=$

(A) $\int_{\frac{\pi}{4}}^{\frac{\pi}{3}}\mathrm{d}\theta\int_{\frac{1}{2\sin2\theta}}^{\frac{1}{\sin2\theta}}f(r\cos\theta,r\sin\theta)r\mathrm{d}r.$

(B) $\int_{\frac{\pi}{4}}^{\frac{\pi}{3}}\mathrm{d}\theta\int_{\frac{1}{\sqrt{2\sin2\theta}}}^{\frac{1}{\sqrt{\sin2\theta}}}f(r\cos\theta,r\sin\theta)r\mathrm{d}r.$

(C) $\int_{\frac{\pi}{4}}^{\frac{\pi}{3}}\mathrm{d}\theta\int_{\frac{1}{2\sin2\theta}}^{\frac{1}{\sin2\theta}}f(r\cos\theta,r\sin\theta)dr.$

(D) $\int_{\frac{\pi}{4}}^{\frac{\pi}{3}}d\theta\int_{\frac{1}{\sqrt{2\sin2\theta}}}^{\frac{1}{\sqrt{\sin2\theta}}}f(r\cos\theta,r\sin\theta)\mathrm{d}r.$

(7) 设矩阵 $\boldsymbol{A}=\begin{pmatrix}1&1&1\\1&2&a\\1&4&a^2\end{pmatrix}$,$\boldsymbol{b}=\begin{pmatrix}1\\d\\d^2\end{pmatrix}$. 若集合 $\Omega=\{1,2\}$,则线性方程组 $\boldsymbol{Ax}=\boldsymbol{b}$ 有无穷多解的充分必要条件为

(A) $a\notin\Omega,d\notin\Omega.$

(B) $a\notin\Omega,d\in\Omega.$

(C) $a\in\Omega,d\notin\Omega.$

(D) $a\in\Omega,d\in\Omega.$

(8) 设二次型 $f(x_1,x_2,x_3)$ 在正交变换 $\boldsymbol{x}=\boldsymbol{Py}$ 下的标准形为 $2y_1^2+y_2^2-y_3^2$,其中 $\boldsymbol{P}=(\boldsymbol{e}_1,\boldsymbol{e}_2,\boldsymbol{e}_3)$. 若 $\boldsymbol{Q}=(\boldsymbol{e}_1,-\boldsymbol{e}_3,\boldsymbol{e}_2)$,则 $f(x_1,x_2,x_3)$ 在正交变换 $\boldsymbol{x}=\boldsymbol{Qy}$ 下的标准形为

(A) $2y_1^2-y_2^2+y_3^2.$

(B) $2y_1^2+y_2^2-y_3^2.$

(C) $2y_1^2-y_2^2-y_3^2.$

(D) $2y_1^2+y_2^2+y_3^2.$

二、填空题:9~14 小题,每小题 4 分,共 24 分.

(9) 设$\begin{cases}x=\arctan t,\\y=3t+t^3,\end{cases}$ 则$\left.\dfrac{\mathrm{d}^2y}{\mathrm{d}x^2}\right|_{t=1}=$ ________.

(10) 函数 $f(x)=x^2 2^x$ 在 $x=0$ 处的 n 阶导数 $f^{(n)}(0)=$ ________.

(11) 设函数 $f(x)$ 连续,$\varphi(x)=\int_0^{x^2}xf(t)\,\mathrm{d}t$. 若 $\varphi(1)=1,\varphi'(1)=5$,则 $f(1)=$ ________.

(12) 设函数 $y=y(x)$ 是微分方程 $y''+y'-2y=0$ 的解,且在 $x=0$ 处 $y(x)$ 取得极值 3,则 $y(x)=$ ________.

(13) 若函数 $z=z(x,y)$ 由方程 $\mathrm{e}^{x+2y+3z}+xyz=1$ 确定,则 $\mathrm{d}z\Big|_{(0,0)}=$ ________.

(14) 设 3 阶矩阵 $\boldsymbol{A}$ 的特征值为 $2,-2,1$,$\boldsymbol{B}=\boldsymbol{A}^2-\boldsymbol{A}+\boldsymbol{E}$,其中 $\boldsymbol{E}$ 为 3 阶单位矩阵,则行列式 $|\boldsymbol{B}|=$ ________.

三、解答题:15~23 小题,共 94 分. 解答应写出文字说明、证明过程或演算步骤.

(15) (本题满分 10 分)

设函数 $f(x)=x+a\ln(1+x)+bx\sin x$,$g(x)=kx^3$. 若 $f(x)$ 与 $g(x)$ 在 $x\to0$ 时是等价无穷小,求 a,b,k 的值.

(18)(本题满分 10 分)

设函数$f(u)$具有 2 阶连续导数,$z=f(e^x\cos y)$满足$\frac{\partial^2 z}{\partial x^2}+\frac{\partial^2 z}{\partial y^2}=(4z+e^x\cos y)e^{2x}$.

若$f(0)=0,f'(0)=0$,求$f(u)$的表达式.

(19)(本题满分 10 分)

设函数$f(x)$,$g(x)$在区间$[a,b]$上连续,且$f(x)$单调增加,$0\leqslant g(x)\leqslant 1$. 证明:

(Ⅰ)$0\leqslant \int_a^x g(t)\,dt\leqslant x-a,x\in[a,b]$;

(Ⅱ)$\int_a^{a+\int_a^b g(t)dt} f(x)\,dx\leqslant \int_a^b f(x)g(x)\,dx$.

(20)(本题满分 11 分)

设函数$f(x)=\frac{x}{1+x},x\in[0,1]$,定义函数列:

$$f_1(x)=f(x),f_2(x)=f(f_1(x)),\cdots,f_n(x)=f(f_{n-1}(x)),\cdots.$$

记S_n是由曲线$y=f_n(x)$,直线$x=1$及x轴所围平面图形的面积,求极限$\lim_{n\to\infty}nS_n$.

(21)(本题满分 11 分)

已知函数$f(x,y)$满足$\frac{\partial f}{\partial y}=2(y+1)$,且$f(y,y)=(y+1)^2-(2-y)\ln y$,求曲线$f(x,y)=0$所围图形绕直线$y=-1$旋转所成旋转体的体积.

(22)(本题满分 11 分)

设矩阵$\boldsymbol{A}=\begin{pmatrix}1&-2&3&-4\\0&1&-1&1\\1&2&0&-3\end{pmatrix}$,$\boldsymbol{E}$为 3 阶单位矩阵.

(Ⅰ)求方程组$\boldsymbol{Ax}=\boldsymbol{0}$的一个基础解系;

(Ⅱ)求满足$\boldsymbol{AB}=\boldsymbol{E}$的所有矩阵$\boldsymbol{B}$.

(23)(本题满分 11 分)

证明n阶矩阵$\begin{pmatrix}1&1&\cdots&1\\1&1&\cdots&1\\\vdots&\vdots&&\vdots\\1&1&\cdots&1\end{pmatrix}$与$\begin{pmatrix}0&\cdots&0&1\\0&\cdots&0&2\\\vdots&&\vdots&\vdots\\0&\cdots&0&n\end{pmatrix}$相似.

(7) 行列式 $\begin{vmatrix} 0 & a & b & 0 \\ a & 0 & 0 & b \\ 0 & c & d & 0 \\ c & 0 & 0 & d \end{vmatrix} =$

(A) $(ad-bc)^2$.　　(B) $-(ad-bc)^2$.

(C) $a^2d^2-b^2c^2$.　　(D) $b^2c^2-a^2d^2$.

(8) 设 $\boldsymbol{\alpha}_1,\boldsymbol{\alpha}_2,\boldsymbol{\alpha}_3$ 均为 3 维向量,则对任意常数 k,l,向量组 $\boldsymbol{\alpha}_1+k\boldsymbol{\alpha}_3,\boldsymbol{\alpha}_2+l\boldsymbol{\alpha}_3$ 线性无关是向量组 $\boldsymbol{\alpha}_1,\boldsymbol{\alpha}_2,\boldsymbol{\alpha}_3$ 线性无关的

(A) 必要非充分条件.　　(B) 充分非必要条件.

(C) 充分必要条件.　　(D) 既非充分也非必要条件.

二、填空题:9~14 小题,每小题 4 分,共 24 分.

(9) $\int_{-\infty}^{1}\frac{1}{x^2+2x+5}\mathrm{d}x=$________.

(10) 设 $f(x)$ 是周期为 4 的可导奇函数,且 $f'(x)=2(x-1),x\in[0,2]$,则 $f(7)=$________.

(11) 设 $z=z(x,y)$ 是由方程 $\mathrm{e}^{2yz}+x+y^2+z=\frac{7}{4}$ 确定的函数,则 $\mathrm{d}z\Big|_{\left(\frac{1}{2},\frac{1}{2}\right)}=$________.

(12) 曲线 L 的极坐标方程是 $r=\theta$,则 L 在点 $(r,\theta)=\left(\frac{\pi}{2},\frac{\pi}{2}\right)$ 处的切线的直角坐标方程是________.

(13) 一根长度为 1 的细棒位于 x 轴的区间 $[0,1]$ 上,若其线密度 $\rho(x)=-x^2+2x+1$,则该细棒的质心坐标 $\bar{x}=$________.

(14) 设二次型 $f(x_1,x_2,x_3)=x_1^2-x_2^2+2ax_1x_3+4x_2x_3$ 的负惯性指数为 1,则 a 的取值范围是________.

三、解答题:15~23 小题,共 94 分. 解答应写出文字说明、证明过程或演算步骤.

(15) (本题满分 10 分)

求极限 $\lim\limits_{x\to+\infty}\dfrac{\int_1^x\left[t^2(\mathrm{e}^{\frac{1}{t}}-1)-t\right]\mathrm{d}t}{x^2\ln\left(1+\frac{1}{x}\right)}$.

(16) (本题满分 10 分)

已知函数 $y=y(x)$ 满足微分方程 $x^2+y^2y'=1-y'$,且 $y(2)=0$,求 $y(x)$ 的极大值与极小值.

(17) (本题满分 10 分)

设平面区域 $D=\{(x,y)\mid 1\leqslant x^2+y^2\leqslant 4,x\geqslant 0,y\geqslant 0\}$,计算 $\iint\limits_D\frac{x\sin(\pi\sqrt{x^2+y^2})}{x+y}\mathrm{d}x\mathrm{d}y$.

(17)（本题满分 10 分）

设平面区域 D 由直线 $x=3y$，$y=3x$ 及 $x+y=8$ 围成，计算 $\iint\limits_D x^2\mathrm{d}x\mathrm{d}y$.

(18)（本题满分 10 分）

设奇函数 $f(x)$ 在 $[-1,1]$ 上具有 2 阶导数，且 $f(1)=1$. 证明：

（Ⅰ）存在 $\xi\in(0,1)$，使得 $f'(\xi)=1$；

（Ⅱ）存在 $\eta\in(-1,1)$，使得 $f''(\eta)+f'(\eta)=1$.

(19)（本题满分 10 分）

求曲线 $x^3-xy+y^3=1(x\geqslant0,y\geqslant0)$ 上的点到坐标原点的最长距离与最短距离.

(20)（本题满分 11 分）

设函数 $f(x)=\ln x+\dfrac{1}{x}$.

（Ⅰ）求 $f(x)$ 的最小值；

（Ⅱ）设数列 $\{x_n\}$ 满足 $\ln x_n+\dfrac{1}{x_{n+1}}<1$. 证明 $\lim\limits_{n\to\infty}x_n$ 存在，并求此极限.

(21)（本题满分 11 分）

设曲线 L 的方程为 $y=\dfrac{1}{4}x^2-\dfrac{1}{2}\ln x(1\leqslant x\leqslant \mathrm{e})$.

（Ⅰ）求 L 的弧长；

（Ⅱ）设 D 是由曲线 L，直线 $x=1$，$x=\mathrm{e}$ 及 x 轴所围平面图形，求 D 的形心的横坐标.

(22)（本题满分 11 分）

设 $\boldsymbol{A}=\begin{pmatrix}1&a\\1&0\end{pmatrix}$，$\boldsymbol{B}=\begin{pmatrix}0&1\\1&b\end{pmatrix}$. 当 a,b 为何值时，存在矩阵 $\boldsymbol{C}$ 使得 $\boldsymbol{AC}-\boldsymbol{CA}=\boldsymbol{B}$，并求所有矩阵 $\boldsymbol{C}$.

(23)（本题满分 11 分）

设二次型 $f(x_1,x_2,x_3)=2(a_1x_1+a_2x_2+a_3x_3)^2+(b_1x_1+b_2x_2+b_3x_3)^2$，记

$$\boldsymbol{\alpha}=\begin{pmatrix}a_1\\a_2\\a_3\end{pmatrix},\boldsymbol{\beta}=\begin{pmatrix}b_1\\b_2\\b_3\end{pmatrix}.$$

（Ⅰ）证明二次型 f 对应的矩阵为 $2\boldsymbol{\alpha}\boldsymbol{\alpha}^{\mathrm{T}}+\boldsymbol{\beta}\boldsymbol{\beta}^{\mathrm{T}}$；

（Ⅱ）若 $\boldsymbol{\alpha},\boldsymbol{\beta}$ 正交且均为单位向量，证明 f 在正交变换下的标准形为 $2y_1^2+y_2^2$.

(B) 矩阵 $\boldsymbol{C}$ 的列向量组与矩阵 $\boldsymbol{A}$ 的列向量组等价.

(C) 矩阵 $\boldsymbol{C}$ 的行向量组与矩阵 $\boldsymbol{B}$ 的行向量组等价.

(D) 矩阵 $\boldsymbol{C}$ 的列向量组与矩阵 $\boldsymbol{B}$ 的列向量组等价.

(8) 矩阵 $\begin{pmatrix}1 & a & 1\\ a & b & a\\ 1 & a & 1\end{pmatrix}$ 与 $\begin{pmatrix}2 & 0 & 0\\ 0 & b & 0\\ 0 & 0 & 0\end{pmatrix}$ 相似的充分必要条件为

(A) $a=0,b=2$.　　(B) $a=0,b$ 为任意常数.

(C) $a=2,b=0$.　　(D) $a=2,b$ 为任意常数.

二、填空题:9~14 小题,每小题 4 分,共 24 分.

(9) $\lim\limits_{x\to 0}\left[2-\dfrac{\ln(1+x)}{x}\right]^{\frac{1}{x}}=$________.

(10) 设函数 $f(x)=\int_{-1}^{x}\sqrt{1-\mathrm{e}^{t}}\,\mathrm{d}t$,则 $y=f(x)$ 的反函数 $x=f^{-1}(y)$ 在 $y=0$ 处的导数 $\left.\dfrac{\mathrm{d}x}{\mathrm{d}y}\right|_{y=0}=$________.

(11) 设封闭曲线 L 的极坐标方程为 $r=\cos 3\theta\left(-\dfrac{\pi}{6}\leqslant\theta\leqslant\dfrac{\pi}{6}\right)$,则 L 所围平面图形的面积是________.

(12) 曲线 $\begin{cases}x=\arctan t\\ y=\ln\sqrt{1+t^{2}}\end{cases}$ 上对应于 $t=1$ 的点处的法线方程为________.

(13) 已知 $y_1=\mathrm{e}^{3x}-x\mathrm{e}^{2x},y_2=\mathrm{e}^{x}-x\mathrm{e}^{2x},y_3=-x\mathrm{e}^{2x}$ 是某二阶常系数非齐次线性微分方程的 3 个解,则该方程满足条件 $y\big|_{x=0}=0,y'\big|_{x=0}=1$ 的解为 $y=$________.

(14) 设 $\boldsymbol{A}=(a_{ij})$ 是 3 阶非零矩阵,$|\boldsymbol{A}|$ 为 $\boldsymbol{A}$ 的行列式,$\boldsymbol{A}_{ij}$ 为 a_{ij} 的代数余子式. 若 $a_{ij}+A_{ij}=0(i,j=1,2,3)$,则 $|\boldsymbol{A}|=$________.

三、解答题:15~23 小题,共 94 分.解答应写出文字说明、证明过程或演算步骤.

(15)(本题满分 10 分)

当 $x\to 0$ 时,$1-\cos x\cdot\cos 2x\cdot\cos 3x$ 与 ax^{n} 为等价无穷小量,求 n 与 a 的值.

(16)(本题满分 10 分)

设 D 是由曲线 $y=x^{\frac{1}{3}}$,直线 $x=a(a>0)$ 及 x 轴所围成的平面图形,V_x,V_y 分别是 D 绕 x 轴,y 轴旋转一周所得旋转体的体积. 若 $V_y=10V_x$,求 a 的值.

(14) 已知级数 $\sum_{n=1}^{\infty} \frac{n!}{n^n} e^{-nx}$ 的收敛域为$(a,+\infty)$,则 $a=$________.

(15) 已知矩阵 $\boldsymbol{A}$ 和 $\boldsymbol{E}-\boldsymbol{A}$ 可逆,其中 $\boldsymbol{E}$ 为单位矩阵. 若矩阵 $\boldsymbol{B}$ 满足$(\boldsymbol{E}-(\boldsymbol{E}-\boldsymbol{A})^{-1})\boldsymbol{B}=\boldsymbol{A}$,则 $\boldsymbol{B}-\boldsymbol{A}=$________.

(16) 设 A,B,C 为随机事件,且 A 与 B 互不相容,A 与 C 互不相容,B 与 C 相互独立,$P(A)=P(B)=P(C)=\frac{1}{3}$,则 $P(B\cup C\mid A\cup B\cup C)=$________.

三、解答题:17~22 小题,共 70 分. 解答应写出文字说明、证明过程或演算步骤.

(17)(本题满分 10 分)

设函数 $y=y(x)$ 是微分方程 $y'+\frac{1}{2\sqrt{x}}y=2+\sqrt{x}$ 满足条件 $y(1)=3$ 的解,求曲线 $y=y(x)$ 的渐近线.

(18)(本题满分 12 分)

已知平面区域 $D=\{(x,y)\mid y-2\leqslant x\leqslant\sqrt{4-y^2},0\leqslant y\leqslant 2\}$,计算 $I=\iint\limits_D \frac{(x-y)^2}{x^2+y^2}\mathrm{d}x\mathrm{d}y$.

(19)(本题满分 12 分)

已知 Σ 为曲面 $4x^2+y^2+z^2=1(x\geqslant 0,y\geqslant 0,z\geqslant 0)$ 的上侧,L 为 Σ 的边界曲线,其正向与 Σ 的正法向量满足右手法则,计算曲线积分

$$I=\int_L (yz^2-\cos z)\mathrm{d}x+2xz^2\mathrm{d}y+(2xyz+x\sin z)\mathrm{d}z.$$

(20)(本题满分 12 分)

设函数 $f(x)$ 在$(-\infty,+\infty)$上具有 2 阶连续导数. 证明:$f''(x)\geqslant 0$ 的充要条件是:对不同的实数 a,b,$f\left(\frac{a+b}{2}\right)\leqslant\frac{1}{b-a}\int_a^b f(x)\mathrm{d}x$.

(21)(本题满分 12 分)

已知二次型 $f(x_1,x_2,x_3)=\sum_{i=1}^{3}\sum_{j=1}^{3} ijx_ix_j$.

(Ⅰ) 写出 $f(x_1,x_2,x_3)$ 对应的矩阵;

(Ⅱ) 求正交变换 $x=Qy$ 将 $f(x_1,x_2,x_3)$ 化为标准形;

(Ⅲ) 求 $f(x_1,x_2,x_3)=0$ 的解.

(22)(本题满分 12 分)

设 $X_1,X_2,\cdots,X_n$ 是来自均值为 θ 的指数分布总体的简单随机样本,$Y_1,Y_2,\cdots,Y_m$ 为来自均值为 2θ 的指数分布总体的简单随机样本,且两样本相互独立,其中 $\theta(\theta>0)$ 是未知参数. 利用样本 $X_1,X_2,\cdots,X_n,Y_1,Y_2,\cdots,Y_m$,求 θ 的最大似然函数估计量 $\hat{\theta}$,并求 $D(\hat{\theta})$.

(6) 设 $\boldsymbol{A},\boldsymbol{B}$ 为 n 阶矩阵,$\boldsymbol{E}$ 为单位矩阵. 若方程组 $\boldsymbol{Ax}=0$ 与 $\boldsymbol{Bx}=0$ 同解,则

(A) 方程组 $\begin{pmatrix} \boldsymbol{A} & \boldsymbol{O} \\ \boldsymbol{E} & \boldsymbol{B} \end{pmatrix} y=0$ 只有零解.

(B) 方程组 $\begin{pmatrix} \boldsymbol{E} & \boldsymbol{A} \\ \boldsymbol{O} & \boldsymbol{AB} \end{pmatrix} y=0$ 只有零解.

(C) 方程组 $\begin{pmatrix} \boldsymbol{A} & \boldsymbol{B} \\ \boldsymbol{O} & \boldsymbol{B} \end{pmatrix} y=0$ 与 $\begin{pmatrix} \boldsymbol{B} & \boldsymbol{A} \\ \boldsymbol{O} & \boldsymbol{A} \end{pmatrix} y=0$ 同解.

(D) 方程组 $\begin{pmatrix} \boldsymbol{AB} & \boldsymbol{B} \\ \boldsymbol{O} & \boldsymbol{A} \end{pmatrix} y=0$ 与 $\begin{pmatrix} \boldsymbol{BA} & \boldsymbol{A} \\ \boldsymbol{O} & \boldsymbol{B} \end{pmatrix} y=0$ 同解.

(7) 设 $\boldsymbol{\alpha}_1=\begin{pmatrix} \lambda \\ 1 \\ 1 \end{pmatrix},\boldsymbol{\alpha}_2=\begin{pmatrix} 1 \\ \lambda \\ 1 \end{pmatrix},\boldsymbol{\alpha}_3=\begin{pmatrix} 1 \\ 1 \\ \lambda \end{pmatrix},\boldsymbol{\alpha}_4=\begin{pmatrix} 1 \\ \lambda \\ \lambda^2 \end{pmatrix}$. 若向量组 $\boldsymbol{\alpha}_1,\boldsymbol{\alpha}_2,\boldsymbol{\alpha}_3$ 与 $\boldsymbol{\alpha}_1,\boldsymbol{\alpha}_2,\boldsymbol{\alpha}_4$ 等价,则 λ 的取值范围是

(A) $\{0,1\}$.

(B) $\{\lambda \mid \lambda \in R, \lambda \neq -2\}$.

(C) $\{\lambda \mid \lambda \in R, \lambda \neq -1, \lambda \neq -2\}$.

(D) $\{\lambda \mid \lambda \in R, \lambda \neq -1\}$.

(8) 设随机变量 $X \sim U(0,3)$,随机变量 Y 服从参数为 2 的泊松分布,且 X 与 Y 的协方差为 -1,则 $D(2X-Y+1)=$

(A) 1. (B) 5. (C) 9. (D) 12.

(9) 设随机变量 $X_1,X_2,\cdots,X_n$ 独立同分布,且 X_1 的 4 阶矩存在. 记 $\mu_k=E(X_1^k)\ (k=1,2,3,4)$,则由切比雪夫不等式,对任意 $\varepsilon>0$,有 $P\left\{\left|\frac{1}{n}\sum_{i=1}^{n}X_i^2-\mu_2\right| \geqslant \varepsilon\right\} \leqslant$

(A) $\dfrac{\mu_4-\mu_2^2}{n\varepsilon^2}$.

(B) $\dfrac{\mu_4-\mu_2^2}{\sqrt{n}\,\varepsilon^2}$.

(C) $\dfrac{\mu_2-\mu_1^2}{n\varepsilon^2}$.

(D) $\dfrac{\mu_2-\mu_1^2}{\sqrt{n}\,\varepsilon^2}$.

(10) 设随机变量 $X \sim N(0,1)$,在 $X=x$ 条件下随机变量 $Y \sim N(x,1)$,则 X 与 Y 的相关系数为

(A) $\dfrac{1}{4}$. (B) $\dfrac{1}{2}$. (C) $\dfrac{\sqrt{3}}{3}$. (D) $\dfrac{\sqrt{2}}{2}$.

二、填空题:11~16 小题,每小题 5 分,共 30 分.

(11) 函数 $f(x,y)=x^2+2y^2$ 在 $(0,1)$ 的最大方向导数为________.

(12) $\int_1^{e^2}\dfrac{\ln x}{\sqrt{x}}dx=$ ________.

(13) 当 $x\geqslant 0, y\geqslant 0$ 时,$x^2+y^2\leqslant ke^{x+y}$ 恒成立,则 k 的取值范围是________.

(16) 甲、乙两个盒子中各装有 2 个红球和 2 个白球，先从甲盒中任取一球，观察颜色后放入乙盒中，再从乙盒中任取一球．令 X,Y 分别表示从甲盒和从乙盒中取到的红球个数，则 X 与 Y 的相关系数为________.

三、解答题：17～22 小题，共 70 分．请将解答写在答题卡指定位置上．解答应写出文字说明、证明过程或演算步骤．

(17)（本题满分 10 分）

求极限 $\lim\limits_{x\to 0}\left(\dfrac{1+\int_0^x e^{t^2}dt}{e^x-1}-\dfrac{1}{\sin x}\right)$.

(18)（本题满分 12 分）

设 $u_n(x)=e^{-nx}+\dfrac{1}{n(n+1)}x^{n+1}(n=1,2,\cdots)$，求级数 $\sum\limits_{n=1}^{\infty}u_n(x)$ 的收敛域及和函数．

(19)（本题满分 12 分）

已知曲线 $C:\begin{cases}x^2+2y^2-z=6,\\4x+2y+z=30,\end{cases}$ 求 C 上的点到 xOy 坐标面距离的最大值．

(20)（本题满分 12 分）

设 $D\subset \boldsymbol{R}^2$ 是有界单连通闭区域，$I(D)=\iint\limits_D(4-x^2-y^2)dxdy$ 取得最大值的积分域记为 D_1.

(1) 求 $I(D_1)$ 的值；

(2) 计算 $\int_{\partial D_1}\dfrac{(xe^{x^2+4y^2}+y)dx+(4ye^{x^2+4y^2}-x)dy}{x^2+4y^2}$，其中 ∂D_1 是 D_1 的正向边界．

(21)（本题满分 12 分）

设矩阵 $\boldsymbol{A}=\begin{pmatrix}a&1&-1\\1&a&-1\\-1&-1&a\end{pmatrix}$.

(1) 求正交矩阵 $\boldsymbol{P}$，使 $\boldsymbol{P}^T\boldsymbol{AP}$ 为对角矩阵；

(2) 求正定矩阵 $\boldsymbol{C}$，使 $\boldsymbol{C}^2=(a+3)\boldsymbol{E}-\boldsymbol{A}$，其中 $\boldsymbol{E}$ 为 3 阶单位矩阵．

(22)（本题满分 12 分）

在区间 $(0,2)$ 上随机取一点，将该区间分成两段，较短一段的长度记为 X，较长一段的长度记为 Y. 令 $Z=\dfrac{Y}{X}$.

(1) 求 X 的概率密度；

(2) 求 Z 的概率密度；

(3) 求 $E\left(\dfrac{X}{Y}\right)$.

(C) $r\begin{pmatrix} \boldsymbol{A} & \boldsymbol{BA} \\ \boldsymbol{O} & \boldsymbol{AA}^T \end{pmatrix}=2r(\boldsymbol{A})$.　　(D) $r\begin{pmatrix} \boldsymbol{A} & \boldsymbol{O} \\ \boldsymbol{BA} & \boldsymbol{A}^T \end{pmatrix}=2r(\boldsymbol{A})$.

(8)设 A,B 为随机事件,且 $0<P(B)<1$,下列命题中为假命题的是

(A)若 $P(A|B)=P(A)$,则 $P(A|\overline{B})=P(A)$.

(B)若 $P(A|B)>P(A)$,则 $P(\overline{A}|\overline{B})>P(\overline{A})$.

(C)若 $P(A|B)>P(A|\overline{B})$,则 $P(A|B)>P(A)$.

(D)若 $P(A|A\cup B)>P(\overline{A}|A\cup B)$,则 $P(A)>P(B)$.

(9)设 $(X_1,Y_1),(X_2,Y_2),\cdots,(X_n,Y_n)$ 为来自总体 $N(\mu_1,\mu_2;\sigma_1^2,\sigma_2^2;\rho)$ 的简单随机样本. 令 $\theta=\mu_1-\mu_2,\overline{X}=\frac{1}{n}\sum_{i=1}^{n}X_i,\overline{Y}=\frac{1}{n}\sum_{i=1}^{n}Y_i,\hat{\theta}=\overline{X}-\overline{Y}$,则

(A) $\hat{\theta}$ 是 θ 的无偏估计,$D(\hat{\theta})=\frac{\sigma_1^2+\sigma_2^2}{n}$.

(B) $\hat{\theta}$ 不是 θ 的无偏估计,$D(\hat{\theta})=\frac{\sigma_1^2+\sigma_2^2}{n}$.

(C) $\hat{\theta}$ 是 θ 的无偏估计,$D(\hat{\theta})=\frac{\sigma_1^2+\sigma_2^2-2\rho\sigma_1\sigma_2}{n}$.

(D) $\hat{\theta}$ 不是 θ 的无偏估计,$D(\hat{\theta})=\frac{\sigma_1^2+\sigma_2^2-2\rho\sigma_1\sigma_2}{n}$.

(10)设 $X_1,X_2,\cdots,X_{16}$ 是来自总体 $N(\mu,4)$ 的简单随机样本,考虑假设检验问题:

$$H_0:\mu\leqslant 10,H_1:\mu>10.$$

$\Phi(x)$ 表示标准正态分布函数. 若该检验问题的拒绝域为 $W=\{\overline{X}>11\}$,其中 $\overline{X}=\frac{1}{16}\sum_{i=1}^{16}X_i$,则 $\mu=11.5$ 时,该检验犯第二类错误的概率为

(A) $1-\Phi(0.5)$.　　(B) $1-\Phi(1)$.　　(C) $1-\Phi(1.5)$.　　(D) $1-\Phi(2)$.

二、填空题:11~16 小题,每小题 5 分,共 30 分.

(11) $\int_0^{+\infty}\frac{\mathrm{d}x}{x^2+2x+2}=$ ________.

(12)设函数 $y=y(x)$ 由参数方程 $\begin{cases} x=2\mathrm{e}^t+t+1, \\ y=4(t-1)\mathrm{e}^t+t^2 \end{cases}$ 确定,$\left.\frac{\mathrm{d}^2y}{\mathrm{d}x^2}\right|_{t=0}=$ ________.

(13)欧拉方程 $x^2y''+xy'-4y=0$ 满足条件 $y(1)=1,y'(1)=2$ 的解为 $y=$ ________.

(14)设 Σ 为空间区域 $\{(x,y,z)\mid x^2+4y^2\leqslant 4,0\leqslant z\leqslant 2\}$ 表面的外侧,则曲面积分 $\iint_{\Sigma}x^2\mathrm{d}y\mathrm{d}z+y^2\mathrm{d}z\mathrm{d}x+z\mathrm{d}x\mathrm{d}y=$ ________.

(15)设 $\boldsymbol{A}=(a_{ij})$ 为 3 阶矩阵,A_{ij} 为元素 a_{ij} 的代数余子式. 若 $\boldsymbol{A}$ 的每行元素之和均为 2,且 $|A|=3$,则 $A_{11}+A_{21}+A_{31}=$ ________.

(17)(本题满分 10 分)

设数列$\{a_n\}$满足$a_1=1$,$(n+1)a_{n+1}=\left(n+\frac{1}{2}\right)a_n$,证明:当$|x|<1$时,幂级数$\sum_{n=1}^{\infty}a_nx^n$收敛,并求其和函数.

(18)(本题满分 10 分)

设Σ为曲面$z=\sqrt{x^2+y^2}\ (1\leqslant x^2+y^2\leqslant 4)$的下侧,$f(x)$是连续函数,计算

$$I=\iint_{\Sigma}[xf(xy)+2x-y]\,\mathrm{d}y\mathrm{d}z+[yf(xy)+2y+x]\,\mathrm{d}z\mathrm{d}x+[zf(xy)+z]\,\mathrm{d}x\mathrm{d}y.$$

(19)(本题满分 10 分)

设函数$f(x)$在区间$[0,2]$上具有连续导数,$f(0)=f(2)=0$,$M=\max\limits_{x\in[0,2]}\{|f(x)|\}$. 证明:

(Ⅰ)存在$\xi\in(0,2)$,使得$|f'(\xi)|\geqslant M$;

(Ⅱ)若对任意的$x\in(0,2)$,$|f'(x)|\leqslant M$,则$M=0$.

(20)(本题满分 11 分)

设二次型$f(x_1,x_2)=x_1^2-4x_1x_2+4x_2^2$经正交变换$\begin{pmatrix}x_1\\x_2\end{pmatrix}=\boldsymbol{Q}\begin{pmatrix}y_1\\y_2\end{pmatrix}$化为二次型

$$g(y_1,y_2)=ay_1^2+4y_1y_2+by_2^2,\text{其中 } a\geqslant b.$$

(Ⅰ)求a,b的值;

(Ⅱ)求正交矩阵$\boldsymbol{Q}$.

(21)(本题满分 11 分)

设$\boldsymbol{A}$为 2 阶矩阵,$\boldsymbol{P}=(\boldsymbol{\alpha},\boldsymbol{A\alpha})$,其中$\boldsymbol{\alpha}$是非零向量且不是$\boldsymbol{A}$的特征向量.

(Ⅰ)证明$\boldsymbol{P}$为可逆矩阵;

(Ⅱ)若$\boldsymbol{A}^2\boldsymbol{\alpha}+\boldsymbol{A\alpha}-6\boldsymbol{\alpha}=\boldsymbol{0}$,求$\boldsymbol{P}^{-1}\boldsymbol{AP}$,并判断$\boldsymbol{A}$是否相似于对角矩阵.

(22)(本题满分 11 分)

设随机变量X_1,X_2,X_3相互独立,其中X_1,X_2均服从标准正态分布,X_3的概率分布为$P\{X_3=0\}=P\{X_3=1\}=\frac{1}{2}$. $Y=X_3X_1+(1-X_3)X_2$.

(Ⅰ)求二维随机变量(X_1,Y)的分布函数,结果用标准正态分布函数$\Phi(x)$表示;

(Ⅱ)证明随机变量Y服从标准正态分布.

(23)(本题满分 11 分)

设某总元件的使用寿命T的分布函数为

$$F(t)=\begin{cases}1-\mathrm{e}^{-\left(\frac{t}{\theta}\right)^m}, & t\geqslant 0,\\ 0, & \text{其他},\end{cases}$$

其中θ,m为参数且大于零.

(Ⅰ)求概率$P\{T>t\}$与$P\{T>s+t\mid T>s\}$,其中$s>0,t>0$;

(Ⅱ)任取n个这种元件做寿命试验,测得他们的寿命分别为$t_1,t_2,\cdots,t_n$. 若m已知,求θ的最大似然估计值$\hat{\theta}$.

$i=1,2,3$,则

(A)$\boldsymbol{\alpha}_1$ 可由 $\boldsymbol{\alpha}_2,\boldsymbol{\alpha}_3$ 线性表示．　　(B)$\boldsymbol{\alpha}_2$ 可由 $\boldsymbol{\alpha}_1,\boldsymbol{\alpha}_3$ 线性表示．

(C)$\boldsymbol{\alpha}_3$ 可由 $\boldsymbol{\alpha}_1,\boldsymbol{\alpha}_2$ 线性表示．　　(D)$\boldsymbol{\alpha}_1,\boldsymbol{\alpha}_2,\boldsymbol{\alpha}_3$ 线性无关．

(7)设 A,B,C 为三个随机事件,且 $P(A)=P(B)=P(C)=\frac{1}{4},P(AB)=0,P(AC)=P(BC)=\frac{1}{12}$,则 A,B,C 中恰有一个事件发生的概率为

(A)$\frac{3}{4}$.　(B)$\frac{2}{3}$.　(C)$\frac{1}{2}$.　(D)$\frac{5}{12}$.

(8)设 $X_1,X_2,\cdots X_{100}$ 为来自总体 X 的简单随机样本,其中 $P\{X=0\}=P\{X=1\}=\frac{1}{2}$. $\Phi(x)$ 表示标准正态分布函数,则利用中心极限定理可得 $P\left\{\sum_{i=1}^{100}X_i\leqslant 55\right\}$ 的近似值为

(A)$1-\Phi(1)$.　(B)$\Phi(1)$.　(C)$1-\Phi(0.2)$.　(D)$\Phi(0.2)$.

二、填空题:9~14 小题,每小题 4 分,共 24 分．请将答案填写在答题卡指定位置上．

(9)$\lim\limits_{x\to0}\left[\frac{1}{e^x-1}-\frac{1}{\ln(1+x)}\right]=$ ________.

(10)设 $\begin{cases}x=\sqrt{t^2+1},\\ y=\ln(t+\sqrt{t^2+1}),\end{cases}$ 则 $\left.\frac{d^2y}{dx^2}\right|_{t=1}=$ ________.

(11)若函数 $f(x)$ 满足 $f''(x)+af'(x)+f(x)=0(a>0)$,且 $f(0)=m,f'(0)=n$,则 $\int_0^{+\infty}f(x)dx=$ ________.

(12)设函数 $f(x,y)=\int_0^{xy}e^{xt^2}dt$,则 $\left.\frac{\partial^2 f}{\partial x\partial y}\right|_{(1,1)}=$ ________.

(13)行列式 $\begin{vmatrix}a&0&-1&1\\0&a&1&-1\\-1&1&a&0\\1&-1&0&a\end{vmatrix}=$ ________.

(14)设 X 服从区间 $\left(-\frac{\pi}{2},\frac{\pi}{2}\right)$ 上的均匀分布,$Y=\sin X$,则 $cov(X,Y)=$ ________.

三、解答题:15~23 小题,共 94 分．请将解答写在答题卡指定位置上．解答应写出文字说明、证明过程或演算步骤．

(15)(本题满分 10 分)

求函数 $f(x,y)=x^3+8y^3-xy$ 的极值．

(16)(本题满分 10 分)

计算曲线积分 $I=\int_L\frac{4x-y}{4x^2+y^2}dx+\frac{x+y}{4x^2+y^2}dy$,其中 L 是 $x^2+y^2=2$,方向为逆时针方向．

(1)证明:数列$\{a_n\}$单调减少,且$a_n=\dfrac{n-1}{n+2}a_{n-2}(n=2,3\cdots)$;

(2)求$\lim\limits_{n\to\infty}\dfrac{a_n}{a_{n-1}}$.

(19)(本题满分 10 分)

设Ω是由锥面$x^2+(y-z)^2=(1-z)^2(0\leqslant z\leqslant 1)$与平面$z=0$围成的椎体,求$\Omega$的形心坐标.

(20)(本题满分 11 分)

设向量组$\boldsymbol{\alpha}_1=(1,2,1)^{\mathrm{T}},\boldsymbol{\alpha}_2=(1,3,2)^{\mathrm{T}},\boldsymbol{\alpha}_3=(1,a,3)^{\mathrm{T}}$为$\boldsymbol{R}^3$的一组基,$\boldsymbol{\beta}=(1,1,1)^{\mathrm{T}}$在这个基下的坐标为$(b,c,1)^{\mathrm{T}}$.

(1)求a,b,c;

(2)证明$\boldsymbol{\alpha}_2,\boldsymbol{\alpha}_3,\boldsymbol{\beta}$为$\boldsymbol{R}^3$的一个基,并求$\boldsymbol{\alpha}_2,\boldsymbol{\alpha}_3,\boldsymbol{\beta}$到$\boldsymbol{\alpha}_1,\boldsymbol{\alpha}_2,\boldsymbol{\alpha}_3$的过渡矩阵.

(21)(本题满分 11 分)

已知矩阵$\boldsymbol{A}=\begin{pmatrix}-2&-2&1\\2&x&-2\\0&0&-2\end{pmatrix}$与$\boldsymbol{B}=\begin{pmatrix}2&1&0\\0&-1&0\\0&0&y\end{pmatrix}$相似.

(1)求x,y;

(2)求可逆矩阵$\boldsymbol{P}$使得$\boldsymbol{P}^{-1}\boldsymbol{AP}=\boldsymbol{B}$.

(22)(本题满分 11 分)

设随机变量X和Y相互独立,X服从参数为 1 的指数分布,Y的概率分布为

$$P\{Y=-1\}=p,P\{Y=1\}=1-p(0<p<1).$$

令$Z=XY$.

(1)求Z的概率密度?

(2)p为何值时,X和Z不相关?

(3)X与Z是否相互独立?

(23)(本题满分 11 分)

设总体X的概率密度为

$$f(x;\sigma^2)=\begin{cases}\dfrac{A}{\sigma}\mathrm{e}^{-\frac{(x-\mu)^2}{2\sigma^2}}, & x\geqslant\mu,\\0, & x<\mu.\end{cases}$$

其中μ是已知参数,$\sigma>0$是未知参数,A是常数.$X_1,X_2,\cdots,X_n$是来自总体X的简单随机样本.

(1)求A;

(2)求σ^2的最大似然估计量.

(8) 设随机变量 X 和 Y 相互独立,且都服从正态分布 $N(\mu,\sigma^2)$,则 $P\{|X-Y|<1\}$

(A) 与 μ 无关,而与 σ^2 有关.　　(B) 与 μ 有关,而与 σ^2 无关.

(C) 与 μ,σ^2 都有关.　　(D) 与 μ,σ^2 都无关.

二、填空题:9~14 小题,每小题 4 分,共 24 分.请将答案填写在答题卡指定位置上.

(9) 设函数 $f(u)$ 可导, $z=f(\sin y-\sin x)+xy$,则 $\frac{1}{\cos x}\cdot\frac{\partial z}{\partial x}+\frac{1}{\cos y}\cdot\frac{\partial z}{\partial y}=$ ________.

(10) 微分方程 $2yy'-y^2-2=0$ 满足条件 $y(0)=1$ 的特解 $y=$ ________.

(11) 幂级数 $\sum\limits_{n=0}^{\infty}\frac{(-1)^n}{(2n)!}x^n$ 在 $(0,+\infty)$ 内的和函数 $S(x)=$ ________.

(12) 设 Σ 为曲面 $x^2+y^2+4z^2=4(z\geqslant 0)$ 的上侧,则 $\iint\limits_{\Sigma}\sqrt{4-x^2-4z^2}\,\mathrm{d}x\mathrm{d}y=$ ________.

(13) 设 $\boldsymbol{A}=(\boldsymbol{\alpha}_1,\boldsymbol{\alpha}_2,\boldsymbol{\alpha}_3)$ 为 3 阶矩阵,若 $\boldsymbol{\alpha}_1,\boldsymbol{\alpha}_2$ 线性无关,且 $\boldsymbol{\alpha}_3=-\boldsymbol{\alpha}_1+2\boldsymbol{\alpha}_2$,则线性方程组 $\boldsymbol{Ax}=\boldsymbol{0}$ 的通解为________.

(14) 设随机变量 X 的概率密度为 $f(x)=\begin{cases}\frac{x}{2}, & 0<x<2\\ 0, & \text{其他}\end{cases}$, $F(x)$ 为 X 的分布函数, EX 为 X 的数学期望,则 $P\{F(X)>EX-1\}=$ ________.

三、解答题:15~23 小题,共 94 分.请将解答写在答题卡指定位置上.解答应写出文字说明、证明过程或演算步骤.

(15) (本题满分 10 分)

设函数 $y(x)$ 是微分方程 $y'+xy=\mathrm{e}^{-\frac{x^2}{2}}$ 满足条件 $y(0)=0$ 的特解.

(1)求 $y(x)$;

(2)求曲线 $y=y(x)$ 的凹凸区间及拐点.

(16) (本题满分 10 分)

设 a,b 为实数,函数 $z=2+ax^2+by^2$ 在点 $(3,4)$ 处的方向导数中,沿方向 $\boldsymbol{l}=-3\boldsymbol{i}-4\boldsymbol{j}$ 的方向导数最大,最大值为 10.

(1)求 a,b;

(2)求曲面 $z=2+ax^2+by^2(z\geqslant 0)$ 的面积.

(17) (本题满分 10 分)

求曲线 $y=\mathrm{e}^{-x}\sin x(x\geqslant 0)$ 与 x 轴之间图形的面积.

(18) (本题满分 10 分)

设 $a_n=\int_0^1 x^n\sqrt{1-x^2}\,\mathrm{d}x(n=0,1,2\cdots)$.

(17)(本题满分 10 分)

设Σ是曲面 $x=\sqrt{1-3y^2-3z^2}$ 的前侧,计算曲面积分

$$I=\iint_{\Sigma} x\mathrm{d}y\mathrm{d}z+(y^3+2)\mathrm{d}z\mathrm{d}x+z^3\mathrm{d}x\mathrm{d}y.$$

(18)(本题满分 10 分)

已知微分方程 $y'+y=f(x)$,其中 $f(x)$ 是 $\boldsymbol{R}$ 上的连续函数.

(Ⅰ)若 $f(x)=x$,求方程的通解;

(Ⅱ)若 $f(x)$ 是周期为 T 的函数,证明:方程存在唯一的以 T 为周期的解.

(19)(本题满分 10 分)

设数列$\{x_n\}$满足:$x_1>0,x_n\mathrm{e}^{x_{n+1}}=\mathrm{e}^{x_n}-1(n=1,2,\cdots)$. 证明$\{x_n\}$收敛,并求$\lim\limits_{n\to\infty}x_n$.

(20)(本题满分 11 分)

设实二次型 $f(x_1,x_2,x_3)=(x_1-x_2+x_3)^2+(x_2+x_3)^2+(x_1+ax_3)^2$,其中 a 是参数.

(Ⅰ)求 $f(x_1,x_2,x_3)=0$ 的解;

(Ⅱ)求 $f(x_1,x_2,x_3)$ 的规范形.

(21)(本题满分 11 分)

已知 a 是常数,且矩阵 $\boldsymbol{A}=\begin{pmatrix}1&2&a\\1&3&0\\2&7&-a\end{pmatrix}$ 可经初等列变换化为矩阵 $\boldsymbol{B}=\begin{pmatrix}1&a&2\\0&1&1\\-1&1&1\end{pmatrix}$.

(Ⅰ)求 a;

(Ⅱ)求满足 $\boldsymbol{AP}=\boldsymbol{B}$ 的可逆矩阵 $\boldsymbol{P}$.

(22)(本题满分 11 分)

设随机变量 X 与 Y 相互独立,X 的概率分布为 $P\{X=1\}=P\{X=-1\}=\dfrac{1}{2}$,$Y$ 服从参数为 λ 的泊松分布. 令 $Z=XY$.

(Ⅰ)求 $Cov(X,Z)$;

(Ⅱ)求 Z 的概率分布.

(23)(本题满分 11 分)

设总体 X 的密度函数为 $f(x;\sigma)=\dfrac{1}{2\sigma}\mathrm{e}^{-\frac{|x|}{\sigma}},-\infty<x<+\infty$,其中 $\sigma\in(0,+\infty)$ 为未知参数,X_1, $X_2,\cdots,X_n$ 为来自总体 X 的简单随机样本. 记 σ 的最大似然估计量为 $\hat{\sigma}$.

(Ⅰ)求 $\hat{\sigma}$;

(Ⅱ)求 $E\hat{\sigma}$ 和 $D\hat{\sigma}$.

(7)设随机变量 X 的概率密度 $f(x)$ 满足 $f(1+x)=f(1-x)$，且 $\int_0^2 f(x)\,dx=0.6$，则 $P\{X<0\}=$

(A) 0.2.　　(B) 0.3.　　(C) 0.4.　　(D) 0.5.

(8)设总体 X 服从正态分布 $N(\mu,\sigma^2)$. $x_1,x_2,\cdots,x_n$ 是来自总体 X 的简单随机样本，据此样本检验假设：$H_0:\mu=\mu_0$，$H_1:\mu\neq\mu_0$，则

(A) 如果在检验水平 $\alpha=0.05$ 下拒绝 H_0，那么在检验水平 $\alpha=0.01$ 下必拒绝 H_0.

(B) 如果在检验水平 $\alpha=0.05$ 下拒绝 H_0，那么在检验水平 $\alpha=0.01$ 下必接受 H_0.

(C) 如果在检验水平 $\alpha=0.05$ 下接受 H_0，那么在检验水平 $\alpha=0.01$ 下必拒绝 H_0.

(D) 如果在检验水平 $\alpha=0.05$ 下接受 H_0，那么在检验水平 $\alpha=0.01$ 下必接受 H_0.

二、填空题：9~14 小题，每小题 4 分，共 24 分.

(9)若 $\lim\limits_{x\to0}\left(\dfrac{1-\tan x}{1+\tan x}\right)^{\frac{1}{\sin kx}}=e$，则 $k=$________.

(10)设函数 $f(x)$ 具有 2 阶连续导数. 若曲线 $y=f(x)$ 过点 $(0,0)$ 且与曲线 $y=2^x$ 在点 $(1,2)$ 处相切，则 $\int_0^1 xf''(x)\,dx=$________.

(11)设 $\boldsymbol{F}(x,y,z)=xy\boldsymbol{i}-yz\boldsymbol{j}+zx\boldsymbol{k}$，则 $\mathbf{rot}\boldsymbol{F}(1,1,0)=$________.

(12)设 L 为球面 $x^2+y^2+z^2=1$ 与平面 $x+y+z=0$ 的交线，则 $\oint_L xy\,ds=$________.

(13)设 2 阶矩阵 $\boldsymbol{A}$ 有两个不同特征值，$\boldsymbol{\alpha}_1,\boldsymbol{\alpha}_2$ 是 $\boldsymbol{A}$ 的线性无关的特征向量，且满足 $\boldsymbol{A}^2(\boldsymbol{\alpha}_1+\boldsymbol{\alpha}_2)=\boldsymbol{\alpha}_1+\boldsymbol{\alpha}_2$，则 $|\boldsymbol{A}|=$________.

(14)设随机事件 A 与 B 相互独立，A 与 C 相互独立，$BC=\varnothing$. 若

$$P(A)=P(B)=\frac{1}{2},P(AC\mid AB\cup C)=\frac{1}{4},$$

则 $P(C)=$________.

三、简单题：15~23 小题，共 94 分. 解答应写出文字说明、证明过程或演算步骤.

(15)(本题满分 10 分)

求不定积分 $\int e^{2x}\arctan\sqrt{e^x-1}\,dx$.

(16)(本题满分 10 分)

将长为 2m 的铁丝分成三段，依次围成圆、正方形与正三角形. 三个图形的面积之和是否存在最小值？若存在，求出最小值.

(17)(本题满分 10 分)

已知函数 $y(x)$ 由方程 $x^3+y^3-3x+3y-2=0$ 确定,求 $y(x)$ 的极值.

(18)(本题满分 10 分)

设函数 $f(x)$ 在区间 $[0,1]$ 上具有 2 阶导数,且 $f(1)>0,\lim\limits_{x\to0^+}\frac{f(x)}{x}<0$. 证明:

(Ⅰ)方程 $f(x)=0$ 在区间 $(0,1)$ 内至少存在一个实根;

(Ⅱ)方程 $f(x)f''(x)+[f'(x)]^2=0$ 在区间 $(0,1)$ 内至少存在两个不同实根.

(19)(本题满分 10 分)

设薄片型物体 S 是圆锥面 $z=\sqrt{x^2+y^2}$ 被柱面 $z^2=2x$ 割下的有限部分,其上任一点的密度为 $\mu(x,y,z)=9\sqrt{x^2+y^2+z^2}$. 记圆锥面与柱面的交线为 C.

(Ⅰ)求 C 在 xOy 平面上的投影曲线的方程;

(Ⅱ)求 S 的质量 M.

(20)(本题满分 11 分)

设 3 阶矩阵 $\boldsymbol{A}=(\boldsymbol{\alpha}_1,\boldsymbol{\alpha}_2,\boldsymbol{\alpha}_3)$ 有 3 个不同的特征值,且 $\boldsymbol{\alpha}_3=\boldsymbol{\alpha}_1+2\boldsymbol{\alpha}_2$.

(Ⅰ)证明 $r(\boldsymbol{A})=2$;

(Ⅱ)若 $\boldsymbol{\beta}=\boldsymbol{\alpha}_1+\boldsymbol{\alpha}_2+\boldsymbol{\alpha}_3$,求方程组 $\boldsymbol{Ax}=\boldsymbol{\beta}$ 的通解.

(21)(本题满分 11 分)

设二次型 $f(x_1,x_2,x_3)=2x_1^2-x_2^2+ax_3^2+2x_1x_2-8x_1x_3+2x_2x_3$ 在正交变换 $\boldsymbol{x}=\boldsymbol{Qy}$ 下的标准形为 $\lambda_1y_1^2+\lambda_2y_2^2$,求 a 的值及一个正交矩阵 $\boldsymbol{Q}$.

(22)(本题满分 11 分)

设随机变量 X,Y 相互独立,且 X 的概率分布为 $P\{X=0\}=P\{X=2\}=\frac{1}{2}$,$Y$ 的概率密度为

$$f(y)=\begin{cases}2y,0<y<1,\\0,\text{其他}.\end{cases}$$

(Ⅰ)求 $P\{Y\leqslant EY\}$;

(Ⅱ)求 $Z=X+Y$ 的概率密度.

(23)(本题满分 11 分)

某工程师为了解一台天平的精度,用该天平对一物体的质量做 n 次测量,该物体的质量 μ 是已知的. 设 n 次测量结果 $X_1,X_2,\cdots,X_n$ 相互独立且均服从正态分布 $N(\mu,\sigma^2)$,该工程师记录的是 n 次测量的绝对误差 $Z_i=|X_i-\mu|(i=1,2,\cdots,n)$. 利用 $Z_1,Z_2,\cdots,Z_n$ 估计 σ.

(Ⅰ)求 Z_1 的概率密度;

(Ⅱ)利用一阶矩求 σ 的矩估计量;

(Ⅲ)求 σ 的最大似然估计量.

(A) $\boldsymbol{A}$ 与 $\boldsymbol{C}$ 相似,$\boldsymbol{B}$ 与 $\boldsymbol{C}$ 相似.

(B) $\boldsymbol{A}$ 与 $\boldsymbol{C}$ 相似,$\boldsymbol{B}$ 与 $\boldsymbol{C}$ 不相似.

(C) $\boldsymbol{A}$ 与 $\boldsymbol{C}$ 不相似,$\boldsymbol{B}$ 与 $\boldsymbol{C}$ 相似.

(D) $\boldsymbol{A}$ 与 $\boldsymbol{C}$ 不相似,$\boldsymbol{B}$ 与 $\boldsymbol{C}$ 不相似.

(7) 设 A,B 为随机事件. 若 $0<P(A)<1,0<P(B)<1$,则 $P(A|B)>P(A|\overline{B})$ 的充分必要条件是

(A) $P(B|A)>P(B|\overline{A})$.

(B) $P(B|A)<P(B|\overline{A})$.

(C) $P(\overline{B}|A)>P(B|\overline{A})$.

(D) $P(\overline{B}|A)<P(B|\overline{A})$.

(8) 设 $X_1,X_2,\cdots,X_n(n\geqslant 2)$ 为来自总体 $N(\mu,1)$ 的简单随机样本,记 $\overline{X}=\frac{1}{n}\sum_{i=1}^{n}X_i$,则下列结论中不正确的是

(A) $\sum_{i=1}^{n}(X_i-\mu)^2$ 服从 χ^2 分布.

(B) $2(X_n-X_1)^2$ 服从 χ^2 分布.

(C) $\sum_{i=1}^{n}(X_i-\overline{X})^2$ 服从 χ^2 分布.

(D) $n(\overline{X}-\mu)^2$ 服从 χ^2 分布.

二、填空题:9~14 小题,每小题 4 分,共 24 分.

(9) 已知函数 $f(x)=\frac{1}{1+x^2}$,则 $f^{(3)}(0)=$ ________.

(10) 微分方程 $y''+2y'+3y=0$ 的通解为 $y=$ ________.

(11) 若曲线积分 $\int_L\frac{x\mathrm{d}x-ay\mathrm{d}y}{x^2+y^2-1}$ 在区域 $D=\{(x,y)|x^2+y^2<1\}$ 内与路径无关,则 $a=$ ________.

(12) 幂级数 $\sum_{n=1}^{\infty}(-1)^{n-1}nx^{n-1}$ 在区间 $(-1,1)$ 内的和函数 $S(x)=$ ________.

(13) 设矩阵 $\boldsymbol{A}=\begin{pmatrix}1&0&1\\1&1&2\\0&1&1\end{pmatrix}$,$\boldsymbol{\alpha}_1,\boldsymbol{\alpha}_2,\boldsymbol{\alpha}_3$ 为线性无关的 3 维列向量组,则向量组 $\boldsymbol{A\alpha}_1,\boldsymbol{A\alpha}_2,\boldsymbol{A\alpha}_3$ 的秩为________.

(14) 设随机变量 X 的分布函数为 $F(x)=0.5\Phi(x)+0.5\Phi\left(\frac{x-4}{2}\right)$,其中 $\Phi(x)$ 为标准正态分布函数,则 $EX=$ ________.

三、解答题:15~23 小题,共 94 分. 解答应写出文字说明、证明过程或演算步骤.

(15)(本题满分 10 分)

设函数 $f(u,v)$ 具有 2 阶连续偏导数,$y=f(e^x,\cos x)$,求 $\left.\frac{\mathrm{d}y}{\mathrm{d}x}\right|_{x=0}$,$\left.\frac{\mathrm{d}^2y}{\mathrm{d}x^2}\right|_{x=0}$.

(16)(本题满分 10 分)

求 $\lim_{n\to\infty}\sum_{k=1}^{n}\frac{k}{n^2}\ln\left(1+\frac{k}{n}\right)$.

(19)（本题满分 10 分）

已知函数$f(x)$可导，且$f(0)=1,0<f'(x)<\frac{1}{2}$. 设数列$\{x_n\}$满足$x_{n+1}=f(x_n)(n=1,2,\cdots)$.

证明：

（Ⅰ）级数$\sum\limits_{n=1}^{\infty}(x_{n+1}-x_n)$绝对收敛；

（Ⅱ）$\lim\limits_{n\to\infty}x_n$存在，且$0<\lim\limits_{n\to\infty}x_n<2$.

(20)（本题满分 11 分）

设矩阵

$$A=\begin{pmatrix}1&-1&-1\\2&a&1\\-1&1&a\end{pmatrix},B=\begin{pmatrix}2&2\\1&a\\-a-1&-2\end{pmatrix}.$$

当a为何值时，方程$AX=B$无解、有唯一解、有无穷多解？在有解时，求解此方程.

(21)（本题满分 11 分）

已知矩阵$A=\begin{pmatrix}0&-1&1\\2&-3&0\\0&0&0\end{pmatrix}$.

（Ⅰ）求A^{99}；

（Ⅱ）设 3 阶矩阵$B=(\alpha_1,\alpha_2,\alpha_3)$满足$B^2=BA$. 记$B^{100}=(\beta_1,\beta_2,\beta_3)$，将$\beta_1,\beta_2,\beta_3$分别表示为$\alpha_1,\alpha_2,\alpha_3$的线性组合.

(22)（本题满分 11 分）

设二维随机变量(X,Y)在区域$D=\{(x,y)\mid 0<x<1,x^2<y<\sqrt{x}\}$上服从均匀分布，令$U=\begin{cases}1,X\leqslant Y,\\0,X>Y.\end{cases}$

（Ⅰ）写出(X,Y)的概率密度；

（Ⅱ）问U与X是否相互独立？并说明理由；

（Ⅲ）求$Z=U+X$的分布函数$F(z)$.

(23)（本题满分 11 分）

设总体X的概率密度为$f(x;\theta)=\begin{cases}\frac{3x^2}{\theta^3},0<x<\theta,\\0,\quad 其他,\end{cases}$

其中$\theta\in(0,+\infty)$为未知参数. X_1,X_2,X_3为来自总体X的简单随机样本，令$T=\max\{X_1,X_2,X_3\}$.

（Ⅰ）求T的概率密度；

（Ⅱ）确定a，使得aT为θ的无偏估计.

次数,则 X 与 Y 的相关系数为

(A) $-\frac{1}{2}$.　　(B) $-\frac{1}{3}$.　　(C) $\frac{1}{3}$.　　(D) $\frac{1}{2}$.

二、填空题:9~14 小题,每小题 4 分,共 24 分.

(9) $\lim\limits_{x\to 0}\dfrac{\int_0^x t\ln(1+t\sin t)\,dt}{1-\cos x^2}=$ ________.

(10) 向量场 $\boldsymbol{A}(x,y,z)=(x+y+z)\boldsymbol{i}+xy\boldsymbol{j}+z\boldsymbol{k}$ 的旋度 $\mathbf{rot}\ \boldsymbol{A}=$ ________.

(11) 设函数 $f(u,v)$ 可微, $z=z(x,y)$ 由方程 $(x+1)z-y^2=x^2f(x-z,y)$ 确定,则 $dz\Big|_{(0,1)}=$ ________.

(12) 设函数 $f(x)=\arctan x-\dfrac{x}{1+ax^2}$,且 $f'''(0)=1$,则 $a=$ ________.

(13) 行列式 $\begin{vmatrix}\lambda & -1 & 0 & 0\\ 0 & \lambda & -1 & 0\\ 0 & 0 & \lambda & -1\\ 4 & 3 & 2 & \lambda+1\end{vmatrix}=$ ________.

(14) 设 $x_1,x_2,\cdots,x_n$ 为来自总体 $N(\mu,\sigma^2)$ 的简单随机样本,样本均值 $\bar{x}=9.5$,参数 μ 的置信度为 0.95 的双侧置信区间的置信上限为 10.8,则 μ 的置信度为 0.95 的双侧置信区间为________.

三、解答题:15~23 小题,共 94 分.解答应写出文字说明、证明过程或演算步骤.

(15)(本题满分 10 分)

已知平面区域 $D=\left\{(r,\theta)\,\middle|\,2\leqslant r\leqslant 2(1+\cos\theta),-\dfrac{\pi}{2}\leqslant\theta\leqslant\dfrac{\pi}{2}\right\}$,计算二重积分 $\iint\limits_D x\,dx\,dy$.

(16)(本题满分 10 分)

设函数 $y(x)$ 满足方程 $y''+2y'+ky=0$,其中 $0<k<1$.

(Ⅰ)证明:反常积分 $\int_0^{+\infty}y(x)\,dx$ 收敛;

(Ⅱ)若 $y(0)=1,y'(0)=1$,求 $\int_0^{+\infty}y(x)\,dx$ 的值.

(17)(本题满分 10 分)

设函数 $f(x,y)$ 满足 $\dfrac{\partial f(x,y)}{\partial x}=(2x+1)e^{2x-y}$,且 $f(0,y)=y+1$, L_t 是从点 $(0,0)$ 到点 $(1,t)$ 的光滑曲线.计算曲线积分 $I(t)=\int_{L_t}\dfrac{\partial f(x,y)}{\partial x}dx+\dfrac{\partial f(x,y)}{\partial y}dy$,并求 $I(t)$ 的最小值.

(18)(本题满分 10 分)

设有界区域 Ω 由平面 $2x+y+2z=2$ 与三个坐标平面围成, Σ 为 Ω 整个表面的外侧,计算曲面积分

$$I=\iint\limits_{\Sigma}(x^2+1)\,dy\,dz-2y\,dz\,dx+3z\,dx\,dy.$$

(18)（本题满分 10 分）

（Ⅰ）设函数 $u(x)$，$v(x)$ 可导，利用导数定义证明 $[u(x)v(x)]'=u'(x)v(x)+u(x)v'(x)$；

（Ⅱ）设函数 $u_1(x)$，$u_2(x)$，$\cdots$，$u_n(x)$ 可导，$f(x)=u_1(x)u_2(x)\cdots u_n(x)$，写出 $f(x)$ 的求导公式 .

(19)（本题满分 10 分）

已知曲线 L 的方程为 $\begin{cases} z=\sqrt{2-x^2-y^2}, \\ z=x, \end{cases}$ 起点为 $A(0,\sqrt{2},0)$，终点为 $B(0,-\sqrt{2},0)$，计算曲线积分

$$I=\int_L (y+z)\,dx+(z^2-x^2+y)\,dy+x^2y^2\,dz.$$

(20)（本题满分 11 分）

设向量组 $\boldsymbol{\alpha}_1,\boldsymbol{\alpha}_2,\boldsymbol{\alpha}_3$ 为 $\mathbf{R}^3$ 的一个基，$\boldsymbol{\beta}_1=2\boldsymbol{\alpha}_1+2k\boldsymbol{\alpha}_3$，$\boldsymbol{\beta}_2=2\boldsymbol{\alpha}_2$，$\boldsymbol{\beta}_3=\boldsymbol{\alpha}_1+(k+1)\boldsymbol{\alpha}_3$.

（Ⅰ）证明向量组 $\boldsymbol{\beta}_1,\boldsymbol{\beta}_2,\boldsymbol{\beta}_3$ 为 $\mathbf{R}^3$ 的一个基；

（Ⅱ）当 k 为何值时，存在非零向量 $\boldsymbol{\xi}$ 在基 $\boldsymbol{\alpha}_1,\boldsymbol{\alpha}_2,\boldsymbol{\alpha}_3$ 与基 $\boldsymbol{\beta}_1,\boldsymbol{\beta}_2,\boldsymbol{\beta}_3$ 下的坐标相同，并求所有的 $\boldsymbol{\xi}$.

(21)（本题满分 11 分）

设矩阵 $\boldsymbol{A}=\begin{pmatrix} 0 & 2 & -3 \\ -1 & 3 & -3 \\ 1 & -2 & a \end{pmatrix}$ 相似于矩阵 $B=\begin{pmatrix} 1 & -2 & 0 \\ 0 & b & 0 \\ 0 & 3 & 1 \end{pmatrix}$.

（Ⅰ）求 a,b 的值；

（Ⅱ）求可逆矩阵 $\boldsymbol{P}$，使 $\boldsymbol{P}^{-1}\boldsymbol{A}\boldsymbol{P}$ 为对角矩阵 .

(22)（本题满分 11 分）

设随机变量 X 的概率密度为 $f(x)=\begin{cases} 2^{-x}\ln 2, & x>0, \\ 0, & x\leqslant 0. \end{cases}$

对 X 进行独立重复的观测，直到第 2 个大于 3 的观测值出现时停止，记 Y 为观测次数 .

（Ⅰ）求 Y 的概率分布；

（Ⅱ）求 EY.

(23)（本题满分 11 分）

设总体 X 的概率密度为 $f(x;\theta)=\begin{cases} \dfrac{1}{1-\theta}, & \theta\leqslant x\leqslant 1, \\ 0, & \text{其他}, \end{cases}$ 其中 θ 为未知参数 . $X_1,X_2,\cdots,X_n$ 为来自该总体的简单随机样本 .

（Ⅰ）求 θ 的矩估计量；

（Ⅱ）求 θ 的最大似然估计量 .

(6) 设二次型 $f(x_1,x_2,x_3)$ 在正交变换 $\boldsymbol{x}=\boldsymbol{P}\boldsymbol{y}$ 下的标准形为 $2y_1^2+y_2^2-y_3^2$，其中 $\boldsymbol{P}=(\boldsymbol{e}_1,\boldsymbol{e}_2,\boldsymbol{e}_3)$. 若 $\boldsymbol{Q}=(\boldsymbol{e}_1,-\boldsymbol{e}_3,\boldsymbol{e}_2)$，则 $f(x_1,x_2,x_3)$ 在正交变换 $\boldsymbol{x}=\boldsymbol{Q}\boldsymbol{y}$ 下的标准形为

(A) $2y_1^2-y_2^2+y_3^2$.　　(B) $2y_1^2+y_2^2-y_3^2$.

(C) $2y_1^2-y_2^2-y_3^2$.　　(D) $2y_1^2+y_2^2+y_3^2$.

(7) 若 A,B 为任意两个随机事件，则

(A) $P(AB)\leqslant P(A)P(B)$.　　(B) $P(AB)\geqslant P(A)P(B)$.

(C) $P(AB)\leqslant\dfrac{P(A)+P(B)}{2}$.　　(D) $P(AB)\geqslant\dfrac{P(A)+P(B)}{2}$.

(8) 设随机变量 X,Y 不相关，且 $EX=2,EY=1,DX=3$，则 $E[X(X+Y-2)]=$

(A) -3.　　(B) 3.　　(C) -5.　　(D) 5.

二、填空题：9～14 小题，每小题 4 分，共 24 分.

(9) $\lim\limits_{x\to0}\dfrac{\ln(\cos x)}{x^2}=$ ________.

(10) $\int_{-\frac{\pi}{2}}^{\frac{\pi}{2}}\left(\dfrac{\sin x}{1+\cos x}+|x|\right)\mathrm{d}x=$ ________.

(11) 若函数 $z=z(x,y)$ 由方程 $\mathrm{e}^z+xyz+x+\cos x=2$ 确定，则 $\mathrm{d}z\big|_{(0,1)}=$ ________.

(12) 设 Ω 是由平面 $x+y+z=1$ 与三个坐标平面所围成的空间区域，则 $\iiint\limits_{\Omega}(x+2y+3z)\,\mathrm{d}x\mathrm{d}y\mathrm{d}z=$ ________.

(13) n 阶行列式 $\begin{vmatrix}2&0&\cdots&0&2\\-1&2&\cdots&0&2\\\vdots&\vdots&\vdots&\vdots&\vdots\\0&0&\cdots&2&2\\0&0&\cdots&-1&2\end{vmatrix}=$ ________.

(14) 设二维随机变量 (X,Y) 服从正态分布 $N(1,0;1,1;0)$，则 $P\{XY-Y<0\}=$ ________.

三、解答题：15～23 小题，共 94 分. 解答应写出文字说明、证明过程或演算步骤.

(15)（本题满分 10 分）

设函数 $f(x)=x+a\ln(1+x)+bx\sin x$，$g(x)=kx^3$. 若 $f(x)$ 与 $g(x)$ 在 $x\to0$ 时是等价无穷小，求 a,b,k 的值.

(16)（本题满分 10 分）

设函数 $f(x)$ 在定义域 I 上的导数大于零. 若对任意的 $x_0\in I$，曲线 $y=f(x)$ 在点 $(x_0,f(x_0))$ 处的切线与直线 $x=x_0$ 及 x 轴所围成区域的面积恒为 4，且 $f(0)=2$，求 $f(x)$ 的表达式.

(17)（本题满分 10 分）

已知函数 $f(x,y)=x+y+xy$，曲线 $C:x^2+y^2+xy=3$，求 $f(x,y)$ 在曲线 C 上的最大方向导数.

(18)(本题满分 10 分)

设 Σ 为曲面 $z=x^2+y^2(z\leqslant 1)$ 的上侧,计算曲面积分

$$I=\iint_{\Sigma}(x-1)^3\mathrm{d}y\mathrm{d}z+(y-1)^3\mathrm{d}z\mathrm{d}x+(z-1)\mathrm{d}x\mathrm{d}y.$$

(19)(本题满分 10 分)

设数列 $\{a_n\}$,$\{b_n\}$ 满足 $0<a_n<\frac{\pi}{2}$,$0<b_n<\frac{\pi}{2}$,$\cos a_n-a_n=\cos b_n$,且级数 $\sum_{n=1}^{\infty}b_n$ 收敛.

(Ⅰ)证明:$\lim_{n\to\infty}a_n=0$;

(Ⅱ)证明:级数 $\sum_{n=1}^{\infty}\frac{a_n}{b_n}$ 收敛.

(20)(本题满分 11 分)

设矩阵 $\boldsymbol{A}=\begin{pmatrix}1&-2&3&-4\\0&1&-1&1\\1&2&0&-3\end{pmatrix}$,$\boldsymbol{E}$ 为 3 阶单位矩阵.

(Ⅰ)求方程组 $\boldsymbol{Ax}=\boldsymbol{0}$ 的一个基础解系;

(Ⅱ)求满足 $\boldsymbol{AB}=\boldsymbol{E}$ 的所有矩阵 $\boldsymbol{B}$.

(21)(本题满分 11 分)

证明 n 阶矩阵 $\begin{pmatrix}1&1&\cdots&1\\1&1&\cdots&1\\\vdots&\vdots&&\vdots\\1&1&\cdots&1\end{pmatrix}$ 与 $\begin{pmatrix}0&\cdots&0&1\\0&\cdots&0&2\\\vdots&\vdots&&\vdots\\0&\cdots&0&n\end{pmatrix}$ 相似.

(22)(本题满分 11 分)

设随机变量 X 的概率分布为 $P\{X=1\}=P\{X=2\}=\frac{1}{2}$. 在给定 $X=i$ 的条件下,随机变量 Y 服从均匀分布 $U(0,i)(i=1,2)$.

(Ⅰ)求 Y 的分布函数 $F_Y(y)$;

(Ⅱ)求 EY.

(23)(本题满分 11 分)

设总体 X 的分布函数为 $F(x;\theta)=\begin{cases}1-\mathrm{e}^{-\frac{x^2}{\theta}}, & x\geqslant 0,\\0, & x<0,\end{cases}$

其中 θ 是未知参数且大于零. $X_1,X_2,\cdots,X_n$ 为来自总体 X 的简单随机样本.

(Ⅰ)求 EX 与 EX^2;

(Ⅱ)求 θ 的最大似然估计量 $\hat{\theta}_n$;

(Ⅲ)是否存在实数 a,使得对任何 $\varepsilon>0$,都有 $\lim_{n\to\infty}P\{|\hat{\theta}_n-a|\geqslant\varepsilon\}=0$?

(7) 设随机事件 A 与 B 相互独立，且 $P(B)=0.5$，$P(A-B)=0.3$，则 $P(B-A)=$

(A) 0.1.　　(B) 0.2.　　(C) 0.3.　　(D) 0.4.

(8) 设连续型随机变量 X_1 与 X_2 相互独立且方差均存在，X_1 与 X_2 的概率密度分别为 $f_1(x)$ 与 $f_2(x)$，随机变量 Y_1 的概率密度为 $f_{Y_1}(y)=\frac{1}{2}[f_1(y)+f_2(y)]$，随机变量 $Y_2=\frac{1}{2}(X_1+X_2)$，则

(A) $EY_1>EY_2, DY_1>DY_2$.　　(B) $EY_1=EY_2, DY_1=DY_2$.

(C) $EY_1=EY_2, DY_1<DY_2$.　　(D) $EY_1=EY_2, DY_1>DY_2$.

二、填空题：9~14 小题，每小题 4 分，共 24 分.

(9) 曲面 $z=x^2(1-\sin y)+y^2(1-\sin x)$ 在点 $(1,0,1)$ 处的切平面方程为________.

(10) 设 $f(x)$ 是周期为 4 的可导奇函数，且 $f'(x)=2(x-1)$，$x\in[0,2]$，则 $f(7)=$ ________.

(11) 微分方程 $xy'+y(\ln x-\ln y)=0$ 满足条件 $y(1)=\mathrm{e}^3$ 的解为 $y=$________.

(12) 设 L 是柱面 $x^2+y^2=1$ 与平面 $y+z=0$ 的交线，从 z 轴正向往 z 轴负向看去为逆时针方向，则曲线积分 $\oint_L z\mathrm{d}x+y\mathrm{d}z=$________.

(13) 设二次型 $f(x_1,x_2,x_3)=x_1^2-x_2^2+2ax_1x_3+4x_2x_3$ 的负惯性指数为 1，则 a 的取值范围是________.

(14) 设总体 X 的概率密度为 $f(x;\theta)=\begin{cases}\frac{2x}{3\theta^2}, & \theta<x<2\theta,\\ 0, & 其他,\end{cases}$ 其中 θ 是未知参数，$X_1,X_2,\cdots,X_n$ 为来自总体 X 的简单随机样本. 若 $c\sum\limits_{i=1}^{n}X_i^2$ 是 θ^2 的无偏估计，则 $c=$________.

三、解答题：15~23 小题，共 94 分. 解答应写出文字说明、证明过程或演算步骤.

(15)（本题满分 10 分）

求极限 $\lim\limits_{x\to+\infty}\dfrac{\int_1^x\left[t^2(\mathrm{e}^{\frac{1}{t}}-1)-t\right]\mathrm{d}t}{x^2\ln\left(1+\frac{1}{x}\right)}$.

(16)（本题满分 10 分）

设函数 $y=f(x)$ 由方程 $y^3+xy^2+x^2y+6=0$ 确定，求 $f(x)$ 的极值.

(17)（本题满分 10 分）

设函数 $f(u)$ 具有 2 阶连续导数，$z=f(\mathrm{e}^x\cos y)$ 满足 $\dfrac{\partial^2 z}{\partial x^2}+\dfrac{\partial^2 z}{\partial y^2}=(4z+\mathrm{e}^x\cos y)\mathrm{e}^{2x}$.

若 $f(0)=0$，$f'(0)=0$，求 $f(u)$ 的表达式.

（19）（本题满分 10 分）

设直线 L 过 $A(1,0,0)$，$B(0,1,1)$ 两点，将 L 绕 z 轴旋转一周得到曲面 Σ，Σ 与平面 $z=0$，$z=2$ 所围成的立体为 Ω.

（Ⅰ）求曲面 Σ 的方程；

（Ⅱ）求 Ω 的形心坐标.

（20）（本题满分 11 分）

设 $\boldsymbol{A}=\begin{pmatrix}1 & a\\ 1 & 0\end{pmatrix}$，$\boldsymbol{B}=\begin{pmatrix}0 & 1\\ 1 & b\end{pmatrix}$. 当 a，b 为何值时，存在矩阵 $\boldsymbol{C}$ 使得 $\boldsymbol{AC}-\boldsymbol{CA}=\boldsymbol{B}$，并求所有矩阵 $\boldsymbol{C}$.

（21）（本题满分 11 分）

设二次型 $f(x_1,x_2,x_3)=2(a_1x_1+a_2x_2+a_3x_3)^2+(b_1x_1+b_2x_2+b_3x_3)^2$，记

$$\boldsymbol{\alpha}=\begin{pmatrix}a_1\\ a_2\\ a_3\end{pmatrix},\boldsymbol{\beta}=\begin{pmatrix}b_1\\ b_2\\ b_3\end{pmatrix}.$$

（Ⅰ）证明二次型 f 对应的矩阵为 $2\boldsymbol{\alpha}\boldsymbol{\alpha}^{\mathrm{T}}+\boldsymbol{\beta}\boldsymbol{\beta}^{\mathrm{T}}$；

（Ⅱ）若 $\boldsymbol{\alpha}$，$\boldsymbol{\beta}$ 正交且均为单位向量，证明 f 在正交变换下的标准形为 $2y_1^2+y_2^2$.

（22）（本题满分 11 分）

设随机变量 X 的概率密度为 $f(x)=\begin{cases}\dfrac{1}{9}x^2, & 0<x<3,\\ 0, & 其他.\end{cases}$

令随机变量 $Y=\begin{cases}2, & X\leqslant 1,\\ X, & 1<X<2,\\ 1, & X\geqslant 2.\end{cases}$

（Ⅰ）求 Y 的分布函数；

（Ⅱ）求概率 $P\{X\leqslant Y\}$.

（23）（本题满分 11 分）

设总体 X 的概率密度为 $f(x;\theta)=\begin{cases}\dfrac{\theta^2}{x^3}\mathrm{e}^{-\frac{\theta}{x}}, & x>0,\\ 0, & 其他,\end{cases}$

其中 θ 为未知参数且大于零. $X_1,X_2,\cdots,X_n$ 为来自总体 X 的简单随机样本.

（Ⅰ）求 θ 的矩估计量；

（Ⅱ）求 θ 的最大似然估计量.

(7) 设 X_1,X_2,X_3 是随机变量,且 $X_1\sim N(0,1)$,$X_2\sim N(0,2^2)$,$X_3\sim N(5,3^2)$,$p_i=P\{-2\leqslant X_i\leqslant 2\}$ $(i=1,2,3)$,则

(A) $p_1>p_2>p_3$.　　(B) $p_2>p_1>p_3$.　　(C) $p_3>p_1>p_2$.　　(D) $p_1>p_3>p_2$.

(8) 设随机变量 $X\sim t(n)$,$Y\sim F(1,n)$,给定 $\alpha(0<\alpha<0.5)$,常数 c 满足 $P\{X>c\}=\alpha$,则 $P\{Y>c^2\}=$

(A) α.　　(B) $1-\alpha$.　　(C) 2α.　　(D) $1-2\alpha$.

二、填空题:9~14 小题,每小题 4 分,共 24 分.

(9) 设函数 $y=f(x)$ 由方程 $y-x=\mathrm{e}^{x(1-y)}$ 确定,则 $\lim\limits_{n\to\infty} n\left[f\left(\dfrac{1}{n}\right)-1\right]=$________.

(10) 已知 $y_1=\mathrm{e}^{3x}-x\mathrm{e}^{2x}$,$y_2=\mathrm{e}^{x}-x\mathrm{e}^{2x}$,$y_3=-x\mathrm{e}^{2x}$ 是某二阶常系数非齐次线性微分方程的 3 个解,则该方程的通解为 $y=$________.

(11) 设 $\begin{cases}x=\sin t\\ y=t\sin t+\cos t\end{cases}$ (t 为参数),则 $\left.\dfrac{\mathrm{d}^2y}{\mathrm{d}x^2}\right|_{t=\frac{\pi}{4}}=$________.

(12) $\displaystyle\int_1^{+\infty}\frac{\ln x}{(1+x)^2}\mathrm{d}x=$________.

(13) 设 $\boldsymbol{A}=(a_{ij})$ 是 3 阶非零矩阵,$|\boldsymbol{A}|$ 为 $\boldsymbol{A}$ 的行列式,A_{ij} 为 a_{ij} 的代数余子式. 若 $a_{ij}+A_{ij}=0(i,j=1,2,3)$,则 $|\boldsymbol{A}|=$________.

(14) 设随机变量 Y 服从参数为 1 的指数分布,a 为常数且大于零,则 $P\{Y\leqslant a+1\mid Y>a\}=$________.

三、解答题:15~23 小题,共 94 分. 解答应写出文字说明、证明过程或演算步骤.

(15) (本题满分 10 分)

计算 $\displaystyle\int_0^1\frac{f(x)}{\sqrt{x}}\mathrm{d}x$,其中 $f(x)=\displaystyle\int_1^x\frac{\ln(t+1)}{t}\mathrm{d}t$.

(16) (本题满分 10 分)

设数列 $\{a_n\}$ 满足条件:$a_0=3$,$a_1=1$,$a_{n-2}-n(n-1)a_n=0(n\geqslant 2)$,$S(x)$ 是幂级数 $\sum\limits_{n=0}^{\infty}a_nx^n$ 的和函数.

(Ⅰ)证明:$S''(x)-S(x)=0$;

(Ⅱ)求 $S(x)$ 的表达式.

(17) (本题满分 10 分)

求函数 $f(x,y)=\left(y+\dfrac{x^3}{3}\right)\mathrm{e}^{x+y}$ 的极值.

(18) (本题满分 10 分)

设奇函数 $f(x)$ 在 $[-1,1]$ 上具有 2 阶导数,且 $f(1)=1$. 证明:

(Ⅰ)存在 $\xi\in(0,1)$,使得 $f'(\xi)=1$;

(Ⅱ)存在 $\eta\in(-1,1)$,使得 $f''(\eta)+f'(\eta)=1$.

目　录

图书在版编目(CIP)数据

考研数学真题金解:2013—2022/刘金峰,佟庆英主编.—北京:中国石化出版社,2022.8

ISBN 978-7-5114-6812-3

Ⅰ.①考… Ⅱ.①刘… ②佟… Ⅲ.①高等数学—研究生—入学考试—题解 Ⅳ.①O13-44

中国版本图书馆 CIP 数据核字(2022)第 138630 号

中国石化出版社出版发行

地址:北京市东城区安定门外大街 58 号

邮编:100011 电话:(010)57512500

发行部电话:(010)57512575

http://www.sinopec-press.com

E-mail:press@sinopec.com

北京柏力行彩印有限公司印刷

全国各地新华书店经销

*

787×1092 毫米 16 开本 24.5 印张 569 千字

2022 年 8 月第 1 版 2022 年 8 月第 1 次印刷

定价:68.00 元(全 2 册)

前 言

从2009年考研数学新大纲颁布以来，考研数学考试大纲几乎没有变化，命题风格也基本一致：重视基础、淡化技巧、加强学科内知识的综合考查。近些年积累下来的历年真题也就成为考生在走进考场之前检验自己复习效果的最佳素材。因此，考生在使用这些真题时，要注意以下三点：

第一，这些真题应该在考生复习完全部的考试内容，并感觉自己对知识体系基本上了然于胸之后再使用。考生可以把每一份试卷都当作自己今年即将面对的那份试卷，模拟自己多次进“考场”。每做一份试卷，考生都要进行查缺补漏，总结答题技巧，做好充分准备之后，再做下一份试卷。这样才是对近些年真题的最合理的首次利用，而不是在复习基础知识时就被用作练习题而浪费掉。

第二，市面上的诸多复习资料中，往往会夹杂着近些年的真题，以示这本复习资料的“时效性”和“全面性”。考生在使用这些资料时，如果题目有标注是近些年真题的，应该有意识地避开，用其他习题来训练该知识点。否则，考生在用近些年真题作为模拟考试的时候，就无法检验到真实水平，甚至得到真题较为容易的假象，从而疏忽了一些应该进一步查缺补漏的知识点，一旦考生真正到了考场上，原形毕露时悔之晚矣。

第三，不同数类（数学一、数学二、数学三，数学农学可参考数学三）的考生，在模拟考场的状态下，按套卷做近些年真题时，可以只做自己所考数类的试卷，但是，在做完套卷之后总结梳理时，应该把同年的其他数类的试卷中属于自己所考数类范围内的题目同样做好。这样的话，每年试卷中可以充分利用的题目，数学一的考生可以有50道题左右，数学二的考生可以有40道题左右，数学三的考生可以有45道题左右，差不多又能多出“一套真题”。这些题目与自己数类所考题目具有同等重要的价值，比市面上的任何模拟卷中的题目都更为重要，考生务必重视这一点。

基于以上三个方面，本书收录了自2013年以来的数学一、数学二、数学三的所有真题，并分作两个部分：试题分册与解析分册。

“试题分册”部分供考生在模拟考场训练时按套卷来做，并提供了答案速查。

“解析分册”部分主要有以下三个方面的内容：

第一，本书将每一年的三份试卷的题目合并去重，并按题型考点进行分类整理。除了最近一年的真题，因教育部尚未公布《考试分析》以致无法获得相关数据以外，其他年份的每个题目均标注了实际考试中统计出来的“难度值”，方便考生了解该题在实考中的难易度。试题难度是反映试题难易程度的指标，它是考生在该题上的得分率，即考生在该题上的平均得分与该题满分之比，例如难度为0.666，说明该题目有66.6%的考生得分，或者考生平均获得了66.6%的分数。难度系数与题目难度程反比，同一题目相对于不同的考生群体，其难度值是不同的，题目难度依赖于考生样本。

第二，每个题目均标注了该题对不同数类的考生来说是否要求掌握，方便考生在做完套卷之后进行总结梳理时，把其他数类试题中也属于自己考点的题目一并做好，充分利用宝贵的真题资源，也省去了考生自己筛选真题的麻烦。

第三，每个题目都给出了一些通用的思路解法，淡化技巧，使考生更容易掌握并用于实际考试中去。每年的真题试卷中都有120分左右的基础题和中档题，这些题目涉及的考点相对较为常规，利用这些通用思路方法很容易快速解决。试卷中剩余的30分左右的难题，更需要利用这些通用思路方法去有效地分析求解，这也符合考研数学重视基础的命题风格。

考生可关注新浪微博@有道考神金峰老师，由于时间有限，关于本书中的疏漏之处，欢迎大家随时指正，在此表示感谢。

最后，祝所有考生学习顺利，考研成功！